Excel办公高手

实战应用从入门到精通

张运明 谢明建 ◎ 编著

U0383108

人民邮电出版社
北京

图书在版编目（CIP）数据

Excel办公高手实战应用从入门到精通 / 张运明，谢明建编著. -- 北京 : 人民邮电出版社，2022.2（2022.10重印）
ISBN 978-7-115-57325-4

Ⅰ. ①E… Ⅱ. ①张… ②谢… Ⅲ. ①表处理软件 Ⅳ. ①TP391.13

中国版本图书馆CIP数据核字(2021)第184373号

内 容 提 要

本书从工作界面开始介绍，从最基础的操作入手，沿着表格设计、格式设置、数据录入、数据处理、计算分析、图表展示、排版打印的主线组织内容，从解决问题出发，遵循学习和工作流程，体系完整。内容涉及工作簿、工作表、行列和单元格的基本操作，表格设计的基本理念，格式设置、普通填充、快速填充、自动更正、分列、选择性粘贴、查找和替换、行列转换、数据验证、排序筛选、条件格式、合并计算、分类汇总、数据透视表、可视化图表、录制宏、函数公式、窗口操作、输出打印等方面的知识与技巧。

本书适合职场新人用来快速学习 Excel，也适合有一定使用经验的职场人士阅读以进一步提升工作效率。

◆ 编　　著　张运明　谢明建
责任编辑　贾鸿飞
责任印制　王　郁　彭志环

◆ 人民邮电出版社出版发行　　北京市丰台区成寿寺路 11 号
邮编　100164　　电子邮件　315@ptpress.com.cn
网址　https://www.ptpress.com.cn
北京七彩京通数码快印有限公司印刷

◆ 开本：787×1092　1/16
印张：23.5　　2022 年 2 月第 1 版
字数：612 千字　　2022 年 10 月北京第 4 次印刷

定价：89.90 元

读者服务热线：(010)81055410　印装质量热线：(010)81055316
反盗版热线：(010)81055315
广告经营许可证：京东市监广登字 20170147 号

Preface 前言

很多职场人士在工作中都需要收集、统计和分析数据。作为应用与普及广泛的日常办公软件，Excel是多数职场人士用来进行处理日常数据的第一选择。与此对应的一种情况是，面对需要处理分析数据的工作时，不少人的效率并不高——能用三个步骤完成的操作，往往会用六七步才能完成；事实上只需要花10分钟左右就可以快速做完的统计，常常需要用数个小时才能统计完成。不可否认的是，还有不少职场人士缺乏必要的Excel应用知识与技能，对Excel没有系统的认知，导致在进行数据处理与分析时捉襟见肘，效率偏低、加班便成了常态。

平时不烧香，临时抱佛脚。遇到问题通过搜索引擎寻找答案，尽管不失为一种解决问题的办法，但网络上海量的、分散的，甚至混乱不成体系的信息，并不见得能给出正确的方案，也会浪费不少时间。 有一个成语叫“磨刀不误砍柴工”，《汉书》中有一句话是“临渊羡鱼，不如退而结网”，通俗易懂地阐明了脚踏实地做好准备工作，提升自身能力的重要性。若想提升处理数据的效率，节约时间，为什么不能抽出一点时间来学习Excel呢？在学习Excel的过程中，不仅能训练面对问题时抓重点的能力，还能提升逻辑思维能力。

因此，我萌生了编写一本书，以帮助职场人士快速提高数据处理与分析能力与水平的想法。读者通过学习书中内容，掌握Excel常用的功能，就可以解决工作中80%的难题。

本书内容既能让职场新人快速入门Excel，又能让有一定使用经验的职场人士举一反三，修炼成Excel办公高手。

本书具有如下特色。

脉络清晰。全书从工作界面开始介绍，从最基础的操作入手，沿着表格设计、格式设置、数据录入、数据处理、计算分析、图表展示、排版打印的脉络组织内容，从解决问题的角度出发，遵循学习和工作流程，环环相扣，体系完整。

内容丰富。本书涉及工作簿、工作表、行列和单元格的基本操作，表格设计的基本理念，格式设置、普通填充、快速填充、自动更正、分列、选择性粘贴、查找和替换、行列转换、数据验证、排序筛选、条件格式、合并计算、分类汇总、数据透视表、可视化图表、录制宏、函数公式、窗口操作、输出打印等方面的内容，可以满足日常工作所需的方法与技巧，力求兼顾系统学习与即用即查。

案例经典。本书示例大都来源于实际工作场景，是实际工作问题的高度浓缩，非常实用。 “照葫芦画瓢”，就能提高工作效率。

注重技巧。本书内容没有过多的理论，更多的是操作技巧。对少量的理论介绍，尽量使用通俗易懂、生动风趣的语言；对操作技巧，注重图示化、步骤化，以思路引路，做到图文与步骤的有机结合。将“主干”内容放入正文以突出重点，将“枝节”问题放入“边练边想”以拓展思维，并提供“问题解析”。

本书基于Office 365组件，以Excel 2019为工作环境。大部分示例可以在Excel 2010及以上版本中运行。而一些在旧版本中很难解决的难题，在新版本中大多能迎刃而解。

为便于读者学习、理解和练习，本书按章节提供了相应的示例文件，这些文件会根据实际情况以初始状态、中间状态或结果状态中的一种呈现。请发送电子邮件至30669991@qq.com获取示例文件。

参与本书编写的还有杨万灵、刘小铭、夏缝兵、翟辉芳、杨静、彭薪蓉、陈合平、李丹、吴长福、张集、代利、周红、杨小涵、曾维芳。其中，杨万灵编写了第13章，刘小铭编写了第11章，夏缝兵编写了第7章，翟辉芳编写了第1章第1、2节，杨静编写了第1章第3、4节，彭薪蓉编写了第15章第1、2节，陈合平编写了第15章第3、4节。

在编写过程中，我们力求准确，但囿于时间与水平，书中难免会有疏漏，欢迎读者发送电子邮件至jiahongfei@ptpress.com.cn，提出宝贵意见或批评。

成功，是时间的持续累积；征程，是从脚下开始的。谨以此语与读者共勉。感谢每一位读者，希望本书内容能为您创造价值。

张运明

2021年10月

Contents 目录

第1章 三大元素，高效办公基本功

万丈高楼平地起，基础不牢，地动山摇。在开始Excel进阶修炼前，需要对Excel工作窗口、基本元素有明确的了解。如果把对工作簿、工作表、单元格及区域的操作视为基本功，并达到得心应手的程度，高效办公就有了坚实的基础。这些操作往往是“条条大路通罗马”，不一定要熟悉每一条路线，只要找到最适合自己的那条路就行了。

1.1 Excel 2019的工作窗口

Excel 2019工作窗口主要由标题栏、功能区、工作区和状态栏等四个部分组成，如图1-1所示。Excel窗口各元素的大小会随着整个工作窗口大小的变化自动适应。

图1-1 Excel工作窗口

1.1.1 标题栏里不仅仅有标题

标题栏置顶于Excel窗口，不仅仅包含标题，还包含不少的信息与按钮。左侧为“自定义快速访问工具栏”。在默认情况下，包括“自动保存”“保存”“撤销”“恢复”四个按钮。可以增加或减少命令按钮的数量。“自定义快速访问工具栏”可以改为在功能区下方显示。

标题栏中间为工作簿名称、应用程序名称和一个搜索框。如果直接启动Excel 2019程序，工作簿名称就默认为“工作簿1”；文件保存后，将显示保存后的文件名称；如果打开一个文件，文件名称就是工作簿名称。

标题栏右侧为“登录”信息、“功能区显示选项”按钮、“最小化”“最大化（向下还原）”“关闭”等窗口控制按钮。

1.1.2 功能区里的工具琳琅满目

Excel 2019将丰富的各种操作命令整合在功能区中，以方便用户直观地选择。功能区由选项卡、组和按钮组成，这些都可以在“Excel选项”对话框中自定义。

选项卡。选项卡位于功能区最上面一排，分为主选项卡和工具选项卡。主选项卡集成了Excel的常规操作命令。“文件”标签与选项卡共用空间，却不属于选项卡。单击“文件”按钮，打开的界面被称为Backstage视图。单击屏幕左上角的箭头按钮，可以退出该视图。工具选项卡集成了对某一特定对象的操作命令，选中特定对象时自动弹出。特定对象包括SmartArt图形、形状、图片、艺术字、表格、图表、迷你图、数据透视表、数据透视图、切片器、公式、页眉和页脚等。比如，如果工作表中插有表格或套用了表格样式，当选中表格或表格中的元素时，系统会自动出现“表设计”选项卡。选项卡右侧还有“共享”“批注”等功能按钮。

组。当选择不同的选项卡时，功能区会出现不同的命令。根据命令功能的不同，各种命令被竖线分割成了若干“组”。“组”是构成选项卡的单位，整合了执行特定操作的命令。例如，“开始”选项卡，包括“剪贴板”“字体”“对齐方式”“数字”“样式”“单元格”“编辑”“创意”等组。对于某些组，Excel还提供对话框启动按钮，单击该按钮，在打开的对话框中可以进行更多的操作。如图1-2所示。

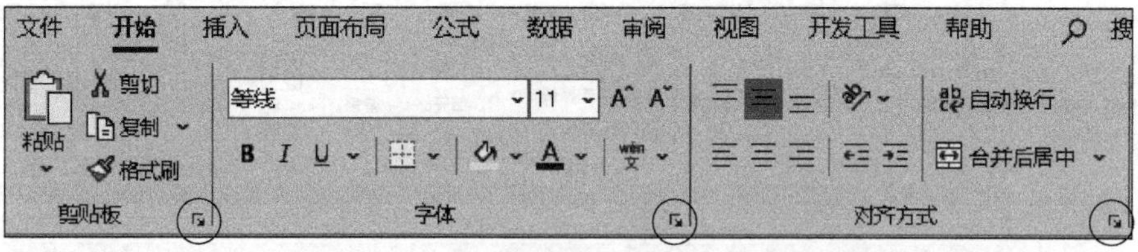

图1-2 Excel功能区各组及对话框启动按钮

按钮。命令按钮简称命令或按钮，是“组”的基本单位，每一个按钮都能实现相应的功能。按钮主要分为四类。一是单一按钮，如“增大字号”按钮。二是切换按钮，如字体“加粗”按钮。三是只提供下拉菜单的按钮，如“条件格式”按钮。四是带下拉菜单的按钮，如“字体颜色”按钮。如图1-3所示。复选框和微调按钮也是命令按钮，复选框如“视图”选项卡中的“网格线”，微调按钮如“页面布局”选项卡中的“缩放比例”。

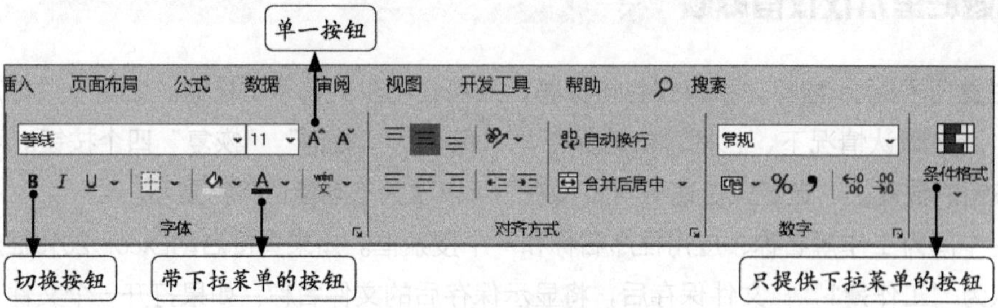

图1-3 Excel的四类按钮

此外，在工作区的右侧，在对图形、图表、数据透视表等对象进行操作时，通常会出现任务窗格。任务窗格中实际上放置的是对话框中的各种设置选项，可以单击对话框启动按钮也可以开启，也可以按住标题处拖放到任何位置。

还有，在数据区域的右键快捷菜单和浮动工具栏中，集成了最常用的命令。

1.1.3 工作区里纵横驰骋任我行

工作区是编辑表格、分析数据的主要场所，是施展聪明才智的空间。工作区由名称框、编辑栏、行号、列标、单元格、工作表标签、工作表切换按钮、水平滚动条、垂直滚动条等组成。

名称框。也称地址栏，有三种用途。一是显示所选单元格的地址，可在此输入地址定位至对应的区域。二是可以很方便地用来定义名称。选择区域后，在地址栏中直接修改成需要的名称，并按回车键确认。三是可以利用已定义的名称查看区域。单击名称框下拉箭头，选择需要查看的名称，相应区域就会高亮显示。如图1-4所示。

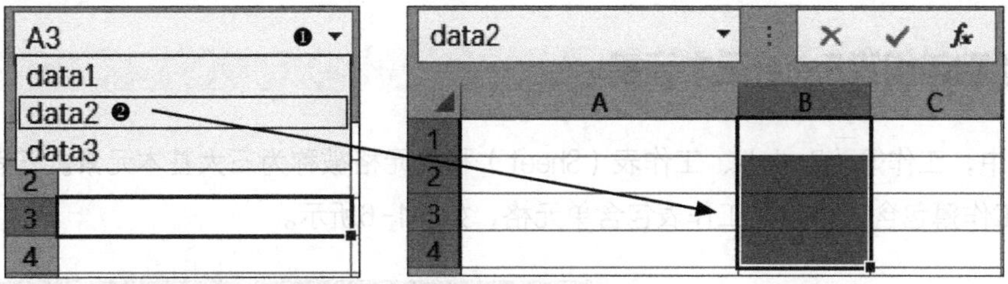

图1-4 利用名称查看相应区域

编辑栏。用于显示、输入或编辑当前活动单元格中的内容，包括数字、文本、符号、函数与公式等。在默认情况下，编辑栏左侧只高亮显示“插入函数”按钮fx，当将鼠标指针定位到编辑栏中时，将激活“取消”按钮✕和“确定”按钮✔。单击 “取消”按钮用于取消输入，单击“确定”按钮用于确认输入。

行号。行号就是行的编号，显示在工作区每一行的左端，用1、2、3、…、1048576表示。

列标。列标就是列的标志，显示在工作区每一列的顶端。在Excel默认的A1引用样式下，列标由26个英文字母有序递增，用字母或字母串A、B、C、…、Z、AA、AB、…、XFD表示，相当于1～16384列。在Excel的R1C1引用样式下，则显示相应的数字。

单元格。行和列的交汇处就是单元格。当前正在输入或编辑的单元格叫作活动单元格，有绿色粗框，形如▭，右下角的小方块，被称为填充柄，块头小作用大。

工作表标签。在工作区左下角，每一张工作表标签上都有一个工作表名称，名称末尾的数字默认是递增的。

工作表切换按钮。位于最左侧工作表标签的左侧。当工作表太多，以至于不能全部显示时，系统就自动激活工作表切换按钮◀ ▶ …以便切换工作表。也可以右键单击工作表切换按钮，弹出“激活”对话框，从“活动文档”列表框中直接选择需要激活的工作表。

滚动条。有水平滚动条和垂直滚动条之分，用于滚动工作表调整显示区域。要滚动工作表，可以单击滚动条左右或上下两端的箭头或滚动条灰底处，也可以在滚动条上按住鼠标左键不放拖曳鼠标，拖动滚动条。

1.1.4 状态栏不只是显示当前状态

状态栏位于Excel窗口最下方，主要显示当前工作状态，此外还集合了一些命令按钮，类似于快速访问按钮。一般情况下，在左侧显示单元格模式信息、录制宏按钮等，在右侧显示所选区域的统计信息、视图模式切换按钮（普通视图、页面布局、分页预览）和缩放滑块（缩放比例范围为10%～400%）。而这些状态或按钮的显示，都可以在状态栏单击右键进行设置，如图1-5所示。

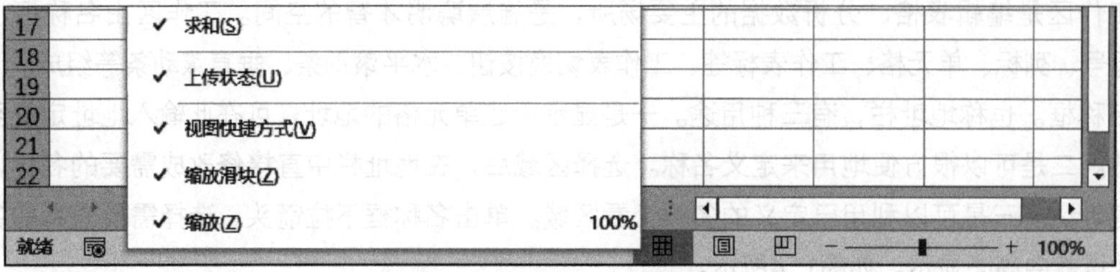

图1-5 Excel状态栏右键快捷菜单

1.1.5 抽丝剥茧细说Excel三大元素

在Excel中，工作簿（Book）、工作表（Sheet）和单元格被称为三大基本元素。三者是依次包含的关系，即工作簿包含工作表，工作表包含单元格，如图1-6所示。

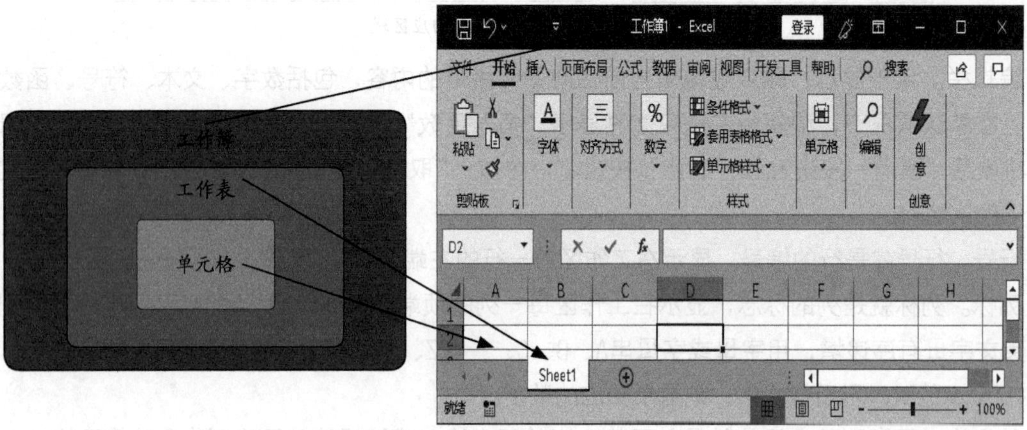

图1-6 Excel三大元素及其关系

1. 工作簿

在Excel中，工作簿是用来存储并处理数据的文件，Excel文档就是工作簿。一个工作簿可以包含1～255张工作表，工作簿是工作表的集合体。如果把一个工作簿视为一个笔记本，那么工作表就是其中一页一页的纸。

新建工作簿默认的工作表的张数可以自行设置。

❶ 单击“自定义快速访问工具栏”下拉按钮。

❷ 在下拉菜单中选择“其他命令”选项，弹出“Excel选项”对话框。

❸ 在“Excel选项”对话框中的左侧框中，选择“常规”选项。

❹ 在右侧的“新建工作簿时”组中的“包含的工作表数”框中，直接修改数值或使用微调按钮修改。

❺ 单击“确定”按钮，完成设置。

如图1-7所示。

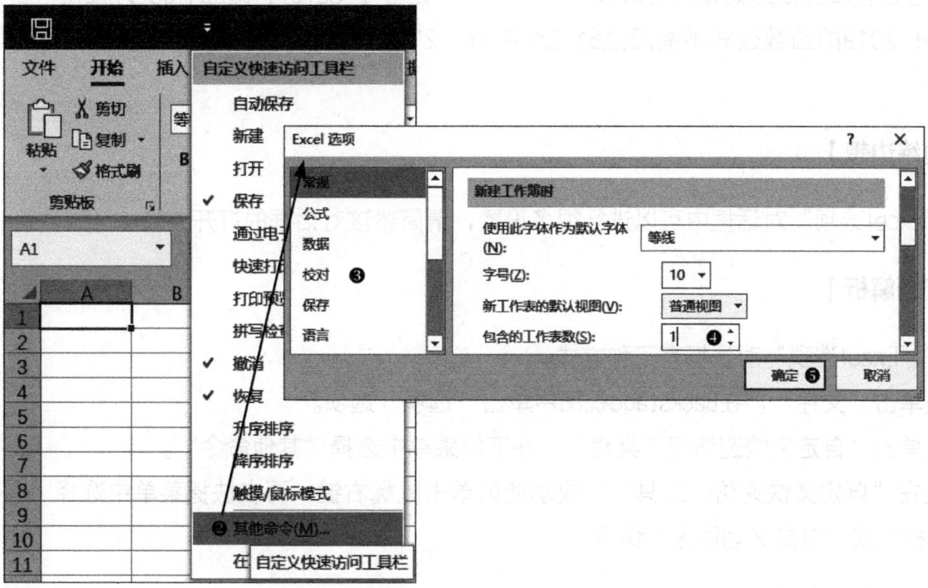

图1-7 设置新建工作簿默认的工作表数

2. 工作表

工作表是工作簿的基本组成单位。一张工作表由1048576行和16384列构成，共有1048576×16384=17179869184个单元格。1048576相当于2的20次方，在单元格中可写成2^20；16384相当于2的14次方，在单元格中可写成2^14。一张工作表有2^{34}个单元格。一张工作表就有这么多单元格，一个工作簿最多可有255张工作表，整个工作簿的单元格数量有多少就可想而知了。难怪不少人认为，Excel文件就是小型数据库，这种说法真的不夸张。

3. 单元格

单元格是工作表中最小的“存储单元”，位于列和行的交叉之处，用列标和行号组成的坐标来标识这个唯一的地址。比如，A列第1行的单元格地址为A1，C列第5行的单元格地址为C5，右下角的单元格地址为XFD1048576。单元格区域是由若干个连续单元格组成的矩形区域，其地址由矩形区域左上角单元格的地址和右下角单元格的地址组成，中间用英文冒号“:”连接。比如，A列第1行至E列第3行的区域，在A1引用样式下，表示为A1:E3；在R1C1引用样式下，表示为R1C1:R3C5（R3、C5分别表示第3行、第5列），如图1-8所示。

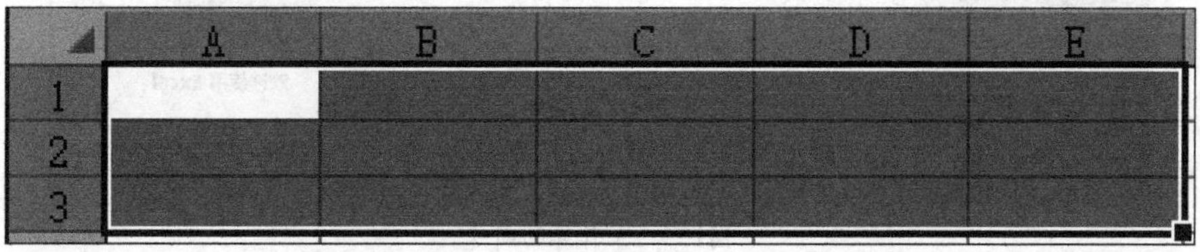

图1-8 单元格区域A1：E3

行和列是特殊形态的区域，整个第2行表示为2:2，整个D列表示为D：D。

在Excel 2019中，一个单元格最多可以容纳32767个字符。这要从二进制的原码说起。如果以最高位为符号位，二进制原码最大为0111111111111111=2^{15} −1=32767，即2的15次方减1。

Excel 2019的函数公式不能超过8192个字符，2^{13}=8192。超过这个限制数，Excel会弹出警告信息。

【边练边想】

在“Excel选项”对话框中可以进行很多设置，请简述该对话框的打开方式。

【问题解析】

打开“Excel选项”对话框有三种方式。

一是单击“文件”，在Backstage视图中单击“选项”选项。

二是单击“自定义快速访问工具栏”，在下拉菜单中选择“其他命令”。

三是在“自定义快速访问工具栏”或功能区单击鼠标右键，再在快捷菜单中选择“自定义快速访问工具栏”或“自定义功能区”命令。

1.2 玩转工作簿的操作

1.2.1 新建工作簿其实不简单

一个工作簿就是一个文件。新建工作簿主要涉及两个问题：一是什么时候新建，二是新建什么样的工作簿。想好了再动手，聪明人就是这么干的，这么干才不会做无用功。

当启动Excel 2019时，屏幕上会出现一个开始屏幕。在这个界面右侧，会列出最近使用的文件，单击“空白工作簿”按钮，可以创建空白工作簿。或者单击“更多模板”按钮，在模板的基础上新建工作簿。如图1-9所示。

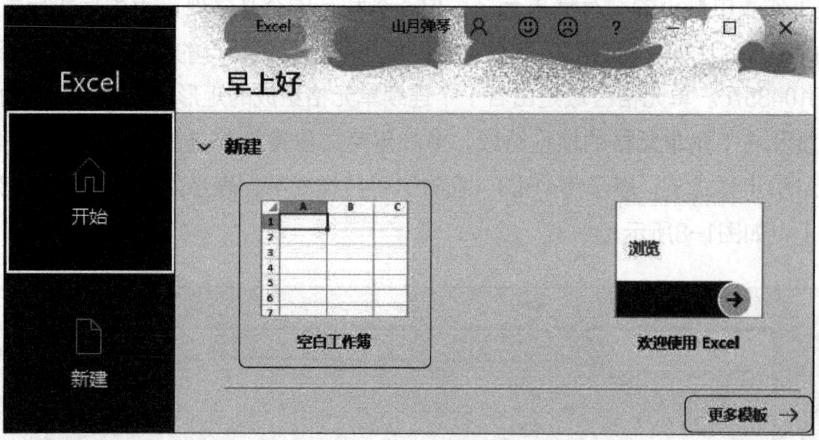

图1-9 工作簿的新建

新建的空白工作簿名为“工作簿1”，只存在于内存中，而未被保存在硬盘中。在默认情况下，该工作簿中包含一个名为“Sheet1”的工作表。

在用Excel工作时，有两种方式可以随时创建新工作簿。

一是依次单击“文件”“新建”“空白工作簿”，创建空白工作簿，或者基于模板创建工作簿。

二是按“Ctrl+N”组合键创建空白工作簿。

1.2.2 保存工作簿真的有讲究

电源故障、系统崩溃等常见故障，常常会影响或使我们的工作成果丢失，令人沮丧，所以要注意保存文件。保存工作簿要特别注意三要素：位置、名字、类型。

如果是初次保存工作簿，屏幕上将显示Backstage视图中的“另存为”选项。如果选择“这台电脑”选项，就需要指定文件名、保存类型、存放位置等更多选项，再单击“保存”按钮。如图1-10所示。

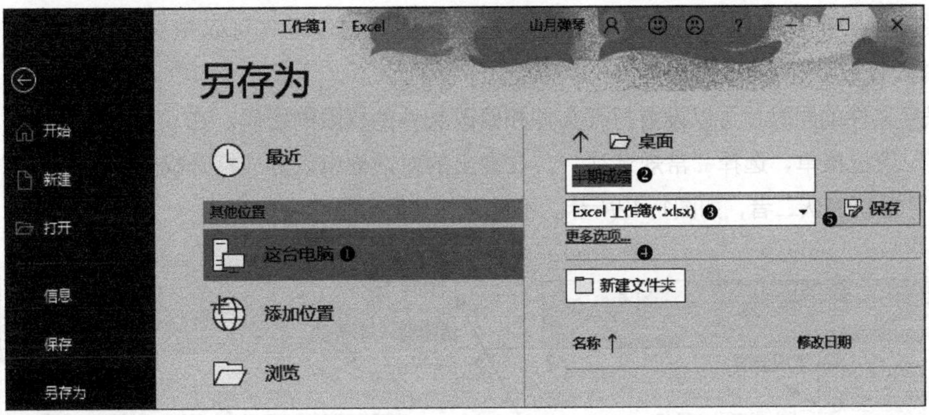

图1-10 工作簿的保存

如果选择“浏览”选项，也还需要指定存放位置、文件名、保存类型，再单击“保存”按钮。如图1-11所示。

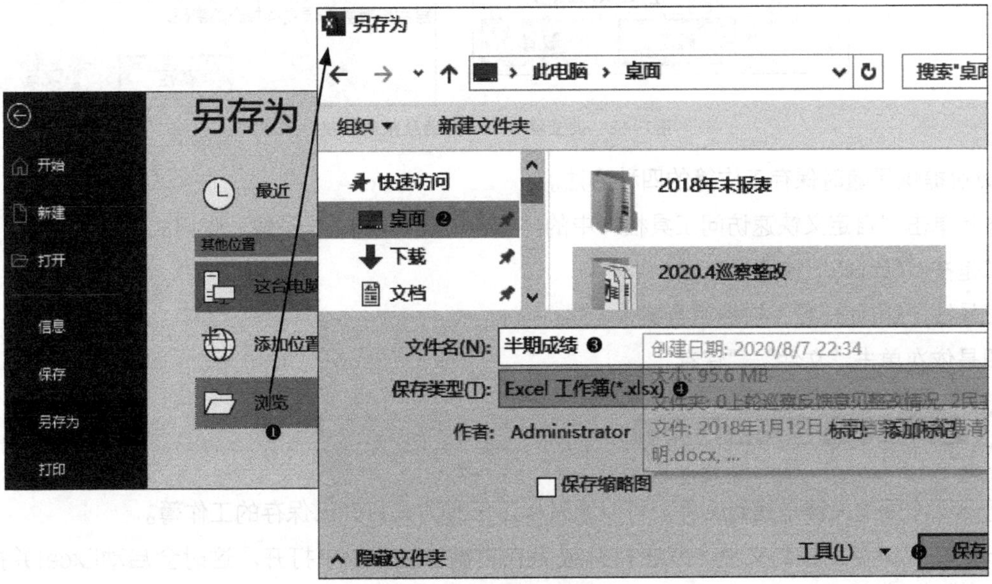

图1-11 工作簿“另存为”

存放位置是新手最容易栽跟斗的地方。在保存时，新手可能会忽略自己是把文件保存在了软件默认的位置，还是顺手保存在了“桌面”，抑或是放在了哪个磁盘的哪个文件夹。当需要该文件时，就找不到在什么地方了。这可能就麻烦了。

指定文件名时，不用指定文件的扩展名，Excel会根据“保存类型”自动添加扩展名。在默认的情况下，文件会被保存为标准的Excel文件格式，即使用.xlsx作为文件扩展名。

要注意文件类型。比如，如果工作簿包含VBA宏，则以“.xlsx”为扩展名保存文件时，所有的宏都将被删除。此时，必须将其保存为具有“.xlsm”扩展名的文件。

如果在所指定的文件夹中已存在同名文件，则Excel会询问是否要用新文件覆盖已有的文件。此时要格外小心，因为被覆盖的文件将不能恢复为以前的文件。

如果工作簿已被保存过，再次保存时，就会覆盖之前的文件版本。

如果要将工作簿保存为新文件或者保存到一个不同的位置，可以依次单击“文件”“另存为”，或按F12键。

在保存文件的同时，可以设置打开文件和修改文件的权限的密码。在“另存为”对话框中，打开“工具”下拉菜单，选择“常规选项”，在弹出的对话框中设置“打开权限密码”和“修改权限密码”，并重新确认二者，如图1-12所示。不过，这个密码是可以破解的。

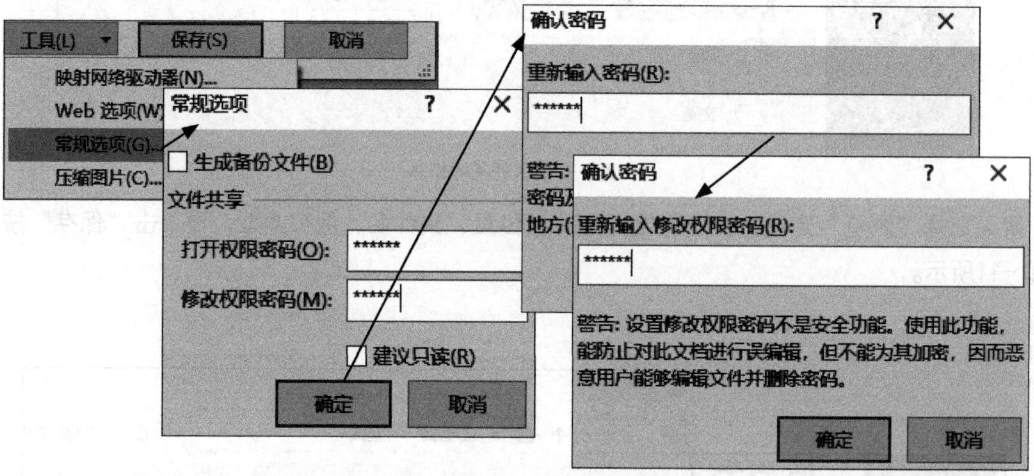

图1-12 设置操作工作簿的权限的密码

Excel提供了随时保存工作簿的四种方法。

一是单击“自定义快速访问工具栏”中的“保存”图标 ▣（样子像一张旧式软盘）。

二是按“Ctrl+S”快捷组合键。

三是按“Shift+F12”快捷组合键。

四是依次单击“文件”“保存”。

1.2.3 打开工作簿是有迹可寻的

打开工作簿的关键是找到文件。可以通过以下三种方式打开已保存的工作簿。

一是在存储盘上找到文件，双击打开或者在右键快捷菜单中打开。这时会启动Excel并打开工作簿。

二是在已启动的Excel程序中，依次点击“文件”“打开”“最近”，从右边的列表中选择所需文件，或者是搜索文件。如图1-13所示。

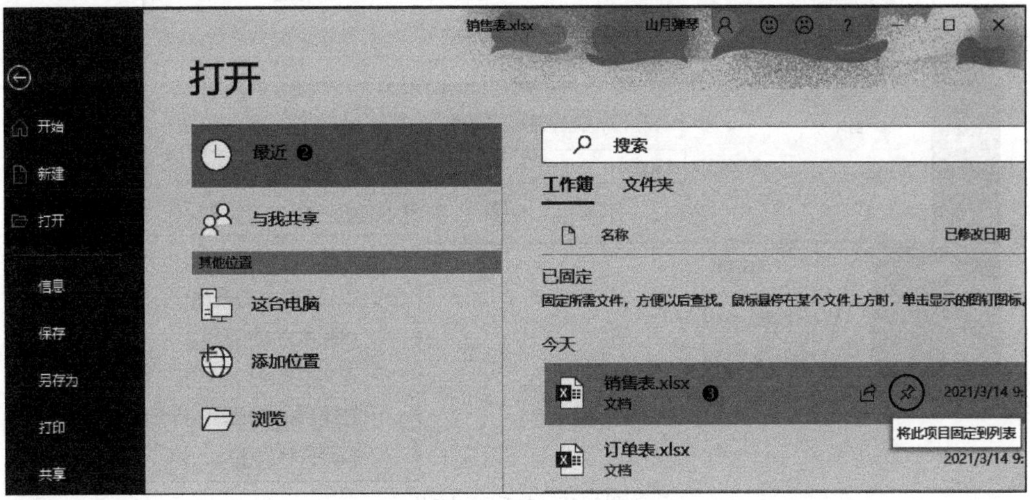

图1-13　打开“最近”的Excel文件

三是在已启动的Excel程序中，依次点击“文件”“打开”，从左边的列表中选择一个位置。“与我共享”会显示共享的文档。选择“添加位置”可登录基于云的空间。选择“这台电脑”则可以访问默认的“文档”文件夹中的文件，如图1-14所示。选择“浏览”会弹出“打开”对话框，使用左侧的树形显示（Windows资源管理器）可以找到含有所需文件的文件夹，然后从右侧的列表中找到并选择一个或多个工作簿文件，再单击“打开”按钮。也可以在“打开”对话框中双击文件名(或图标)或利用右键快捷菜单打开工作簿。使用“打开”对话框右下角的控件可调整其大小；“打开”按钮实际上是一个下拉菜单，包括“打开”“以只读方式打开”“以副本方式打开”“在浏览器中打开”“在受保护的视图中打开”“打开并修复”等六个选项。如图1-15所示。

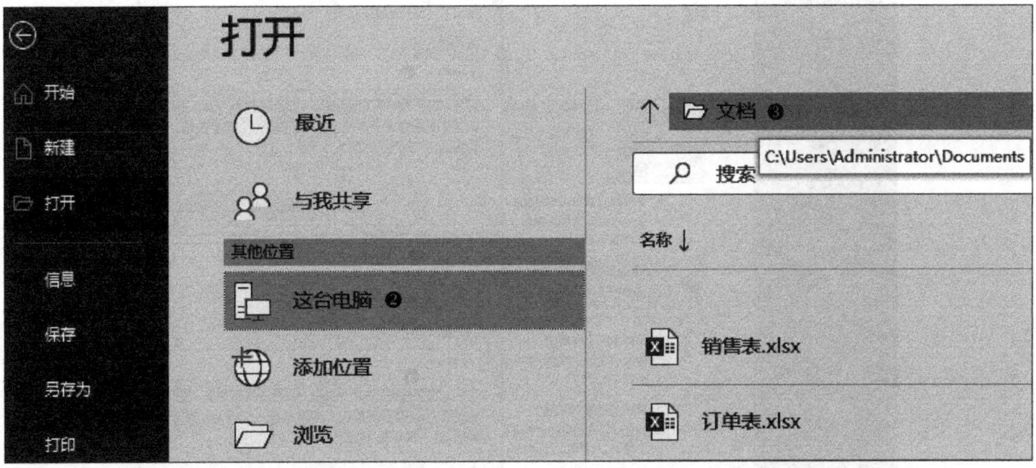

图1-14　打开“文档”文件夹中的Excel文件

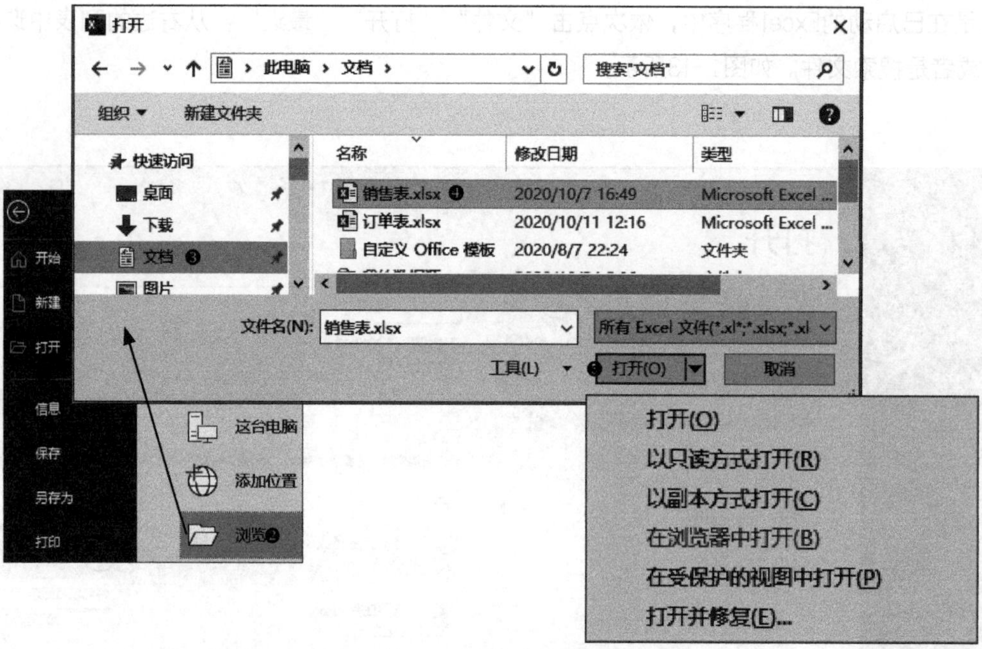

图1-15　打开Excel文件

1.2.4 为工作簿启动挂上一把“锁”

在某些情况下，要考虑工作簿的安全，这就需要为打开工作簿挂上一把“锁”，设置密码进行保护。如果在初次保存时没有为工作簿设置密码，也不要紧，可以随时为工作簿设置密码。不过要明白，这把“锁”并非牢不可破。

依次点击“文件”“信息”，单击“保护工作簿”按钮，选择“用密码进行加密”选项，然后输入密码并确认密码。如图1-16所示。

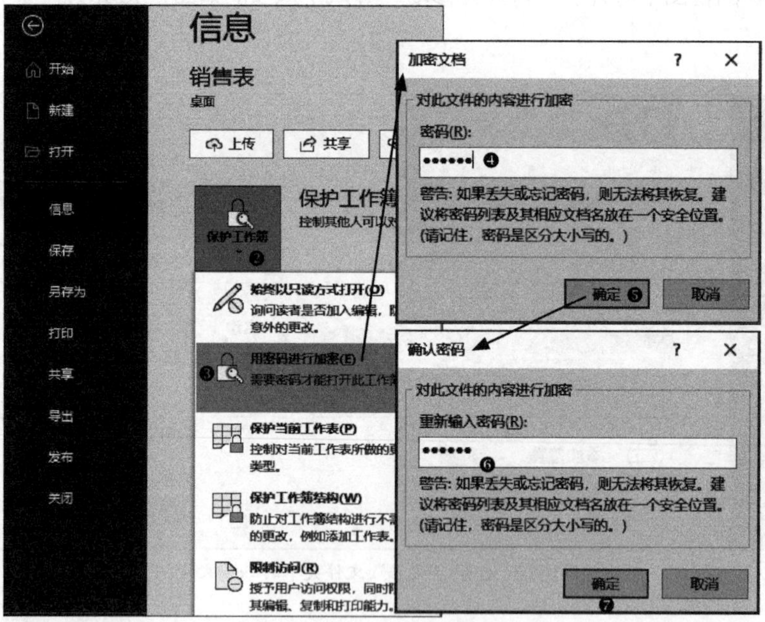

图1-16　设置打开工作簿的密码

保存工作簿后，密码才能生效。当重新打开此工作簿时，Excel将提示输入密码。

【边练边想】

1.启动Excel 2019时，能不能跳过“开始屏幕”？

2.如何将Excel文件固定到开始屏幕中的“最近所用工作簿列表”？

3.如何更改保存文件时所使用的默认文件格式？

4.如何巧妙获取Excel文件路径？

【问题解析】

1.如果希望启动Excel 2019时总是创建一个空白工作簿，请打开“Excel选项”对话框，单击“常规”选项，在“启动选项”组中，取消勾选“此应用程序启动时显示开始屏幕”复选标记。

2.依次单击“文件”“打开”“最近”，将鼠标指针悬停在“最近”工作簿列表中的文件名上，单击文件名右侧的图钉图标，就可以将文件“固定”到最近所用工作簿列表中，以确保重要文件总是出现在列表的顶部。如果要取消固定，就单击取消固定图钉图标。

3.打开“Excel选项”对话框，单击“保存”选项，更改“将文件保存为此格式”选项的设置，比如更改为“Excel 97-2003工作簿（*.xls）”。

4.可以通过两种方式巧妙获取Excel文件路径。一是在Excel的“开始屏幕”或“打开屏幕”，在文件的右键快捷菜单中选择“将路径复制到剪贴板”。二是在存储盘上文件的右键快捷菜单中，选择“属性”选项，在“属性”对话框“位置”右侧显示的就是文件路径。如图1-17所示。

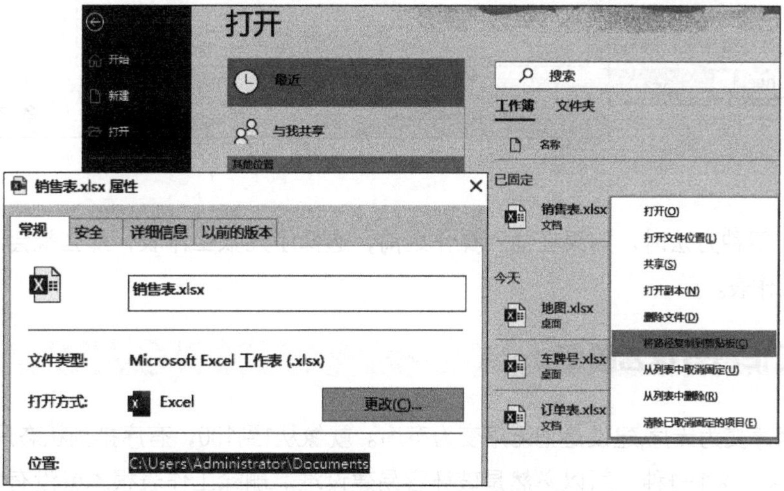

图1-17　巧妙获取Excel文件路径

1.3　玩转工作表的操作

1.3.1 新增工作表也有三招两式

作为工作簿的一张张活页，工作表可以有效地组织和管理数据。向工作簿添加新工作表并非全无技巧，有以下四种方法供选用。

一是单击位于工作表标签右侧的“新工作表”控件⊕，在活动工作表之后添加新的空白工作表。

二是利用“Shif+F11”快捷组合键，在活动工作表之前添加新的空白工作表。

三是在“开始”选项卡的“单元格”组中，打开“插入”下拉菜单，选择“插入工作表”命令，在活动工作表之前添加新的空白工作表。

四是在工作表标签的右键快捷菜单中，选择“插入”选项，在“插入”对话框中的“常用”标签下，选择“工作表”，然后单击“确定”按钮，在活动工作表之前添加新的空白工作表。该方法还可以插入自定义模板和在线模板。如图1-18所示。

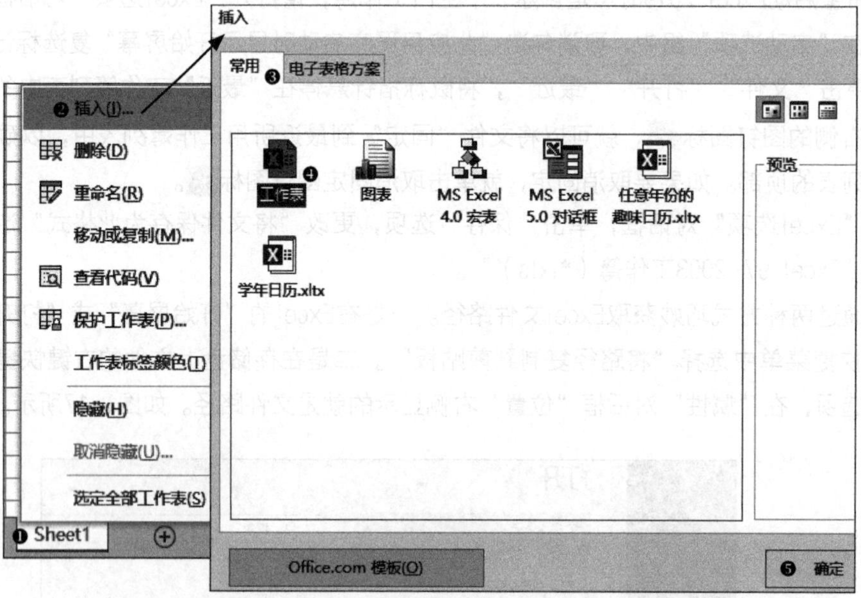

图1-18 插入新工作表

使用第三、四种方法时，如果在插入操作之前，选择了几张工作表，那么就会添加同等数量的几张新的空白工作表。

1.3.2 删除工作表就这么简单

破坏是把有序变为无序,建设是把无序变为有序。就像从1到100，有序排列状态只有2种，而无序排列有100×99×…×1-1种，所以必然是破坏容易建设难。删除工作表根本就没有什么难度。不再需要的工作表，可以通过以下两种方式删除。

一是选择要删除的一张或多张工作表，在工作表标签的右键快捷菜单中，选择“删除”命令。

二是在“开始”选项卡的“单元格”组中，在“删除”下拉菜单中选择“删除工作表”命令。

如果要删除的工作表没有数据，就会被直接删除；反之，会弹出一个警告框，告知“将永久删除”此工作表。如图1-19所示。

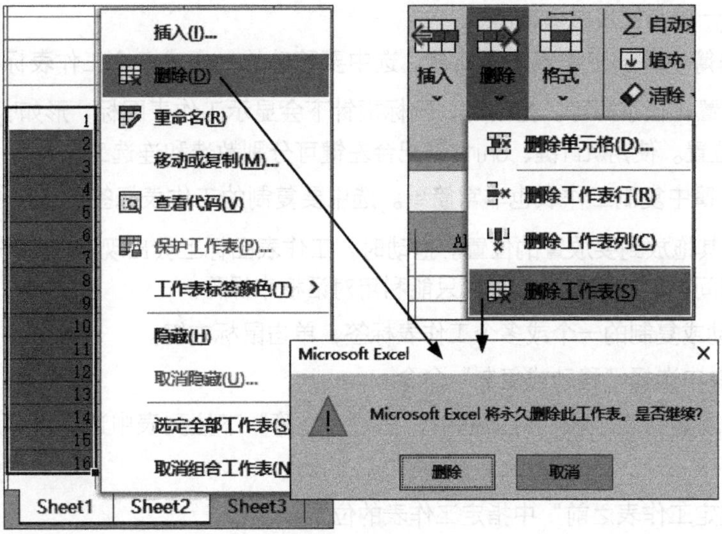

图1-19 删除工作表

1.3.3 重命名工作表要见名知意

新建的空白工作表，默认是以Sheet2、Sheet3 、Sheet4……来依次命名的。这种名称不具有说明性质，不便于查看和管理，可以更改为简短而有意义的名称。

可以双击工作表标签进行重命名，或者在工作表标签上单击右键，选择“重命名”选项，根据实际情况将工作表的名字改成具有标识性的名字。如图1-20所示。

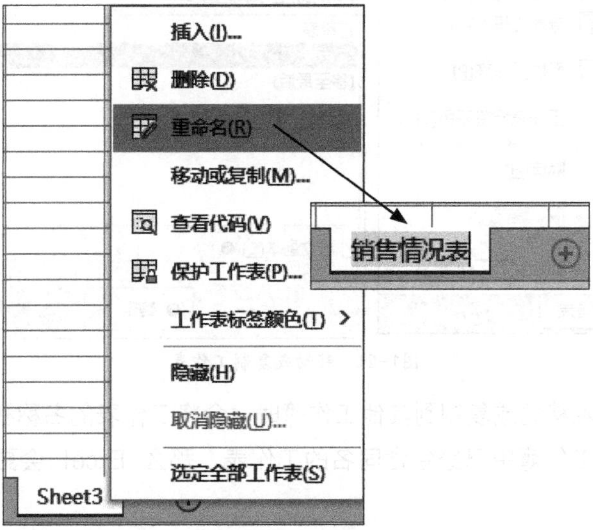

图1-20 工作表的重命名

工作表名称最多可包含31个字符，可以包含空格，但不能使用冒号、斜线、反斜线、方括号、问号、星号这几种字符。同一工作簿中的工作表的命名必须具有唯一性。

1.3.4 移动与复制工作表就两招

移动与复制工作表，在同一个工作簿中和在不同工作簿间，各有一招，能够使你轻松达成目的：一招叫拖动，一招叫使用对话框。

在同一个工作簿中移动工作表非常简单。选中要移动的一个或多个工作表标签，按住鼠标左键拖动到要放置的位置，松手即可。拖动时，鼠标指针下会显示工作表图标，形如或，并有一个倒三角小箭头▾引导位置。使用Ctrl键、Shift键配合左键可分别散选和连选工作表。

在同一个工作簿中复制工作表也非常简单。选中要复制的工作表标签，在按住 Ctrl键的同时，按住鼠标左键，将其拖放到要放置的位置。拖动时，工作表图标上会出现一个加号，形如。

在不同工作簿间移动或复制工作表，只能利用对话框来操作。

❶ 选中要移动或复制的一个或多个工作表标签，单击鼠标右键。

❷ 在快捷菜单中选择“移动或复制”命令。

❸ 在“移动或复制工作表”对话框中，在“工作簿”下拉列表中选择目标工作簿（可以包括自身）。

❹在“下列选定工作表之前”中指定工作表的位置。

❺如果是复制而不是移动工作表，则勾选“建立副本”复选框。反之则不勾选。

❻单击“确定”按钮。

如图1-21所示。

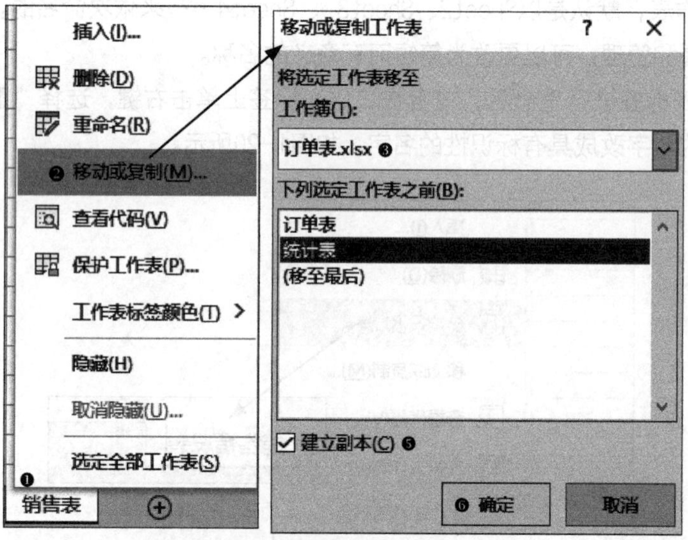

图1-21　移动或复制工作表

要注意，当将工作表移动或复制到其他工作簿时，会将工作表的名称和自定义格式全盘复制到目标工作簿。如果目标工作簿中已经包含同名的工作表，那么 Excel 会更改其名称，使其保持唯一性。

1.3.5 禁止操作工作表可以借助两把“锁”

禁止针对工作表本身的操作，比如插入、删除、移动、复制、重命名、取消隐藏工作表等，可以保护工作簿的结构。单击“审阅”选项卡，在“保护”组中单击“保护工作簿”，在“保护结构和窗口”对话框中确保勾选“结构”复选框，输入密码并单击“确定”按钮后，再次“确认密码”，如图1-22所示。要注意，这不是在设置打开文件的密码。

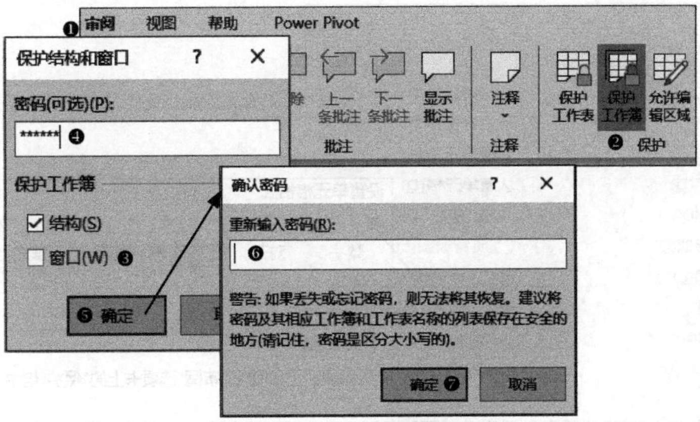

图1-22 保护工作簿的结构

禁止针对工作表结构、内容和格式的操作，可以保护工作表。选择“审阅”选项卡，在“保护”组中单击“保护工作表”命令，在“保护工作表”对话框的“允许此工作表的所有用户进行”中勾选允许的操作选项，输入密码并单击“确定”按钮后，再次“确认密码”，如图1-23所示。

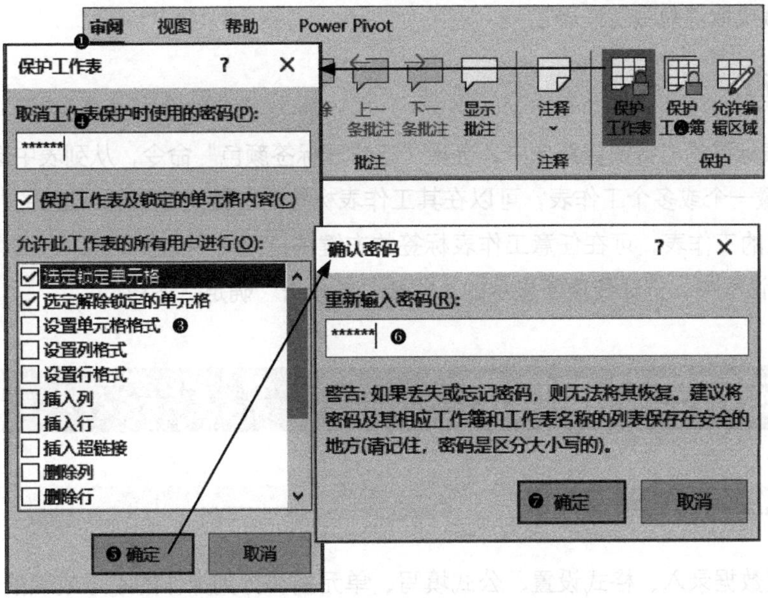

图1-23 保护工作表的结构、内容和格式

如果只允许用户编辑特定区域，可先选定允许用户编辑的区域，依次点击“审阅”“允许编辑区域”，以保护工作表的结构、内容和格式。如图1-24所示。

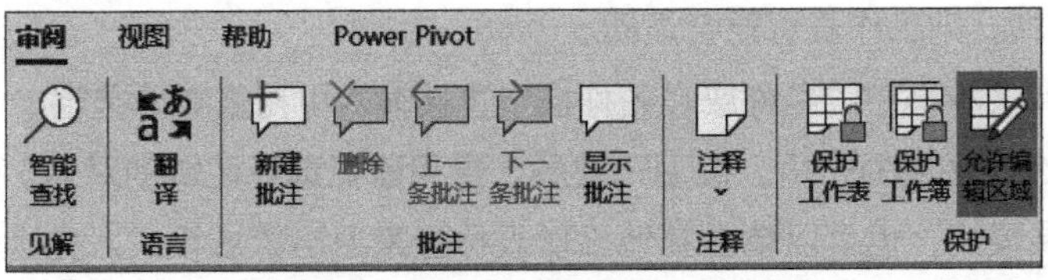

图1-24 设置允许用户编辑的区域

如果只保护特定区域，比如公式区域，可先全选整个工作表，在“单元格格式”对话框的“保护”标签下，取消勾选“锁定”复选框。然后使用F5键定位，在“定位条件”对话框中，选择“公式”单选按钮。再在“单元格格式”对话框的“保护”标签下，勾选“锁定”复选框。如图1-25所示。

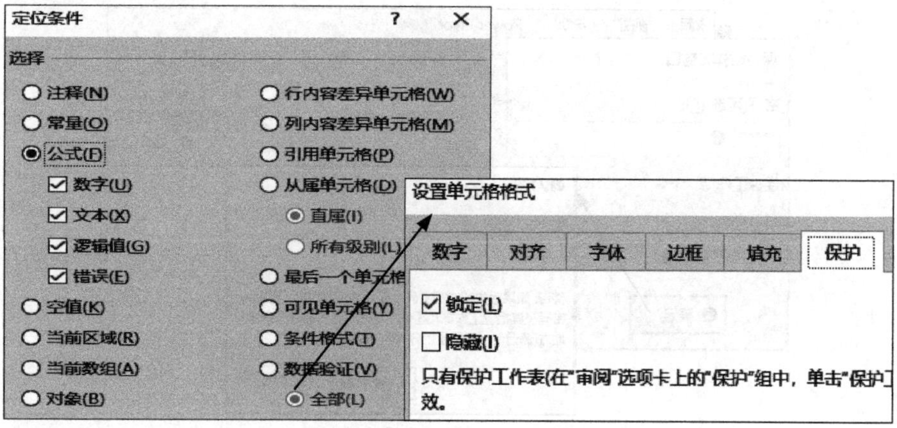

图1-25 设置只保护公式区域

【边练边想】

1. 如何更改工作表标签的颜色？

2. 如何隐藏或取消隐藏工作表？

【问题解析】

1. 在工作表标签的右键快捷菜单中，选择“工作表标签颜色”命令，从列表中选择一种颜色。

2. 若要隐藏一个或多个工作表，可以在其工作表标签的右键快捷菜单中选择“隐藏”命令。要取消隐藏已隐藏的工作表，可在任意工作表标签的右键快捷菜单中选择“取消隐藏”命令，然后在“取消隐藏”对话框中，选择要重新显示的工作表，并单击“确定”按钮。

1.4 玩转行与列的操作

1.4.1 选定区域相当考验基本功

选定区域是数据录入、格式设置、公式填写、单元格和行列操作的不可或缺的前提，是一项你需要频繁进行的工作，相当考验基本功。批量选择意味着批量处理，这无疑会显著提高职场办公效率。选定区域常用以下方法。

第1种方法是按下鼠标左键并拖动，然后释放鼠标。所选区域除左上角单元格外，会突出显示。如果拖动到窗口的四端，则工作表可能会滚动。

第2种方法是利用名称框中的名称或在名称框中直接输入引用来准确选定。

第3种方法是先选定区域的一角，按下F8键后，再用鼠标选择区域的对角。选择完毕后再次按F8键或按Esc键退出扩展模式，也可以单击其他工作表标签来退出扩展模式。先选定区域的一角，按住Shift键，再选定区域的对角，也能达到这种选定效果。这两种方式在选择大区域时较为方便，可结合滚动条操作。

第4种方法是使用“Ctrl+Shift+方向键”，可以选中数据区域中从活动单元格到区域四个顶点之间的区域。如果继续按方向键，还可以到达工作表的首行、末行、首列或末列。

第5种方法是活动单元格在数据表中时，使用“Ctrl+A”快捷组合键可选择整个数据表。活动单元格四周的单元格都无数据时，会全选整张工作表。

第6种方法是选中一个区域后，按住Ctrl键不松手，依次单击其他区域，这样可以选择不连续的多个区域。

第7种方法是单击行号或列标，可选择某一行或某一列。

第8种方法是在行号或列标上按住鼠标左键拖动，可以选择连续的行或列。也可以在选中第一行或第一列后，按住Shift键，再选择最后一行或最后一列。

第9种方法是选中一行或一列后，按住Ctrl键不松手，依次单击其他行或列，这样可以选择不连续的多行或多列。

第10种方法是单击行号和列标相交处的按钮，可以全选整张工作表。

第11种方法是使用Shift或Ctrl键选择连续或不连续的多张工作表后，再选择区域，这样可选择多表的相同区域。此时，多张工作表会构成“工作组”，标题栏会显示“组”字样。如果要让一个工作簿的所有工作表构成一个组，可以在工作表标签的右键快捷菜单中单击“选定全部工作表”命令。要退出“组”，一可以单击不在组中的任意工作表标签，二可以在“组”中的任意工作表标签的右键快捷菜单中单击“取消组合工作表”命令。

第12种方法是按F5键或单击“开始”“查找和替换”“转到”，在“定位”对话框中通过“引用位置”来选定区域。可在“定位”对话框中单击“定位条件”按钮，或单击“开始”“查找和选择”“定位条件”，打开“定位条件”对话框，然后选择特殊类型的区域。“查找和替换”下拉菜单中也有多种特殊类型。这些选项之间关系较为复杂，如图1-26所示。

第13种方法是先使用“Ctrl+F”快捷组合键或执行“开始”“查找和替换”“查找”命令，然后在“查找和替换”对话框中通过“查找内容”搜索框来选择。

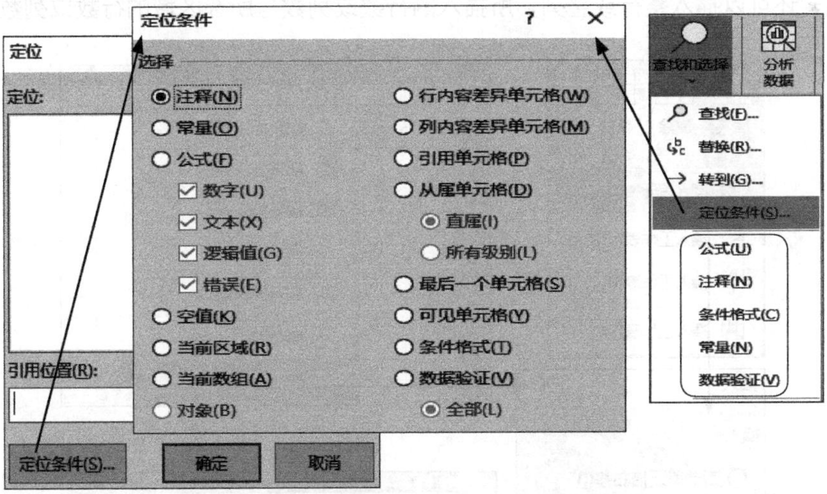

图1-26 定位、查找和选择等选项之间的交错关系

1.4.2 增删行列，熟能生巧

一个工作表有1048576行、16384列，不会因为插入或删除行列而增减。增删行列的操作不难，重要的是熟能生巧。

要插入新行，有两种方法。

一是选择一行或多行，在右键快捷菜单中选择“插入”命令。

二是选择一行或多行，然后单击“开始”“插入”“插入工作表行”。

两种方法都将在选中行的上方插入同等数量的行。如图1-27所示。

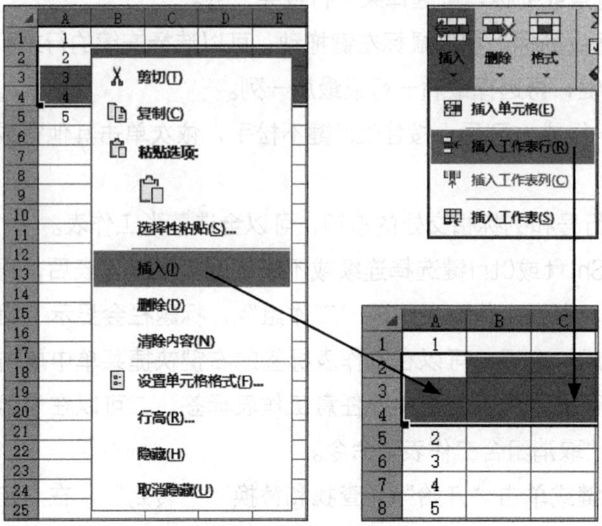

图1-27 插入行

插入列的方法同理，新列将被插在所选列的左侧。

除了插入行或列之外，还可以插入单元格。选择要在其中增加新单元格的区域，然后依次单击“开始”“插入”“插入单元格”。也可以在所选区域的右键快捷菜单中选择“插入”命令，再在“插入”对话框，指定活动单元格移动的方向，这样就会插入同等大小的区域（如图1-28所示）。利用此对话框，还可以插入整行或整列，所插入的行数或列数与所选区域的行数或列数相等。

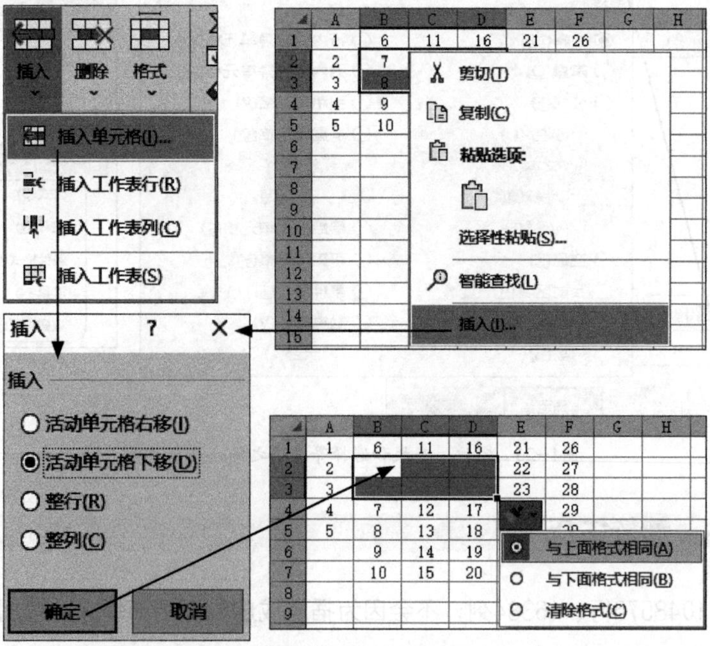

图1-28 插入单元格

删除行、列或单元格，与插入行、列或单元格的操作方法类似，只是需要选择“删除”命令而已。

1.4.3 调整行高列宽之法大同小异

1. 更改行高

行高默认是以印刷行业中的标准度量单位来衡量的，用像素来表示。默认行高取决于默认字体的高度，Excel会自动调整行高以容纳该行中的字号最大的字，从而使所有文本可见。

选择一行或多行后调整行高，有三种方法。

一是手动调整。将光标移到所选行当中一行的行号下边沿，当鼠标指针变成✛时，按住左键上下移动，直到达到所需高度为止。这种方法非常直观有效。

二是自动调整。将光标移到所选行当中一行的行号下边沿，当鼠标指针变成✛时，双击鼠标左键。这种方法非常快速，将根据字号大小自动调整行高。也可以依次点击“开始”“格式”“自动调整行高”来完成该任务。

三是精确调整。依次单击“开始”“格式”“行高”，在“行高”对话框中输入一个值(以点为单位)，如图1-29所示。

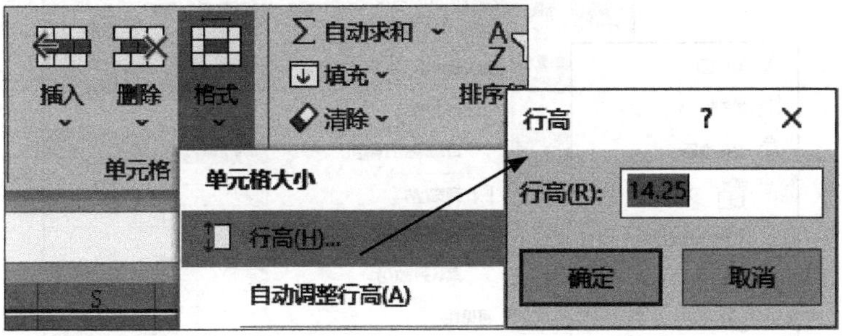

图1-29 精确调整行高

2. 更改列宽

列宽是以符合单元格宽度的等宽字体字符的数量来衡量的。默认情况下，每一列的宽度是8.43个单位，相当于64像素。

调整列宽与调整行高的方法类似。

要改变所有列的默认宽度，可以依次点击“开始”“格式”“默认列宽”，在“标准列宽”对话框输入新的默认列宽。未调整的所有列都将采用新列宽。如图1-30所示。

如果输入的数字很长，显示为井号（#），则需要手动更改列宽。

1.4.4 轻松隐藏或显示行列

在某些情况下，可能需要隐藏或显示特定的行或列，这一点很容易办到。

隐藏工作表中的行，有两种方法。

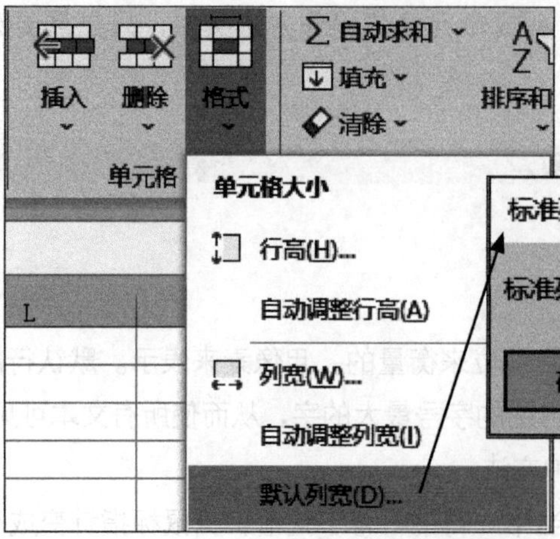

图1-30　调整默认列宽

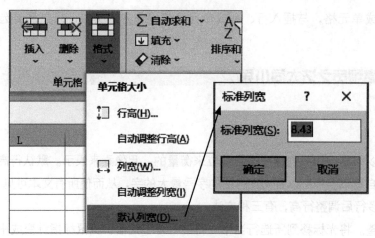

一是选择要隐藏的一行或多行后，在右键快捷菜单中选择“隐藏”命令。

二是选择要隐藏的一行或多行后，依次点击“开始”“格式”“隐藏和取消隐藏”“隐藏行”命令。

如图1-31所示。

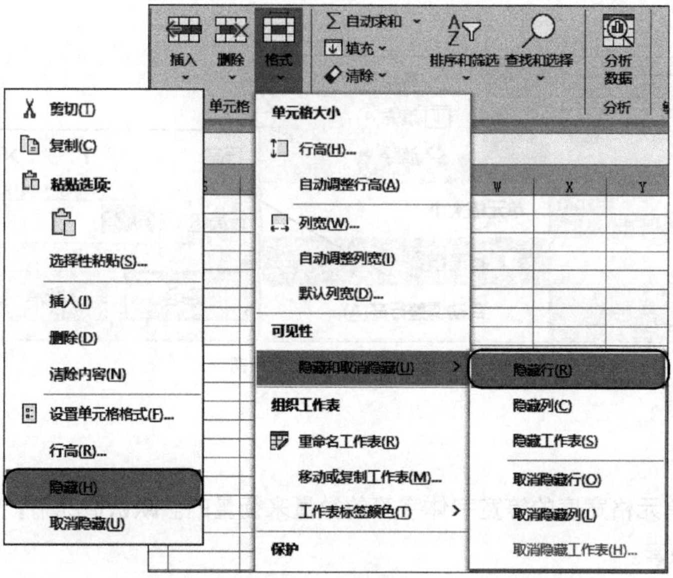

图1-31　隐藏行

隐藏行是将行高设为0。被隐藏行的相邻两行的行号之间会出现两条横线，将光标移动到该处，呈现⇹时，拖动之，可调整行高。

隐藏列同理。

取消隐藏行或列的方法同隐藏行或列的方法类似。

【边练边想】

1. 在Excel中使用快捷键会有事半功倍的效果，请收集整理一些屏幕移动的快捷键。
2. 如何利用鼠标滚轮实现屏幕自动滚动？

3. 复制、剪切、粘贴是较为常见的操作，除了常用的功能区命令、右键快捷菜单、快捷键（Ctrl+C复制、Ctrl+X剪切、Ctrl+V粘贴）外，可以使用拖放的方法进行复制或移动吗？

4. Excel中的数据区域的实质是什么？

【问题解析】

1. 屏幕移动的主要快捷键如下。

Ctrl+Home：定位到A1单元格。

Ctrl+End：定位到数据区域右下角的单元格。

Alt+Page Down：向右移动一屏。

Alt+Page Up：向左移动一屏。

Ctrl+↑：活动单元格移到首行。

Ctrl+↓：活动单元格移到末行。

Ctrl+←：活动单元格移到首列。

Ctrl+→：活动单元格移到末列。

2. 激活工作表后，按一下滚轮，并向任意方向移动鼠标，工作表将沿该方向自动滚动；如果要取消这项功能，就再按一下滚轮。

3. 要使用拖放操作进行复制，首先需要选择要复制的单元格或区域，将鼠标移动到选择项的边框上。当鼠标指针呈现时，按住Ctrl键不松手，这时鼠标指针旁边将显示一个小加号，变为。拖至新位置，还会有深色框线提示新位置。释放鼠标按键时，Excel就会复制一份新内容。要使用拖放操作移动所选区域，只需要在拖放时不按Ctrl键即可。

4. Excel中的数据区域，是指定位活动单元格后，按“Ctrl+A”或“Ctrl+Shift+8”组合键所选定的，由数据占据的连续行和连续列所组成的矩形平面，中间可以有空单元格，但绝对不能有空行或空列。

第2章

表格设计，顶层设计免后患

使用Excel的最高境界不是用复杂的方法去解决问题，而是用简单的方法解决复杂的问题，要做到这一点，就要依赖Excel表格良好的顶层设计和架构设计。高明的表格设计有助于高效地处理与分析数据。“胸中有丘壑”，高瞻远瞩，未雨绸缪，从一开始就能排除未来可能遇到的无休无止的隐患。

2.1 应知应会的Excel表格基础

2.1.1 Excel的各种表

认识表是制作表的基础和前提，Excel表格由多行多列的单元格组成，用于显示数字和其他项，快速引用和分析。

在Excel中，有正式表和过渡表（辅助列）之分。辅助列主要是在应用函数公式进行自动化处理时出现的，当从始表到终表的操作过于复杂，难以一步到位时，就需要过渡表来搭桥、摆渡了。

在正式表中，有普通表和所谓的“智表”之分。普通表是需要我们制作的表，表格中的项被组织为行和列，可以设置各种格式。“智表”是通过插入方式添加的表，是有一点“聪明”的表，包括“表格”和透视表。“表格”可以自带格式、自动扩展。这个名字的“站位”实在太高，严重影响了对其他表的恰当称谓，本书加引号称之。透视表可以灵活组织数据的纵横关系。图表则是源于数据表的图，只是借用了“表”的称呼。

在普通表中，可以从三个角度来对Excel表格进行区分。

从纵横关系看，有一维表、二维表之分。一维表的顶端行是标题（字段）行，下面是一行行的数据（记录），俗称“流水表”，一般向纵向发展，各列只包含一种类型的数据，符合数据库设计规范。一维表适用于存储数据，不适合阅读，但非常便于后期的排序、筛选、分类汇总和数据透视等。二维表既有行标题，又有列标题，具有纵、横两个方向，中间是由行、列定位的数据，信息浓缩，便于组织和直观表现数据，数据行数大大减少，适合打印、汇报。二维表深受用户喜爱，应用非常广泛，常用的成绩单、工资表、人员名单、价格表等属于二维表。

从总分关系看，有明细表（清单）、汇总表之分。前者一般为一维表，后者一般为二维表。

从上下关系看，有数据源表、报表之分，可以等同于明细表（清单）、汇总表。它们都是按用途来划分的。

Excel“表格”一般由普通的正式表创建，透视表一般在明细表（清单）、数据源表的基础上创建，属于二维表、汇总表、报表。

Excel正式表的分类如表2-1所示。

表2-1 Excel正式表分类

角度	普通表		智表
从纵横关系看	一维表	二维表	“表格” 透视表图表
从总分关系看	明细表（清单）	汇总表	
从上下关系看	数据源表	报表	

2.1.2 彻底弄懂一维表和二维表

一维表和二维表是Excel表格在维度上的表现。Excel天生“青睐”一维表。一维表是单一线状表，常被称为“流水线表格”。二维表有纵、横两个方向，是平面表。

如果搞不清一维表和二维表，就会导致表格设计思维混乱，出现非常多的问题，不仅令数据清洗事倍功半，而且即便动用不少的Excel技术，甚至高深莫测的函数公式，费尽九牛二虎之力，有时候也可能会收效甚微，甚至埋下隐患。

例2-1 请举例辨析一维表和二维表。

可以从四个方面辨析一维表和二维表。

一是看有无行列标题。一维表只有列标题，没有行标题。二维表既有列标题，又有行标题，中国人喜欢用斜线表头来标识行标题和列标题。如图2-1所示。

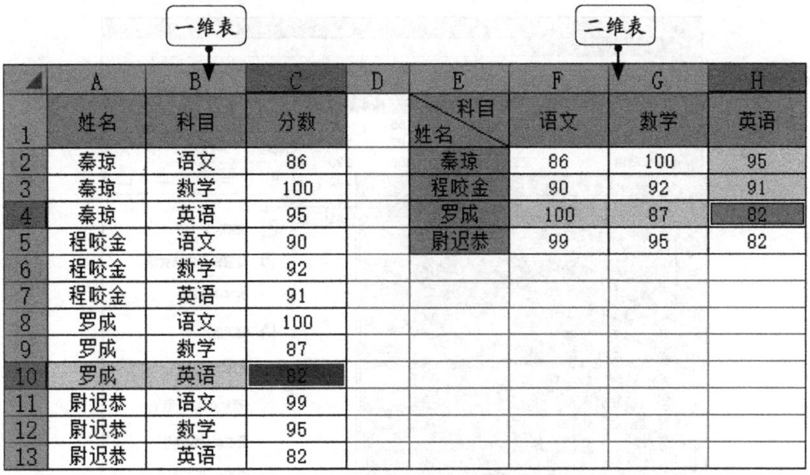

	A	B	C	D	E	F	G	H
1	姓名	科目	分数		科目 姓名	语文	数学	英语
2	秦琼	语文	86		秦琼	86	100	95
3	秦琼	数学	100		程咬金	90	92	91
4	秦琼	英语	95		罗成	100	87	82
5	程咬金	语文	90		尉迟恭	99	95	82
6	程咬金	数学	92					
7	程咬金	英语	91					
8	罗成	语文	100					
9	罗成	数学	87					
10	罗成	英语	82					
11	尉迟恭	语文	99					
12	尉迟恭	数学	95					
13	尉迟恭	英语	82					

图2-1 左图为一维表，右图为二维表

二是看一个数值需要用几个条件来定位。仅通过单行就能确定数值的，是一维表；必须通过行、列两个条件来定位的，是二维表。比如“罗成”的“英语”“分数”，在左图的表格中只看一行就能找到，这样的表格是一维表；而在右图的表格中，需要通过行、列坐标才能定位，这样的表格是二维表。

三是看列标题是否有同类标题。一维表没有同类列标题，二维表有同类列标题。左图没有同类列标题，所以判断为一维表。右图的“语文”“数学”“英语”属于同类列标题，也就是“科目”，所以判断为二维表。

四是看每一行能不能进行求和等计算。一维表的每一列是不同属性的参数，因而每一行不能进行求和等计算。二维表的列中有同类参数，因而每一行都可以进行求和等计算，比如计算各科成绩的总分。

2.1.3 二维表转一维表的两种方法

例2-2 如图2-2所示，请将这一与该奶品有关的二维表转为一维表。

	A	B	C	D	E
1	店名	纯牛奶	乳酸饮料	酸牛奶	奶茶
2	大林店	93	165	78	48
3	金井店	129	252	249	35
4	和平路店	5	167	382	114
5	新阳路店	260	73	82	205
6	解放路店	73	358	390	113

图2-2 奶品表

1. 利用数据透视表将二维表转为一维表

基于二维表创建多重合并计算数据区域的透视表后，就可以利用数据透视表轻松地将二维表转化为一维表。创建多重合并计算数据区域的透视表的方法参见第12章。

右击需要显示明细数据的汇总单元格。如果这里需要显示全部行字段和列字段项目的明细数据，就右击数据透视表右下角的总计单元格（行总计和列总计交叉处），即L10单元格。在右键快捷菜单中选择“显示详细信息”，就会弹出一个新工作表，显示全部明细数据，如图2-3所示。

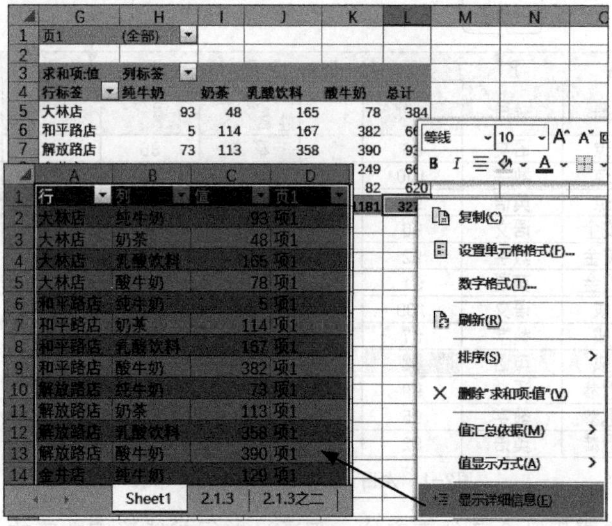

图2-3 显示全部明细数据

当然，也可以直接双击L10单元格以显示明细数据。

2. 利用Power Query将二维表转为一维表

❶ 选中二维表中的任意一个单元格，比如A1单元格。

❷ 单击“数据”选项卡。

❸ 在“获取和转换数据”组中，单击“自表格/区域”按钮。

❹ 在弹出的“创建表”中，保持默认设置，直接单击“确定”按钮。

❺ 在弹出的“Power Query编辑器”窗口中，点击第一列任意一个单元格。

❻ 单击“转换”选项卡。

❼ 在“任意列”组中，单击“逆透视列”下拉按钮。

❽ 在下拉列表中，单击“逆透视其他列”选项。

❾单击“开始”选项卡。

❿在“关闭”组中，单击“关闭并上载”按钮，完成转换，弹出一个新工作表。如图2-4所示。

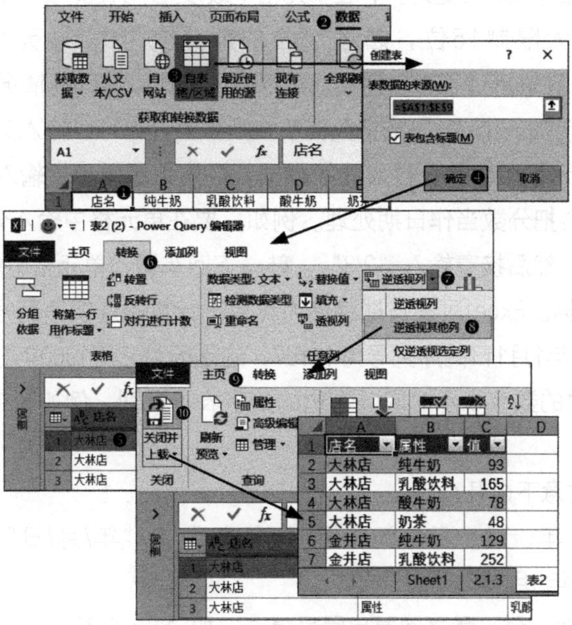

图2-4　利用Power Query将二维表转为一维表

注意，第❺～❼步也可以选择需要透视的列进行“逆透视”。

2.1.4 不可不知的Excel数据类型

数据类型是Excel非常重要的基础知识点。无论是新手还是老手，弄懂数据类型，对日后Excel的学习和操作都是至关重要的。

Excel单元格可以输入多种类型的数据，如文本、数值、日期、时间、逻辑值等，但根本的数据类型只有文本和数值。

1. 文本型数据。在Excel中，文本型数据包括汉字、英文字母、空格、符号等，每个单元格最多可容纳32000个字符。默认情况下，文本型数据自动沿单元格左边对齐。

当输入的字符串超出了当前单元格的宽度时，如果右边相邻单元格里没有数据，那么字符串会往右延伸；如果右边单元格有数据，超出的那部分数据就会隐藏起来，只有把单元格的宽度变大后才能显示出来。如果要输入的字符串全部由数字组成，如邮政编码、存折账号、身份证号码等，为了避免Excel把它按数值型数据处理，在输入时可以先输一个英文单引号“'”，再接着输入具体的数字。也可以先把单元格设置为文本格式，再输入纯数字串。如果已经输入纯数字串，再设置单元格格式，则是无效的。

当单元格中输入的是文本格式的数字时，单元格左上角会出现一个绿色三角，除非消除了它，因此不能看有无绿色三角来判断是否为文本型数字。文本型数字可以进行加减乘除四则运算，但不能使用函数计算，比如不能用SUM函数求和。选中几个文本型数字，在状态栏中只能看到“计数”字样，而不能看到“求和”字样。

可以使用ISTEXT函数检验数据是否为文本型数据，使用ISNUMBER函数检验数据是否为数值型数据。分列功能可以轻松地将数据的属性在文本型和精值型之间转换。

2. 数值型数据。在Excel中，数值型数据由0～9中的数字以及正号、负号、货币符号或百分号构成。在默认情况下，数值自动沿单元格右边对齐，在单元格中最多显示11位，如超过，则显示为科学计数。

Excel数字精度最大限制15位，超过15位的部分变为0。单元格可键入的最大数值为9.99999999999999E+307。在输入过程中，需要注意以下两种比较特殊的情况。

（1）负数：在数值前加一个“-”或把数值放在括号里，都可以输入负数。

（2）分数：要在单元格中输入分数形式的数据，应先在编辑框中输入“0”和一个空格，然后再输入分数，否则Excel会把分数当作日期处理。例如，要在单元格中输入分数“2/3”，先在编辑框中输入“0”和一个空格，然后接着输入“2/3”，敲一下回车键，单元格中就会出现分数“2/3”。

3. 日期和时间型数据。Excel可将日期存储为可用于计算的连续序列号。默认情况下，1900年1月1日的序列号为1，2021年1月1日的序列号为44197，这是因为它距1900年1月1日有44197天。若序列号中小数点有，那么右边的数字表示时间，左边的数字表示日期。例如，序列号0.5表示时间为1900年1月1日的中午12:00。

录入日期型数据要注意下面几点。

（1）输入日期时，年、月、日之间要用“/”“-”或“年/月/日”来隔开，如“2021-8-16”“2021/8/16”“2021年8月16日”。

（2）输入时间时，时、分、秒之间要用冒号隔开，如“10:29:36”。

（3）若要在单元格中同时输入日期和时间，日期和时间之间应该用空格隔开。

可以通过格式的调整使日期、时间和数值相互“切换”，合法日期会转化为整数，合法时间会转化为小数。这也是检验合法与非法的日期及时间的最便捷的方法。从本质上来说，日期和时间型数据是数值型数据。

分列功能可以轻松将文本类日期修改为合法日期。

4. 逻辑型数据。Excel中的逻辑型数据只有TRUE和FALSE两个值。在默认情况下，逻辑型数据在单元格中居中对齐。逻辑型数据是一类非常特殊的数据，它由字母组成，按理说应属于文本型数据，但逻辑值在很多时候是可以参与计算的，TRUE作为1、FALSE作为0参与计算。

【边练边想】

1. 请判断图2-5所示的表格是一维表还是二维表，请将其转换成另外一种维度的表。

	A	B	C	D
1	月份	地区	销量	销售金额
2	1月	北京	100	111
3	2月	天津	200	222
4	3月	上海	300	333
5	4月	重庆	400	444

图2-5 每月各地的销量和销售金额

2. 请设计一张学生注册信息登记表。

【问题解析】

1. 该表虽然有“销量”“销售金额”两列值，但属性完全不同，所以是一维表。转换成二维表后，如图2-6所示。

	F	G	H	I	J	K	L	M	N
1	地区	销量				金额			
2		1月	2月	3月	4月	1月	2月	3月	4月
3	北京	100				111			
4	天津		200				222		
5	上海			300				333	
6	重庆				400				444

图2-6　一维表转换成的二维表

2. 学生注册信息登记表如图2-7所示。

	A	B	C	D	E	F	G	H	I	J	K	L	M	N	O	P	Q	R	S	T	U
1	序号	学籍号	年级	班级	姓名	性别	身份证号	出生日期	出生地	籍贯	民族	政治面貌	户口所在地	家庭住址	学生电话	父亲姓名	父亲电话	母亲姓名	母亲电话	是否住校	备注
2																					
3																					
4																					

图2-7　学生注册信息登记表

2.2　不得不说的Excel重要规则

2.2.1 必须坚守的Excel表格规则

学过开车的人都有这样的经验：第一课必然学习交规和安全知识！下面的内容也具有这样的重要性，远胜于任何操作技巧，值得细细揣摩与把握。

Excel强大的数据处理与统计分析能力建立在一套规则的基础之上，无视规则可能会带来无尽烦恼。按照规则去做，在录入数据时可能会稍微有一些麻烦，但会给以后的数据处理提供很大的便利，只要配合简单的技巧及函数公式，就能轻松地完成各种统计。因此，必须坚守Excel表格的规则。

1. 要有良好的数据管理思想

在Excel中，从数据录入到加工，再到输出，有一个完整的流程，对其要有系统性、整体性的考虑。要将对数据的存储、输出等正确地转化为表格语言。

要考虑以后有没有筛选、汇总、透视的需求，如有，则要考虑根据业务性质、数据内容与种类分别建立明细表和汇总表。如果汇总难度大，还要考虑是否建立过渡表。根据用途确定类型后，再确定Excel表格的整体结构、布局。如果数据量少，内容简单，也就没有必要设计几张表了。

要避免制作杂而乱、大而全的表，因为这种表可能会给以后的汇总分析带来极大的困难。当然，也要避免信息过于零散的表。比如，销售表原本是按月建表的，一个月内又按天建表，这同样会大大增加以后工作的难度。正确的做法是增加一个“销售日期”字段。

2. 要科学合理地设计表格结构

作为数据源的明细表、清单、数据源表，可以不将标题放入工作表首行，在工作表标签中标识出来就可以了。标题行被称为表头，只有一行，建议不设计多层表头、斜线表头，忌用合并单元格，不强制换行，以便实施排序、筛选、汇总、透视等多种数据操作。当然，完成数据整理后使用多层表头、合并单元格等是没有问题的。

列标题也被称为列标签，借用数据库的说法就是字段。列标题数量不宜过多，文字要精练。列标题名不能重复，必须为非数字。

事物都有自己的内在发展顺序，因此要特别注意列标题的逻辑顺序，为什么成绩表中通常把学号或者姓名排在前面，为什么语文、数学、英语科目的成绩总是排列在其他科目成绩的前面，这都是有讲究的。

主要列标题排在前面，方便使用VLOOKUP等函数查找并引用数据。这样的逻辑顺序是不错的：如果添加少量的词，从左到右可以构成一个叙述性的语句，如某“月份”某“地区”的“销量”，那么这对在总结、报告中引用数据是有好处的，也便于人们的讨论交流。

设计一维表，必须一列一个属性。比如，日期不能按年份、按季度、按月份，甚至按天数再分成多个字段。又比如，数据不能带单位，如果某列数据的单位是统一的，就在列标题中注明；如果单位不是统一的，就单独设计一个“单位”列。要记住，合并数据比拆分数据简单多了。如果批注多，可以单独设计一个“备注”列，便于查找替换和其他批量操作。

第一列最好作为序号列，内容为流水码，便于查看记录数和用于排序后的还原。

不要添加多余的合计行，如要设计合计行，不妨放在列标题下，不要在表的最下方设置合计行和说明性文字，便于在尾部新增数据。

避免空行空列隔断数据，便于自动确定操作范围。也不要在中间设置多余的小计行，这会影响数据连续性。

为便于统计和汇总数据，同类数据要放在同一工作表，下发给下级部门的相同表的格式必须保持相同。

3. 要规范准确地录入数据

要做到同物同名称，也就是说某对象只能有一个名称，在表的任何地方都要保持一致，不能自以为是随意改名，便于数据引用。“大专”不是“专科”，“小丽”和“晓丽”不是同一个人，“3班”和“三班”不是同一个班。

表中的各类数据要使用规范的格式，同一列数据的格式要一致。比如数字的格式一般为“常规”，一旦采用这种格式，就不能再添加文本型数字。日期型数据一般不能采用“20210106”“2021.1.6”“21.1.6”等不规范的格式，除非在后期用一定的手段进行处理。

文本型数据中不要轻易使用空格，不要试图使用空格来对齐数据，对齐的问题通过对齐方式来解决。

如果要导入数据，先清理其中的垃圾，比如特殊字符、空格。

所有数据只输入一次，需要的时候使用函数公式对其进行引用，而不是再次输入相同的内容。

标识数据尽量使用条件格式实现自动化处理，数据计算尽量使用函数自动计算，减少手工操作。

4. 要对表格进行美化设计

要通过对表的行高、列宽、字体、字号、颜色、框线、对齐方式、单元格格式等的设计，保证数据的易读性和表的美观大方。各列对齐方式可以不同，但每列的单元格的对齐方式要统一。

总之，要从全局着想，做好顶层设计，不要自己为自己挖坑、设障，自己给自己找麻烦，学会“偷懒”，提高效率。

例2-3 请分析图2-8所示的来款情况表在设计上的问题（隐藏了部分行）。

	A	B	C	D	E	F	G	H	I	J	K	L	M	N	O	P	Q	R	S	T	U	V	W	X	Y	Z	AA	DP	DQ	DR	DS
1	年份	月份	周	日期	合同号	客户名称	来款地区	所属分厂	序号	来款性质	来款情况说明	币种	到账金额	结汇/到账日期	结汇/国内来款金额	单色系列												花纹板			
2																1.8厘米				2厘米				3厘米				3厘米			
3																原销售价	正常出厂价	实际成交价	申请下单价	原销售价	正常出厂价	实际成交价	申请下单价	原销售价	正常出厂价	实际成交价	申请下单价	原销售价	正常出厂价	实际成交价	申请下单价
4																															
5																															

图2-8 修改前的来款情况表

该表主要存在多行标题、合并单元格、多列日期、序号列插在中间、注释多但未单独设列等问题。可修改为图2-9所示的表格，“序列”“尺寸”列设置数据验证。

	A	B	C	D	E	F	G	H	I	J	K	L	M	N	O	P	Q	R	S
1	序号	日期	合同号	客户名称	来款地区	所属分厂	来款性质	来款情况说明	币种	到账金额	结汇/到账日期	结汇/国内来款金额	序列	尺寸	原销售价	正常出厂价	实际成交价	申请下单价	备注
2																			
3																			
4														1.8厘					
5														2厘米 3厘米					
6																			
7																			

图2-9 修改后的来款情况表

例2-4 试分析图2-10所示的多行标题和合并单元格会给后续的数据处理与分析带来怎样的麻烦。

一是导致套用表格样式出错。

为Excel表格套用表格样式后，第1行会被默认为标题行。如果表格拥有多个标题行（多行表头），那么套用表格样式后，表格标题行会出错，而且表格样式可能不会应用于表格中。如图2-11所示。

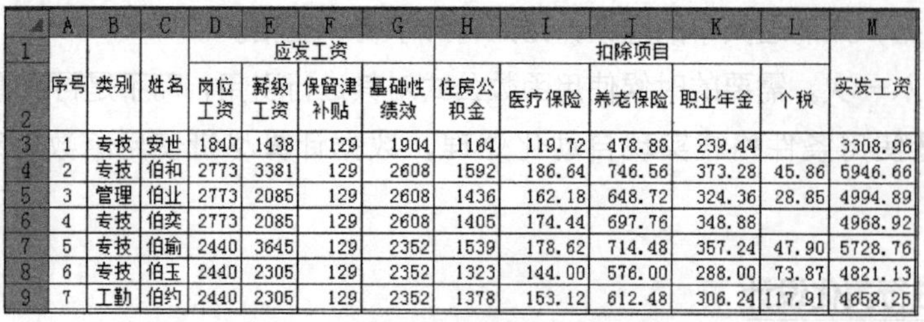

	A	B	C	D	E	F	G	H	I	J	K	L	M
1	序号	类别	姓名	应发工资				扣除项目					实发工资
2				岗位工资	薪级工资	保留津补贴	基础性绩效	住房公积金	医疗保险	养老保险	职业年金	个税	
3	1	专技	安世	1840	1438	129	1904	1164	119.72	478.88	239.44		3308.96
4	2	专技	伯和	2773	3381	129	2608	1592	186.64	746.56	373.28	45.86	5946.66
5	3	管理	伯业	2773	2085	129	2608	1436	162.18	648.72	324.36	28.85	4994.89
6	4	专技	伯奕	2773	2085	129	2608	1405	174.44	697.76	348.88		4968.92
7	5	专技	伯瑜	2440	3645	129	2352	1539	178.62	714.48	357.24	47.90	5728.76
8	6	专技	伯玉	2440	2305	129	2352	1323	144.00	576.00	288.00	73.87	4821.13
9	7	工勤	伯约	2440	2305	129	2352	1378	153.12	612.48	306.24	117.91	4658.25

图2-10　有多行标题和合并单元格的表

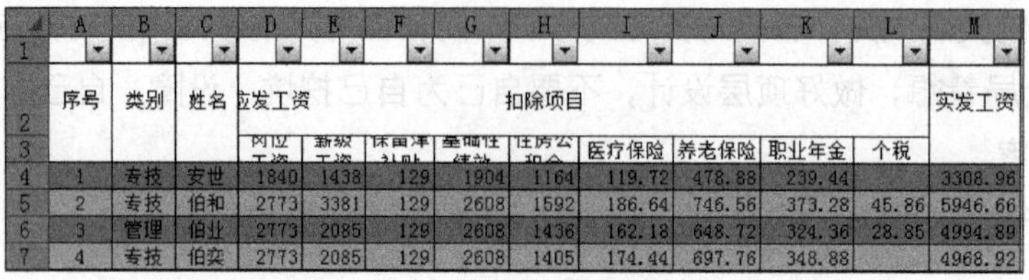

	A	B	C	D	E	F	G	H	I	J	K	L	M
1													
2	序号	类别	姓名	应发工资				扣除项目					实发工资
3				岗位工资	薪级工资	保留津补贴	基础性绩效	住房公积金	医疗保险	养老保险	职业年金	个税	
4	1	专技	安世	1840	1438	129	1904	1164	119.72	478.88	239.44		3308.96
5	2	专技	伯和	2773	3381	129	2608	1592	186.64	746.56	373.28	45.86	5946.66
6	3	管理	伯业	2773	2085	129	2608	1436	162.18	648.72	324.36	28.85	4994.89
7	4	专技	伯奕	2773	2085	129	2608	1405	174.44	697.76	348.88		4968.92

图2-11　在套用表格样式时标题行出错

二是影响排序。

对多行表头的数据进行排序时，如果多行表头有合并单元格存在，那么通过“升序”或“降序”按钮进行排序时，会弹出一个警告框，提示“若要执行此操作，所有合并单元格要大小相同。”如图2-12所示。

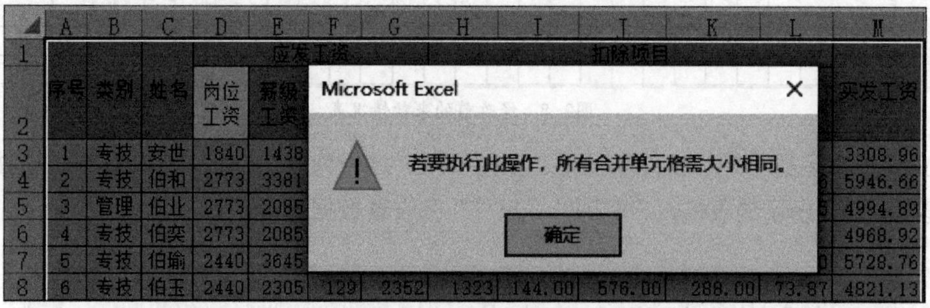

图2-12　合并单元格不能排序

也就是说，要执行排序操作，必须取消单元格的合并，但取消单元格合并后，如果还是多行表头，那么执行排序操作后，表头可能被排在最后，多行表头可能被分成多行来排列，如图2-13所示。

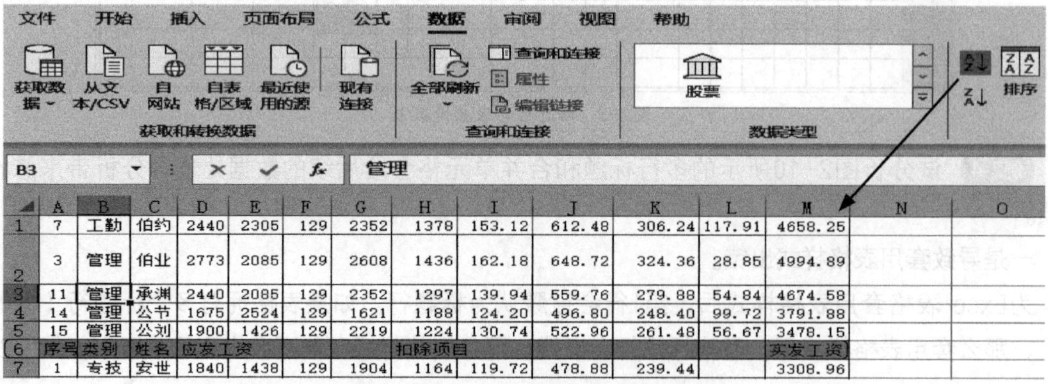

	A	B	C	D	E	F	G	H	I	J	K	L	M
1	7	工勤	伯约	2440	2305	129	2352	1378	153.12	612.48	306.24	117.91	4658.25
2	3	管理	伯业	2773	2085	129	2608	1436	162.18	648.72	324.36	28.85	4994.89
3	11	管理	承渊	2440	2085	129	2352	1297	139.94	559.76	279.88	54.84	4674.58
4	14	管理	公节	1675	2524	129	1621	1188	124.20	496.80	248.40	99.72	3791.88
5	15	管理	公刘	1900	1426	129	2219	1224	130.74	522.96	261.48	56.67	3478.15
6	序号	类别	姓名	应发工资				扣除项目					实发工资
7	1	专技	安世	1840	1438	129	1904	1164	119.72	478.88	239.44		3308.96

图2-13　取消合并单元格后表头参与排序

三是影响筛选。

对多行表头执行筛选操作后，Excel将只会在多行表头的第1行添加筛选下拉按钮，而且只会在合并的单元格右侧添加筛选下拉按钮。不存在合并单元格的列，可以正常执行筛选操作；存在合并单元格的列，将不能正常执行筛选操作，只能对合并单元格下的第1列进行筛选操作，而且除第1行表头外，其余标题行的列标题还会被视为筛选值，纳入筛选的唯一值列表中。如图2-14所示。

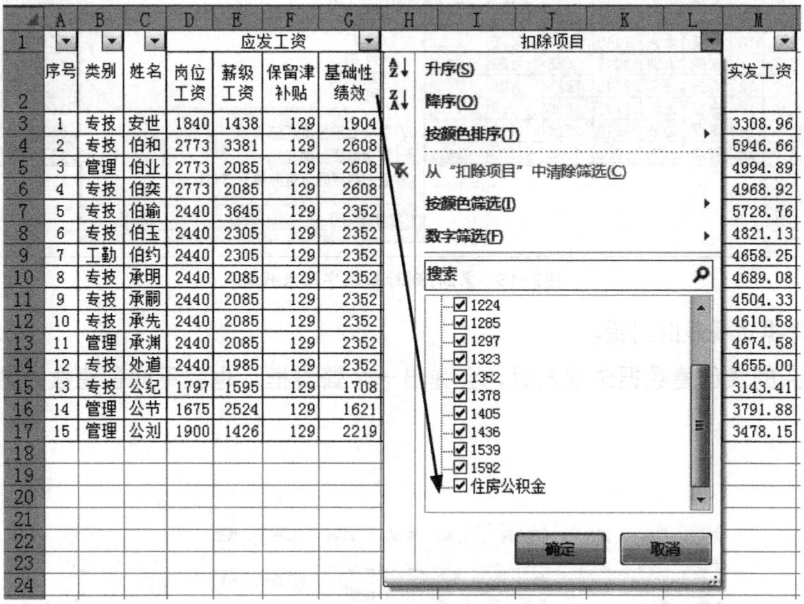

图2-14　多行表头和合并单元格影响筛选

四是影响分类汇总。

对多行表头的表执行分类汇总操作后，会弹出一个警告框，提示“Microsoft Excel无法确定当前列表或选定区域的哪一行包含列标签，因此不能执行此命令。”如图2-15所示。

就算单击“确定”按钮能打开“分类汇总”对话框，但在“选定汇总项”列表框中也只会出现第 1 行列标题，第 2 行列标题将会以字母来代替，如图2-16所示。

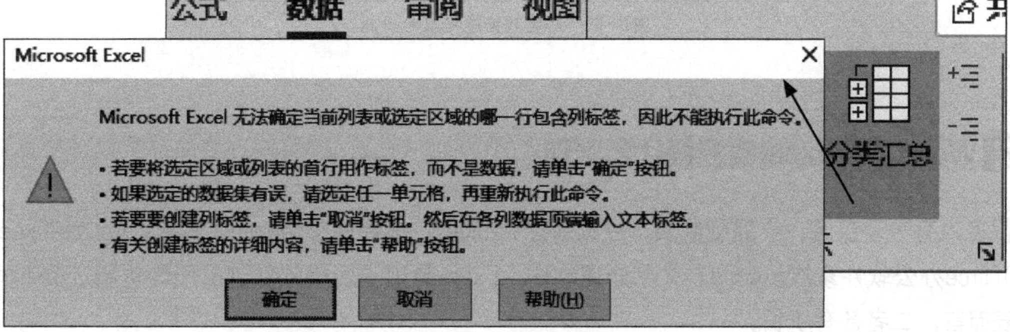
公式 数据 审阅 视图
Microsoft Excel
Microsoft Excel 无法确定当前列表或选定区域的哪一行包含列标签，因此不能执行此命令。
• 若要将选定区域或列表的首行用作标签，而不是数据，请单击“确定”按钮。
• 如果选定的数据集有误，请选定任一单元格，再重新执行此命令。
• 若要要创建列标签，请单击“取消”按钮。然后在各列数据顶端输入文本标签。
• 有关创建标签的详细内容，请单击“帮助”按钮。
确定
取消
帮助(H)
分类汇总
图2-15　多行标题影响分类汇总

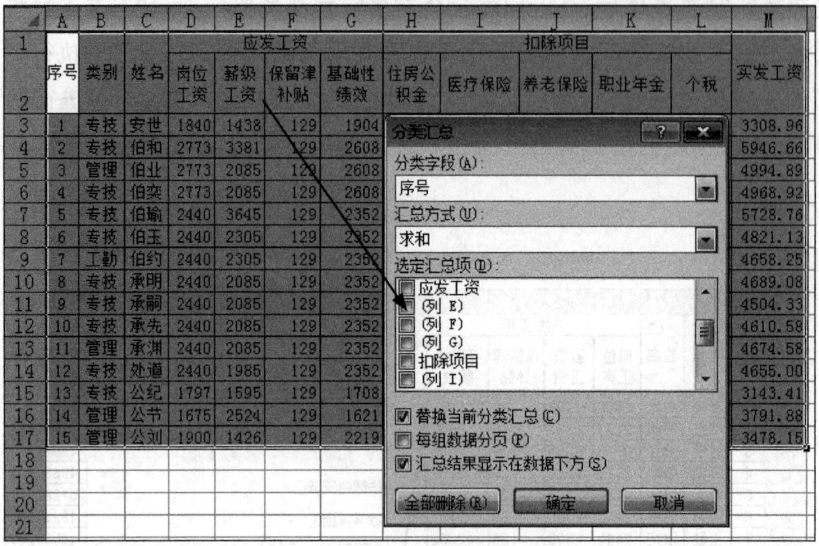

图2-16　第2行列标题以字母来代替

五是创建数据透视表时出错。

为多行表头的表创建数据透视表时，会弹出一个警告框，也就不能创建数据透视表了，如图2-17所示。

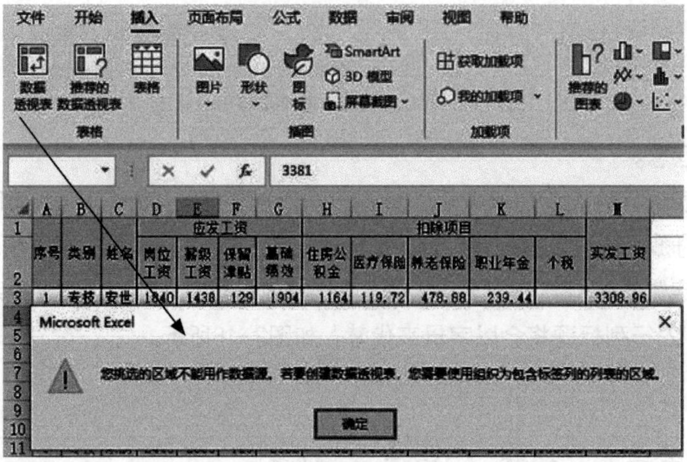

图2-17　创建数据透视表时出错

2.2.2 Word表和Excel表格有什么区别

很多人有一个误区，一提到制表，立刻就想到Excel，选择性忽略Word。其实，Word和Excel都隶属于Office办公软件家族。Word是文字处理软件，Excel是电子表格软件。由于其功能定位不同，所以就表而言，二者各有所长。

Word的表格通过插入和绘制的方法产生，类似于图形。Word的计算功能很弱，强项是文字排版，更适合制作偏重文字的表，尤其擅长制作单元格大小、排列不规则的表，可以做出各种复杂效果，比如申请表、简历表，如图2-18所示。

申请单位（盖章）：　　　　申请人：　　　　电话：

工程名称			使用地点			
使用单位			项目经理			
设备名称		规格型号		设备高度（米）	首次安装	30米
制造厂家					最终使用	107米
产权单位			产权积案编号	云 KMxsq-s-00008		
安装单位			资质等级	D35036991		
现场安装负责人			安装起止时间			
检测机构		资质证书编号		项目检测负责人		
检测报告编号		检测报告日期		检测结论	合格	
安装及使用作业人员	姓名	工种	岗位证号	姓名	工种	岗位证号
安装单位意见	技术负责人（签字）（盖章） 年 月 日			使用单位意见	技术负责人（签字）（盖章） 年 月 日	
监理单位意见	项目负责人（签字）：（盖章） 年 月 日					
登记机构审核意见	审核人（签字）（盖章） 年 月 日			审批人（签字）（盖章） 年 月 日		
使用单位编号						

图2-18 申请表

Excel数据存储于单元格，单元格由行和列交叉而成，单元格的多少是给定的，不是人为画上去的。在单元格中填写数据，单元格就被激活（被使用）。Excel提供了填充、分列、排序、筛选、条件格式、数据验证、删除重复项、合并计算、模拟运算、分类汇总、数据透视表等实用工具，并提供了400多个函数用于工程、财务、逻辑、文本、信息、统计、数学、日期、时间等大量数据的处理，还可以根据数据生成图表，以及使用Excel平台的VBA等功能。Excel是一款优秀的数据处理软件，适合制作规则表，尤其擅长处理、统计和分析数据，对几万行、甚至上百万行数据进行处理都不在话下，而这对于Word是难以想象的。而且Excel可以通过用函数公式引用单元格，实现计算结果的动态更新，这一点是Word望尘莫及的。

所以，需要进行数学计算、统计分析或单元格引用的表，最好在Excel中制作，不怎么需要计算的表则可以在Word中制作。图2-18中的表如果要引用Excel表格中的一些数据，就最好在Excel中做，否则老老实实地在Word中做就好。网上和一些Excel书附带的部分所谓的Excel模板，其实是Word表的翻板，只是将文字搬到了Excel表上，真没有什么意思。

之所以不建议在Excel中制作仅仅为了阅读的格式复杂的文字性表，关键原因还在于制表的困难和麻烦。试想一下，当发现某处少了一个单元格时，为了增加这个单元格，势必要进行“插入行”“插入列”的操作，而这样操作的话，其他地方又会产生多余的单元格，不得不多次进行“合并单元格”的操作。这样一来二往，就在不断地做调整表格的工作，非常费时费力。而在Word中制作这类表，就没有这样的烦恼事，因为Word中的任何一个单元格都可以拆分，想拆分多少行多少列都是易如反掌的事，而且还可以随心所欲地绘制表格。

例2-5 如图2-19所示的年度考核表适合在Excel还是Word中制作？

姓名		性别		文化程度	岗位类别及等级		政治面貌		
出生年月			参加工作时间						
职务		职称			任现职时间				
工作单位									
个人总结（述职）									
分管领导等次意见	该同志 学年度被确定为 签名： 年 月 日				考核小组审核意见	该同志 学年度被确定为 签名： 年 月 日			
单位负责人	该同志 学年度被确定为 签名： 年 月 日								
被考核人意见	签名： 年 月 日								
组织人事部门审核意见	年 月 日								

图2-19 年度考核表

该表内容、格式复杂，多处采用了合并单元格，也无须计算或引用，最好在Word中制作。

【边练边想】

1. 请制作一张调动申请表，并谈一谈这张表适合在Word还是在Excel中制作。
2. 请制作一张学习成绩登记表，并谈一谈这张表适合在Word还是在Excel中制作。

【问题解析】

1. 调动表内容、格式复杂，最好在Word中制作，如图2-20所示。

姓名		性别		民族		籍贯		年龄		参加工作时间	
本人身份	管理人员（）工人（）专技人员（）			政治面貌		最高学历		何种教师资格			
全日制毕业院校及专业				职称及岗位等级				联系电话			
现工作单位及职务						拟调入单位					
调动理由											
调动单位人员编制经费形式	项目单位	编制总数	其中			实有人员	其中			单位性质及经费形式	
			行编	事编	工勤		行编	事编	工勤		
	调出单位										
	调入单位										
本人学习工作简历											
有何特长											
近三年考核及奖惩											
家庭主要成员及主要社会关系	称谓	姓名	年龄	工作单位及职务(职称)							
调入学校意见	（盖章）年月日					调出学校意见	（盖章）年月日				
调入学校教管中心意见	（盖章）年月日					调出学校教管中心意见	（盖章）年月日				
区教委意见	(盖章)年月日										
区人社局意见	(盖章)年月日										

图2-20 调动申请表

2. 成绩登记表需要统计分析，更适宜在Excel中制作，如图2-21所示。

	A	B	C	D	E	F	G	H	I	J	K	L	M	O	P	Q
1	序号	班级	学号	学生	语文	数学	英语	物理	化学	生物	政治	历史	地理	总分	班名次	级名次
2																
3																
4																
5																

图2-21 成绩登记表

第3章 格式设置，锦上添花巧装扮

“人靠衣装马靠鞍”，如果说数据是“人”和“马”，那么单元格格式就是“衣装”和“鞍鞯”。“人”和“马”披金戴银，打扮得当，就会变得漂亮无比，甚至脱胎换骨。

为了增加Excel表格的吸引力和可读性，让人更欣赏和更容易理解表格，很有必要为表格设置一些格式，进行必要的美化，以达到锦上添花，甚至画龙点睛的效果。

要设置单元格格式，务必在设置前选择要设置的单元格或区域。可以在工作的任何阶段，给任何区域设置单元格格式。可以按F4键重复上一步格式设置，十分便捷。

3.1 单元格格式的基本设置

单元格格式设置包括字体设置、数字格式设置、对齐方式、绘制框线等，本节不包括数字格式自定义设置的相关内容。

3.1.1 单元格格式设置的三大工具

熟练运用Excel格式工具，就可以很轻松地设置比较简单的格式。

1.“开始”选项卡功能区。功能区有“字体”“对齐方式”“数字”“样式”“单元格”等分组，就像一个工作台一样，常用的格式工具分类摆放，井然有序，非常直观，方便使用。有一些按钮有下拉列表供选择。如图3-1所示。

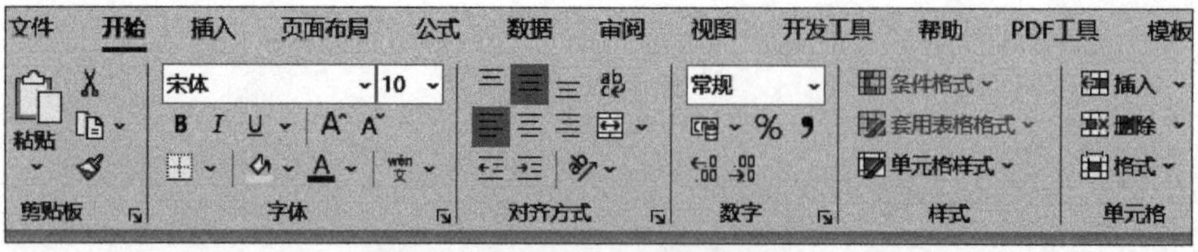

图3-1 “开始”选项卡功能区

2.右击时出现的浮动工具栏。在单元格或数据区域中单击鼠标右键，在单击之处的上方或下方总会出现一个浮动工具栏。浮动工具栏包含了“开始”选项卡功能区中最常用的命令。使用浮动工具栏时，快捷菜单就会消失，但浮动工具栏仍保持显示；要使浮动工具栏不再显示，只需要单击任一单元格或按Esc键，如图3-2所示。

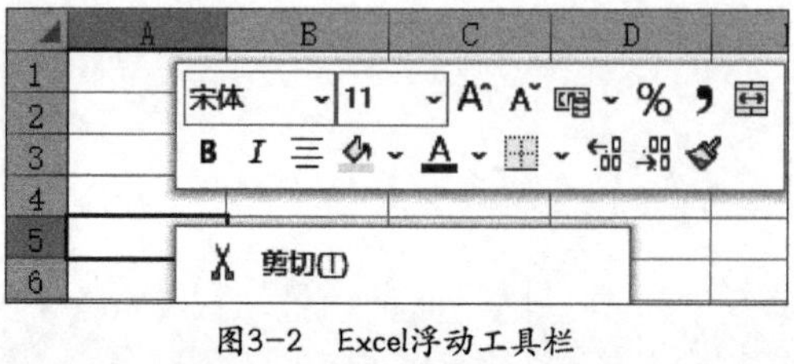

图3-2 Excel浮动工具栏

3. “单元格格式设置”对话框。相比“开始”选项卡功能区和浮动工具栏，该对话框的功能更为全面，包括“数字”“对齐”“字体”“边框”“填充”“保护”等6个标签，各有相应的设置，如图3-3所示。

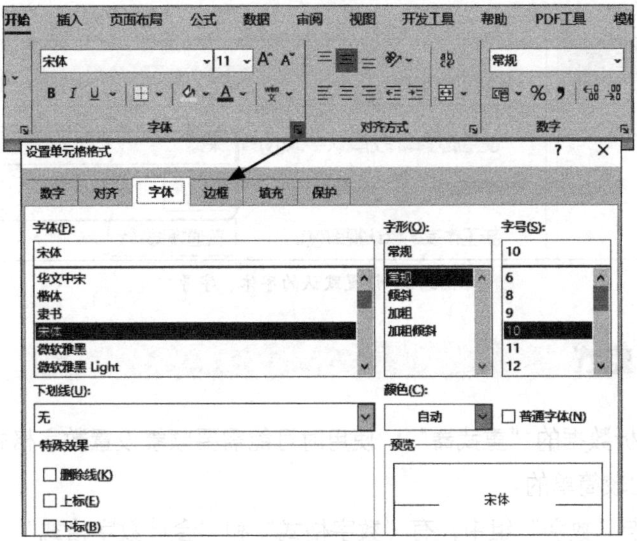

图3-3 “单元格格式设置”对话框

打开“单元格格式设置”对话框有多种方法。

一是按“Ctrl+1”组合键，会自动进入关闭前“单元格格式设置”对话框打开的标签。

二是利用“开始”选项卡功能区各分组的对话框启动器，自动进入“单元格格式设置”对话框中对应的标签。

三是在单元格或区域的右键快捷菜单中，选择“设置单元格格式”选项。

四是点击功能区某些下拉列表中的选项。比如依次点击“开始”“边框”“其他边框”，就能进入“单元格格式设置”对话框的“边框”标签。

3.1.2 字体设置也可以熟能生巧

字体设置包括字体、字号、形状、颜色、划线、拼音等设置，操作简单，可以熟能生巧。比如，在字号设置中，可以直接选择字号，也可以逐一“增大字号”“减小字号”，三个按钮配合工作。单元格中的文本内容可以使用多种字体设置。

例3-1 请着重显示“重庆长江大桥”中的“重庆”。

选中要设置格式的“重庆”二字，然后应用格式，如图3-4所示。

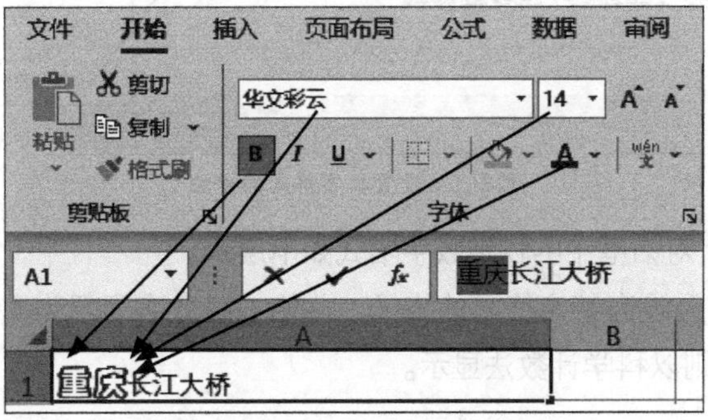

图3-4 对特定文本应用字体设置

如果经常在Excel中使用某一字体、字号，就完全有必要“定制”字体、字号，这就可以一劳永逸地提高后续工作的效率。Excel默认的字体、字号在“Excel选项”对话框中设置，如图3-5所示。

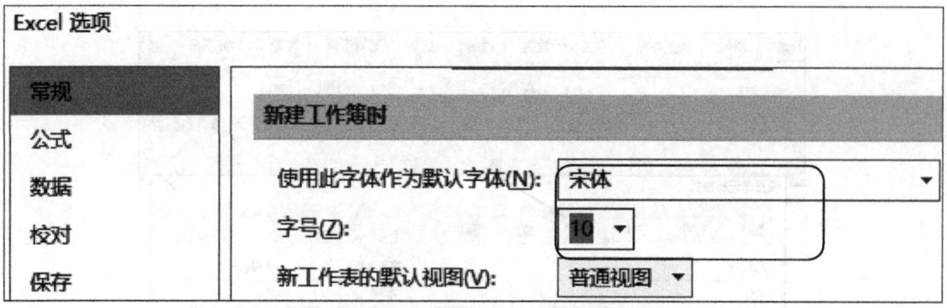

图3-5 设置默认的字体、字号

3.1.3 数字的12个格式

Excel是处理和分析数据的“重武器”，使用时可能需要频繁设置数字格式。若非自定义数字格式，则该工作一般是比较简单的。

在“开始”选项卡“数字”组中，有“数字格式”和“会计数字格式”下拉按钮，前者有11个选项。还有“百分比样式”“千位分隔样式”“增加小数位数”“减少小数位数”等4个按钮。单击“数字”组对话框启动器可以打开“设置单元格格式”对话框，直接进入“数字”标签。该对话框包含12大类可供选择的数字格式。如图3-6所示。

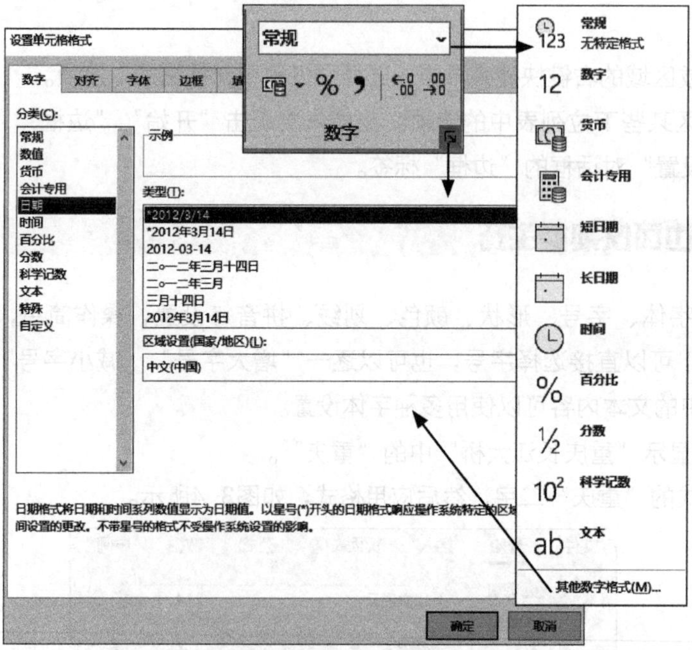

图3-6 设置数字格式的方法

“设置单元格格式”对话框中的12种数字格式如下所示。

常规。默认格式，实为没有特定格式的格式。此格式将数字显示为整数、小数，当数字长度太长而超出单元格宽度时，则以科学计数法显示。

数值。允许指定小数位数、是否使用系统千位分隔符分隔千位和负数格式的显示方式。

货币。允许指定小数位数、货币符号以及负数格式的显示方式。该格式总是使用系统千位分隔符分隔千位。

会计专用。与“货币”格式的不同之处在于，无论数据有多少位，货币符号总是垂直对齐，总是使用千位分隔符分隔千位。

日期。允许从多种日期格式中选择，可以设定选用不同区域的日期表达。

时间。允许从多种时间格式中选择，可以设定选用不同区域的时间表达。

百分比。允许选择小数位数，将总是显示百分比符号。

分数。允许从9种分数格式中选择。

科学计数。用指数符号（字母E）显示数值，如2.10E+05=210000。字母E左侧要显示的小数位数是可以选择的。

文本。应用该格式时，Excel将把数据作为文本进行处理(即使该数据看起来像是数值)。适用于超过11位的银行卡号、身份证号码等数字编号。

特殊。包含邮政编码、中文小写数字与中文大写数字。

自定义。允许自定义不包含在其他任何分类中的数字格式。

例3-2 如何让利润数据更好阅读?

选择利润区域，打开“设置单元格格式”对话框，选择“会计专用”选项，在“货币符号”下拉列表中选择“无”。如图3-7所示。

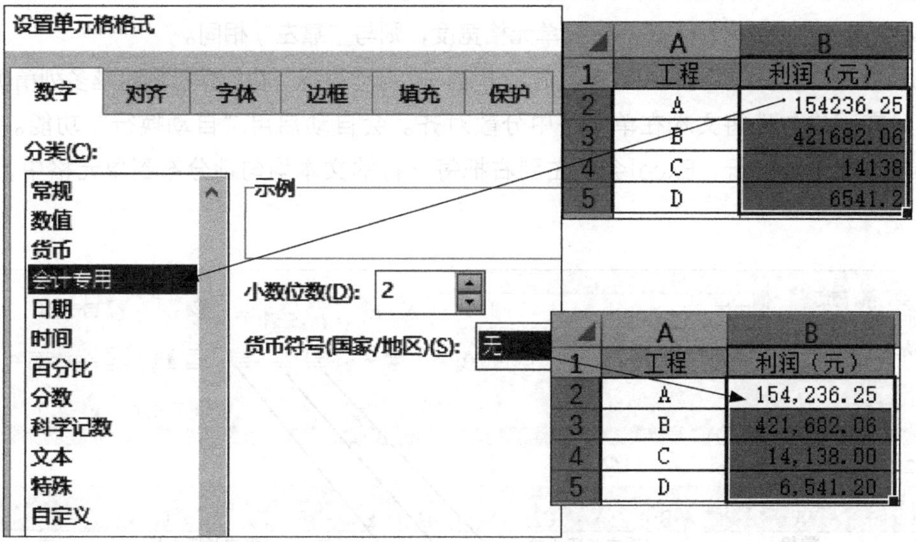

图3-7 为利润数据设置格式

3.1.4 对齐方式真的很不简单

在平时的工作中，不难发现，有的人为了对齐名字或缩进文本，不断地按空格键，忙碌极了。实际上，只要用好单元格对齐方式，就万事大吉了。

单元格对齐方式对表格布局、外观、可读性等有重大影响，不仅关系着单元格内容在单元格上下左右的分布位置，还涉及文本换行、字体缩放、单元格合并、文本方向等，还是很有技术含量的，需要花一些心思牢固掌握。

1. 水平对齐

"水平对齐"选项用于控制单元格内容在水平宽度上的分布。在"设置单元格格式"对话框中"水平对齐"标签下，有8个选项，在功能区最常用的"左对齐"（靠左）、"居中"、"右对齐"（靠右）等3个选项的基础上增加了"常规""填充""两端对齐""跨列居中""分散对齐"等5个选项。

常规。将数字向右对齐，文本向左对齐，逻辑值和错误值居中分布。该选项为Excel默认的对齐选项。

靠左。将单元格内容向单元格左侧对齐。如果文本宽于单元格，文本将向右超出该单元格；如果右侧的单元格不为空，则文本将被截断而不完全显示。

居中。将单元格内容向单元格中心对齐。如果文本宽于单元格，则文本将向两侧的空单元格延伸；如果两侧的单元格不为空，则文本将被截断而不完全显示。

靠右。将单元格内容向单元格右侧对齐。如果文本宽于单元格，文本将向左超出该单元格；如果左侧的单元格不为空，则文本将被截断而不完全显示。

填充。重复单元格内容，直到单元格被填满。如果右侧的单元格也使用"填充"的对齐方式，文本将向右延伸。

两端对齐。将文本向单元格的左侧和右侧两端对齐。会自动启用"自动换行"功能。如果单元格内容较多，超过单元格宽度，Excel就会将文本分为多行，除最后一行左对齐外，其余各行左右两端对齐。如果单元格内容较少，没有超过单元格宽度，则与"靠左"相同。

跨列居中。文本跨所选列居中对齐。适用于协同"自动换行"功能使标题跨越多列精确居中。

分散对齐。均匀地将文本在单元格中分散对齐。会自动启用"自动换行"功能。如果单元格内容较多，要分成多行，Excel会从左到右把每一行的文本均匀地分布到单元格中，如图3-8所示。

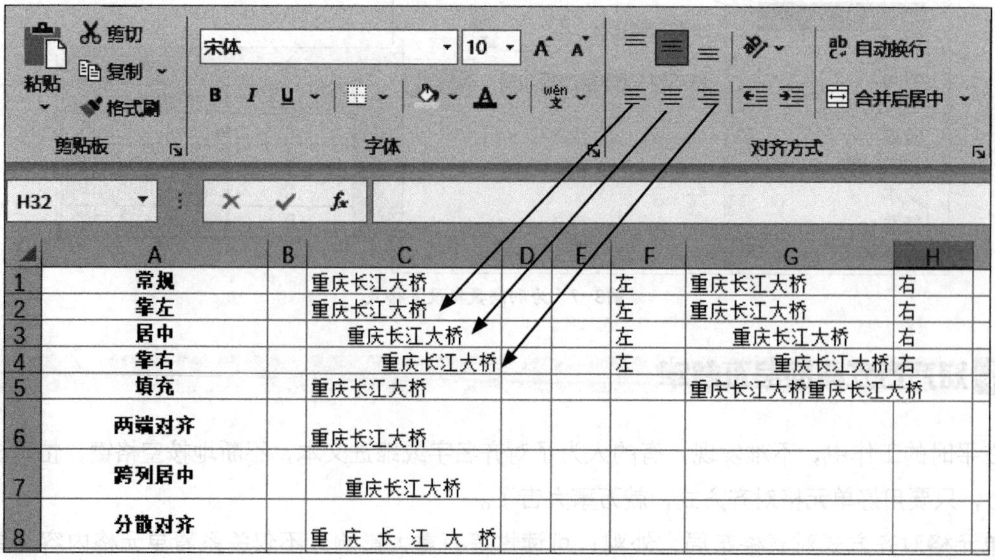

图3-8 "水平对齐"示例

例3-3 如何让一列长短不一的姓名都“撑满”单元格?

选中姓名区域，打开“设置单元格格式”对话框，在“水平对齐”下拉列表中选择“分散对齐”，如图3-9所示。

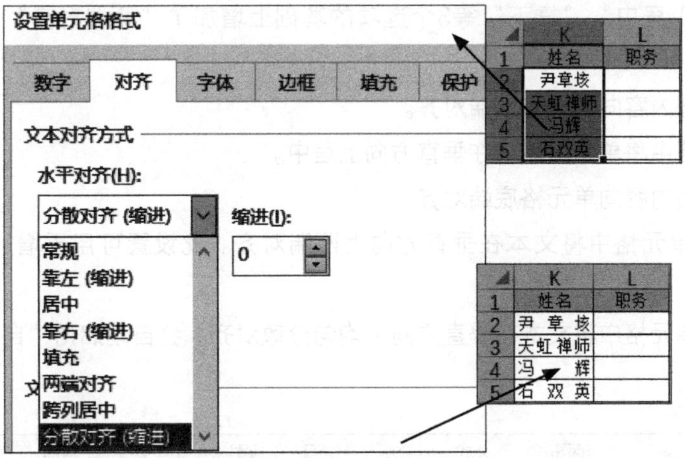

图3-9 使姓名“分散对齐”

在“水平对齐”中，如果选择“靠左”“靠右”或“分散对齐”，则可以调整“缩进”设置，以在单元格边框和文本之间添加空间，让细分项目缩进显示，主次分明，便于阅读。

例3-4 要使一组细分项目要和周围的内容区分开来，如何操作?

选中细分项目，打开“设置单元格格式”对话框，将“缩进”框中的值改为“1”。也可以在功能区单击“增加缩进量”按钮。如图3-10所示。

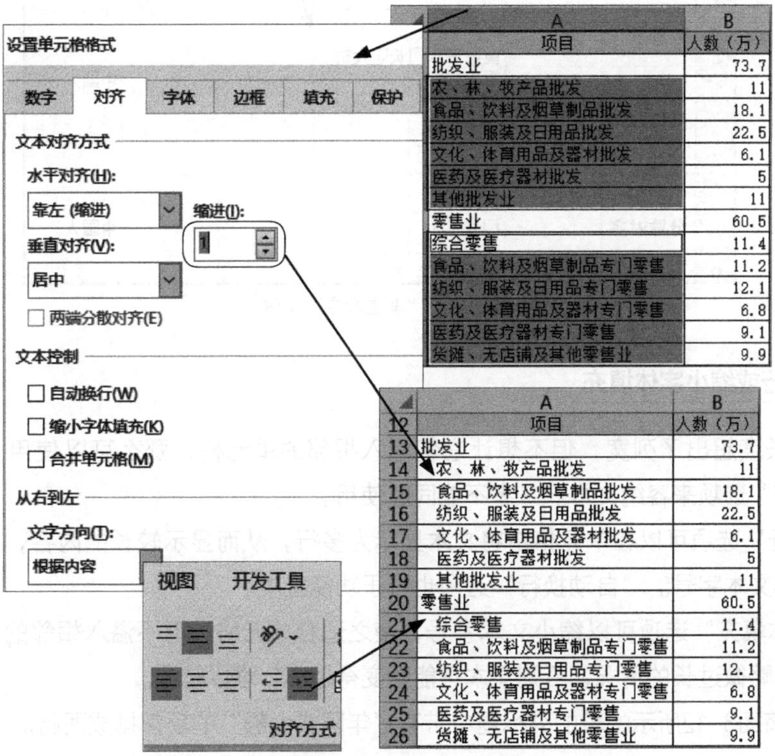

图3-10 使细分项目缩进显示

2. 垂直对齐

“垂直对齐”选项用于控制单元格内容在垂直高度上的分布，没有“水平对齐”使用得那么频繁。在“设置单元格格式”对话框中“垂直对齐”标签下，包含了5个选项，在功能区最常用的“靠上”“（垂直）居中”“靠下”等3个选项的基础上增加了“两端对齐”“分散对齐”等2个选项。

靠上。将单元格内容向单元格顶端对齐。

居中。在单元格中将单元格内容在垂直方向上居中。

靠下。将单元格内容向单元格底端对齐。

两端对齐。在单元格中将文本在垂直方向上两端对齐。此设置可用于增加行距，会自动启用“自动换行”功能。

分散对齐。在单元格中将文本在垂直方向上均匀分散对齐。会自动启用“自动换行”功能。

如图3-11所示。

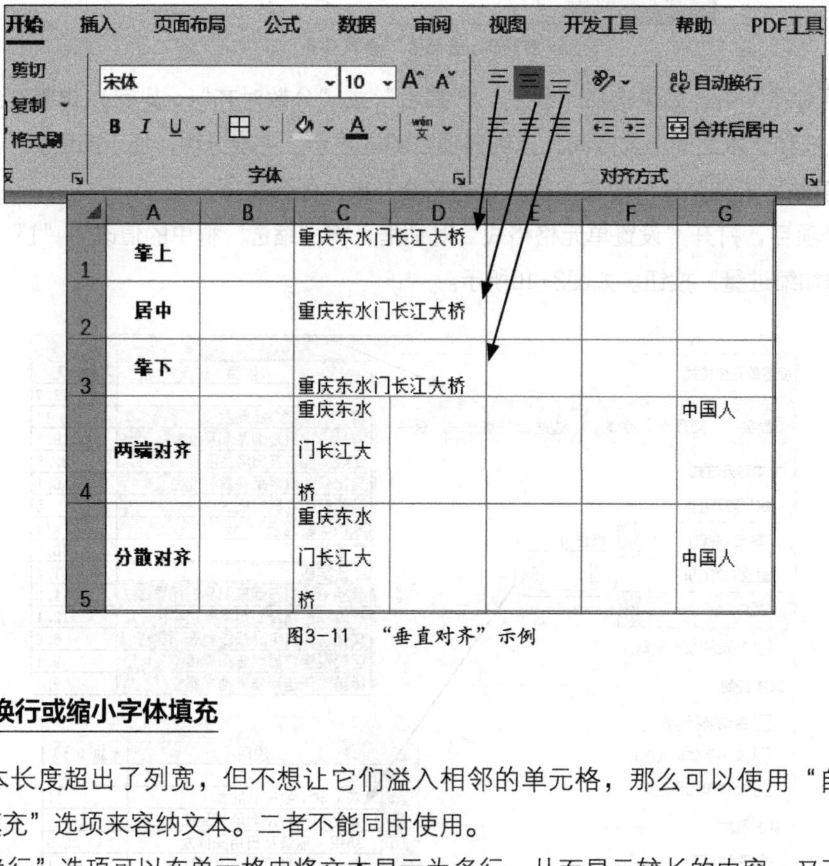

图3-11 “垂直对齐”示例

3. 自动换行或缩小字体填充

如果文本长度超出了列宽，但不想让它们溢入相邻的单元格，那么可以使用“自动换行”或“缩小字体填充”选项来容纳文本。二者不能同时使用。

“自动换行”选项可以在单元格中将文本显示为多行，从而显示较长的内容，又不会使列宽过大，也不必缩小文本字号。“自动换行”选项也位于功能区中。

“缩小字体填充”选项可以缩小文本字号，使之适合单元格，而不溢入相邻的单元格中。这一操作仅适合文本略微过长的情况，否则文本可能会变得过小，难以辨认。

例3-5 请将图3-12所示的表的列标题中带有“年限或金额”的项都排成两行。

	A	B	C	D	E	F
1	姓名	所服义务兵役折算年限	月度应领金额	补发月度金额	医疗补助	月度实领金额
2	黄昌礼					
3	廖天和					
4	敖之烈					

图3-12　津贴表

选中B1:F1区域，打开“设置单元格格式”对话框，在“水平对齐”的下拉列表中选择“跨列居中”，勾选“自动换行”复选框，然后调整行高、列宽。如图3-13所示。

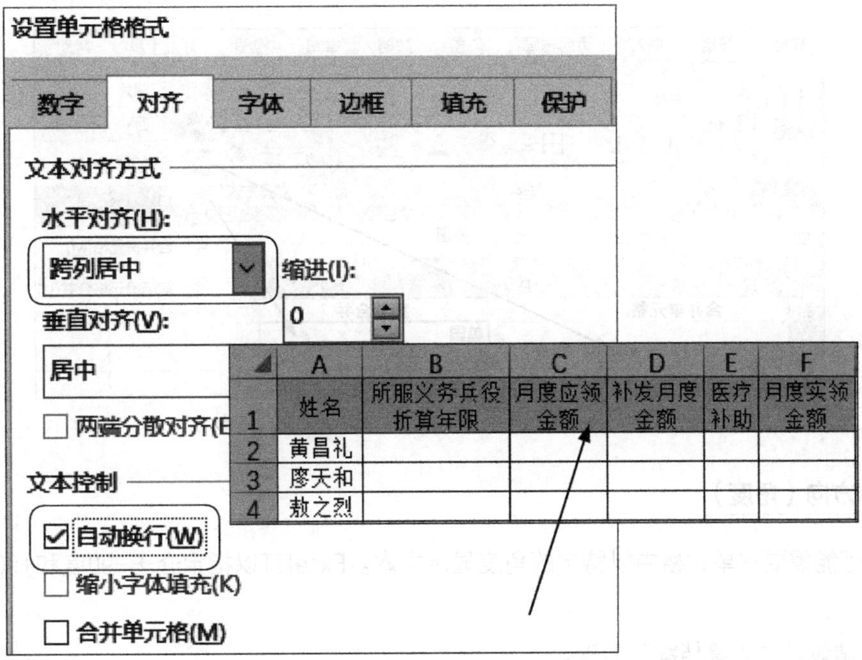

图3-13　设置“跨列居中”和“自动换行”

4. 合并单元格

一个区域中的单元格可以合并在一起以创建更多文本空间或对数据进行层次划分。合并单元格时，要合并的区域除左上角的单元格之外必须为空，否则Excel将警告。此时如果继续合并，Excel会删除除左上角单元格以外的所有数据。合并后会形成一个单元格。

合并后居中。一个区域中的单元格不仅合并在一起，而且左上角单元格的内容会水平居中。要取消单元格合并，可以选中已合并的单元格，然后再次单击该按钮。

跨越合并。当选中一个含有多行的区域时，该命令将创建多个合并的单元格，使每行成为一个单元格。

合并单元格。在不进行“居中”处理的情况下合并选定的单元格。

撤消单元格合并。撤消对选定单元格的合并操作。

这里要强调，若非必要，基础表不要合并单元格，以免给统计分析带来困难。

例3-6 请借助图3-14说明“合并单元格”与“跨越合并”的区别。

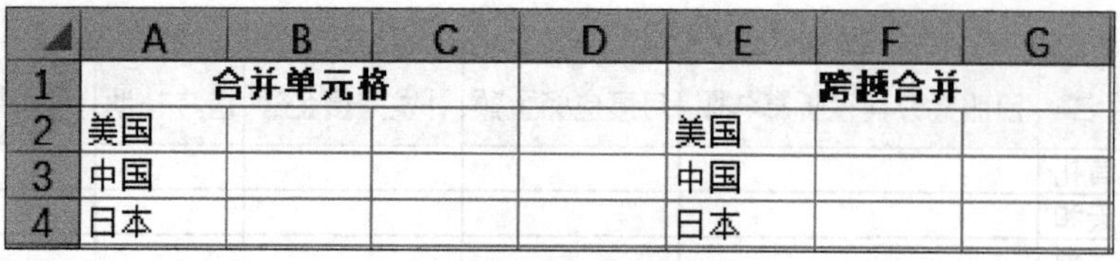

A B C D E F G
1 合并单元格 跨越合并
2 美国 美国
3 中国 中国
4 日本 日本

图3-14 合并前

只有在对多行多列的内容进行操作时，“合并单元格”与“跨越合并”的区别才会显露出来：“合并单元格”是将一个多行多列区域合并在一起，而“跨越合并”是将一个多行多列区域按行合并在一起，如图3-15所示。

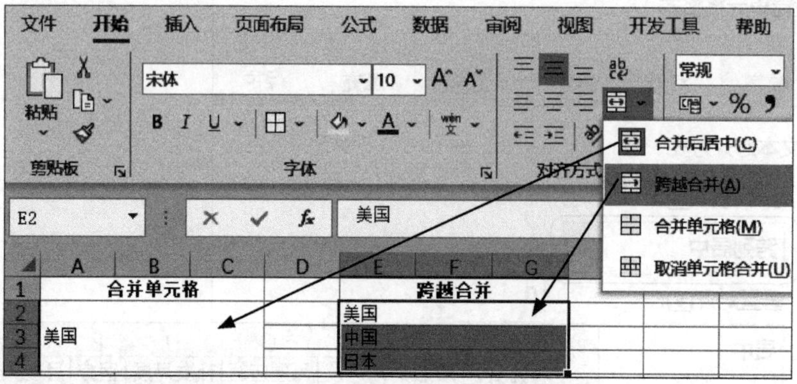

图3-15 “合并单元格”与“跨越合并”的区别

5. 文本方向（角度）

有时，可能需要在单元格中以特定的角度显示文本。Excel可以指定介于-90度和+90度之间的文本角度。

例3-7 请设计“人事档案”书脊。

选择文本所在单元格，依次点击“开始”“方向”，在下拉列表中选择“竖排文字”选项。或者在“设置单元格格式”对话框中，单击“竖排文字”选项。如有必要，使用“度”微调控件，或拖动仪表中的指针控制文本角度。如图3-16所示。

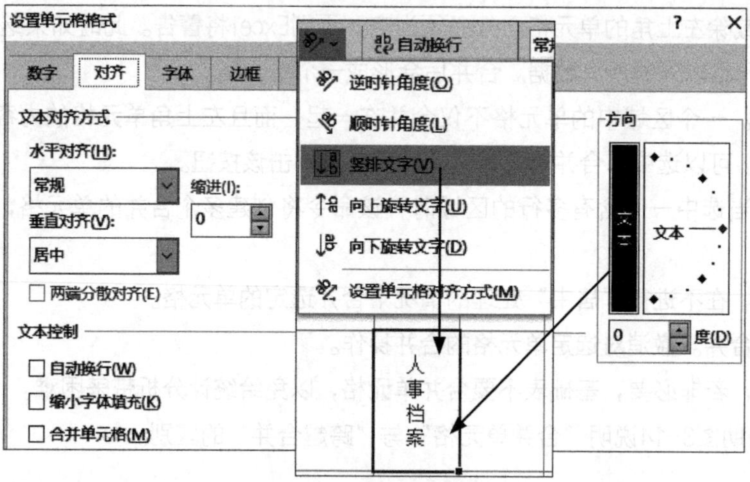

图3-16 调整文本方向

3.1.5 框线绘制绝对不容忽视

对于基础表，表格框线并非必须绘制。工作表有网格线，如有打印需要，可在页面设置时设置是否打印网格线。如图3–17所示。

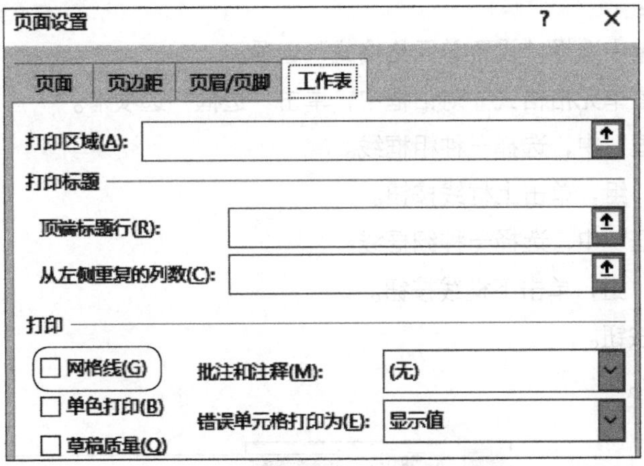

图3–17　设置是否打印网格线

如果是报表、统计表，一般就要绘制框线。为了省事，很多人喜欢为表格绘制所有框线。若非完美主义者，这样做也未尝不可。Excel表格对线条虽然没有特殊要求，但讲究一些总是好的，也可以增强视觉效果，因而框线绝对不容忽视。

正规印刷的统计表从线条角度来说被称为“三线表”，“三线表”能使内容清晰地表达出来，从而使人迅速领会到表格的主要内容。线条包括顶线、底线、标目线等三条基本线条，顶线和底线可以稍粗；表中如有合计或多重纵标目，可用辅助线隔开；左上角不用斜线，表的两侧不用边线（左右开口）。

Excel提供了13种预置的边框样式，可以依次点击“开始”“边框”选项，在下拉列表中选择这些边框样式以方便地设置框线，包括对角线。如果喜欢手动绘制边框，就从中选择“绘制边框”或“绘制边框网格”命令，通过拖动鼠标的方式来绘制边框。当完成边框绘制后，可按Esc键退出边框绘制模式。可以使用“线条颜色”或“线型”命令更改颜色或样式。

可以打开“设置单元格格式”对话框，利用“边框”标签，选择“样式”“颜色”，精细绘制“边框”，甚至绘制人们“情有独钟”的对角线。直接使用“预置”组中的三个命令，可以减少单击次数。如要删除所选内容的所有边框，请单击“无”按钮。要在所选内容的周围添加边框，请单击“外边框”按钮。要在所选内容的内部添加边框，则单击“内部”按钮。

例3-8 请为如图3–18所示的表格绘制框线。

	A	B	C
1	某地某年钩端螺旋体病患者发病分布表		
2	年龄	人数	百分比（%）
3	15岁以下	8	11.8
4	16～44岁	50	73.5
5	45岁以上	10	14.7
6	合计	68	100

图3–18　数据表

❶ 选择A6:C6区域。
❷ 单击“开始”选项卡。
❸ 在“字体”组，单击“下框线”下拉按钮。
❹ 在下拉菜单中选择“上框线和粗下框线”选项。
❺ 选择A1:C1区域。
❻ 在右键快捷菜单中选择“设置单元格格式”选项。
❼ 在弹出的“设置单元格格式”对话框中，单击“边框”选项卡。
❽ 在左侧“样式框”中，选择一种粗框线。
❾ 在右侧“边框”组，单击上框线按钮。
❿ 在左侧“样式框”中，选择一种细框线。
⓫ 在右侧“边框”组，单击下框线按钮。
⓬ 单击“确定”按钮。

效果如图3-19所示。

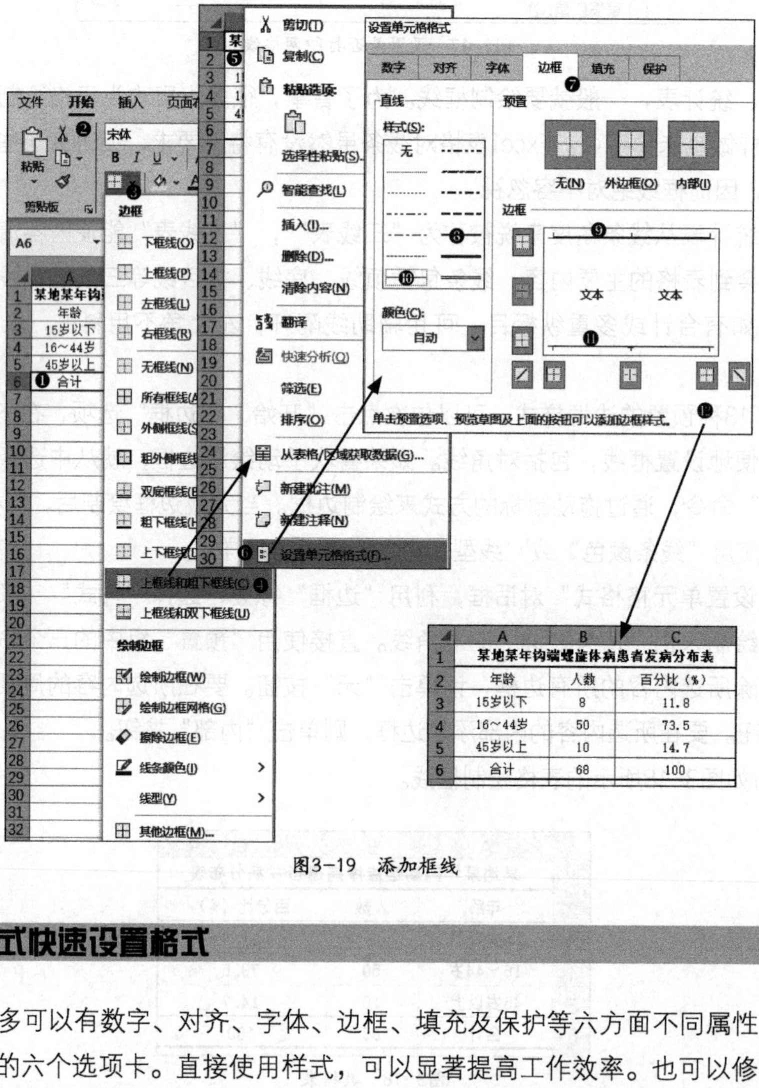

图3-19 添加框线

3.1.6 应用样式快速设置格式

一种样式最多可以有数字、对齐、字体、边框、填充及保护等六方面不同属性，即“设置单元格格式”对话框的六个选项卡。直接使用样式，可以显著提高工作效率。也可以修改或创建自己喜欢使用的样式。

例3-9 请为一个数据表套用一种表格样式。

选中数据表，在“开始”选项卡“样式”组中，在“套用表格格式”下拉菜单中选择一种样式，在弹出的“套用表格格式”对话框中直接单击“确定”按钮。如图3-20所示。

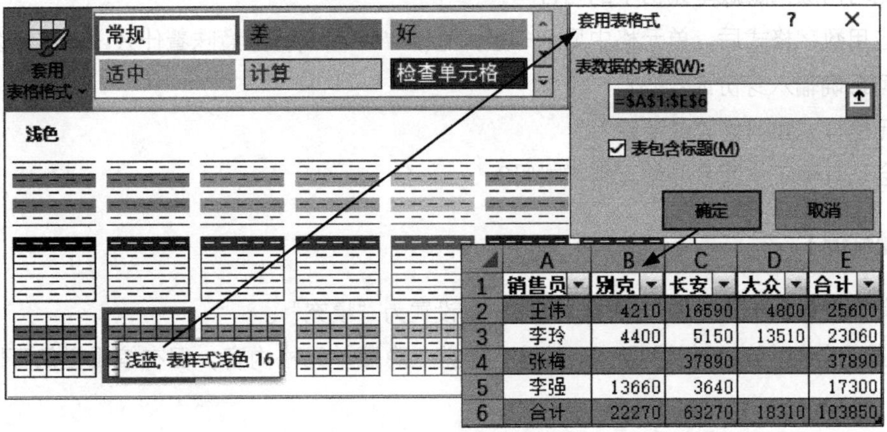

图3-20　套用一种表格样式

例3-10 请为列标题行创建一个样式。

选择一个单元格，在要包含在新样式中的格式应用所有格式。单击“样式”组“其他”按钮，在下拉框中选择“新建单元格样式”选项。在“样式”对话框中将“样式名”命名为“列标题”；如需继续修改样式，就单击“格式”按钮，在打开的“设置单元格格式”对话框中修改；如有不需要的属性，就在“样式包括”组中取消勾选相应的复选框。单击“确定”按钮。如图3-21所示。

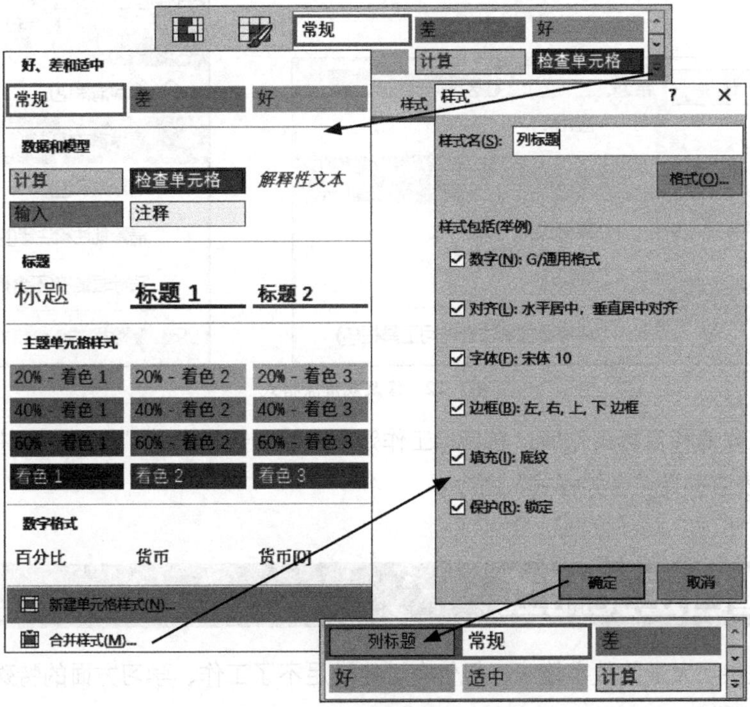

图3-21　为列标题行创建一个样式

创建样式后，就可以在该工作簿中使用该样式了，还可以合并样式到其他工作簿中去。

【边练边想】

1. 你能通过设置格式得到填满单元格的下划线吗?
2. 你能巧用颜色隐藏单元格中的内容吗?
3. 在应用数字格式后，单元格中显示一组井号(如######)，这意味着什么，应该怎么办?
4. 如何正确输入身份证号码?
5. 单元格样式如何修改或清除?
6. 你会从其他工作簿合并单元格样式吗?

【问题解析】

1. 将有下划线的单元格的“水平对齐”方式设置为“填充”。

2. 背景颜色与字体颜色相同时，可以在视觉上隐藏单元格内容，但在编辑栏仍可以看到这些内容。

3. 这意味着列宽不足以显示数值。解决办法是增加列宽、缩小字号或者更改格式。

4. 先将区域的单元格格式设置为“文本”，再输入身份证号码。

5. 在“开始”选项卡“样式”组中一种样式的右键快捷菜单中，选择“修改”选项，可修改该样式；在“编辑”组中“清除”命令的下拉菜单中，选择“清除格式”选项，可清除格式。如图3-22所示。

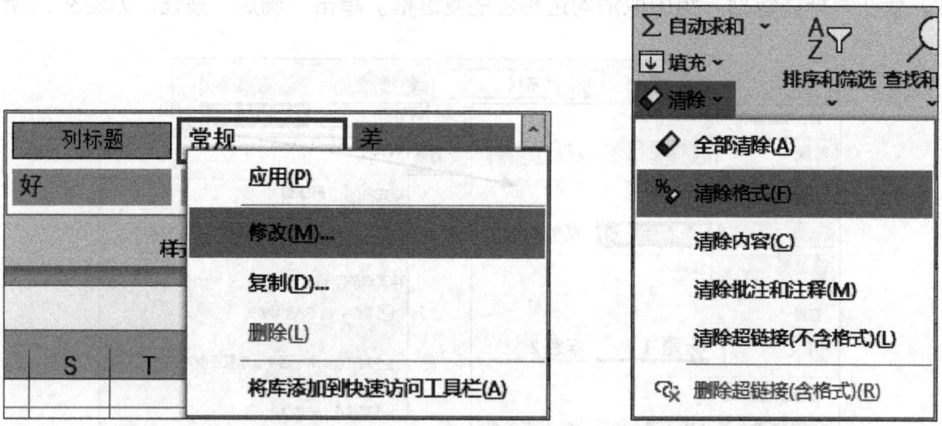

图3-22　修改或清除格式

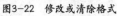

6. 打开源工作簿和目标工作簿，在目标工作簿“开始”选项卡的“样式”组中，单击“向下”按钮，在下拉列表中选择“合并样式”命令。

3.2 创建自定义格式

Excel虽然提供了大量的数字格式，但仍有可能满足不了工作、学习方面的特殊要求，这时就需要自定义数字格式了。

3.2.1 自定义格式的方法步骤

❶ 选择要设置格式的单元格或单元格区域。

❷ 单击“开始”选项卡。

❸ 单击“数字格式”对话框启动器。

❹ 在打开的“设置单元格格式”对话框“数字”标签下，在“分类”列表中，选择“自定义”选项。

❺ 在“类型”框中，编辑数字格式代码以创建所需的格式。可以列表中的现有格式为基础进行编辑。

❻ 单击“确定”按钮。

具体如图3-23所示。

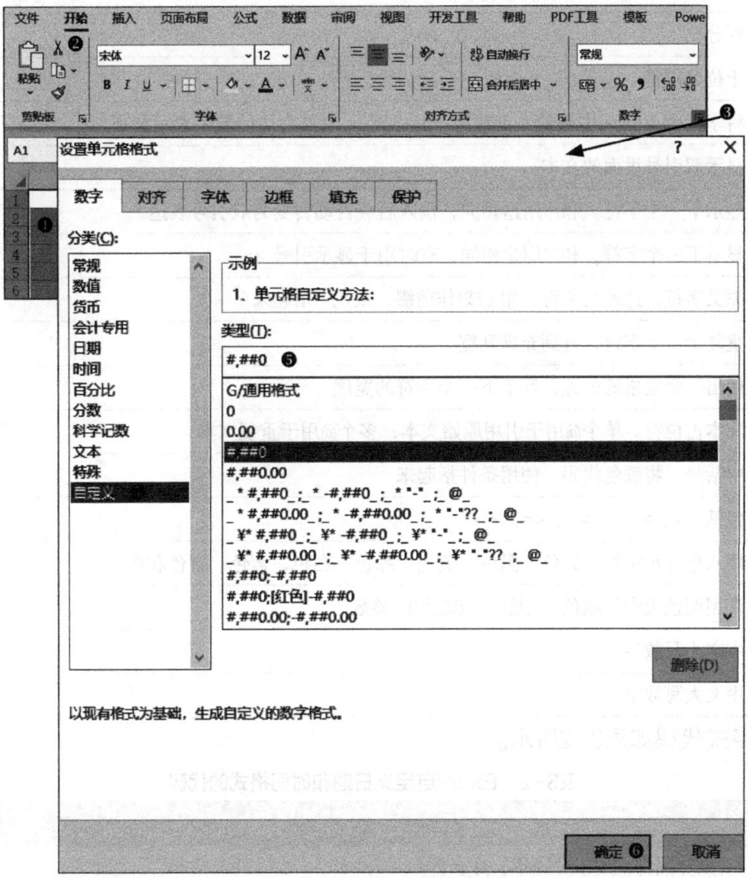

图3-23　自定义数字格式的过程

3.2.2 自定义格式的“四区段”原理

在自定义格式代码中，最多可以指定四个部分，每个部分之间用半角分号分隔。如果要跳过某一节，则该节仅使用分号表示即可。

● 指定四个部分时，格式代码为：正数；负数；零值；文本。

- 指定三个部分时，格式代码为：正数;负数;零值。
- 指定两个部分时，格式代码为：正数零值;负数。
- 指定一个部分时，适用于所有数值类型。

自定义格式其实就是一些代码的组合运用。理解自定义单元格格式所用代码，才能随心所欲地创建所需格式代码。数字格式代码如表3-1所示。

表3-1 Excel自定义数字格式的代码

代码	说明
G/通用格式	以常规格式显示数字，相当于“分类”列表中的“常规”选项
#	数字占位符。只显示有意义的0，小数点后大于占位符的数位四舍五入
0	数字占位符。小于占位符的数位用0补足，数字总位数不超过15位
?	数字占位符。将小数点两边无意义的0表示为空格，让小数点或除号对齐
.	小数点。外加双引号时为字符
%	百分比
,	千位分隔符
E- E+ e- e+	科学记数。Excel中的最大正数为9.9E+307。“+”右边的数字表示乘幂
“”	显示双引号里面的文本
\	显示下一个字符。和""用途相同，输入后会自动转变为双引号表达
!	显示下一个字符。和""用途相同，有时用于显示引号
- + $ ( )	原义字符。此外的字符，用 \ 或!作前缀，或用""括起来
*	重复个一个字符，直到充满列宽
_	留出一个空格的位置，等于下一个字符的宽度
@	文本占位符。单个@用于引用原始文本；多个@用于重复文本
[]	中括号。将颜色代码、使用条件括起来
运算符	包括：=、>、<、>=、<=、<>
[颜色]	用八色显示字符：红色、黑色、黄色、绿色、白色、蓝色、青色和洋红
[颜色N]	调用调色板中的颜色，N是0～56之间的整数
[DBNum1]	中文小写数字
[DBNum2]	中文大写数字

日期和时间格式代码如表3-2所示。

表3-2 Excel自定义日期和时间格式的代码

代码	说明
/或-	日期分隔符。用于分隔年、月、日
:	时间分隔符。用于分隔时、分、秒
d	以没有前导零的数字来显示日1～31
dd	以有前导零的数字来显示日01～31
m	以没有前导零的数字来显示月1～12
mm	以有前导零的数字来显示月01～12
yy	以两位数来表示年00～99
yyyy	以四位数来表示年0000～9999

续表

代码	说明
h	以没有前导零的数字来显示小时0 ~ 23
hh	以有前导零的数字来显示小时00 ~ 23
m	以没有前导零的数字来显示分0 ~ 59，需跟在h或hh之后
mm	以有前导零的数字来显示分00 ~ 59，需跟在h或hh之后
s	以没有前导零的数字来显示秒0 ~ 59，需跟在m或mm之后
ss	以有前导零的数字来显示秒00 ~ 59，需跟在m或mm之后
AM/PM	以12小时制显示小时。如没有此指示符，则为24小时制
aaaa	表示星期几

3.2.3 为出生日期添加星期信息

“日期”格式中没有同时包含年月日和星期信息的格式，如需要，则要自定义。

例3-11 请将出生日期显示为8位数，并添加星期信息。

选中出生日期区域，设置自定义格式“yyyy-mm-dd aaaa”。效果如图3-24所示。

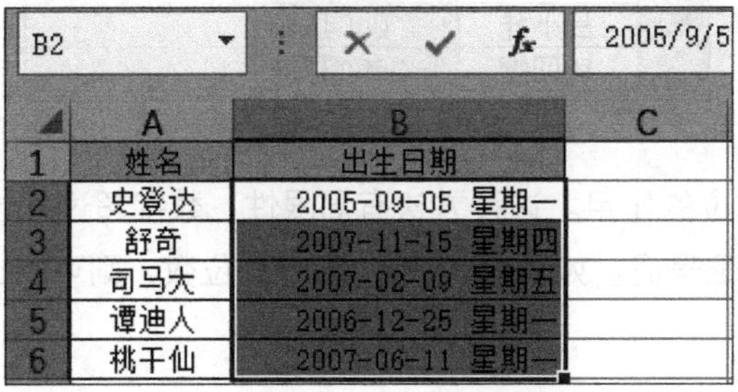
B2 | 2005/9/5

	A	B	C
1	姓名	出生日期	
2	史登达	2005-09-05 星期一	
3	舒奇	2007-11-15 星期四	
4	司马大	2007-02-09 星期五	
5	谭迪人	2006-12-25 星期一	
6	桃干仙	2007-06-11 星期一	

图3-24　出生日期显示为8位数并添加星期信息

3.2.4 将金额用中文大写数字显示并添加货币单位

Excel中有“中文大写数字”格式，但不带货币单位，需要自定义。

例3-12 请将合计金额显示为中文大写数字，并带“大写”“元整”字样。

选中合计金额单元格，设置自定义格式“"大写"[DBNum2]G/通用格式"元整"”。效果如图3-25所示。

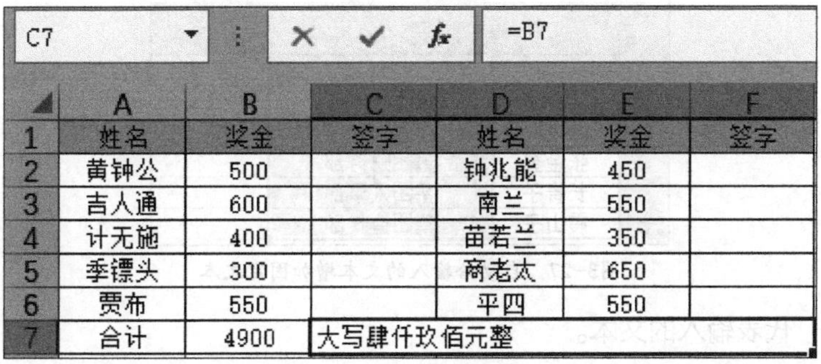
C7 | =B7

	A	B	C	D	E	F
1	姓名	奖金	签字	姓名	奖金	签字
2	黄钟公	500		钟兆能	450	
3	吉人通	600		南兰	550	
4	计无施	400		苗若兰	350	
5	季镖头	300		商老太	650	
6	贾布	550		平四	550	
7	合计	4900	大写肆仟玖佰元整			

图3-25　合计金额显示为中文大写数字并带“大写”“元整”字样

该自定义格式只适合整元的情况，不适合带有角、分的情况。

如果只是设置带“元”字样的单位，自定义格式可简单地设为“0"元"”。

3.2.5 让0开头的数字属性不变

要输入0开头的数字，一般有两种方法。一是在数字前输入英文状态下的单引号。二是先设置单元格格式为“文本”，然后输入0开头的数据。这两种方法施行的是“变性术”，而不是“美容术”，因为数字已经成为文本，不能直接进行函数计算了。要显示0开头的数字，且使其继续保持原属性，就只能另辟蹊径了。

例3-13 请将编号变成显示4位数（不足4位数的，自动在前面加0）。

选中数据区域，设置自定义格式“0000”。效果如图3-26所示。

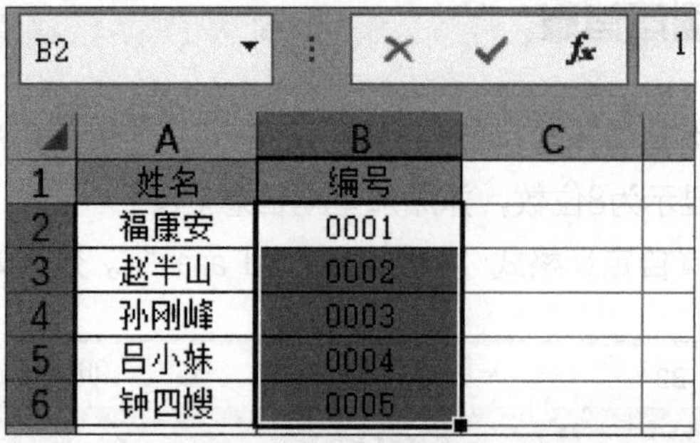

图3-26　让0开头的数字属性不变

格式中的“0”起着占位的作用。这种方法有局限性，数字超过15位后，超过的部分就会变成0，不适合输入18位的身份证号码。如果想将数字显示为6位数，则可以选择“特殊”类型里的“邮政编码”。

3.2.6 自动给输入的文本增加固定文本

有时输入少量的文本，但想要显示出更多的文本，多出的文本为固定不变的文本，自定义格式就可以实现这种要求。

例3-14 请将部门显示为“集团××部”字样。

选中数据区域，设置自定义格式“"集团"@"部"”。效果如图3-27所示。

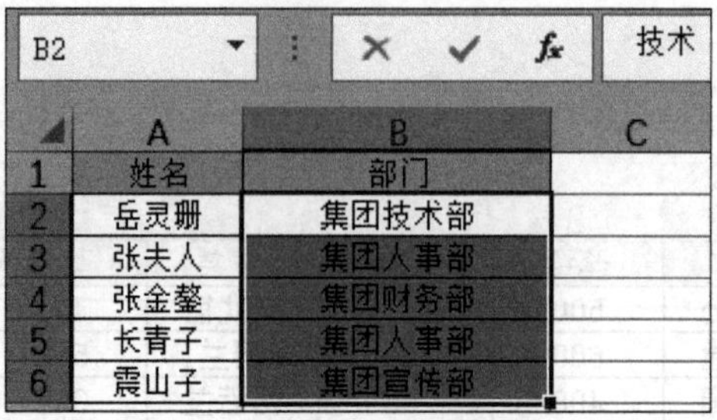

图3-27　自动给输入的文本增加固定文本

格式中的“@”代表输入的文本。

3.2.7 在文字后添加动态下划线

想在问答区或信息区添加有下划线的“填空”区，自定义格式是非常好的方法，而且有动态效果。

例3-15 请为各问答题设置带下划线的答案区。

选中数据区域，设置自定义格式“;;;@*_”。效果如图3-28所示。

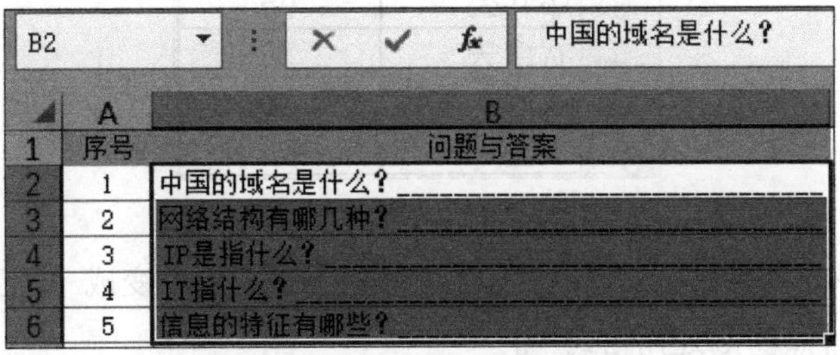

图3-28 在文字后显示动态下划线

该格式为典型的“四区段”格式，只显示第四区段，即文本部分，且表示在输入的文本后面添加下划线。在格式代码中，“*”表示强制重复下一字符“_”，直到充满列宽。该格式的最大好处就是下划线会根据单元格的宽度自动调整，无须手工添加。

3.2.8 设置仿真密码以保护信息

有时候需要输入密码或其他重要信息，但是又不想让别人直接看到，这时可以通过自定义格式来实现仿真密码。

例3-16 请为密码区域设置显示仿真密码。

选中符号区域，设置自定义格式“**;**;**;**”。效果如图3-29所示。

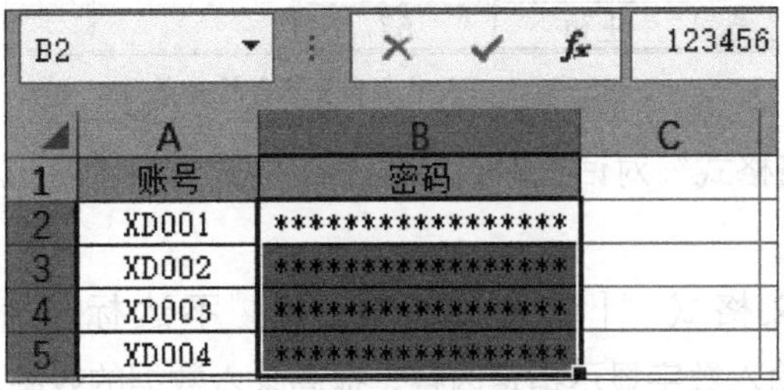

图3-29 设置仿真密码以保护信息

该格式为典型的“四区段”格式，每一段第一个“*”都表示强制重复下一字符“*”，直到充满列宽。

3.2.9 给分数标识不同颜色

在Excel自定义数字格式中，可以进行条件格式的设置。当单元格中的数字满足指定的条件时，Excel可以自动将条件格式应用于单元格。条件要放到方括号中，用来进行简单的比较。最多使用三个条件，最后一个条件表示“其他”。

例3-17 在学生成绩工作表中，请以红色字体显示大于等于90分的成绩，以蓝色字体显示小于60分的成绩，其余的成绩则以黑色字体显示。

选中分数区域，设置自定义格式“[红色][>=90];[蓝色][<60];[黑色]”。效果如图3-30所示。

	A	B
1	姓名	成绩
2	丹青生	85
3	邓八公	95
4	狄镖头	70
5	狄修	66
6	丁坚	55

图3-30 给分数标识不同颜色

再次打开“设置单元格格式”对话框时，会发现该格式已自动变成“[[红色][>=90]G/通用格式;[蓝色][<60]G/通用格式;[黑色]G/通用格式”。

3.2.10 以文字来代替不合格分数

例3-18 请在外观上把60分以下的成绩替换成“不合格”，并标识为红色。

选中分数区域，设置自定义格式“[<60]”不合格”[红色]”。效果如图3-31所示。

B5 × ✓ fx 54

	A	B	C
1	学生	成绩	
2	解子杨	76	
3	老海	85	
4	金万堂	92	
5	泰叔	不合格	
6	王祈	67	

图3-31 以文字来代替不合格分数

再次打开“设置单元格格式”对话框时，会发现该格式已自动变成“[红色][<60]"不合格";G/通用格式”。

类似地，设置自定义格式“[=1]"达标";[=0]"不达标"” “[=1]"女";[=2]"男"” “[=1]"√";[=2]"×"”，以输入数字显示指定内容，提高录入数据的效率。

3.2.11 按时间长短标识径赛成绩

径赛成绩涉及时分秒毫秒、分秒毫秒、秒毫秒等三种记录形式，数字长度最少分别为7、5、3位。如能根据时间长短设置一种格式，成绩数字一经录入，就呈现出标准的径赛成绩，显然能使径赛成绩录入速度明显加快。

例3-19 请将径赛成绩显示为标准格式。

选中径赛成绩区域，设置自定义格式“[>=1000000]#!:#0!:#0!.00;[<10000]0!.00;#!:#0!.00”。效果如图3-32所示。

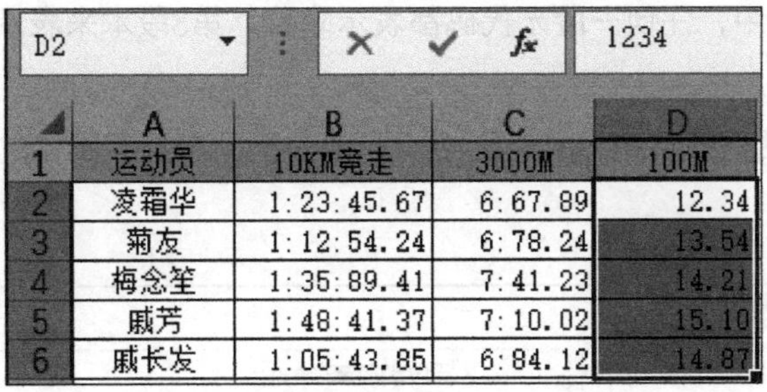

D2 | 1234

	A	B	C	D
1	运动员	10KM竞走	3000M	100M
2	凌霜华	1:23:45.67	6:67.89	12.34
3	菊友	1:12:54.24	6:78.24	13.54
4	梅念笙	1:35:89.41	7:41.23	14.21
5	戚芳	1:48:41.37	7:10.02	15.10
6	戚长发	1:05:43.85	6:84.12	14.87

图3-32　将径赛成绩显示为标准格式

在格式代码中，“!”可以强制显示下一个字符。

3.2.12 按金额大小标识金额单位

为便于阅读，很多人喜欢使用“亿”“万”来表示很大的金额单位，这可以通过自定义格式来实现。

例3-20 为金额区域设置显示带“亿”“万”字样的格式。

选中金额区域，设置自定义格式“[>=100000000]#!.##，“亿”;[>=10000]#!.#,”万”;G/通用格式”。效果如图3-33所示。

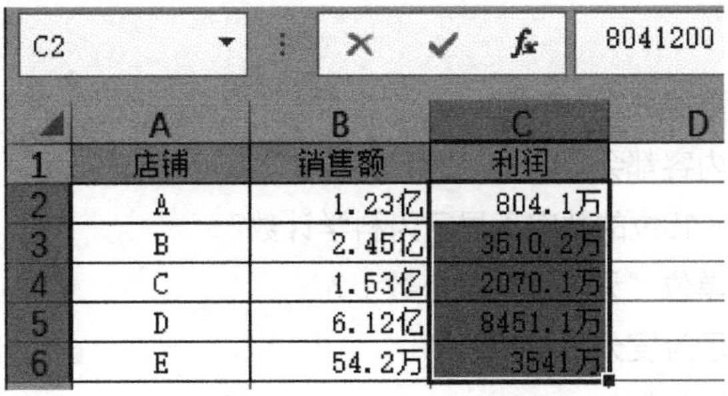

C2 | 8041200

	A	B	C	D
1	店铺	销售额	利润	
2	A	1.23亿	804.1万	
3	B	2.45亿	3510.2万	
4	C	1.53亿	2070.1万	
5	D	6.12亿	8451.1万	
6	E	54.2万	3541万	

图3-33　按金额大小标识金额单位

3.2.13 如何悄然将0值隐藏起来

导入数据或公式计算可能出现的大量0值，有视觉干扰，会影响阅读，如何对0值“眼不见为净”，让人迅速关注有效数据？

例3-21 将表中的0值隐藏起来。

选中数据区域，设置自定义格式“G/通用格式;-G/通用格式;;@”，就让0值全部消失了。效果如图3-34所示。

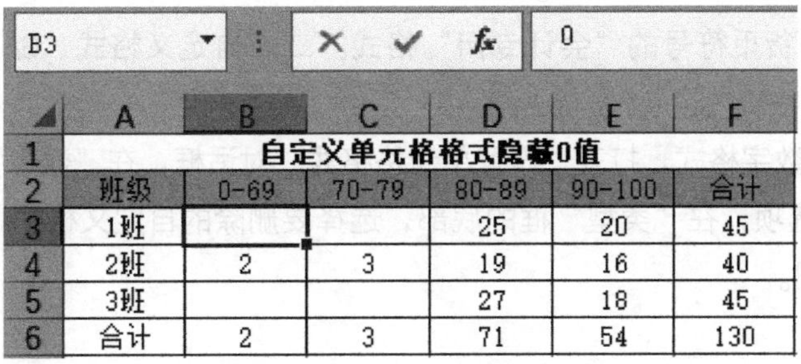

B3 | 0

	A	B	C	D	E	F
1	自定义单元格格式隐藏0值					
2	班级	0-69	70-79	80-89	90-100	合计
3	1班			25	20	45
4	2班	2	3	19	16	40
5	3班			27	18	45
6	合计	2	3	71	54	130

图3-34　设置自定义格式隐藏0值

在此“四区段”格式中，任何一段无代码都表示隐藏。第3段本来表示0，没有代码，0段就被隐藏了。

在“Excel选项”对话框的“高级”类别中，取消勾选“在具有零值的单元格中显示零”，也能隐藏0值。如图3-35所示。

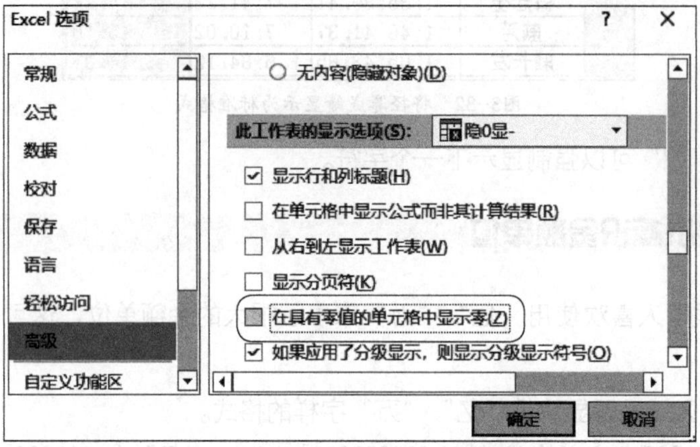

图3-35 在“Excel选项”中设置隐藏0值

【边练边想】

1. 如何自定义格式以隐藏数据?
2. 如何设置输入什么内容都会显示“中国”？
3. 如何设置格式让12~15位的数字不显示为科学计数?
4. 如何在金额后显示单位“元”（两位小数）?
5. 如何将数字直接显示为度分秒格式?
6. 如何将“0”显示为“-”？
7. 删除自定义数字格式?

【问题解析】

1. 自定义格式“;;;”。
2. 设置自定义格式“"中国"; "中国"; "中国";"中国"”。
3. 设置自定义格式“0”。
4. 设置自定义格式“0.00"元"”。
5. 设置自定义格式“0° 00’ 00!"”。

6. 一是使用不带货币符号的“会计专用”格式。二是自定义格式“G/通用格式;-G/通用格式;-;”或“[=0]-;G/通用格式”。

7. 要删除自定义数字格式，打开“设置单元格格式”对话框，在“数字”选项卡的“分类”列表中单击“自定义”选项，在“类型”框的底部，选择要删除的自定义格式，单击“删除”按钮，最后单击“确定”按钮。

第4章

数据验证，铁面无私“防火墙”

有了正确的数据，统计和分析才有意义和价值。当逐一录入数据，为了避免录入错误数据或为了规范数据，希望有一道“防火墙”拦截时，就要用到Excel数据验证功能。这项功能曾被称为数据有效性，可以从内容到数量上对输入的数据进行限制，保证数据的准确性和规范性。对于符合条件的数据，允许输入；对于不符合条件的数据，则只“认死理”，禁止输入，避免录入无效数据。当然，也可以特意设置“后门”，允许输入无效数据。

启用“数据验证”功能，需要打开“数据验证”对话框。打开“数据验证”对话框只有这一种方式：选择要设置数据验证的单元格区域，单击“数据”选项卡，在“数据工具”组中单击“数据验证”按钮，就会弹出“数据验证”对话框。如图4-1所示。

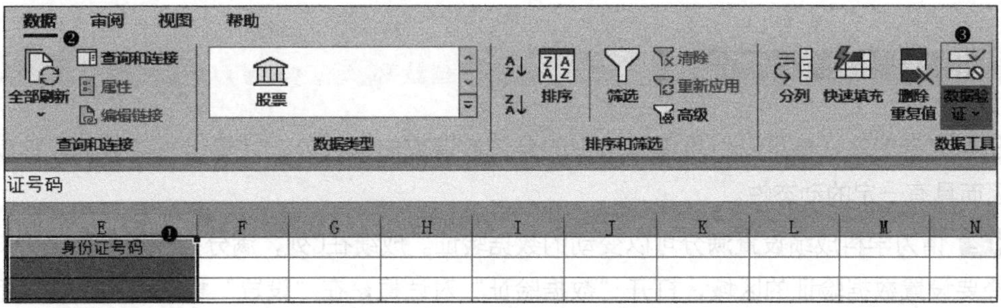

图4-1　打开“数据验证”对话框

本章较多使用函数公式，请与第14章结合起来学习。

4.1　“数据验证”的一般设置方法

4.1.1 限制文本长度的数据验证

例4-1 E列拟输入18位身份证号码，请设置数据验证限制长度。

先将E列设置为文本格式。

打开“数据验证”对话框，在“设置”标签下的“允许”下拉列表中选择数据类型“文本长度”，在“数据”下拉列表中选择逻辑条件“等于”，在“长度”框内输入“18”。“设置”标签是唯一一个每次设置数据验证时都要用到的标签。

选择“输入信息”标签，可以勾选“选定单元格时显示输入信息”复选框，在“标题”和“输入信息”框中分别输入需要显示的内容“身份证号码”“长度为18位”，以起到提醒作用。

选择“出错警告”标签，一般情况下要选中“输入无效数据时显示出错警告”复选框并保持默认的“停止”样式。在“标题”和“错误信息”框中，输入：“出错了”“数据长度为18位！”注意，如果选择“警告”或“信息”样式，则可以开启“后门”，“例外”数据也就能输入了。

单击"确定"按钮，如图4-2所示。

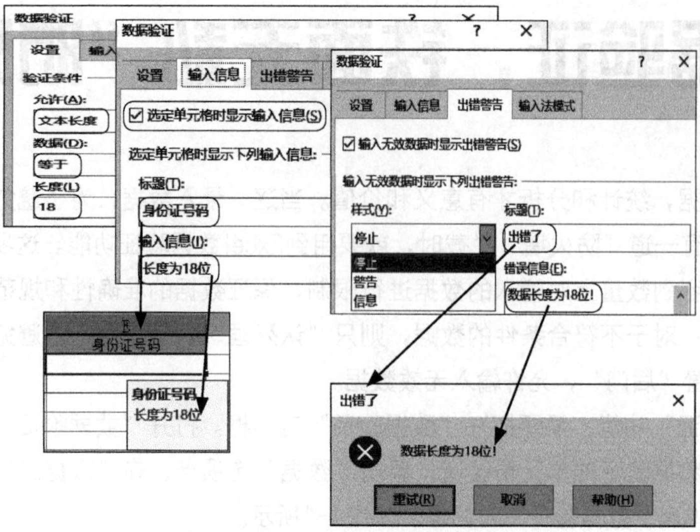

图4-2 限制文本长度的数据验证

4.1.2 引用变量的数据验证

数值型数据的验证值可以引用单元格中的具体数值或由函数公式计算出来的数值，这就是使用变量，因而具有一定的动态性。

例4-2 请为学科成绩设置满分可以变动的数据验证。成绩在C列，满分在E2单元格。

选择要设置数据验证的区域，打开"数据验证"对话框，在"设置"标签的"允许"下拉列表中选择"小数"选项，在"数据"下拉列表中选择"介于"选项，在"最小值"框中输入"0"，在"最大值"框中输入公式"=$E$2"或引用E2单元格。在"输入信息"标签下的"标题"框中输入"分数"，在"输入信息"框中输入"0～满分之间"，单击"确定"按钮。如图4-3所示。

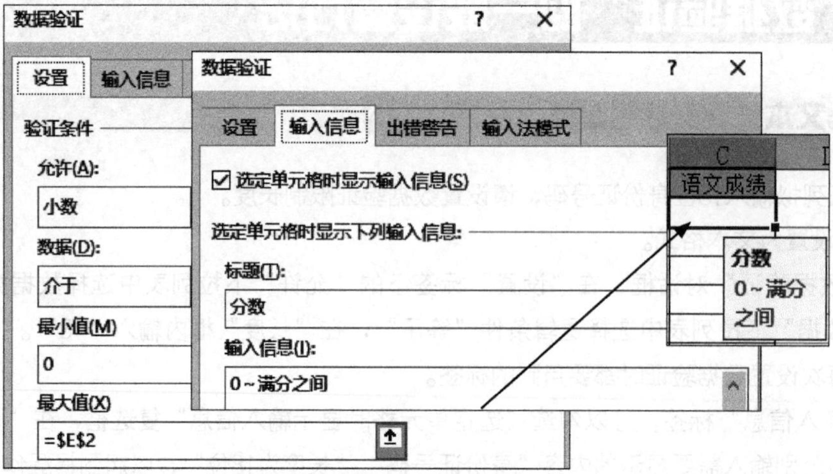

图4-3 设置引用满分的单元格

这样，满分成为一个变量，可以根据需要灵活调整了。

例4-3 领取器材的数量不能超过库存数量，请据此设置数据验证。库存数量在M2:N6区域。

选择要设置数据验证的区域，打开"数据验证"对话框，在"设置"标签的"允许"下拉列表中选择"整数"选项，在"数据"下拉列表中选择"小于或等于"选项，在"最大值"框中输入函数公式"=VLOOKUP($I2,$M$2:$N$6,2,)"。如图4-4所示。

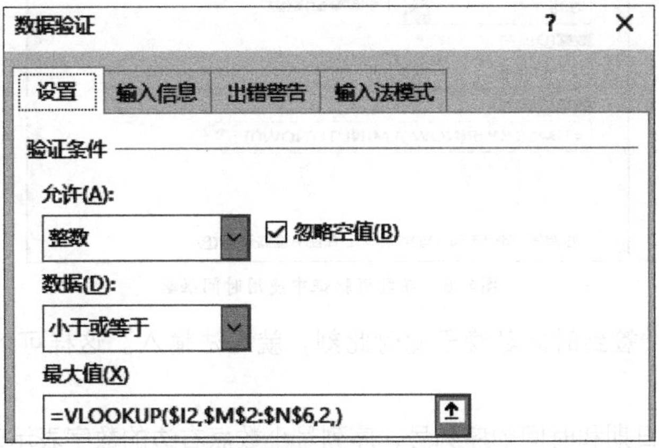

图4-4 设置不能超过库存数量

式中，VLOOKUP函数的语法为：=VLOOKUP（要查找的项、要查找的单元格区域、要返回的值在单元格区域中的列号、返回近似或精确匹配——指示为1/TRUE 或 0/FALSE)。

4.1.3 为动态日期设置数据验证

日期、时间总是处于不断的变化中。在现实工作中，有时会需要为动态日期、时间设置数据验证。

例4-4 进厂日期在B列，必须按升序输入，也就是按先后顺序输入，请据此设置数据验证。

选择要设置数据验证的区域，打开"数据验证"对话框，在"设置"标签的"允许"下拉列表中选择"日期"选项，在"数据"下拉列表中选择"大于或等于"选项，在"开始日期"框中输入函数公式"=MAX($B$1:$B1)"，单击"确定"按钮。将光标放置于B4单元格，重新打开"数据验证"对话框后，发现单元格的相对引用发生了变化，如图4-5所示。

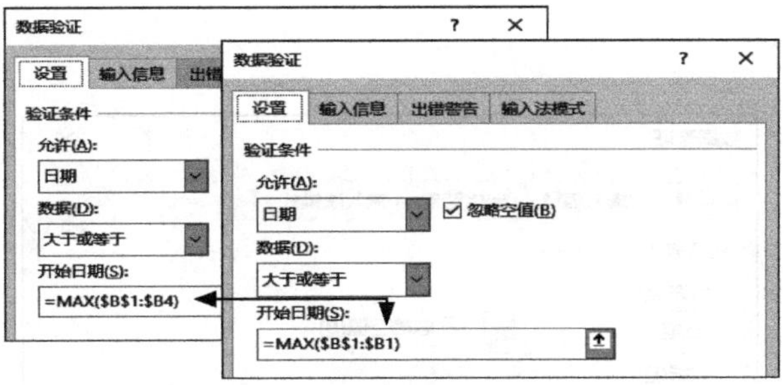

图4-5 设置日期按升序输入

例4-5 签到时间必须早于或等于此时此刻，请据此设置数据验证。

选择要设置数据验证的区域，打开"数据验证"对话框，在"设置"标签的"允许"下拉列表中选择"时间"选项，在"数据"下拉列表中选择"小于或等于"，在"结束时间"输入函数公式"=TIME(HOUR(NOW()),MINUTE(NOW()),SECOND(NOW()))"，单击"确定"按钮，完成设置。如图4-6所示。

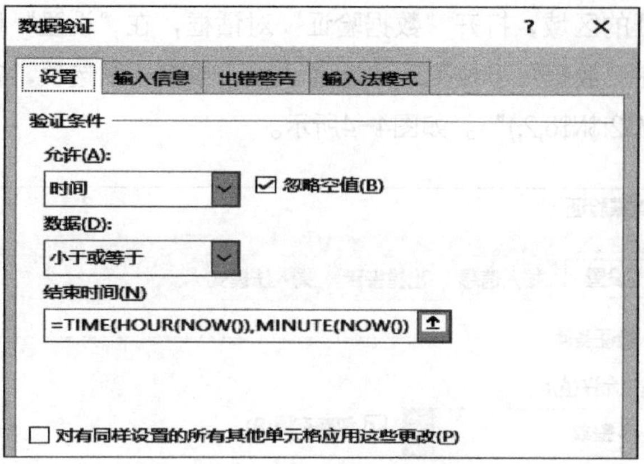

图4-6 在数据验证中使用时间函数

设置数据验证后，签到时间若晚于此时此刻，就无法输入。这样可以有效杜绝作假情况的发生。

NOW函数返回当前日期和时间的序列号，序列号小数点右边的数字表示时间，左边的数字表示日期。

HOUR函数返回时间值的小时数，是一个介于0到23之间的整数。

MINUTE函数返回时间值的分钟数，是一个介于0到59之间的整数。

SECOND函数返回时间值的秒数，是一个0到59范围内的整数。

TIME函数返回特定时间的十进制数字，是一个范围在0到0.99988426之间的值，表示0:00:00到23:59:59之间的时间。其语法为：

TIME(hour,minute,second)

本例用TIME函数合成了当前时间。

例4-6 G列要填写完成日期，这个日期必须在从今日起的7～100天，请设置数据验证。

选择要设置数据验证的区域，打开“数据验证”对话框，在“设置”标签的“允许”下拉列表中选择“日期”选项，在“数据”下拉列表中选择“介于”选项，在“开始日期”框输入函数公式“=TODAY()+7”，在“结束日期”框输入函数公式“=TODAY()+100”，单击“确定”按钮，完成设置。如图4-7所示。

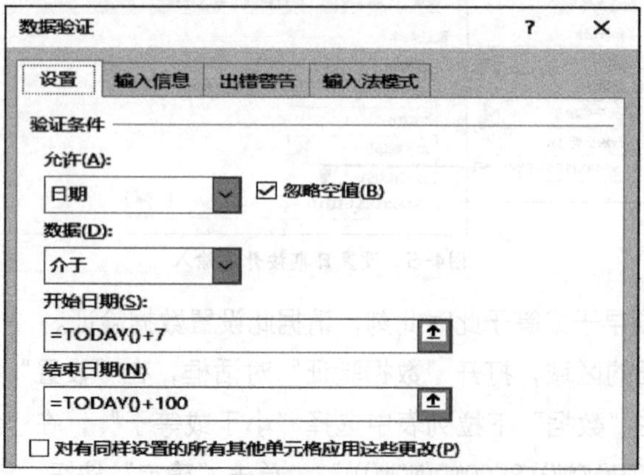

图4-7 设置从今日起的7～100天

式中，TODAY函数返回“当前日期”的序列号。

【边练边想】

1. 请为将要输入0～150分中的某个分数的区域设置数据验证。
2. “输入法模式”标签如何设置?
3. 只允许输入当日日期，如何设置数据验证呢?

【问题解析】

1. 0～150分之间的分数可能包含小数，因而要选择“小数”“介于”,并在“最小值”和“最大值”框分别输入“0”“150”。

2. 如果在Excel的某些区域需要使用一种中文键盘输入法（CN），系统的默认语言和默认输入法又是英文键盘输入法（EN），就可以在“输入法模式”标签下将“模式”设置为“打开”。这样可以免除在Excel中输入数据时转换中英文键盘输入法的不便。

3. 在“设置”标签的“允许”下拉列表中选择“日期”选项，在“数据”下拉列表中选择“等于”选项，在“日期”框输入函数公式“=TODAY()”，单击“确定”按钮，完成设置。

4.2 使用函数公式自定义数据验证

数据验证条件是可以自定义的，也就是设置函数公式来约束数据，方法灵活多变。当函数公式值为TRUE或不为0时，就允许符合条件的数据“入室就座”；否则，就将其“拒之门外”。可以在单元格中编辑好公式，再复制用于数据验证。

4.2.1 如何限制输入重复值

输入姓名、项目、品种、单位等数据时，需要去除重复值。

例4-7 A列为员工姓名，必须为唯一值，请设置数据验证。

选择要设置数据验证的区域，如A2:A100，打开“数据验证”对话框。在“设置”标签的“允许”下拉列表中选择“自定义”选项，在“公式”框中输入函数公式“=COUNTIF(A$2:A$100,A2)=1”，单击“确定”按钮，完成设置。如图4-8所示。

图4-8 在自定义中使用函数公式

式中，COUNTIF是一个功能强大的统计函数，用于统计满足某个条件的单元格的数量。这里统计的是A2:A100区域的某一名字的个数，并且将得数与表示“唯一”的“1”进行比较。若结果为TRUE，则满足条件，允许输入；若结果为FALSE，则不满足条件，不允许输入。

本例使用条件格式来突出显示重复值也是一个很好的做法。

4.2.2 如何限制或允许某类字符的输入

Excel中的字符包括汉字、空格、特殊符号、英文字母、数字等。Excel可以限制某些字符，禁止非同类数据的输入。

例4-8 A列单元格禁止输入空格，请设置数据验证。

选择要设置数据验证的区域，如A2:A100，打开“数据验证”对话框。在“设置”标签的“允许”下拉列表中选择“自定义”选项，在“公式”框中输入函数公式“=COUNTIF(A2,"* *")=0”“=ISERROR(FIND(" ",A2))”或“=SUBSTITUTE(A2," ","")=A2”，单击“确定”按钮，完成设置。

在第一个公式中，使用COUNTIF函数统计包含空格的单元格的数量，要注意两个“*”之间的空格，“*”表示任意字符。单元格有空格时统计结果为1，没有空格时统计结果为0。此结果再与“0”比较，进行逻辑判断，没有空格时逻辑判断结果为“TRUE”，有空格时逻辑判断结果则为“FALSE”。COUNTIF函数的条件部分，要注意“*”与空格的位置。如果希望第一位或最后一位不能输入空格，请分别使用公式“=COUNTIF(A2,"*")=0”“=COUNTIF(A2,"*")=0”。

在第二个公式中，FIND函数用于在第二个文本串中定位第一个文本串，并返回第一个文本串的起始位置的值，该值从第二个文本串的第一个字符算起。在本例中，如果FIND函数没有查找到空格，就为错误值，ISERROR函数判断该错误值，结果就为TRUE，于是Excel允许输入；反之，有空格，则不允许输入。

在第三个公式中，SUBSTITUTE函数用于在某一文本字符串中替换特定位置处的任意文本，这里把姓名中的空格替换为空，然后与姓名比较，如果相等，则表明姓名中没有空格，否则就有空格，不允许输入到单元格中。

例4-9 要求B列的商品名称为文本格式，请设置数据验证。

选择要设置数据验证的区域，如B2:B100，打开“数据验证”对话框。在“设置”标签的“允许”下拉列表中选择“自定义”选项，在“公式”框中输入函数公式“=ISTEXT(B2)”或“=ISNUMBER(B2)<>TRUE”，单击“确定”按钮，完成设置。

式中，ISTEXT判断数据是否为文本，ISNUMBER函数判断数据是否为数值。

例4-10 要求C列的型号数据中不能有汉字（为字母和数字），请设置数据验证。

选择要设置数据验证的区域，如C2:C100，打开“数据验证”对话框。在“设置”标签的“允许”下拉列表中选择“自定义”选项，在“公式”框中输入函数公式“=LEN(C2)=LENB(C2)”，单击“确定”按钮，完成设置。

式中，LEN函数将每个字符（不管是单字节还是双字节）按1计数，LENB函数将每个双字节字符按2计数。汉字是双字节字符，字母和数字是单字节字符。如果LEN函数的计算结果等于LENB函数的计算结果，那么，就可以判断数据中没有汉字。

例4-11 要求D列的数据为数字格式，请设置数据验证。

选择要设置数据验证的区域，如D2:D100，打开“数据验证”对话框。在“设置”标签的“允许”下拉列表中选择“自定义”选项，在“公式”框中输入函数公式“=ISNUMBER(D2)”，单击“确定”按钮，完成设置。

4.2.3 如何限制字符长度及特定位置的字符

一些文本数据可能会对输入字符有一些特殊的规定。比如，允许在什么位置输入什么字符，字符长度如何。这可以通过设置数据验证予以控制。

例4-12 B列的编号为教职员工编号，第一位必须为字母“J”“Z”“G”，分别代表教师、职员、工勤类别，后面三位为数字编号，请设置数据验证。

选择要设置数据验证的区域，如B2:B100，打开“数据验证”对话框。在“设置”标签的“允许”下拉列表中选择“自定义”选项，在“公式”框中输入函数公式“=AND(OR(LEFT($B2)="J",LEFT($B2)="Z",LEFT($B2)="G"),LEN($B2)=4)”，单击“确定”按钮，完成设置。

式中，LEFT函数从文本字符串的第一个字符开始返回指定个数的字符，如果省略第二个参数，则假定其值为1。

式中，OR函数是一个逻辑函数，返回一个逻辑值。参数之间是“或”的逻辑关系，只要有一个参数满足条件即返回TRUE。如果所有参数都为FALSE，则返回FALSE。

式中，AND函数也是一个逻辑函数，参数之间是“和”的逻辑关系。所有参数的计算结果为TRUE时，返回TRUE。只要有一个参数的计算结果为FALSE，即返回FALSE。

在本例中，LEFT函数截取B2单元格文本字符串左起的第一个字符，然后用OR函数判断，只要这个字符与字母“J”“Z”“G”中的任意一个相符，即返回TRUE。最后用AND函数再次判断，只要同时满足OR函数的判断和LEN函数返回的文本长度，即返回TRUE。

例4-13 C列为运动员的跑步成绩，要求格式为“×分×秒”，请设置数据验证。

选择要设置数据验证的区域，如C2:C100区域，打开“数据验证”对话框。在“设置”标签的“允许”下拉列表中选择“自定义”选项，在“公式”框中输入函数公式“=AND(FIND("分",$C2),FIND("秒",$C2))”，单击“确定”按钮，完成设置。

4.2.4 如何限制单双字节字符和字符的长度

字符有双字节和单字节之分，经常需要限制字符的长度。

例4-14 A列的姓名要求全部为汉字，并且文本长度为2～4个字符，请设置数据验证。

选择要设置数据验证的区域，如A2:A100，打开“数据验证”对话框。在“设置”标签的“允许”下拉列表中选择“自定义”选项，在“公式”框中输入函数公式“=AND(LEN(A2)*2=LENB(A2),LEN(A2)>=2,LEN(A2)<=4)”，单击“确定”按钮，完成设置。

如果获取字符数的LEN函数的计算结果与获取双字节字符数LENB函数的计算结果相等，就可以判断数据中的字符全部为汉字。

例4-15 B列的汽车号牌不能包含汉字，要求文本长度为6个字符，请设置数据验证。

选择要设置数据验证的区域，如B2:B100，打开“数据验证”对话框。在“设置”标签的“允许”下拉列表中选择“自定义”选项，在“公式”框中输入函数公式“=AND(LEN(B2)=LENB(B2),LEN(B2)=6)”，单击“确定”按钮，完成设置。

4.2.5 如何限制数据的范围

数据验证可以使用函数公式限制文本或数值型数据的范围。

例4-16 要求B列的身份证号码为18位，并且出生年份在1960~2016年，请设置数据验证。

选择要设置数据验证的区域，如B2:B100，打开“数据验证”对话框。在“设置”标签的“允许”下拉列表中选择“自定义”选项，在“公式”框中输入函数公式“=AND(LEN(B2)=18,--MID(B2,7,4)>=1960,--MID(B2,7,4)<=2016,COUNTIF(B$2:B$100,B2)=1)”，单击“确定”按钮，完成设置。

式中，MID函数返回文本字符串中从指定位置开始的特定数目的字符，该数目由用户指定。双减号“--”可以将文本型数字转化为数值型数字。

例4-17 C列为值班安排，要求为工作日，请设置数据验证。

选择要设置数据验证的区域，如C2:C100，打开“数据验证”对话框。在“设置”标签的“允许”下拉列表中选择“自定义”选项，在“公式”框中输入函数公式“=AND(WEEKDAY(C2)<>1,WEEKDAY(C2)<>7)”，单击“确定”按钮，完成设置。

式中，WEEKDAY函数返回某个日期对应的是一周中的第几天。第二个参数为“2”时，返回值1~7分别代表从星期一到星期日的星期数。

4.2.6 如何进行选择性判断

一个单元格的数据要根据另一个单元格的数据来决定是否输入，这就是选择性判断。

例4-18 B列为单据类型，单据类型包含入库单、出库单，已设置数据验证。C列填写入库数量，D列填写出库数量，这两列需要根据B列的单据类型进行选择性判断，以决定是否允许输入，请设置数据验证。如图4-9所示。

	A	B	C	D
1	日期	单据类型	入库数量	出库数量
2		入库单	100	
3		出库单		80
4		入库单	50	

图4-9 入库出库示例表

选择要设置数据验证的区域，如C2:C100，打开“数据验证”对话框。在“设置”标签的“允许”下拉列表中选择“自定义”选项，在“公式”框中输入函数公式“=IF(B2="入库单",ISNUMBER(C2),FALSE)”，单击“确定”按钮，完成设置。

D2:D100区域数据验证的“自定义”公式则为“=IF(B2="出库单",ISNUMBER(D2),FALSE)”。

例4-19 G列为证件类型，已设置了数据验证。证件类型包含身份证、军官证、学生证，号码长度必须分别为18位、12位、9位。H列填写证件号码，证件号码长度根据G列的证件类型进行选择性判断，请设置数据验证。如图4-10所示。

	F	G	H
1	姓名	证件类型	证件号码
2	长孙	军官证	123456789112
3	慕容	学生证	201801001
4	鲜于	身份证	123456789123456789

图4-10 身份证、军官证、学生证示例表

事先将H列的单元格格式设置为“文本”。

选择要设置数据验证的区域，如H2:H100，打开“数据验证”对话框。在“设置”标签的“允许”下拉列表中选择“自定义”选项，在“公式”框中输入函数公式“=IF(G2="身份证",LEN(H2)=18,IF(G2="军官证",LEN(H2)=12,IF(G2="学生证",LEN(H2)=9,FALSE)))”，单击“确定”按钮，完成设置。

式中，多个IF函数构成嵌套函数，从外层到里层逐层判断。首先看G2单元格是不是“身份证”，如果是，则将数据长度与“18”比较；如果不是，则执行下一层判断。其次看G2单元格是不是“军官证”，如果是，则将数据长度与“12”比较；如果不是，则执行下一层判断。最后看G2单元格是不是“学生证”，如果是，则将数据长度与“9”比较；如果不是，则值为“FALSE”。

需要注意，设置单元格输入的数字长度来验证数据，只是降低了输入数据的错误率，远远不能保证数据的正确性。可以进一步增加数据验证的条件，以减少错误。还要结合其他方法确保数据的准确无误。

【边练边想】

1. 姓名在A列，已经输入的名字禁止修改，请设置数据验证。

2. 姓氏在B列，只允许输入大写字母，请设置数据验证。

3. 编号在C列，要求数据在aa0000～zz9999，长度为6位，且右边4位为数字，请设置数据验证。

4. 登山成绩在D列，要求带有“小时”“分”“秒”的单位，请设置数据验证。

5. 邮政编码在E列，要求同时满足“40”开头，长度为6位，且为数字三个条件，请设置数据验证。

【问题解析】

1. 数据验证的自定义公式为“=ISBLANK(A2)”。式中，ISBLANK函数用于判断值为空白的单元格，这里巧妙用于数据验证，可以防止修改已有内容。

2. 数据验证的自定义公式为“=EXACT(B2,UPPER(B2))”。式中，UPPER函数将小写字母转化成大写字母。如果输入的是大写字母，UPPER函数转化后仍然是大写字母。EXACT函数用于比较两个文本字符串，如果它们完全相同，则返回 TRUE，否则返回 FALSE。函数EXACT区分大小写，但忽略格式上的差异。函数两个参数一致，可以输入内容；两个参数不一致，就会报错。如果只允许输入小写字母，则数据验证的自定义公式为“=EXACT(B2,LOWER (B2))”。

3. 数据验证的自定义公式为“=AND(C2>="aa0000",C2<="zz9999",LEN(C2)=6,ISNUMBER(--RIGHT(C2,4)))”。式中，RIGHT 根据所指定的字符数返回文本字符串中最后一个或多个字符。

4. 数据验证的自定义公式为“=OR(AND(FIND("分",D2),FIND("秒",D2)),AND(IFERROR(FIND("小时",

D2),FALSE),FIND("分",D2),FIND("秒",D2)))”。式中，OR函数的第一个参数表示既有“分”又有“秒”，第二个参数表示“小时”“分”“秒”都有，实现了兼容。式中，IFERROR函数可捕获和处理公式中的错误。如果公式的计算结果错误，则返回指定的值；否则返回公式的结果。在找不到“小时”字样出错的情况下，IFERROR 函数将错误值转变为“FALSE”，以实现容错的目标。

5. 数据验证的自定义公式为“=AND(LEFT(E2,2) ="40",LEN(E2)=6,ISNUMBER(E2)=TRUE)”。

4.3 使用序列设置下拉列表

前面介绍的数据验证，对约束数据有一定的作用，但不能完全做到事前杜绝错误数据。下面介绍的序列类型的数据验证，就可以完全做到规范统一和准确无误。在Excel中，序列是指呈现出一定的排列规律或逻辑关系的一行或一列数据，用于数据验证时，可形成一个下拉列表，供用户选择输入。

4.3.1 直接输入一个固定序列

例4-20 B列为部门，要填写的部门有综合办、销售部、技术部、采购部、生产部、质管部、财务部，为了防止输入错误，请设置数据验证。

选择要设置数据验证的区域，如B2:B100，打开“数据验证”对话框。在“设置”标签的“允许”下拉列表中选择“序列”选项，在“来源”文本输入框中直接输入文本“综合办，销售部，技术部，采购部，生产部，质管部，财务部”(用半角逗号隔开)，单击“确定”按钮，完成序列设置。设置好后，鼠标单击B2:B100区域内的单元格，其旁边就会出现下拉箭头，单击下拉箭头，出现下拉列表，就可以从中选择需要的条目。如图4-11所示。

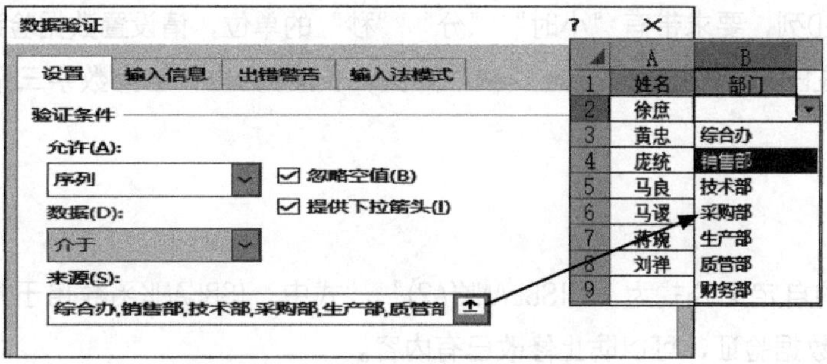

图4-11 直接输入序列来源及其效果

这种方法直截了当，适用于序列短且无变化的序列来源。

4.3.2 引用数据区域设置序列

设置“序列”类型的数据验证时，如果序列较长、有修改序列的需求或有数据表布局上的诸多考虑，可以引用数据区域作为数据来源。

例4-21 B列拟填写地区，在D2:D17区域有地区列表，请运用地区列表设置数据验证。

选择要设置数据验证的区域，如B2:B100，打开“数据验证”对话框。在“设置”标签的“允许”下拉列表中选择“序列”选项，将光标放置于“来源”文本框内或单击右侧的引用伸缩按钮，用鼠标拖动选择D2:D17区域，单击“确定”按钮（如已经点击过引用伸缩按钮，则需要再次点击），完成序列设置。设置好后，鼠标单击B2:B100区域内的单元格，其旁边就会出现下拉箭头，单击下拉箭头，出现下拉列表，用户可以从中选择需要的条目。如图4-12所示。

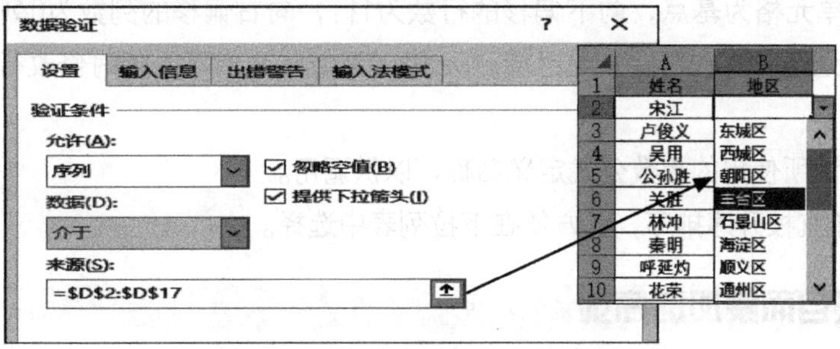

图4-12　引用数据区域设置序列及其效果

这种方法适用于序列长且无变化的序列来源。

如果下拉列表的序列来源在另一张工作表中，比如在“Sheet2”工作表的E2:E5区域，引用区域时必须带上工作表名称，写成“Sheet2!$E$2:$E$5”，注意表名之后的感叹号“!”。

4.3.3 使用动态公式设置序列

如果数据验证使用动态公式，就能彻底、完美地解决序列条目增减的问题。

例4-22 B列要填写企业名称，决定在企业名单中选择填写，而企业名单可能发生变化，请设置数据验证。企业名单放在D列，如图4-13所示。

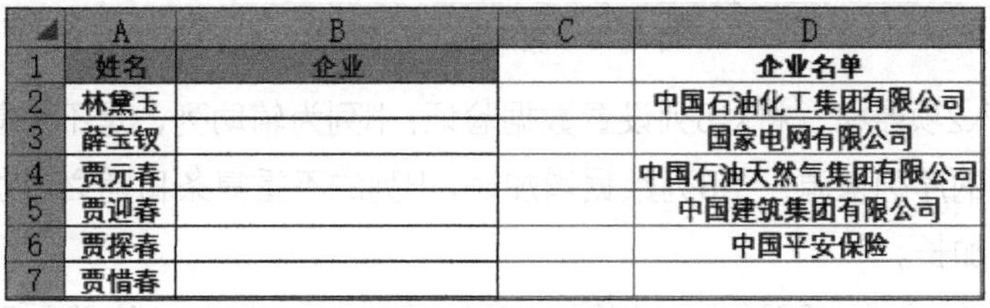

	A	B	C	D
1	姓名	企业		企业名单
2	林黛玉			中国石油化工集团有限公司
3	薛宝钗			国家电网有限公司
4	贾元春			中国石油天然气集团有限公司
5	贾迎春			中国建筑集团有限公司
6	贾探春			中国平安保险
7	贾惜春			

图4-13　企业名单

选择要设置数据验证的区域，如B2:B100，打开“数据验证”对话框。在“设置”标签的“允许”下拉列表中选择“序列”选项，在“来源”文本输入框中输入函数公式“=OFFSET($D$1,1,,COUNTA($D$2:$D$100))”，单击“确定”按钮，完成序列设置。

增加条目后，下拉列表就随之动态变化了。对比效果如图4-14所示。

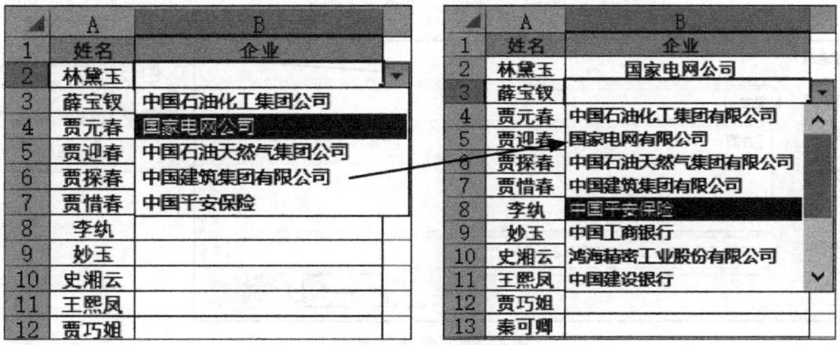

图4-14　修改条目后的效果

式中，COUNTA函数计算非空单元格的个数，经常与OFFSET函数配对使用。OFFSET函数是一个易失性函数，会随着工作表的刷新而动态刷新，是一个使用频率很高的函数，返回对单元格或单元格区域中指定行数和列数的区域的引用，语法为“OFFSET(单元格或区域引用,第几行,第几列,[高度],[宽度])”，这里以D1单元格为基点，向下偏移的行数为1行，向右偏移的列数为0列，非空单元格个数（企业个数）作为返回引用的行高。通过增删D2:D100区域的文本可以随时修改行高，从而实现动态引用。

可以为数据验证所使用的函数公式定义名称，以供调用。

D列的企业名单宜按升序排序，以方便在下拉列表中选择。

4.3.4 随输入条目而累加的序列

有时需要序列随着输入数据的增加而累加，不重复条目。

例4-23 B列要填写器材名称，随着器材的增加，将不重复条目动态地累加，形成下拉列表供选择，请设置数据验证。

设计好数据表，如图4-15所示。

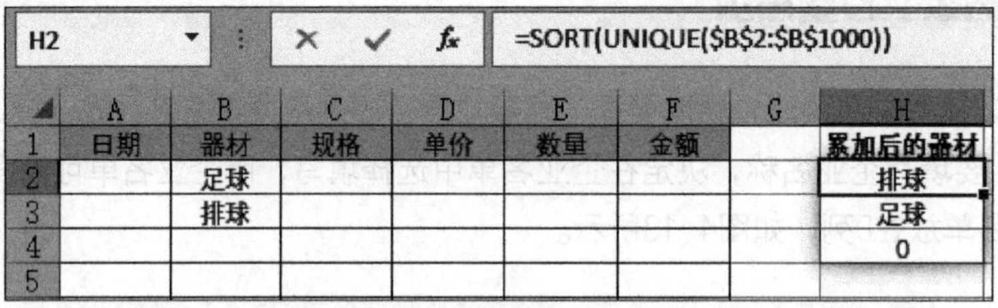

图4-15 “累加条目”示例表

表中，B列已输入2项器材，将对B列设置数据验证；H列为辅助列，是不重复条目，也是对B列设置数据验证所要使用的序列来源；当B列数据增加时，H列的不重复条目随之累加；反过来，B列的数据验证下拉列表随之加长。

在H2单元格输入公式“=SORT(UNIQUE($B$2:$B$1000))”。式中，UNIQUE和SORT函数都是Office 2019版本的函数，效率很高。UNIQUE函数返回列表或范围中的一系列唯一值，SORT函数可对某个区域或数组的内容进行排序，这里是按音序升序排序。

利用“公式”选项卡“定义的名称”组中的“定义名称”命令，定义名称“累加”，公式为“=OFFSET($H$2,,,COUNTIF($H$2:$H$50,"*"))”。如图4-16所示。

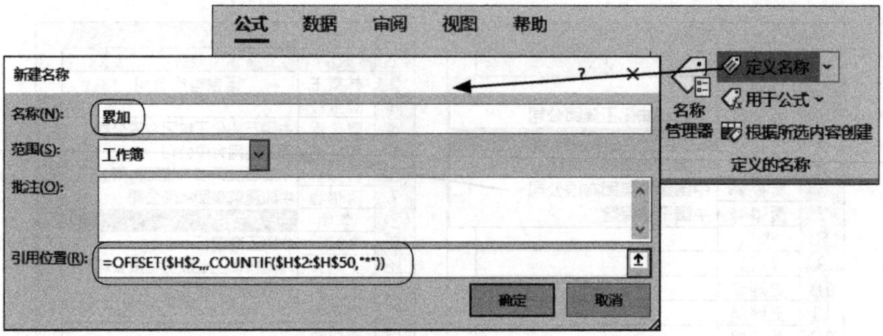

图4-16 定义“累加”

式中，COUNTIF函数返回H2:H50区域文本单元格的个数，第二个参数“"*"”表示文本。OFFSET函数再据此进行动态偏移。

选择要设置数据验证的区域，如B2:B100，打开“数据验证”对话框。在“设置”标签的“允许”下拉列表中选择“序列”选项，在“来源”文本输入框中输入函数公式“=累加”，在“出错警告”标签下的“样式”中选择“信息”，允许用户自行输入。单击“确定”按钮，完成序列设置。如图4-17所示。

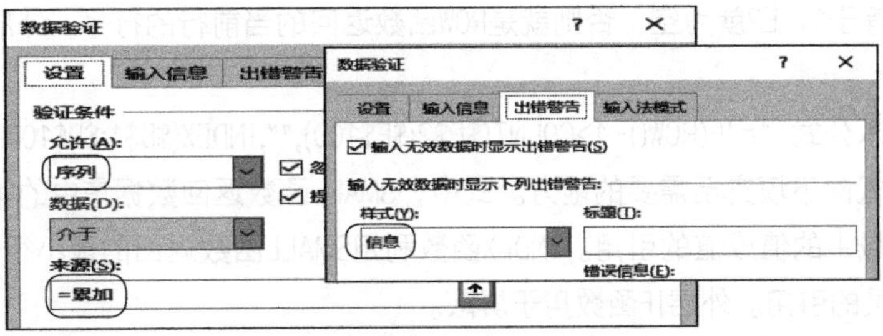

图4-17　设置可以累加的下拉列表

在B列输入一些器材名称，就会发现下拉列表累加了，而且是一个没有重复值的升序序列。如图4-18所示。

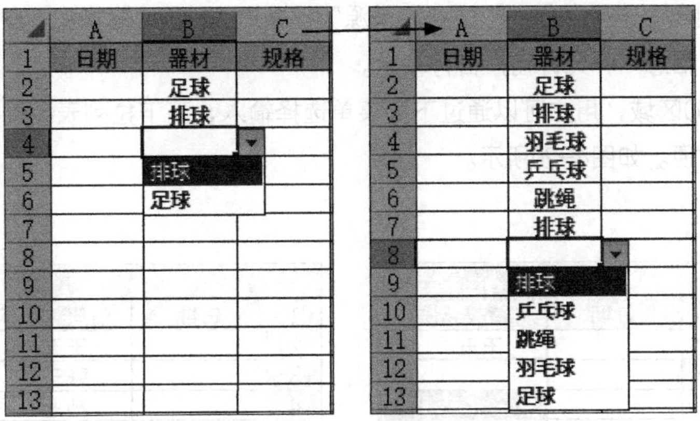

图4-18　随输入累加条目的效果

数据验证目前是不支持三维引用公式的，所以本例设置了辅助列。

4.3.5 随选择条目而缩减的序列

有时需要序列随着选择下拉列表中的选项来输入而缩减总序列的长度，以免输入重复值。

例4-24 B列要填写值班人员，随着人员的填写，减少下拉列表中的选项，请设置数据验证。

设计好数据表，如图4-19所示。

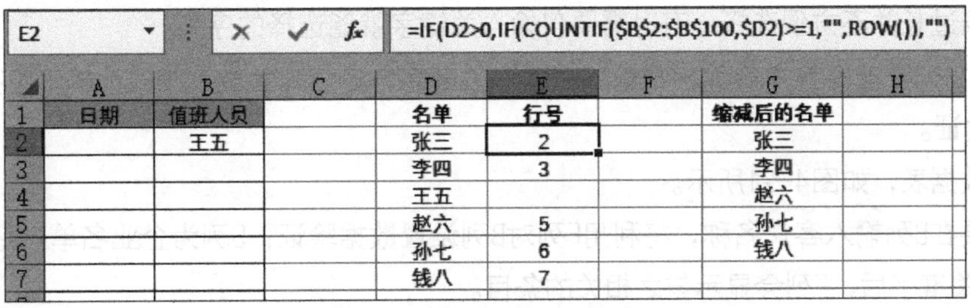

图4-19　“缩减条目”示例表

表中，已在B列初步输入1名值班人员，将对B列设置数据验证；D、E、G列为辅助列，D列为要参与值班的人员的名单（宜升序排列），E列是D列名单中不包含B列已安排人员而余下人员的行号，G列则是缩减后的名单，也是为B列设置数据验证所要使用的序列来源；当B列增加数据时，G列的条目则随之缩减，B列的数据验证下拉列表也随之缩减。

在E2单元格输入公式“=IF(D2>0,IF(COUNTIF($B$2:$B$100,$D2)>=1,"",ROW()),"")”，将公式向下填充至需要的地方。式中，COUNTIF函数统计D2单元格的人员在B2:B100中出现的次数。内层IF函数再判断，如果次数大于等于1，E2就为空，否则就是ROW函数返回的当前行的行号。外层IF函数再屏蔽无人员的行号。

在G2单元格输入公式“=IF(ROW()-1>COUNT($E$2:$E$100),"",INDEX($D$1:$D$100,SMALL($E$2:$E$100,ROW(G1))))”，将公式向下填充至需要的地方。式中，SMALL函数返回数据集中的第k个最小值，INDEX函数返回表格或区域中的值或值的引用。INDEX函数利用SMALL函数返回的最小行号，再返回D1:D100区域对应行号的人员的引用。外层IF函数用于屏蔽。

定义名称“缩减”，公式为“=OFFSET($G$2,,,COUNTIF($G:$G,">""")-1)”。式中，COUNTIF函数获取G列不为空的文本单元格个数，OFFSET函数再据此进行动态偏移。

选择要设置数据验证的区域，如B2:B100，打开“数据验证”对话框。在“设置”标签“验证条件”“允许”下拉列表中选择“序列”，在“来源”框输入公式“=缩减”。在“出错警告”标签下的“样式”中选择“信息”，允许用户自行输入。

这样，在B2:B100区域，用户可以通过下拉菜单选择输入，而下拉列表会随着输入不断缩减，后面的操作会越来越方便。如图4-20所示。

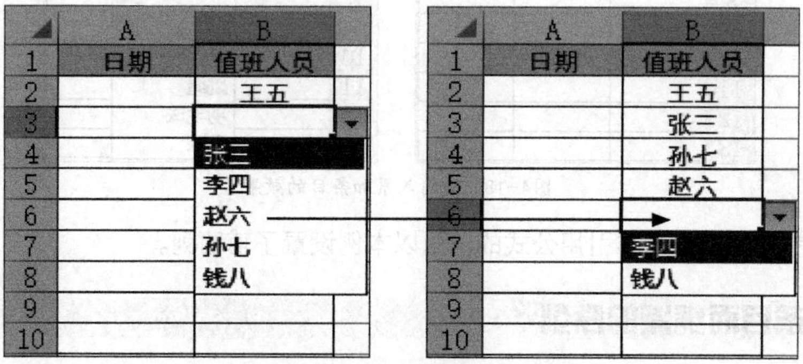

图4-20 随选择条目而缩减序列的效果

4.3.6 与关键字相匹配的序列

下拉列表过长并不方便选择，有时需要仅输入关键字就能选择的序列。

例4-25 B列要填写客户名称，希望随着输入关键字，形成与关键字相匹配的下拉列表供选择，请设置数据验证。

设计好数据表，如图4-21所示。

表中，要在B列输入客户名称，将利用F列对B列设置数据验证；D列为企业名单，F列为辅助列；当在B列输入关键字后，F列会显示与之相关的条目。

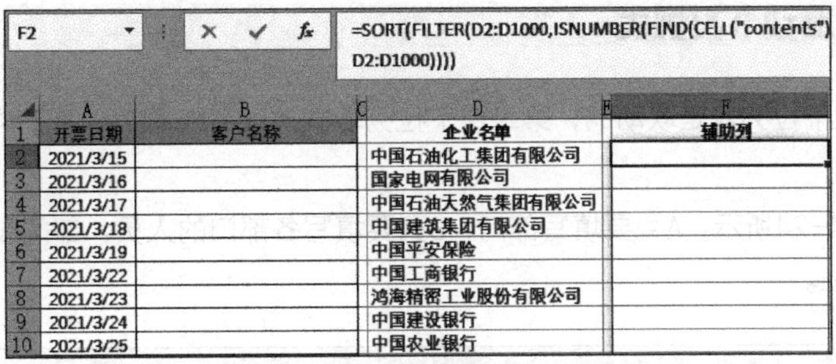

F2
=SORT(FILTER(D2:D1000,ISNUMBER(FIND(CELL("contents"),D2:D1000))))
A
B
C
D
E
F
开票日期
客户名称
企业名单
辅助列
2021/3/15
2021/3/16
2021/3/17
2021/3/18
2021/3/19
2021/3/22
2021/3/23
2021/3/24
2021/3/25
中国石油化工集团有限公司
国家电网有限公司
中国石油天然气集团有限公司
中国建筑集团有限公司
中国平安保险
中国工商银行
鸿海精密工业股份有限公司
中国建设银行
中国农业银行

图4-21　序列与关键字匹配的示例表

在F2单元格输入公式“=SORT(FILTER(D2:D1000,ISNUMBER(FIND(CELL("contents"),D2:D1000))))”。式中，CELL函数返回有关单元格的格式、位置或内容的信息，当参数为“"contents"”时，返回当前活动单元格中的内容，如果在B列输入关键字，就能获取关键字的内容。FIND函数在企业名单中查找包含此关键字的匹配项。ISNUMBER函数再判断其是否为数字。FILTER和SORT函数是Office 2019版本的函数，FILTER函数基于定义的条件筛选一系列数据，SORT函数按升序排序。本公式在输入完成时会出现循环引用错误的警告窗口，这是正常现象，继续操作即可。

选择要设置数据验证的区域，如B2:B100，打开“数据验证”对话框。在“设置”标签下的“允许”下拉列表中选择“序列”，在“来源”框输入公式“=OFFSET($F$2,,,COUNTIF($F:$F,"?*",)-1)”。在“出错警告”标签下取消勾选“输入无效数据时显示出错警告”复选框。单击“确定”按钮，完成设置。如图4-22所示。

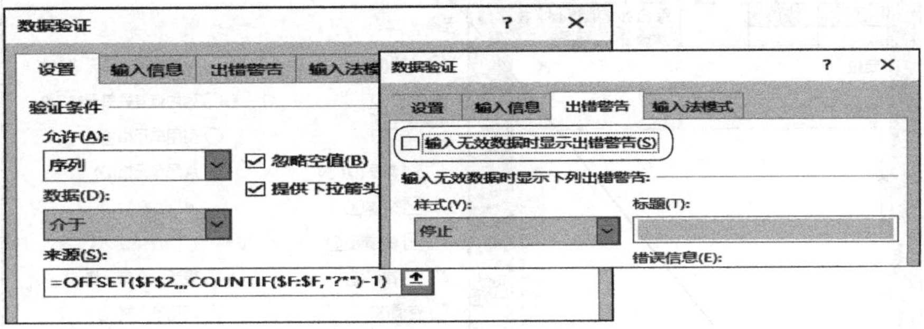

图4-22　设置与关键字相匹配的序列

使用时，当在B列输入关键字后，再单击单元格右侧的下拉箭头，就可以在根据关键字动态更新的下拉列表中选择条目了，如图4-23所示。

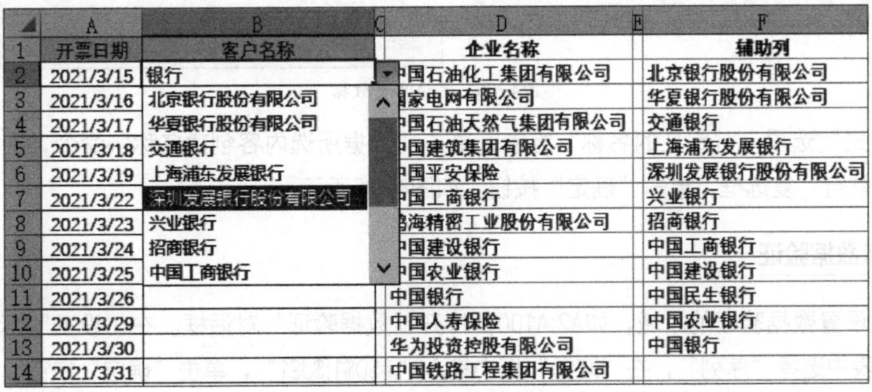

开票日期
客户名称
企业名称
辅助列
银行
北京银行股份有限公司
华夏银行股份有限公司
交通银行
上海浦东发展银行
深圳发展银行股份有限公司
兴业银行
招商银行
中国工商银行
中国建设银行
中国民生银行
中国农业银行
中国银行

图4-23　序列与关键字匹配的效果

4.3.7 设置二级联动下拉列表

Excel中的二级下拉列表是联动的，第二个下拉列表的内容会随着第一个下拉菜单的内容的变化而变化。

例4-26 如图4-24所示，A列要填写部门，B列要填写各部门的人员，部门和人员的名单是现成的，请设置数据验证。

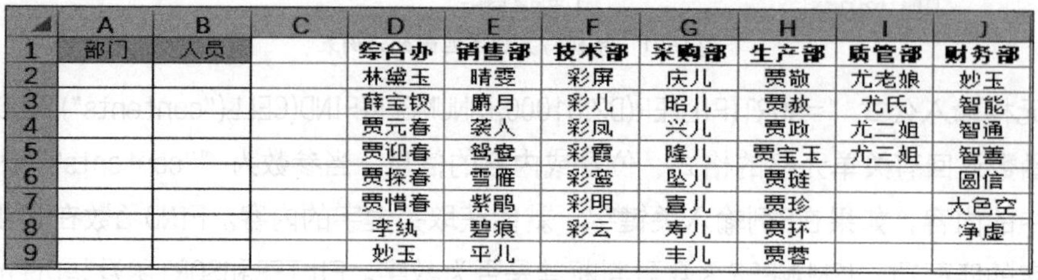

	A	B	C	D	E	F	G	H	I	J
1	部门	人员		综合办	销售部	技术部	采购部	生产部	质管部	财务部
2				林黛玉	晴雯	彩屏	庆儿	贾敬	尤老娘	妙玉
3				薛宝钗	麝月	彩儿	昭儿	贾赦	尤氏	智能
4				贾元春	袭人	彩凤	兴儿	贾政	尤二姐	智通
5				贾迎春	鸳鸯	彩霞	隆儿	贾宝玉	尤三姐	智善
6				贾探春	雪雁	彩鸾	坠儿	贾琏		圆信
7				贾惜春	紫鹃	彩明	喜儿	贾珍		大色空
8				李纨	碧痕	彩云	寿儿	贾环		净虚
9				妙玉	平儿		丰儿	贾蓉		

图4-24 二级联动下拉列表示例表

1. 定义名称

选择D1:J13区域，按住键盘上的“Ctrl+G” 或者“F5”键 ，在弹出的窗口中单击“定位条件”命令，在“定位条件”对话框中选择“常量” 。如图4-25所示。

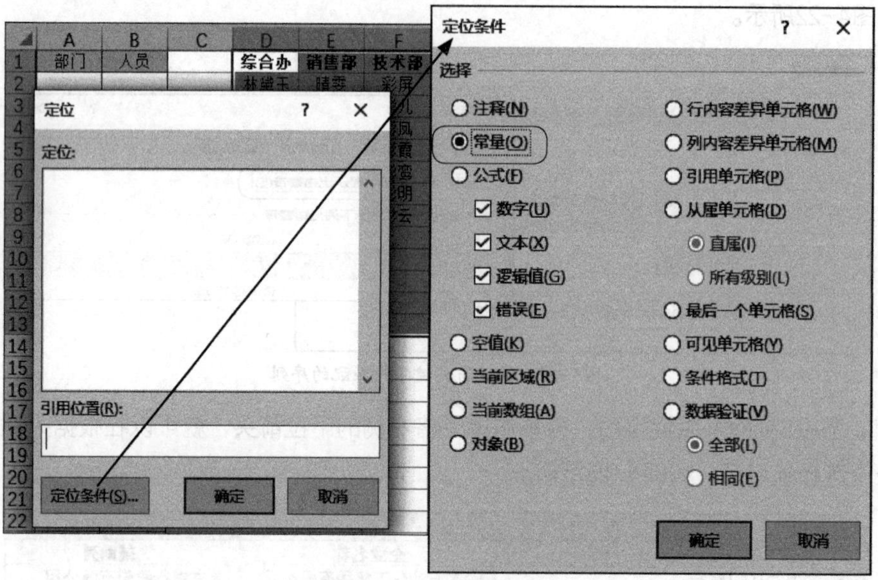

图4-25 定位常量数据

在“公式”选项卡“定义的名称”组中，单击“根据所选内容创建名称”命令，在弹出的对话框中勾选“首行”复选框，单击“确定”按钮。如图4-26所示。

2. 设置数据验证

选择要设置数据验证的区域，如A2:A100，打开“数据验证”对话框。在“设置”标签下的“允许”下拉列表中选择“序列”，在“来源”框中输入“=$D$1:$J$1”，单击“确定”按钮，完成设置。

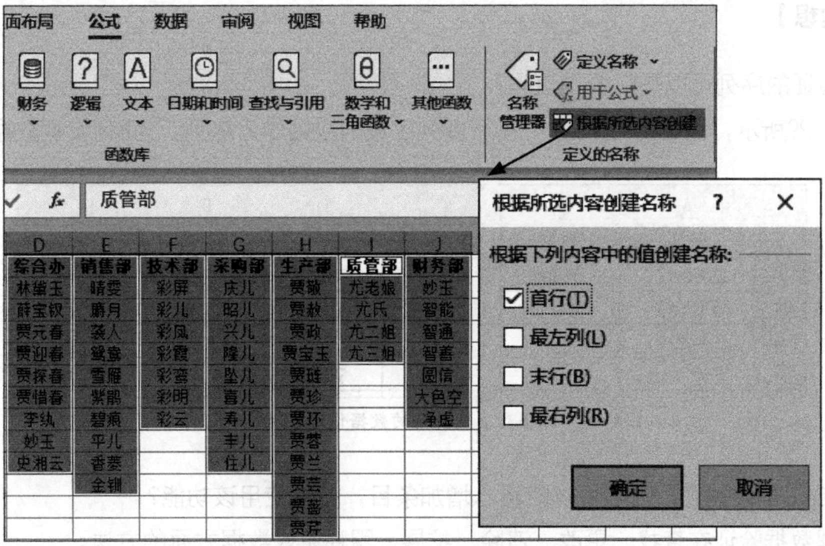

图4-26 根据所选内容创建名称

同理，为B2:B100区域设置数据验证，公式为“=INDIRECT($A2)”。由于尚未在A列输入数据，所以单击“确定”按钮时，会弹出警告，不理会即可。如图4-27所示。

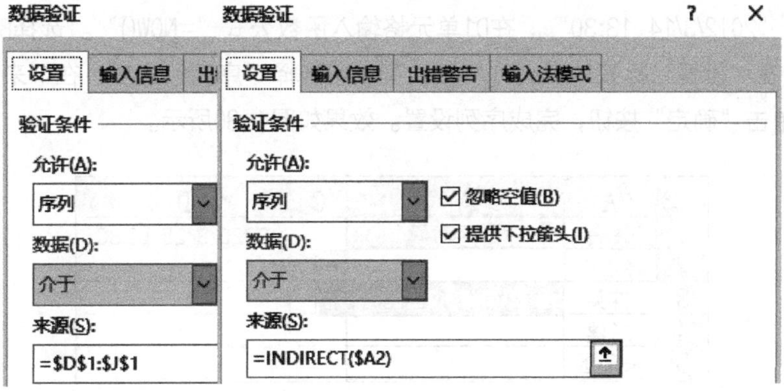

图4-27 设置二级下拉列表

INDIRECT函数返回由文本字符串指定的引用。如果第二个参数为TRUE或省略，第一个参数会被解释为A1样式的引用。如果第二个参数为FALSE或0，第一个参数会被解释为R1C1样式的引用。

3. 使用二级下拉列表

试用效果如图4-28所示。

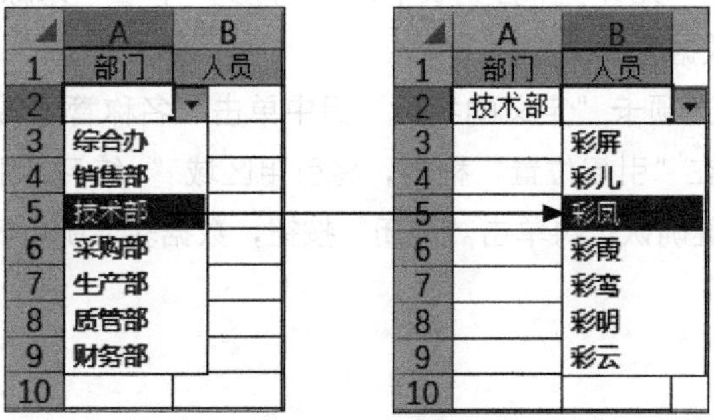

图4-28 二级下拉列表的效果

【边练边想】

1. 数据验证的序列可以是一个单值吗？

2. 如图4-29所示，请使用D2:F5这个多行多列区域的数据作为序列，为B列设置数据验证。

	A	B	C	D	E	F
1	分工	姓名			名单	
2	Excel	关胜		杨雄	关胜	宋江
3	Excel			燕青	柴进	时迁
4	Python			武松	林冲	吴用
5	Python			刘备	关羽	张飞

图4-29 以多行多列区域的数据作为序列的示例表

3. Excel自带下拉列表，而且可以随输入增加条目，如何使用该功能？

4. 请梳理数据验证在查找、更改、清除、扩展、圈释无效数据方面的方法。

【问题解析】

1. 特殊情况下，一个条目也可以成为最短的序列。B列为到厂时间，要求精确到分钟，事先将单元格格式设置为“2012/3/14 13:30”。在D1单元格输入函数公式“=NOW()”。选择B列，打开“数据验证”对话框。在“设置”标签的“允许”下拉列表中选择“序列”选项，在“来源”框中输入公式“=$D$1”，单击“确定”按钮，完成序列设置。效果如图4-30所示。

	A	B	C	D
1	姓名	到厂时间		2020/8/25 12:30
2	林治中			
3	钟英	2020/8/25 12:30		
4	吕建			
5	朱荣国			

图4-30 引用单元格动态时间设置最短的序列

如果时间超过了1分钟，请按键盘上的“F9”键刷新后再从下拉列表中选择当前时间使用。如果想看到“秒”，可以修改单元格的时间格式。

2. 一般情况下，数据验证所使用的序列源只能是一列或一行。但通过更改名称的来源区域，可以突破这个限制。将D2:F2区域定义为名称“名单”。选择B2:B100区域，打开“数据验证”对话框后，选择“设置”标签，在“允许”下拉列表中选择“序列”，在“来源”框中修改为“=名单”，单击“确定”按钮，完成数据验证设置。

再在功能区“公式”选项卡“定义的名称”组中单击“名称管理器”，打开“名称管理器”对话框，选中“名单”，在“引用位置”框内，将引用区域“=练习2!$D$2:$F$2”修改成“=练习2!$D$2:$F$5”，敲击回车键确认，再单击“关闭”按钮，数据验证所用名称就包含多行多列的序列了。如图4-31所示。

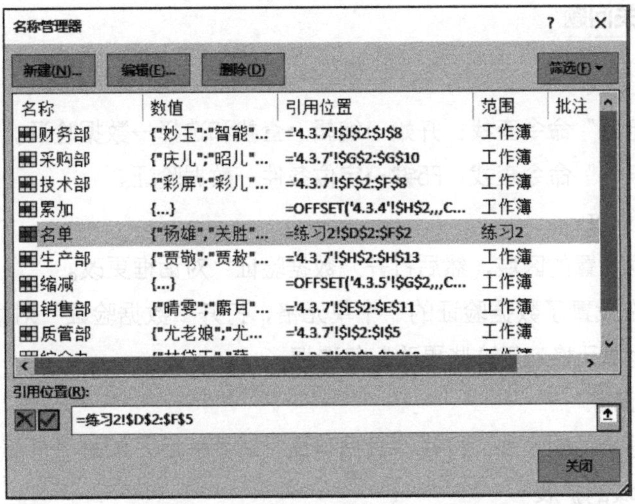

图4-31 更改名称引用区域为多行多列区域

数据验证所用名称引用区域为单列以及为多行多列的效果对比如图4-32所示。

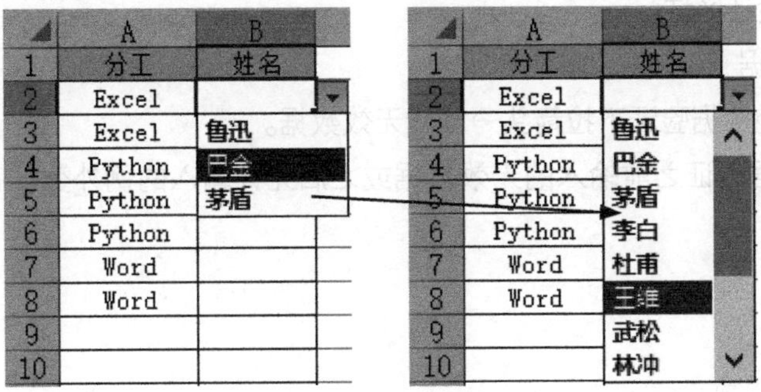

图4-32 名称包含的单行区域改为多行多列区域后下拉列表的变化

3. 已经输入一些文本内容，还要继续输入内容，这时候可以使用键盘上的“Alt+↓”组合键，打开下拉列表，再用键盘或鼠标从下拉列表中选择以输入。该列表还能随输入而增加条目，而且是一个唯一值列表，并进行了升序排序。也可以在右键快捷菜单中选择“从下拉列表中选择”菜单以输入条目。如图4-33所示。

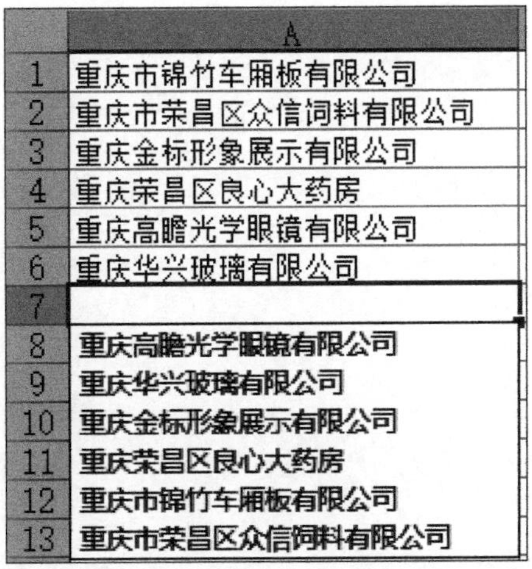
重庆市锦竹车厢板有限公司
重庆市荣昌区众信饲料有限公司
重庆金标形象展示有限公司
重庆荣昌区良心大药房
重庆高瞻光学眼镜有限公司
重庆华兴玻璃有限公司
重庆高瞻光学眼镜有限公司
重庆华兴玻璃有限公司
重庆金标形象展示有限公司
重庆荣昌区良心大药房
重庆市锦竹车厢板有限公司
重庆市荣昌区众信饲料有限公司

图4-33 Excel自带的“从下拉列表中选择”功能

4. 数据验证的相关问题

（1）数据验证的查找

一是利用“数据验证”命令查找：开始→编辑→查找和选择→数据验证。

二是利用“定位条件”命令查找：F5键→定位条件→数据验证。

（2）数据验证的更改

一是先定位有相同设置的区域，然后打开“数据验证”对话框更改。

二是将鼠标放置在设置了数据验证的一个单元格，打开“数据验证”对话框更改后，选中“对有同样设置的所有其他单元格应用这些更改”复选框。

（3）数据验证的清除

查找出设置了数据验证的区域，打开“数据验证”对话框后，单击“全部清除”按钮。

（4）数据验证区域的扩展

用鼠标拖选设置有单一数据验证和欲扩展数据验证的区域，打开“数据验证”对话框时，会弹出一个信息框，单击“是”，就会“施用当前的‘数据验证’设置”。也可以用复制或拖动填充柄填充的方式扩展数据验证区域。

（5）圈释无效数据

数据→数据工具→数据验证下拉箭头→圈释无效数据。

这样，在设置数据验证之前输入的无效数据或之后允许输入的例外数据都会被红色椭圆形圈释出来，一目了然。

第5章 数据录入，灵便快捷争朝夕

当你面临大量重复性数据或规律性数据，要将它们录入Excel表中时，你是抱怨任务太重、时间不够、精力不及，还是认为这是小菜一碟？你是硬着头皮苦苦录入，还是施展“复制粘贴大法”？

Excel小白可能会束手无策，把大把宝贵的时间浪费在录入数据上；Excel能手则能轻松录入数据，又快又准，从而有更多的时间用于对数据的处理、统计与分析。

5.1 填充柄“三板斧”填充数据

数据填充是Excel中快速、规范录入数据的神奇功能，无须记忆一些复杂的规则，瞬间即可将连续的、有规律的数据或重复性数据批量填充到相邻（上下左右）单元格中，其智能化设计让人们告别了按部就班的数据录入方法，把人们从大量枯燥乏味的数据录入工作中解放了出来。数据填充功能包括左键拖放、右键拖放、左键双击“三板斧”。

5.1.1 惯用的左键拖放填充

在Excel中，鼠标选中的当前单元格叫作活动单元格，鼠标选中的一个矩形区域叫作活动区域。活动单元格或活动区域的外框线呈现为粗线框，右下角有一个小方块，即填充柄，“块头”小，但有着重要的功能。如图5-1所示。

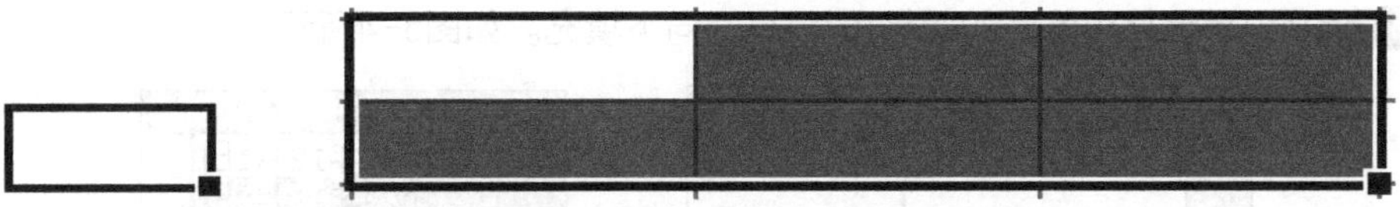

图5-1　活动单元格与活动区域

左键拖放填充是在Excel中填充数据的惯用的标准动作，其绝招是“三大步”，简称为“一选二拖三松”。

（1）选择包含要填充到相邻单元格的数据的单元格或区域。

（2）将光标移动到填充柄上变成黑色十字时，按下鼠标左键并拖动填充柄，使其经过要填充的单元格，在拖动过程中，会显示预览。

（3）光标到达目标单元格时，松开鼠标左键。

若要更改选定区域的填充方式，就在目标单元格旁单击“自动填充选项”按钮，然后单击所需的选项。

例5-1 请将A1单元格的“永荣中学”向下填充。如图5-2所示。

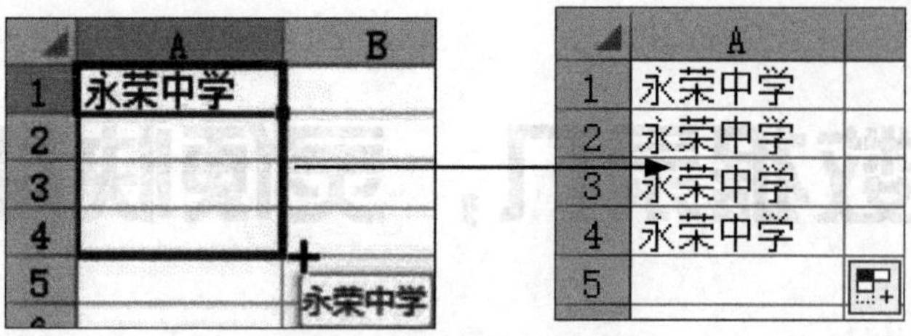

图5-2　文本型数据的填充

可见，文本型数据的默认填充方式为复制式填充，填充到哪里，数据就被复制到哪里。

例5-2 请将B1单元格的“1”向下填充，再在“自动填充选项”中选择“填充序列”，看一看有什么不同。如图5-3所示。

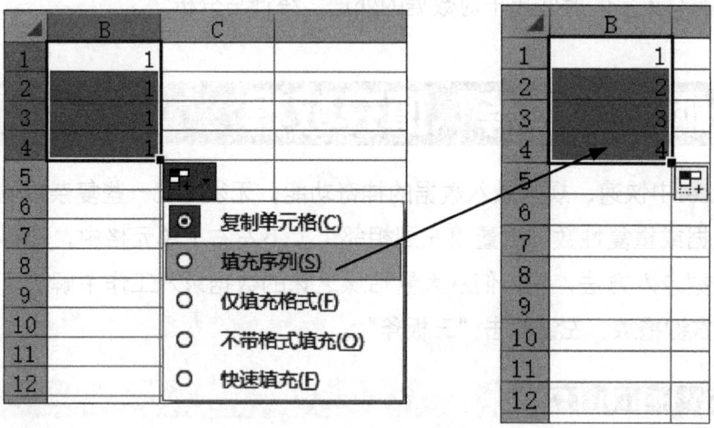

图5-3　数值型数据的填充

纯数字的默认填充方式为复制式填充，也可为序列式填充，默认以1为步长有规律地填充。使用“Ctrl+填充柄”的方法进行填充，也能起到序列式填充的效果，而且在填充的过程中可以直观地看到序列在递增。

例5-3 请将C1单元格中的“2020年10月1日”向下填充。如图5-4所示。

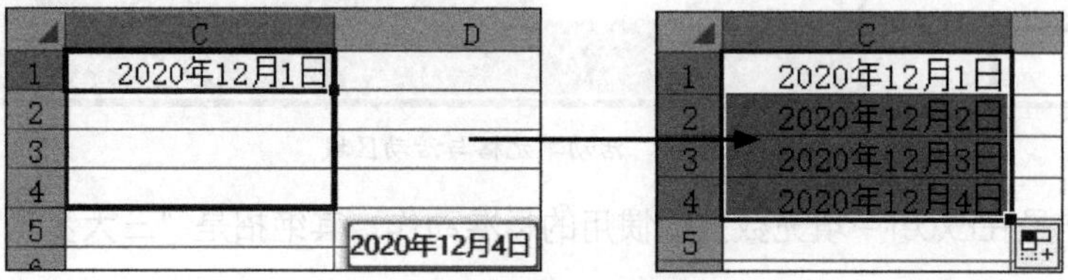

图5-4　日期型数据的填充

可见，日期型数据的默认填充方式为序列式填充，默认以1日为步长有规律地填充天数。如果使用“Ctrl+填充柄”的方法进行填充，结果会是复制式填充。此外，日期型数据还可以以1个工作日、1个月、1年为步长，有规律地进行填充。

例5-4 请分别以E1:E2、F1:F2 、G1:G4区域的数据为参照进行填充。如图5-5所示。

可见，活动区域中连续的或不连续的两个单元格的数据之差，构成了填充模式（范本），是序列的步长。也就是说，步长不一定只为“1”，可以为其他整数，还可为小数，所填充的序列是一个等差序列。利用“1”“2”的范本进行序号填充，是最经典的填充方式之一。

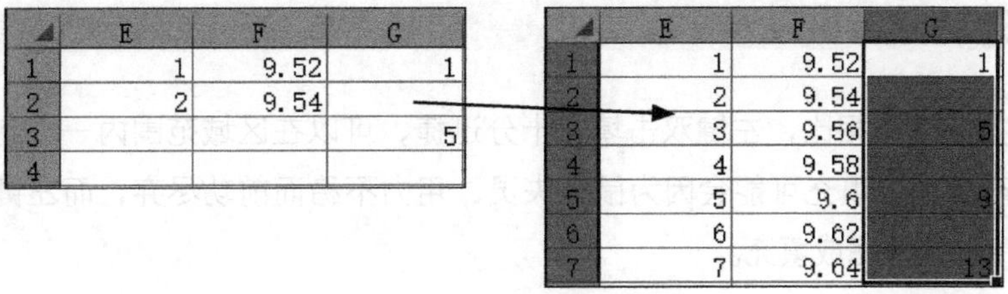

图5-5 按模式填充等差序列

5.1.2 精准的右键拖放填充

比起左键拖放填充的直接拖动，右键拖放填充要求先选择一个选项再填充，不然就填充不了。

例5-5 请使用右键拖放填充的方式，分别基于"2021/2/26"以天数填充、以工作日填充、以月填充、以年填充，再对"2021/1/31"以月填充。如图5-6所示。

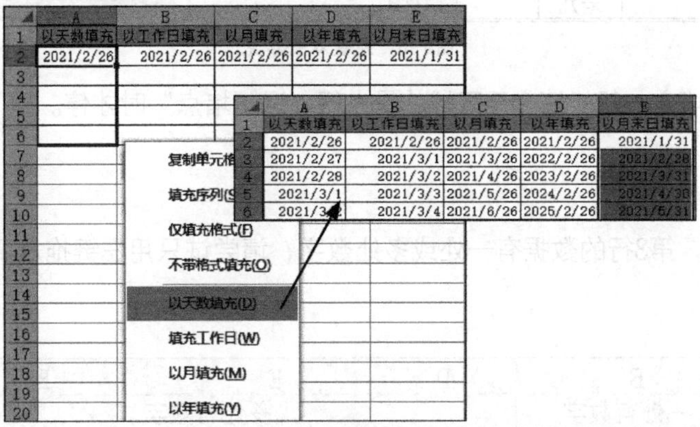

图5-6 右键拖放填充日期数据

由于"2021/1/31"是月末日，当"以月填充"时，就会得到每月的月末日。按照此方法，利用Excel的填充功能，可以巧妙地知道某年的2月份是否闰月。

例5-6 请以"1""2"为范本，通过右键拖放填充的方式选择等比序列。填充效果如图5-7所示。

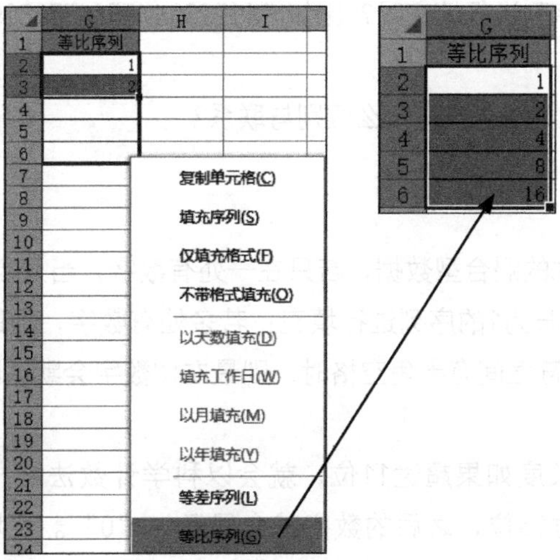

图5-7 右键拖放填充等比序列

5.1.3 迅捷的左键双击填充

与左、右键拖放填充相比，左键双击填充十分迅捷，可以在区域范围内一填到底。特别是当数据有成千上万行时，拖放填充可能会因为鼠标失灵、用力不稳而前功尽弃，而左键双击填充能以更少的步骤，用更高的效率完成填充。

例5-7 请使用左键双击填充的方式为A列填充序号，为C列填充值班日。如图5-8所示。

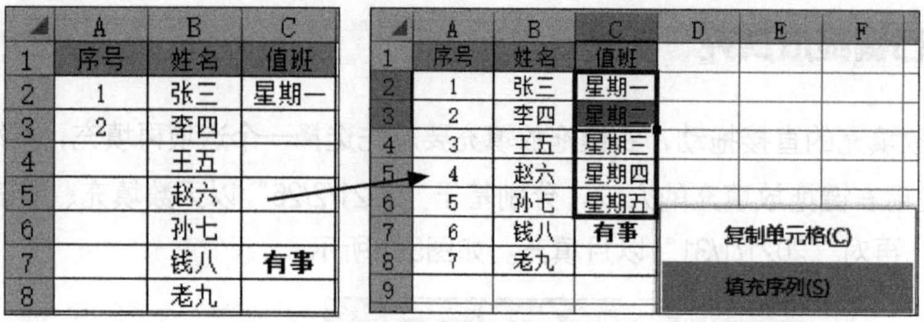

图5-8 左键双击填充

可见，左键双击填充一般能填充至区域的最大行，遇“堵点”时才停。

【边练边想】

1. 如图5-9所示，第3行的数据有一处或多处数字，请尝试只用左键拖放填充的方式进行填充，看一看有什么规律？

	A	B	C	D	E	F
1	一处有数字			多处有数字		
2	前	中	后	两处数字	三处数字	左侧数字后有半角空格
3	1班	第1名	选手1	2023级1班	2023级1班1号	25 栋1楼1号
4						
5						
6						

图5-9 数据有一处或多处数字

2. 你能对超长的数字序列进行填充吗？比如“11223344556677889900 01”，后面4位数按步长1递增。

3. 右键拖放填充与左键拖放填充有什么区别与联系？

【问题解析】

1. 既有数字、又有文本的混合型数据，若只在一处有数字，当只用左键拖放填充的方式进行填充时，数字部分会默认按步长为1的序列进行填充；若多处有数字，则最右侧数字会默认以1为步长递增；但当最左侧数字与字符之间有半角空格时，则最左侧数字会默认以1为步长递增，其他部分保持一致。

2. 在Excel中，数字长度如果超过11位，就会以科学计数法的方式来显示，呈现出“E+”的样子；数字长度如果超过15位，之后的数字就会显示为“0”。要填充超长数字，不妨结合文本替换法来填充。先用字符代替相同的部分，形如“a0001”，拖放填充后，再将字符直接替换回去，比如把“a”替换成“'112233445566778899'”（注意半角引号），得到超长文本型数字“1122334455667788990001”。

3. 区别：右键拖放填充时，总是通过右键快捷菜单选择选项后，再进行精确填充，简称“先选后填”；而左键拖放填充是填充后，再通过“自动填充选项”按钮选择选项，简称“先填后选”。通过预设“模式”填充时，右键拖放填充可以选择“等差序列”或“等比序列”；而左键拖放填充只能直接填充“等差序列”。

联系：凡是有序列的数据都能选择“填充序列”，“填充序列”可以按步长为1的序列或按内置序列进行填充；有“范本”则按“范本”步长进行填充；对于数字、日期、时间三类数据，可以打开“序列”对话框进行精确设置；所有数据类型都可以“复制单元格”，进行复制式填充。

5.2 设置和调用一个自定义序列

对于重复性数据或规律性数据的大量填写，填充柄手到擒来。由此，我们可以将有一定次序要求的固定数据“制造”为填充的序列，便于日后调用。

5.2.1 从Excel内置中文日期序列谈起

Excel的内置序列主要为日期方面的文本序列，如英文星期、中文星期、公历月、农历月、季度、天干、地支等，内置序列是不可以修改的。

例5-8 请尝试填充Excel内置的中文日期序列。

效果如图5-10所示。

	A	B	C	D	E	F	G
1	一	星期一	一月	正月	第一季	子	甲
2	二	星期二	二月	二月	第二季	丑	乙
3	三	星期三	三月	三月	第三季	寅	丙
4	四	星期四	四月	四月	第四季	卯	丁
5	五	星期五	五月	五月	第一季	辰	戊
6	六	星期六	六月	六月		巳	己
7	日	星期日	七月	七月		午	庚
8	一	星期一	八月	八月		未	辛
9			九月	九月		申	壬
10			十月	十月		酉	癸
11			十一月	十一月		戌	甲
12			十二月	腊月		亥	
13			一月	正月		子	

图5-10 Excel内置的中文日期序列

5.2.2 如何添加自定义序列“星期”

录入数据时，经常会需要输入一系列具有相同特征的数据，例如周一到周日、一系列职称、一系列学历、一组名单、一组有序的产品名、一组机构名称、一系列课程等。显然，Excel内置序列不够个性化，不能适应复杂多变的情况。如果经常需要用到一组数据，可以将其添加到Excel自定义序列列表中，以方便日后直接使用。

例5-9 请在Excel中自定义一个从周一到周日的“星期”序列。

❶ 右键单击Excel功能区。

❷ 在快捷菜单中选择“自定义功能区”。

❸ 在弹出的“Excel选项”对话框的左侧列表框中选择“高级”选项。

❹ 在右侧“常规”组中单击“编辑自定义列表”。

❺ 在弹出的“自定义序列”对话框的“输入序列”列表框中输入要创建的自定义序列。这里输入“周一”“周二”“周三”“周四”“周五”“周六”“周日”。每输入一条后按回车键，或者在条目之间使用半角逗号“,”来分隔。

❻ 单击“添加”按钮，则新的自定义序列出现在左侧“自定义序列”列表的最下方。

❼ 单击“确定”按钮2次，完成自定义序列的添加。如图5-11所示。

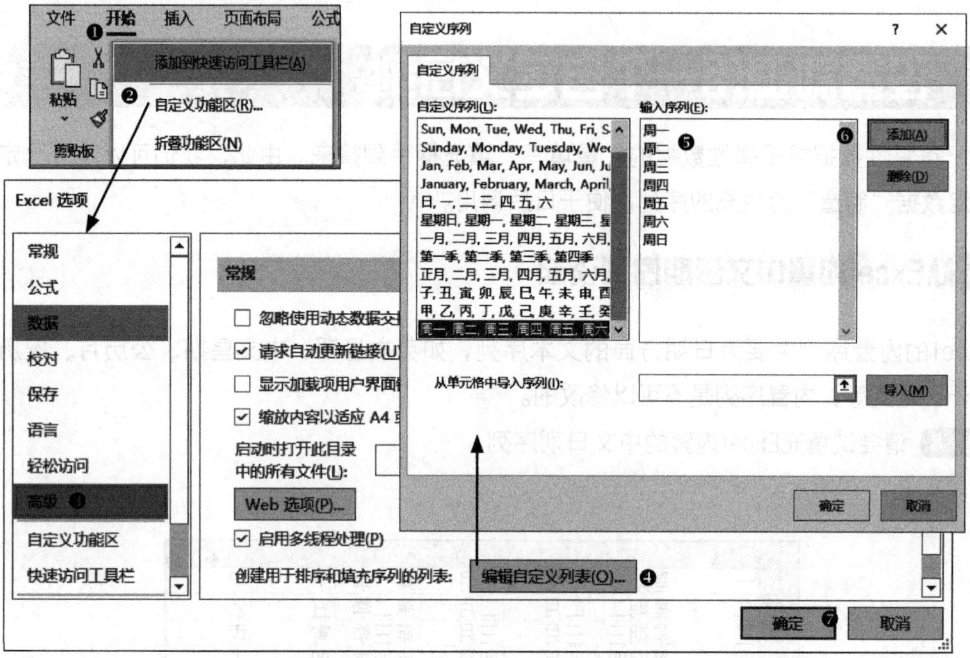

图5-11 自定义从周一到周日的“星期”序列

Excel自定义文本序列同内置序列一样，可以从任意一个条目开始填充。

自定义序列是可以编辑和删除的。在“自定义序列”对话框的“自定义序列”列表框中，选中序列，若要编辑，则在“输入序列”框中编辑、修改该序列，然后单击“添加”按钮；若要删除，则直接单击“删除”按钮，在弹出的警告框中单击“确定”按钮。

“Excel选项”对话框也可以这样打开：在功能区单击“文件”按钮→ 选择“选项”菜单。

5.2.3 如何导入自定义序列“学历”

例5-10 请将A1:A6区域的学历序列设置为自定义序列。

❶ 在“自定义序列”对话框中，在“从单元格中导入序列”框里输入“$A$1:$A$6”，或者通过伸缩框引入。

❷ 单击“导入”按钮，则新的自定义序列出现在“自定义序列”列表的最下方。

❸ 单击“确定”按钮2次，完成自定义序列的导入。如图5-12所示。

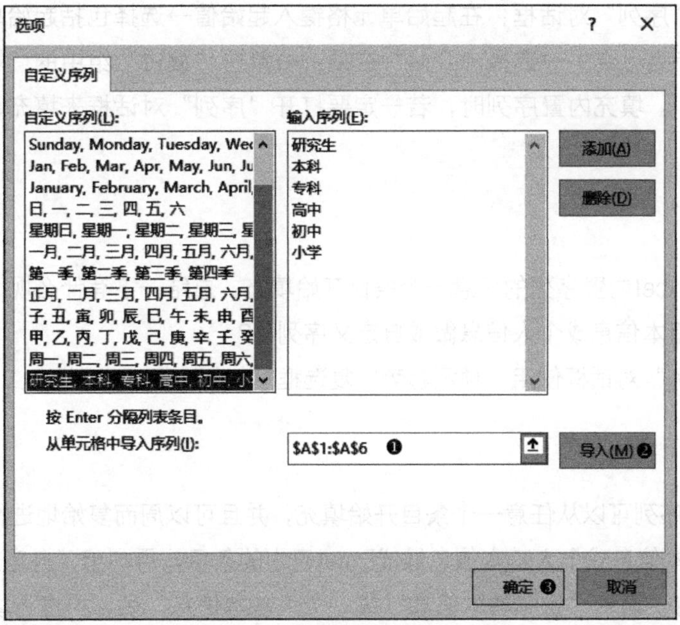

图5-12　导入自定义序列

5.2.4 如何通过“序列”对话框填充序列

“序列”对话框能够填充任何序列，也能自定义序列。

例5-11 请利用“序列”对话框在K1:K6区域填充一个数字序列。

（1）在A1单元格中输入“1”，用右键拖动填充柄到A6单元格，松开鼠标，在快捷菜单中选择“序列”选项。

（2）在“序列”对话框中，“序列产生在”组默认选择了“列”单选按钮；“类型”组默认选择了“等差序列”单选按钮。在“步长值”框中输入“10”，单击“确定”按钮。如图5-13所示。

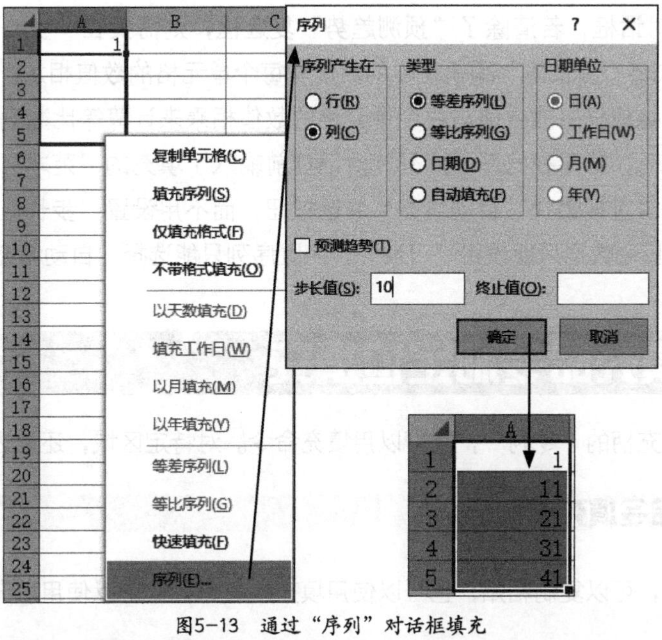

图5-13　通过“序列”对话框填充

可以这样打开“序列”对话框：在起始单元格键入起始值→选择包括起始单元格和目标单元格在内的区域（这一步为可选）→选择“开始”选项卡→单击“编辑”组中的“填充”按钮→在下拉菜单中选择“序列”。填充内置序列时，若一定要打开“序列”对话框来填充，则只能以这种方式来操作。

【边练边想】

1. 请尝试使用Excel内置序列的任意一个条目开始填充，总结一下有什么规律。
2. 你能将企业基本信息或个人信息做成自定义序列吗？
3. 如何在“序列”对话框使用“预测趋势”复选框？如何选择“类型”？

【问题解析】

1. Excel的内置序列可以从任意一个条目开始填充，并且可以周而复始地进行填充。

2. 先将企业基本信息或个人基本信息做成Excel表中的条目，再利用“自定义序列”对话框导入自定义序列。使用时，输入“企业基本信息”或“个人基本信息”后，再进行填充。条目如图5-14所示。

	A	B
1	企业基本信息	个人基本信息
2	信用代码：123456789ABCDEFGHI	姓名：张某
3	企业名称：重庆永泰生物科技有限公司	单位：重庆路灯公司
4	企业类型：有限责任公司	住址：重庆荣昌
5	企业住所：重庆市荣昌区昌元街道恒荣路1号	电话：[redacted]
6	法人代表：李某某	QQ：[redacted]
7	注册资本：人民币200万元整	邮箱：[redacted]
8	成立日期：2020年10月10日	
9	营业期限：2020年10月10日至不约定期限	
10	经营范围：从事生物、医疗技术的开发、服务等	
11	企业网址：[redacted]	

图5-14　企业基本信息和个人基本信息

3. 在“序列”对话框，若清除了“预测趋势”复选框，则需要在“步长值”编辑框中输入数值，Excel会通过依次将“步长值”编辑框中的数值与每个单元格的数值相加，计算等差序列（或通过依次将“步长值”编辑框中的数值与每个单元格的数值相乘来计算等比数列）；若事先选择了区域，可不填“终止值”；如果在打开“序列”对话框前输入了填充的“范本”，可以直接勾选“预测趋势”复选框，或者直接选择“自动填充”单选按钮，而不用设置“步长值”。数字数据可以设置等差或等比序列，日期数据只能设置“日期”，内置序列只能选择“自动填充”。

5.3 使用填充命令和定位填充

填充数据并非填充柄的“专利”，还可以用填充命令。对特定区域，还能进行定位填充。

5.3.1 使用填充命令填充相同内容

对于相同的内容，可以复制粘贴，也可以使用填充柄填充，还可以使用填充命令填充。

例5-12 使用填充命令将A1单元格的文本内容填充到A6单元格。

选择A1:A6区域，选择“开始”选项卡，单击“编辑”组中的“填充”下拉按钮，在下拉菜单中选择“向下”按钮。如图5-15所示。

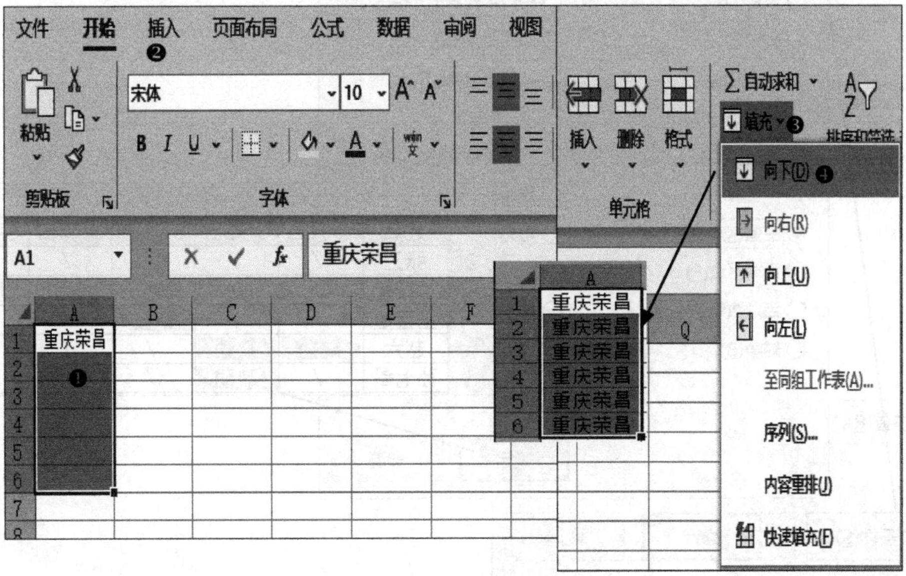

图5-15 使用填充命令填充相同内容

该方法适合在行列数很多的时候使用，重点在区域选择这一步。向下复制式填充的快捷组合键为“Ctrl+D”，向右则为“Ctrl+R”。“D”“R”分别为英文单词“Down”“Right”的缩写，意思分别为“向下”“向右”。

当然，可以在多单元格里（包括跨工作表）直接批量录入：先选择区域，再录入数据，最后按“Ctrl+Enter”组合键确认。该填充方式堪称批量填充的利器，摆脱了鼠标拖动或双击填充只能填充到相邻单元格的限制，只要能够选定区域，即便要跨工作表，也能一步到位。

5.3.2 如何定位填充空白单元格

所谓定位填充，是通过F5键的定位功能，查找出Excel数据表区域内的空白单元格，然后批量填充。

例5-13 考勤表中有大量空白，请填充“缺勤”二字。

（1）选择考勤表，按键盘上的“F5”功能键，打开“定位”对话框，单击“定位条件”按钮。

（2）在弹出的“定位条件”对话框中，单击“空值”单选按钮，再单击“确定”按钮，就选中了当前区域的所有空白单元格。可以很明显地发现，此时的空白单元格的底色跟其他单元格不一样。

（3）输入“缺勤”二字，按“Ctrl+Enter”组合键，完成批量填充。如图5-16所示。

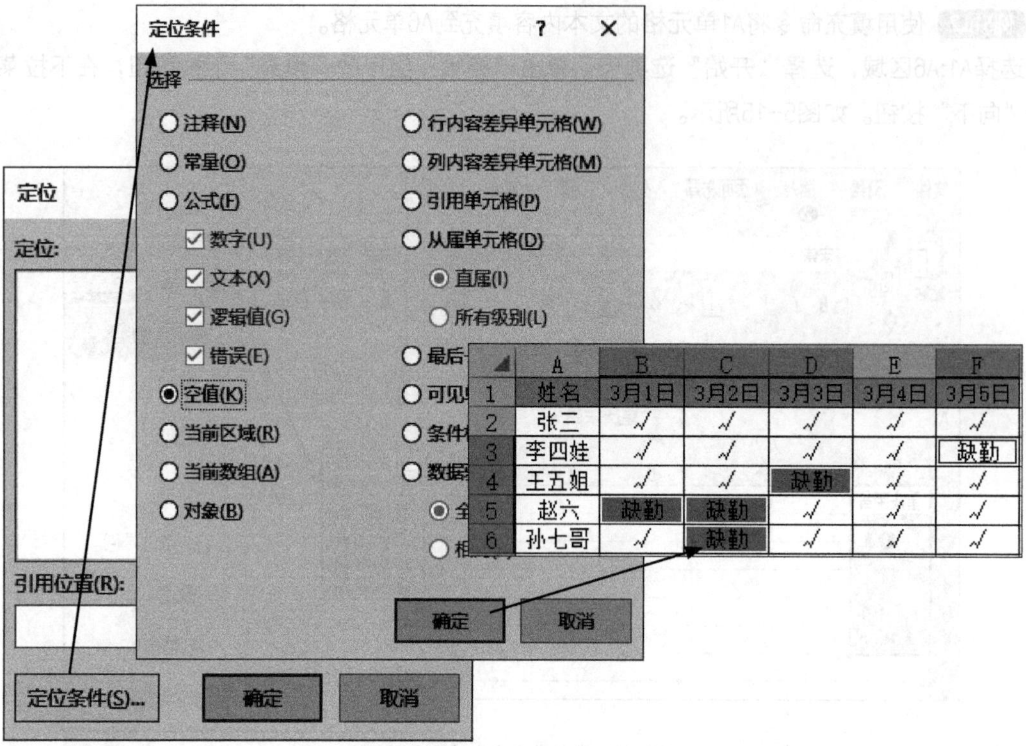

	A	B	C	D	E	F
1	姓名	3月1日	3月2日	3月3日	3月4日	3月5日
2	张三	√	√	√	√	√
3	李四娃	√	√	√	√	缺勤
4	王五姐	√	√	缺勤	√	√
5	赵六	缺勤	缺勤	√	√	√
6	孙七哥	√	缺勤	√	√	√

图5-16　定位填充空白单元格

5.3.3 如何定位填充上行内容

例5-14 在学科分组表中，“学校”列与“教研组”列是层级关系，“教研组”列与“教师”列又是层级关系，这种布局容易让人看花眼，可否按空白单元格上一行的内容填充下面的空白单元格，使“学校”与“教研组”“教师”呈现一一对应的关系？

定位填充可以实现这种愿望。定位空格后输入等号“=”，然后用鼠标选择B2单元格，按“Ctrl+Enter”组合键确认输入。如图5-17所示。

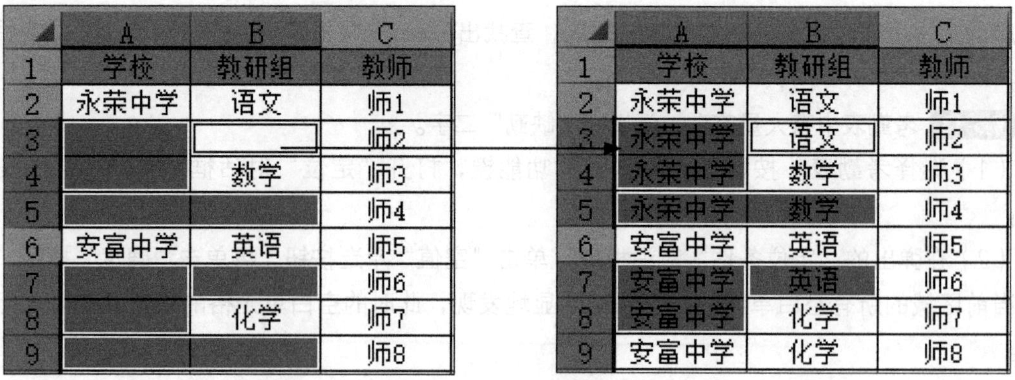

	A	B	C
1	学校	教研组	教师
2	永荣中学	语文	师1
3			师2
4		数学	师3
5			师4
6	安富中学	英语	师5
7			师6
8		化学	师7
9			师8

	A	B	C
1	学校	教研组	教师
2	永荣中学	语文	师1
3	永荣中学	语文	师2
4	永荣中学	数学	师3
5	永荣中学	数学	师4
6	安富中学	英语	师5
7	安富中学	英语	师6
8	安富中学	化学	师7
9	安富中学	化学	师8

图5-17　填充上行内容

本例选择B2单元格的原因在于，定位后的活动单元格为B2单元格，在Office 2019版本中，该公式不能引用A2:B2区域。

【边练边想】

如果使用填充命令将如图5-18所示的A1:A6的数据填充到B1:C6、E1:E6、G1:G6区域，该如何操作呢？

	A	B	C	D	E	F	G
1	重庆						
2	四川						
3	贵州						
4	云南						
5	山东						
6	山西						

图5-18 使用填充命令在多个区域填充

【问题解析】

Excel填充命令可以对多个区域进行填充，使用Ctrl键选择A1:C6（包括数据源）、E1:E6、G1:G6区域，再使用“Ctrl+R”快捷组合键。在水平方向填充时，多个区域的行数要对等；在垂直方向填充时，多个区域的列数要对等。

5.4 使用公式填充动态序号、编号

Excel不仅可以填充数据，也可以使用左键拖放填充或双击填充函数公式，极大地突破函数公式大范围应用的书写瓶颈。

5.4.1 填充无空行的连续序号、编号

不使用公式填充的序号、编号是不变的。如果要让序号、编号随着其他数据的产生而动态产生，且不因删除行而失去连续性，只有函数公式才能实现。

例5-15 C列的数据没有空行，要在A列生成动态的自然数序号，在B列生成形如“AK47-001”的动态编号，应该如何实现呢？

A2=IF(C2>0,ROW()-ROW(A$2)+1,"")。式中，ROW函数返回单元格的行号，IF函数根据C2单元格有无数据决定是否生成序号，语法为：

IF(logical_test,value_if_true,value_if_false)

如果（测试条件，True时返回的值，False时返回的值）

B2=TEXT(A2,"AK47-000")。式中，TEXT函数可通过格式代码向数字应用格式，进而更改数字的显示方式，语法为：

TEXT(value,format_text)

TEXT(值, 数字格式)

将A1:B1区域的函数公式向下填充至需要的地方。这样，A列的序号、B列的编号就能够自动生成、动态变化，删除一些行也不影响序号和编号的连续性。如果在当中插入一些行，则需要重新填充一下公式。如图5-19所示。

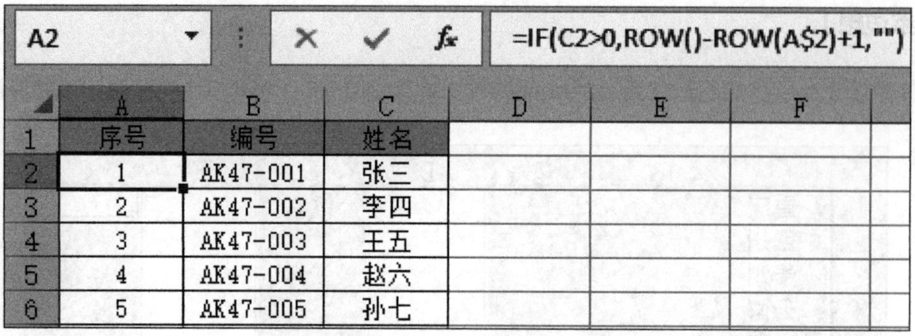

A2 =IF(C2>0,ROW()-ROW(A$2)+1,"")

	A	B	C	D	E	F
1	序号	编号	姓名			
2	1	AK47-001	张三			
3	2	AK47-002	李四			
4	3	AK47-003	王五			
5	4	AK47-004	赵六			
6	5	AK47-005	孙七			

图5-19　无空行的连续序号、编号

5.4.2 填充有空行的连续序号、编号

有时数据有空行，空行不能占据序号、编号，使用函数公式也能够实现序号、编号随着其他数据的产生而产生，且删除行不影响序号、编号的连续性的目的。

例5-16 C列的数据有空行，要在A列生成动态的自然数序号，在B列生成形如“AK47001”的动态编号，应该如何实现呢?

A2=IF(C2>0,(COUNTA(C$2:C2)),"")。式中，COUNTA函数计算范围中不为空的单元格的个数，引用区域为C$2:C2，起始单元格C$2为行绝对引用，不会因公式的填充而变化，结束单元格C2为行相对引用，会因公式的填充而变化。

B2=IF(C2>0,TEXT(A2,"AK47000"),"")。

将A2:C2区域的函数公式向下填充至需要的地方。如图5-20所示。

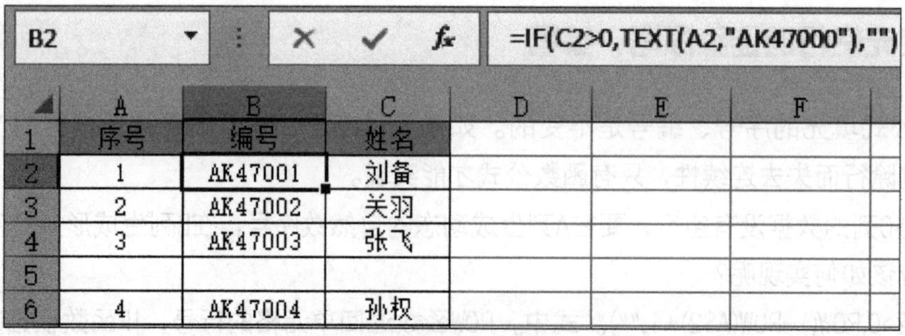

B2 =IF(C2>0,TEXT(A2,"AK47000"),"")

	A	B	C	D	E	F
1	序号	编号	姓名			
2	1	AK47001	刘备			
3	2	AK47002	关羽			
4	3	AK47003	张飞			
5						
6	4	AK47004	孙权			

图5-20　有空行的连续序号、编号

至于想要筛选后得到连续编号，就需要使用SUBTOTAL函数了。

5.4.3 规避特殊数字以填充编号

一般情况下使用连续编号，但也有刻意追求不连续编号的时候。

例5-17 有些人避讳、不喜欢使用与“4”和“7”这样的数字有关的卡号，自动填充卡号时，如何才能规避呢? 起始卡号为“2020120990”。

B3=--SUBSTITUTE(SUBSTITUTE(B2+1,4,5),7,8)。式中，SUBSTITUTE函数用于在文本字符串中使用新文本替换老文本，语法为：

SUBSTITUTE(text,old_text,new_text,[instance_num])

SUBSTITUTE(文本,老文本,新文本,[第几次])

内层SUBSTITUTE函数将数字串中的数字“4”替换成了数字“5”。外层SUBSTITUTE函数将内层函数计算值中的“7”替换成数字“8”。双减号“--”是将文本型数字强制转换为数值型数字。

将公式向下填充到需要的地方。如图5-21所示。

B3　=--SUBSTITUTE(SUBSTITUTE(B2+1,4,5),7,8)

	A	B	C	D	E	F	G
1	姓名	卡号	签字				
2	彩屏	2020120990					
3	彩儿	2020120991					
4	彩凤	2020120992					
5	彩霞	2020120993					
6	彩鸾	2020120995					
7	彩明	2020120996					
8	彩云	2020120998					

图5-21　规避特殊数字以填充编号

如果还想规避其他数字，可以依样画葫芦，继续嵌套SUBSTITUTE函数。本例只使用到SUBSTITUTE函数的前三个参数，而第4个参数省略没有用。假设在本例中，我们规定卡号中数字“4”或“7”不能在第几次出现，其余情况下则可以出现，只需在函数的最后再加一个参数就可以了。

【边练边想】

1. 有人喜欢用英文字母作序号，你能帮他实现吗?
2. 如图5-22所示，你能快速填写小组序号和组内序号吗?

	E	F	G
1	小组序号	姓名	组内序号
2		曹操	
3		乐进	
4		李典	
5		曹仁	
6		曹洪	
7		夏侯敦	
8		夏侯渊	
9		荀彧	
10		荀攸	
11		郭嘉	
12		程昱	
13		刘晔	
14		满宠	
15		吕虔	

图5-22　小组序号和组内序号

【问题解析】

1. A2=CHAR(ROW()-2+65)。式中，CHAR函数将数字编码转换为相应的字符，如果要用小写字母填充，就将式中的“65”更改为“97”。在电脑字符编码中，特定的编码数字和特定的字符是对应的，A为65，a为97。如图5-23所示。

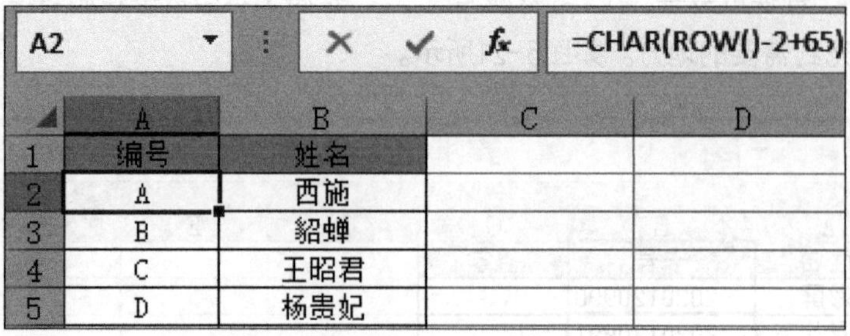
A2 =CHAR(ROW()-2+65)

	A	B	C	D
1	编号	姓名		
2	A	西施		
3	B	貂蝉		
4	C	王昭君		
5	D	杨贵妃		

图5-23 填充连续的英文大写字母

2. E2:E15=MAX(E$1:E1)+1或=COUNT(E$1:E1)+1，按“Ctrl+Enter”组合键结束。式中，MAX函数返回一组值中的最大值，COUNT函数计算包含数字的单元格个数，注意区域的起始单元格E$1为行的绝对引用，结束单元格E1为行的相对引用。

G2=IF(E2,1,G1+1)，将公式向下填充。如图5-24所示。

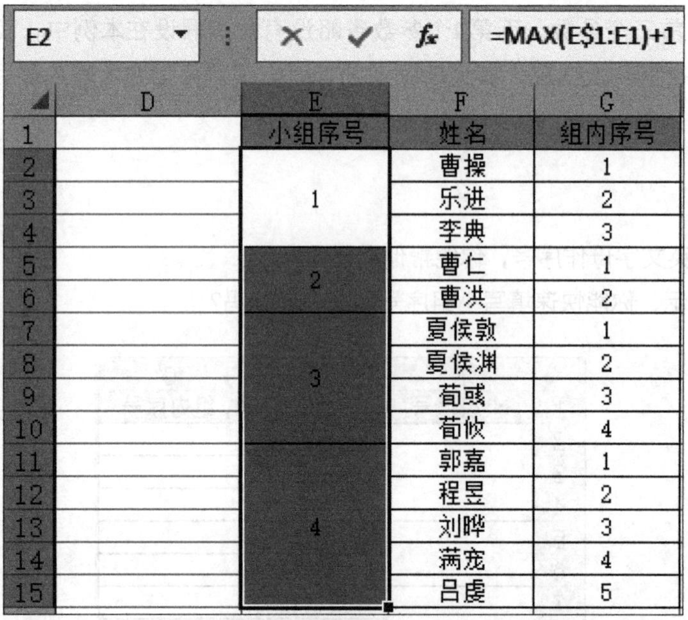
E2 =MAX(E$1:E1)+1

	D	E	F	G
1		小组序号	姓名	组内序号
2		1	曹操	1
3			乐进	2
4			李典	3
5		2	曹仁	1
6			曹洪	2
7		3	夏侯敦	1
8			夏侯渊	2
9			荀彧	3
10			荀攸	4
11		4	郭嘉	1
12			程昱	2
13			刘晔	3
14			满宠	4
15			吕虔	5

图5-24 填充小组序号和组内序号

5.5 不可不备的秘密武器

数据录入，讲究的是又快又准。前面介绍的十八般武艺，会几招的人还真不少。要想不落人后，还得掌握几手独门绝活。

5.5.1 快速录入日期与时间

录入当前日期的快捷键为“Ctrl+;”。该日期是计算机的系统日期，如果计算机系统日期不正确，那么输入的当前日期也是错误的。如果要实现日期实时更新，请使用函数公式“=TODAY()”。

录入当前时间的快捷键为“Ctrl+Shift+;”。该时间也是计算机的系统时间，如果计算机系统时间不正确，那么输入的当前时间也是错误的。而且，输入的时间只有时和分，没有秒。

录入当前日期和时间，需要先按“Ctrl+;”组合键输入当前日期，再按空格键输入一个空格，最后按“Ctrl+Shift+;”输入当前时间，这样就得到一个有日期和时间的数据了。如果要实现日期和时间的实时更新，请使用函数公式“=NOW()”。

录入当年的日期，可以不必输入年份。如果今年是2021年，输入“12-1”“12/1”“12月1日”都是正确的，在编辑栏中显示的都是“2020/12/1”。如图5-25所示。

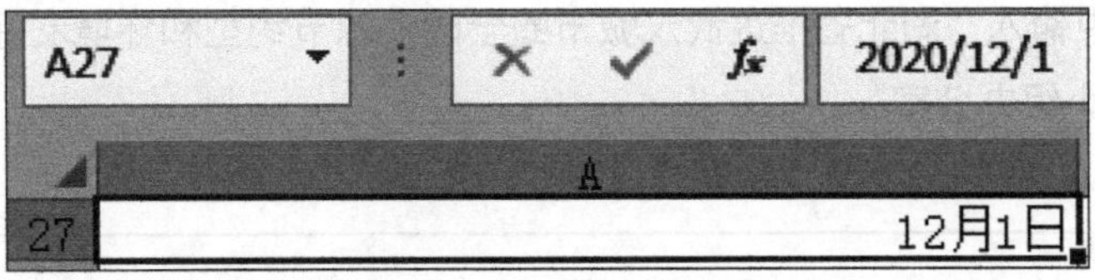

图5-25 录入当年的日期

要录入每月的1日，不必录入天数，因为当输入的日期数据只有年份（四位数）和月份时，Excel会自动将1日作为它的天数，比如输入“2030/10”会显示为“2030/10/1”。

录入2000～2029年的日期，可以不必输入四位数年份，只输入年份的后面两位即可。比如，要输入“2023/1/2”，输入“23/1/2”就可以了。

而要录入1930～1999年的日期，也不必输入四位数年份，只输入年份的后面两位即可。比如，要输入“1997/7/1”，输入“97/7/1”就可以了。

要快速录入日期，还可以只输入纯数字，不必输入短横杠“-”（也是减号）、斜杠“/”（也是除号）和“年月日”。完成大批量录入后，再使用分列或快速填充功能批量添加。

5.5.2 自动更正功能以短代长

你见过如图5-26所示的公章吗？它上面写的是“湖北省恩施土家族苗族自治州巴东县神农溪旅游景区国家5A级新旅游项目开发区景区管理综合治理委员会景区及周边治安综合治理工作领导小组”，特别长，有64个字。

图5-26 长名机构

还有一个在工商局注册成功的公司，名字也很长，叫“宝鸡有一群怀揣着梦想的少年相信在牛大叔的带领下会创造生命的奇迹网络科技有限公司”，39个字。

想一想，如果你经常要在Excel中输入名字很长的客户名称、项目名称、产品名称、院校名称、地名等，没有一点“独门绝技”，岂不是要被累死？这时可以巧妙使用Excel的“自动更正”功能。

例5-18 请简化“湖北省推进武汉城市圈全国资源节约型和环境友好型社会建设综合配套改革试验区建设领导小组办公室”的录入。

❶ 在“Excel选项”对话框的左侧列表中选择“校对”选项。

❷ 在右侧“自动更正选项”组中单击“自动更正选项”命令。

❸ 在“自动更正”对话框中的“替换”文本框中输入“湖办”。这里有一些讲究：输入字母、其他有代表性的文字都是可以的，但要简单易记，不要与可能要录入到表中的其他数据有冲突。

❹ 在“为”框中输入“湖北省推进武汉城市圈全国资源节约型和环境友好型社会建设综合配套改革试验区建设领导小组办公室”。

❺ 单击“添加”按钮并“确定”设置。如图5-27所示。

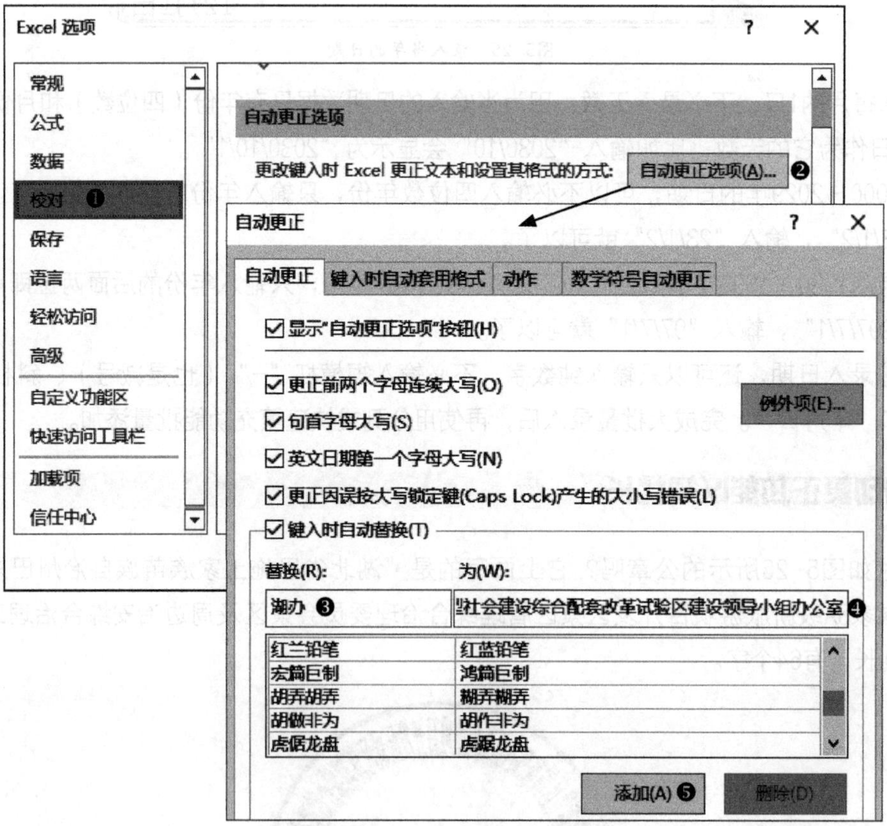

图5-27 添加“自动更正”条目

在单元格中输入“湖办”二字并按回车键后，自动更正就起作用了。如图5-28所示。

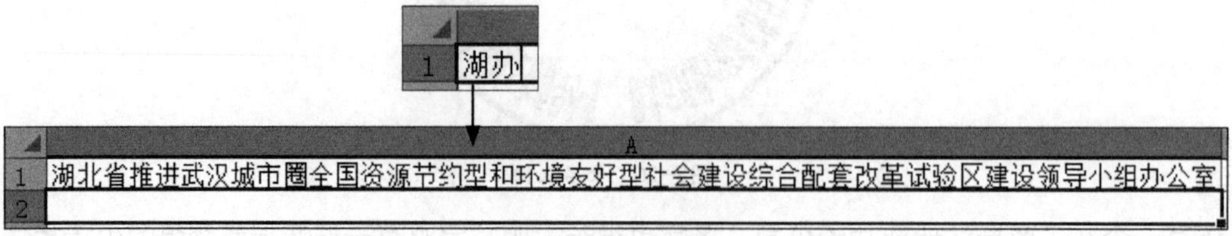

图5-28 自动更正效果

一些输入法具有“造词”功能，不妨去探索一下，以简化长名输入。

5.5.3 输入数字显示指定内容

自定义格式也能达到“自动更正”的效果，比如输入数字显示指定内容。

例5-19 如何使用类似“自动更正”的方法快速输入 “男” “女”和“√” “×”？

❶ 选择要设置格式的区域。

❷ 单击“开始”选项卡。

❸ 单击“数据格式”对话框启动器。

❹ 在“分类”列表中，单击“自定义”选项。

❺ 在“类型”框中，输入“[=1]"女";[=2]"男"” 。

再为符号区域设置自定义格式“[=1]"√";[=2]"×"” 。如图5-29所示。

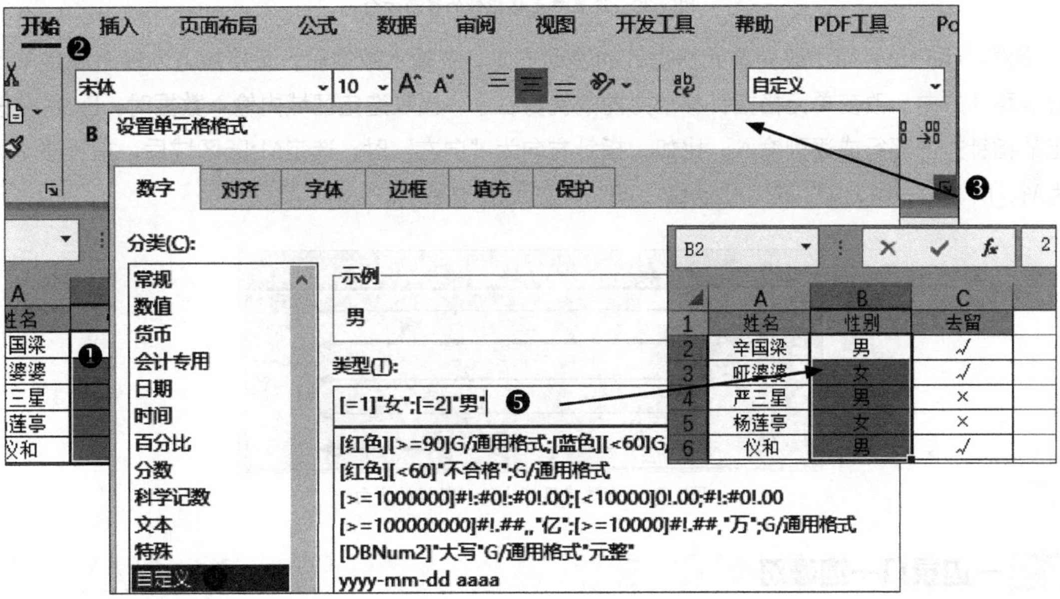

图5-29 自定义单元格格式

5.5.4 设置单元格指针移动方向

在默认情况下，输入数据敲击“Enter”键后，单元格指针（光标）会自动移动到下方的单元格，也就是说，活动单元格下方的单元格会被自动激活而成为新的活动单元格。这在需要在选定区域内逐行输入数据时是不方便的，会影响输入数据的速度，可以重新设置。

❶ 打开“Excel”选项对话框，在左侧列表中选择“高级”选项。

❷ 在右侧“编辑选项”组中，在确保勾选“按Enter键后移动所选内容”复选框的前提下，单击“方向”右侧的下拉箭头。

❸ 在下拉菜单中选择“向右”选项。

❹ 单击“确定”按钮，完成设置。如图5-30所示。

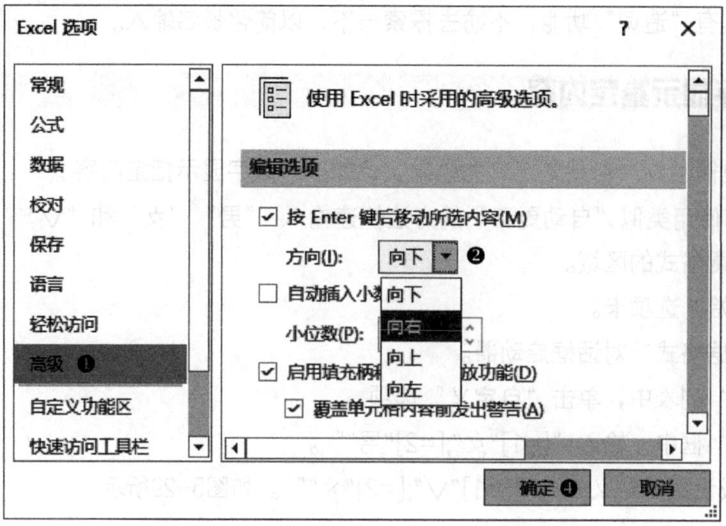

图5-30　设置单元格指针的移动方向

当然，用户也可以不改变单元格指针的移动方向，在输入数据后，直接按方向键来决定单元格指针的移动方向。改变单元格指针移动方向的优势在于，当在选定区域内输入数据时，Excel会按照指定的指针方向逐行或逐列输入。比如，指针方向为“向右”时，选定A1:D5区域后，指针移动的路径为A1、B1、C1、D1、A2、B2、C2、D2、A3……如图5-31所示。

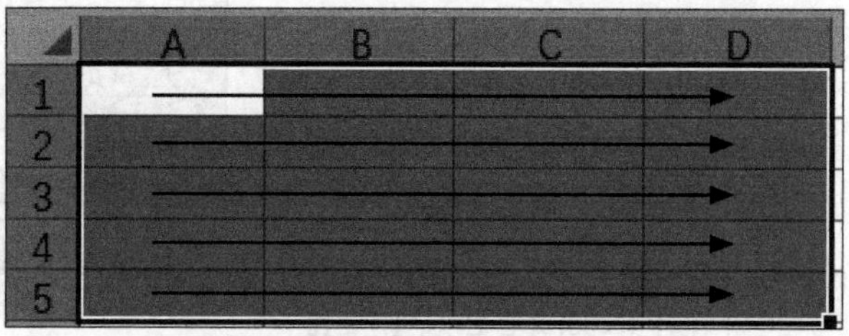

图5-31　在选定区域内输入数据的方向

5.5.5 一边录入一边核对

录入数据要保证数据的正确性。不知你是否看到过这样的壮观场景：当有大量重要数据需要录入时，有三个人在同时工作，一人读数，一人一边重复念数一边在电脑上录入，还有一人在眼耳并用地检查。其实，这样大动干戈完全没有必要，核查数据正确与否的任务，Excel就可轻松完成。这需要调用Excel的语音朗读功能，可以将之放在“自定义快速访问工具栏”中。

❶ 打开“Excel”选项对话框，在左侧列表中选择“快速访问工具栏”。

❷ 在“从下列位置选择命令”下拉菜单中选择“不在功能区的命令”。

❸ 在列表中选择“按Enter键开始朗诵单元格”命令。

❹ 单击“添加”按钮。

❺ 单击“确定”按钮，该命令就在“自定义快速访问工具栏”中出现了。如图5-32所示。

录入数据时，你只需要在“自定义快速访问工具栏”上单击“按Enter键开始朗诵单元格”命令，就可以享受一边录入数据，一边让柔美女中音为你朗读的乐趣了。即便你是一个人在工作，也不会感到孤独无助了。

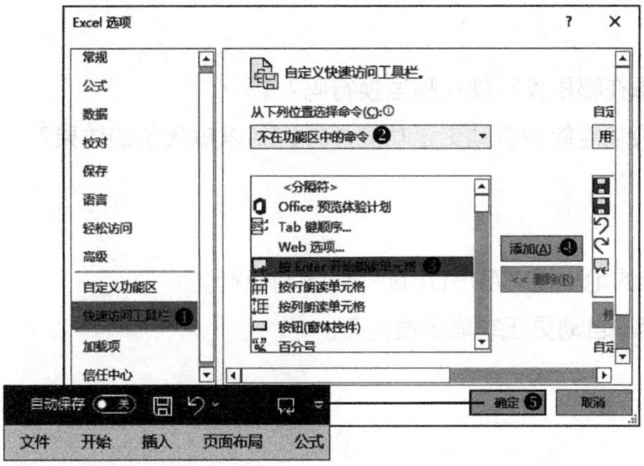

图5-32　在“自定义快速访问工具栏”添加“按Enter开始朗读单元格”命令

如果数据已经录入，想要核对，也可以使用该功能。如果不想频繁按回车键，想让Excel自动朗读，还可再添加“朗读单元格”命令。

5.5.6 导入外部文件，提高效率

外部文件的数据并非只能复制粘贴到Excel中，还可以导入，可导入的数据种类较多，操作简单快速。

例5-20 从文本文件中导入数据到Excel中。

（1）打开要存放数据的Excel工作簿。

（2）在“数据”选项卡的“获取和转换数据”组中，单击“从文本/CSV”命令。

（3）在“导入数据”对话框里找到需要导入的文件，单击“导入”按钮。

（4）在导入窗口，将“文件原始格式”设置为“无”，“分隔符”根据实际情况设置。在“加载”下拉列表中选择“加载到”选项。

（5）在“导入数据”对话框里，单击“现有工作表”单选按钮，并设置存放数据的起始单元格，单击“确定”按钮。如图5-33所示。

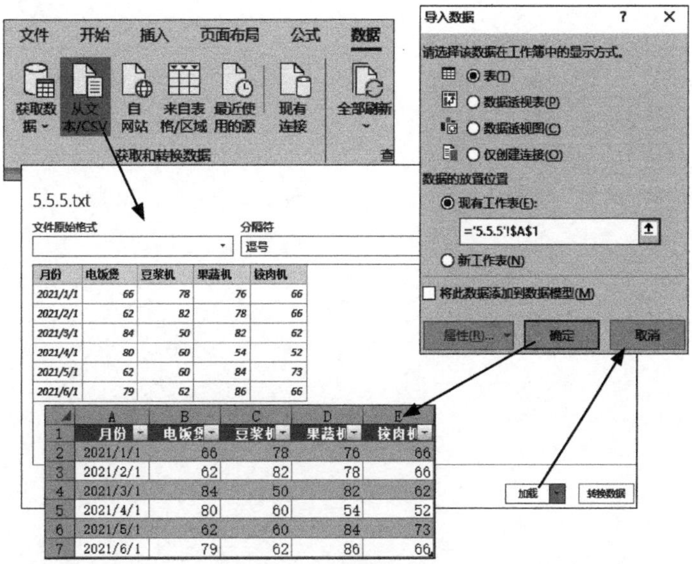

图5-33　导入文本文件

【边练边想】

1. 在Excel中可以想在哪里换行就在哪里换行吗？
2. Excel中有哪一项功能能像自动更正功能那样达到以短代长的效果？

【问题解析】

1. 可以在需要换行的地方按“Alt+Enter”以强制换行。
2. 查找和替换功能与自动更正功能异曲同工。

第6章 数据整理，千方百计求效率

很多时候要对录入、导入、复制粘贴而来的数据进行技术性整理，这些工作特别讲究方法技巧。方法得当，则事半功倍；方法不当，则会陷入数据泥潭，浪费时间、精力。

6.1 神奇的快速填充

Excel“快速填充”功能从2013版本开始惊艳亮相，它可以基于你的示例推测你的填充意图，展现出神奇而强大的智能，在很多时候可以超越“分列”和20多个文本函数的功能，让一些复杂的函数公式相形见绌。

6.1.1 轻而易举提取数字、字符

有时需要从一些按自然语言记录的信息中提取数字或字符。只要有数据列和填充模式（示例），就能进行快速填充。但要注意，基于源数据的模式要与源数据在同一行，不一定要在第一行，根据数据特点可以设置几种模式；“快速填充”功能只能在一个无空行空列的表格区域内进行，填充时，活动单元格可以在模式列的任意一个单元格；可以先选定填充区域，再执行“快速填充”命令，以实现定向填充；标题行可能影响快速填充，遇到这种情况，可以在标题行下面插入一个空行，让标题行独立出去。

例6-1 请从一组田土数据中提取出田土名。

❶ 在B2单元格输入“弯田”作为模式，按回车键。在原有信息数据中，田土名的右边都有一个冒号“：”，这是一个非常典型的模式。

❷ 选择“数据”选项卡。

❸ 在“数据工具”组中单击“快速填充”按钮，田土名就被正确提取了。如图6-1所示。

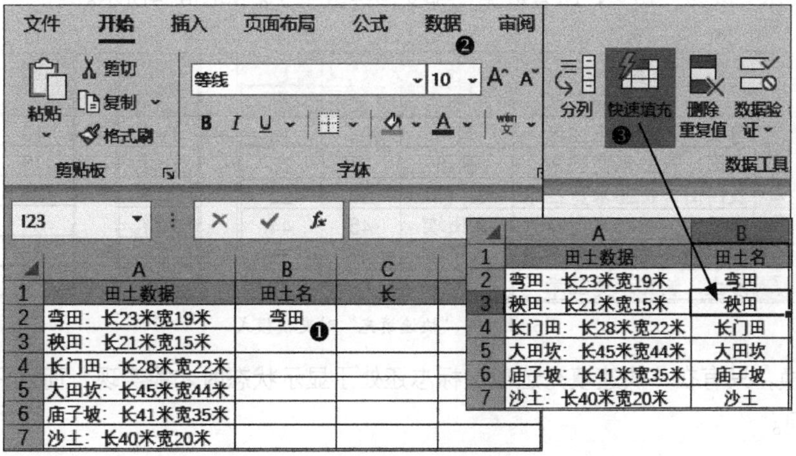

图6-1 快速填充“田土名”

例6-2 请利用“快速填充”的预览功能从上例的田土数据中提取出长度数字。

在C2单元格中输入A2单元格中的长度数字“23”，该数字在“长”字和“米”字之间，是一个非常典型的模式。再在C3单元格中输入A2单元格中的长度数字“21”的第一个数字“2”，这时，要提取的长度数字便在将要填充的区域内得到了预览。如图6-2所示。

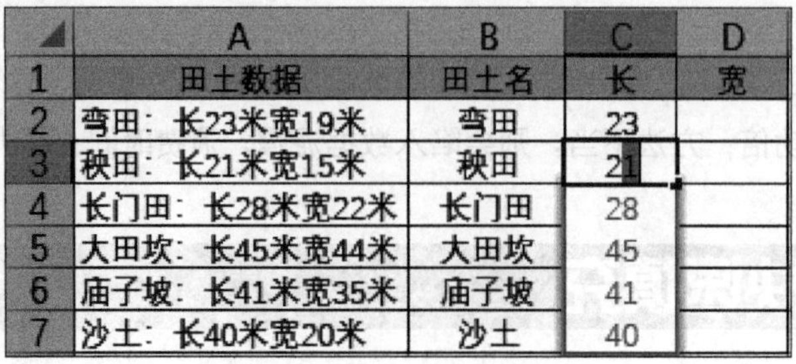

	A	B	C	D
1	田土数据	田土名	长	宽
2	弯田：长23米宽19米	弯田	23	
3	秧田：长21米宽15米	秧田	21	
4	长门田：长28米宽22米	长门田	28	
5	大田坎：长45米宽44米	大田坎	45	
6	庙子坡：长41米宽35米	庙子坡	41	
7	沙土：长40米宽20米	沙土	40	

图6-2 输入模式后的填充预览

预览的数据仅是填充建议。如果预览正确，就按回车键确认，这样长度数字便被全部提取出来了，并且C4单元格旁会出现“快速填充选项”按钮，单击箭头，可以打开下拉列表。如果填充有误，可以单击“撤消快速填充”选项予以撤消。如图6-3所示。

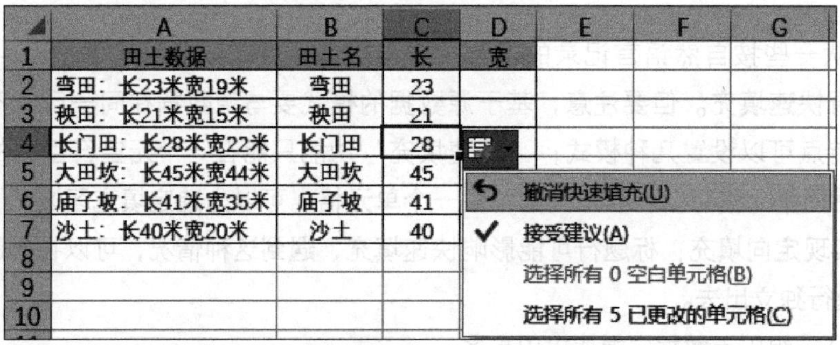

	A	B	C	D	E	F	G
1	田土数据	田土名	长	宽			
2	弯田：长23米宽19米	弯田	23				
3	秧田：长21米宽15米	秧田	21				
4	长门田：长28米宽22米	长门田	28				
5	大田坎：长45米宽44米	大田坎	45				
6	庙子坡：长41米宽35米	庙子坡	41				
7	沙土：长40米宽20米	沙土	40				
8							
9							
10							

图6-3 快速填充效果和“快速填充选项”

请注意，“快速填充”的预览数字并不是总会显示。

例6-3 请继续从上例田土数据中提取出宽度数字，体验“快速填充”神奇的模式变换。

在D列快速填充宽度数字后，将D2单元格的“19”改为“19米”，所有数字便都带上单位“米”字了。再将“19米”改为“19”，所有数据便都变回纯数字了。如图6-4所示。

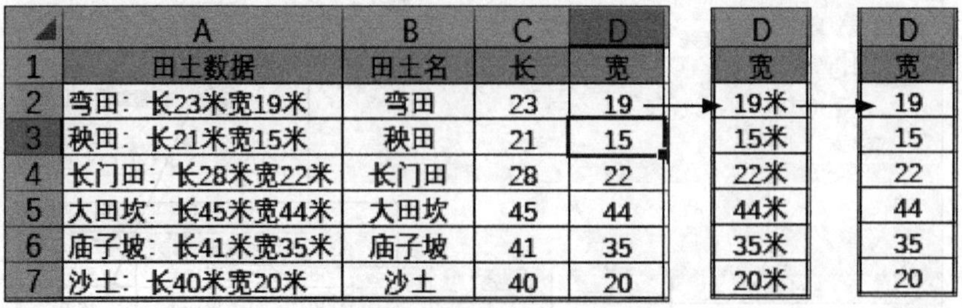

	A	B	C	D
1	田土数据	田土名	长	宽
2	弯田：长23米宽19米	弯田	23	19
3	秧田：长21米宽15米	秧田	21	15
4	长门田：长28米宽22米	长门田	28	22
5	大田坎：长45米宽44米	大田坎	45	44
6	庙子坡：长41米宽35米	庙子坡	41	35
7	沙土：长40米宽20米	沙土	40	20

D	D
宽	宽
19米	19
15米	15
22米	22
44米	44
35米	35
20米	20

图6-4 在“快速填充”时变换模式

该模式变换，只有在“快速填充选项”标志还处于显示状态时才能实现，而且只能在第一个单元格中才能实现。

6.1.2 在数据中轻松插入字符

“快速填充”功能还能为原有数据加入一些字符。

例6-4 请将11位的手机号码变换为“000-0000-0000”的样式。

❶在C2单元格输入“138-8058-8978”作为模式，按回车键。

❷选择“开始”选项卡。

❸在“编辑”组中单击“填充”下拉按钮。

❹在下拉菜单中选择“快速填充”选项。如图6-5所示。

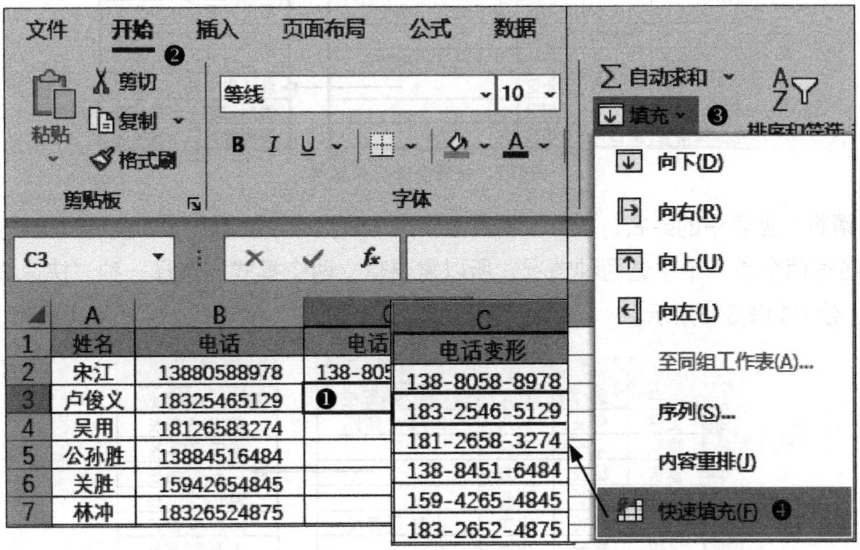

图6-5 在数据中插入字符

例6-5 请在18位身份证号码中将出生年月日提取出来，年月日必须为真正的日期。

由于出生日期中的月和日可能是一位数，也可能是两位数，因此出生年月日可能表现为六到八位数，需要规范、统一为八位数的样式。所以首先将G列设置为自定义格式“yyyy/mm/dd”。

其次要正确设置模式。正由于出生日期中的月和日可能是一位数，也可能是两位数，有“1/1”“1/15”“12/6”3种特殊情况，所以为了万无一失，最好设置3个模式，比如“1964/12/01”“1989/04/23”“1962/05/04”。

最后，将光标放置于G1:G10区域中的任意一个单元格，按“Ctrl+E”快捷键进行快速填充。效果如图6-6所示。

姓名 身份证号码 出生日期
鲁智深 510231196412010317 1964/12/01
武松 510229196912230386
董平 510231197210142777
张清 500103198904230626 1989/04/23
杨志 51023119620504131X 1962/05/04
徐宁 510229196610100422
出生日期
1964/12/01
1969/12/23
1972/10/14
1989/04/23
1962/05/04
1966/10/10

图6-6 快速填充出生日期的效果

如果需要其他的日期格式，在快速填充好出生年月日后，再重新设置日期格式即可。

6.1.3 合并多列内容并灵活重组

Excel“快速填充”能够对数据进行多种操作，不只是取出、插入，还能够移动、重组。

例6-6 请将省级、市级、县级三级组织快速合并起来。

由于“京津沪渝”四个直辖市无市级层次，其他省区有市级层次，因而本例需要根据这两种情况建立两个模式。

选择一种“快速填充”方式进行快速填充，效果如图6-7所示。

	A	B	C	D
1	省级	市级	县级	三级组织
2	重庆市	重庆市	荣昌区	重庆市重庆市荣昌区
3	北京市	北京市	西城区	
4	广东省	江门市	开平市	广东省江门市开平市
5	浙江省	宁波市	江北区	
6	贵州省	遵义市	汇川区	
7	海南省	海口市	龙华区	

→

D
三级组织
重庆市重庆市荣昌区
北京市北京市西城区
广东省江门市开平市
浙江省宁波市江北区
贵州省遵义市汇川区
海南省海口市龙华区

图6-7 快速合并三级组织

例6-7 请将数据表中的姓名、职位、籍贯重新按“籍贯/（姓+职位）”的样式进行组合。

由于姓名有两个或三个字这两种情况，所以需要建立两个模式。选择一种“快速填充”方式进行快速填充，效果如图6-8所示。

	F	G	H	I
1	姓名	职位	籍贯	籍贯/（姓+职位）
2	史进	师长	四川	四川/史师长
3	穆弘	军长	重庆	
4	雷横	团长	广东	
5	李俊	连长	河北	
6	阮小二	营长	山东	山东/阮营长
7	张横	旅长	山西	

→

I
籍贯/（姓+职位）
四川/史师长
重庆/穆军长
广东/雷团长
河北/李连长
山东/阮营长
山西/张旅长

图6-8 快速填充为“籍贯/（姓+职位）”的样式

这样，就通过“快速填充”功能完成了提取、合并、添加字符、调换位置、重新组合的复杂操作。

6.1.4 灵活自如转换大小写字母

有时需要将成批单词、英语句子或姓名拼音的首字母转换成大写形式，当然也可能要求将所有字母都转换成大写或小写。

例6-8 请将混有大写、小写的姓名拼音全部转换为首字母大写。

建立模式时，不能把已经为首字母大写的姓名拼音作为模式。选择一种“快速填充”方式进行快速填充，如图6-9所示。

	A	B
1	姓名	首字母大写
2	zhang yunming	
3	Zhai huifang	Zhai Huifang
4	Yang jing	
5	peng Xinrong	
6	ZHANG JI	

→

B
首字母大写
Zhang Yunming
Zhai Huifang
Yang Jing
Peng Xinrong
Zhang Ji

图6-9 姓名拼音转换为首字母大写

例6-9 请将有大写、小写的姓名拼音全部转换为大写。

建立模式时，不能把已经全部大写的姓名拼音作为模式。在C2单元格建立模式，使用拖动或双击鼠标的方式进行填充，再在“自动填充选项”中选择“快速填充”命令，如图6-10所示。

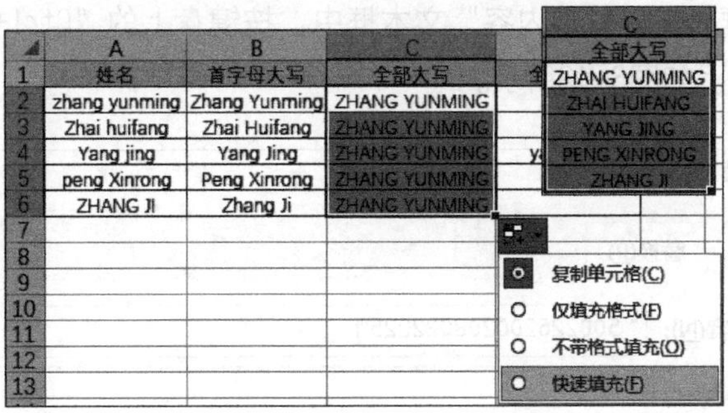

图6-10 姓名拼音全部转换为大写

例6-10 请将有大写、小写的姓名拼音全部转换为小写。

建立模式时，不能把已经全部小写的姓名拼音作为模式。选择一种“快速填充”方式进行快速填充，如图6-11所示。

图6-11 姓名拼音全部转换为小写

6.1.5 清除导入数据中的莫名字符

从软件库中导出的身份证号码可能不是纯的身份证号码，文本值中可能包含前导空格、尾随空格、多个嵌入空格字符或非打印字符，从某校学籍库里导出的身份证号码就是这种情况。这些符号常常是导致查找与引用函数失效的罪魁祸首。选中包含这种文本值的单元格，在编辑栏里可以直观地看到好像有多个空格。当把字体设置为“Batang”等字体时，在单元格中能够看到在身份证号码前有一个类似圆圈的符号。如图6-12所示。

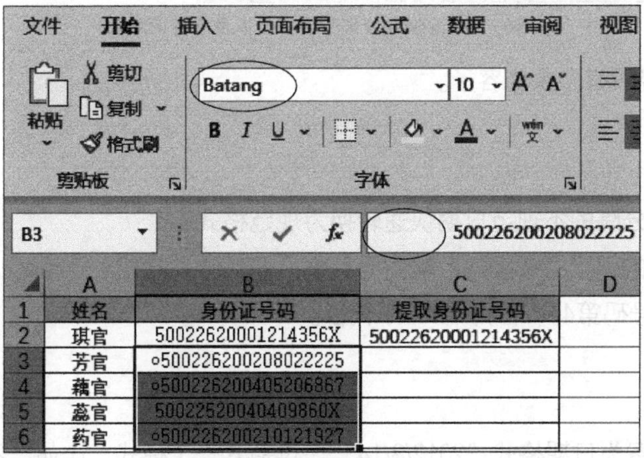

图6-12 看到的莫名字符

可能有人会说，看到空格或圆圈，把空格或圆圈替换为“空”不就万事大吉了吗？问题没有这么简单，根本就无法替换。

单击该单元格，按键盘上的“Ctrl+C”组合键进行复制，再按键盘上的“Ctrl+H”组合键，弹出“查找和替换”对话框，在“替换内容”文本框中，按键盘上的“Ctrl+V”组合键进行粘贴，会“莫名其妙”地多出引号。如图6-13所示。

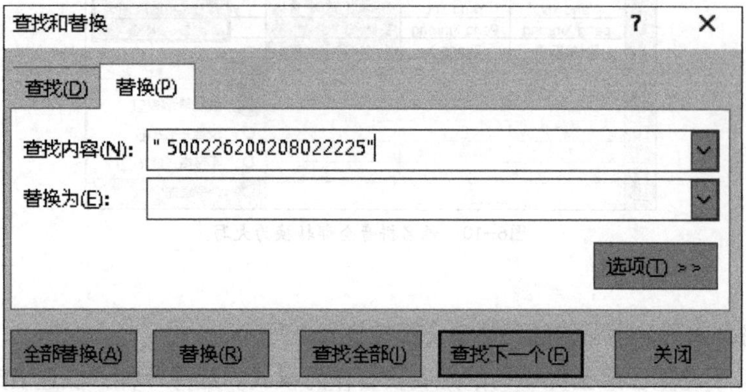

图6-13 在“替换内容”文本框中的莫名符号

如果你认为将引号替换为“空”就OK的话，结果仍然会事与愿违。

Excel分列技术对此也无可奈何。使用CLEAN函数能轻易“过滤”掉这种多余字符，清除掉垃圾。

例6-11 请使用Excel的“快速填充”技术，将从软件库中导出的身份证号码中的多余字符清除掉。

如果作为模式的身份证号码是纯粹的数字，需要先将单元格格式设置为文本格式，然后选择一种“快速填充”方式进行快速填充，效果如图6-14所示。

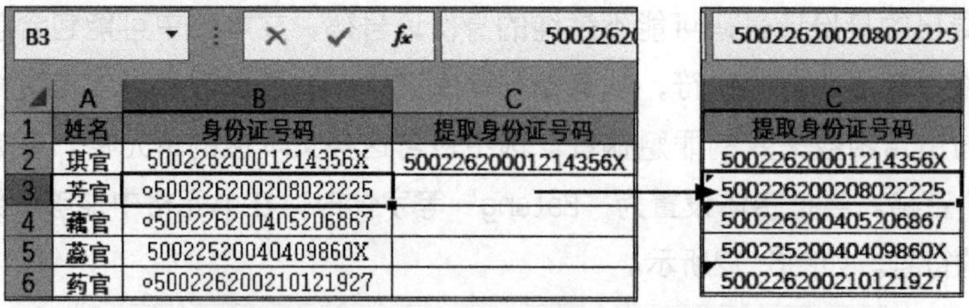

图6-14 清除身份证号码中的多余字符的效果

观察编辑栏，已经没有多余内容了。

【边练边想】

1. 如何将用“.”分隔的不规范日期快速转换为规范格式？
2. 你会使用Excel的“记忆式键入”功能吗？怎么开启该项功能？
3. 请快速将电话号码第4~7位用“*”来代替。

【问题解析】

1. 先将另一列设置为日期格式“2012/3/14”，再输入一个模式，比如“2021-1-1”，最后选择一种"快速填充"方式进行快速填充。

2. 如果在单元格中键入的前几个文本字符与该列中的某个现有条目匹配，Excel就会自动输入剩余的字符。这种自动重复列中已有值的方式叫作记忆式键入。比如，在A1单元格中用五笔输入法输入"重庆市荣昌永荣中学校"，接着在A2单元格输入"重庆市"时，A2单元格中会自动显示剩余字符"荣昌永荣中学校"。继续输入，则继续显示剩余字符。如图6-15所示。

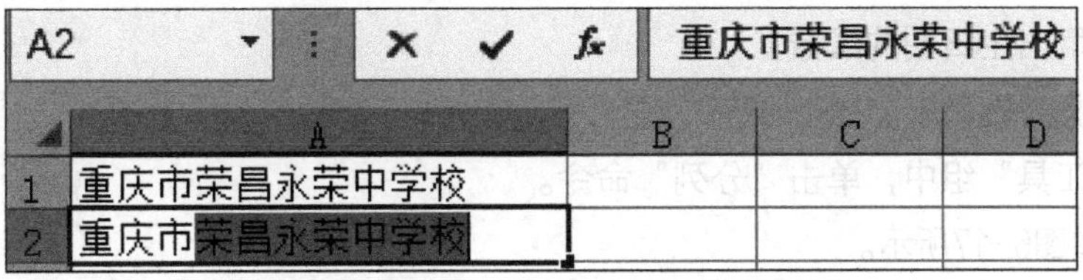

图6-15　记忆式键入效果

Excel完成键入后，可以执行下列操作之一：

◆按"Enter"键，接受建议的条目。

◆若要替换自动输入的字符，请继续键入。

◆要删除自动输入的字符，请按"Backspace"键。

开启"记忆式键入"功能的过程：打开"选项"对话框，选择"高级"选项，在右侧"编辑选项"组里，勾选"为单元格值启用记忆式键入"和"自动快速填充"复选框。如图6-16所示。

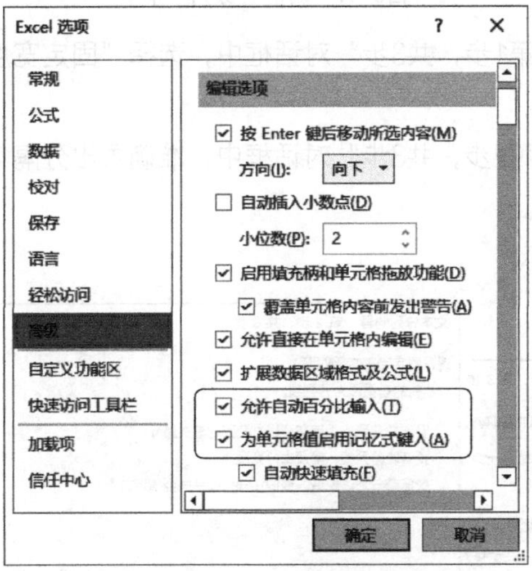

图6-16　开启"记忆式键入"功能

3. 建立如"138****8978"的模式，利用Excel"快速填充"功能实现。

6.2 "宝刀未老"的分列技术

Excel"快速填充"功能如此强悍，"分列"功能是否已无用武之地了？实则不然，Excel"分列"功能"宝刀未老"，远不到退居二线的时候，而且在某些时候，Excel"快速填充"功能无法替代"分列"功能，特别是在处理不规范日期、改变数字的文本或数值属性方面，使用分列功能更加合适，"快速填充"功能只能"甘拜下风"。

6.2.1 提取身份证号中的出生日期

在日期中，由于月份和天数都可能是一或二位数，因而利用Excel“快速填充”功能在身份证号码中提取出生日期时，本着稳妥原则，需要设置3个模式，稍显麻烦，否则可能出错。而Excel“分列”功能则不存在这个问题。

例6-12 如所示，请从一组身份证号码中将出生日期提取出来。

❶ 选中要提取出生日期的区域。

❷ 单击“数据”选项卡。

❸ 在“数据工具”组中，单击“分列”命令。

步骤❶～❸如图6-17所示。

图6-17 调用“分列”命令

❹ 在“文本分列向导-第1步，共3步”对话框中，选择“固定宽度”单选按钮。

❺ 单击“下一步”按钮。

❻ 在“文本分列向导-第2步，共3步”对话框中，准确画出分隔年月日的两条分列线。

❼ 单击“下一步”按钮。

步骤❹～❼如图6-18所示。

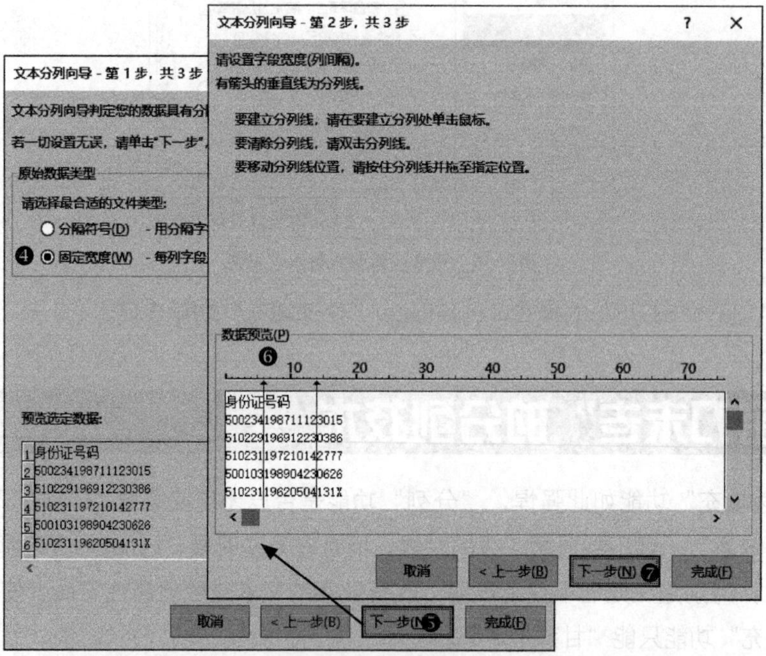

图6-18 分列的前两步

❽ 在“文本分列向导－第3步，共3步”对话框中，选中第1列。

❾ 在“列数据格式”中选择“不导入此列（跳过）”单选按钮。

❿ 选中第3列。

⓫ 依然选择“不导入此列（跳过）”单选按钮。

⓬ 选中第2列。

⓭ 选择“日期”单选按钮，并保持默认的“YMD”选项。

⓮ 在“目标区域”框内将引用修改为“$C$2”，选择存放地址。

⓯ 单击“完成”按钮。

步骤❽～⓯如图6-19所示。

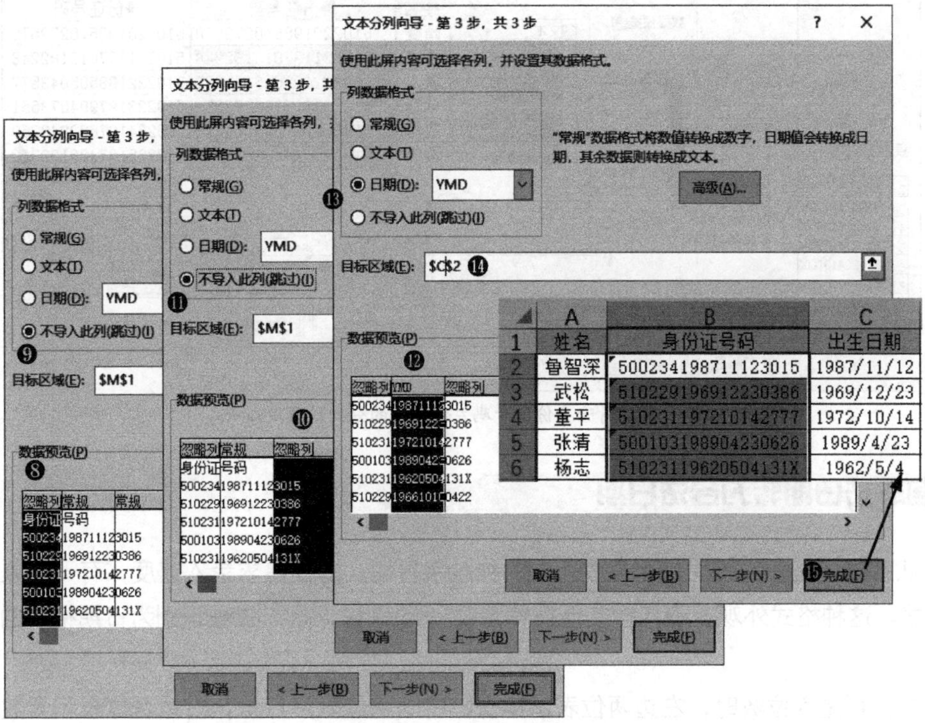

图6-19　分列第3步完成从身份证号码中提取出生日期

6.2.2 清除身份证号码左侧的空格

从系统导出人员资料到Excel后，在身份证号码左右侧，可能有空格，如何将这个空格批量清除掉呢？如果直接使用替换的方法，即便将该列设置为文本格式，身份证号码的后三位也会变为0。

例6-13 请将系统导出的身份证号码左侧的空格清除。

选中身份证号码区域，执行“分列”命令。

在分列第1步时，选择“固定宽度”单选按钮。

在分列第2步时，在数值左侧紧邻数值的位置建立分列线。

在分列第3步时，先选择第1列，并选择“不导入此列”，再选择第2列，并选择“文本”。如图6-20所示。

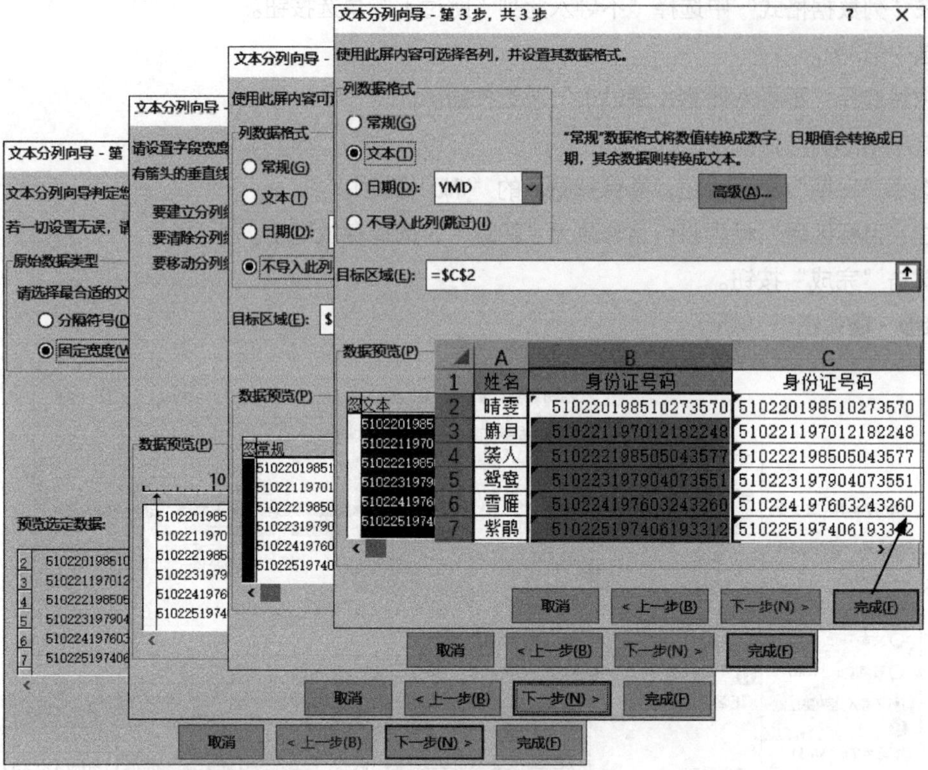

图6-20 清除身份证号码左侧空格的分列过程及效果

6.2.3 将非法日期转为合法日期

有时从系统导出来的日期是六位或八位的纯数字日期。为了追求录入速度，有一些人喜欢用这种日期格式。这种格式外观上不包含其他符号，对Excel来说，是无法被识别为日期格式的，是非法日期。

当非法日期是六位数时，左边两位表示年份，中间两位表示月份，右边两位表示天数。当非法日期是八位数时，左边四位表示年份，中间两位表示月份，右边2位表示天数。

在Excel中，如果要按日期进行阶段性汇总，就有必要对非法日期进行必要的处理了。处理非法日期的工作非Excel“分列”莫属，连Excel“快速填充”技术都望尘莫及。

例6-14 有一组六位的纯数字出生日期，请快速将其转换为Excel认可的日期。

选中“出生日期”列，执行“分列”命令。单击“下一步”按钮2次。在第3步时，在“列数据格式”中选择“日期”单选按钮，保持“YMD”默认选项，单击“完成”按钮。如图6-21所示。

对于八位纯数字日期，可以依样画葫芦地进行整理。

日期的年月日组合有6种情况：年月日、年日月、月日年、月年日、日年月、日月年。由于Y代表年，M代表月，D代表日，因而6种年月日组合的英语缩写也有六种情况：YMD、YDM、MDY、MYD、DYM、DMY。转换日期时，要辨识清楚源数据的日期书写情况，并在分列时选择好相应的选项。

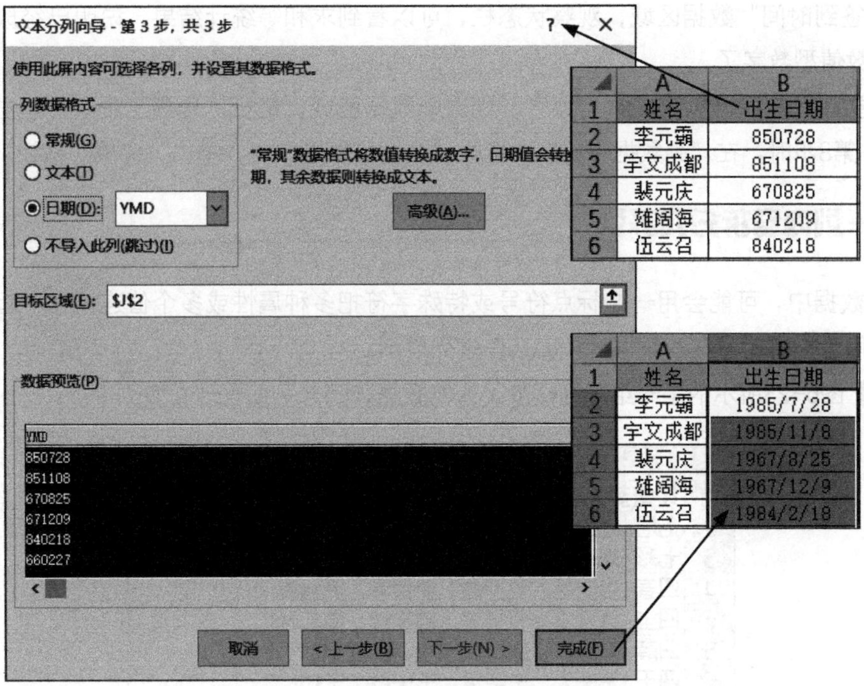

图6-21　将非法日期转为合法日期

6.2.4 数值与文本的"变脸术"

从系统导出的数据，经常有一些看似数值，实际上却是文本格式的数字，会影响后续的汇总分析，需要转换为数值型数字，Excel可以轻易施行这种"变脸术"。

例6-15　"签到时间"列是文本格式，在状态栏只显示计数，而不显示求和，请利用"分列"功能快速将文本型数字转换为数值型数字。

选中"签到时间"列，在"数据"选项卡"数据工具"组中，单击"分列"按钮，在弹出的对话框中直接单击"完成"按钮。效果如图6-22所示。

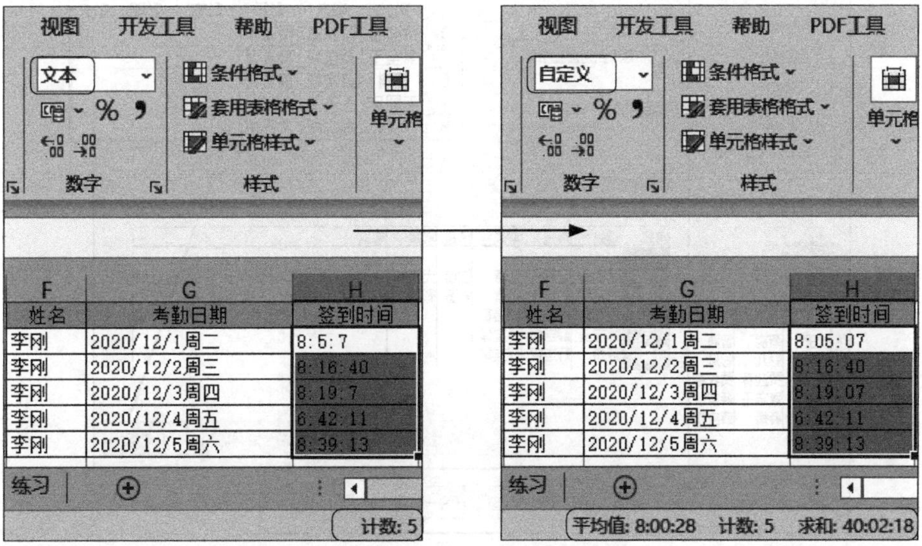

图6-22　分列前的"签到时间"

选中“签到时间”数据区域，观察状态栏，可以看到求和等统计结果，说明已经成功将文本型数字转换为数值型数字了。

如果将数值型数字转换为文本型数字，则选中数据区域，执行“分列”命令，单击“下一步”按钮2次，在第3步时，在“列数据格式”中选择“文本”单选按钮，单击“完成”按钮。

6.2.5 将一列内容拆分为多列

在一些数据中，可能会用一些标点符号或特殊字符把多种属性或多个值连接在一起，并放在一列中，而我们可能需要将这些数据拆分出来在多列显示。

例6-16 图6-23所示的是一组《红楼梦》人物数据，请分列后呈现在多列中。

	A	B
1	红楼梦人物	
2	七尼	妙玉、智能、智通、智善、圆信、大色空、净虚
3	七彩	彩屏、彩儿、彩凤、彩霞、彩鸾、彩明、彩云
4	四春	贾元春、贾迎春、贾探春、贾惜春
5	四宝	贾宝玉、甄宝玉、薛宝钗、薛宝琴
6	四薛	薛蟠、薛蝌、薛宝钗、薛宝琴
7	四王	王夫人、王熙凤、王子腾、王仁
8	四尤	尤老娘、尤氏、尤二姐、尤三姐

图6-23 《红楼梦》人物数据

选中B列，执行“分列”命令。在第1步时，直接单击“下一步”按钮。在第2步时，在“分隔符号”组中，只勾选“其他”单选按钮，并在其框内填写中文顿号“、”，单击“下一步”按钮。在第3步时，在“目标区域”框内将引用修改为“$C$1”，单击“完成”按钮。如图6-24所示。

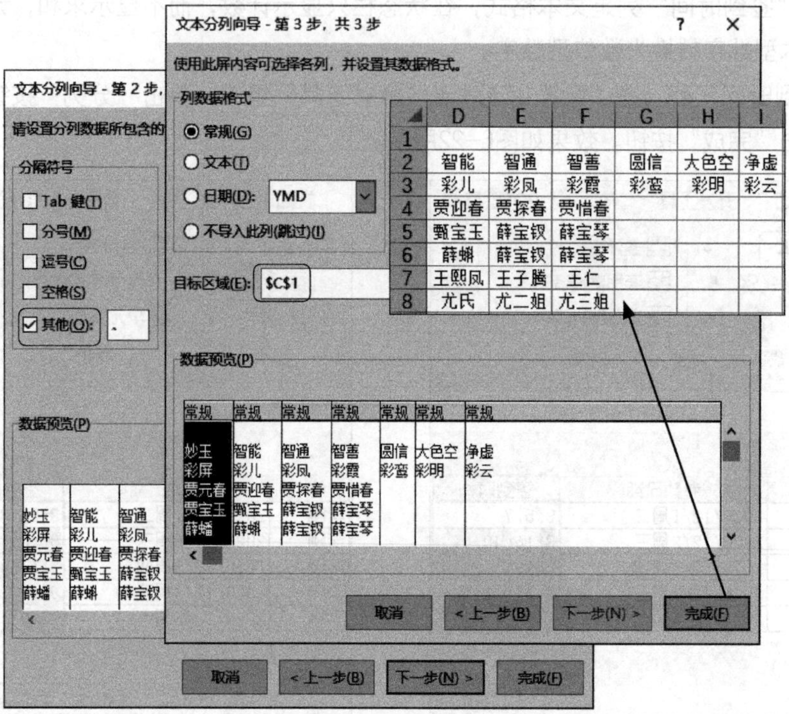

图6-24 用分隔符号给人名分列

利用分隔符号分列时，一般情况下有几类符号就勾选几类符号，要注意其他符号只能填写一个字符，还要注意中英文标点符号的区别，甚至可以使用一个汉字来分列。

【边练边想】

1. 邮政编码和行政区划混合在一起了，如何快速转化为多列呈现?

2. 会员购买日期登记得很乱，如何快速予以规范?

	A	B
1	会员	购买日期
2	孙权	2020.9.8
3	孙策	2020.12.02
4	程普	2020 12 12
5	黄盖	2020,12,13
6	韩当	2020/12/14
7	祖茂	2021,1 6
8	周瑜	20210109

图6-25　会员购买日期

3. 出生日期被写成了“月日年”的样式，请恢复为“年月日”样式的日期。

4. 有一组a*b样式（*为多个数据中反复出现的符号）的长宽数据，请将a和b分别存放在不同的列里。

【问题解析】

1. 选择数据区域，执行“分列”命令。在分列第1步时选择“固定宽度”单选按钮。在分列第2步时，建立好分列线。在分列第3步时，选择第1列，并选择“文本”，在“目标区域”框内修改引用。

2. 选中日期数据区域，执行“分列”命令。单击“下一步”按钮2次。在第3步时，在“列数据格式”中选择“日期”单选按钮，保持“YMD”默认选项，单击“完成”按钮。本题的纯数字日期是八位数，其他日期年月日之间有句点、斜杠、空格、英文逗号等，容易误在第2步勾选多种“间隔符号”。

3. 选中该列，执行“分列”命令。单击“下一步”按钮2次。在第3步时，在“列数据格式”中选择“日期”单选按钮，并在其下拉菜单中选择“YMD”选项，单击“完成”按钮。

4. 选中该列，执行“分列”命令。在第1步时，直接单击“下一步”按钮。在第2步时，在“分隔符号”组中，只勾选“其他”单选按钮，并在其框内填写星号“*”，单击“下一步”按钮。在第3步时，在“目标区域”框内修改引用，单击“完成”按钮。

6.3　有的放矢的选择性粘贴

粘贴数据是Excel中最基础的操作，选择性粘贴有多种用法，有的放矢、熟练地用好选择性粘贴，会极大地提高工作效率。

6.3.1 只粘贴数据不引用公式

公式所在单元格中有内在的公式，有外显的值，还有格式。有时候只需要公式产生的值，可以使用“选择性粘贴”功能。

例6-17 如图6-26所示，请将运用函数公式产生的“随机排名”值固定下来。

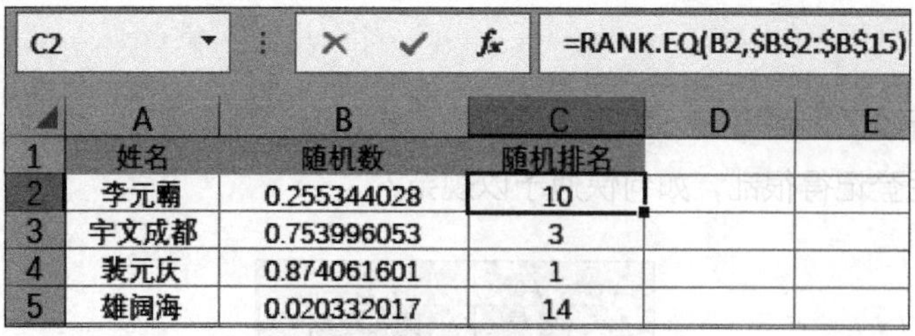

图6-26 随机排名

选择需要固定公式结果的区域进行复制，在右键快捷菜单中单击“粘贴选项”组中的“值”按钮。如图6-27所示。

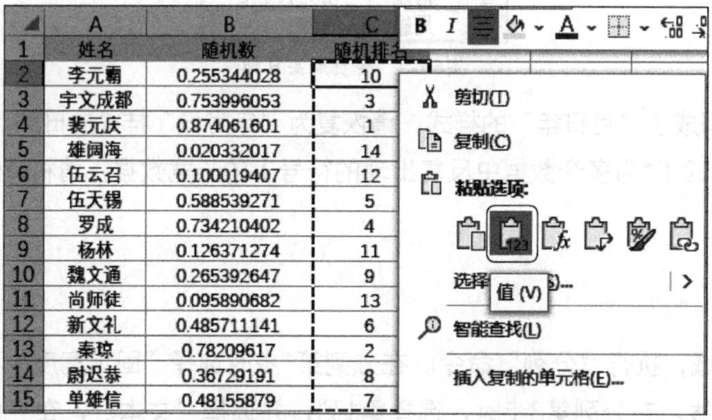

图6-27 只粘贴数据不引用公式

6.3.2 数据横排纵排轻松搞定

有时候横排的数据需要转化为纵排的数据，或者反之，“选择性粘贴”可以轻易实现这种转置。转置后，源数据区域的顶行将位于目标区域的最左列，而源数据区域的最左列将显示于目标区域的顶行。

例6-18 请调转表的行列方向。

选择该表复制，右击存放区域的起始单元格，比如G1单元格，在右键快捷菜单中单击“粘贴选项”组中的“转置”按钮。如图6-28所示。

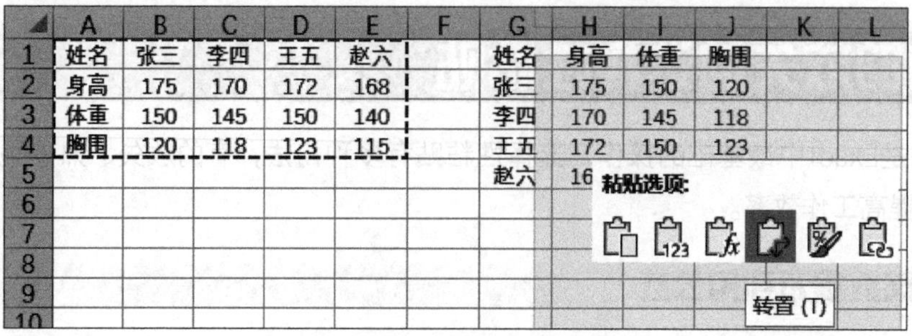

图6-28 调转表的行列方向

也可以使用函数“=TRANSPOSE(A1:E4)”进行转置。

6.3.3 将文本型数据转化为数值

文本型数字是不能直接进行加减乘除运算的，如要进行运算，需要转化为数值。利用“选择性粘贴”方法进行转化是非常方便的。

例6-19 如图6-29所示，退休人员的待遇金额是文本，不能直接用于运算，如何快速将其转化为数值?

	A	B	C	D	E
1	身份证号	姓名	类别	金额	开始时间
2	510231********1111	邓祥华	基本退休（退职）	1628.1	200106
3	510231********1111	邓祥华	保留津补贴	129	200106
4	510231********1111	邓祥华	退休补贴	2370	201501
5	510231********1111	邓祥华	国办发[2015]3号	460	201410

图6-29　退休待遇表

选择需要转化的区域进行复制，在右键快捷菜单中单击“选择性粘贴”按钮，在弹出的“选择性粘贴”对话框的“运算”组中单击“加”单选按钮。如图6-30所示。

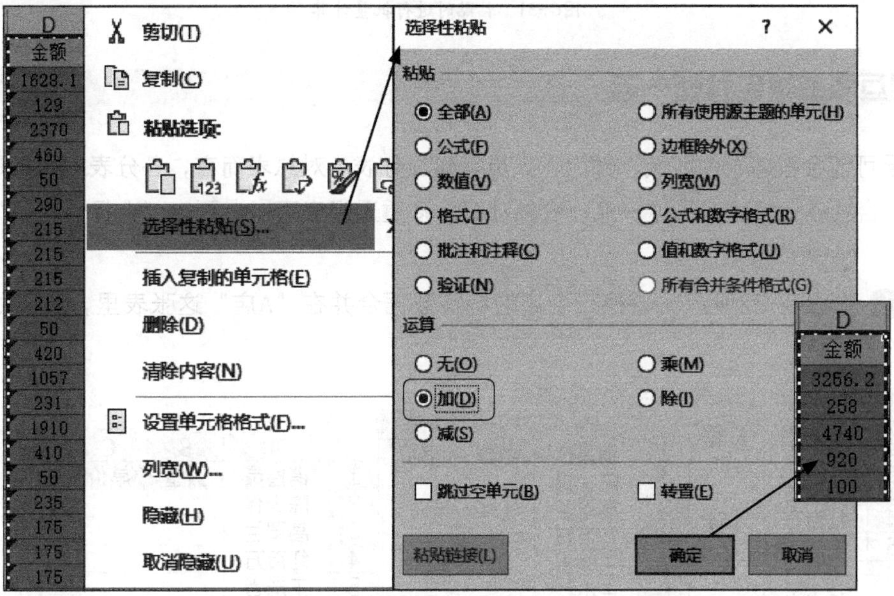

图6-30　将文本型数据转化为数值

6.3.4 粘贴时进行批量计算

复制粘贴的同时，可以进行四则运算，这是“选择性粘贴”的用法之一。

例6-20 拟将每人的销售任务都增加500，如何快速实现呢?

在C3单元格输入“500”并进行复制，选择要增加销售任务的区域，在右键快捷菜单中选择“选择性粘贴”，在弹出的“选择性粘贴”对话框的“运算”组中选择“加”单选按钮，单击“确定”按钮。如图6-31所示。

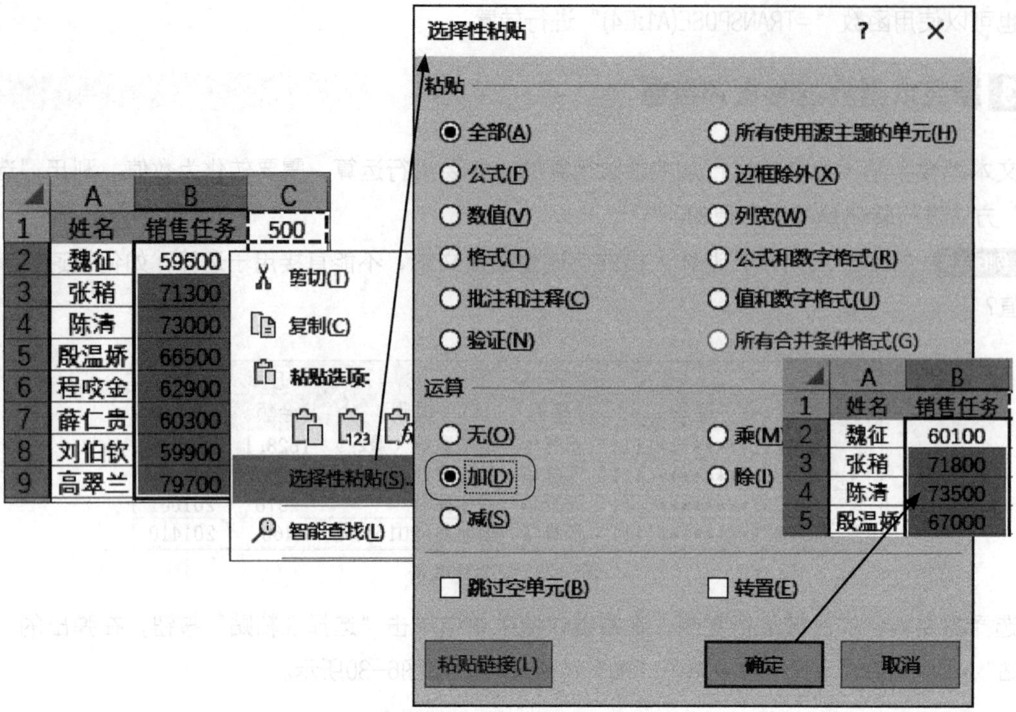

图6-31　粘贴时进行批量计算

6.3.5 将互补数据合并在一起

有时候可能会按总表的区域、部门、人员等建立分表。对总表而言，各分表的数据是互补的，需要汇集、合并在一起。对于这一点，合并计算、多重透视表可以办到，“选择性粘贴”也可以轻松实现。

例6-21 如图6-32所示，要把三个店的销售数据合并在“A店”这张表里，应该如何快速合并呢？

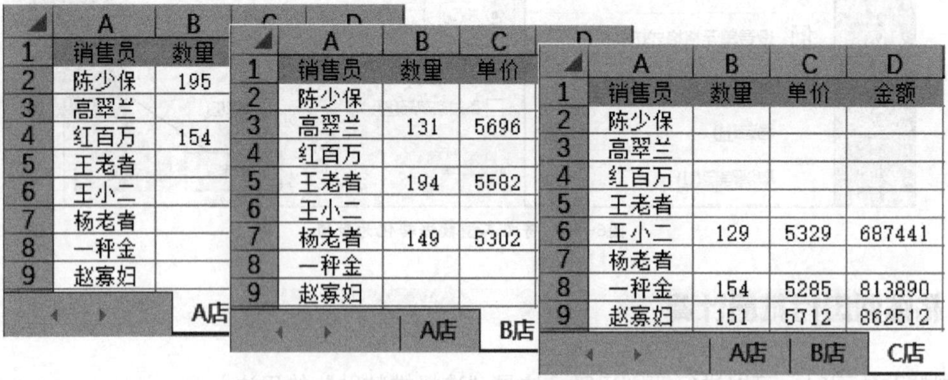

图6-32　三个店的销售数据

在“B店”工作表中单击A1单元格，按“Ctrl+A”组合键全选整张表。单击“A店”工作表，在A1单元格右键快捷菜单中选择“选择性粘贴”，在弹出的“选择性粘贴”对话框中，勾选“跳过单元格”复选框，单击“确定”按钮。同理，将“C店”工作表的数据复制到“A店”工作表。如图6-33所示。

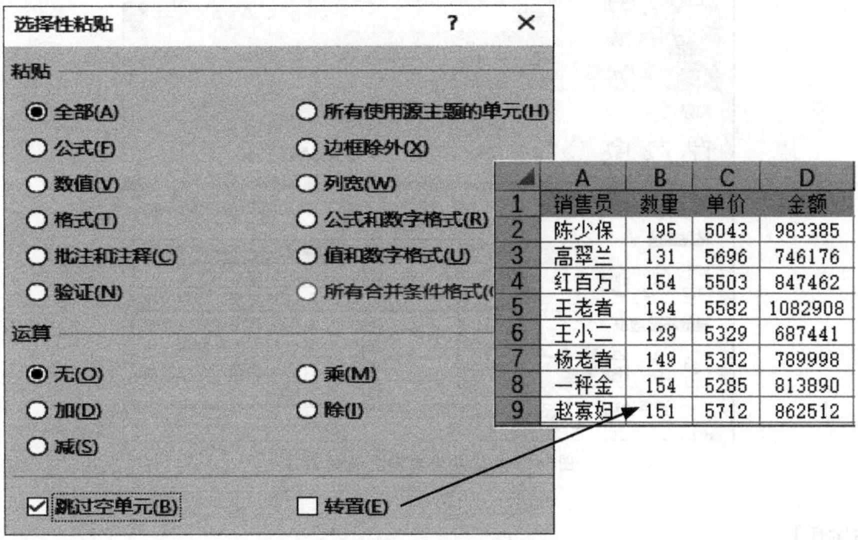

图6-33　将互补数据合并在一起

勾选“跳过空单元”后，当复制的源数据区域中有空单元格时，粘贴空单元格不会替换目标区域对应单元格中的值。

如要避免“选择性粘贴”操作的麻烦，总表的项就要按分表的项的顺序排列，或者制作在线编辑文档。

6.3.6 粘贴为自动更新的图片

有时候需要使数据“化身”为图片，且可以自动更新，实时监控。“选择性粘贴”就能实现这一功能。

例6-22　如图6-34所示，想把三个月的汇总数据汇集到一张工作表中呈报给领导，数据可能还有变化，如何快速实现呢？

	A	B	C	D	E	F
1	1月份产品质量情况					
2	产品名称	编号	生产数量	不合格数量	不合格率	不合格原因
3	三相插头	CH-131	1890	42	2.22%	缩水、银丝
4	两相插头	CH-121	1680	100	5.95%	缩水、有融接痕
5	五位插座	CZ-5	3000	49	1.63%	未通过安全测试
6	三位插座	CZ-3	3000	18	0.60%	面板有划痕
7	六位插座	CZ-6	2500	36	1.44%	未通过安全测试
8	合计		12070	245	2.03%	

图6-34　产品质量情况

选择“1月”工作表中的数据进行复制，在“汇总”工作表中，找到“开始”选项卡的“剪贴板”组，单击“粘贴”下拉菜单中的“链接的图片”按钮。同理，粘贴“2月”“3月”的数据。如图6-35所示。

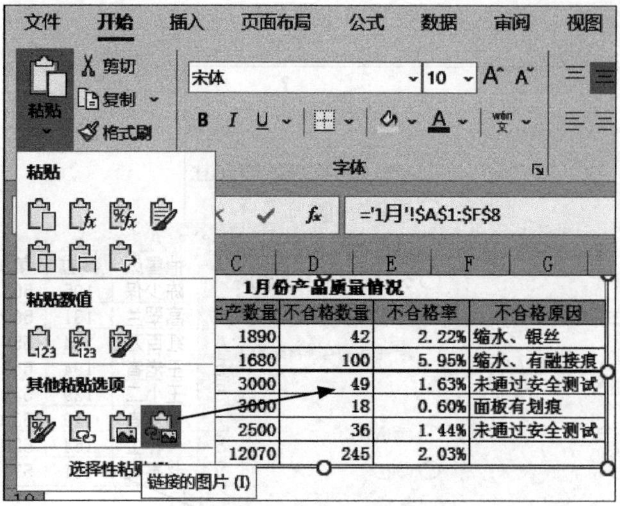

图6-35 粘贴为自动更新的图片

【边练边想】

1. 如何快速把一张表的列宽用作另一张表的列宽?

2. 如何快速把某处的数据验证用在另一处?

3. 如何快速核对两列数据的差异?

4. 请归纳一下将文本型数据转换为数值的方法。

【问题解析】

1. 最好的办法是使用“选择性粘贴”的“列宽”选项。

2. 在“选择性粘贴”对话框中选择“验证”单选按钮。

3. 假设有A1:A7和B1:B7两组十分相似的数据。复制B2:B7区域的数据，在C2单元格的右键快捷菜单中，选择“选择性粘贴”，选择“减”单选按钮，单击“确定”按钮。

4. 文本型数据转化为数值的方法有：分列、快速填充、选择性粘贴、错误指示器（如图6-36所示）、设置单元格格式为常规后再一一激活、VALUE（A1）、SUM(A1:A10+0)、SUM(A1:A10-0)、SUM(--A1:A10)、SUM(A1:A10*1)、SUM(A1:A10/1)。

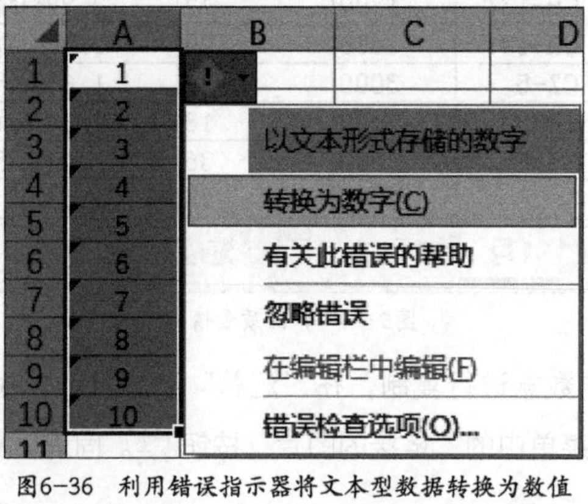

图6-36 利用错误指示器将文本型数据转换为数值

6.4 “精确制导”的查找和替换

“大海捞针”一词常用于比喻和形容一件东西极难找到。但Excel有“循迹追踪”“精确制导”的本领，查找和替换数据易如反掌。

6.4.1 为相同内容设置颜色

Excel“查找和替换”功能常用于查找和替换文字。

例6-23 如图6-37所示，如何在监考中表快速标识“盛兴兰”的监考堂数？

	A	B	C	D	E	F	G	H	I	J	K	L
1	高2021级期末考试监考表											
2	考室	教室	人数	周一			周二			周三		
3				语文	政治	物理	数学	历史	化学	英语	地理	生物
4				8:00-10:30	11:00-12:30	15:00-16:30	8:00-10:00	10:30-12:00	14:00-15:30	8:00-10:00	10:30-12:00	14:00-15:30
5	1	401	32	叶和勤	周杨	陈勇	赵川亮	黄春	郑光芬	曹旭光	郑光芬	钟永彬
6	2	402	32	陈全蓉	钟永彬	蔡颖杰	冉路平	黄德建	盛兴兰	陈杰	赵川亮	郑光芬
7	3	101	40	陈勇	毛国英	陈全蓉	盛兴兰	毛国英	毛国英	胡秋霞	严敬宏	杨芳萍
22	18	213	40	周杨	蔡颖杰	李书群	钟华平	钟华平	唐小莉	柳孟君	曹旭光	罗靖平

图6-37 监考表

按“Ctrl+F”组合键打开“查找和替换”对话框（Excel会自动选中“查找”标签），在“查找内容”框中输入“盛兴兰”，单击“全部查找”按钮，在下面的列表中会列出查找到的情况，并在对话框左下角显示“4个单元格被找到”字样。单击第一条结果，再按住Shift键单击第四条结果，以选定这四条结果，在“开始”选项卡的“字体”组中，选择一种填充颜色，比如黄色。如图6-38所示。当然，条件格式也能轻松实现这种效果。

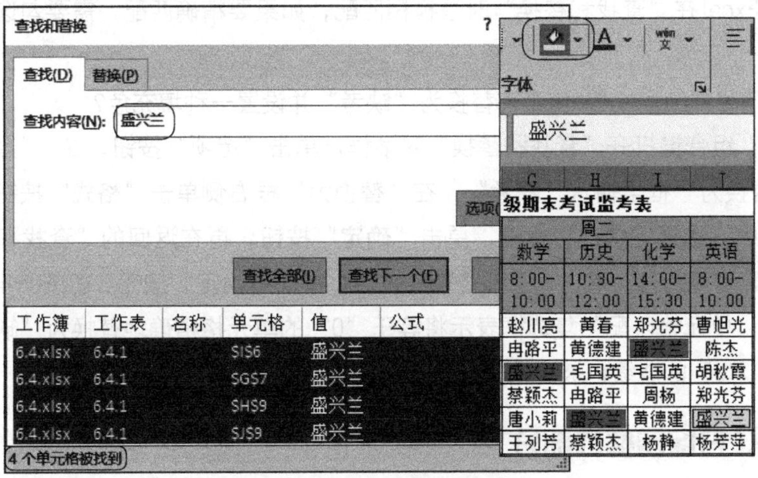

图6-38 为相同的内容设置颜色

可以使“查找和替换”对话框保持打开状态并继续使用工作表。

6.4.2 替换着色单元格内容

Excel“查找和替换”功能也能用于公式、批注和格式。

例6-24 不合格的考试分数已经用颜色标记，请将这些被标记的内容统一替换为“补考”。

按“Ctrl+H”组合键打开“查找和替换”对话框（Excel会自动选中“替换”标签），单击“选项”按钮。在“查找内容”框右侧，单击“格式”下拉按钮，在下拉菜单中选择“从单元格选择格式”。此时光标变成吸管形状，使用吸管吸取着色单元格颜色，然后“查找内容”框右侧显示出“预览”。在“替换为”框里输入“补考”，单击“全部替换”按钮。如图6-39所示。

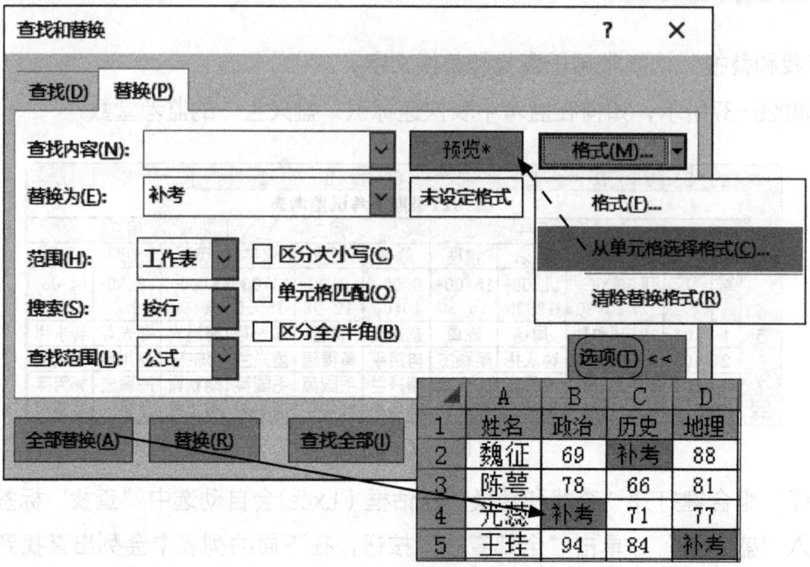

图6-39 替换着色单元格内容

6.4.3 精确替换指定的内容

一般来说，Excel在“查找和替换”时是模糊匹配，如果要精确匹配，需要勾选“匹配单元格”复选框。

例6-25 如何将成绩表中的0值全部替换为“缺考”并设置一种填充色？

按“Ctrl+H”组合键打开“查找和替换”对话框，单击“选项”按钮，在 “查找内容”框里输入“0”，在“替换为”框里输入“缺考”，在“替换为”框右侧单击“格式”按钮，在弹出的“替换格式”对话框中，选择“填充”标签，单击“确定”按钮，再在返回的“查找和替换”对话框中勾选“单元格匹配”复选框，单击“全部替换”按钮，单击“确定”按钮。如图6-40所示。

注意，勾选“单元格匹配”复选框表示将等于“0”的单元格精确地替换为“缺考”，以防止其它非0但含有数字“0”的成绩也被替换，其他选项保持默认状态。

6.4.4 去小数，只保留整数部分

结合通配符，Excel可以实现高级模糊查找。星号“*”代表任意字符串，问号“?”代表任意单个字符。如果要查找通配符自身，可以输入“~*” “~?”。“~”为波浪号，在数字键“1”的左边。如果要查找“~”，则输入两个波浪号“~~”。

例6-26 如图6-41所示，请去掉实际指标数的小数部分，只保留整数部分，不使用函数公式。

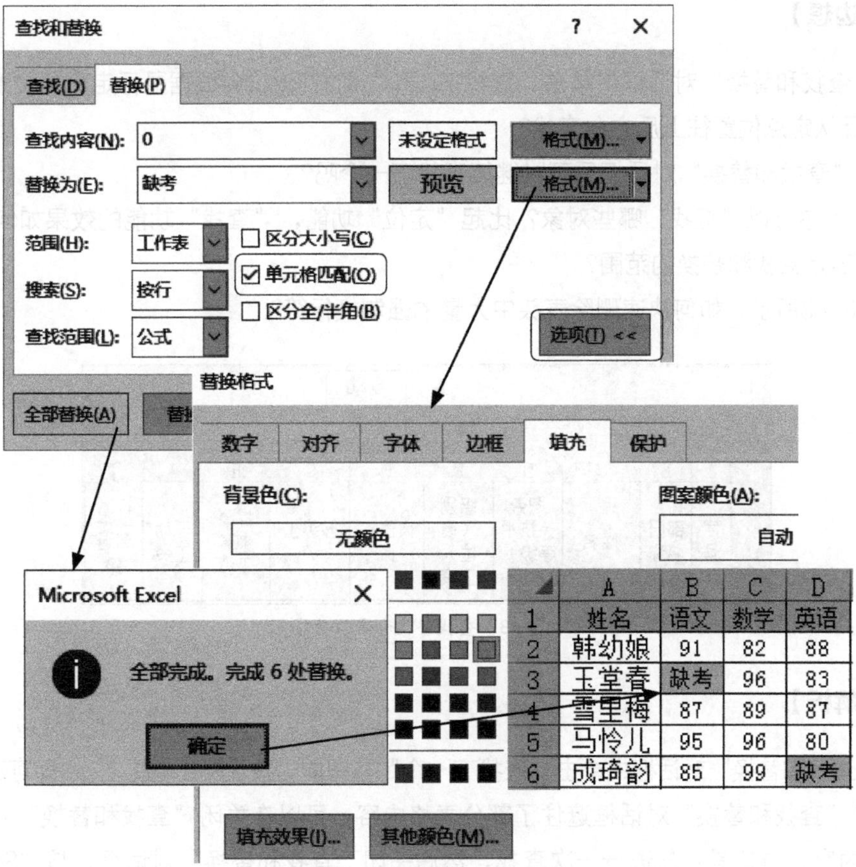

图6-40　将0值替换为“缺考”

	A	B	C	D	E
1	区名	人数	比例	计划指标	实际指标
2	黄浦区	4844	16%	775.04	775.04
3	徐汇区	3145	16%	503.2	503.2
4	长宁区	4140	16%	662.4	662.4

图6-41　指标数

选择E列，按“Ctrl+H”组合键打开“查找和替换”对话框，在“查找内容”里输入“.*”，将“替换为”框清空（表示小数点后面的所有内容被删去），单击“全部替换”按钮，单击“确定”按钮。如图6-42所示。

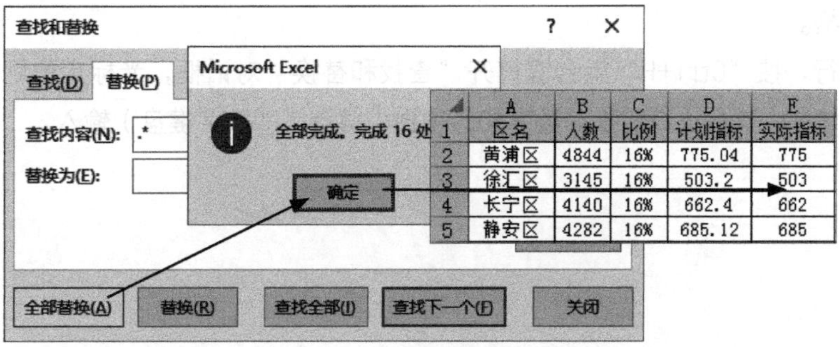

图6-42　去小数，只保留整数部分

【边练边想】

1. 在“查找和替换”对话框中单击“查找下一个”时，Excel会根据鼠标定点的位置往下进行查找。那么有否从定点位置往上反方向查找?

2. 关闭“查找和替换”对话框后可以继续查找下一个吗?

3. 在Excel中可以“查找”哪些对象? 比起“定位”功能，“查找”功能的效果如何?

4. 如何确定查找和替换的范围?

5. 如图6-43所示，如何快速删除表头中大量的强制换行符?

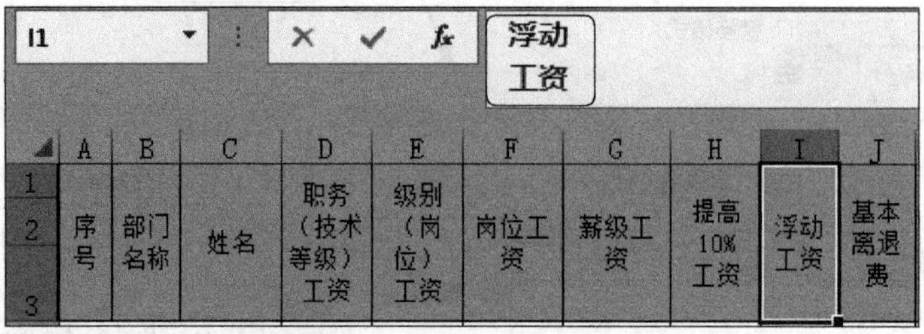

图6-43 查找替换和定位功能

【问题解析】

1. 在“查找和替换”对话框中单击“查找下一个”按钮前，按住Shift键，Excel即可逆向查找。

2. 有时“查找和替换”对话框遮住了部分表格内容，可以在关闭“查找和替换”对话框后继续查找下一个内容，方法是：先进行一次查找，然后关闭“查找和替换”对话框，按“Shift+F4”组合键继续查找下一个。

3. 在Excel中，在“开始”选项卡“编辑”组中，单击“查找与选择”下拉菜单，可以进行查找、替换、转到、定位、选择等操作。查找的对象包括注释、公式、常量、条件格式、数据验证，是“定位”功能中最常用的类型。

4. 在工作簿中查找和替换：在“查找和替换”对话框中单击“选项”按钮，在“范围”右侧的下拉列表中选择“工作簿”。

在工作组中查找和替换：如果仅选择了工作簿中的部分工作表，这些工作表将成为一个工作组，Excel会仅在这些工作表中进行查找。

在整个工作表查找和替换：随意单击任意单元格进行查找和替换。

在局部查找和替换：首先确定查找范围，比如只在A列查找，可以先选中A列，然后再打开“查找和替换”对话框。

5. 选择1:3行，按“Ctrl+H”组合键打开“查找和替换”对话框，光标定位到“查找内容”框中，按住“Alt+10”，然后进行替换。数字10必须由小键盘（即数字键盘）输入。

第7章 行列转换，细长粗短轻松变

在对数据进行处理、分析的过程中，我们可能需要将行列长变短，短变长。有时候使用复制、剪切、粘贴、剪贴板、填充、转置、鼠标拖动等传统方法，虽然可能“笨”一些，但也能解决问题。有时候却需要别出心裁，找出规律，形成比较简单的方法。

7.1 将一列内容转换为多行多列

7.1.1 将多行多列的单元格替换为相对引用公式

将一列内容折叠式地转换为多行多列，是有章可循的，即逐行或逐列依次取值。如果先通过填充的方式得到这种有规律的排列，再通过替换得到相对引用公式，就能巧妙地实现转换。

例7-1 请将A列中的20个名字排列成4行5列。

（1）用填充的方法做好表底。填写表底时，先在C1单元格中输入“A1”，填充至G1单元格；再在C2单元格中输入“A6”，填充至G2单元格；最后选择C1:G2区域，填充至G4单元格。如图7-1所示。

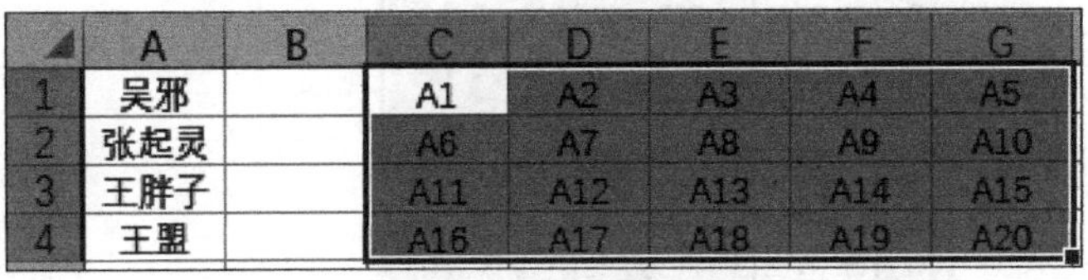

图7-1 按照先行后列的顺序填充单元格引用

（2）将表中的“A”替换成“=A”， 以将单元格引用改为公式。如图7-2所示。

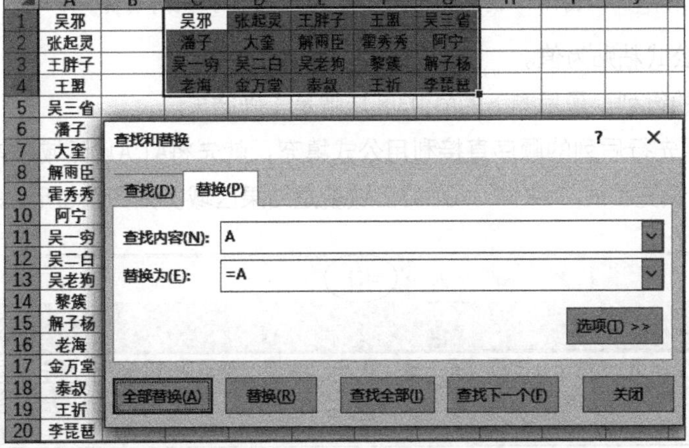

图7-2 将表中的“A”替换成“=A”

（3）选中C1:G4区域复制，使用“选择性粘贴”并粘贴为“值”。

本例如果要按照先列后行的顺序填充引用，则表底如图7-3所示。

A1	A5	A9	A13	A17
A2	A6	A10	A14	A18
A3	A7	A11	A15	A19
A4	A8	A12	A16	A20

图7-3 按照先列后行的顺序填充单元格引用

7.1.2 直接使用相对引用公式来转换

由于公式也能高效率地填充，所以利用现成的部分数据区域，直接填充相对引用公式，也能非常巧妙地将一列内容转为多行多列。

例7-2 请将A列中的12个名字按照先列后行的顺序排列成3行4列。

（1）选取B1:D2区域，在编辑框里输入公式“=A4”，按“Ctrl+Enter”进行批量填充。本例利用了A1:A3这个现成的区域，所以就从A4单元格开始填充。如果不批量填充，就从A4单元格开始向右向下填充。如图7-4所示。

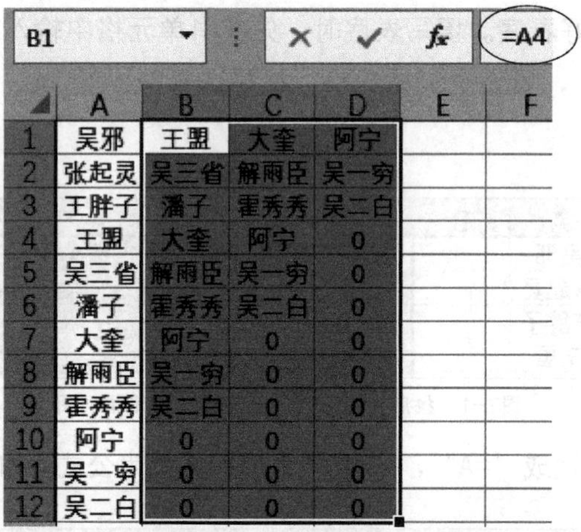

	A	B	C	D	E	F
1	吴邪	王盟	大奎	阿宁		
2	张起灵	吴三省	解雨臣	吴一穷		
3	王胖子	潘子	霍秀秀	吴二白		
4	王盟	大奎	阿宁	0		
5	吴三省	解雨臣	吴一穷	0		
6	潘子	霍秀秀	吴二白	0		
7	大奎	阿宁	0	0		
8	解雨臣	吴一穷	0	0		
9	霍秀秀	吴二白	0	0		
10	阿宁	0	0	0		
11	吴一穷	0	0	0		
12	吴二白	0	0	0		

图7-4 使用相对引用公式按照先列后行的顺序转换

（2）将填充的公式粘贴为值。

（3）删除多余的行列，最后剩下的A1:D3区域就是正确结果。

本例如果要按照先行后列的顺序直接利用公式填充，就先将A1:A12区域“转置”粘贴于G1:R1区域，再在该区域批量填充公式“=K1”，G1:J3区域就是结果区域。如图7-5所示。

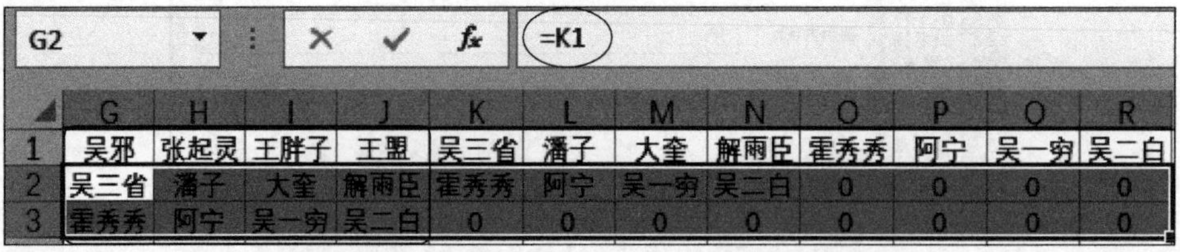

	G	H	I	J	K	L	M	N	O	P	Q	R
1	吴邪	张起灵	王胖子	王盟	吴三省	潘子	大奎	解雨臣	霍秀秀	阿宁	吴一穷	吴二白
2	吴三省	潘子	大奎	解雨臣	霍秀秀	阿宁	吴一穷	吴二白	0	0	0	0
3	霍秀秀	阿宁	吴一穷	吴二白	0	0	0	0	0	0	0	0

图7-5 使用相对引用公式按照先行后列的顺序转换

7.1.3 使用函数公式构建转换模板

将一列内容转变为多行多列，Excel有多个函数可以利用，而且能够根据指定的行数或列数构建自动化模板，达到一劳永逸的效果。最常用的方法就是“OFFSET+ROW+COLUMN”。

例7-3 请使用OFFSET等函数将A列中的名字按照先行后列的顺序排成一定的列数。

为B1单元格设置自定义格式“0列”，为B2单元格设置自定义格式“0行”。在B1单元格填写需要的列数。

B2=ROUNDUP(COUNTA(A:A)/B1,)。式中，COUNTA函数计算A列文本单元格的个数，该个数除以B1单元格的列数，交由ROUNDUP函数向上进为整数，ROUNDUP函数第二个参数省略了0值，表示取整。

C1=IF(OR(ROW()_ROW($C$1)+1>$B$2,COLUMN()−2>$B$1),,OFFSET($A$1,(ROW(A1)−1)*$B$1+COLUMN(A1)−1,))&""。式中，外层IF函数用于屏蔽无关的值，“&""”用于将0值外显为空，OFFSET函数段是整个公式的核心部分。OFFSET函数返回对单元格或单元格区域中指定行数和列数的区域的引用，第二个参数表示偏移的列数，由ROW函数和COLUMN函数配合B1单元格的列数进行控制。

将C1单元格的公式向右向下填充至需要的地方。如图7-6所示。

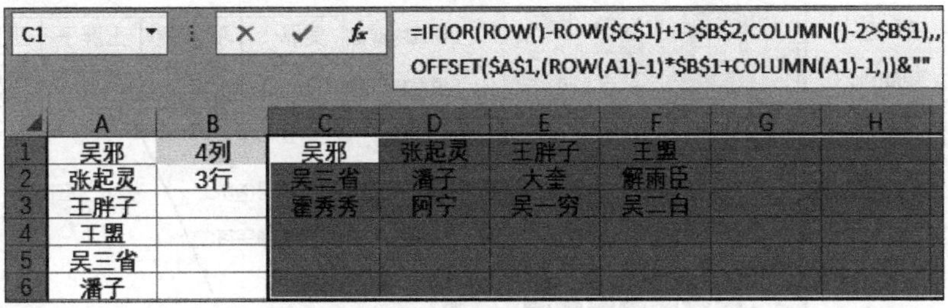

图7-6 OFFSET函数将一列内容转换为多行

也可以按照先列后行的顺序排列数据。C7=IF(OR(ROW()−ROW($C$7)+1>$B$2,COLUMN()−2>$B$1),,OFFSET($A$1,ROW(A1)+(COLUMN(A1)−1)*$B$2−1,))&""。将公式向右向下填充至需要的地方，比如F8单元格。如图7-7所示。

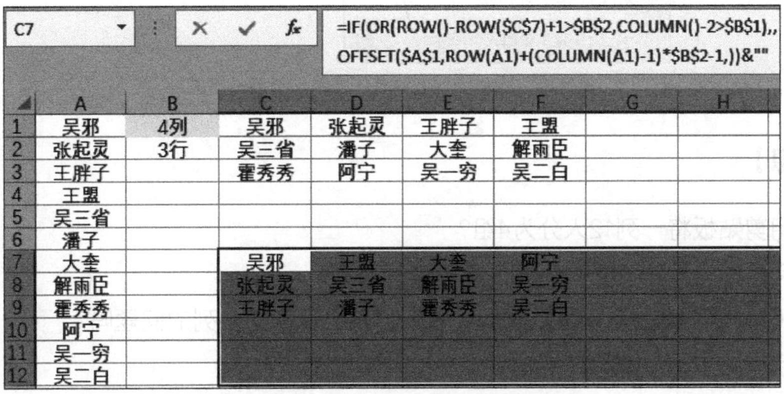

图7-7 OFFSET函数将一列内容转换为多列

7.1.4 借助Word表格分列来转换

Excel和Word都是Office家庭的成员，可以相互配合。借助Word表格，能够轻松做到将一列内容转为多行多列。

例7-4 请借助Word表格将A列中的12个名字排成3行4列。

（1）将Excel表里的数据复制粘贴到Word文档中，粘贴的时候在右键快捷菜单中选择“粘贴选项”中的“只保留文本”。

（2）全选粘贴到Word文档中的文本，在Word“插入”选项卡“表格”组中，选择“文本转换成表格”。

（3）在弹出的“将文字转换成表格”对话框里，将列数设置为4列，单击“确定”按钮。

（4）将Word表复制粘贴到Excel中。如图7-8所示。

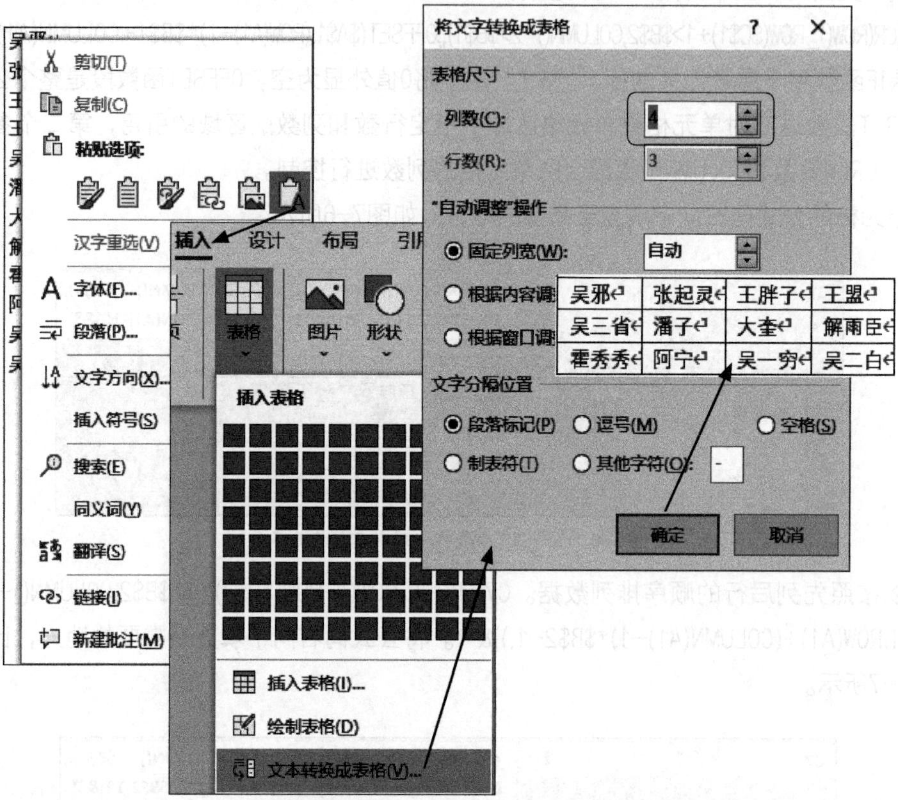

图7-8 借助Word表格将一列内容转换为多列

【边练边想】

1. 如何使用剪贴板将一列12人分为4组？
2. 如何使用鼠标拖动的方法将一列名单拆分为多列？
3. “INDIRECT+ROW+COLUMN”函数能解决将一列内容转换为多列的问题吗？
4. 你会使用转置的方法颠倒行列内容吗？

【问题解析】

1. 打开剪贴板，分别复制需要分组的名单，依次选中存放结果的单元格，在剪贴板中单击相应的项目。如图7-9所示。

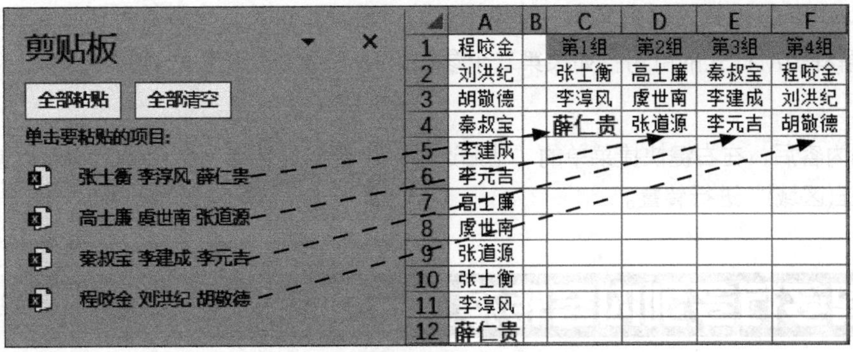

图7-9　使用剪贴板将一列名单分为多列

2. 选中要移动的区域，将光标放在区域的边沿，当光标呈四向箭头时，拖动到目标单元格，松开鼠标。如图7-10所示。

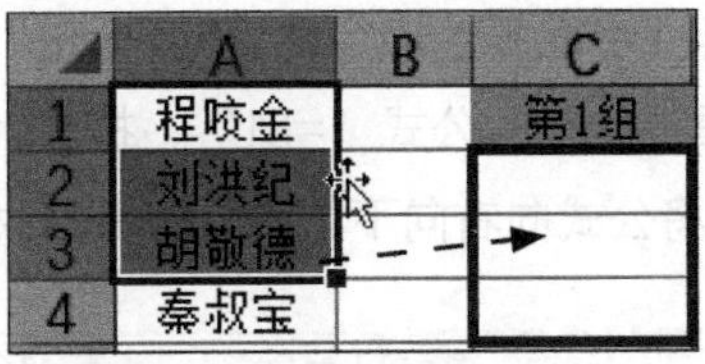

图7-10　使用鼠标移动区域

3. 先行后列公式为：C1=IF(OR(ROW()-ROW($C$1)+1>$B$2,COLUMN()-2>$B$1),,INDIRECT("A"&(ROW(A1)-1)*$B$1+COLUMN(A1)))&""。将公式向右向下填充至需要的地方，比如G4单元格。如图7-11所示。

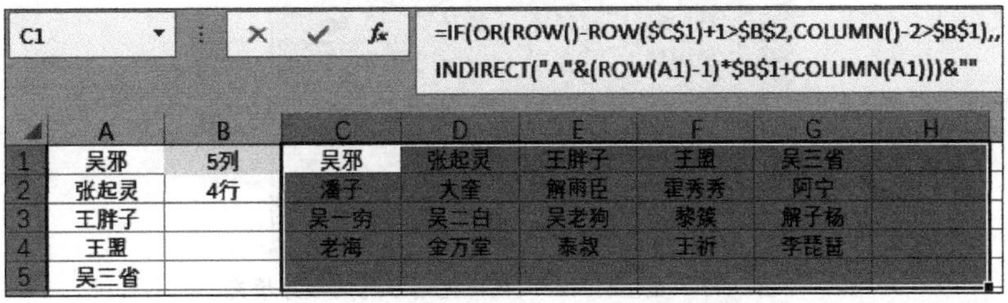

图7-11　INDIRECT函数将一列内容转换为多行

先列后行公式为：=IF(OR(ROW()-ROW($C$7)+1>$B$2,COLUMN()-2>$B$1),,INDIRECT("A"&ROW(A1)+((COLUMN(A1)-1)*$B$2)))&" ""。将公式向右向下填充至需要的地方，比如G10单元格。如图7-12所示。

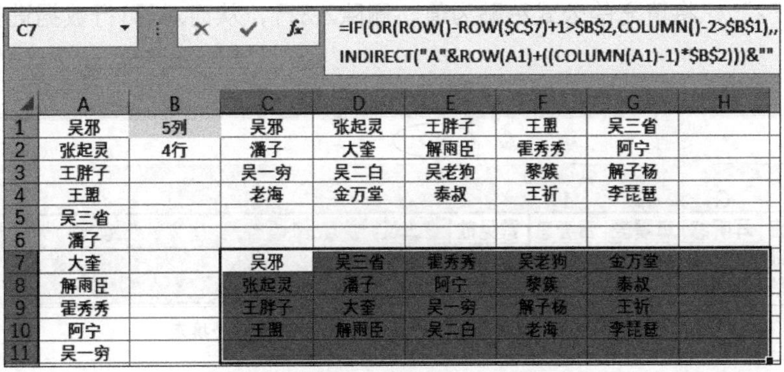

图7-12　INDIRECT函数将一列转换为多行

式中，INDIRECT函数返回由文本字符串指定的引用，如果第二个参数为TRUE、1或省略，则第一个参数被解释为A1样式的引用；如果第二个参数为FALSE或0，则第一个参数被解释为R1C1样式的引用。

4. 复制内容后，在右键快捷菜单的“粘贴选项”中选择“转置”命令。也可以使用函数公式“=TRANSPOSE(区域)”进行转置。

7.2 将多行多列内容转换为一列

7.2.1 直接使用相对引用公式来转换

在首行或首列的基础上，直接填充相对引用公式，能够轻松地将多行多列内容转换为一列。

例7-5 请将3行4列的内容按照先列后行的顺序转换成1列。

（1）选取A4:D12区域，在编辑框里输入公式“=B1”，按“Ctrl+Enter”进行批量填充。如果不批量填充公式，就从A4单元格开始将公式向右向下填充至D12单元格。如图7-13所示。

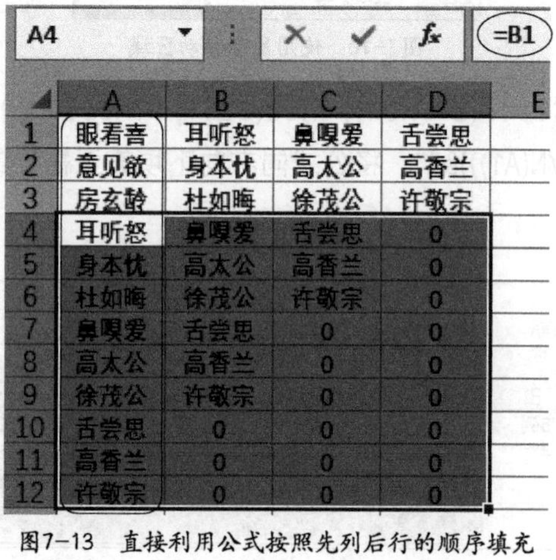
A4　=B1

	A	B	C	D
1	眼看喜	耳听怒	鼻嗅爱	舌尝思
2	意见欲	身本忧	高太公	高香兰
3	房玄龄	杜如晦	徐茂公	许敬宗
4	耳听怒	鼻嗅爱	舌尝思	0
5	身本忧	高太公	高香兰	0
6	杜如晦	徐茂公	许敬宗	0
7	鼻嗅爱	舌尝思	0	0
8	高太公	高香兰	0	0
9	徐茂公	许敬宗	0	0
10	舌尝思	0	0	0
11	高香兰	0	0	0
12	许敬宗	0	0	0

图7-13　直接利用公式按照先列后行的顺序填充

（2）将填充的公式粘贴为值。

（3）删除B:D列，只留下A列数据。

本例也可以按照先行后列的顺序直接利用公式填充，如图7-14所示，在J1:O3区域批量填充公式“=F2”，将填充的公式粘贴为值，删除2:3行，从而对第1行数据进行“转置”式的粘贴。

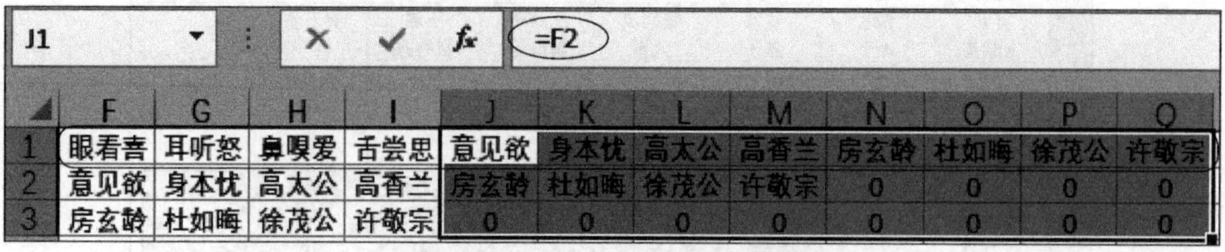
J1　=F2

	F	G	H	I	J	K	L	M	N	O	P	Q
1	眼看喜	耳听怒	鼻嗅爱	舌尝思	意见欲	身本忧	高太公	高香兰	房玄龄	杜如晦	徐茂公	许敬宗
2	意见欲	身本忧	高太公	高香兰	房玄龄	杜如晦	徐茂公	许敬宗	0	0	0	0
3	房玄龄	杜如晦	徐茂公	许敬宗	0	0	0	0	0	0	0	0

图7-14　直接利用公式按照先行后列的顺序填充

7.2.2 使用函数公式构建转换模板

将多行多列内容转换为一列，也能利用Excel函数公式构建自动化模板，实现一步到位。最常用的方法就是“OFFSET+INT+MOD+ROW”。

例7-6 请使用OFFSET函数按照先行后列的顺序将多行多列的名字转换为一列。

C1、C2单元格的自定义格式分别为“0列”“0行”。

C1=COUNTA(D1:Y1)。

C2=COUNTA(D:D)。

A2=OFFSET($D$1,INT((ROW()-2)/$C$1),MOD(ROW()-2,$C$1))。将公式向下填充至需要的地方。如图7-15所示。

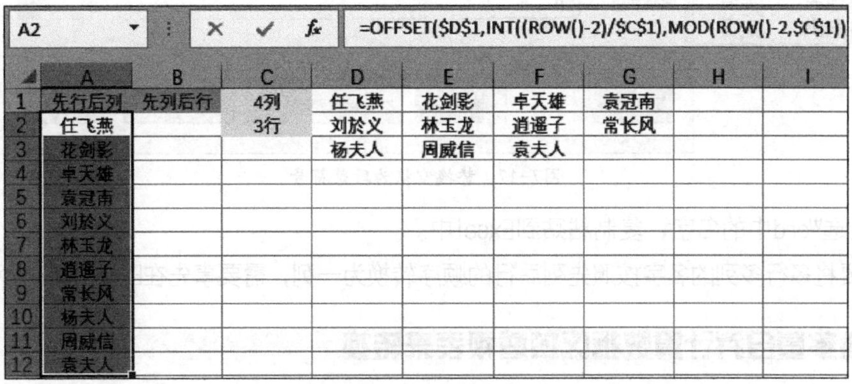
A2 =OFFSET($D$1,INT((ROW()-2)/$C$1),MOD(ROW()-2,$C$1))

	A	B	C	D	E	F	G	H	I
1	先行后列	先列后行	4列	任飞燕	花剑影	卓天雄	袁冠南		
2	任飞燕		3行	刘於义	林玉龙	逍遥子	常长风		
3	花剑影			杨夫人	周威信	袁夫人			
4	卓天雄								
5	袁冠南								
6	刘於义								
7	林玉龙								
8	逍遥子								
9	常长风								
10	杨夫人								
11	周威信								
12	袁夫人								

图7-15 OFFSET按照先行后列的顺序将多行多列内容转换为一列

式中，ROW函数返回当前行的行号；INT函数将数字向下舍入到最接近的整数，得数作为OFFSET函数的第二个参数；MOD函数返回两数相除的余数，得数作为OFFSET函数的第三个参数；OFFSET函数返回对D1单元格偏移指定行数和列数的单元格的引用。

也可以按照先列后行的顺序进行转换。公式为“=OFFSET($D$1,MOD(ROW(D1)-1,$C$2),(INT(ROW(D1)-1)/$C$2))”。如图7-16所示。

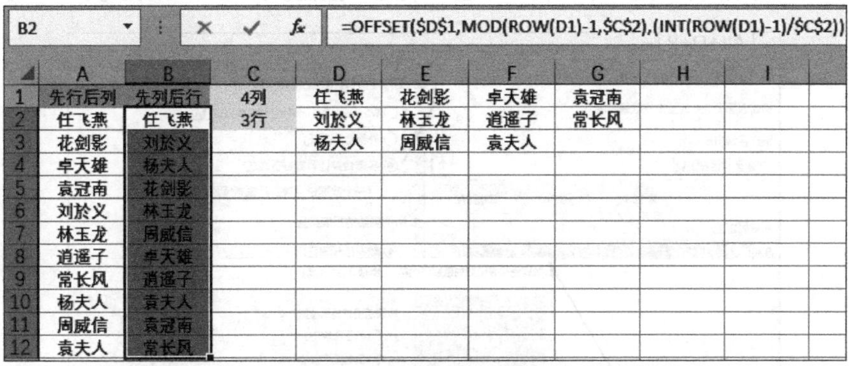
B2 =OFFSET($D$1,MOD(ROW(D1)-1,$C$2),(INT(ROW(D1)-1)/$C$2))

	A	B	C	D	E	F	G	H	I
1	先行后列	先列后行	4列	任飞燕	花剑影	卓天雄	袁冠南		
2	任飞燕	任飞燕	3行	刘於义	林玉龙	逍遥子	常长风		
3	花剑影	刘於义		杨夫人	周威信	袁夫人			
4	卓天雄	杨夫人							
5	袁冠南	花剑影							
6	刘於义	林玉龙							
7	林玉龙	周威信							
8	逍遥子	卓天雄							
9	常长风	逍遥子							
10	杨夫人	袁夫人							
11	周威信	袁冠南							
12	袁夫人	常长风							

图7-16 OFFSET按照先列后行的顺序将多行多列内容转换为一列

7.2.3 借助Word替换功能来转换

复制、粘贴、替换……巧妙借助Word，Excel能够便利地将多行多列内容按照先行后列的顺序转换为一列。

例7-7 请借助Word将多行多列的名字按照先行后列的顺序转换为一列。

（1）将Excel表里的名字复制粘贴到Word文档中，粘贴的时候在右键快捷菜单中选择“粘贴选项”中的“只保留文本”。

（2）选中Word中名字间的空格进行复制，打开Word“查找和替换”对话框，在“查找内容”框中按粘贴，在“替换为”框中输入“^p”，单击“确定”按钮。如图7-17所示。

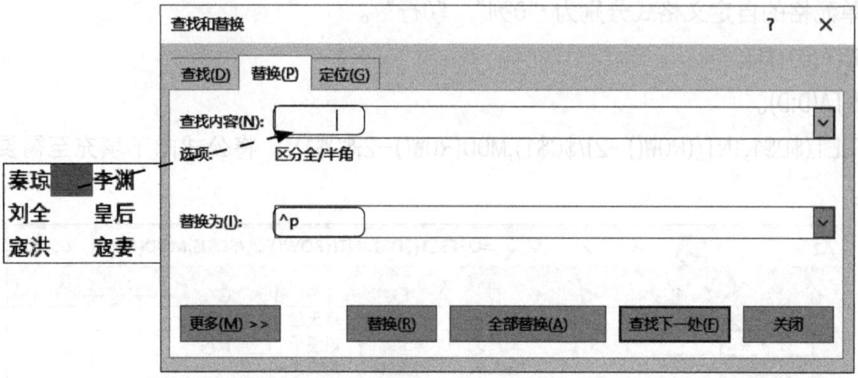

图7-17 替换空格为段落符号

（3）全选Word中的名字，复制粘贴到Excel中。

如果想要将多行多列的名字按照先列后行的顺序转换为一列，需要事先在Excel中将行列进行转置。

7.2.4 创建多重合并计算数据区域透视表来转换

创建多重合并计算数据区域透视表，可以帮助我们将多行多列内容转换为一列，并且转变后的内容没有按数据源的顺序排列，而是自动升序排列的。

例7-8 请创建多重合并计算数据区域透视表将多行多列内容转换为一列。

依次按下键盘上的Alt、D、P键，选择“多重合并计算数据区域”单选按钮，两次单击“下一步”按钮，在“选定区域”框中引用A1:E4区域，单击“添加”按钮，单击“下一步”按钮，选择“现有工作表”，在其框内引用F1单元格，单击“确定”按钮。如图7-18所示。

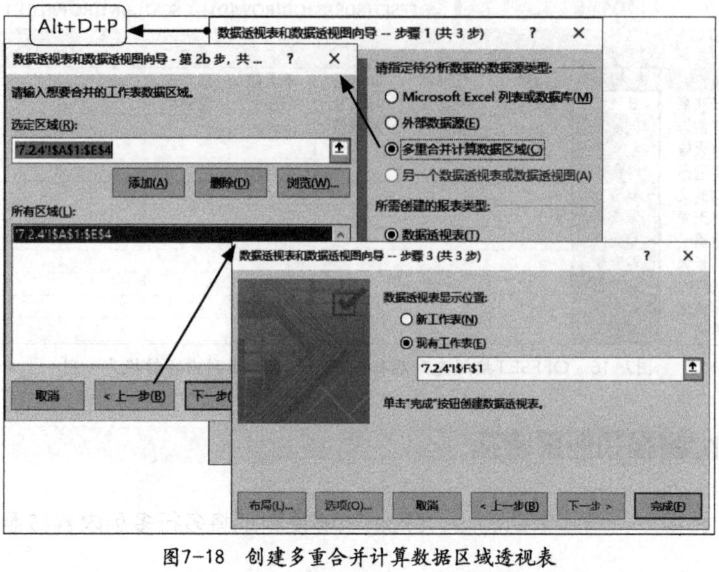

图7-18 创建多重合并计算数据区域透视表

在“数据透视表字段”窗格，只在“行”区域保留“值”字段，其余的“筛选”“列”“值”三个区域不要保留任何字段。如图7-19所示。

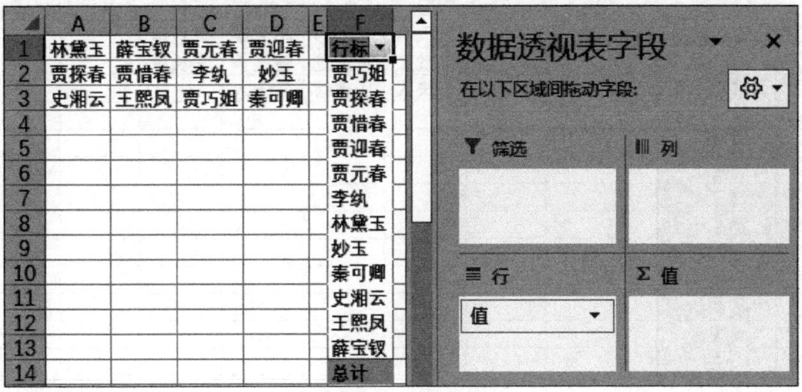

图7-19 布局字段

【边练边想】

1. 如何利用剪贴板将多行多列内容转换为一列?
2. 请使用填充引用并替换为相对引用公式的方法将多行多列内容转换为一列。
3. 你知道用INDIRECT或INDEX函数将多行多列内容转换为一列的方法吗?

【问题解析】

1. 打开剪贴板，分别复制各列，依次选中目标单元格，在剪贴板单击相应的项目。

2. 按照先列后行的顺序填充单元格引用如“A1、B1”，按“k=A1”模式进行快速填充，将“k”替换为空。如图7-20所示。

图7-20 使用替换为相对引用公式的方法将多行多列内容转换为一列

3. INDIRECT和INDEX函数都能够按照先行后列的方法将多行多列内容转换为一列。A2=INDIRECT(TEXT(SMALL(ROW($D$1:$G$3)*10+COLUMN($D$1:$G$3),ROW(1:1)),"r0c0"),)。将此数组公式向下填充。如图7-21所示。

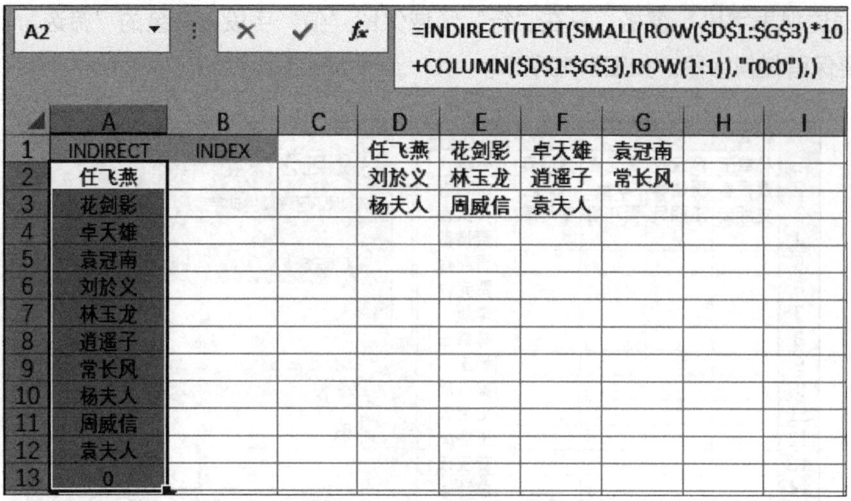

图7-21 INDIRECT函数将多行多列内容转换为一列

式中，ROW函数返回行号数组，行号“*10”加上COLUMN函数返回的列号数组，行号的权重大，会优先按列排列。SMALL函数返回最小值，TEXT函数将最小值按“"r0c0"”格式进行规范，INDIRECT函数再返回该格式的引用。

B1=INDEX($D$1:$G$3,INT((ROW(B1)-1)/4)+1,MOD(ROW(B1)-1,4)+1)。将公式向下填充。如图7-22所示。

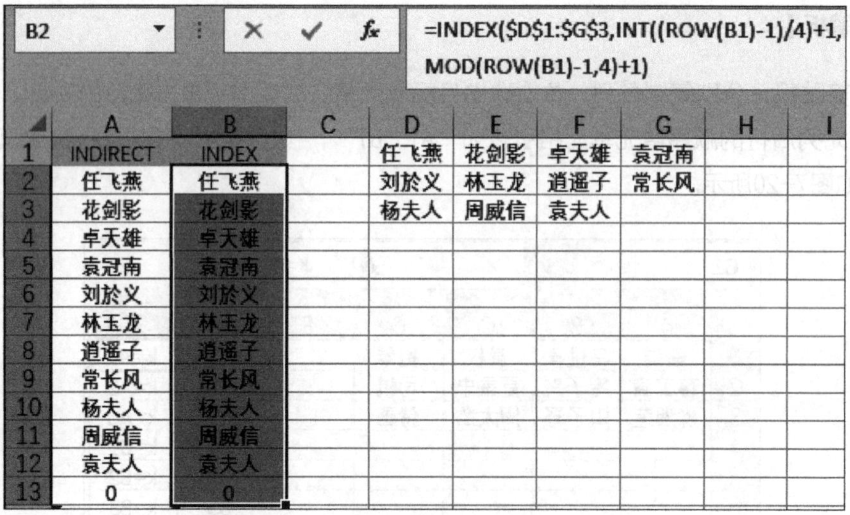

图7-22 INDEX函数将多行多列内容转换为一列

7.3 按类别合并一列内容在一格中

7.3.1 融会贯通多种技术来合并

物以类聚，有时需要将某些相关事物有选择地归聚在一起。

例7-9 如图7-23所示，不复制粘贴，不使用函数公式，利用Excel的一些技术能够将左表整理成右表的样子吗？

	A	B	C	D	E	F	G	H
1	序号	户主	亲属	备注		序号	户主	亲属
2	1	诸葛亮	诸葛攀			1	诸葛亮	诸葛攀、诸葛瞻
3	2	诸葛亮	诸葛瞻			2	关羽	关平、关兴
4	3	关羽	关平			3	张飞	关银屏、张苞、张绍
5	4	关羽	关兴			4	赵云	赵统、赵广
6	5	张飞	关银屏					
7	6	张飞	张苞					
8	7	张飞	张绍					
9	8	赵云	赵统					
10	9	赵云	赵广					

图7-23　户主与亲属表

该问题看似简单，实则涉及Excel的多项技术，比如插入与删除单元格、快速填充、内容重排、定位、删除重复值等功能。

（1）添加后缀。在“备注”列为第一个亲属名字后加上顿号“、”，执行“Ctrl+E”命令进行快速填充，效果如图7-24所示。

	A	B	C	D
1	序号	户主	亲属	备注
2	1	诸葛亮	诸葛攀	诸葛攀、
3	2	诸葛亮	诸葛瞻	诸葛瞻、
4	3	关羽	关平	关平、
5	4	关羽	关兴	关兴、
6	5	张飞	关银屏	关银屏、
7	6	张飞	张苞	张苞、
8	7	张飞	张绍	张绍、
9	8	赵云	赵统	赵统、
10	9	赵云	赵广	赵广、

图7-24　给“亲属”批量添加后缀

（2）插入新列。在C列列标上右击，在快捷菜单中选择“插入”，复制“户主”列的内容，在新插入列的第二个空单元格处粘贴“户主”列的姓名，如图7-25所示。

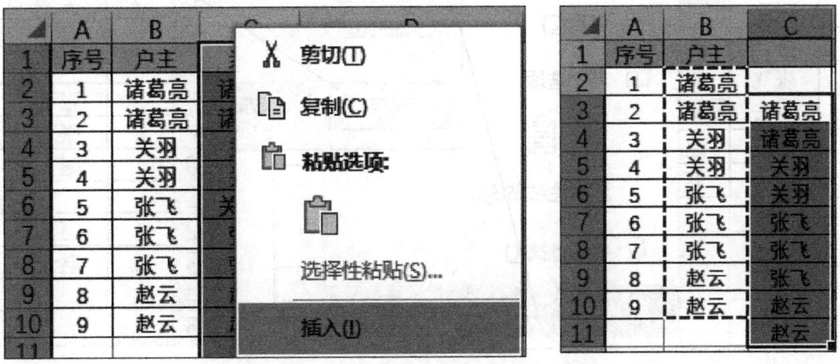

图7-25　在“户主”列右侧插入空列

（3）定位内容有差异的单元格。选中B3:C11区域，按快捷键“Ctrl+\”以选中内容有差异的单元格。也可以通过F5键定位，“定位条件”选择“行内容差异单元格”单选按钮。如图7-26所示。

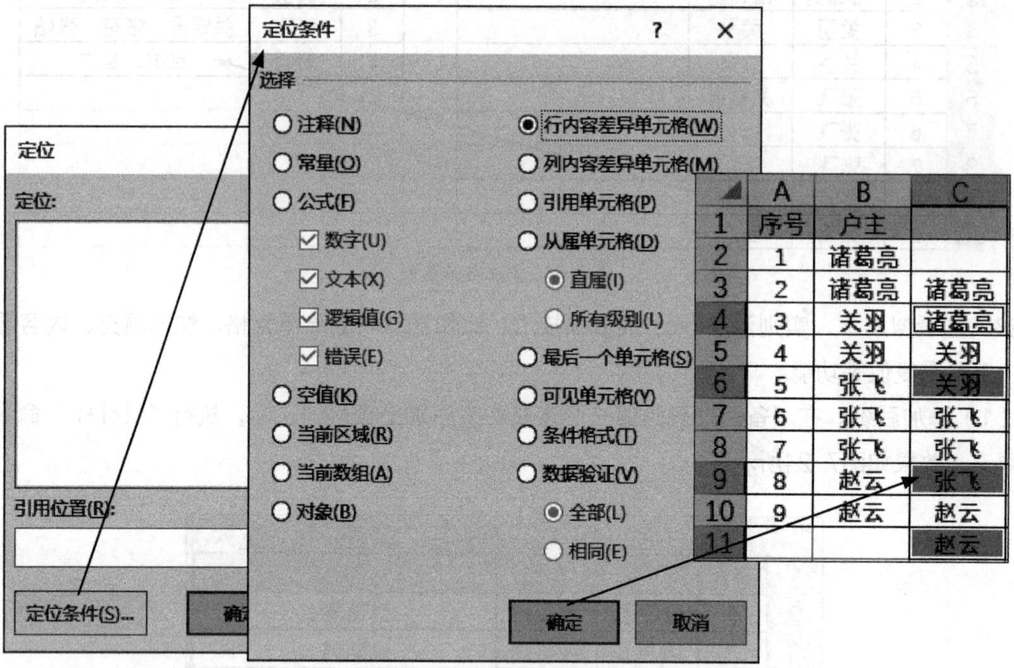

图7-26 定位内容有差异的单元格

（4）插入整行。在右键快捷菜单中选择“插入”，再选择“整行”，如所示，效果如图7-27所示。

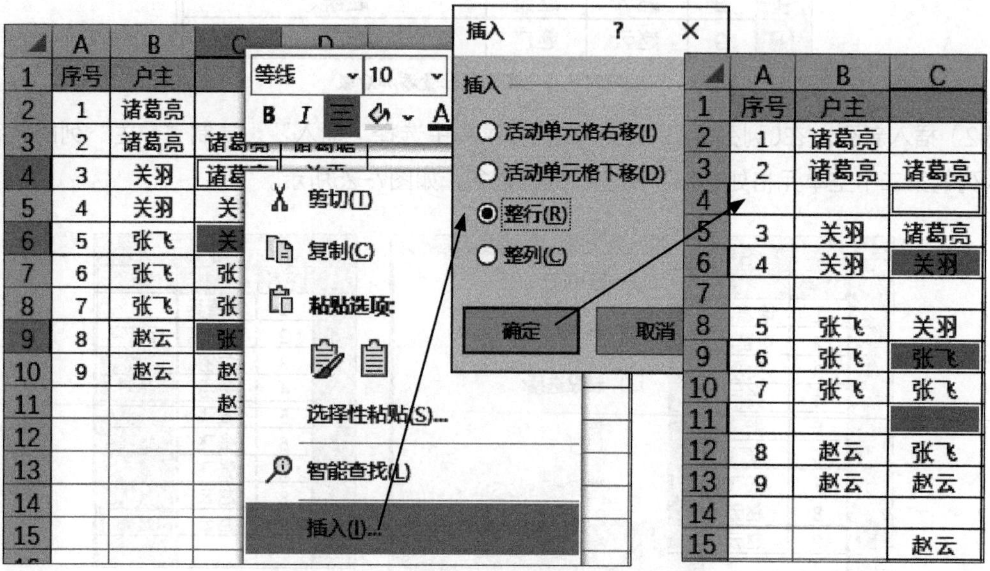

图7-27 插入整行

（5）内容重排。调整“备注”列的列宽至足够宽，选择“备注”列有名字的区域，依次执行“开始→填充→内容重排”命令。效果如图7-28所示。

	A	B	C	D	E
1	序号	户主		亲属	备注
2	1	诸葛亮		诸葛攀	诸葛攀、诸葛瞻、
3	2	诸葛亮	诸葛亮	诸葛瞻	
4					关平、关兴、
5	3	关羽	诸葛亮	关平	
6	4	关羽	关羽	关兴	关银屏、张苞、张绍、
7					
8	5	张飞	关羽	关银屏	赵统、赵广、
9	6	张飞	张飞	张苞	
10	7	张飞	张飞	张绍	
11					
12	8	赵云	张飞	赵统	
13	9	赵云	赵云	赵广	
14					
15			赵云		

图7-28　内容重排

（6）删除列。删除新插入列及“亲属”列。效果如图7-29所示。

	A	B	C
1	序号	户主	备注
2	1	诸葛亮	诸葛攀、诸葛瞻、
3	2	诸葛亮	
4			关平、关兴、
5	3	关羽	
6	4	关羽	关银屏、张苞、张绍、
7			
8	5	张飞	赵统、赵广、
9	6	张飞	
10	7	张飞	
11			
12	8	赵云	
13	9	赵云	

图7-29　删除列

（7）删除空单元格。选中“备注”列，使用快捷键“Ctrl+G”打开“定位”对话框，“定位条件”选择“空值”，再在右键快捷菜单中选择“删除”，选择“下方单元格上移”单选按钮。同理，删除“序号”“户主”列的空单元格。如图7-30所示。

（8）删除重复值。选中“序号”“户主”列，在“数据”选项卡“数学工具”组中选择“删除重复值”，取消对“序号”的勾选，单击“确定”按钮，如图7-31所示。

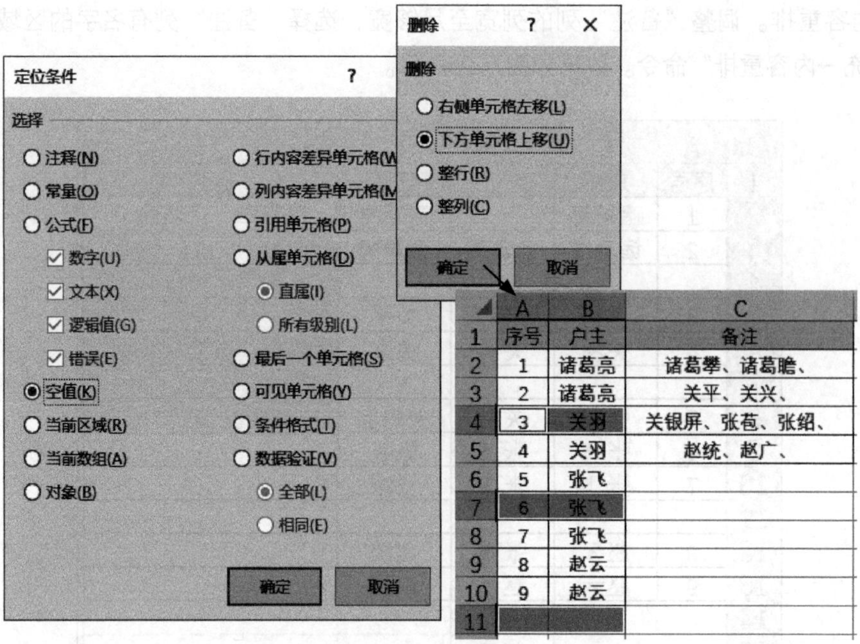

图7-30 删除空单元格

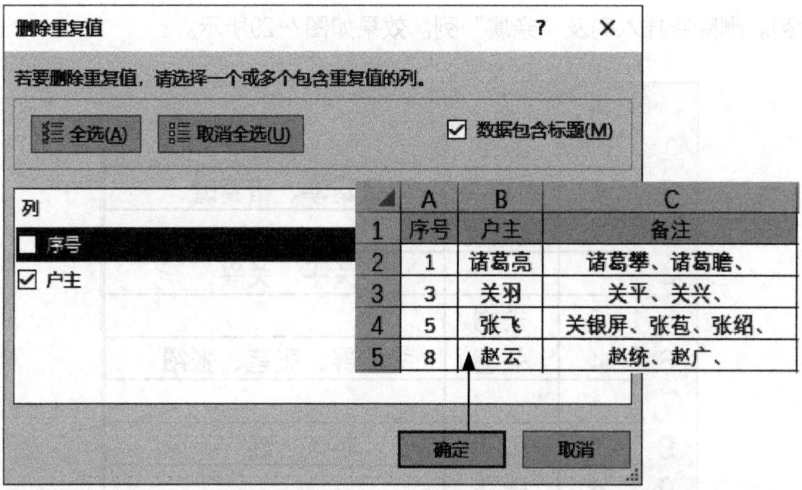

图7-31 删除重复值

7.3.2 使用函数公式按类别合并

例7-10 如果使用函数公式，上一例中的表如何整理？

本问题如果使用函数公式，会变得十分简单。

G2=UNIQUE(B2:B10)。式中，UNIQUE函数返回一系列值中的唯一值。

H2=TEXTJOIN("、",TRUE,IF($B$2:$B$10=G2,$C$2:$C$10,""))。将公式向下填充至需要的地方。式中，IF函数首先判断B2:B10区域的姓名与G2单元格的姓名是否相符，如相符，则显示C2:C10区域的姓名，否则为空，得到一个数组“{"诸葛攀";"诸葛瞻";"";"";"";"";"";"";""}”。TEXTJOIN函数是一个较新版本的函数，用于将多个区域和/或字符串的文本组合起来，包括指定的分隔符。如图7-32所示。

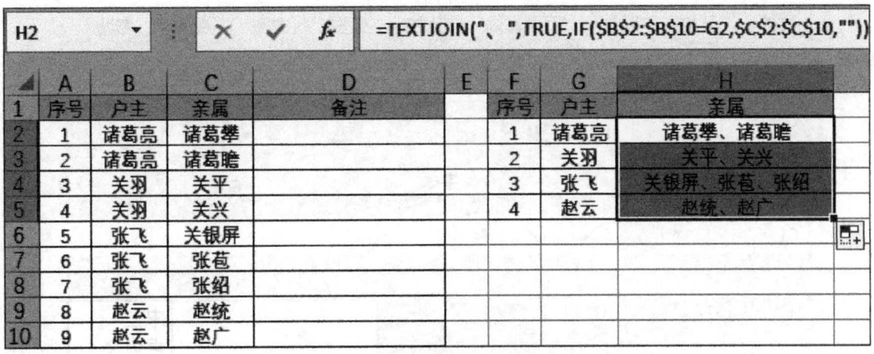
H2 =TEXTJOIN("、",TRUE,IF($B$2:$B$10=G2,$C$2:$C$10,""))

	A	B	C	D	E	F	G	H
1	序号	户主	亲属	备注		序号	户主	亲属
2	1	诸葛亮	诸葛攀			1	诸葛亮	诸葛攀、诸葛瞻
3	2	诸葛亮	诸葛瞻			2	关羽	关平、关兴
4	3	关羽	关平			3	张飞	关银屏、张苞、张绍
5	4	关羽	关兴			4	赵云	赵统、赵广
6	5	张飞	关银屏					
7	6	张飞	张苞					
8	7	张飞	张绍					
9	8	赵云	赵统					
10	9	赵云	赵广					

图7-32　使用函数公式按类别合并

【边练边想】

将多列内容合并为一列，有哪几种方法?

【问题解析】

快速填充、"万能胶"连接符号"&"、CONCAT函数、TEXTJOIN函数、PHONETIC函数等。如图7-33所示。

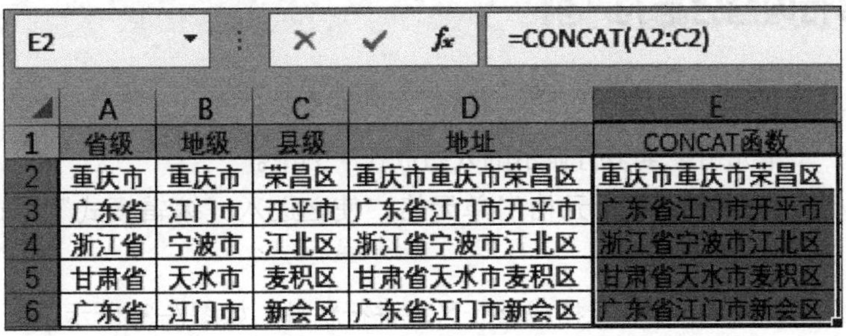
E2 =CONCAT(A2:C2)

	A	B	C	D	E
1	省级	地级	县级	地址	CONCAT函数
2	重庆市	重庆市	荣昌区	重庆市重庆市荣昌区	重庆市重庆市荣昌区
3	广东省	江门市	开平市	广东省江门市开平市	广东省江门市开平市
4	浙江省	宁波市	江北区	浙江省宁波市江北区	浙江省宁波市江北区
5	甘肃省	天水市	麦积区	甘肃省天水市麦积区	甘肃省天水市麦积区
6	广东省	江门市	新会区	广东省江门市新会区	广东省江门市新会区

图7-33　将多列内容合并为一列

7.4　单列和一格内容的转换

7.4.1 将一列内容合并为一格多行

巧用剪贴板，在编辑状态下，能够快速地将一列内容转换为一格多行。

例7-11 请将一列中的人名合并到一个单元格中并多行显示。

（1）选中需要合并内容的区域A1:A5，进行复制。

（2）在"开始"选项卡，单击"剪贴板"组的对话框启动器。

（3）双击目标单元格C1单元格，进入编辑状态。或单击目标单元格，将光标放在编辑栏。

（4）在"剪贴板"的项目列表中，单击要合并的内容。

（5）按回车键确认，或者在编辑栏单击"确认"按钮✔，就可以看到合并后的效果了。如图7-34所示。

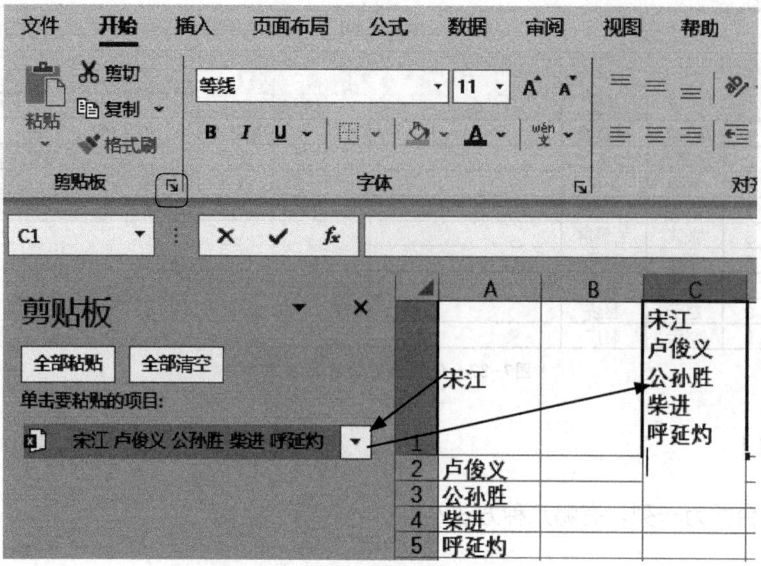

图7-34 将一列内容转换为一格多行

学会了这招神技能，今后如果想在一个单元格中输入多行内容，就可以抛弃“Alt＋Enter”快捷键进行操作了。

7.4.2 将一格多行内容分拆为一列

这类转换可以不用剪贴板，但仍要在编辑状态下才能实现。

例7-12 请将一个单元格中呈多行显示的人名放在一列中。

（1）双击一格多行内容所在单元格A1单元格，使之进入“编辑模式”，选择所有内容进行复制。

（2）选择目标区域的左上角单元格或整个区域进行粘贴。如图7-35所示。

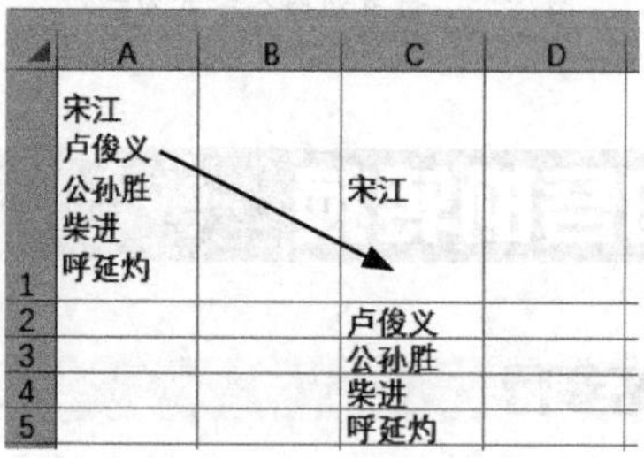

图7-35 将一格多行内容转换为一列

7.4.3 一列和一格内容的互相转化

“开始-编辑-填充”中的 “内容重排”功能可以实现一列和一格内容的互相转化。顾名思义，“内容重排”就是对单元格的内容进行重新排列，如果内容在第一个单元格里装不下了，就依次往下一个单元格放。这样，可以将一个单元格里的内容分行显示，这适合各列汉字数相同的情况，词语不存在字数多少的问题（如图7-36所示）；也可以将一列的内容放在第一个单元格里，各单元格字数可多可少，但第一个单元格要足够宽，宽到足以容纳下该列的内容（如图7-37所示）。

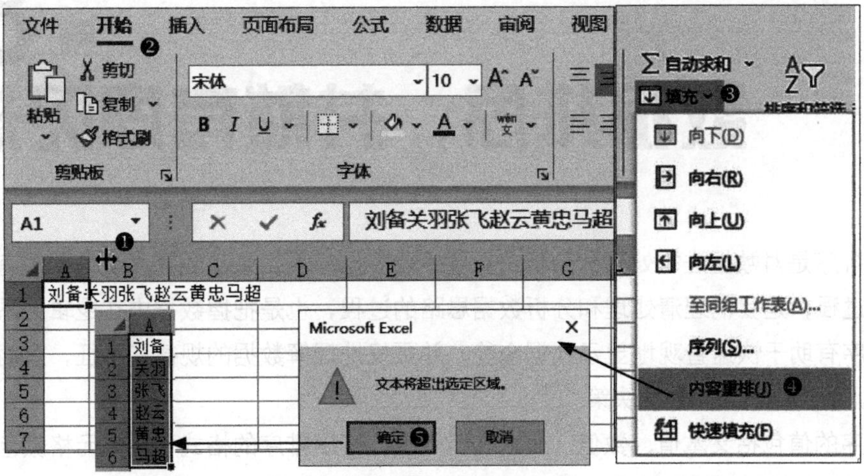

图7-36 单格分行

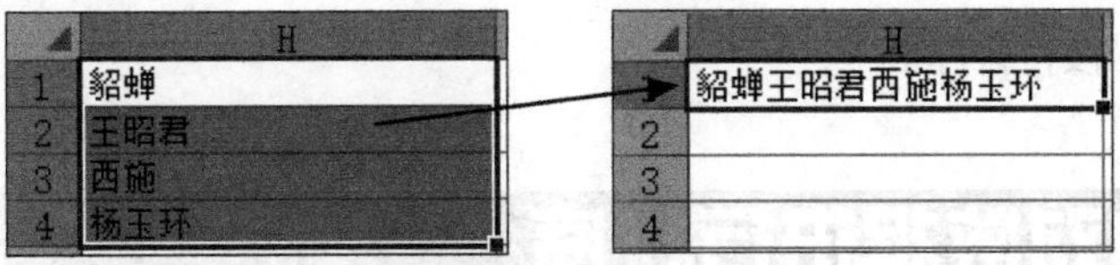

图7-37 多格合一

【边练边想】

1. 如何将Excel中的一列姓名合并到一个单元格中，并用顿号分隔?

2. 如何将Excel中的一个单元格里用顿号分隔的一组姓名中的顿号去除，然后排列在一列?

【问题解析】

1. 方法一：先在第一个姓名旁的单元格内输入“姓名加顿号”，形如“张三、”，再按“Ctrl+E”组合键进行快速填充；复制这组加了顿号的姓名，激活用于存放结果的单元格，在剪贴板上选择这组姓名进行粘贴。

方法二：先在这列姓名旁填充顿号（最末一个姓名除外），再使用公式“=PHONETIC(A1:A)”来合并。

方法三：复制 Excel中的这列姓名，粘贴到Word中，粘贴时，在右键快捷菜单中选择“粘贴选项”中的“只保留文本”命令；选中该组姓名，将段落标记“^p”替换为顿号“、”；最后再将该组姓名复制粘贴到Excel中。

2. 方法一：将顿号“、”替换为强制换行符号（用“Alt+10”组合键输入），再激活该单元格，复制内容并粘贴到其他地方。

方法二：不激活该单元格，直接复制该单元格内容到Word中，使用替换功能，将顿号全部替换成空（“替换为”框中不填写任何内容），再复制粘贴到Excel单元格中。

第 8 章

数据排序，井然有序见规律

对数据排序是对数据进行处理和分析的重要手段。排序后，杂乱数据会变得井然有序。对数据进行排序的过程，是我们理清处理和分析数据思路的过程，也是把握数据内在逻辑关系的过程。对数据进行排序有助于快速直观地显示数据全貌，并更好地理解数据的规律和特征，有助于组织并查找所需数据，最终做出更有效的决策。

可以排序的值包括文本值、数值、日期和时间值，可以排序的格式包括单元格颜色、字体颜色或图标。既可以快速地排序，也可以设置自定义列表来排序。既可以对单元格值进行排序，也可以对单元格格式进行排序。既可以对全部数据进行排序，也可以对部分数据进行排序。大多数排序操作是按列排序，也可以按行排序。

8.1 快速地对数据进行排序

快速排序是指直接利用功能区或快捷菜单中单一的升序或降序命令按钮，依据数据表中的某列数据的升序或降序快速地对整个数据表（包括表格和数据透视表）进行排序。因其只使用一个条件，操作简单，也可以被称为简单排序。

8.1.1 使用“数据”中的命令对总分排序

例8-1 将“总分”列按从高到低的顺序排序，以查看前几名的情况。

❶ 选择E列任意一个有数据的单元格，如E2单元格。

❷ 选择“数据”选项卡。

❸ 在“排序和筛选”组中单击“降序”按钮Z↓A。降序排序用于快速查询最大的数据。如图8-1所示。

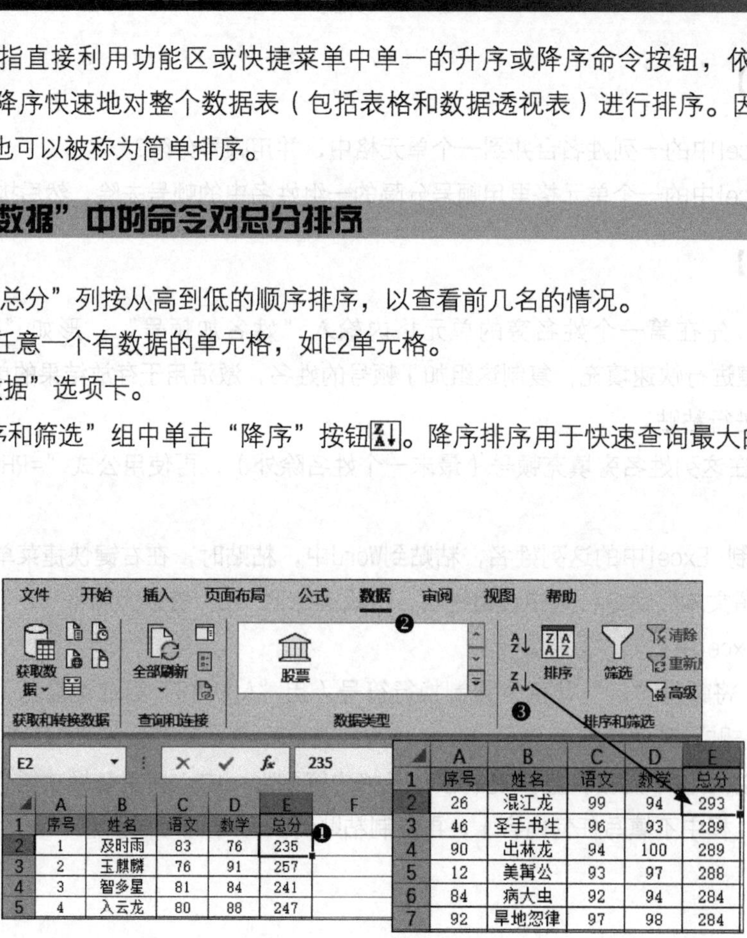

图8-1　对总分进行降序排序

8.1.2 使用“开始”中的命令对日期排序

例8-2 将“出生日期”列按照从先到后的顺序排序，以查看年龄较大者的情况。

❶ 选择C列任意一个有数据的单元格。

❷ 选择“开始”选项卡。

❸ 在“编辑”组中单击“排序和筛选”下拉按钮。

❹ 在下拉菜单中选择“升序”按钮。升序排序用于快速查询最小的数据。如图8-2所示。

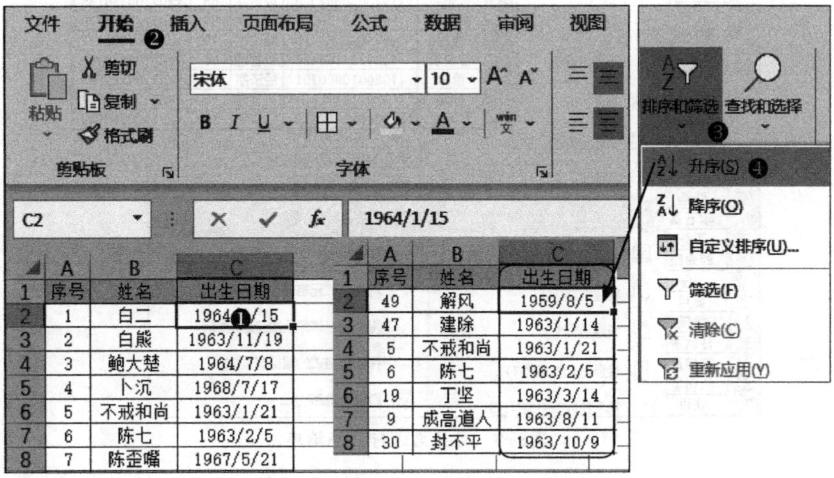

图8-2 对出生日期进行升序排序

日期、时间是特殊的数值，因而对它们的排序等同于数值排序。

8.1.3 使用快捷菜单命令对姓名排序

Excel不仅能够对数值、日期进行排序，还能对文字进行排序。

例8-3 将“姓名”列按升序排序，以方便人员的选择与查看。

❶ 选择A列任意一个有数据的单元格。

❷ 在右键快捷菜单中选择“排序”的级联菜单“升序”命令。如图8-3所示。

在计算机中，数字、日期、字母、文字、文本、符号等都有值，即对应的编码，Excel能够对它们进行排序。注意，空格可能会影响排序结果。

8.1.4 使用快捷菜单命令按颜色排序

Excel快速排序还能按单元格颜色、字体颜色和格式图标排序。

例8-4 C列为职称，已对“正高”职称标示了颜色，想要查看正高职称的情况，应该如何操作呢？

选择C列任意一个有“正高”字样的单元格，在右键快捷菜单中选择“排序”的级联菜单，单击“将所选单元格颜色放在最前面”命令。如图8-4所示。

图8-3　对姓名进行升序排序

图8-4　按单元格颜色对职称进行排序

本例也可以对“正高”职称进行筛选。

【边练边想】

1. 你是否知道启用排序命令的其他方式?

2. 如何确保Excel排序后能使数据回归原位?

3. 如图8-5所示，你能仅对D列单独排序吗? 你能使A列不参与排序吗?

	A	B	C	D	E
1	序号	姓名	身份证号码	通信地址	月领金额
2	1	宝象和尚	510231196707023576	清流镇龙井庙村2社	829
3	2	卜垣	510231193505153571	清流镇马草村1社	829
4	3	狄云	510231195311133571	清流镇马草村10社	829
5	4	丁典	510231194610243573	清流镇龙井庙村1社	829
6	5	冯坦	510231195210143578	清流镇永兴寺村9社	829

图8-5　优抚发放表

【问题解析】

1. 启用“筛选”功能、创建“表格”和数据透视表后，都会在列标题行出现筛选箭头，单击之，可以从下拉菜单中选择排序命令。

2. 最好的方法是预设一列有升序或降序规律的唯一值列，比如序号、学号、考号、座号、身份证号码等。姓名不宜作为唯一值列，因为同音姓名的情况普遍，甚至可能有字形完全相同的名字。使用撤销按钮或组合键“Ctrl+Z”稍显烦琐，而且不总能确保恢复到排序前的状态。

3. 先选择D列，接着选择升序命令，弹出“排序提醒”时，选择“以当前选定区域排序”单选按钮，再单击“排序”按钮。如图8-6所示。

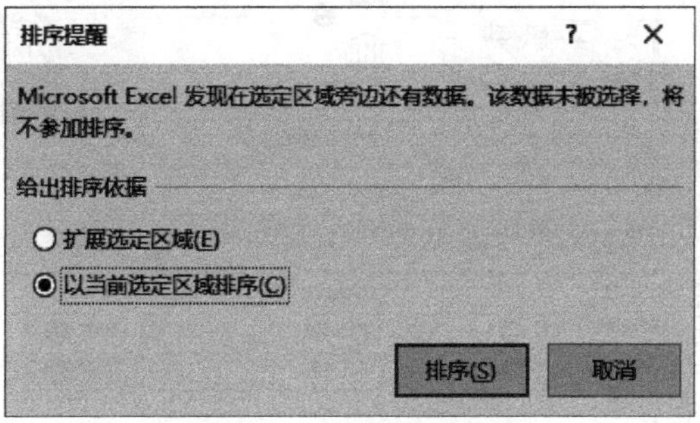

图8-6　仅对D列单独排序

选定区域排序可能产生不符合预期的结果。因为没有选定的区域不会同步参与排序，排序区域和未排序区域的数据就错位了，请谨慎使用此功能。避免误排和忘记恢复原状的可行办法是，复制该区域数据，与原数据隔开，单独排序。

如果希望A列不参与排序，最简单的办法就是在B列前插入一个空列，让A列独立出去。也可以只选择B列到E列，然后在“排序”对话框中排序，参见下一节内容。当然，在弹出“排序提醒”时，要选择“以当前选定区域排序”单选按钮。

8.2 指定条件对数据进行排序

指定条件排序是针对简单排序而言的。指定条件排序是利用“排序”对话框，设置一个或多个关键字进行排序，也就是自定义排序或多级排序。比如先按“总分”排序，再按“语文”排序。此时，需要将“总分”设为“主要关键字”，“语文”等其他条件依次设为“次要关键字”。指定条件还包括设置是否区分大小写、方向、方法等。

8.2.1 按单元格值对科目和成绩排序

例8-5 在成绩表中，按科目和成绩排序，以查看各科排名靠前的学生的情况。

❶ 在要排序的数据区域中选择任意一个单元格，比如A2单元格。

❷ 选择“数据”选项卡。

❸ 在“排序和筛选”组中，单击“排序”按钮，显示“排序”对话框。此时，数据表会自动处于选中状态。

❹ 单击“添加条件”按钮。

❺ 在“主要关键字”下拉列表框中选择“科目”选项，“排序依据”保持“单元格值”选项不变。

❻ 在“次序”下拉列表框中选择“升序”选项。

❼ 在“次要关键字”下拉列表框中选择“成绩”选项，“排序依据”保持“单元格值”选项不变。

❽ 在“次序”下拉列表框中选择“降序”选项。

❾ 单击“确定”按钮，完成排序。如图8-7所示。

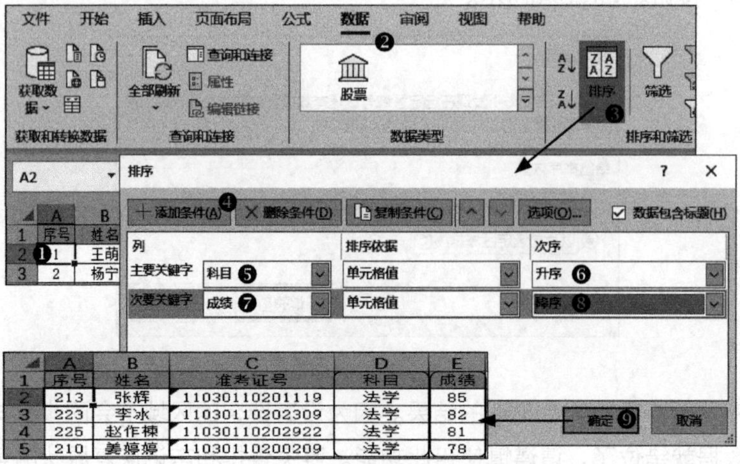

图8-7 按科目和成绩排序

主要关键字是对该列所有值起作用的，次要关键字是对主要关键字相同的值起作用的。设置排序条件时，越是重要的条件越要先行设置，排在上面，后设置的条件依次排在下面。

8.2.2 按单元格颜色对极值成绩排序

排序时，Excel能够自动检测到相应行列的单元格颜色、字体颜色或图标，用户必须为每个排序操作设置所需次序。

例8-6 C列“语文”成绩前3名和后3名被分别标示了单元格颜色，请按单元格颜色排序。

这是要将语文成绩最好和最差的学生排在一起。在需要排序的数据区域中选择任意一个单元格，打开“排序”对话框，然后进行如下操作：

❶在“列”下的“主要关键字”下拉列表中选择“语文”。

❷在“排序依据”下拉列表中选择“单元格颜色”选项。

❸在“次序”下拉列表中，选择前3名的单元格颜色的选项。

❹在右侧框中，选择“在顶端”选项。

❺单击“复制条件”按钮。

❻将“次要关键字”的“次序”项对应的框更改为后3名的单元格颜色的选项。

❼单击“确定”按钮，完成排序操作。如图8-8所示。

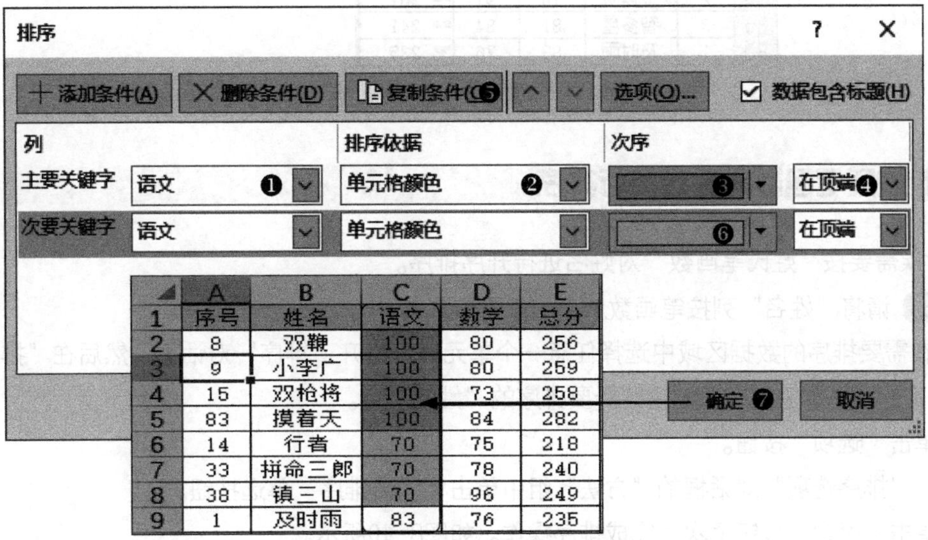

图8-8 按语文成绩的单元格颜色排序

8.2.3 按条件格式图标对总分排序

例8-7 E列的“总分”列被设置为有图标的条件格式，请按图标排序。

在需要排序的数据区域中选择任意一个单元格，打开“排序”对话框，然后进行如下操作：

❶ 在“列”下的“主要关键字”下拉列表中选择“总分”。

❷ 在“排序依据”下拉列表中选择“条件格式图标”。

❸ 在“次序”下拉列表中选择单元格图标“绿色正三角”。

❹ 在右侧框中，保持默认选项“在顶端”。

❺ 单击“复制条件”按钮两次。

❻ 将“次要关键字”的“次序”更改为“黄色虚线三角形”。

❼ 将下一个“次要关键字”的“次序”更改为“红色倒三角形”。

❽ 单击“确定”按钮，完成排序操作。如图8-9所示。

这样，就能按总分的不同级别排序了。如果需要在各级别内部从高到低排序，可再进行一次快速的简单排序。

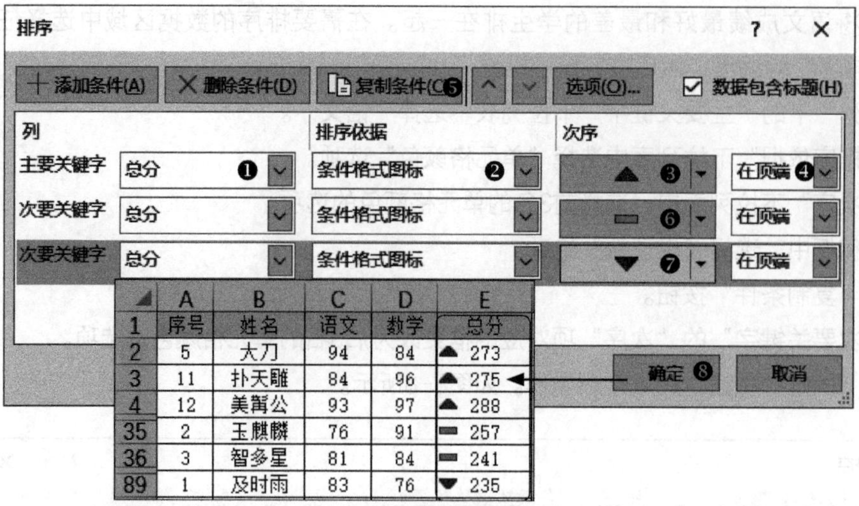

图8-9　按条件格式图标排序

8.2.4 按姓氏笔画数对姓名进行排序

有时候需要按“姓氏笔画数”对姓名进行升序排序。

例8-8 请将“姓名”列按笔画数从少到多排序。

❶ 在需要排序的数据区域中选择任意一个单元格，打开“排序”对话框，然后在“排序”对话框“列”下的“主要关键字”框中选择要排序的“姓名”列。

❷ 单击“选项”按钮。

❸ 在“排序选项”对话框的“方法”组中单击“笔画排序”单选按钮。

❹ 单击“确定”按钮两次，完成排序操作。如图8-10所示。

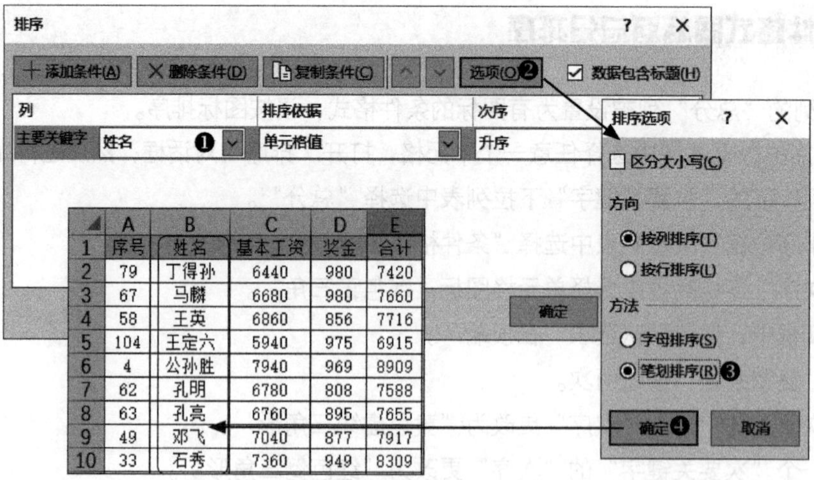

图8-10　按姓氏笔画数排序

Excel按笔画数排序时，对于相同笔画数的汉字，会按照内码顺序进行排列，而不是按照笔画顺序进行排列。

8.2.5 对无标题行的数据表排序

在快速排序时，Excel自动将数据表的第一行作为标题，不会把标题纳入排序范围。在指定条件排序时，数据无论有无标题行，打开“排序”对话框时，Excel都默认包含标题，需要手动取消相关的勾选。

例8-9 一组数据没有标题行，请按C列的国别进行排序。

在需要排序的数据区域中选择任意一个单元格，打开“排序”对话框。然后进行如下操作：

❶取消勾选“数据包含标题”复选框。

❷在“列”下的“主要关键字”框中选择“列C”，其他默认设置不变。

❸单击“确定”按钮，完成排序。如图8-11所示。

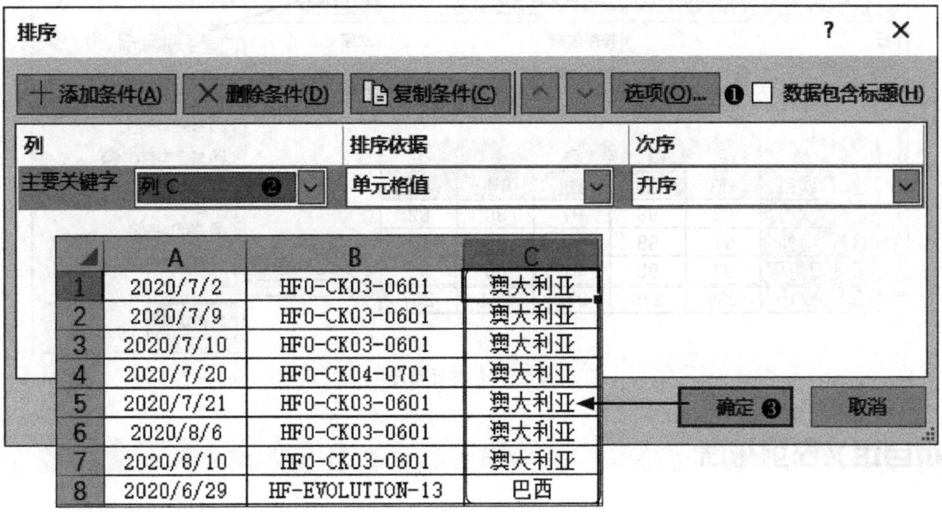

图8-11 设置数据不包含标题

当设置“主要关键字”时，如果发现下拉列表出现“列A” “列B”字样，而不出现列标题，需要恢复列标题，那么勾选“数据包含标题”复选框就行了。

8.2.6 对表中数据按行横向排序

有时不需要对列排序，而是对行横向排序。

例8-10 如图8-12所示，请按第5行 “合计”的值从高到低的顺序对行排序。

	A	B	C	D	E	F
1	项目	1班	2班	3班	4班	5班
2	室内	93	82	97	98	80
3	室外	88	83	94	91	93
4	卫生区	95	92	81	97	88
5	合计	276	257	272	286	261

图8-12 对行排序

选定B1:F5区域，在“数据”选项卡的“排序和筛选”组中单击“排序”按钮，打开“排序”对话框，然后进行如下操作：

❶ 单击“选项”按钮。

❷ 在“排序选项”对话框的“方向”组下，单击“按行排序”单选按钮。

❸ 单击“确定”按钮，返回到“排序”对话框。

❹ 在“行”下的“主要关键字”框中选择要排序的行。本例选择“行5”。

❺ 在“次序”下，选择“降序”选项。这里还可以选择“升序”或“自定义序列”。若要按单元格颜色、字体颜色或图标排序，请先在“次序”下左侧的下拉列表中选择，然后在右侧下拉列表中选择“在左侧”或“在右侧”。

❻ 单击“确定”按钮，完成排序。如图8-13所示。

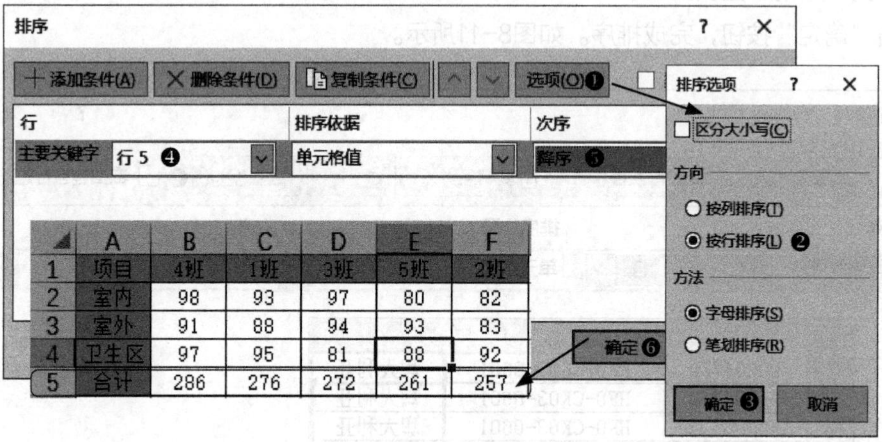

	A	B	C	D	E	F
1	项目	4班	1班	3班	5班	2班
2	室内	98	93	97	80	82
3	室外	91	88	94	93	83
4	卫生区	97	95	81	88	92
5	合计	286	276	272	261	257

图8-13 对行排序

8.2.7 按自定义序列排序

当我们对文本列进行排序时，无论是按“字母”排序，还是按“笔划数”排序，都可能不符合我们的要求。这时，可以通过自定义序列，告知Excel按特定的序列来排序。

例8-11 很多公司的工作部门有人力资源部、行政部、广告部、生产部、财务部，请按此顺序对将B列进行排序。

前文介绍了在“Excel选项”的“高级”选项卡中，利用“常规”组里的“编辑自定义列表”命令自定义序列的方法，按此方法将“人力资源部、行政部、广告部、生产部、财务部”定义为序列。在需要排序的数据区域中选择任意一个单元格，打开“排序”对话框，然后进行如下操作。

❶ 在“排序”对话框“列”下的“主要关键字”框中，选择要排序的“部门”列。

❷ 在“次序”下的下拉列表中，选择“自定义序列”选项。

❸ 在弹出的“自定义序列”对话框左侧的“自定义序列”框中选择“人力资源部,行政部,广告部，生产部，财务部”序列。此处可添加自定义序列。

❹ 单击“确定”按钮，返回“排序”对话框。此时，“次序”下面的框中就变成了自定义的“部门”序列。

❺ 单击“确定”按钮，完成排序。如图8-14所示。

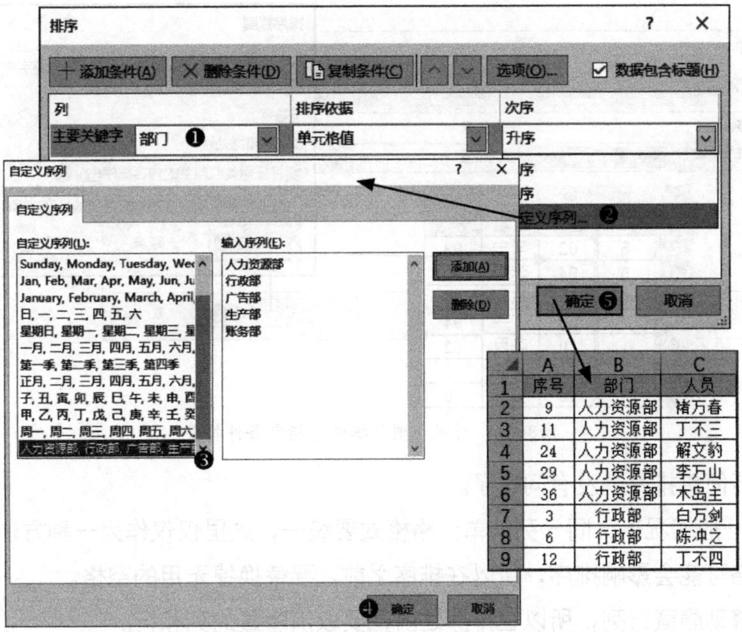

图8-14 按自定义序列排序

Excel的内置序列也同样可以用于排序。

8.2.8 对混合型数据列统一排序

Excel按照数值型、文本型、逻辑型、错误值、空白单元格的顺序排序。对于文本，按照从左到右的顺序逐个字符进行排序。

例8-12 如图8-15所示，座号列既有数值型数据，又有文本型数据，按升序进行简单排序，会出现错误结果。如何才能正确排序呢？

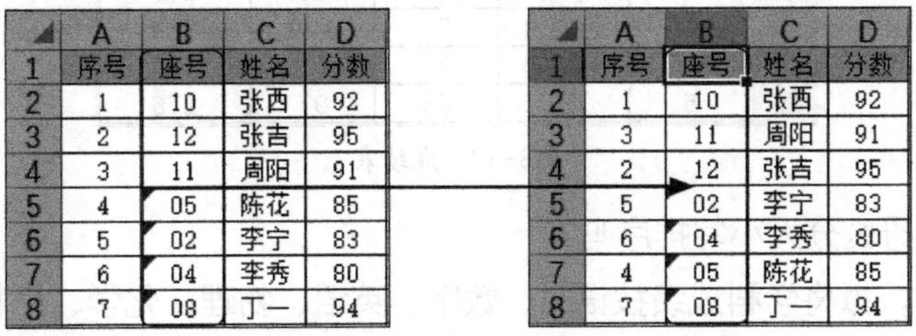

图8-15 对混合型数据进行简单排序的效果

对混合型数据列统一排序，有两个解决办法。一是先进行指定条件排序。二是将该列数据统一转化成文本型数据或数值型数据后，再进行排序。这里介绍第一种方法。

在需要排序的数据区域中选择任意一个单元格，打开“排序”对话框，然后进行如下操作：

❶ 在“列”下的“主要关键字”下拉列表框中选择“座号”选项。

❷ 单击“确定”按钮。

❸ 在弹出的“排序提醒”对话框中，选择“将任何类似数字的内容排序”单选按钮，以改变默认选项。

❹ 单击“确定”按钮，完成排序。

如图8-16所示。

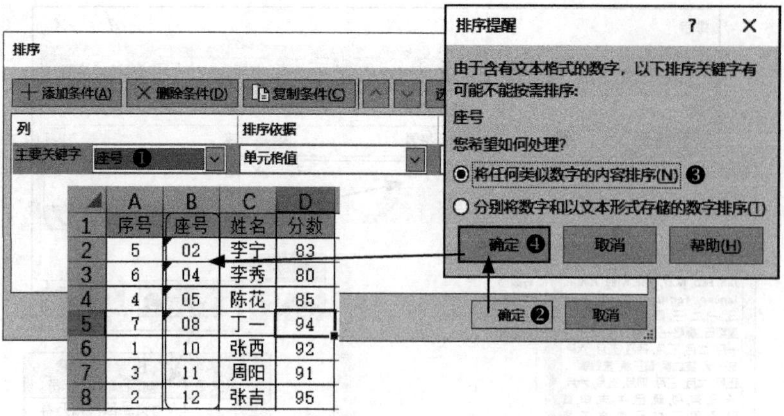

图8-16 对混合型数据进行指定条件排序

之后，再进行简单排序就没有问题了。

在Excel中，一般情况下，同一列的单元格格式要统一，这里仅仅作为一种方法进行介绍。

文本中的空格可能会影响排序，所以在排序之前，要替换掉无用的空格。

排序时不会移动隐藏行列，所以在排序之前，要取消隐藏的列和行。

空行或空列会阻断排序，当需要对更大的区域排序时，要先选定这个大区域，再进行排序操作。

【边练边想】

1. 如图8-17所示，已将D列数学成绩的前3名和后3名分别标示了字体颜色，如何按字体颜色排序?

	A	B	C	D	E
1	序号	姓名	语文	数学	总分
2	1	卜垣	93	97	288
3	2	丁典	97	80	279
4	3	万震山	70	**100**	218
5	4	马大鸣	76	***63***	230
6	5	万圭	86	97	276

图8-17 成绩表

2. Excel可以对字母区分大小写排序吗?

3. 如图8-18所示，拟将学科成绩按语文、数字、英语、物理、化学、生物、政治、历史、地理的顺序排序，不得复制、剪切或粘贴，怎样才能实现呢?

	A	B	C	D	E	F	G	H	I	J	K
1	序号	姓名	地理	化学	历史	生物	数字	物理	英语	语文	政治
2	1	卜垣	100	62	82	97	62	87	70	71	86
3	2	丁典	70	63	84	75	82	100	78	92	77
4	3	万震山	74	78	61	93	85	96	77	63	80
5	4	马大鸣	81	95	92	72	83	77	95	70	91
6	5	万圭	79	65	81	68	73	60	90	87	81

图8-18 学科成绩表

4. 如图8-19所示，表中B列为销售部门，请按销售一部、销售二部、销售三部、销售四部的顺序排序。

	A	B	C
1	序号	销售部门	人员
2	1	销售三部	宝树
3	2	销售一部	曹云奇
4	3	销售四部	杜希孟
5	4	销售二部	范帮主

图8-19　销售表

【问题解析】

1. 与按单元格颜色排序的操作步骤一致，只是在“排序”对话框的“排序依据”下要注意选择“字体颜色”选项。

2. 选中目标区域或当中的一个单元格，打开“排序”对话框，单击“选项”按钮，在“排序选项”对话框中，勾选“区分大小写”复选框，单击“确定”按钮两次，完成排序。如图8-20所示。

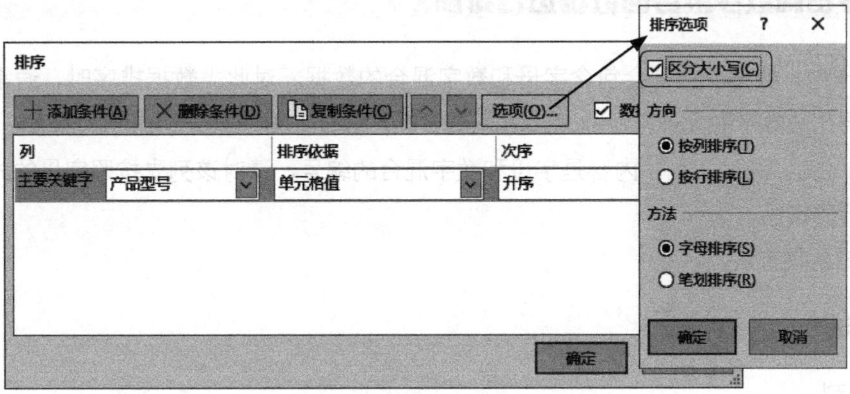

图8-20　区分字母大小写排序

3. 在表的下一行，按语文、数字、英语、物理、化学、生物、政治、历史、地理的顺序填写数字，然后对该行排序。如图8-21所示。

	A	B	C	D	E	F	G	H	I	J	K
1	序号	姓名	地理	化学	历史	生物	数字	物理	英语	语文	政治
2	1	卜垣	100	62	82	97	62	87	70	71	86
3	2	丁典	70	63	84	75	82	100	78	92	77
38	37	鲁坤	92	97	64	95	69	84	86	70	93
39			9	5	8	6	2	4	3	1	7

图8-21　按学科顺序排序

也可以设置自定义序列来排序。

4. 先将“销售一部、销售二部、销售三部、销售四部”自定义为序列，再按此自定义序列排序。

8.3　排序功能的拓展应用

结合一些特殊操作、函数公式辅助列，甚至VBA，能大大拓展排序功能。

8.3.1　按内容长短排序

有时需要按内容的长短排序。

例8-13 B列为“姓名”列，请按该列内容的长短排序。

这需要借助辅助列，利用函数公式获取内容的长度来实现。

在D2单元格中输入公式“=LEN(B2)”，在填充柄上双击鼠标，向下填充公式。选择D列任意一个有数据的单元格，如D2单元格，在“数据”选项卡中的“排序和筛选”组中单击“升序”按钮，效果如图8-22所示。

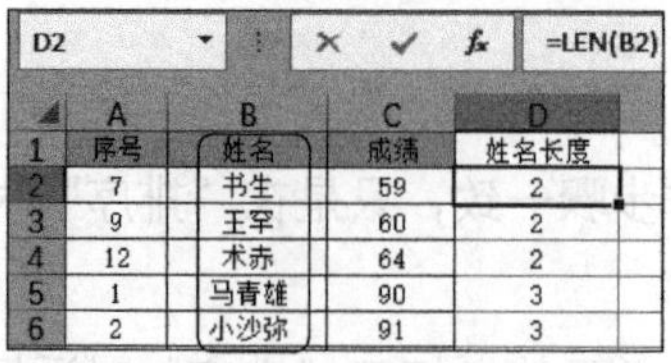
D2 =LEN(B2)

	A	B	C	D
1	序号	姓名	成绩	姓名长度
2	7	书生	59	2
3	9	王窄	60	2
4	12	术赤	64	2
5	1	马青雄	90	3
6	2	小沙弥	91	3

图8-22 按姓名长短排序的效果

8.3.2 对字母和数字混合的数据进行排序

日常工作中，数据表经常会包含字母和数字混合的数据。对此类数据排序时，通常是先比较字母的先后，再比较数字的大小，但Excel对字符是逐位比较的，排序结果无法令人满意。

例8-14 C为“编号”列，内容是字母和数字混合的编号，请对该列先按照字母的先后、再按照数字的大小升序排序。

下面介绍两种方法。

1. 分列法

（1）分列

使用分列法要观察数据排列的规律，分列后，需要排序的列中的数据要有相同的性质。C列数据左侧均为1个字母，右侧均为数字，规律性很强，很容易实现分列。

选择C列，在“数据”选项卡的“数据工具”组中，单击“分列”按钮。在第1步中，选择“固定宽度”单选按钮。在第2步中，在第1个字母后单击鼠标，建立分列线。在第3步中，将“目标区域”改为“$D$1”。如图8-23所示。

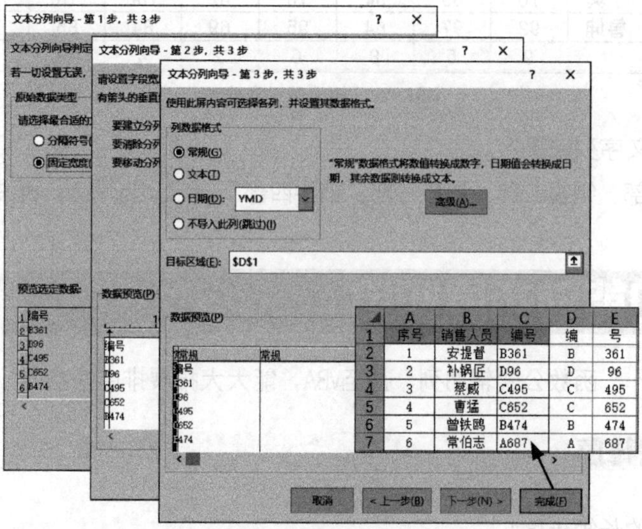

	A	B	C	D	E
1	序号	销售人员	编号	编	号
2	1	安提督	B361	B	361
3	2	补锅匠	D96	D	96
4	3	蔡威	C495	C	495
5	4	曹猛	C652	C	652
6	5	曾铁鸥	B474	B	474
7	6	常伯志	A687	A	687

图8-23 分列法排序

使用“快速填充”方法也能快速得到结果。

（2）排序

❶ 打开“排序”对话框，在“列”下的“主要关键字”框中，选择要排序的“编”列。

❷ 单击“复制条件”按钮。

❸ 在“列”下的“次要关键字”框中，选择要排序的“号”列。

❹ 单击“确定”按钮，完成排序。如图8-24所示。

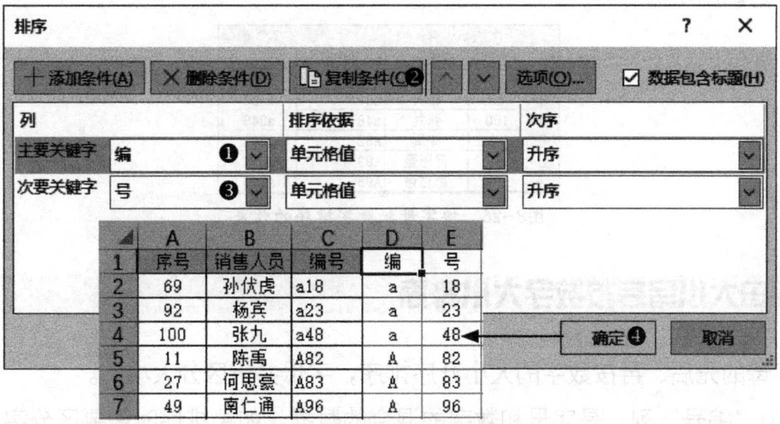

	A	B	C	D	E
1	序号	销售人员	编号	编	号
2	69	孙伏虎	a18	a	18
3	92	杨宾	a23	a	23
4	100	张九	a48	a	48
5	11	陈禹	A82	A	82
6	27	何思豪	A83	A	83
7	49	南仁通	A96	A	96

图8-24 按分列内容排序的效果

2. 函数公式法

将原始数据复制到G:I列。可以看到，原编号均为1个字母加上1～3位数字，需要将它们变换为位数相同的字符串，Excel才会正确比较出文本字符串中的数字的大小。

（1）重新编号

在J2单元格输入公式“=LEFT(I2,1)&TEXT(RIGHT(I2,LEN(I2)-1),"000")”，在填充柄上双击鼠标，向下填充公式。如图8-25所示。

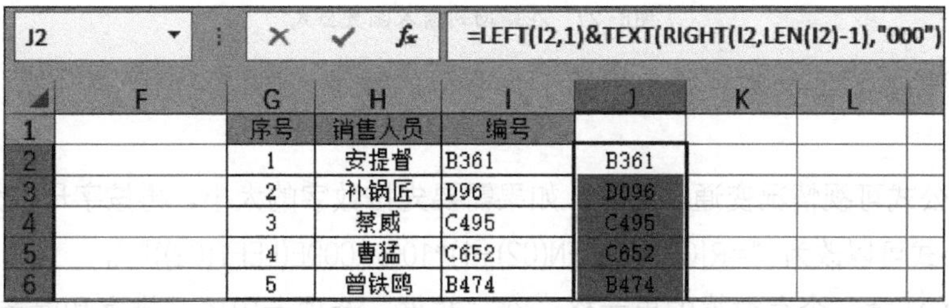

	F	G	H	I	J	K	L
1		序号	销售人员	编号			
2		1	安提督	B361	B361		
3		2	补锅匠	D96	D096		
4		3	禁威	C495	C495		
5		4	曹猛	C652	C652		
6		5	曾铁鸥	B474	B474		

图8-25 在辅助列输入函数公式以重新编号

式中， LEFT函数从左侧截取单元格字符串的第1个字符；LEN函数取得单元格字符串的长度；RIGHT函数从右侧截取单元格字符串，截取长度为“LEN(I2)-1”；TEXT函数将RIGHT函数截取到的字符串变成3位数；“&”是合并的意思。

J2单元格还可以使用公式“=LEFT(I2,1)&RIGHT("000"&RIGHT(I2,LEN(I2)-1),3)”代替。式中，“"000"”中“0”的个数代表数字个数，“"000"”与内层RIGHT函数截取的值合并，外层RIGHT函数从右侧截取3个字符。

如果每一个编号左侧的字母可能是多个，数字为4位，J2单元格可以使用通用公式“=LEFT(I2,MIN(IFERROR(FIND({0,1,2,3,4,5,6,7,8,9},I2),10000))-1)&TEXT(MID(I2,MIN(IFERROR(FIND({0,1,2,3,4,5,6,7,8,9},I2),10000)),99),"0000")”。式中，FIND函数查找数字的位置，IFERROR函数将错误值变为“10000”，MIN函数找出最小值。

（2）排序

选择J列任意一个有数据的单元格，在“数据”选项卡中的“排序和筛选”组中单击“升序”按钮。效果如图8-26所示。

	G	H	I	J
1	序号	销售人员	编号	
2	69	孙伏虎	a18	a018
3	92	杨宾	a23	a023
4	100	张九	a48	a048
5	11	陈禹	A82	A082
6	27	何思豪	A83	A083
7	49	南仁通	A96	A096

图8-26 按字母和数字排序的效果

8.3.3 先按字母大小写后按数字大小排序

上例先按字母的先后、再按数字的大小升序排序，字母并未区分大小写。

例8-15 C为“编号”列，是字母和数字的混合的数据。如果排序时需要区分字母大小写，大写在先，小写在后，字母和数字均升序排序，应该如何操作呢?

这需要借助函数公式和辅助列来实现。

在D2单元格输入公式“=CODE(LEFT(C2,1))*10^3+RIGHT(C2,LEN(C2)-1)”，在填充柄上双击鼠标，向下填充公式。如图8-27所示。

D2 =CODE(LEFT(C2,1))*10^3+RIGHT(C2,LEN(C2)-1)

	A	B	C	D	E	F	G
1	序号	销售人员	编号				
2	1	宝树	B361	66361			
3	2	曹云奇	D96	68096			
4	3	杜希孟	C495	67495			
5	4	范帮主	C652	67652			

图8-27 在辅助列输入函数公式

式中，CODE函数返回文本字符串中第一个字符的数字代码，“*10^3”再对返回的数字代码配权。

本例的函数公式可视情况变通。比如，如果需要先按数字的大小，再按字母的先后排序，有6位数字1个字母，公式可以改为“=RIGHT(C2,LEN(C2)-1)*10^6+CODE(LEFT(C2))”。

选择D列中的任意一个有数据的单元格，在“数据”选项卡中的“排序和筛选”组中单击“升序”按钮。效果如图8-28所示。

	A	B	C	D
1	序号	销售人员	编号	
2	11	黄希节	A82	65082
3	27	马行空	A83	65083
4	49	桑飞虹	A96	65096
5	47	阮士忠	A123	65123
15	23	刘元鹤	B27	66027
16	53	上官铁生	B35	66035
17	19	蓝秦	B62	66062

图8-28 先按字母大小写、后按数字大小排序的效果

8.3.4 按随机顺序排序

有时我们需要对数据进行随机排序，而不是按照某种关键字进行升序或降序排列，比如抽取演讲序号，以体现机会均等。

例8-16 B列为演讲人员，请随机排序。

这需要借助函数公式和辅助列来实现。

在C2单元格输入公式“=RAND()”，在填充柄上双击鼠标，向下填充公式。如图8-29所示。

C2 =RAND()

	A	B	C	D
1	序号	演讲人员	随机数	
2	1	宝树	0.531599103	
3	2	曹云奇	0.521894117	
4	3	杜希孟	0.765614552	
5	4	范帮主	0.832120698	
6	5	胡斐	0.6581597	

图8-29 在辅助列输入随机函数

式中，RAND函数会随着单元格的每一次刷新而产生新的随机数。

选择C列任意一个有数据的单元格，在“数据”选项卡中的“排序和筛选”组中单击“升序”按钮。这时A列的顺序就完全被打乱了，重新填充序号即可。如图8-30所示。

	A	B	C
1	序号	演讲人员	随机数
2	23	郑三娘	0.543814214
3	16	陶百岁	0.899406409
4	17	陶子安	0.548264918
5	22	于管家	0.584659437
6	24	周云阳	0.216660456

图8-30 随机排序的效果

8.3.5 隔行排序完成分层抽样

有时无须按某些列数据的值或格式排序，只需要隔行或隔数行排序，比如科学研究中的分层抽样。

例8-17 B列为学生，拟隔3位抽1位参与科学研究，应该如何操作呢？

这可以借助函数公式和辅助列来实现。

在D2单元格输入公式“=IF(MOD(A2,4),0,1)”，在填充柄上双击鼠标，向下填充公式。如图8-31所示。

D2 =IF(MOD(A2,4),0,1)

	A	B	C	D
1	序号	班级	学生	
2	1	1班	九难	0
3	2	1班	卫周祚	0
4	3	1班	马喇	0
5	4	1班	马佑	1
6	5	1班	马宝	0
7	6	1班	马博仁	0
8	7	1班	于八	0
9	8	1班	马超兴	1

图8-31 在辅助列中输入公式

式中，MOD函数返回两数相除的余数，这里为0或1、2、3。IF函数进行条件判断，条件为真则为

0，条件为假则为1。

隔行公式可以视情况灵活变化。比如，要想先偶后奇排序，公式为“=MOD(A2,2)”。又如，如果原表没有序号列，可以用行号代替单元格值，公式为“=MOD(ROW(A2),2)”。再如，如果想隔两行排序，就将公式中的“2”改为“3”，公式为“=MOD(ROW(A2),3)”。如果想前50行为奇，后50行为偶，公式为“=IF(ROW()>100,,ROW()*2-1-(ROW()>50)*99)”。

选择D列任意一个有数据的单元格，在“数据”选项卡中的“排序和筛选”组中单击“升序”按钮。效果如图8-32所示。

	A	B	C	D
1	序号	班级	学生	
2	4	1班	马佑	1
3	8	1班	马超兴	1
4	12	1班	心溪	1
5	16	1班	巴颜法师	1
6	20	1班	邓炳春	1
7	24	1班	方大洪	1
8	28	1班	王武通	1
9	32	1班	史松	1
10	36	1班	白寒松	1

图8-32　隔行排序的效果

本例使用填充模式也能实现。方法是：在第4条记录旁填写“1”，再选中E2:E5，然后进行填充，得到抽样标记，最后再排序。填充抽样序号如图8-33所示。

	A	B	C	D	E
1	序号	班级	学生		
2	1	1班	九难	0	
3	2	1班	卫周祚	0	
4	3	1班	马喇	0	
5	4	1班	马佑	1	1
6	5	1班	马宝	0	
7	6	1班	马博仁	0	
8	7	1班	于八	0	
9	8	1班	马超兴	1	
10	9	1班	小桂子	0	

图8-33　填充抽样序号

8.3.6 巧妙清除多处空行

有时整理数据时会产生大量空行，这些空行已完成历史使命，需要清除。

例8-18 工作表中有的地方空1行，有的地方空2行，有的地方空3行，空行数不等，没有什么规律可循。这种情况下，如何用排序的方法巧妙清除这些空行呢？如图8-34所示。

	A	B	C	D	E	F	G	H
1	学生	语文	数学	英语	物理	化学	生物	总分
2	生1	84	90	91	85	88	98	536
3								
4	生2	96	93	87	99	95	80	550
5								
6								
7								
8	生3	84	99	95	87	81	92	538
9								
10								
11	生4	85	96	82	92	90	87	532
12								
13	生5	95	80	91	91	81	94	532

图8-34　数据表有空行

这需要借助函数公式和辅助列来实现。

按照表的高度在右侧选择等高的区域，输入公式“=IF(A2>0,1,)”，用“Ctrl+Enter”组合键快速填充公式。

再将该列按降序排序。如图8-35所示。

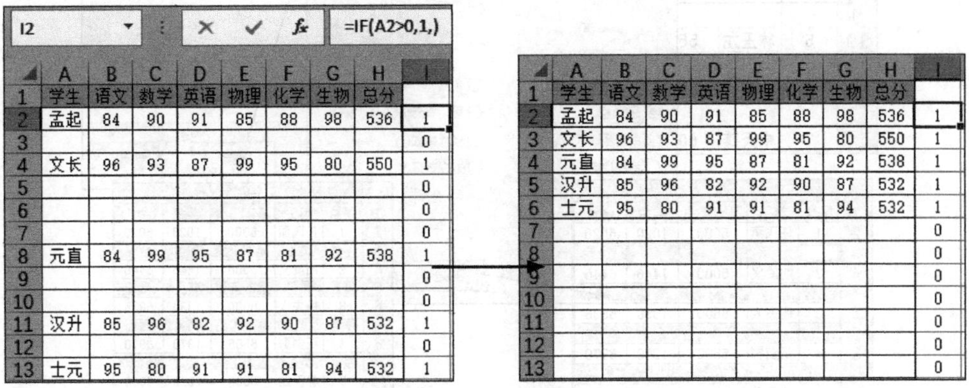

I2　=IF(A2>0,1,)

	A	B	C	D	E	F	G	H	I
1	学生	语文	数学	英语	物理	化学	生物	总分	
2	孟起	84	90	91	85	88	98	536	1
3									0
4	文长	96	93	87	99	95	80	550	1
5									0
6									0
7									0
8	元直	84	99	95	87	81	92	538	1
9									0
10									0
11	汉升	85	96	82	92	90	87	532	1
12									0
13	士元	95	80	91	91	81	94	532	1

	A	B	C	D	E	F	G	H	I
1	学生	语文	数学	英语	物理	化学	生物	总分	
2	孟起	84	90	91	85	88	98	536	1
3	文长	96	93	87	99	95	80	550	1
4	元直	84	99	95	87	81	92	538	1
5	汉升	85	96	82	92	90	87	532	1
6	士元	95	80	91	91	81	94	532	1
7									0
8									0
9									0
10									0
11									0
12									0
13									0

图8-35　降序效果

最后清除辅助列的数据，空行就被巧妙清除了。

8.3.7 快速制作员工工资条

制作成绩条、工资条等，需要隔行填充列标题（列字段），以在方便每个人查看自己信息的时候，不至于无意间泄漏他人的个人信息。

例8-19 现有一个工资表，请制作工资条。

下面介绍两种方法。

1.定位填充+排序

（1）在工资表右侧填充序号，再将这些序号（除最后一个序号外）复制粘贴到该列的下面，接着将该列按升序排序。这样，就隔行插入了空行。

（2）选择最后一名员工上面的工资表，按“F5”功能键，打开“定位”对话框。

（3）单击“定位条件”按钮，再单击“空值”单选按钮。

（4）单击“确定”按钮，就选中了当前活动区域的空白单元格。

（5）在编辑栏输入公式“=A1”，按“Ctrl+Enter”组合键确认。如图8-36所示。

隔行填充列标题后，再作一些格式美化工作，就可以得到一张便于打印和裁剪的工资条了。

2. 复制粘贴+排序

（1）在工资表右侧填充序号，再将这些序号（除最后一个序号外）复制粘贴到该列的下面。

（2）复制标题行，选择工资表下面与刚才新增的序号等高的区域，执行“粘贴”命令。

（3）对新的序号列（辅助列）进行升序排序。如图8-37所示。

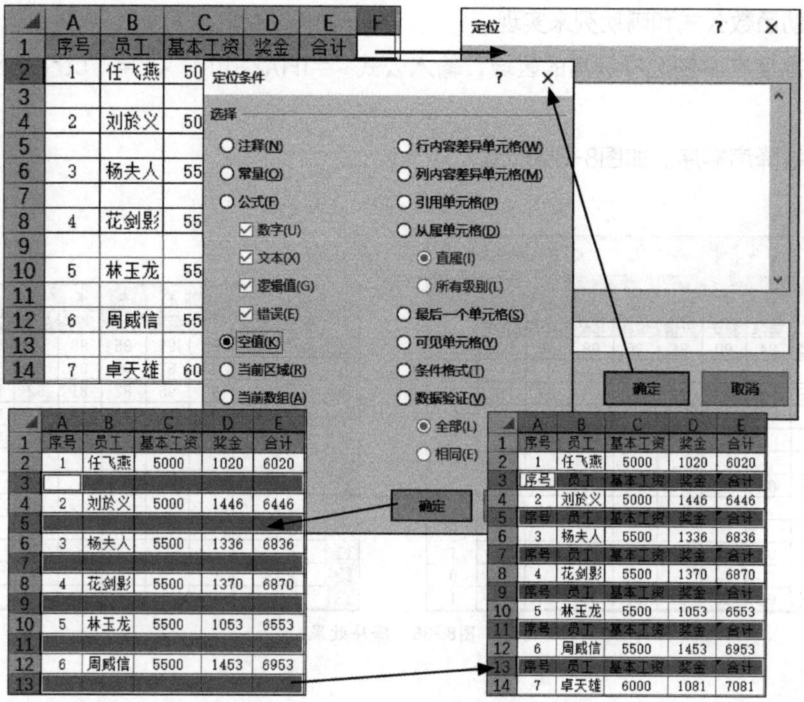

图8-36 隔行定位填充列标题行制作工资条

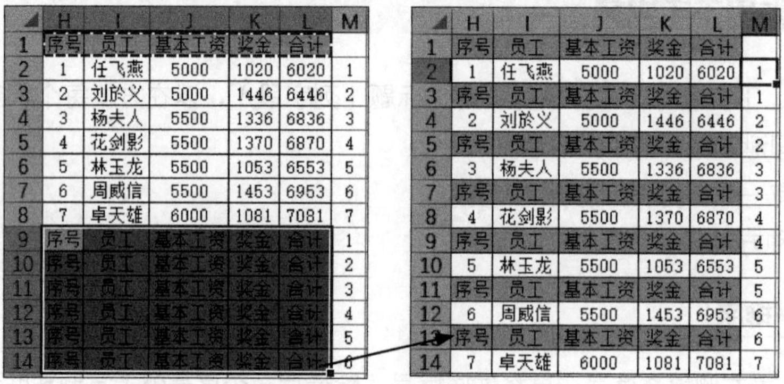

图8-37 “快三步”制作工资条

【边练边想】

1. 如图8-38所示，请将各科成绩都按从高到低的顺序排序。

	A	B	C	D	E	F	G	H
1	序号	学生	语文	数学	英语	物理	化学	生物
2	1	阿凡提	80	70	63	60	75	84
3	2	阿凡提妻	86	79	99	87	70	71
4	3	阿里	99	70	78	88	79	63
5	4	安健刚	95	76	81	61	91	66
6	5	白振	67	89	69	94	77	63

图8-38 需将各科成绩均按从高到低的顺序排序

2. 如图8-39所示，A列为“校区”列，有合并单元格，B列为“数量”列，请按“校区”和“数量”升序排序。

	A	B	C
1	校区	数量	金额
2	B校区	300	30000
3		200	20000
4		1200	120000
5		400	40000
6	D校区	900	90000
7		800	80000
8		1000	100000
9	A校区	100	10000
10	C校区	700	70000
11		600	60000

图8-39　需按“校区”和“数量”升序排序

【问题解析】

1. 一是每次选中一列，逐列分别排序，二是插入空列后各列再分别排序。

2. 对合并单元格排序，是对前面所介绍的定位填充上行内容的延伸。排序后，再重新合并单元格即可。

第 9 章 数据筛选，去粗取精留真金

Excel筛选可以起到去粗取精的作用，即根据某些条件“过滤”掉无用数据，筛选出匹配数据，形成子集，实现数据分析的目的。与排序不同的是，筛选并不重排列表，只是暂时隐藏不必显示的行或筛选出部分数据放在其他位置。如果需要，可以在筛选之前或之后排序。

9.1 灵活自如的自动筛选

自动筛选简称“筛选”，一般用于简单条件的筛选。进入自动筛选状态后，Excel会自动识别每一列的数据类型。单击筛选箭头，筛选器会出现“文本筛选”“数字筛选”或“日期筛选”菜单，这三类筛选都能自定义筛选条件；如果该列有图标或颜色，还会高亮显示“颜色筛选”选项。此外，可以依据关键字和唯一值列表进行筛选，还能进行多次筛选。

9.1.1 文本如何按条件筛选

无论单击“文本筛选”菜单的哪一个级联菜单，都会弹出“自定义自动筛选方式”对话框。

例9-1 请筛选E列包含“四川”或“长江”字样的记录。

❶ 选择数据区 域内任意一个单元格，比如A2单元格。

❷ 单击“数据”选项卡。

❸ 在“排序和筛选”组中，单击“筛选”按钮。

❹ 单击E列的筛选箭头。

❺ 在列筛选器中选择“文本筛选”菜单的“自定义筛选”级联菜单。

第❶~❺步如图9-1所示。

❻在弹出的“自定义自动筛选方式”对话框中的第一个条件左侧框下拉列表中选择“包含”条件。这里的选项比级联菜单还丰富，比如还有“开头不是”“结尾不是”等选项。

❼在第一个条件右侧框里输入“四川”。也可以从下拉列表中选择一个选项，然后再修改。

❽在第一个条件与第二个条件之间选择“或”单选按钮。

❾在第二个条件左侧框下拉列表中选择“等于”条件。

❿在第二个条件右侧框里输入“*长江*”。也可以从下拉列表中选择一个选项，然后再修改。

⓫单击“确定”按钮，完成筛选。

第❻~⓫步如图9-2所示。

选择数据区域时，如果数据表不太规范，就用鼠标左键拖动选择，并且一定要包括列标题；如果有多层标题，可以直接选择多层标题的末行行号；如果数据表存在合并单元格，可能会导致筛选数据不完整，需要还原合并单元格或做特殊处理。

对数据表启用自动筛选功能后，“筛选”按钮就会呈选中状态，每个列标题处会出现筛选箭头

（也叫筛选按钮或筛选控件）图标▼，表明数据列表处于筛选状态或筛选模式。单击筛选箭头，就会启用列筛选器（下拉列表）。

图9-1 进行文本筛选

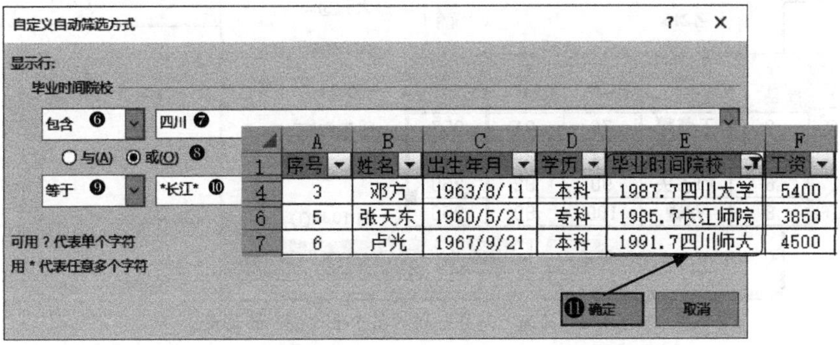

图9-2 筛选E列包含“四川”或“长江”字样的记录

设置筛选条件时，可以使用通配符。“?”代表单个字符，“*”代替任意多个字符。要查找“?”“*”符号本身，必须在此符号前加上“~”。“~”为键盘上Esc键下面的那个字符键，按“Ctrl+`”组合键输入。“?”“*”和文本组合，可以进行个性化的筛选。比如，筛选“以‘张’字开头的、第4个字是‘戴’字的、后面有‘*’的记录”，左框可以设置为“等于”，右框可以设置为“张??戴~*”。

筛选完成后，被筛选字段的筛选箭头上会出现漏斗型图标，光标移到此按钮上面，会出现关于筛选条件的提示；被筛选出来的数据的行号呈蓝色；状态栏也有筛选出的记录个数。

9.1.2 数字如何按条件筛选

比起“文本筛选”菜单的级联菜单，“数字筛选”菜单的级联菜单更为丰富。其中“高于平均值”“低于平均值”两项无须设置，单击时可以直接得到筛选结果。

例9-2 E列的总分有高有低，请筛选出总分高于平均值的记录。

❶ 选择数据区域内任意一个单元格，比如A2单元格。

❷ 单击“开始”选项卡。

❸ 在“编辑”组中，单击“排序和筛选”按钮。

❹ 在下拉菜单中选择“筛选”命令。

❺ 单击E列的筛选箭头。

❻ 在列筛选器中选择“数字筛选”菜单的“高于平均值”级联菜单。如图9-3所示。

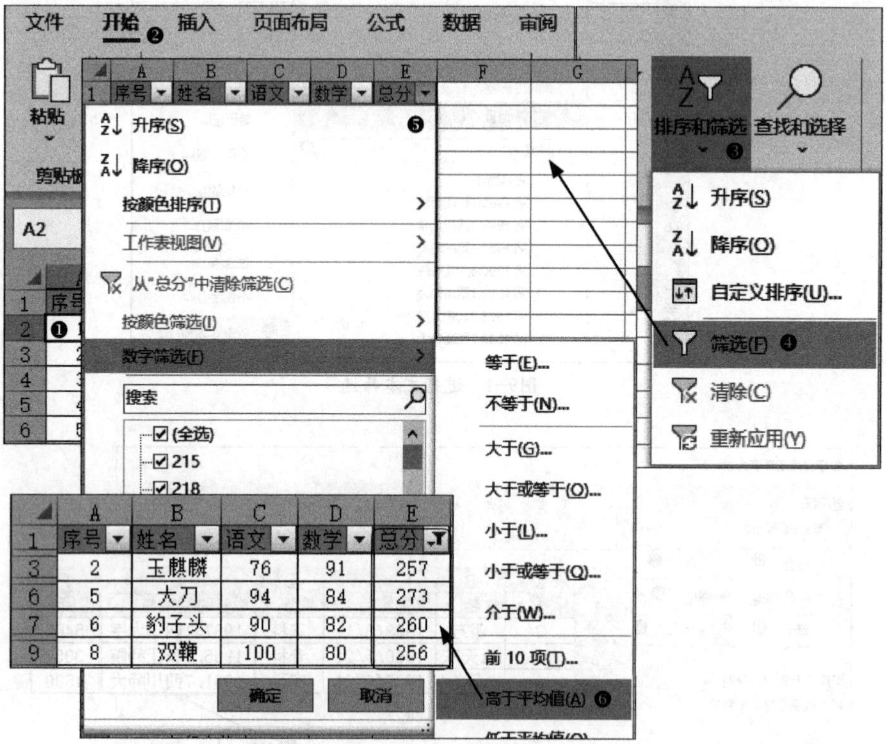

	A	B	C	D	E
1	序号	姓名	语文	数学	总分
3	2	玉麒麟	76	91	257
6	5	大刀	94	84	273
7	6	豹子头	90	82	260
9	8	双鞭	100	80	256

图9-3 筛选“总分”列“高于平均值”的记录

例9-3 请重新筛选出E列中总分位于后5%的记录。

❶ 单击E列的筛选箭头。

❷ 在列筛选器中选择“数字筛选”菜单的“前10项”级联菜单。

❸ 在“自动筛选前10个”对话框中，在左框下拉列表中选择“最小”项。

❹ 在中框中输入或调节数字为“5”。

❺ 在右框下拉列表中选择“百分比”。

❻ 单击“确定”按钮，完成筛选。如图9-4所示。

注意，“前10项”的“前”不仅指“最大”，还包括“最小”；“前10项”的“项”不仅指“项”的数量，也指“比率”。“前10项”的“10”是一个概数，当用于“项”时，指项数，在1～500之间；当用于“比率”时，是一个百分点，在0～100之间。“前10项”菜单更名为“极值筛选”似乎更合适。

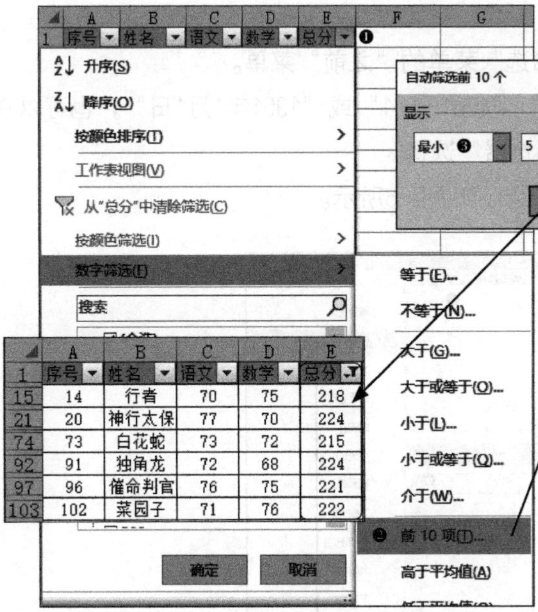

	序号	姓名	语文	数学	总分
15	14	行者	70	75	218
21	20	神行太保	77	70	224
74	73	白花蛇	73	72	215
92	91	独角龙	72	68	224
97	96	催命判官	76	75	221
103	102	菜园子	71	76	222

图9-4 筛选"总分"列位于后5%的记录

9.1.3 日期如何按条件筛选

"日期筛选"菜单的级联菜单多达22项。除前4项和最后1项外，其余17项级联菜单均为直接筛选。而这17项除"期间所有日期"外，均提供动态日期模式，会随着系统日期的变化而变化，非常有价值。

例9-4 为了发放生日礼物，请将4月出生的人员筛选出来。

进入筛选模式，单击C列的筛选箭头，将光标依次移动到"日期筛选""期间所有日期""四月"菜单，单击鼠标。如图9-5所示。

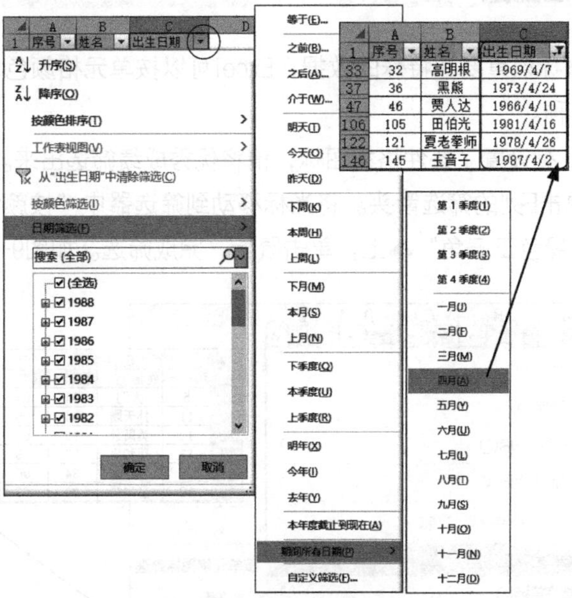

	序号	姓名	出生日期
33	32	高明根	1969/4/7
37	36	黑熊	1973/4/24
47	46	贾人达	1966/4/10
106	105	田伯光	1981/4/16
122	121	夏老拳师	1978/4/26
146	145	玉音子	1987/4/2

图9-5 筛选4月出生的人员

可以看出，"期间所有日期"菜单不考虑具体年份，可跨年度按日期段筛选。

例9-5 请筛选C列1961年1月之前出生的员工，以查看退休人员名单。

❶单击C列的筛选箭头。

❷在列筛选器中选择“日期筛选”菜单的“之前”菜单。

❸在右侧框中输入“1961/1/1”“1961-1-1”或“1961年1月1日”，也可以在下拉列表中选择一个日期，还可以用右侧的“日期筛选器”选择。

❹单击“确定”按钮，完成筛选。如图9-6所示。

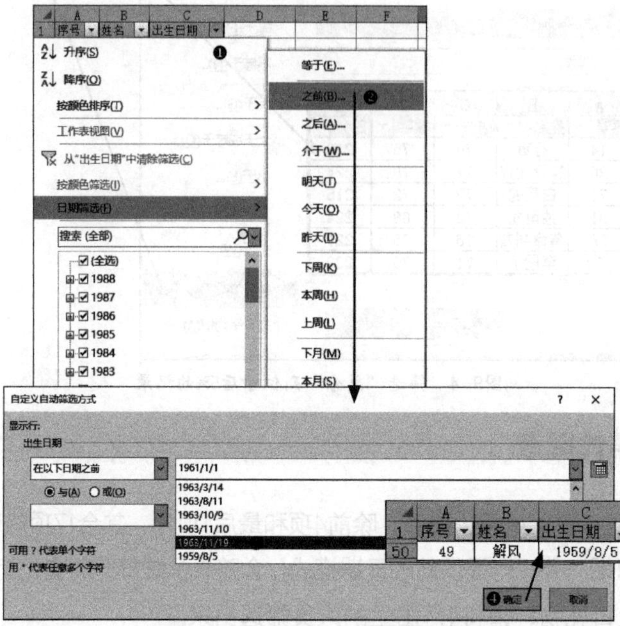

图9-6 筛选1961年1月之前出生的员工

9.1.4 颜色、图标都能筛选

不同的颜色可以用来标识重要和特殊的数据，Excel可以按单元格颜色、字体颜色、图标来进行筛选，但每次只能筛选一种。

例9-6 为将“总分”列设置了条件格式图标，请将优秀成绩筛选出来。

进入筛选状态后，单击E列的筛选箭头。将光标移动到筛选器中“按颜色筛选”菜单中“按单元格筛选”级联菜单下的“绿色正三角”▲上，单击鼠标，完成筛选。如图9-7所示。

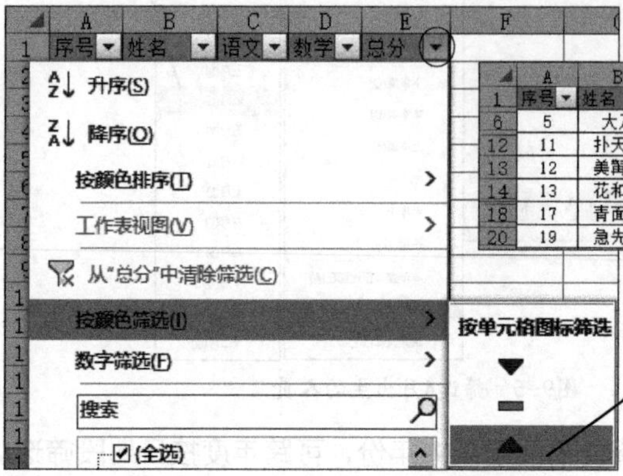

图9-7 按图标筛选

9.1.5 通过唯一值列表筛选

列筛选器中的唯一值列表（不重复记录）是按内容快速筛选的一项功能，非常方便实用。

例9-7 C列为业务员，其中有一些属于直销，请将“直销”记录快速筛选出来。

进入筛选状态后，单击C列的筛选箭头。在列筛选器中的唯一值列表中，只勾选“直销”复选框。单击“确定”按钮。如图9-8所示。

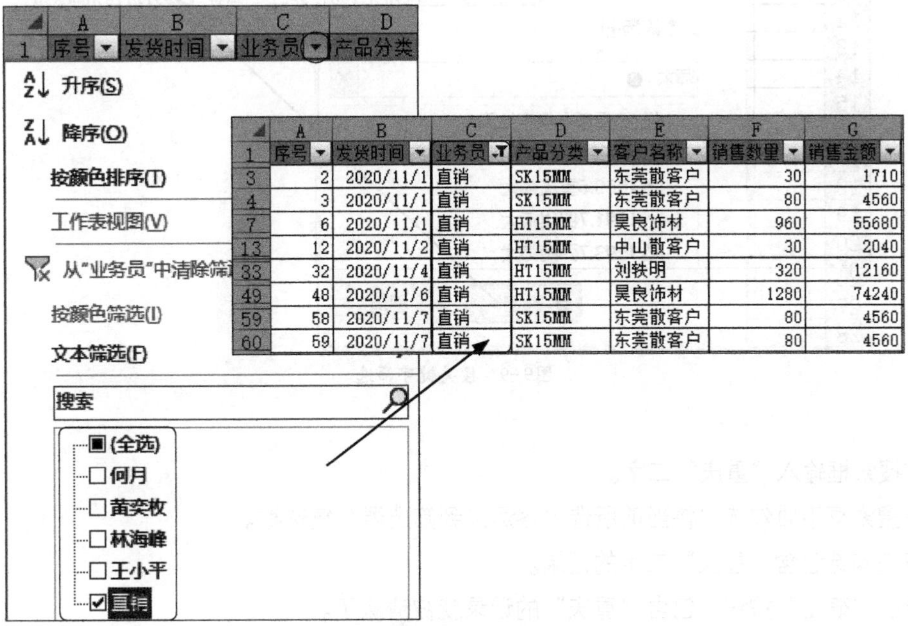

图9-8 通过唯一值列表筛选

9.1.6 关键字筛选

随着在列筛选器搜索框输入关键字字符的增多，筛选范围将逐步缩小。通过搜索框，不仅可以搜索特定内容的记录，而且可以添加和清除记录。

例9-8 要在E列筛选毕业于“师大”的教职工，并添加在“北京”某校毕业的人员，清除在“重庆”某校毕业的人员，应该如何操作呢?

❶ 进入筛选状态后，单击E列的筛选箭头。

❷ 将光标放置于搜索框，输入“师大”二字，唯一值条目减少为3条。

❸ 单击“确定”按钮。

第❶~❸步如图9-9所示。

❹ 再次单击E列的筛选箭头。

❺ 在搜索框输入“北京”二字。

❻ 在搜索框下面勾选“将当前所选内容添加到筛选器”复选框。

❼ 单击“确定”按钮，含有“北京”的记录就被添加到了筛选器。

❽ 再次单击E列的筛选箭头。

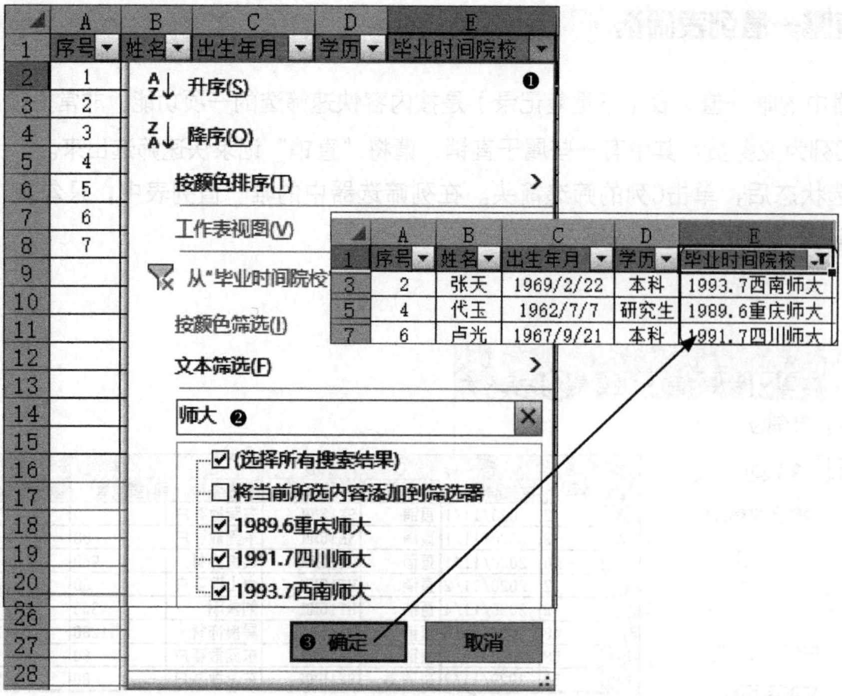

图9-9　按关键字筛选

❾ 在搜索框输入“重庆”二字。

❿ 在搜索框下面勾选“将当前所选内容添加到筛选器”复选框。

⓫ 取消勾选包含“重庆”二字的记录。

⓬ 单击“确定”按钮，包含“重庆”的记录就被清除了。

第❹～⓬步如图9-10所示。

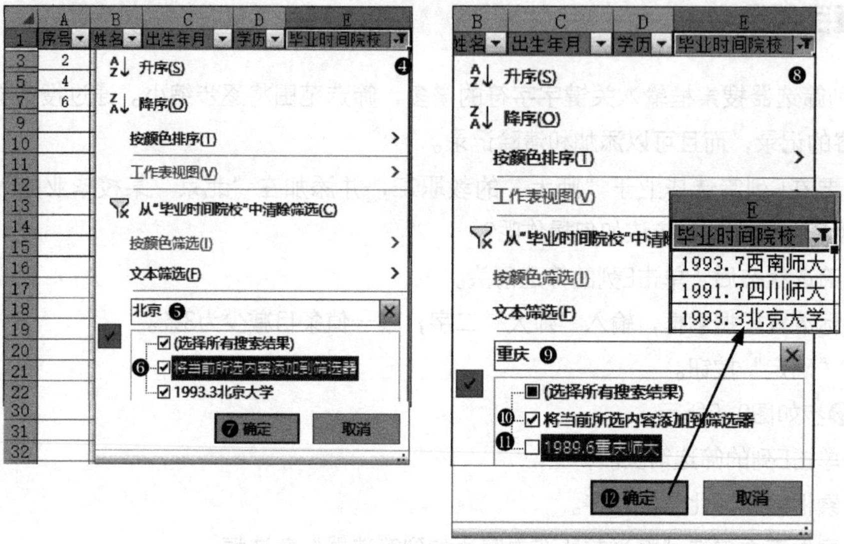

图9-10　增减筛选记录

关键字不区分字母大小写，支持通配符。如果关键字不包含通配符，则是一种包含式筛选。

9.1.7 多列多次自动筛选

自动筛选可以实现在多个字段进行多次筛选。

例9-9 拟将数据表中原值大于等于30万元的车床设备筛选出来，应该如何操作呢？

先在“原值”列筛选原值大于等于30万元的设备。在“数字筛选”中选择“大于或等于”，输入值为“300000”，如图9-11所示。

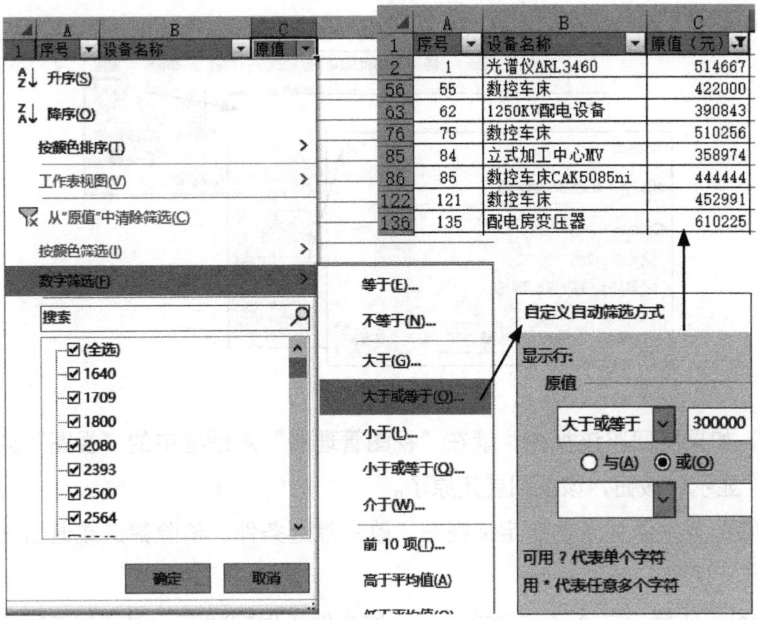

图9-11 先筛选原值大于等于30万元的设备

再在“设备名称”列筛选车床设备。在搜索框中输入“车床”，如图9-12所示。

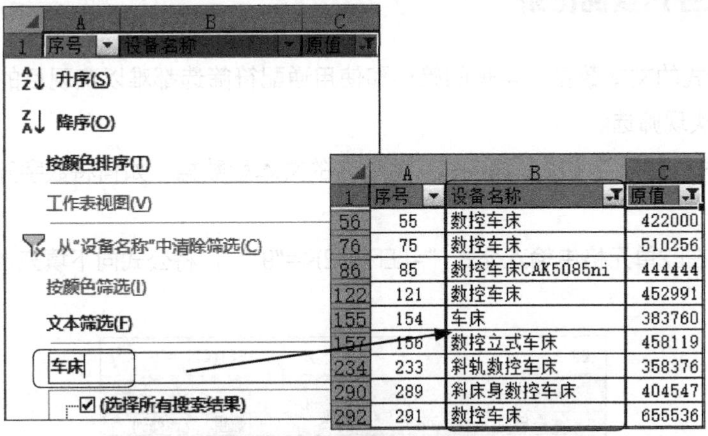

图9-12 再筛选车床设备

9.1.8 固化自动筛选结果

如果用户不想重新设置筛选条件，又想方便地切换回曾经的筛选结果，就需要将该次筛选结果固化下来，以备将来切换。固化筛选结果要用到“自定义视图”功能。

例9-10 已经在Excel中将最大的5笔金额筛选出来，如何固化该筛选结果呢？

❶ 选择“视图”选项卡。

❷ 在“工作簿视图”组中单击“自定义视图”按钮。

❸ 在弹出的“视图管理器”对话框中单击“添加”按钮。

❹ 在弹出的“添加视图”对话框的“名称”框里输入“最大的5笔金额”。

❺ 单击“确定”按钮，一个视图就定义好了。

如图9-13所示。

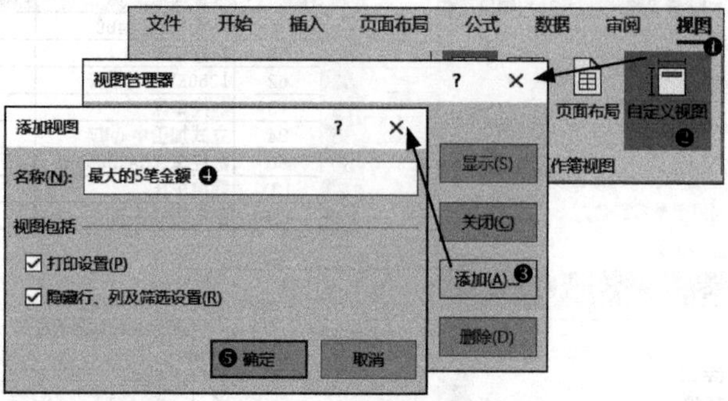

图9-13 自定义视图

多次筛选后，如果要回归该视图，就在“视图管理器”对话框中的“视图”列表中找到需要显示的视图，单击“显示”按钮，该视图就还原了。

还可以变换筛选条件添加新的自定义视图。改变筛选条件、清除筛选或退出筛选模式，不影响已经保存好的自定义视图。

注意，当Excel工作簿中插入了“表格”，工作表处于保护状态，对数据进行了高级筛选且“在原有区域显示筛选结果”，或是使用了Microsoft Query功能时，不能使用“自定义视图”功能。

9.1.9 筛选以数字开头的记录

当数据为混合式的文本数据，常规的筛选和使用通配符筛选都难以实现目的时，可以使用辅助列、结合函数公式实现筛选。

例9-11 C列的“型号”字段是数字和字母混合的文本型数据，如何将数字开头的“型号”记录筛选出来呢？

添加辅助列，在E2单元格中输入公式“=LEFT(C2)<="9"”，将公式向下填充至需要的地方。如图9-14所示。

E2 =LEFT(C2)<="9"

	A	B	C	D	E
1	生产日期	产品编号	型号	数量	辅助列
2	2020/7/5	SQ01-8920	905-10A	180	TRUE
3	2020/7/15	SQ01-8924	780-025BN	210	TRUE
4	2020/7/10	SQ01-8922	A10-050	300	FALSE

图9-14 输入函数公式

式中，LEFT函数返回“型号”数据的首字符。如果首字符小于等于9，返回结果为TRUE，也就是说该型号以数字开头，否则以字母开头。如果要筛选首字符为汉字的型号，则公式可改为“=LENB(C2)="2"”。

进入筛选状态后，单击E列的筛选箭头，在列筛选器中的唯一值列表中，只勾选“TRUE”项复选框，单击“确定”按钮。如图9-15所示。

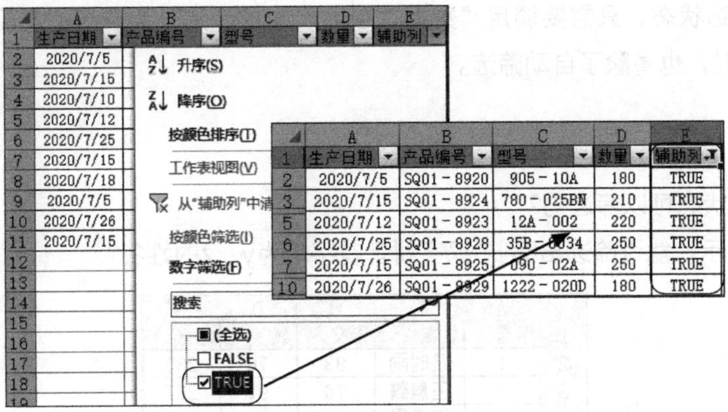

图9-15 筛选TRUE

9.1.10 自动筛选的清除和退出

如果要取消对某列的筛选，可以在列筛选器中调用“从‘××’中清除筛选”命令或在唯一值列表勾选“全选”复选框，还可以在该列数据的右键快捷菜单调用“从‘××’中清除筛选”命令。这相当于定点清除。如图9-16所示。

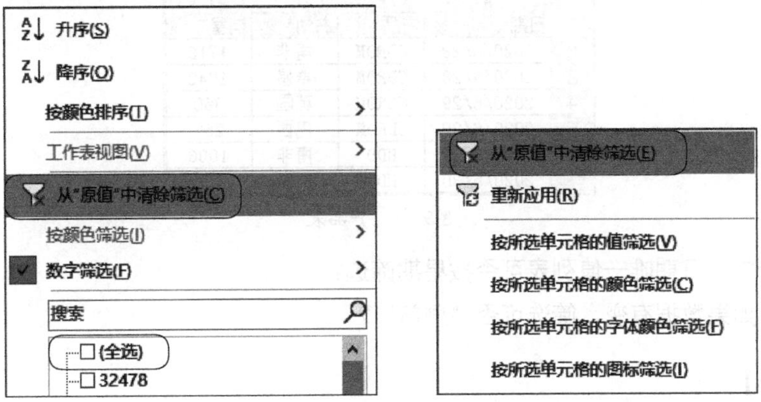

图9-16 取消某列筛选的三种方法

如果要取消对数据表的全部筛选，可以调用“数据”选项卡和“开始”选项卡里的“清除”命令。如图9-17所示。

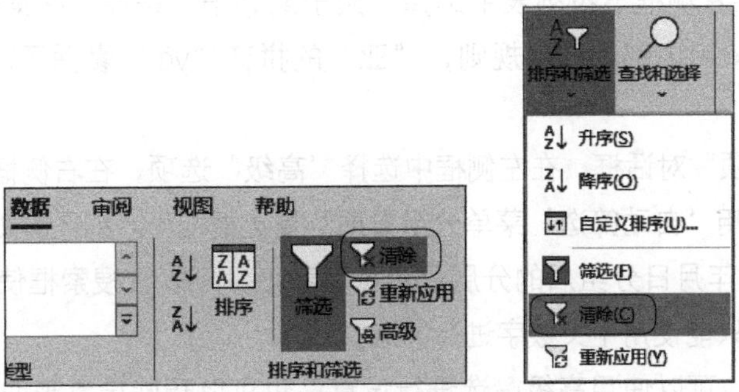

图9-17 取消全部筛选的两种方法

清除了自动筛选并不是退出了自动筛选状态。在“表格”和数据透视表中也能筛选和取消筛选。

如果要退出筛选状态，只需要调用“数据”选项卡或“开始”选项卡的“筛选”命令就行了。退出自动筛选的同时，也清除了自动筛选。

【边练边想】

1. 不进入筛选状态可以筛选吗？

2. 如图9-18所示，能否筛选出B列中汉字拼音首字母为y、z的姓名？

	A	B	C	D	E
1	序号	姓名	语文	数学	总分
2	1	及时雨	83	76	235
3	2	玉麒麟	76	91	257
4	3	智多星	81	84	241

图9-18　成绩表

3. 在筛选器中，日期唯一值列表没有显示具体日期，默认按年月日分组后分层显示，如何取消这一设置呢？

4. 如图9-19所示，如何筛选“产品为CDROM、产地为南非”和“产品为HDD、产地为希腊”的记录？

	A	B	C	D
1	日期	产品	产地	销量
2	2020/6/28	CDROM	南非	1716
3	2020/6/28	CDROM	希腊	1942
4	2020/6/29	CDROM	英国	360
5	2020/6/29	CDROM	巴西	269
6	2020/6/30	HDD	南非	1006
7	2020/6/30	HDD	希腊	685

图9-19　产品表

5. 在筛选器中，日期唯一值列表可否按星期筛选？

6. 筛选后，如果数据有变，筛选可否“刷新”？

【问题解析】

1. 通过右键快捷菜单，无须进入筛选状态就可以直接对值、颜色和图标进行筛选。

2. 进入筛选状态后，单击B列的筛选箭头，选择“文本筛选”菜单右侧的“自定义筛选”级联菜单，在第一个条件左侧框下拉列表中选择“大于或等于”条件，在第一个条件右侧框里输入“亚”。这里利用了Excel内部的排序规则，“亚”的拼音“yà”囊括了以“y”字母开头的所有汉字。

3. 打开“Excel选项”对话框，在左侧框中选择“高级”选项，在右侧框的“此工作簿的显示选项”组中取消勾选“使用‘自动筛选’菜单分组日期”复选框即可。如图9-20所示。

从日期唯一值列表年月日分组后的分层显示可以看出，可以在搜索框使用阿拉伯数字对年份和天数进行筛选，对月份只能使用中文数字进行筛选。

4. 这类复杂条件，可以使用高级筛选进行设置；也可以巧妙设置辅助列，利用自动筛选来处理。在E1单元格输入公式“=B1&C1”，双击填充柄将公式向下填充。之后就可以利用筛选器的唯一值列表轻松筛选了。

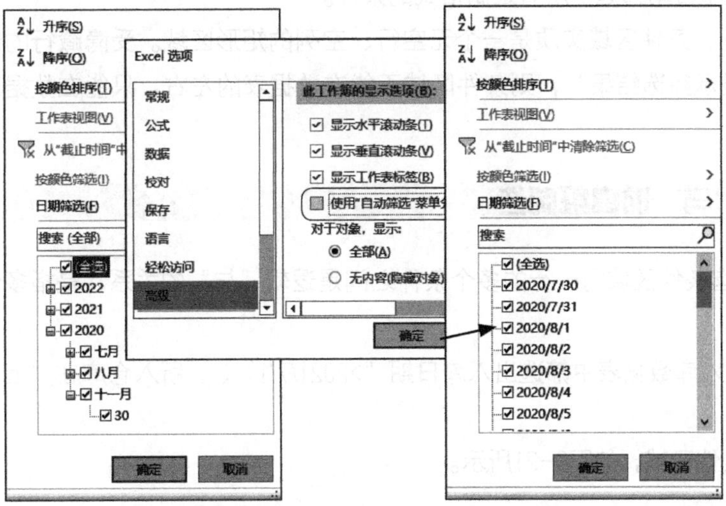

图9-20 取消使用“自动”筛选分组日期

5. 列筛选器中的日期唯一值列表和单元格中日期的显示样式，都要受单元格日期格式的约束。先取消日期分组状态，再将单元格日期格式设置为“周三”，就可以按星期筛选了。取消日期分组状态的方法：在“Excel选项”对话框中，单击“高级”选项，在“此工作簿的显示选项”组中取消勾选“使用‘自动筛选’菜单分组日期”。

6. 如果添加或修改了数据，必须“重新应用”筛选器，新数据才能得到更新。只需要在“数据”选项卡“排序和筛选”组中单击“重新应用”按钮就可以了。“开始”选项卡“编辑”组中的“排序和筛选”下拉菜单中和右键快捷菜单“筛选”菜单的级联菜单中也有“重新应用”命令。

9.2 功能强大的高级筛选

当自动筛选无法实现复杂条件时，就该高级筛选“闪亮登场”了。高级筛选简称“高级”，启用高级筛选后，会自动取消自动筛选箭头。如果能够借助函数公式，可能就没有什么数据筛选不出来了。

9.2.1 为高级筛选编织好“筛网”

很多人玩不转高级筛选的主要原因是不会设置条件区域。高级筛选需要在数据表外设置一个条件区域，条件区域至少要包括两行内容：第一行是列标题，第二行起是筛选条件。条件区域如同筛网，筛网不出问题，筛出来的东西才符合要求。

除设置公式作为筛选条件外，作为条件的列标题（字段名）必须与数据表的某一个、某几个或全部列标题一致，可以直接复制粘贴数据表的列标题。当然，与筛选过程无关的列标题可以不使用。相同的列标题相当于条件区域和数据表之间的桥梁，有了这座桥梁，两岸才能实现互联互通。使用公式值作为筛选条件时，可以不用列标题，也可以使用与数据表列标题有区别的列标题。

高级筛选的关键是设置筛选条件。筛选条件由一些具体的数据以及与数据相连的运算符、通配符组成；如果单元格为空，则表示“任何值”。只要把所需的问题分解成最小的条件，把条件之间的逻辑关系理清楚，就可以正确写出条件区域。可以设置多列条件、多行条件、多行多列条件，条件种类包含但不限于自动筛选中所有定制格式的条件。

在高级筛选中，条件区域实质是一个无空行、空列的矩形区域。受隐藏行的影响，如果高级筛选“在原有区域显示筛选结果”，则条件区域不能在数据表的左右，只能在数据表上方、下方或其他工作表中。

9.2.2 多条件“与”的高级筛选

Excel高级筛选条件区域同一行的多个条件之间是逻辑“与”的关系，是指多个条件必须同时满足要求。

例9-12 请从入库数据表中筛选出入库日期“>2021/7/1”、 所入仓库在“上海仓”、入库数量“>200”的记录。

首先填写好条件区域，如图9-21所示。

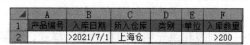

	A	B	C	D	E	F
1	产品编号	入库日期	所入仓库	类别	单位	入库数量
2		>2021/7/1	上海仓			>200

图9-21 多条件“与”的高级筛选条件

然后进行高级筛选。

❶ 将光标放置于数据表中的任意一个单元格，比如A5单元格。这样操作的目的在于使Excel在高级筛选的过程中可以自动填写数据区域，避免数据表过大，造成拖选区域时的失误、耗时。

❷ 单击“数据”选项卡。

❸ 在“排序与筛选”组中单击“高级”按钮。

❹“列表区域”已自动填写数据表区域，会带有工作表表名。当再次打开“高级筛选”对话框时，就不再带有工作表表名。

❺ 将光标放置于“条件区域”引用框内，拖动鼠标选择B1:F2区域。不能选择到第3行，第3行是空行，是无差别的任意值，等于没有筛选。

❻ 单击“确定”按钮。如图9-22所示。

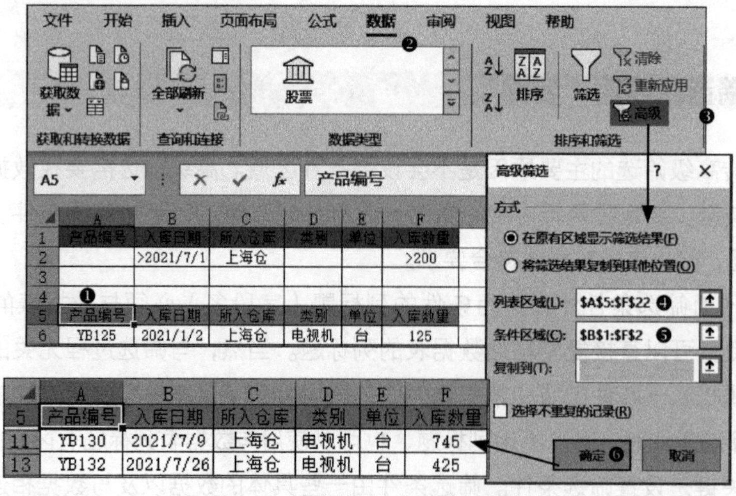

图9-22 多条件“与”的高级筛选

通配符“*”“?”可以用来设置模糊匹配的筛选条件。通配符只能配合文本型数据使用。如果数据是日期型和数值型，则通常以限定范围来实现。

“在原有区域显示筛选结果”的高级筛选是可逆的操作，可以撤消或清除。单击“自定义快速访问工具栏”中的“撤消”按钮或按“Ctrl+Z”组合键可以逐步撤消。如果要清除在原有区域显示的高级筛选结果，就单击“数据”选项卡“排序和筛选”组中的“清除”按钮，或者单击“开始”选项卡“编辑”组中的“排序和筛选”下拉菜单中的“清除”按钮。

9.2.3 多条件“或”的高级筛选

Excel高级筛选条件区域不同行的多个条件之间是逻辑“或”的关系，是指多个条件中只要满足一个条件即可，即“多选一”。

例9-13 请从员工信息表中筛选出学历为研究生或专科的员工。

首先填写好条件区域，如图9-23所示。

	A	B	C	D	E
1	序号	姓名	出生年月	学历	毕业时间院校
2				研究生	
3				专科	

图9-23　多条件“或”的高级筛选条件

然后进行高级筛选。将光标放在数据表中，调出“高级筛选”对话框，“列表区域”自动填写了数据表区域，“条件区域”选择D1:D3区域，单击“确定”按钮。如图9-24所示。

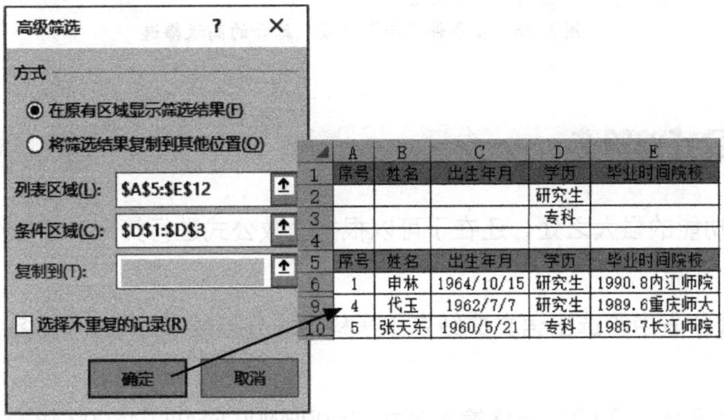

图9-24　多条件“或”的高级筛选

多条件“或”的筛选条件也可以是写在不同行的不同字段（比如学历、工资）的信息。

9.2.4 多条件“与”“或”结合的筛选

在Excel高级筛选的条件区域中，每一行的条件是大条件，大条件之间是“或”的关系；大条件内部每一列的条件是小条件，小条件之间是“与”的关系。

例9-14 请从产品销量表中筛选出“产品为CDROM、产地在南非、销量>=1500”和“产品为HDD、产地在巴西、销量>=1500”的记录。

首先填写好条件区域，如图9-25所示。

	A	B	C	D
1	日期	产品	产地	销量
2		CDROM	南非	>=1500
3		HDD	希腊	>=1500

图9-25　多条件“与”“或”结合的高级筛选条件

然后进行高级筛选。将光标放在数据表中，调出“高级筛选”对话框，“列表区域”自动填写了数据表区域，“条件区域”选择B1:D3区域，单击“确定”按钮。如图9-26所示。

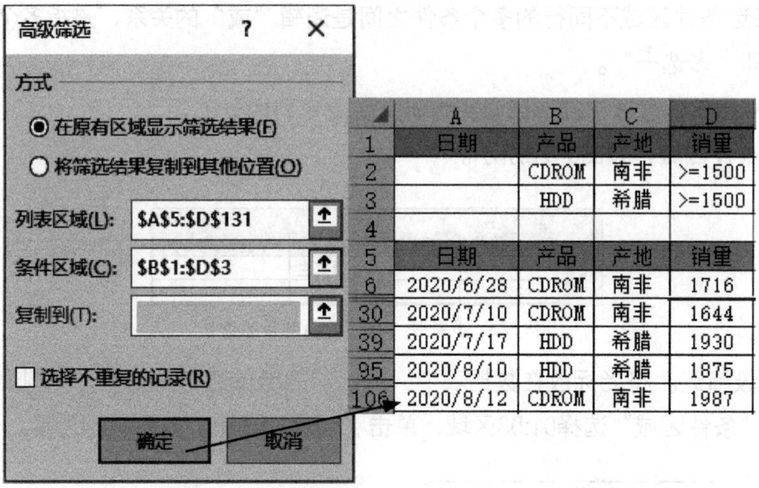

图9-26　多条件“与”“或”结合的高级筛选

9.2.5 使用函数公式的筛选

Excel高级筛选功能的强大之处，还在于可以根据函数公式进行筛选。函数公式千变万化，因而可以让人想“筛”就“筛”。

例9-15 请从成绩表中筛选出语文成绩高于学科平均分且数学成绩为前6名，或者英语成绩大于等于145分的记录。

首先填写好条件区域，在A2单元格输入公式“=OR(AND(C6>AVERAGE($C$6:$C$13),D6>=LARGE($D$6:$D$13,6)),E6>=145)”。式中，AVERAGE函数返回参数的平均值，LARGE函数返回数据集里第 k 个最大值。OR 和AND函数都用于确定测试中的条件是否为TRUE。OR函数只要有一个条件为TRUE，就返回TRUE。AND函数只有全部条件为TRUE，才返回TRUE。式中的相对引用对数据表的影响是“横到边，纵到底”，即使返回错误值也不会影响筛选。另外，可以分别用“*”“+”代替AND、OR函数，将本式改写为“=(C6>AVERAGE($C$6:$C$13))*(D6>=LARGE($D$6:$D$13,6))+(E6>=145)”。

然后进行高级筛选。将光标放在数据表中，调出“高级筛选”对话框，在“方式”组中选择“将筛选结果复制到其他位置”按钮，“列表区域”自动填写了数据表区域，“条件区域”选择A1:A2区域，“复制到”引用框选择A15单元格（只需要填写存放筛选结果的区域的左上角的单元格地址），单击“确定”按钮。如图9-27所示。

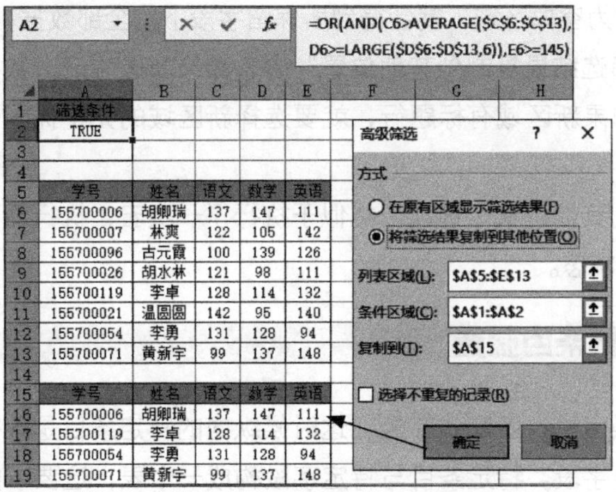

	A	B	C	D	E
1	筛选条件				
2	TRUE				
3					
4					
5	学号	姓名	语文	数学	英语
6	155700006	胡卿瑞	137	147	111
7	155700007	林爽	122	105	142
8	155700096	古元霞	100	139	126
9	155700026	胡水林	121	98	111
10	155700119	李卓	128	114	132
11	155700021	温圆圆	142	95	140
12	155700054	李勇	131	128	94
13	155700071	黄新宇	99	137	148
14					
15	学号	姓名	语文	数学	英语
16	155700006	胡卿瑞	137	147	111
17	155700119	李卓	128	114	132
18	155700054	李勇	131	128	94
19	155700071	黄新宇	99	137	148

图9-27 使用函数公式进行筛选

9.2.6 在横向上按子集字段筛选

进行高级筛选时，可以妙用“将筛选结果复制到其他位置”选项在横向上按子集字段筛选，即可以减少或重组字段，按特定字段筛选。

例9-16 请从工资奖金表中筛选出女性员工，并减少“入职日期”字段，并将“籍贯”字段放在最后。

首先填写好条件区域和放置筛选结果的字段，如图9-28所示。

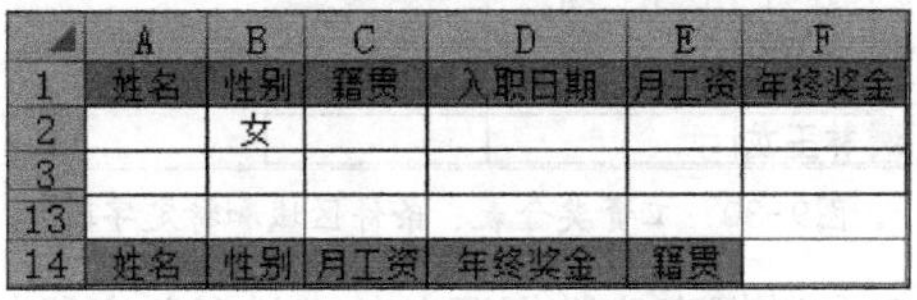

	A	B	C	D	E	F
1	姓名	性别	籍贯	入职日期	月工资	年终奖金
2		女				
3						
13						
14	姓名	性别	月工资	年终奖金	籍贯	

图9-28 条件区域和特定字段

然后进行高级筛选。将光标放在数据表中，调出“高级筛选”对话框，在“方式”组中选择“将筛选结果复制到其他位置”按钮，“列表区域”自动填写了数据表区域，“条件区域”引用框选择B1:B2区域，“复制到”引用框选择A14:E14区域，单击“确定”按钮。如图9-29所示。

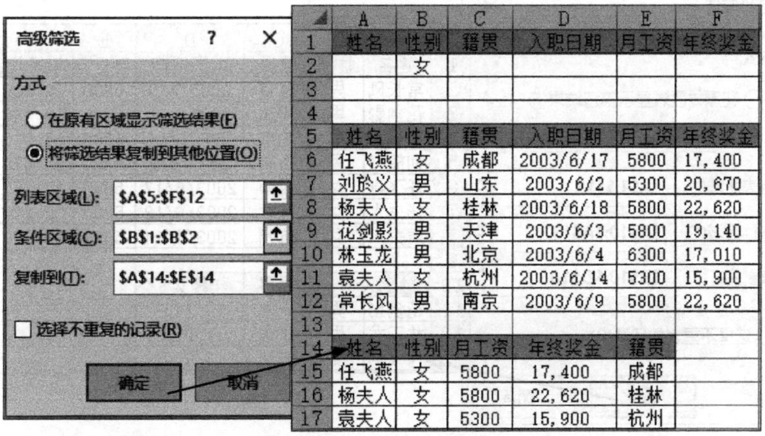

	A	B	C	D	E	F
1	姓名	性别	籍贯	入职日期	月工资	年终奖金
2		女				
3						
4						
5	姓名	性别	籍贯	入职日期	月工资	年终奖金
6	任飞燕	女	成都	2003/6/17	5800	17,400
7	刘於义	男	山东	2003/6/2	5300	20,670
8	杨夫人	女	桂林	2003/6/18	5800	22,620
9	花剑影	男	天津	2003/6/3	5800	19,140
10	林玉龙	男	北京	2003/6/4	6300	17,010
11	袁夫人	女	杭州	2003/6/14	5300	15,900
12	常长风	男	南京	2003/6/9	5800	22,620
13						
14	姓名	性别	月工资	年终奖金	籍贯	
15	任飞燕	女	5800	17,400	成都	
16	杨夫人	女	5800	22,620	桂林	
17	袁夫人	女	5300	15,900	杭州	

图9-29 减少或重组字段筛选

如果将筛选条件设置为空白区域，就会得到所保留字段下的全部数据，巧妙重组数据表。

通常情况下，“将筛选结果复制到其他位置”时，如果新区域没有数据，选择新区域的最左上角第一个单元格即可；如果新区域有标题行，就要选择新区域的完整标题（字段）行，否则，筛选结果就不能完全显示。

“将筛选结果复制到其他位置”选项，类似于执行了一次宏，执行后不能再撤销之前的任何操作，不能恢复到筛选前的状态。

9.2.7 在纵向上按子集条目筛选

有时需要按照特定条目进行匹配式筛选，这时候纵向的特定条目是数据表的一个子集，在横向上还可以同时减少或重组字段。特定条目与特定字段构成一个表，这要求数据表各条目的次序和特定条目的次序要一致，否则筛选结果会错位。这种高级筛选也被称为多对多筛选。

例9-17 如图9-30所示，拟按A10:D13区域的姓名条目和有关字段筛选。

	A	B	C	D	E	F
1	姓名	性别	籍贯	入职日期	月工资	年终奖金
2	林玉龙	男	北京	2003/6/4	6300	17,010
3	任飞燕	女	成都	2003/6/17	5800	17,400
4	杨夫人	女	桂林	2003/6/18	5800	22,620
5	袁夫人	女	杭州	2003/6/14	5300	15,900
6	常长风	男	南京	2003/6/9	5800	22,620
7	刘於义	男	山东	2003/6/2	5300	20,670
8	花剑影	男	天津	2003/6/3	5800	19,140
9						
10	姓名	性别	籍贯	年终奖金		
11	花剑影					
12	任飞燕					
13	林玉龙					

图9-30 工资奖金表、条件区域和特定字段

首先进行排序。对特定条目和数据表（数据源）的“姓名”字段都按升序排序。

然后进行高级筛选。将光标放在数据表中，调出“高级筛选”对话框。在“方式”组中选择“将筛选结果复制到其他位置”按钮，“列表区域”引用框自动填写了数据表区域，“条件区域”引用框选择A10:A13区域，“复制到”引用框选择B10:D10区域，单击“确定”按钮。如图9-31所示。

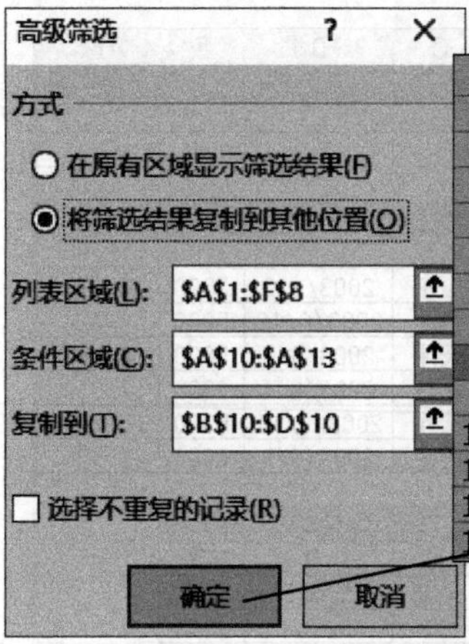

	A	B	C	D	E	F
1	姓名	性别	籍贯	入职日期	月工资	年终奖金
2	常长风	男	南京	2003/6/9	5800	22,620
3	花剑影	男	天津	2003/6/3	5800	19,140
4	林玉龙	男	北京	2003/6/4	6300	17,010
5	刘於义	男	山东	2003/6/2	5300	20,670
6	任飞燕	女	成都	2003/6/17	5800	17,400
7	杨夫人	女	桂林	2003/6/18	5800	22,620
8	袁夫人	女	杭州	2003/6/14	5300	15,900
9						
10	姓名	性别	籍贯	年终奖金		
11	花剑影	男	天津	19,140		
12	林玉龙	男	北京	17,010		
13	任飞燕	女	成都	17,400		

图9-31 按特定条目筛选

9.2.8 对两组数据进行比对式筛选

Excel高级筛选还能通过对两组数据异同的比较进行筛选，每一组数据都可以为多列数据。

例9-18 如图9-32所示，数据表A和数据表B，有异有同，请筛选A、B共有记录。

	A	B	C	D	E
1	数据表A			数据表B	
2					
3	姓名	职称		姓名	职称
4	李逵	五级		李俊	九级
5	史进	六级		武松	三级
6	穆弘	七级		柴进	四级
7	雷横	八级		李逵	五级
8	李俊	九级		史进	六级
9	阮小二	十级		雷横	八级
10	张横	十一级		穆弘	七级
11	董平	十二级			

图9-32 数据表A和数据表B

将光标放在数据表A中，调出“高级筛选”对话框。在“方式”组中选择“将筛选结果复制到其他位置”按钮，“列表区域”引用框自动填写了数据表区域，“条件区域”引用框选择D3:D10区域，“复制到”引用框选择G3单元格，单击“确定”按钮，A和B的共集就按数据A的顺序被筛选出来了。如图9-33所示。

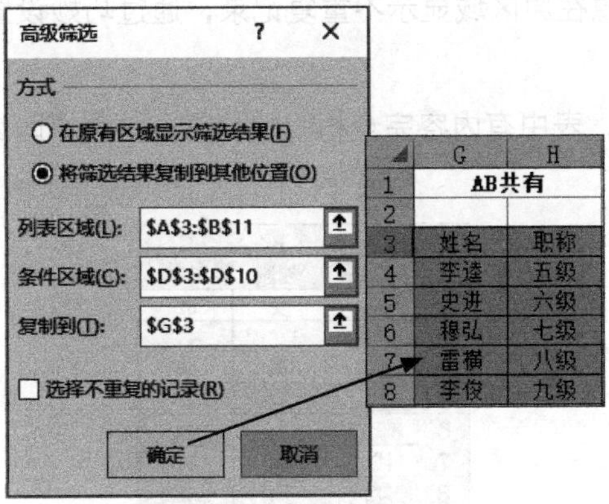

图9-33 筛选A、B共有记录

例9-19 请对上例筛选A有B无的记录。

筛选两个集合的补集，需要设置函数公式。在J2单元格输入公式“=ISERROR(MATCH(A4,$D$4:$D$500,))”。如图9-34所示。

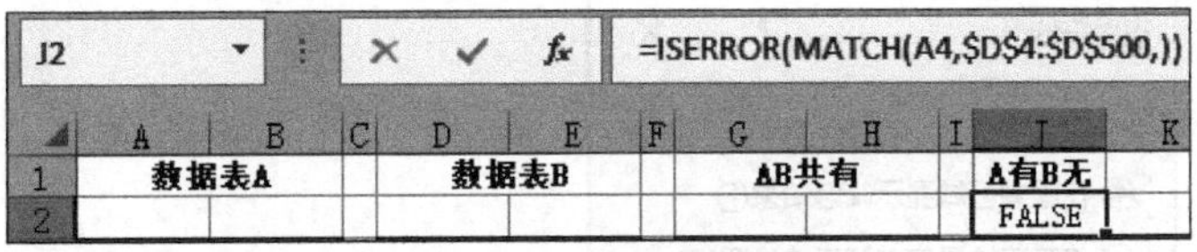

图9-34 设置A有B无的公式

式中，MATCH函数查找A4单元格姓名在D列姓名列中的位置，若得到错误值，ISERROR函数返回TRUE，这个姓名为A列独有的姓名；若得到一个数字，ISERROR函数返回FALSE，说明这个姓名是A、B共有的姓名。

调出“高级筛选”对话框。在“方式”组中选择“将筛选结果复制到其他位置”按钮，“列表区域”引用框自动填写了数据表区域，“条件区域”引用框选择J1:J2区域，“复制到”引用框选择J3单元格，单击“确定”按钮。效果如图9-35所示。

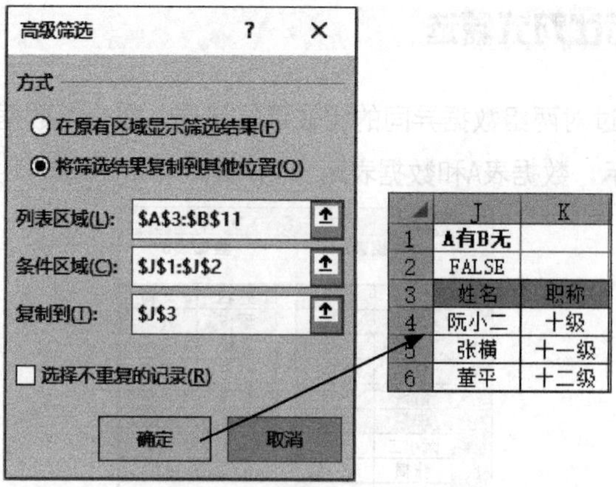

图9-35　筛选A有B无的记录

同理，可以筛选B有A无的记录，公式为“=ISERROR(MATCH(D4,$A$4:$A$500,0))”。

9.2.9 无须条件筛选不重复记录

重复记录是指一行内容完全一样的记录。Excel在“数据”选项卡的“数据工具”组中提供了“删除重复项”功能。如果想在原区域显示不重复记录，通过巧妙设置“高级筛选”对话框，可以只显示不重复记录。

例9-20 如图9-36所示，表中有内容完全相同的记录，请在原区域显示不重复记录，同时将表中的重复记录隐藏起来。

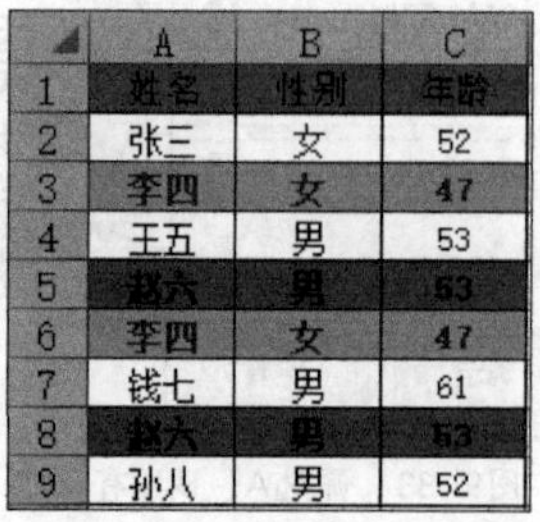

	A	B	C
1	姓名	性别	年龄
2	张三	女	52
3	李四	女	47
4	王五	男	53
5	赵六	男	53
6	李四	女	47
7	钱七	男	61
8	赵六	男	53
9	孙八	男	52

图9-36　数据表中有内容完全相同的记录

将光标放在数据表中，调出“高级筛选”对话框，勾选“选择不重复的记录”复选框，单击“确定”按钮。如图9-37所示。

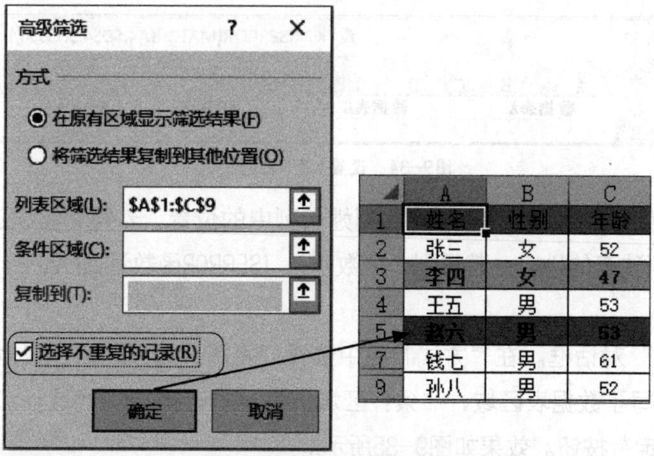

图9-37　在原区域显示不重复记录

9.2.10 录制宏以一键搞定高级筛选

如果要在一个数据表中比较频繁地进行筛选，为了避免设置“筛选”对话框的重复性劳动，可以录制宏来一键搞定高级筛选。

例9-21 需要频繁地对进货表进行筛选，如何进行一键筛选呢？初始筛选条件：品名为B，日期为2020年6月。

1. 设置筛选条件

日期为一个区间，所以需要两个“日期”字段。如图9-38所示。

	A	B	C	D	E	F
1	日期	品名	进货数量	进价	总额	日期
2	>=2020/6/1	B				<2020/7/1
3						
4						
5	日期	品名	进货数量	进价	总额	
6	2020/3/2	A	100	6	600	
7	2020/3/2	A	200	6	1200	
8	2020/3/2	B	200	7	1400	

图9-38 进货表

2. 插入表格

为了适应数据记录增减的动态变化，可以将数据表创建为“表格”。

❶ 选中数据表的任意单元格，比如A5单元格。

❷ 单击“插入”选项卡。

❸ 在“表格”组中，单击“表格”命令。

❹ 在弹出的“创建表”对话框中，直接单击“确定”按钮，一个“表格”就创建出来了。如图9-39所示。

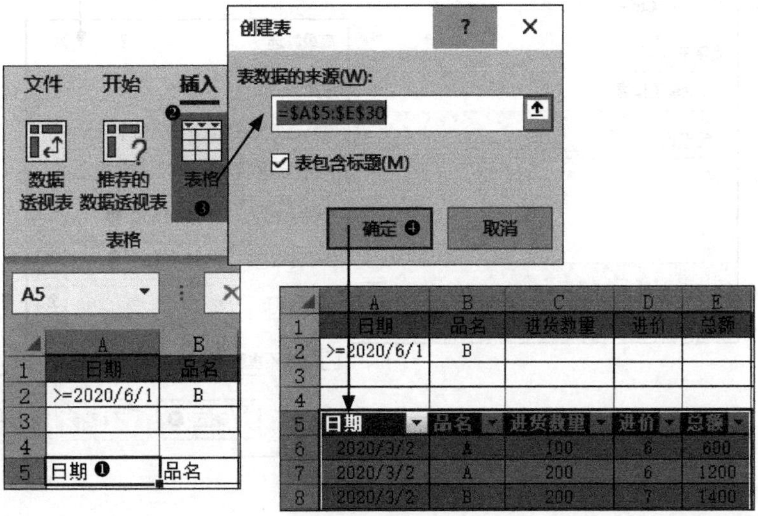

图9-39 插入表格

之后，在“表格”的行方向添加数据，表格会自动拓展行；在表格的列方向添加数据，表格会自动拓展列；拖动表格右下角的双向箭头，可以改变表格的范围大小，数据减少了，可以拖动它缩小表格范围。

3. 调出“开发工具”选项卡

在“Excel选项”对话框中，在左侧选择“自定义功能”选项，在右侧勾选“开发工具”复选框。

4. 录制宏

❶ 单击工作表状态栏中的“录制宏”按钮。

❷ 在弹出的“录制宏”对话框中，宏名默认为“宏1”，可以修改。

❸ 单击“确定”按钮，开始录制新宏。

❹ 单击“数据”选项卡。

❺ 单击“排序和筛选”组中的“高级”按钮。

❻ 在打开的“高级筛选”对话框中，单击“列表区域”右侧的引用按钮，然后用鼠标拖动选择数据表，框内将自动更改为已创建的“表格”名称“表1[#全部]”。当再次打开“高级筛选”对话框时，就会只显示引用区域。

❼ 单击“条件区域”右侧的引用按钮，用鼠标拖动选择A1:F2区域。

❽ 单击“确定”按钮，完成筛选。

❾ 单击状态栏“停止录制”按钮，第1个宏便录制成功。如图9-40所示。

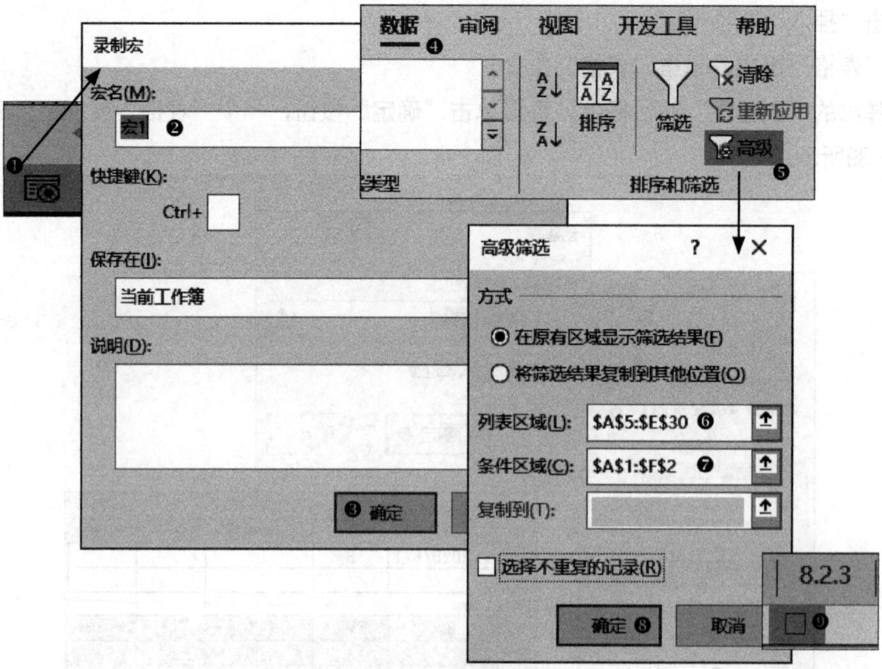

图9-40　录制宏

如果要继续录制条件区域占3行或4行的宏，请先清除筛选结果，再仿照上述步骤录制。

5. 绘制宏按钮和指定宏

❶ 单击功能区“开发工具”选项卡。

❷ 单击“控件”组中的“插入”按钮。

❸ 在下拉菜单中，单击“表单控件”菜单左上角的第一个按钮，并拖动鼠标在条件区域旁画一个矩形。

❹ 在弹出的“指定宏”对话框中，在“宏名”列表框里选择“宏1”。

❺在“指定宏”对话框中，在“位置”下拉列表框中选择文件。

❻单击“确定”按钮。

❼将按钮名称更改为“筛选”，并调整大小、位置。如图9-41所示。

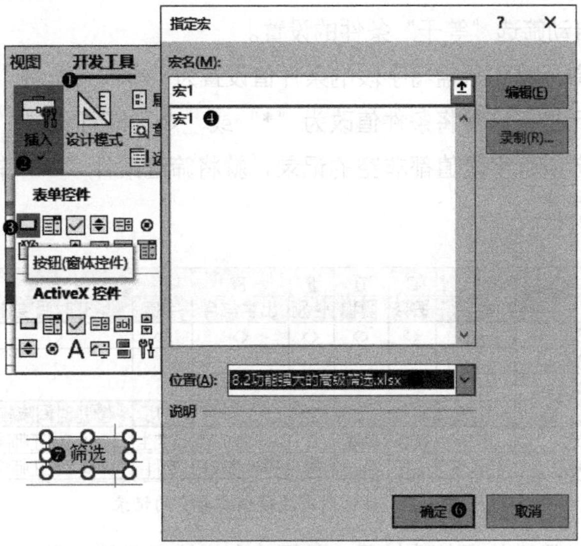

图9-41 绘制按钮和指定宏

变换筛选条件后，单击宏按钮就能一键筛选。重启计算机后，要“启用宏”才能使用一键筛选功能。

6. 文件另存为

今后要使用录制的宏，必须将文件“另存为”为“Excel启用宏的工作簿”。文件“另存为”后，后缀名就由“.xlsx”变为“.xlsm”了。

【边练边想】

1. 在高级筛选中，如何设置“介于”“其外”的条件?

2. 在高级筛选中，如何设置精确匹配的筛选条件? 比如从“姓名”字段中精确筛选姓名为“张天”的记录。

3. 在高级筛选中，如何设置条件筛选空白单元格或非空单元格?

4. Excel的自动筛选和高级筛选都能够“在原有区域显示筛选结果”，只显示符合条件的数据，应该使用什么函数进行统计分析?

【问题解析】

1. 高级筛选设置“介于”条件时，需要设置两个同名列字段，且条件放在同一行；设置“其外”条件时，条件放在同一列。如图9-42所示。

	A	B	C	D
1	介于条件			其外条件
2	数量	数量		日期
3	>=60	<=80		<2020/10/1
4				>2020/10/31

图9-42 设置“介于”“其外”的筛选条件

2. 如果要从“姓名”字段中精确筛选姓名为“张天”的记录，应设置条件“'=张天”或“="=张天"”（单引号和双引号均在英文状态下输入），这两种条件都能把条件值强制变为文本“=张天”，这相当于一个自动筛选“等于”条件的设置。

3. 如果要筛选空白单元格，只需将字段的条件值设置为“<>*”或“=”即可。

如果要筛选非空单元格，只需将条件值改为“*”或“<>”即可。“*”用于文本列，而“<>”没有限制。例如，要筛选所有字段值都非空的记录，就将筛选条件“<>”输入条件区域一行的每个单元格中，如图9-43所示。

	A	B	C	D	E	F	G	H
1	序号	姓名	职务	职称	性别	出生年月	学历	毕业时间院校
2	<>	<>	<>	<>	<>	<>	<>	<>
3								
4								
5	序号	姓名	职务	职称	性别	出生年月	学历	毕业时间院校
6	1	申林	校长	副高	女	1964/10/15	研究生	1984.8内江师院
10	5	张天东	主任	中一	男	1956/5/21	专科	1982.7长江师院

图9-43 筛选所有字段值都非空的记录

4. 应该使用SUBTOTAL函数处理筛选结果，其语法和用法详见第14章。

第10章 条件格式，动态标识突重点

在Excel中，当我们需要根据单元格的内容动态标识时，就要应用到条件格式功能。条件格式会快速、直观地突出显示数据的差异、数据的相对价值、特定值、重复值、分布模式、大致面貌、规律变化等重要信息，为数据披上一件漂亮的外衣，方便我们对数据进行可视化处理和分析，达到标识重点、以图代文，甚至提醒预警等效果。

新建条件格式有两种方式：一是通过“新建格式规则”对话框高级格式化，进行细致的设置，二是通过功能命令按钮、下拉菜单及级联菜单快速格式化。前者囊括了后者，二者的关系如图10-1所示。

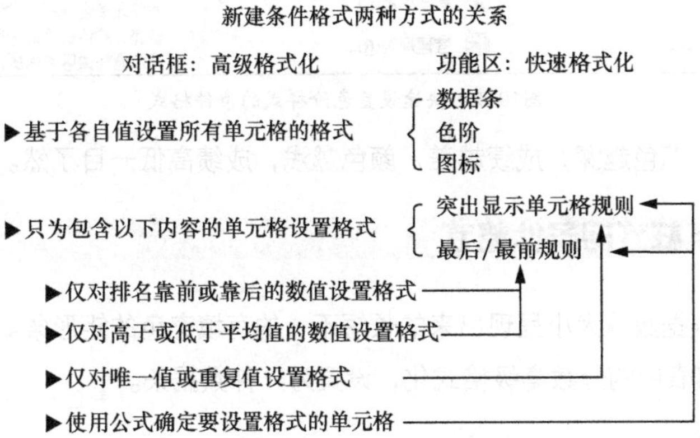

图10-1 新建条件格式两种方式的关系

在“新建格式规则”对话框中的六项规则中，最后四项其实是第二项的子项。

10.1 对所有值设置单元格格式

Excel可以“基于各自值”的大小，轻而易举地对所有单元格设置色阶、图标或数据条等条件格式。作为一种直观的指示，它能给人一个对数据的大致印象。这也是“新建格式规则”对话框里的第一条规则。

10.1.1 设置色阶样式的条件格式

所谓色阶，是指Excel根据单元格值的大小，显示有深浅层次变化的颜色。

例10-1 请将成绩表中的语文、数学分数快速格式化，为其设置一种色阶样式的条件格式。

❶ 选择数据区域。

❷ 单击“开始”选项卡。

❸ 在“样式”组中单击“条件格式”按钮。

❹ 在“色阶”菜单右侧的两大类12种色阶样式中选择一种“双色刻度”或“三色刻度”，比如“绿 - 白色阶”，数据区域便会被着色显示。如图10-2所示。

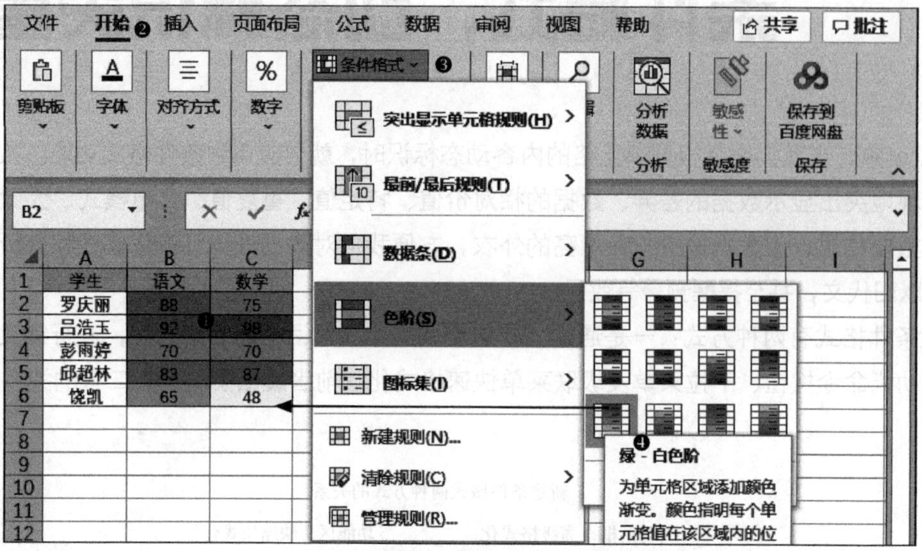

图10-2 快速设置色阶样式的条件格式

可见，成绩越好，颜色越深，成绩越差，颜色越浅，成绩高低一目了然。

10.1.2 设置数据条样式的条件格式

所谓数据条，是根据数值大小呈现出来的长短不一的有填充色的矩形条。

例10-2 请将成绩表中的分数高级格式化，设置为一种数据条。

❶ 选择数据区域。

❷ 在功能区单击“开始”选项卡。

❸ 在“样式”组中单击“条件格式”按钮。

❹ 在下拉菜单中选择“新建规则”菜单。

❺ 在弹出的“新建格式规则”对话框中，“选择规则类型”列表框已默认选择“基于各自值设置所有单元格的格式”选项。这里保持默认选择。

❻ 在“格式样式”下拉列表中选择“数据条”选项。

❼ 设置“最小值”“最大值”的“类型”。“类型”有“最低值”“数字”“公式”“百分点值”“自动”。这里保持默认设置“自动”选项。

❽ 设置“条形图外观”的“填充”“颜色”“边框”“颜色”。“填充”包括“实心填充”和“渐变填充”。“边框”包括“无边框”和“实心边框”。“颜色”中包含丰富的颜色。这里均保持默认设置。

❾单击“确定”按钮。如图10-3所示。

可见，数字越大，数据条越长，非常直观。

旋风图也叫成对条形图，常用于对比两类事物在不同特征项目上的数据情况。其特点是两组条形图沿中间的纵轴分别朝左右两个方向伸展。

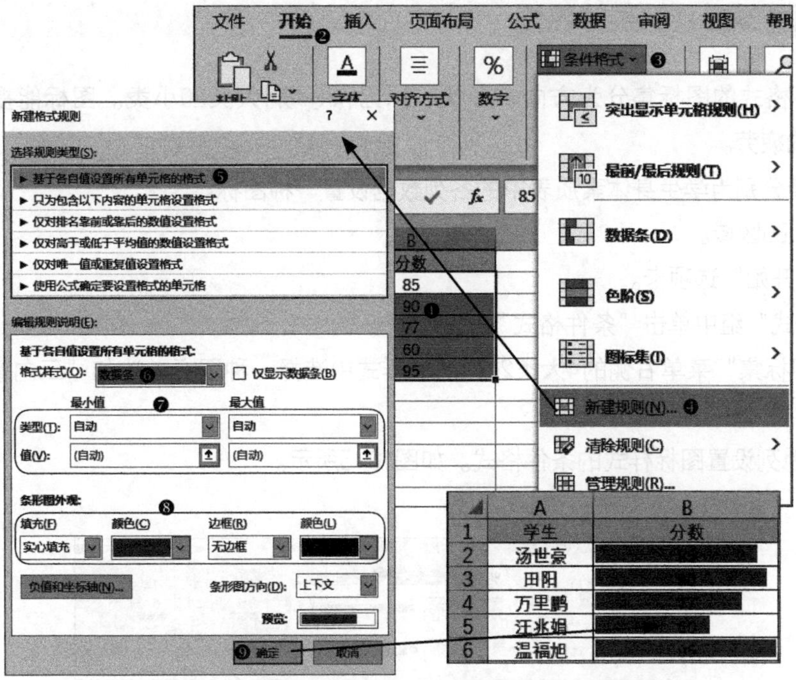

图10-3　通过高级格式化设置数据条样式的条件格式

例10-3 请使用数据条条件格式为两个球队的数据制作旋风图。

将两组数据的列宽调整为相同长度。按例10-2中的方法对右侧组数据进行设置，包括“条形图外观”。利用“新建格式规则”对话框对左侧组数据进行高级格式化时，“格式样式”选择“数据条”，同时在“条形图方向”下拉菜单中选择“从右到左”。如图10-4所示。

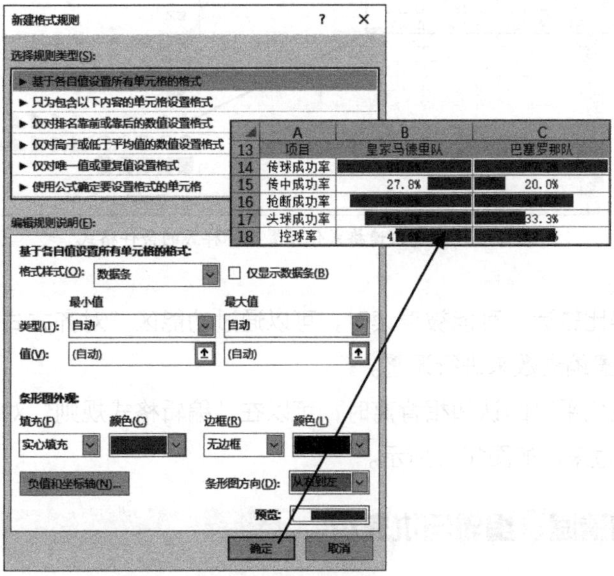

图10-4　设置旋风图条件格式

10.1.3 设置图标样式的条件格式

Excel条件格式的图标集分为方向、形状、标记和等级4大类20小类。图标能提高数据的可读性，缓解读数的疲劳。

例10-4 请分别为学生身体素质表中的各列数据设置一种图标。

❶ 选择B3:B6区域。

❷ 单击“开始”选项卡。

❸ 在“样式”组中单击“条件格式”按钮。

❹ 在“图标集”菜单右侧的4大类20种图标样式中选择一种图标，比如“三向箭头（彩色）”样式。

继续为其他列设置图标样式的条件格式。如图10-5所示。

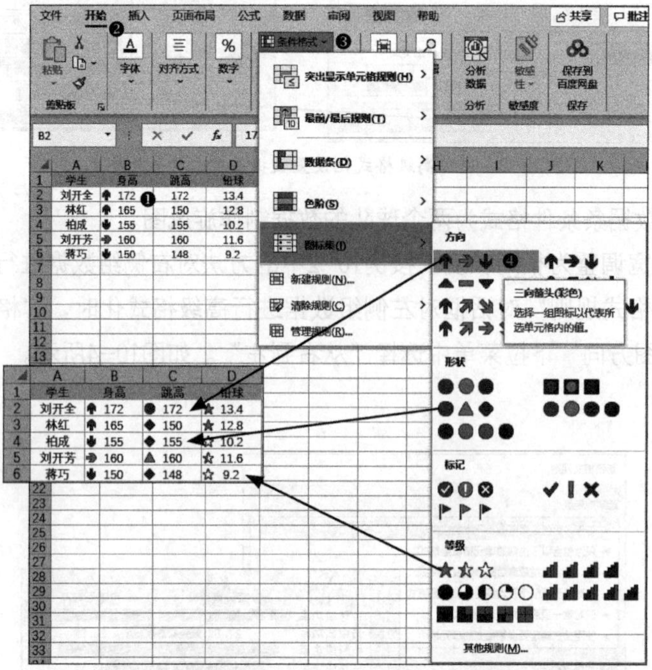

图10-5 通过快速格式化设置图标样式的条件格式

当图标和数据离得比较远，可能被误读时，可以通过功能区“对齐方式”命令，或在“设置单元格格式”对话框中设置缩进数来进行调整。

当图标的方向与我们平时的认知相背离时，可以在“编辑格式规则”对话框中使用“反转图标次序”功能将图标反转过来，如图10-6所示。

10.1.4 条件格式的清除、编辑与优先级

清除条件格式，有两种方法。一是在“开始”选项卡“条件格式”下拉菜单的“清除规则”菜单中，选择级联菜单。二是打开“条件格式规则管理器”，选中要清除的规则，单击“删除规则”按钮，进行定点清除。如图10-7所示。

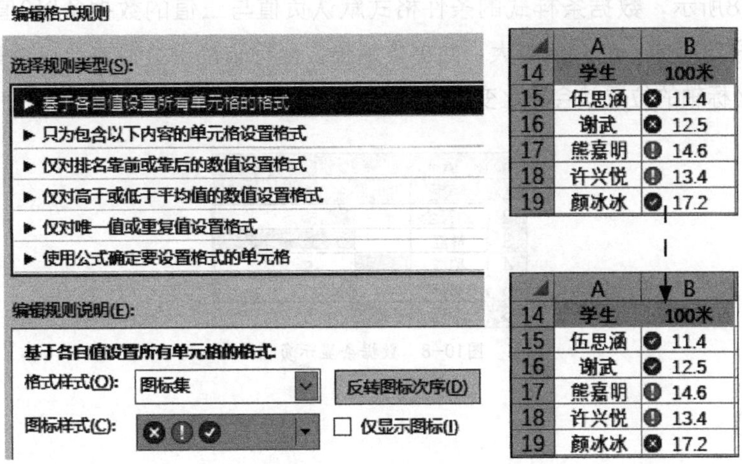

图10-6　反转图标次序

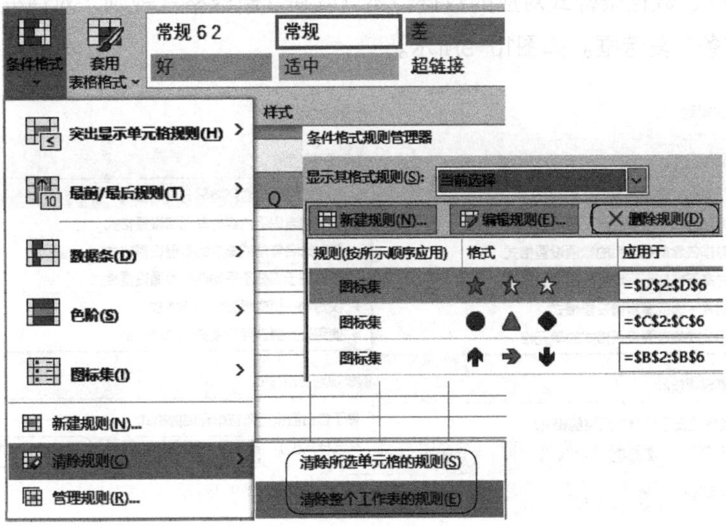

图10-7　清除条件格式的两种方法

编辑条件格式，必须打开“条件格式规则管理器”，选中要编辑的规则，单击“编辑规则”按钮。若只是更改条件格式所应用的单元格区域，可以在“应用于”框中直接修改，也可以单击“压缩对话框”按钮以临时隐藏对话框，在工作表上选择新的单元格区域，然后选择“展开对话框”按钮，从而得到新单元格区域。当然，可以通过直接复制粘贴、选择性粘贴、使用格式刷、创建表格等方法扩大条件格式的应用区域。

默认情况下，新规则总是添加到规则列表的顶部，具有较高的优先级，但选择某条规则，单击“上移”和“下移”箭头形按钮“˄ ˅”可以更改优先级顺序。这在多条规则之间有冲突时是必须的。比如，一条规则是“>0”，而另一条规则是“<5”，两条规则的交集是0~5，这时要决定使用哪一条规则的格式，就要考虑哪一条规则优先。

【边练边想】

1. 设置色阶、图标、数据条样式的条件格式时可以隐藏数据吗？
2. 如何快速计算食品保质期表中的剩余天数？该数据适合用什么样式的条件格式来表现？

3. 如图10-8所示，数据条样式的条件格式默认负值与正值的数据条以0值为坐标轴（分界线），向相反的方向延伸；绝对值越大，数据条越长；坐标轴基于负值显示在可变位置（意思是如果负值变化了，坐标轴的位置就会随之变动）。可否改变坐标轴的呈现方式呢？

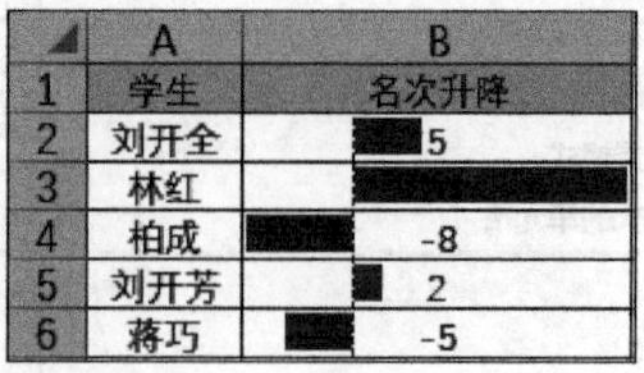

	A	B
1	学生	名次升降
2	刘开全	5
3	林红	
4	柏成	-8
5	刘开芳	2
6	蒋巧	-5

图10-8 数据条显示负值

【问题解析】

1. 要隐藏数据，可以在“设置单元格格式”对话框中将“自定义”格式设置为3个半角分号“;;;”。要隐藏图标、数据条样式对应的数据，还可以在“新建格式规则”对话框中勾选“仅显示图标”“仅显示数据条”复选框。如图10-9所示。

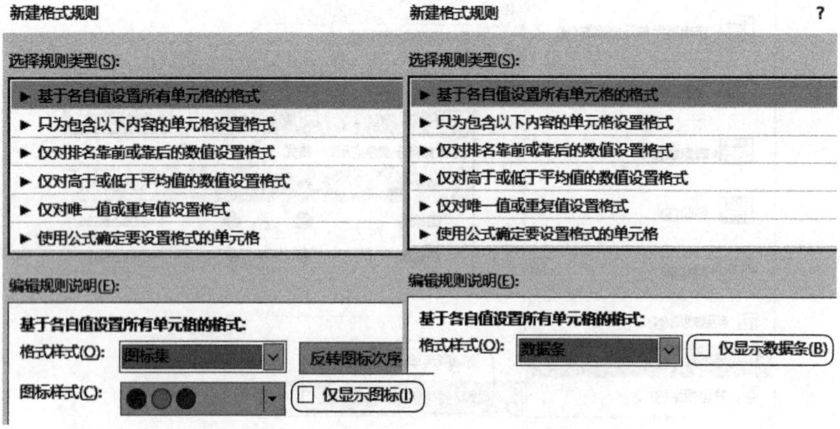

图10-9 隐藏图标、数据条样式对应的数据

2. 在D2单元格输入公式“=C2-(TODAY()-B2)”，将公式向下填充。剩余天数可能有负数，适合选择数据条样式的条件格式。如图10-10所示。

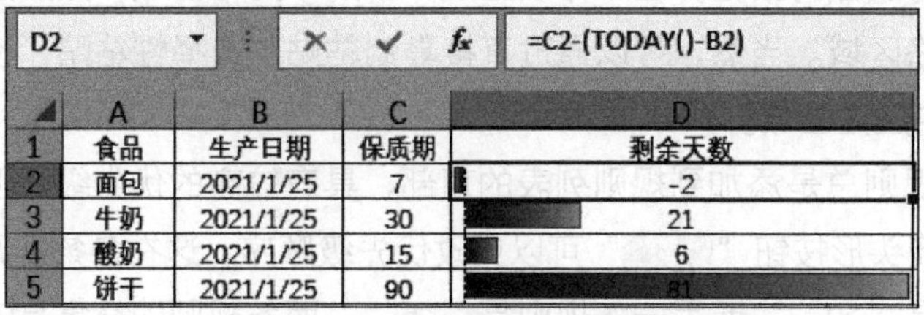

	A	B	C	D
1	食品	生产日期	保质期	剩余天数
2	面包	2021/1/25	7	-2
3	牛奶	2021/1/25	30	21
4	酸奶	2021/1/25	15	6
5	饼干	2021/1/25	90	81

图10-10 为剩余天数设置数据条样式的条件格式的效果

3. 在“新建格式规则”对话框或“编辑格式规则”对话框，选择“格式样式”为“数据条”后，单击“负值和坐标轴”按钮，在弹出的“负值和坐标轴设置”对话框的“坐标轴设置”组中，单击“单元格中点值”单选按钮或“无(按正值条形图的相同方向显示负值条形图)”单选按钮。单击“确定”按钮两次，完成设置或修改。如图10-11所示。

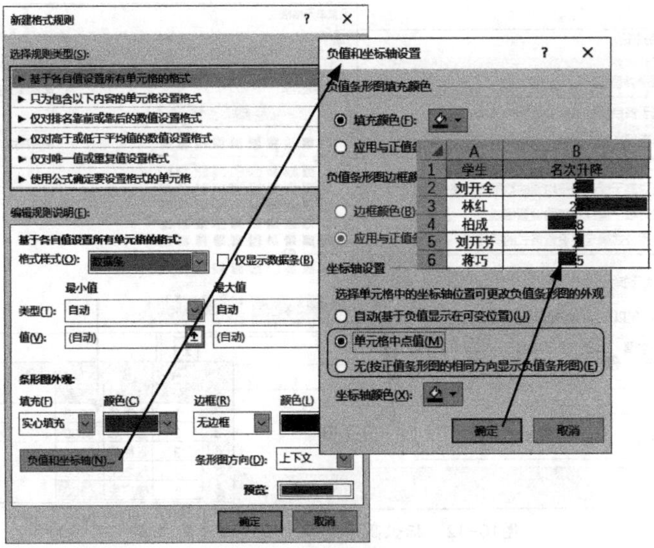

图10-11　改变坐标轴的呈现方式

10.2　为特定值设置单元格格式

满足一定条件的数据就是特定值，这是针对10.1节的所有值而言的。为特定值设置条件格式的应用十分，相当于为一些值贴上特定的标签，方便查看。

10.2.1 为单元格值设置单元格格式

在Excel中，以数值比较为条件的情况更常见。

例10-5 请标识高于或等于某个额度（如6000元）的工资。

在“开始”选项卡“条件格式”下拉菜单的“突出显示单元格规则”的级联菜单下，只有“大于”“小于”“介于”“等于”等选项，没有“大于或等于”选项。本例需要用到高级格式化。

选择数据区域，调出“新建格式规则”对话框，然后按如下步骤操作。

❶ 在“选择规则类型”列表框中选择“只为包含以下内容的单元格设置格式”选项。

❷ 在“只为满足以下条件的单元格设置格式”左侧下拉列表中已默认选择“单元格值”，这里保持默认设置。在下拉列表中还有“特定文本”“发生日期”“空值”“无空值”“错误”“无错误”等选项。

❸ 在中部的下拉列表中选择“大于或等于”选项。该下拉列表中除了“开始”选项卡“条件格式”下拉菜单的级联菜单中的“大于”“小于”“介于”“等于”选项，还有“未介于”“不等于”“大于或等于”“小于或等于”选项。

❹ 在右侧引用框中输入“=$E$2”，或将光标放置于框内，选择E2单元格。

❺ 单击“格式”按钮。

❻ 在打开的“设置单元格格式”对话框中，选择“填充”选项卡。

❼ 从背景色中选择合适的颜色。

最后，单击“确定”按钮两次。如图10-12所示。

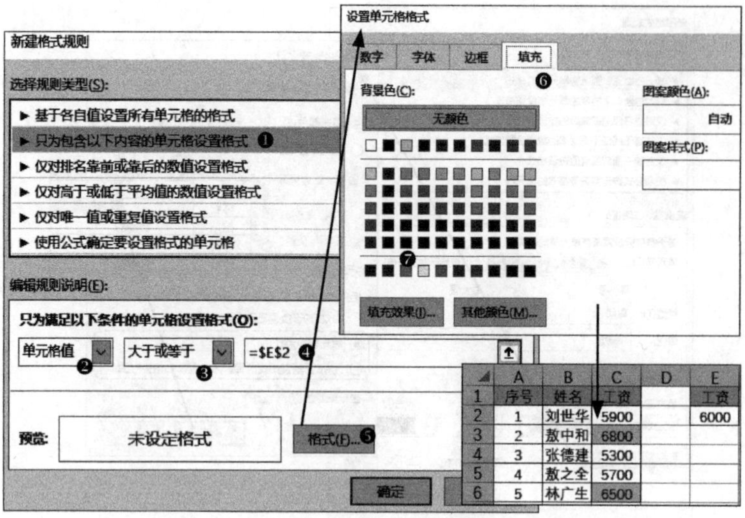

图10-12 标识高于或等于某个额度的工资

因额度工资引用了单元格，因而条件格式就会随着所引用单元格值的变化而变化。

10.2.2 为特定文本设置单元格格式

在Excel中，除数值以外的数据都可以叫作文本。

例10-6 请在表中标识“毕业时间及院校”列中包含“四川”二字的数据。

在“开始”选项卡“条件格式”下拉菜单的“突出显示单元格规则”级联菜单下，有“文本包含”选项，本例就用它来进行快速格式化。

❶选择数据区域。

❷单击“开始”选项卡。

❸在“样式”组中单击“条件格式”按钮。

❹在下拉菜单中选择“突出显示单元格规则”级联菜单，选择“文本包含”选项。

❺在弹出的“文本中包含”对话框中，在左侧的引用框中输入“四川”。

❻在右侧“设置为”下拉列表中选择一种格式，这里选择默认的“浅红填充色深红色文本”，这时Excel会提供所选择数据区域采用该格式的效果的预览。

❼单击“确定”按钮，完成设置。如图10-13所示。

如果要通过高级格式化进行标识，就在“新建格式规则”对话框中“只为满足以下条件的单元设置格式”下的左侧下拉列表中选择“特定文本”，在中部的下拉列表中选择“包含”选项（除此文外，该下拉列表中还有“不包含”“起于”“止于”等选项）。当然，还要进行具体的格式设置。

10.2.3 为发生日期设置单元格格式

Excel条件格式中的“发生日期”是以计算机系统当前日期为基准进行动态计算的。在默认情况下，Excel中的天数是 1（星期日）到 7（星期六）范围内的整数，与咱们习惯中的“1（星期一）到7（星期日）”是不同的，这一点在涉及“上周”“本周”时要注意。

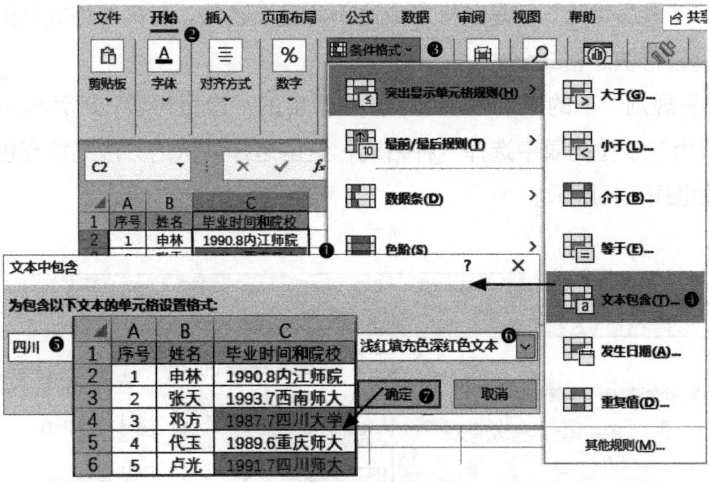

图10-13 标识包含“四川”二字的数据

例10-7 如果计算机系统当前日期为2021年1月25日，要在入库表中标识“入库日期”为“最近7天”的日期，应该如何操作呢?

要通过“发生日期”标识单元格，高级格式化和快速格式化的选项完全相同，本例就进行快速格式化。

选择“突出显示单元格规则”中的“发生日期”，在弹出的“发生日期”对话框中，在左框的下拉列表中选择“最近7天”，在右框“设置为”下拉列表中选择一种格式，这里选择默认的“浅红填充色深红色文本”，单击“确定”按钮，完成设置。如图10-14所示。

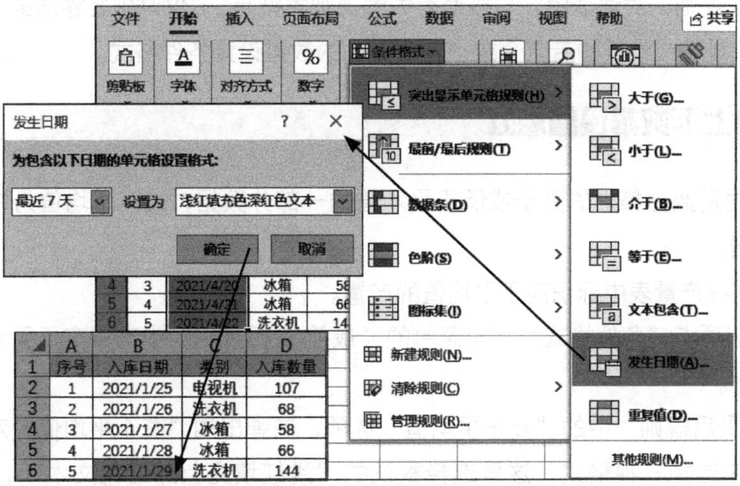

图10-14 标识“最近7天”的日期

10.2.4 为极值数据设置单元格格式

极值数据是数据集的末端数据，是以极值为起点的数个数据，也就是“排名靠前或靠后”的数值。

例10-8 请在成绩表中标识最后两名的分数。

在“开始”选项卡“条件格式”下拉菜单的“最前/最后规则”选项中，“前10项”“前

10%”“最后10项”“最后10%”，是从排名或比例角度表述的，与高级格式化的表述略有不同，但实质是一样的。本例进行快速格式化。

选择“最前/最后规则”下的“最后10项”，在弹出的“最后10项”对话框中，在左侧框中输入“2”,在右侧“设置为”下拉列表中选择一种格式，这里选择默认的“浅红填充色深红色文本”，单击“确定”按钮。如图10-15所示。

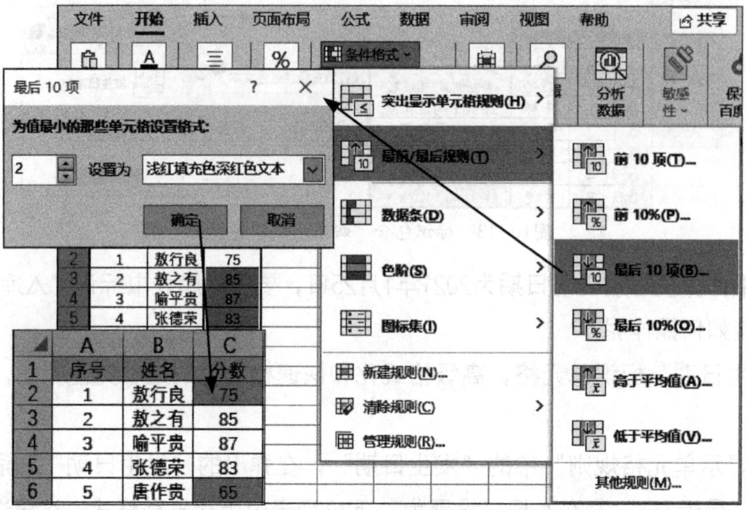

图10-15 标识最后两名的分数

在“新建格式规则”对话框中，与极值有关的规则类型是 “仅对排名靠前或靠后的数值设置格式”，可以对数值最高或最低的若干个或一定百分比的数值设置条件格式。

10.2.5 对均值上下数据设置格式

均值上下数据是数据集里的高于或低于平均值的一部分数据，或以平均值为中心，标准偏差在一定范围内的数据。

例10-9 请在在产量表中标识高于平均值的产量。

在“开始”选项卡“条件格式”下拉菜单的“最前/最后规则”中有“高于平均值”选项，本例就进行快速格式化。

选择“最前/最后规则”中的“高于平均值”选项，在弹出的“高于平均值”对话框中，在“设置为”下拉列表中选择一种格式，这里选择默认的“浅红填充色深红色文本”，单击“确定”按钮。如图10-16所示。

在“新建格式规则”对话框中，与均值有关的规则类型是“仅对高于或低于平均值的数值设置格式”。在“为满足以下条件的值设置格式”的下拉列表中，“高于”“低于”选项分别相当于快速格式化菜单中的“高于平均值”“低于平均值”，此外还有“等于或高于”“等于或低于”“标准偏差高于1”“标准偏差低于1”“标准偏差高于2”“标准偏差低于2”“标准偏差高于3”“标准偏差低于3”等8个选项。与标准偏差有关的选项在统计分析中有实际用途。

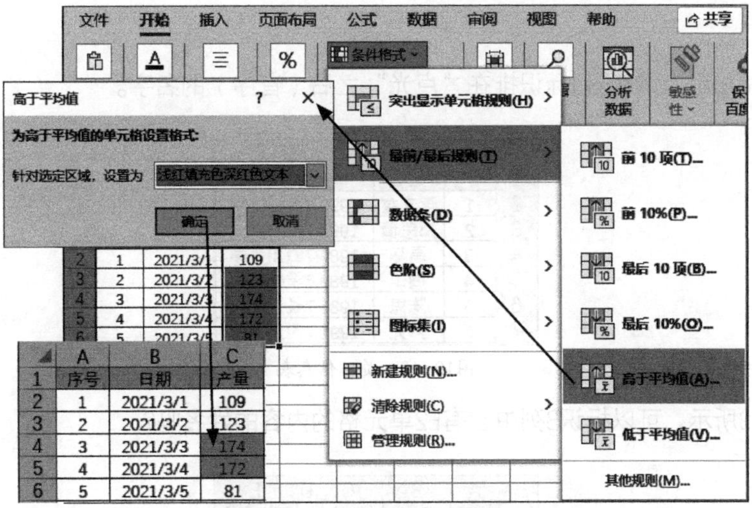

图10-16　标识高于平均值的产量

10.2.6 仅对唯一值或重复值设置格式

在设置条件格式时，对一组数据而言，唯一值与重复值是“互补”的。这与唯一值清单是不同的，唯一值清单除了这里所说的唯一值，还包括这里所说的重复值去重后的值。

例10-10 请检查座位表中有无重复值，如有，请标识出来。

在“开始”选项卡“条件格式”下拉菜单的“突出显示单元格规则”中有“重复值”选项，本例就进行快速格式化。

选择“突出显示单元格规则”菜中的 “重复值”选项，在弹出的“重复值”对话框中，在左侧框中选择“重复”选项，在右侧框中保持默认设置，单击“确定”按钮。如图10-17所示。

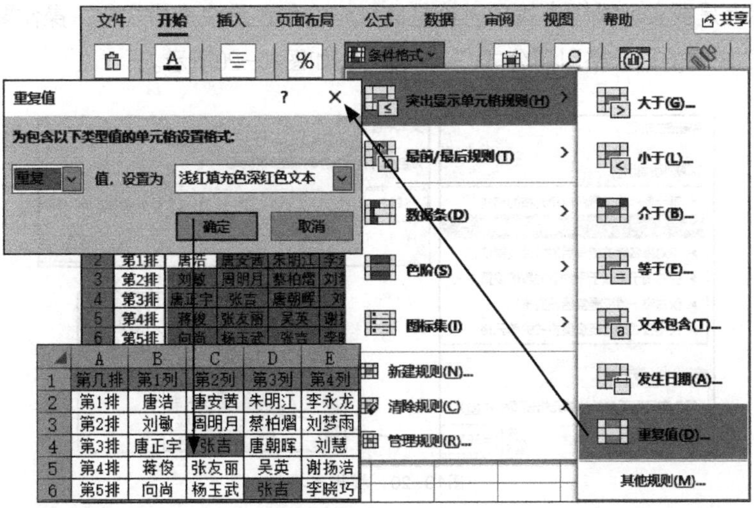

图10-17　标识重复值

在“新建格式规则”对话框中，与唯一值或重复值有关的规则类型是“仅对唯一值或重复值设置格式”。

【边练边想】

1. 如图10-18所示，请在B列标识排在“卢光”之后（音序）的名字。

	A	B	C
1	序号	姓名	毕业时间院校
2	1	李文鑫	1990.8内江师院
3	2	郑思倩	1993.7西南师大
4	3	高杨	1987.7四川大学
5	4	周琪	1989.6重庆师大
6	5	陈思	1985.7长江师院
7	6	卢光	1991.7四川师大

图10-18 员工信息表

2. 如图10-19所示，可以标识B列中含有E2单元格的内容的姓名吗？

	A	B	C	D	E
1	序号	姓名	学历		模糊查找
2	1	肖贤君	研究生		海
3	2	巫中林	本科		
4	3	祝良军	本科		
5	4	海维清	研究生		
6	5	夏永洪	本科		
7	6	陈海军	本科		

图10-19 员工学历表

3. 错误值影响美观，干扰阅读，如何设置条件格式来隐藏错误值呢？

【问题解析】

1. 快速格式化：选择“突出显示单元格规则”菜单下的“大于”选项，在弹出的“大于”对话框中，在左侧的引用框中输入“卢光”，在右侧“设置为”下拉列表中选择一种格式，单击“确定”按钮。

2. 本例实际上是要实现模糊查找。无论是高级格式化还是快速格式化，操作要点都是在引用框中填写所要查找的内容的单元格引用公式“=$E$2”。如图10-20所示。

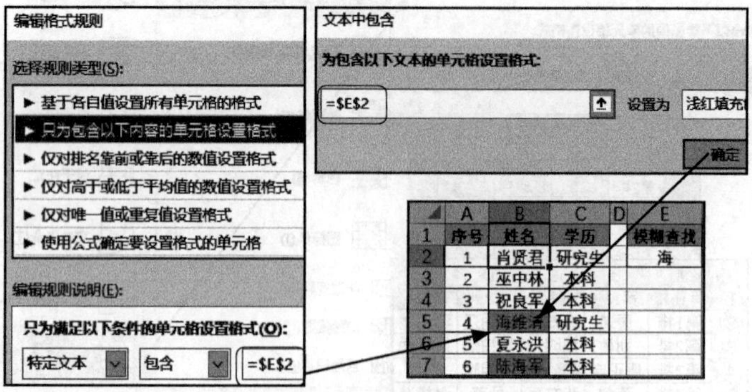

图10-20 模糊查找

3. 选择数据区域，打开“新建格式规则”对话框。在“选择规则类型”列表框中选择“只为包含以下内容的单元格设置格式”选项，在“只为满足以下条件的单元格设置格式”下的下拉列表中选择“错误”选项，单击“格式”按钮，在打开“设置单元格格式”对话框中，选择“字体”选项卡，在“颜色”下拉列表中选择白色（与单元格底色同色），然后单击“确定”按钮两次。如图

10-21所示。

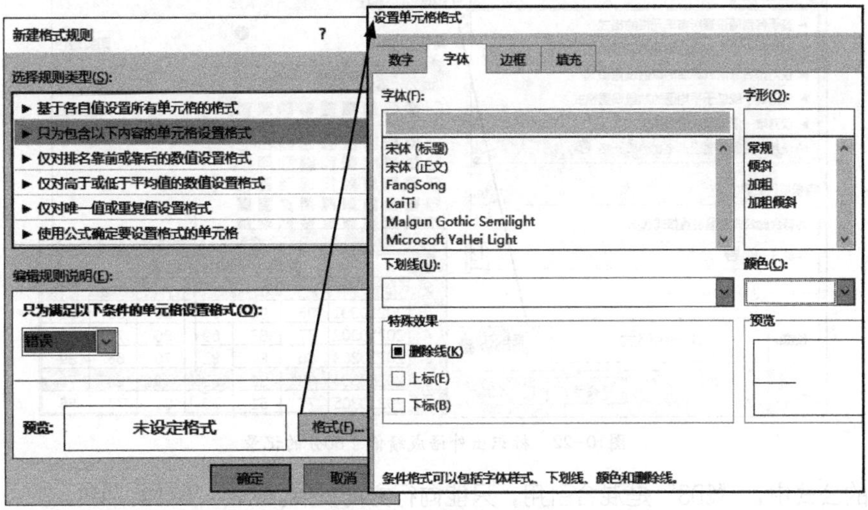

图10-21 隐藏错误值

10.3 使用公式自定义单元格格式

当公式值为TRUE或为不等于0的数值时，Excel会根据设定的格式进行标识。由于函数公式灵活多变，因而该类条件格式丰富多彩。

10.3.1 按学科条件标识记录

快速格式化和高级格式化都只能对单个数据进行标识，而自定义条件格式可以对记录或字段进行标识。记录是指一行数据，字段是指一列数据。

例10-11 外语教师想了解后进生情况，请标识外语成绩低于60分的记录。

选择A3:G7区域，调出“新建格式规则”对话框，然后按如下步骤操作。

❶ 在“新建格式规则”对话框的“选择规则类型”列表框中选择“使用公式确定要设置格式的单元格”选项。

❷ 在“为符合此公式的值设置格式”框中输入公式“=$D3<60”。

❸单击“格式”按钮。

❹在“设置单元格格式”对话框中，选择“填充”选项卡。

❺从背景色中选择合适的颜色。

最后单击“确定”按钮两次。如图10-22所示。

在Excel中，要注意公式填充中A1引用样式的变化规律。

$A$1：绝对引用，向右向下填充时，行号、列标都不变化。

A1：相对引用，向右向下填充时，行号、列标都会变化。

A$1：混合引用，列相对引用，行绝对引用，向右填充时列标变化，向下填充时行标不变化。

$A1：混合引用，列绝对引用，行相对引用，向右填充时列标不变化，向下填充时行标变化。

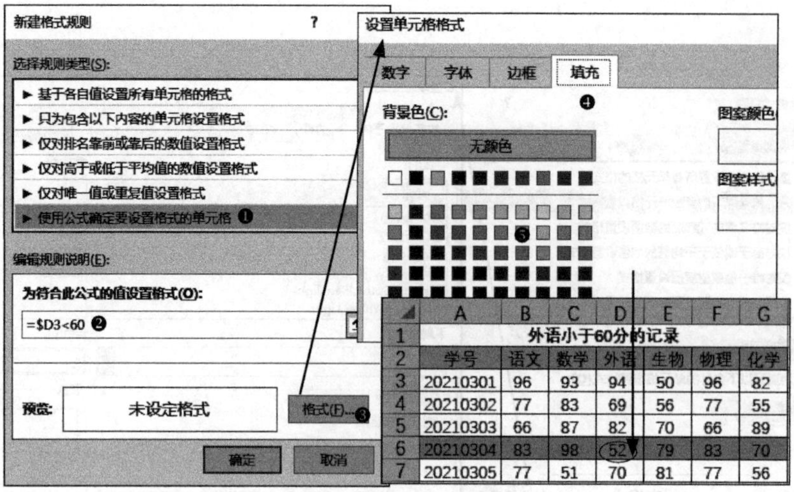

图10-22　标识出外语成绩低于60分的记录

在本例的公式中，“$D3”是混合引用，只能向行方向扩展。

条件格式公式，可在工作表单元格中测试后再复制并进行应用，这样可显著提高工作效率。引用单元格时，按F4键可在引用类型之间切换。

例10-12 如果上例的成绩是毕业成绩，毕业成绩达到两科不合格就不能发放结业证，班主任要标识至少两科成绩低于60分的记录这些科目的分数，应该如何操作呢？

标识至少两科成绩低于60分的记录。选择A13:G17区域，标识记录的条件格式公式为“=COUNTIF($B13:$G13,"<60")>1”，选择一种填充色，效果如图10-23所示。

	A	B	C	D	E	F	G
11	至少两科成绩低于60分的记录						
12	学号	语文	数学	外语	生物	物理	化学
13	20210301	96	93	94	50	96	82
14	20210302	77	83	69	56	77	55
15	20210303	66	87	82	70	66	89
16	20210304	83	98	52	79	83	70
17	20210305	77	51	70	81	77	56

图10-23　标识至少两科成绩低于60分的记录

公式中，COUNTIF函数统计每行小于60分的单元格个数，“$B13:$G13”是混合引用，只能向行方向扩展。

标识这些记录中的不合格分数。选择A23:G27区域，标识分数的条件格式公式为“=(COUNTIF($B23:$G23,"<60")>1)*(B23<60)”或“=AND(COUNTIF($B23:$G23,"<60")>1,B23<60)”，效果如图10-24所示。

	A	B	C	D	E	F	G
21	至少两科成绩低于60分的记录中的不合格分数						
22	学号	语文	数学	外语	生物	物理	化学
23	20210301	96	93	94	50	96	82
24	20210302	77	83	69	56	77	55
25	20210303	66	87	82	70	66	89
26	20210304	83	98	52	79	83	70
27	20210305	77	51	70	81	77	56

图10-24　标识至少两科成绩低于60分的记录中的不合格分数

10.3.2 标识两列数据的异同

在工作中，我们经常会遇到名单、品名等的比较。

例10-13 请标识两组名单中相同的姓名。

选择A2:A7区域，条件格式公式为“=COUNTIF($C$2:$C$6,$A2)>0”或“=MATCH($A2,$C:$C,)”，选择一种填充色。

同理，为C3:C6区域设置条件格式，公式为“=COUNTIF($A$2:$A$7,$C2)>0”或“=MATCH($C2,$A:$A,)”。

两列相同的数据就标识出来了，如图10-25所示。

	A	B	C
1	A		B
2	唐浩		林艳
3	刘敏		唐浩
4	唐正宇		刘敏
5	向尚		唐正宇
6	林燕		向尚
7	杨芳		

图10-25 标识出两组名单中相同的姓名

在A2:A7的条件格式公式中，MATCH函数精确返回A2单元格的值在C列中的相对位置，第三个参数为FALSE、0或省略0，都表示完全匹配、精确查找。

10.3.3 标识双休日和截止日期

有时，我们可能希望符合特殊条件的日期所在的单元格或记录能够突出显示，以示提醒。

例10-14 请在订单表中标识双休日日期的记录。

选择A3:C10区域，条件格式公式为“=OR(WEEKDAY($B3,2)=6,WEEKDAY($B3,2)=7)”或“=(WEEKDAY($B3,2)=6)+(WEEKDAY($B3,2)=7)”，选择一种填充色，效果如图10-26所示。

	A	B	C
1		双休日提醒	
2	客户	订购日期	订量
3	赵四	2020/10/3	8
4	李丽	2020/10/4	9
5	子午	2020/10/5	26
6	韩明波	2020/10/6	14
7	李明	2020/10/7	6
8	王可	2020/10/8	7
9	方欣	2020/10/9	14
10	朱兴	2020/10/10	10

图10-26 标识出双休日日期的记录

式中，WEEKDAY函数返回某个日期对应的是一周中的第几天，当第二个参数为2时，返回数字1（星期一）到7（星期日），也就是说这时Excel把星期一视为一周的第一天。

在工程建设、科研管理等工作中，截止日期到来之前的若干天，需要提醒经办人员注意截止日期，以免误了大事。

例10-15 请在课题表中标识截止日期在30日内的记录。C12单元格已被设置成自定义格式“0日内”，数值可根据需要调整。

选择A15:C19区域，条件格式公式为“=AND($C15>TODAY(),$C15-TODAY()<$C$13)”或“=AND($C15>TODAY(),$C15-TODAY()<$C$13)”，选择一种填充色，效果如图10-27所示。

C13 | fx | 30

	A	B	C
13		截止日期提醒	30日内
14	课题	开始日期	截止日期
15	课题A	2018/8/31	2021/8/31
16	课题B	2018/2/10	2021/2/10
17	课题C	2019/10/31	2022/10/31
18	课题D	2019/10/31	2022/10/31
19	课题E	2019/10/31	2022/10/31

图10-27 标识出截止日期在30日内的记录

10.3.4 标识按月达到的汇总数

有时需要按月份汇总数据，当总数达到一定数量时予以提醒。

例10-16 请在加班表中标识某月加班时数达到150小时的记录。

选择A2:C9区域，条件格式公式为“=SUMPRODUCT((MONTH($A$2:$A$9)=MONTH(A2))*$C$2:$C$9)>$E$2”，选择一种填充色，效果如图10-28所示。

	A	B	C	D	E
1	日期	组长	加班时数		按月达到的时数
2	2020/7/8	刘开海	25		150
3	2020/7/15	林红	21		
4	2020/8/12	柏成	35		
5	2020/8/19	刘开芳	20		
6	2020/8/26	蒋巧	22		
7	2020/9/16	王丽春	130		
8	2020/9/23	张洋	25		
9	2020/10/15	李红	10		

图10-28 标识出某月加班时数达到150小时的记录

式中，首先使用两个MONTH函数判断月份是否相同，然后利用SUMPRODUCT函数统计每月的数量，最后用每月的数量与E2单元格的值“150”进行比较。SUMPRODUCT函数在给定的几组数组中，将数组间对应的元素相乘，并返回乘积之和。

10.3.5 标识隔行或隔项的记录

数据表行数列数过多时，难免看错行，使得“牛头不对马嘴”。设置条件格式隔行或隔项着色，能有效避免看错行情况的发生。

例10-17 请在员工信息表中每隔一行记录就标识一种填充色。

选择A3:E8区域，条件格式公式为“=MOD(ROW(),2)=1”，选择一种填充色，效果如图10-29所示。

	A	B	C	D	E
1	隔行着色				
2	序号	姓名	性别	出生年月	年龄
3	1	李倩倩	女	1977/6/3	43
4	2	范建明	男	1971/3/23	49
5	3	张国栋	男	1985/7/25	35
6	4	方雅丹	女	1984/1/7	37
7	5	刘长坤	男	1972/10/22	48
8	6	陈凯	男	1975/11	45

图10-29 隔行标识填充色的效果

式中，ROW函数获取当前单元格的行号，MOD函数返回两数相除的余数，除数为“2”，奇数除以2的余数为1，偶数除以2的余数为0。余数与“1”比较大小，则奇数行得到TRUE，偶数行得到FALSE。

若想偶数行着色，公式要改为“=MOD(ROW(),2)=0”。若想隔两行着色，公式改为“=MOD(ROW(),3)=1”“=MOD(ROW(),3)=2”或“=MOD(ROW(),3)=0”，并且分别从第1行、第2行、第3行开始着色。

如果数据按项目排列，Excel还可以设置条件格式隔项着色。

例10-18 座签表按班级排序，请按班级标识一种填充色。D12:D22区域的自定义格式为“0班”。

选择A12:E22区域，条件格式公式为“=ISEVEN($D12)”，选择一种填充色，效果如图10-30所示。

	A	B	C	D	E
10	隔项着色				
11	考室	楼号	考号	班级	姓名
12	1考室	笃301	270010002	1班	张清
13	1考室	笃301	270010009	1班	吕亚男
14	2考室	笃302	270010050	1班	陈露
15	3考室	笃304	270010131	1班	唐秀梅
16	1考室	笃301	270020037	2班	胡涯
17	1考室	笃302	270020064	2班	郑佳玮
18	2考室	笃302	270020067	2班	邬贵华
19	3考室	笃303	270020097	2班	吴鑫琳
20	1考室	笃301	270030017	3班	罗俊

图10-30 隔项着色的效果

式中，ISEVEN函数用于判断数据是否为偶数。

D12:D22区域若为文本，公式可改为“=MOD(ROUND(SUM(1/COUNTIF($D$12:$D12,$D$12:$D12)),),2)”。式中，COUNTIF函数计算区域内满足条件的个数，SUM计算不重复项的个数，为避免数组公式“1/COUNTIF”部分所造成的浮点运算问题，用ROUND函数四舍五入。最后用MOD函数获取两数相除的余数。

10.3.6 通过标识突出显示距离矩阵的对称性

聚类分析要用到距离矩阵，距离矩阵数据右上部和左下部对称，对角线上的数据为1或0。聚类分析经常根据最短距离法归类，即根据最小值进行聚类分析。

例10-19 请将距离矩阵的右上部标识出来，以突出显示距离矩阵的对称性，同时将最小值标识出来以方便进行聚类分析。

选择B2:H8区域，条件格式公式为“=COLUMN()>(ROW($B1))”，选择一种填充色。

同理，再为B2:H8区域设置一个条件格式，公式为“=B2=MIN(IF($B$2:$H$8,$B$2:$H$8))”。在“新建格式规则”对话框，单击“格式”按钮，打开“设置单元格格式”对话框。然后选择“字体”选项卡，在“字形”列表中选择“加粗”，在“颜色”列表中选择“红色”，在“特殊效果”组中选择“删除线”。单击“确定”按钮。

如图10-31所示。

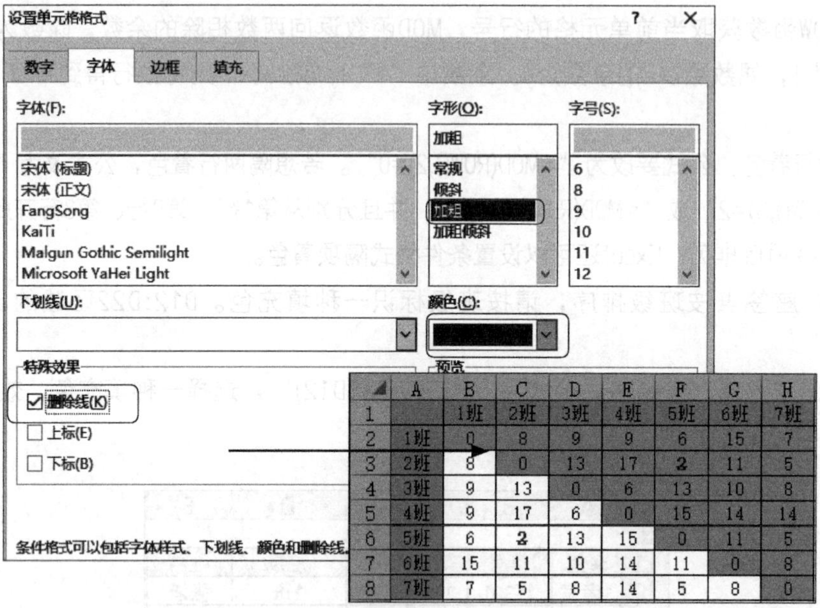

图10-31 标识出距离矩阵的右上部和最小值

式中，COLUMN函数获取的当前列列标与ROW函数获取的行号作比较，结果为TRUE或FALSE。

10.3.7 科学校验身份证号码

身份证号码效验有一套科学的方法。前17位数的每一位数都有一个权重，数字与权重的乘积之和除以11，看余数对应的效验码与身份证号码最后一位数是否相等。若相等，则身份证号码为真；否则，为假。

例10-20 请将有错的身份证号码标识出来。

选择B2:B18区域，条件格式公式为“=VLOOKUP(MOD(SUMPRODUCT(VALUE(MID($B2,ROW($1:$17),1)),$D$2:$D$18),11),$E$2:$F$12,2,FALSE)<>IF(RIGHT($B2)=”X”,”X”,RIGHT($B2)*1)”，选择一种填充色，效果如图10-32所示。

式中，ROW函数获取的行号为“{1;2;3;4;5;6;7;8;9;10;11;12;13;14;15;16;17}”。MID函数从B3单元格的身份证号码中依次取出“1”位数，得到数组“{"4";"2";"0";"1";"8";"1";"1";"9";"9";"5";"1";"0";"0";"4";"0";"4";"3"}”。VALUE函数将这些文本数字转化为数值型数组“{4;2;0;1;8;1;1;9;9;5;1;0;0;4;0;4;3}”。SUMPRODUCT函数将这些数字与D2:D18区域的权重相乘并得到和“248”。MOD得到余数“6”。VLOOKUP则从E2:F13查找此数对应的效验码，为“6”。再与身份证号码最后一位数“6”比较。比较结果为FALSE，则不显示所设置的格式。IF函数公式段是对RIGHT函数返回的末位字符进行判断，若为

“X”，则为其本身，否则通过“*1”将文本型数据转化为数值型数据。

	A	B	C	D	E	F
1	姓名	身份证号码		权重	余数	效验码
2	卜泰	420181199510040436		7	0	1
3	丁敏尹	510231198109240342		9	1	0
4	马法通	420181199510041144		10	2	X
5	卫天望	510212198202121613		5	3	9
6	卫四娘	510231197211162075		8	4	8
7	小翠	510229196508184674		4	5	7
8	小虹	510214197503121519		2	6	6
9	小玲	510231196810192319		1	7	5
10	小凤	510231196310091234		6	8	4
11	小昭	51021219700624286X		3	9	3
12	卫璧	500383198901064952		7	10	2
13	王难姑	510231196303276892		9		
14	元广波	500234198711123015		10		
15	邓愈	510229196903230386		5		
16	方天劳	510231197210142777		8		
17	云鹤	500103198904230626		4		
18	韦一笑	51023119620504131X		2		

图10-32　身份证号码校验的效果

10.3.8 制作项目子项进度图

项目进度图也叫甘特图，可以展示子项的进度情况，是工程管理中常用的重要图表之一。在Excel中，利用条件格式就能实现甘特图的效果。

例10-21 请根据进度表的数据制作甘特图，并根据当日分界线将图分成之前和今后两部分。当日为2021年2月4日。

将B2:B6区域的单元格格式设置为日期格式“3月14日”，将D1:P1区域设置为自定义格式“dd”。

在D1单元格输入公式“=B2”。

在E1单元格输入公式“=D1+1”，将公式向右填充到P1单元格。

选择D2:P6区域，条件格式公式为“=(D$1>=$B2)*(D$1<=$B2+$C2-1)”，选择一种填充色。

再次选择D2:P6区域，条件格式公式为“=D$1=TODAY()”，选择一种红色虚线作为右框线。如图10-33所示。

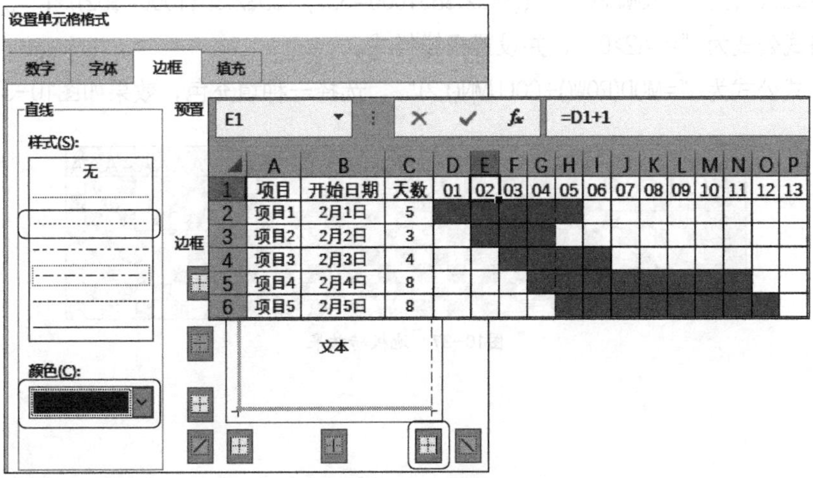

图10-33　项目进度图效果

【边练边想】

1. 如图10-34所示，请在名册表中标识岁数大于60岁的男职工或岁数大于55岁的女职工的记录。

E2　=DATEDIF(D2,TODAY(),"Y")

	A	B	C	D	E	F	G
1	序号	姓名	性别	出生年月	年龄		
2	1	蒋敬	男	1964/10/15	56		
3	2	吕方	男	1959/2/22	61		
4	3	郭琴	女	1963/8/11	57		
5	4	安道全	男	1963/4/7	57		

图10-34　名册表

2. 如图10-35所示，在物品领用表中，B列的“物品”与D列的“领用部门”的数据可能会同时重复，如何标识这种记录，以分析某部门消耗某物品的情况?

	A	B	C	D	E	F
1	序号	物品	数量	领用部门	领用人	领用时间
2	1	A4纸	2	办公室	张三	2020/10/7
3	2	签字笔	5	办公室	张三	2020/10/8
4	4	A4纸	2	办公室	李四	2020/11/11
5	5	剪纸刀	1	办公室	张三	2020/11/12

图10-35　物品领用表

3. 如图10-36所示，如何设置随着学生的增加而自动添加框线?

	A	B	C	D
1	学生	语文	数学	总分
2	刘开全	88	75	163

图10-36　学生成绩表

4. 你能利用条件格式构造地板砖吗?

【问题解析】

1. 条件格式公式为“=OR(AND($C2="男",$E2>=60),AND($C2="女",$E2>=55))”或“=($C2="男")*($E2>=60)+($C2="女")*($E2>=55)”。

2. 条件格式公式为“=SUMPRODUCT(($B$2:$B$1000=$B2)*($D$2:$D$1000=$D2))>1”。

3. 条件格式公式为“=$A2>0”，并设置框线样式。

4. 条件格式公式为“=MOD(ROW()+COLUMN(),2)”，选择一种填充色，效果如图10-37所示。

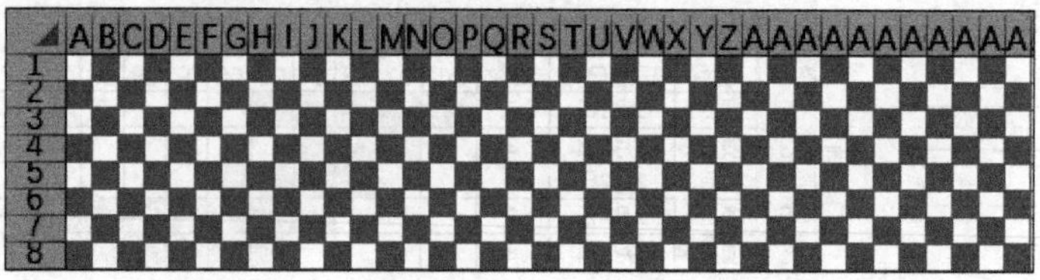

图10-37　地板砖效果

第11章 合并计算，快速汇总见全貌

为快速掌握数据面貌，对一张或多张表的数据快速进行汇总计算，合并计算和分类汇总是两个简单而现成的工具。

11.1 神奇的合并计算

合并计算可以对一张或几张表中的数据进行求和、计数、求平均值、求最大值、求最小值、求乘积、数值计数、求标准偏差、求总体标准偏差、求方差、求总体方差等操作，将计算结果汇总计算到一张表中。

11.1.1 合并计算的标准动作

无论几张源表的字段名或记录的排列顺序是否一致，要将跨表数据合并在一起计算，首选工具就是“合并计算”。

例11-1 如图11-1所示，两张分表的结构完全相同，请进行合并汇总。

	A	B	C	D	E	F	G
1	月份	品名	产量		月份	品名	产量
2	1月	空调	6480		4月	空调	6086
3	2月	冰箱	6448		5月	冰箱	6607
4	3月	洗衣机	9317		6月	洗衣机	8165

图11-1 两张产量表

❶ 选择存放合并计算结果的区域的左上角单元格，比如B6单元格。

❷ 单击“数据”选项卡。

❸ 在“数据工具”组中选择“合并计算”命令。

❹ 弹出的“合并计算”对话框中“函数”下拉菜单的默认选项为“求和”，维持默认选项。

❺ 将光标放置于“引用位置”框中，选择B1:C4区域。

❻ 单击“添加”按钮。

❼ 再将光标放置于“引用位置”框中，选择F1:G4区域。

❽ 单击“添加”按钮。

❾ 在“标签位置”组中，勾选“首列”和“最左列”复选框。

❿单击“确定”按钮。如图11-2所示。

作为合并计算的数据源，必须包括行或列标题。数据源可以在一张工作表中，也可以在不同的工作表，甚至在不同的工作簿中。

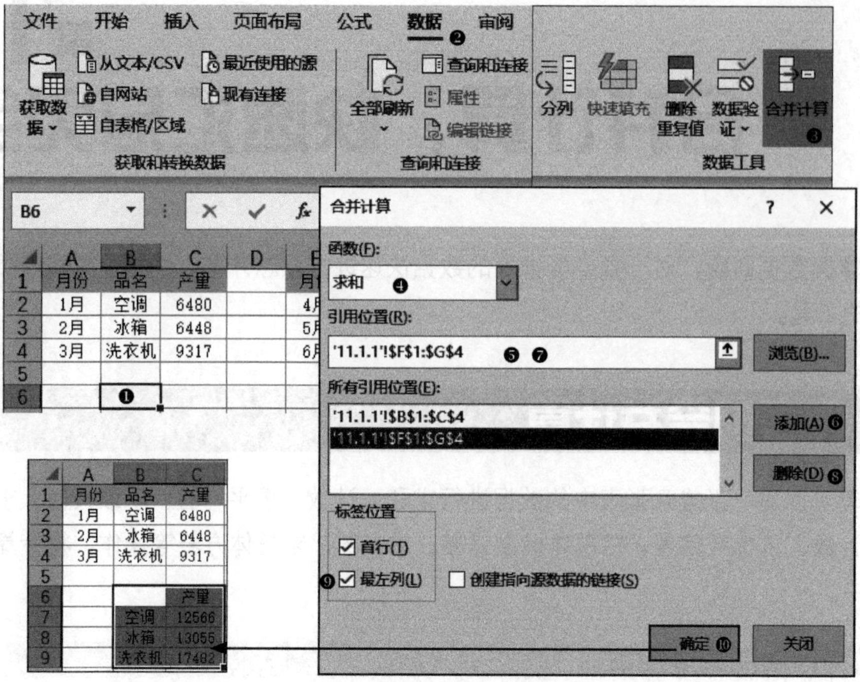

图11-2 合并计算两张产量表

例11-2 如图11-3所示，有1～6月的工资表，每个月的人数可能不同，请将每个人的收入情况汇总到“汇总表”工作表中。

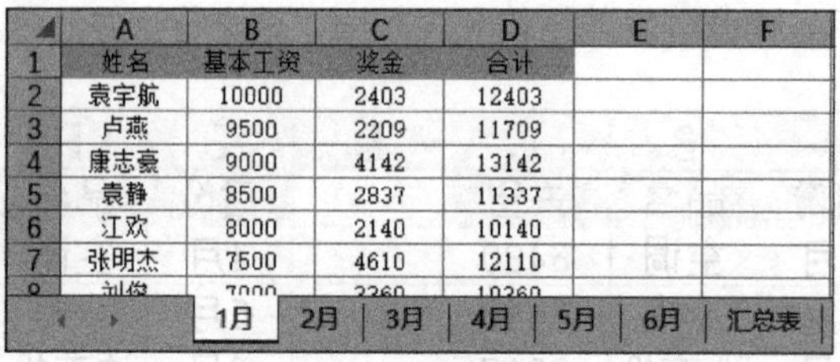
姓名 基本工资 奖金 合计
袁宇航 10000 2403 12403
卢燕 9500 2209 11709
康志豪 9000 4142 13142
袁静 8500 2837 11337
江欢 8000 2140 10140
张明杰 7500 4610 12110
1月 2月 3月 4月 5月 6月 汇总表

图11-3 工资表

选择“汇总表”工作表A1单元格，打开“合并计算”对话框，“引用位置”分别添加每个月的工资表区域，勾选“首行”“最左列”“创建指向源数据的链接”复选框，单击“确定”按钮，效果如图11-4所示。

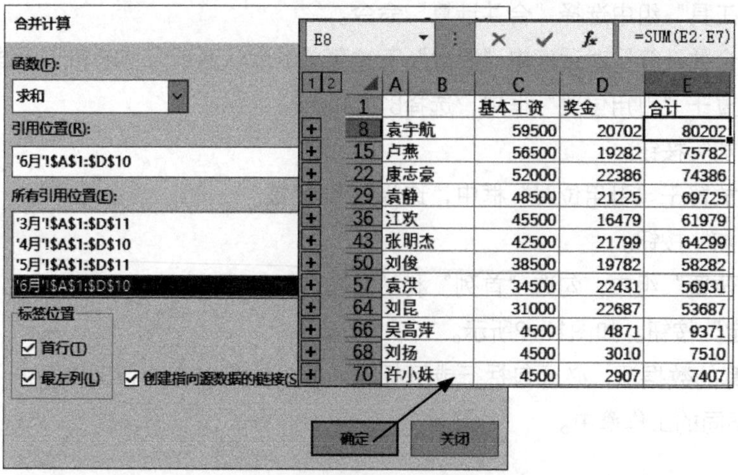

图11-4 合并计算6个月的工资

只有源数据在不同的工作表中时，才能“创建指向源数据的链接”。源数据改变时，汇总结果会同步更新。

也只有源数据在不同的工作表中时，汇总表的左侧才会呈现数字按钮[1][2]和折叠展开按钮[-][+]。“1”代表各类别的汇总，“2”代表明细数据。“-”代表可以折叠，“+”代表可以展开。单击按钮“2”，在展示明细数据时，可以查看数据的引用情况。如图11-5所示。

E2 ='1月'!$D$2

	A	B	C	D	E
1			基本工资	奖金	合计
2		11.1.1-2	10000	2403	12403
3		11.1.1-2	10000	3601	13601
4		11.1.1-2	10000	2905	12905
5		11.1.1-2	10000	3030	13030
6		11.1.1-2	9500	4168	13668
7		11.1.1-2	10000	4595	14595
8	袁宇航		59500	20702	80202

图11-5　每人的明细数据

注意，如果有10月、11月、12月的数据，在明细表中会排在1月、2月等月份的数据之前，不会正常排列。避免这种情况的办法是：将12个月的工作表名称修改为形如“01月”“02月”“12月”的表名。

11.1.2 按指定条件创建汇总报表

变换分表的列标题，可以将分表按指定条件巧妙创建成汇总报表。

例11-3 如图11-6所示，请将三张分表的数据汇总到一张表中，并按地区呈现各产品的销量情况。

	A	B	C	D	E	F	G	H
1	重庆			四川			贵州	
2	品名	产量		品名	产量		品名	产量
3	A产品	1612		A产品	1720		B产品	657
4	C产品	716		B产品	736		C产品	1837
5	D产品	643		D产品	1859		D产品	949
6	E产品	1770					E产品	816

图11-6　三张分表

首先将三张分表的列标题“产量”分别修改为不同的列标题，比如“重庆”“四川”“贵州”，如图11-7所示。

	A	B	C	D	E	F	G	H
1	重庆			四川			贵州	
2	品名	重庆		品名	四川		品名	贵州
3	A产品	1612		A产品	1720		B产品	657
4	C产品	716		B产品	736		C产品	1837
5	D产品	643		D产品	1859		D产品	949
6	E产品	1770					E产品	816

图11-7　修改三张表的列标题

选择A9单元格，打开“合并计算”对话框，“引用位置”分别添加A2:B6、D2:E5、G2:H6区域，勾选“首行”和“最左列”复选框，单击“确定”按钮，效果如图11-8所示。

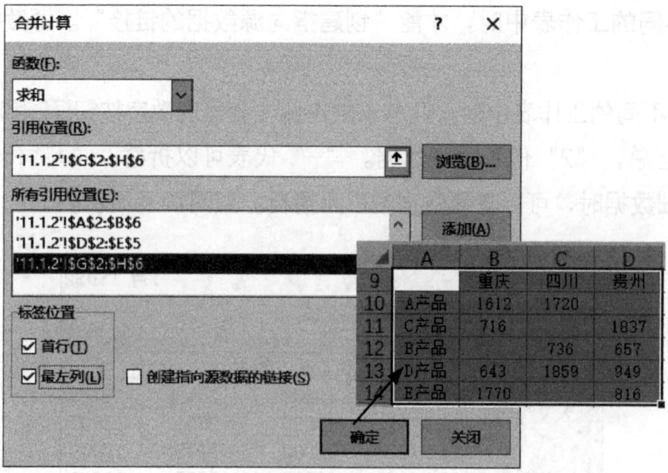

图11-8 按指定条件创建汇总报表

11.1.3 筛选不重复值

合并计算具有按行标题和列标题分类汇总的功能，因而可以筛选不重复值。

例11-4 任课表中有重复值，请使用Excel合并计算功能列出不重复值。

合并计算的“计算”二字意味着要有数值才能计算，因而本例中，我们可以在最后一科后面随意添加一个0值，如图11-9所示。

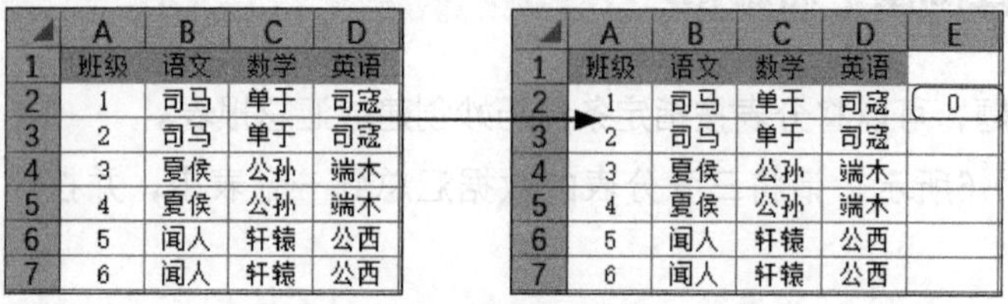

A B C D
1 班级 语文 数学 英语
2 1 司马 单于 司寇
3 2 司马 单于 司寇
4 3 夏侯 公孙 端木
5 4 夏侯 公孙 端木
6 5 闻人 轩辕 公西
7 6 闻人 轩辕 公西
A B C D E
1 班级 语文 数学 英语
2 1 司马 单于 司寇 0
3 2 司马 单于 司寇
4 3 夏侯 公孙 端木
5 4 夏侯 公孙 端木
6 5 闻人 轩辕 公西
7 6 闻人 轩辕 公西

图11-9 在任课表中添加0值

选择G1单元格，打开“合并计算”对话框，“引用位置”分别添加B2:B7、C2:C7、D2:E7区域，只勾选“最左列”复选框，单击“确定”按钮，效果如图11-10所示。

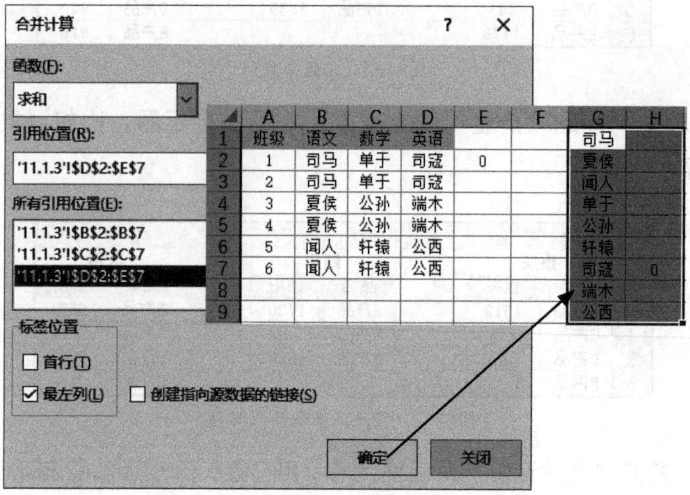

图11-10 筛选不重复值

11.1.4 将多个字段合并成一个字段，参与合并计算

合并计算可以依据列标题即“最左列”进行合并计算，如果能够借助辅助列将多个字段合并成一个字段，合并计算的效率就提升了。

例11-5 如图11-11所示，请将两张预订数表按产品和型号合并计算，并按地区形成汇总报表。

	A	B	C	D	E	F	G
1		重庆				四川	
2	产品	型号	预订数		产品	型号	预订数
3	A产品	10M	100		A产品	10M	550
4	A产品	15M	200		A产品	15M	650
5	B产品	15M	150		B产品	15M	380
6	B产品	20M	350		B产品	20M	270

图11-11　两张预订数表

在两个分表前插入1列，在A2单元格输入公式“=B2&","&C2”，将后面两列内容用逗号连接起来，将公式向下填充至A6单元格。将A2:A6区域复制粘贴到F2:F6区域。将“预订数”字段修改为地区名。如图11-12所示。

A2　=B2&","&C2

	A	B	C	D	E	F	G	H	I
1			重庆					四川	
2	产品,型号	产品	型号	重庆		产品,型号	产品	型号	四川
3	A产品,10M	A产品	10M	100		A产品,10M	A产品	10M	550
4	A产品,15M	A产品	15M	200		A产品,15M	A产品	15M	650
5	B产品,15M	B产品	15M	150		B产品,15M	B产品	15M	380
6	B产品,20M	B产品	20M	350		B产品,20M	B产品	20M	270

图11-12　完善辅助列并修改字段名

选择A9单元格，打开“合并计算”对话框，“引用位置”分别添加A2:D6、F2:I6区域，勾选“首行”“最左列”复选框，单击“确定”按钮，效果如图11-13所示。

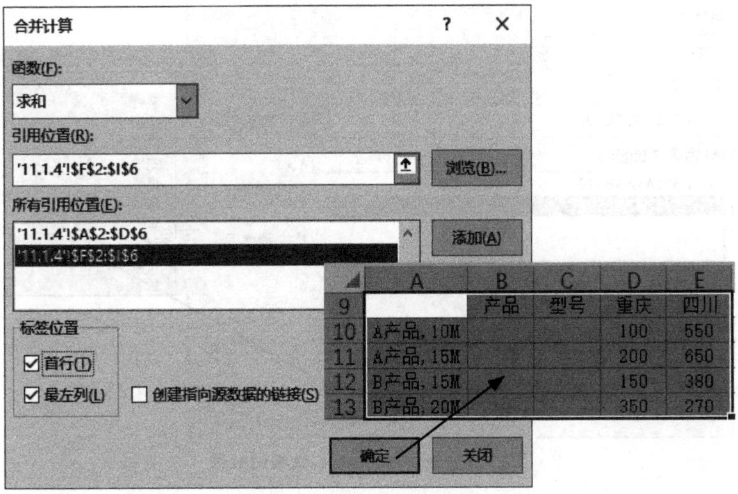

图11-13　合并计算

选择A10:A13区域，利用Excel“分列”功能，按“逗号”进行分列，效果如图11-14所示。

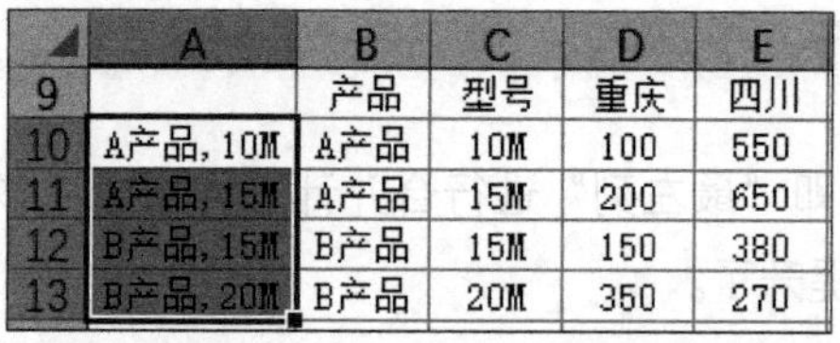

图11-14　对A10:A13区域进行分列操作的效果

最后可将辅助列删除，并做适当的美化。

11.1.5 巧妙核对文本型数据

合并计算功能既能生成不重复值列表，又能进行“计数”计算，借助辅助列，就可以巧妙核对文本型数据。

例11-6 两张信息表中的姓名有同有异，请利用合并计算功能将它们合二为一，并比较异同。

将两张信息表的姓名都向右填充一列，并分别将列标题修改为“表A”“表B”，如图11-15所示。

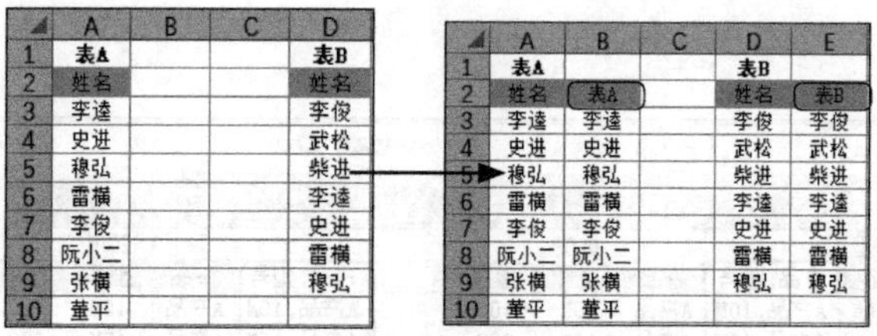

图11-15　将两张信息表中的姓名向右填充

选择A13单元格，打开“合并计算”对话框，在“函数”下拉列表中选择“计数”选项，“引用位置”分别添加A2:B10、D2:E9区域，勾选“首行”“最左列”复选框，单击“确定”按钮，效果如图11-16所示。

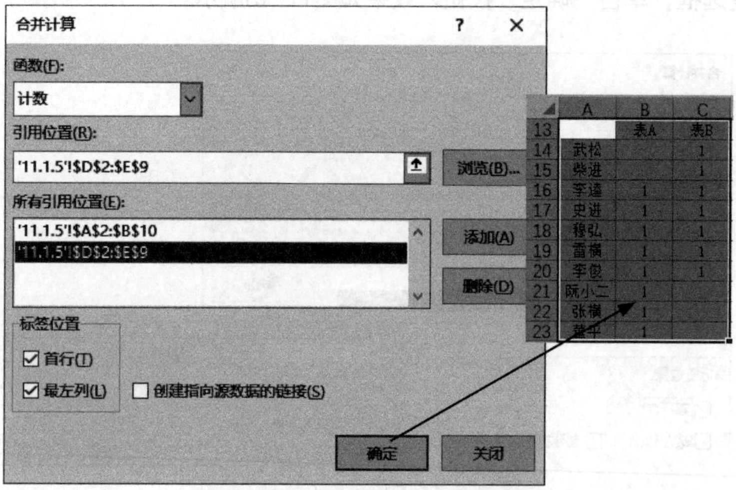

图11-16　核对两列文本数据的效果

11.1.6 自定义标题合并计算

在打开“合并计算”对话框之前，一般的操作是选定存放合并计算结果的区域的左上角单元格，这样的话，Excel当然只会按所添加的源数据区域的行标题或列标题进行合并计算。如果事先选定存放合并计算结果的区域的行标题区域或列标题区域，甚至整个结果区域，会不会有什么奇迹发生呢？

例11-7 能否用Excel“合并计算”功能将退休人员待遇表中每个人的待遇金额统计出来呢？

在A28:B28区域输入所需汇总的列标题 “姓名” “待遇金额” 。如图11-17所示。

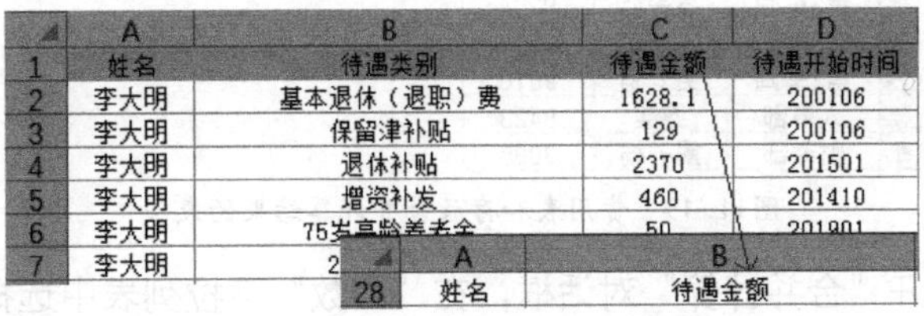

图11-17　自定义存放合并计算结果的区域的列标题

选中A28:B28区域，打开“合并计算”对话框，“引用位置”添加A1:D25区域，勾选“首行”“最左列”复选框，单击“确定”按钮，效果如图11-18所示。

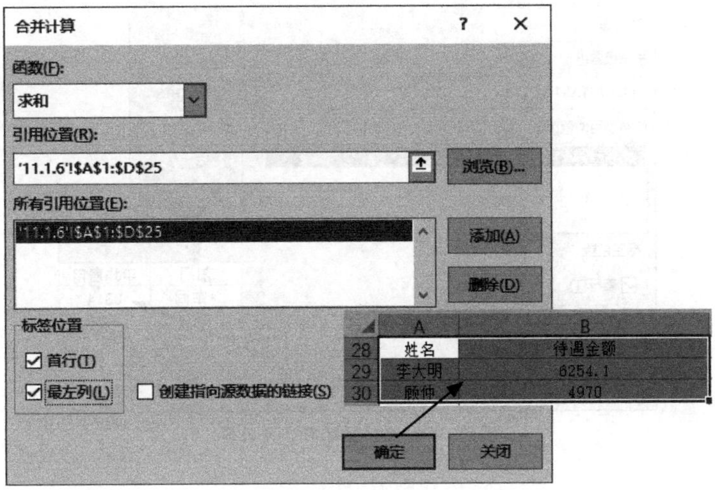

图11-18　自定义标题合并计算

注意，在打开“合并计算”对话框之前，选中存放合并计算结果的区域的列标题区域，是自定义标题合并计算能否成功的关键。

高级筛选可以选定条件区域的列标题和行条目，合并计算在这方面与高级筛选有异曲同工之妙，只不过高级筛选展现的是明细，而合并计算展现的是汇总结果。

11.1.7 使用通配符合并计算

既然在打开“合并计算”对话框之前，可以事先选定存放合并计算结果的区域的行标题区域或列标题区域，那么使用通配符进行合并计算也就顺理成章了。

例11-8 请根据费用表，以车间和部门为类别，汇总计算平均费用。

首先在E1:F3区域填写存放合并计算结果的表头。车间前面的字用“*”代替，部门的每个字都用“?”（英文符号）表示，如图11-19所示。

	A	B	C
1	部门	姓名	费用
2	第1车间	吴邪	7555
3	财务部	王胖子	7674
4	第1车间	王盟	8210
5	第1车间	吴三省	9352
6	信息部	潘子	6051
7	第2车间	大奎	7224
8	第2车间	解雨臣	7983
9	财务部	阿宁	6049
10	第2车间	吴一穷	8204
11	财务部	吴二白	6669
12	第2车间	吴老狗	9670
13	人事部	黎簇	8423
14	财务部	解子杨	9090

	E	F
1	部门	平均费用
2	*车间	
3	???	

图11-19 费用表和存放合并计算结果的表头

选择E1:F3区域，打开“合并计算”对话框，在“函数”下拉列表中选择“平均值”选项，“引用位置”添加A1:C14区域，勾选“首行”“最左列”复选框，单击“确定”按钮，最后将结果的列标题由“费用”改成“平均费用”。效果如图11-20所示。

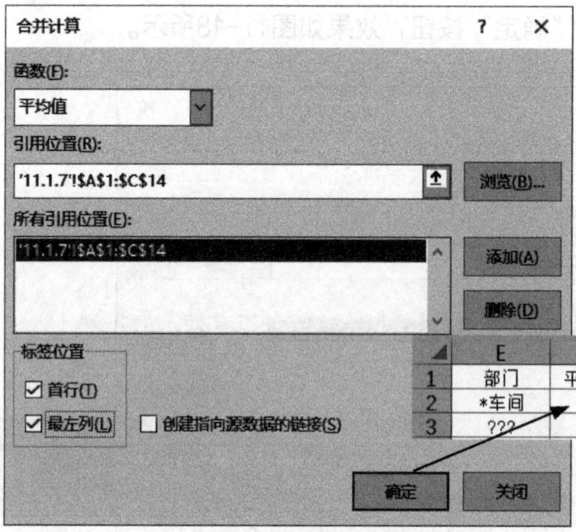

图11-20 使用通配符合并计算

【边练边想】

1. 如图11-21所示，请按“部门”汇总人数。

	A	B	C
1	月份	部门	招聘人数
2	1月	销售部	2
3	1月	策划部	9
4	4月	销售部	3
15	12月	销售部	8

图11-21 招聘人数表

2. 如图11-22所示，请按“人员”进行合并计算，找出最大值。

	A	B	C
1	季度	人员	销量
2	一季度	张三	179
3	一季度	李四	77
4	一季度	王五	184
13	四季度	王五	80

图11-22 销量表

3. 如图11-23所示，请将3个月的工资按G11:J14区域的行标题和列标题来进行汇总。

	A	B	C	D	E	F	G	H	I	J	K
1			1月工资						2月工资		
2	部门	姓名	工资	奖金	应发工资		部门	姓名	工资	奖金	应发工资
3	党政办	沈雪	5400	800	6200		党政办	沈雪	5400	900	6300
4	农业中心	李星星	5300	800	6100		农业中心	李星星	5900	900	6800
5	财政所	康丽	6100	800	6900		财政所	康丽	5100	900	6000
6	财政所	粟红	6900	800	7700		农业中心	张娟	5200	900	6100
7	党政办	刘向芝	8600	800	9400		财政所	粟红	6600	900	7500
8							党政办	刘向芝	8300	900	9200
9											
10			3月工资						工资汇总		
11	部门	姓名	工资	奖金	应发工资		部门	工资	奖金	应发工资	
12	党政办	沈雪	5700	1000	6700		党政办				
13	农业中心	李星星	5100	1000	6100		财政所				
14	财政所	康丽	5900	1000	6900		农业中心				
15	农业中心	张娟	5900	1000	6900						
16	党政办	刘玉刚	5400	1000	6400						
17	财政所	江勇	4900	1000	5900						

图11-23 3个月的工资

4. 如图11-24所示，请统计“渝A”“渝B”“渝C”“渝D”开头的车辆数。

	A	B	C
1	姓名	车牌号	手机号码
2	白二	渝C[redacted]	135****3788
3	白熊	渝C[redacted]	135****3789
4	鲍大楚	渝D[redacted]	135****3790

图11-24 车辆登记表

【问题解析】

1. 选择B18单元格，打开“合并计算”对话框，“引用位置”添加B1:C15区域，勾选“首行”和“最左列”复选框。

2. 选择B16单元格，打开“合并计算”对话框，在“函数”下拉列中选择“最大值”选项，“引用位置”添加B1:C13区域，勾选“首行”和“最左列”复选框。

3. 选定G11:J14区域，打开“合并计算”对话框，“引用位置”分别添加A2:E7、G2:K8、A11:E17区域，勾选“首行”“最左列”复选框。

4. 添加辅助列“数量”，制作统计表，如图11-25所示。

	A	B	C	D
1	姓名	车牌号	手机号码	数量
2	白二	渝C[redacted]	135****3788	1
3	白熊	渝C[redacted]	135****3789	1
4	鲍大楚	渝D[redacted]	135****3790	1
142	余人彦	渝A[redacted]	135****3928	1

图11-25 车辆统计表

选定F1:G5区域，打开“合并计算”对话框，“引用位置”添加B1:D142区域，勾选“首行”“最左列”复选框。

11.2 快速的分类汇总

顾名思义，分类汇总要先分类，再汇总。分类排序是分类汇总的关键步骤之一。分类汇总只能在一个表中进行。

11.2.1 简单快速的分类汇总

简单分类汇总指分门别类地对数据表中的某一列以某种方式进行汇总。汇总方式与合并计算一样，包括求和、计数、平均值、最大值、最小值、乘积、数值计数、标准偏差、总体标准偏差、方差、总体方差。分类汇总后，Excel会分级显示汇总的结果，帮助用户快速进行统计分析与决策判断。

例11-9 在入库表中按“类别”进行汇总求和。

先对入库表C列按升序排序，如图11-26所示。

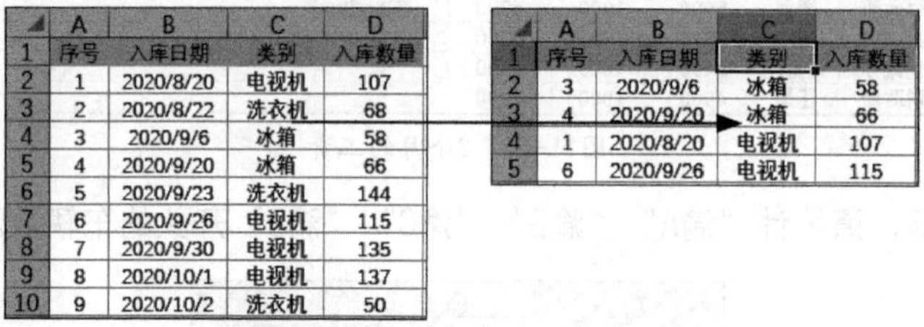

图11-26 对入库表C列按升序排序

再进行汇总统计。

❶选择“数据”选项卡。

❷单击“分级显示”组中的“分类汇总”按钮。

❸在“分类汇总”对话框中“分类字段”下拉列表中选择“类别”选项。

❹在“汇总方式”下拉列表中选择“求和”。

❺在“选定汇总项”列表中勾选“入库数量”复选框。

❻单击“确定”按钮。

如图11-27所示。

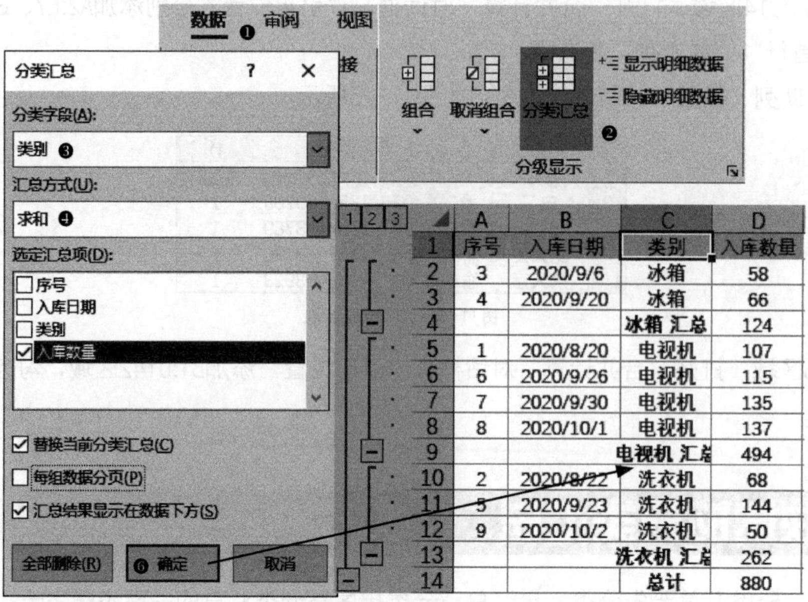

图11-27 简单快速的分类汇总

在数据表的左侧，呈现分组显示数据按钮1 2 3和折叠展开按钮−+。“1”代表最高层级的汇总，“2”代表各类别的汇总，“3”代表明细数据。“−”代表可以折叠，通过单击“分级显示”组中的“隐藏明细数据”按钮也能实现折叠操作；“+”代表可以展开，通过单击“分级显示”组中的“显示明细数据”按钮也能实现展开操作。

如果要删除分类汇总，请打开“分类汇总”对话框，单击“全部删除”命令。

11.2.2 同字段的多重分类汇总

多重分类汇总是采用两种及其以上的分类汇总方式或汇总项，对数据表中的某列数据进行汇总。多重分类汇总每次汇总运算的“分类字段”是相同的，而汇总方式或汇总项不同；第二次汇总运算以第一次汇总运算为基础。

例11-10 请在成绩表中计算各班各科成绩和总分的平均值和最高分。

先对成绩表中的“班级”列按升序排序，如图11-28所示。

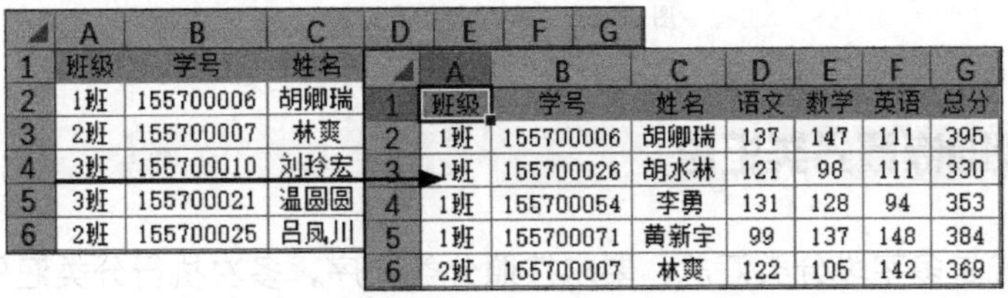

图11-28 对成绩表中的“班级”列按升序排序

第一次分类汇总时，“分类字段”选择“班级”，“汇总方式”选择“平均值”，“选定汇总项”选择“语文”“数学”“英语”和“总分”。如图11-29所示。

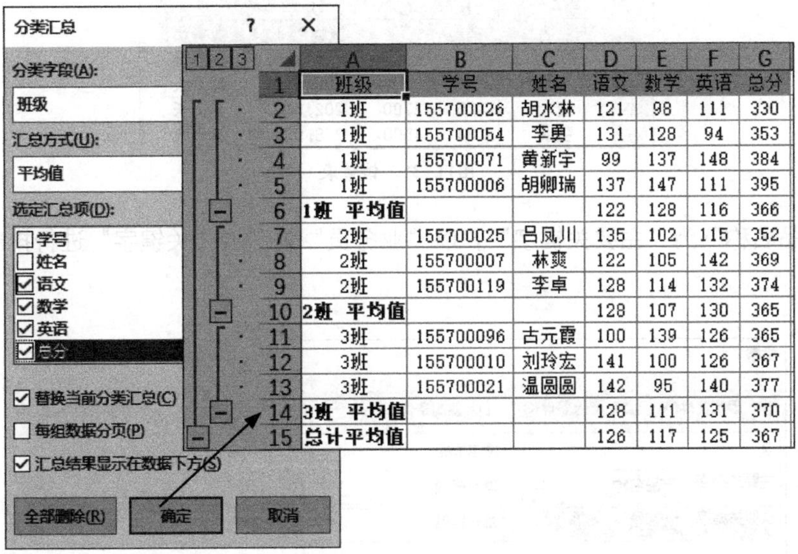

图11-29 第一次分类汇总

第二次分类汇总时，只将“汇总方式”变为“最大值”，并取消勾选“替换当前分类汇总”复选框。如图11-30所示。

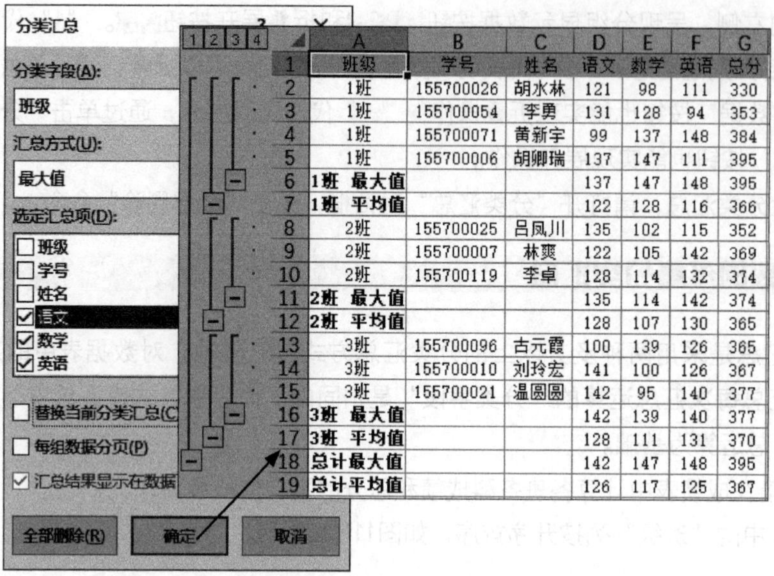

	A	B	C	D	E	F	G
1	班级	学号	姓名	语文	数学	英语	总分
2	1班	155700026	胡水林	121	98	111	330
3	1班	155700054	李勇	131	128	94	353
4	1班	155700071	黄新宇	99	137	148	384
5	1班	155700006	胡卿瑞	137	147	111	395
6	**1班 最大值**			137	147	148	395
7	**1班 平均值**			122	128	116	366
8	2班	155700025	吕凤川	135	102	115	352
9	2班	155700007	林爽	122	105	142	369
10	2班	155700119	李卓	128	114	132	374
11	**2班 最大值**			135	114	142	374
12	**2班 平均值**			128	107	130	365
13	3班	155700096	古元霞	100	139	126	365
14	3班	155700010	刘玲宏	141	100	126	367
15	3班	155700021	温圆圆	142	95	140	377
16	**3班 最大值**			142	139	140	377
17	**3班 平均值**			128	111	131	370
18	**总计最大值**			142	147	148	395
19	**总计平均值**			126	117	125	367

图11-30 第二次分类汇总

11.2.3 不同字段的嵌套分类汇总

嵌套分类汇总就是多字段分类汇总，要求按照分类次序，多次执行分类汇总，每次分类汇总的字段是不同的。

例11-11 如图11-31所示，请在销售表中先按“产品名称”对“销量”和“销售额”汇总，再按“业务员”对“销量”和“销售额”汇总。

	A	B	C	D	E
1	产品名称	销量	售价	销售额	业务员
2	洗衣机	19	800	15,200	王丽敏
3	冰箱	74	3900	288,600	赵天长
4	空调	75	2700	202,500	赵天长
5	空调	84	4500	378,000	赵天长

图11-31 销售表

先以“产品名称”为“主要关键字”，以“业务员”为“次要关键字”进行排序。如图11-32所示。

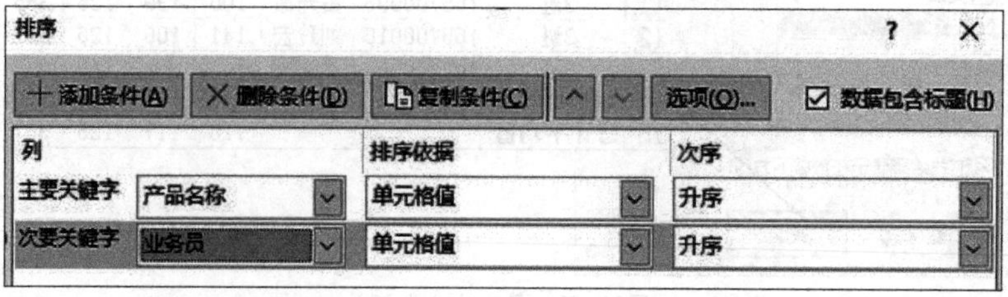

图11-32 按“产品名称”和“业务员”排序

第一次分类汇总时，“分类字段”选择“产品名称”，“汇总方式”选择“求和”，“选定汇总项”选择“销量”和“销售额”。如图11-33所示。

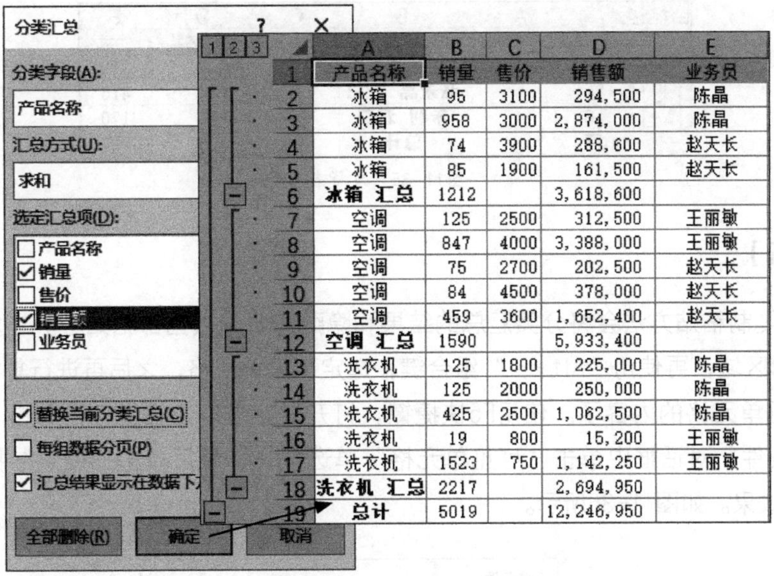

图11-33 第一次分类汇总

第二次分类汇总时，“分类字段”选择“业务员”，“汇总方式”仍然选择“求和”，“选定汇总项”仍然选择“销量”和“销售额”，务必取消勾选“替换当前分类汇总”复选框。如图11-34所示。

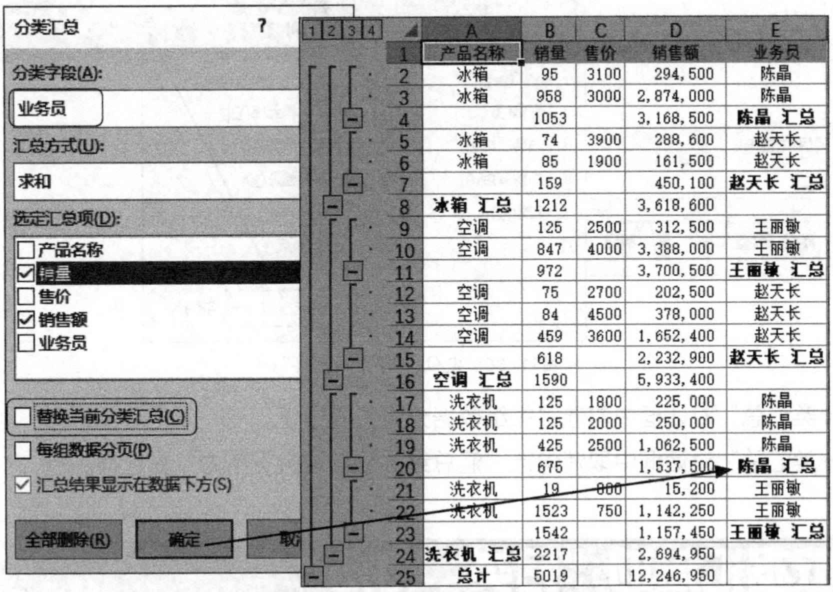

图11-34 第二次分类汇总

进行嵌套分类汇总后，分组显示数据按钮的层级会增加。

【边练边想】

1. 如图11-35所示，如何只复制粘贴分类汇总的结果？
2. 如何按分类字段打印分类汇总结果？
3. 如何使汇总结果显示在明细数据的上方？

	A	B	C	D	E
1	订单号	客户	收货地	货物名称	件数
6		李小红 汇总			342
11		张永高 汇总			415
16		朱利 汇总			170
17		总计			927

图11-35 发货表

【问题解析】

1. 一般的复制粘贴方法会将分类汇总的结果和隐藏的明细数据都粘贴上。在复制粘贴之前，选中需要复制的区域，再使用“Alt+；”组合键，选定可见单元格，之后再进行复制粘贴，就可以只复制粘贴可见单元格的内容了。使用F5快捷键，打开“定位”对话框，再单击“定位条件”按钮，在“定位条件”对话框中单击“可见单元格”单选按钮，最后单击“确定”按钮，也能实现“Alt +；”的效果。如图11-36所示。

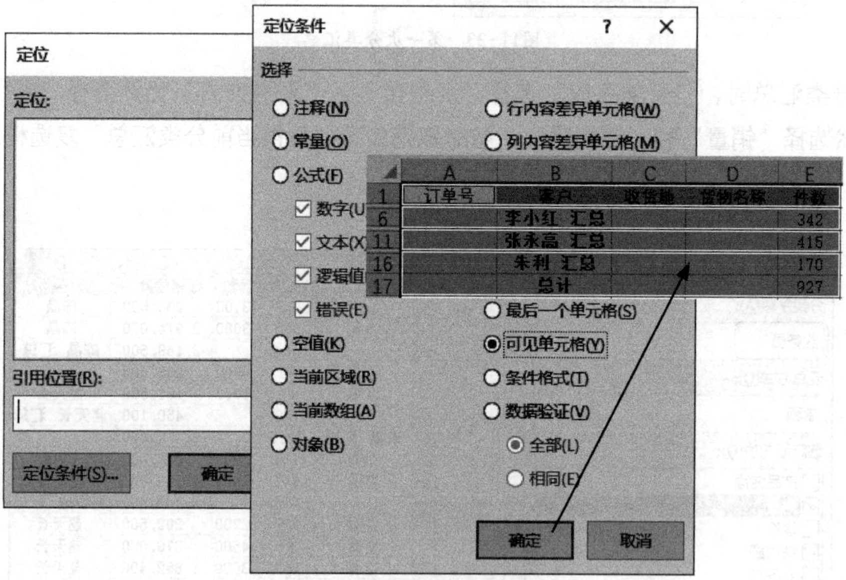

图11-36 定位“可见单元格”

2. 在“分类汇总”对话框中勾选“每组数据分页”复选框。

3. 在“分类汇总”对话框中取消勾选“汇总结果显示在数据下方”复选框。

11.3 数据汇总的“另类”方法

11.3.1 SUM函数对多表求和

在几张源表结构一致、行列标题和顺序完全一致的情况下，可以利用SUM函数求和公式对多表在相同位置上的数据进行汇总计算。

例11-12 如图11-37所示，请对各部门1～6月的预算和实际费用进行汇总。

	A	B	C	D	E
1	部门	预算费用	实际费用		
2	采购部	121247	168017		
3	技术部	114624	136717		
4	人事部	164282	196499		
5	生产部	129971	169099		
6	营业部	166255	213525		
7	账务部	185475	205478		
8	质检部	183194	215914		

汇总 1月 2月 3月 4月 5月 6月

图11-37　各部门预算和实际费用表

在“汇总”工作表中，选择B2单元格，在编辑栏输入公式“=SUM('1月:6月'!B2:C8)”，将公式向右向下填充至C8单元格。如图11-38所示。

B2　=SUM('1月:6月'!B2)

	A	B	C	D	E
1	部门	预算费用	实际费用		
2	采购部	928664	1160489		
3	技术部	814167	1013224		
4	人事部	1039531	1257946		
5	生产部	880054	1104189		
6	营业部	889765	1099730		
7	账务部	869623	1098889		
8	质检部	906344	1090002		

图11-38　SUM函数对多表求和的效果

在填写引用区域时，先选中第一张工作表，即“1月”工作表，再按住Shift键，选中最后一张工作表，即“6月”工作表，接着单击B2单元格。如果在填写公式前，选择的是B2:C8区域，则最后按“Ctrl+Enter”，以批量填写公式。

11.3.2 插入“表格”快速汇总

当只有一张数据表，想让数据表有自动扩展功能又能快速汇总时，最好的方式就是将数据表变成“表格”。

例11-13 如图11-39所示，请将该销售表转换为“表格”，并对销售金额求和。

	A	B	C
1	日期	销售数量	销售金额
2	2020/11/1	3657.101	31667.76
3	2020/11/2	4347.72	37596
4	2020/11/3	12457.89	107578
5	2020/11/4	30099.6	259560
6	2020/11/5	22156.65	190800
7	2020/11/6	35450.64	305916
8	2020/11/7	38878.65	335350

图11-39　销售表

❶ 选中数据表的任意一个单元格，比如A1单元格。

❷ 单击“插入”选项卡。

❸ 在“表格”组中，单击“表格”按钮。

❹ 在“创建表”对话框中，保持默认设置，直接单击“确定”按钮。

如图11-40所示。

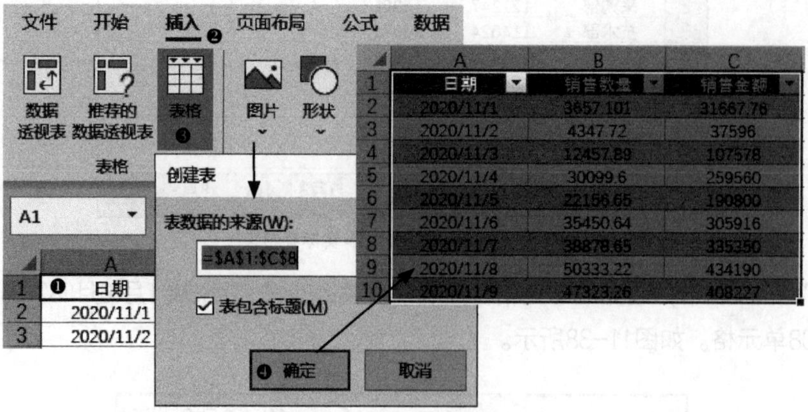

图11-40　插入“表格”

在自动弹出的“表设计”选项卡中的“表格样式选项”组中，勾选“汇总行”复选框。在“表格”的汇总行单击下拉按钮，可以从中选择汇总方式。编辑栏中会显示汇总所使用的函数公式。如图11-41所示。

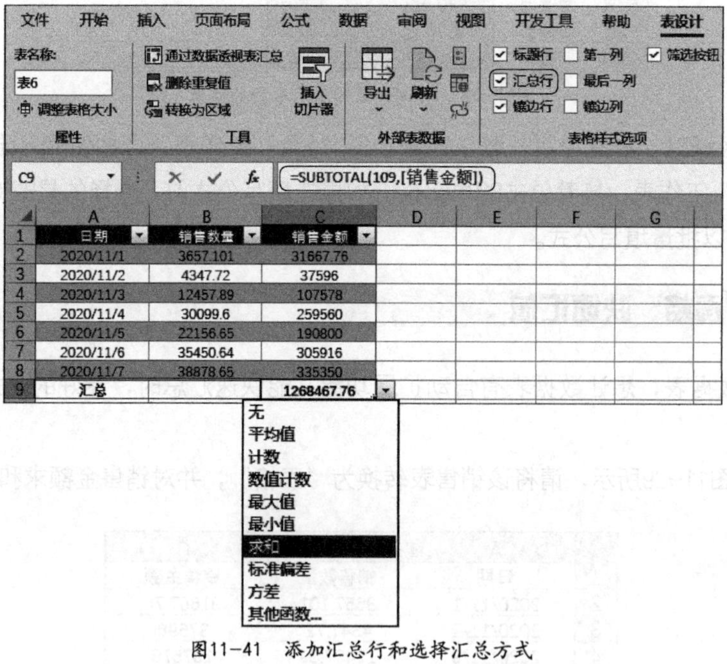

图11-41　添加汇总行和选择汇总方式

【边练边想】

如何快速得到或显示常用的汇总数据?

【问题解析】

选定数据区域后，利用“开始”或“公式”选项卡中“自动求和”下拉菜单中的选项，可实现快速汇总。状态栏中会实时显示汇总结果，也可以在这里调整汇总项。如图11-42所示。

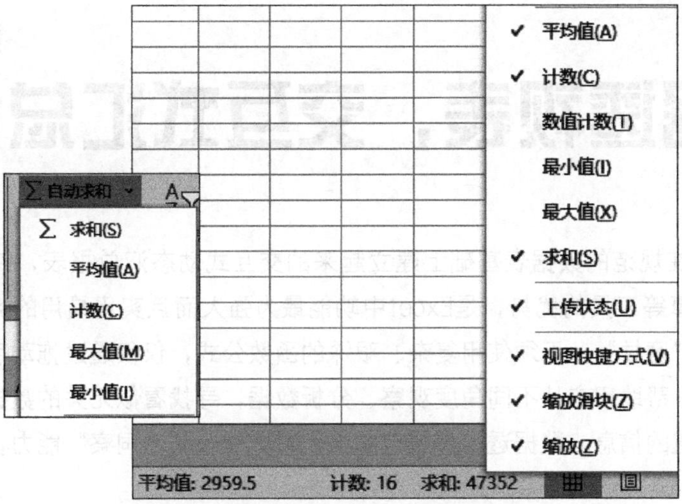

图11-42 快速汇总命令及状态栏的显示与设置

第12章 数据透视表，交互式汇总做分析

数据透视表是在规范的数据表基础上建立起来的交互式动态汇总报表，综合了排序、筛选、分类汇总、合并计算等工具的优势，是Excel中功能最为强大而且实用易用的数据分析工具，被誉为神奇的数据分析“魔杖”。无须使用复杂、艰深的函数公式，仅仅通过拖动字段，就能轻松地将大量数据汇总起来，帮助用户从不同角度观察、分析数据，寻找看似无关的数据背后的联系，从而将数据转化为有价值的信息。数据透视表展现的强大“透视”和“洞察”能力，提升了数据分析的层次。

规范的数据表，要做到“两个规范”。一要结构规范，没有合并单元格，没有空行空列，没有多行或多列标题，没有小计行或总计行。二要数据规范，每列数据的类型要统一，不用文本型数字表示数量，没有非法日期和时间，没有不必要的空格或特殊字符，没有换行符。

12.1 数据透视表的创建与刷新

12.1.1 创建推荐的数据透视表

Excel可以快速创建推荐的数据透视表，十分便捷。

例12-1 如图12-1所示，请快速统计各产品的销售金额。

	A	B	C	D	E
1	产品	分公司	日期	数量	金额
2	A产品	上海分公司	2020/12/1	4800	26160
3	C产品	上海分公司	2020/12/2	8200	51496
4	A产品	上海分公司	2020/12/3	2700	14715

图12-1 产品销售表

❶ 选定数据区域中的任意单元格，比如A1单元格。如果这一步在数据区域外选择空白单元格，当创建“推荐的数据透视表”时，就会弹出“选择数据源”对话框。

❷ 选择“插入”选项卡。

❸ 单击“表格”组中的“推荐的数据透视表”按钮。

❹ 在弹出的“推荐的数据透视表”对话框中，选择一种满足或接近要求的数据透视表，这时会显示预览的缩略图。如图12-2所示。

单击“确定”按钮后，就会在一个新工作表中建立一个数据透视表。

可以继续利用“数据表透视字段”任务窗格修改布局。

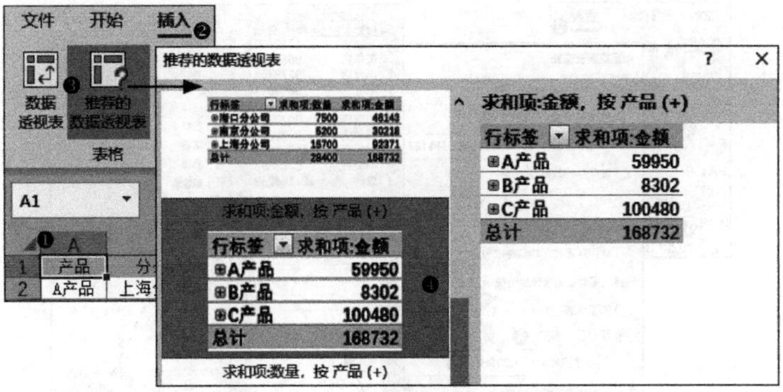

图12-2 创建推荐的数据透视表

12.1.2 创建普通的数据透视表

如果数据表的行列数固定不变，那么创建普通的数据透视表是比较简单的。

例12-2 如图12-3所示，请快速汇总各店铺的金额。

	A	B	C	D	E	F
1	日期	店铺	品牌	销售量	单价	金额
2	2020/12/1	西单店	APPLE	100	6666	666600
3	2020/12/1	东城店	SAMSUNG	343	800	274400
4	2020/12/1	中关村店	APPLE	30	1875	56250

图12-3 手机及配件销售表

❶ 单击数据区域中的任意一个单元格，比如A1单元格。最好不要选中所有列，这可能会带来麻烦。一是数据透视表会自动对数据表的所有列进行计算，产生不必要的计算量，影响速度。二是数据透视表会出现空白项目，影响美观。

❷ 选择“插入”选项卡。

❸ 单击“表格”组中的“数据透视表”按钮。

❹ 在弹出的“创建数据透视表”对话框中，已默认选择了“选择一个表或区域”单选按钮，并在“表/区域”框中自动填写了活动单元格所在的数据区域。此处可以手动选择或输入数据区域。

❺ 在“选择放置数据透视表的位置”组中，默认选择了“新工作表”单选按钮。为便于截图，这里改选为“现有工作表”。

❻ 将鼠标放置于“位置”框中，单击H1单元格。

❼ 单击“确定”按钮，关闭对话框。

❽ 在“数据透视表字段”任务窗格中，拖动“店铺”字段至“行”区域。

❾ 再拖动“金额”字段至“值”区域。如图12-4所示。

如果数据源发生变化，可按如下方法更改数据源：单击数据透视表区域中的任意单元格→单击“数据透视表分析”选项卡→单击“数据”组中的“更改数据源”按钮→在打开的“更改数据透视表数据源”对话框中修改“表/区域”框中的单元格引用→单击“确定”按钮。

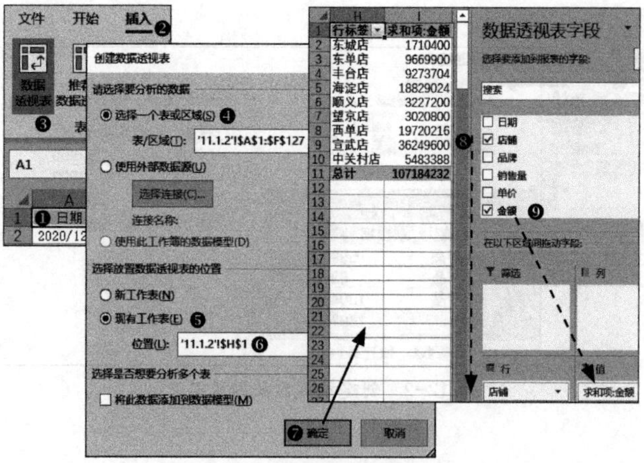

图12-4　创建普通的数据透视表

12.1.3 创建多重合并计算数据区域的透视表

能够进行合并计算的多个数据表，也能利用多重合并计算区域的数据透视表来进行汇总，并且能够实现更多用途。

例12-3 如图12-5所示，不同月份的数据在不同的工作表中，每月的人数不尽相同，请将每个人1～3月的收入进行汇总。

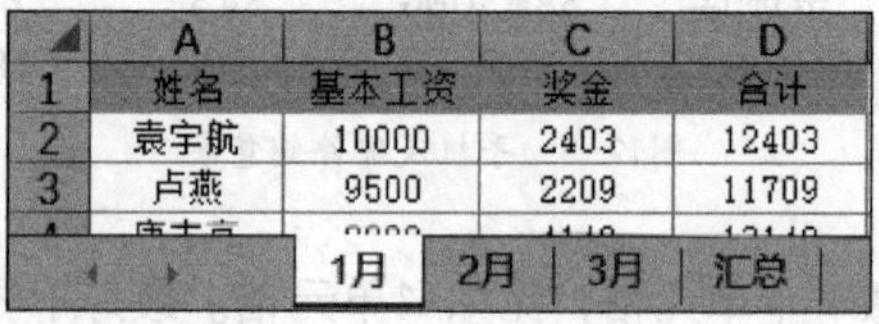

	A	B	C	D
1	姓名	基本工资	奖金	合计
2	袁宇航	10000	2403	12403
3	卢燕	9500	2209	11709
4	唐志言			

图12-5　收入表

对于多个数据源表，可以创建多重合并计算数据区域的透视表进行数据的汇总。

❶ 依次按下键盘上的Alt键、D键、P键。这是Excel“数据透视表和数据透视图向导”功能的键盘操作方法，可以放到“自定义快速访问工具栏”。

❷ 在弹出的“数据透视表和数据透视图向导——步骤1 (共3步)”对话框中，选择“多重合并计算数据区域”单选按钮。

❸ 选择“下一步”按钮。

❹ 在弹出的“数据透视表和数据透视图向导——步骤2a (共3步)”对话框中，选择“自定义页字段”单选按钮。

❺ 单击“下一步”按钮。

❻ 在弹出的“数据透视表和数据透视图向导——步骤2b (共3步)”对话框中，在“选定区域”框中引用“1月”工作表的数据区域。

❼ 单击“添加”按钮，所选区域进入“所有区域”列表框中。

❽ 在“请先指定要建立在数据透视表中的页字段数目”组单击“1”单选按钮。

❾ 在“字段1”框中输入“1月”字样，这将成为页字段筛选的选项。

❿ 重复第6～9步，在“选定区域”框中分别引用其他月份的数据区域，在“字段1”框中分别输入“2月”“3月”字样。

⓫ 单击“下一步”按钮。

⓬ 在弹出的“数据透视表和数据透视图向导——步骤3 (共3步)”对话框中，选择“现有工作表”。

⓭ 将鼠标放置于其框内，单击“汇总”工作表的A3单元格。

⓮ 单击“完成”按钮。

操作过程如图12-6所示，效果如图12-7所示。

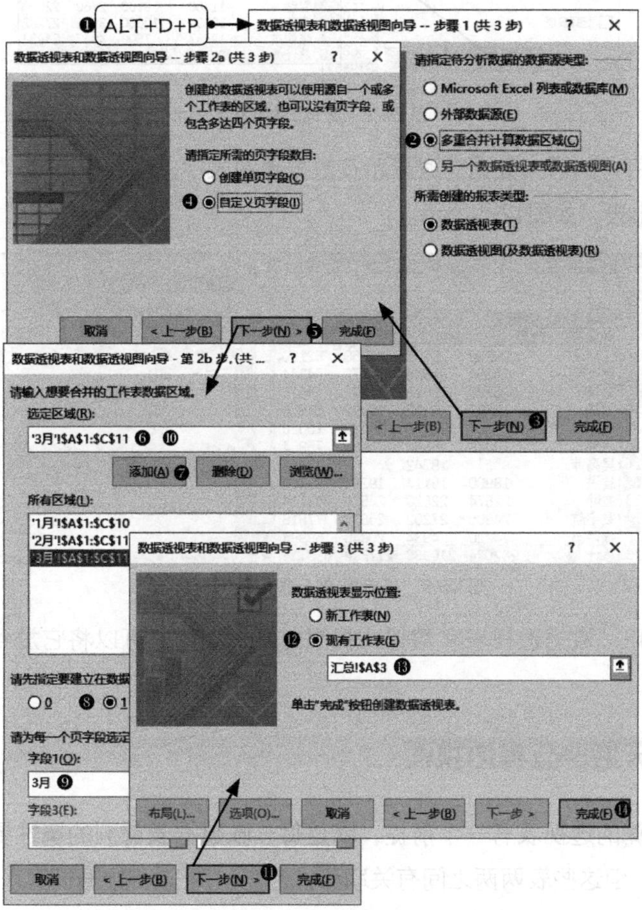

图12-6 创建多重合并计算数据区域的透视表

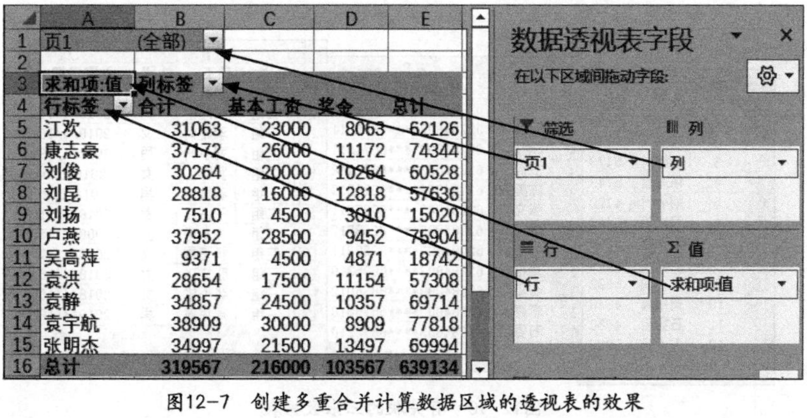

	A	B	C	D	E
1	页1	(全部)			
2					
3	求和项:值	列标签			
4	行标签	合计	基本工资	奖金	总计
5	江欢	31063	23000	8063	62126
6	康志豪	37172	26000	11172	74344
7	刘俊	30264	20000	10264	60528
8	刘昆	28818	16000	12818	57636
9	刘扬	7510	4500	3010	15020
10	卢燕	37952	28500	9452	75904
11	吴高萍	9371	4500	4871	18742
12	袁洪	28654	17500	11154	57308
13	袁静	34857	24500	10357	69714
14	袁宇航	38909	30000	8909	77818
15	张明杰	34997	21500	13497	69994
16	总计	319567	216000	103567	639134

图12-7 创建多重合并计算数据区域的透视表的效果

单击“页1（全部）”筛选箭头，可以从下拉列表中选择相应的月份，比如2月，效果如图12-8所示。

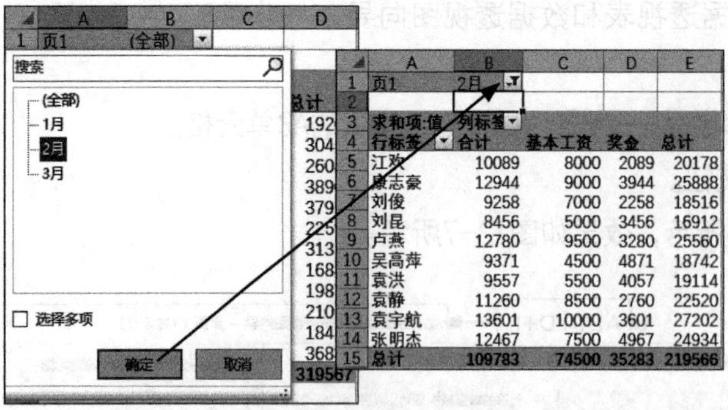

图12-8　筛选2月的数据

如果想把每个人每月的明细数据同时显示在数据透视表中，可以将“页1”字段拖放到“列”区域，将“列”字段拖出去，如图12-9所示。

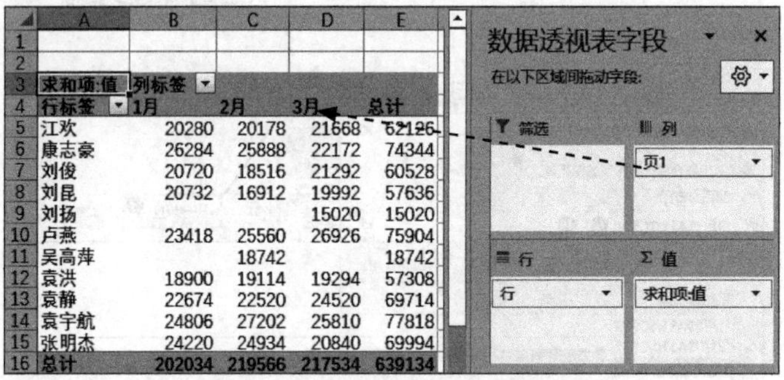

图12-9　显示每个人每月的明细数据

用户如果经常使用“数据透视表和数据透视图向导”功能，可以将它放到“自定义快速访问工具栏”中。

12.1.4 创建多表关联的数据透视表

创建多重合并计算的透视表有一个前提，就是每一张数据表首列的属性要相同。如果每一张数据表首列的属性不同，但这些表两两之间有关联列，也能利用Excel数据模型来创建数据透视表。

例12-4 如图12-10所示，有“工资”“卡号”“档案”三张工作表，请按照“组别”“员工”“工资”“银行卡号”四个属性快速汇总数据。

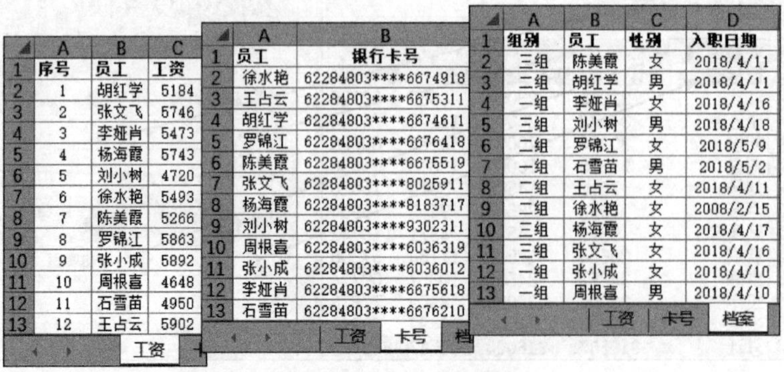
序号 员工 工资
1 胡红学 5184
2 张文飞 5746
3 李娅肖 5473
4 杨海霞 5743
5 刘小树 4720
6 徐水艳 5493
7 陈美霞 5266
8 罗锦江 5863
9 张小成 5892
10 周根喜 4648
11 石雪苗 4950
12 王占云 5902
工资
员工 银行卡号
徐水艳 62284803****6674918
王占云 62284803****6675311
胡红学 62284803****6674611
罗锦江 62284803****6676418
陈美霞 62284803****6675519
张文飞 62284803****8025911
杨海霞 62284803****8183717
刘小树 62284803****9302311
周根喜 62284803****6036319
张小成 62284803****6036012
李娅肖 62284803****6675618
石雪苗 62284803****6676210
工资 卡号
组别 员工 性别 入职日期
三组 陈美霞 女 2018/4/11
二组 胡红学 男 2018/4/11
一组 李娅肖 女 2018/4/16
三组 刘小树 男 2018/4/18
二组 罗锦江 女 2018/5/9
一组 石雪苗 男 2018/5/2
二组 王占云 女 2018/4/11
二组 徐水艳 女 2008/2/15
三组 杨海霞 女 2018/4/17
三组 张文飞 女 2018/4/16
一组 张小成 女 2018/4/10
一组 周根喜 男 2018/4/10
工资 卡号 档案

图12-10　有关联的三张数据表

通过“插入”选项卡中的“表格”命令，将三张数据表创建为“表格”，分别命名为“表1”“表2”“表3”。如果没有这一步，这三张数据表将依次被称为“区域”“区域1”“区域2”。

分别利用三个“表格”在三张工作表中创建空白数据透视表，注意勾选“将此数据添加到数据模型”复选框。如图12-11所示。

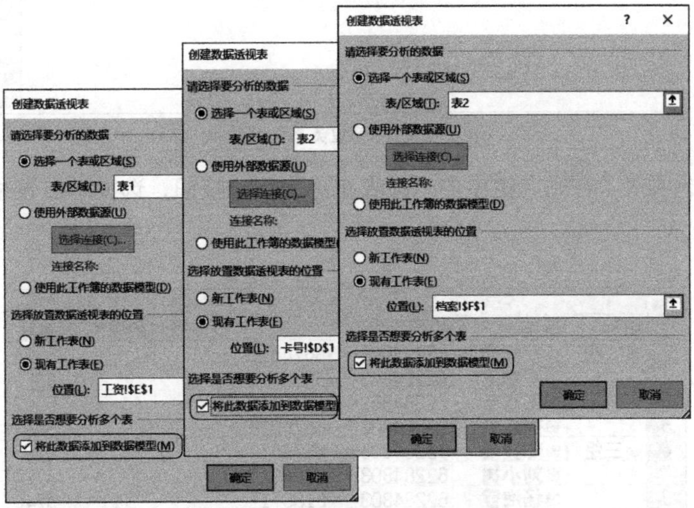

图12-11 将数据添加到数据模型

任选一个数据透视表，比如“工资”工作表中的数据透视表，在“数据透视表字段”窗格，单击“全部”标签，勾选“组别”“员工”“银行卡号”“工资”四个字段。由于三张数据表关联列的列标题为“员工”，所以这里可以直接单击“自动检测”按钮。在弹出的“自动检测关系”对话框中，单击“关闭”按钮。如图12-12所示。

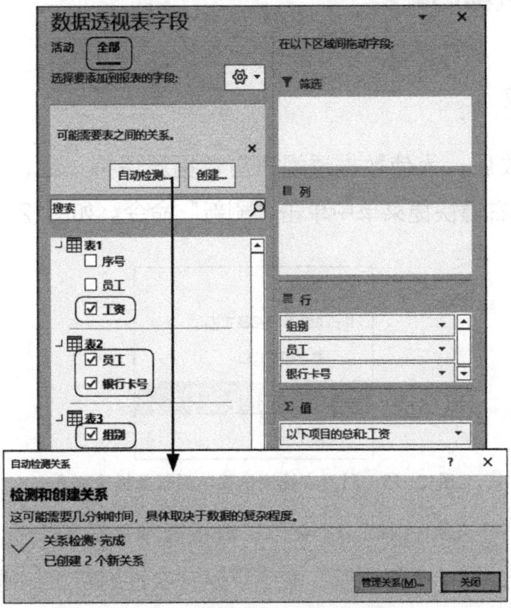

图12-12 字段布局和创建表间关系

如果几张数据表关联列的列标题不同，则要单击“创建”按钮，或在“自动检测关系”对话框中单击“管理关系”按钮。“管理关系”对话框如图12-13所示。

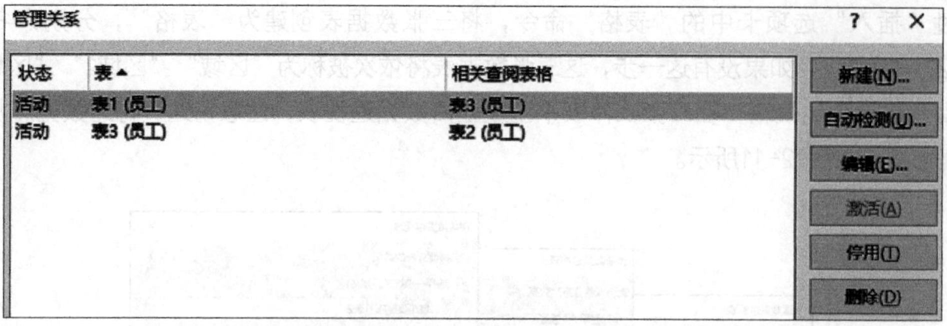

图12-13 “管理关系”对话框

单击“设计”选项卡“布局”组中的“报表布局”下拉按钮，选择“以表格形式显示”选项。效果如图12-14所示。

	E	F	G	H
1	组别	员工	银行卡号	以下项目的总和:工资额
2	⊟二组	⊟胡红学	62284803****6674611	5184
3		⊟罗锦江	62284803****6676418	5863
4		⊟王占云	62284803****6675311	5902
5		⊟徐水艳	62284803****6674918	5493
6	⊟三组	⊟陈美霞	62284803****6675519	5266
7		⊟刘小树	62284803****9302311	4720
8		⊟杨海霞	62284803****8183717	5743
9		⊟张文飞	62284803****8025911	5746
10	⊟一组	⊟李娅肖	62284803****6675618	5473
11		⊟石雪苗	62284803****6676210	4950
12		⊟张小成	62284803****6036012	5892
13		⊟周根喜	62284803****6036319	4648
14	总计			64880

图12-14 多表关联的数据透视表

12.1.5 简单两招刷新数据透视表

1. 手动刷新数据透视表

当数据源的数据被修改后，为使数据透视表与数据源保持一致，可以及时手动刷新数据透视表。方法是：在数据透视表右键快捷菜单中单击“刷新”命令。如图12-15所示。

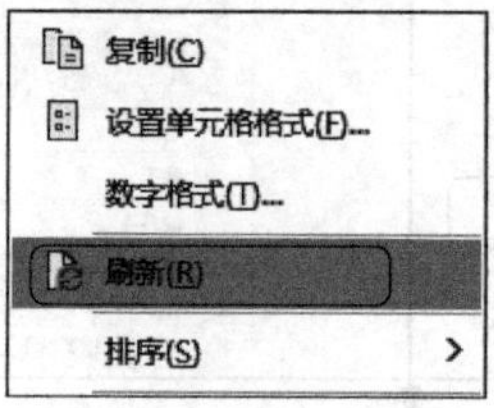

图12-15 利用右键快捷菜单刷新数据透视表

在“数据”选项卡的“查询和连接”组中和“数据透视表分析”选项卡的“数据”组中，都有“刷新”和“全部刷新”命令。“全部刷新”命令可以一次性刷新工作簿中的全部数据透视表。

2. 设置打开工作簿时刷新

为了避免数据源的数据被修改后忘记刷新数据透视表，造起数据源与汇总结果的不一致，可以设置打开工作簿时刷新。方法是：在数据透视表的右键快捷菜单中选择“数据透视表选项”，在弹出的“数据透视表选项”对话框中，单击“数据”标签，勾选“打开文件时刷新数据”复选框。如果希望刷新数据后保持调整好的列宽，则再单击“布局和格式”标签，取消勾选“更新时自动调整列宽”复选框。如图12-16所示。

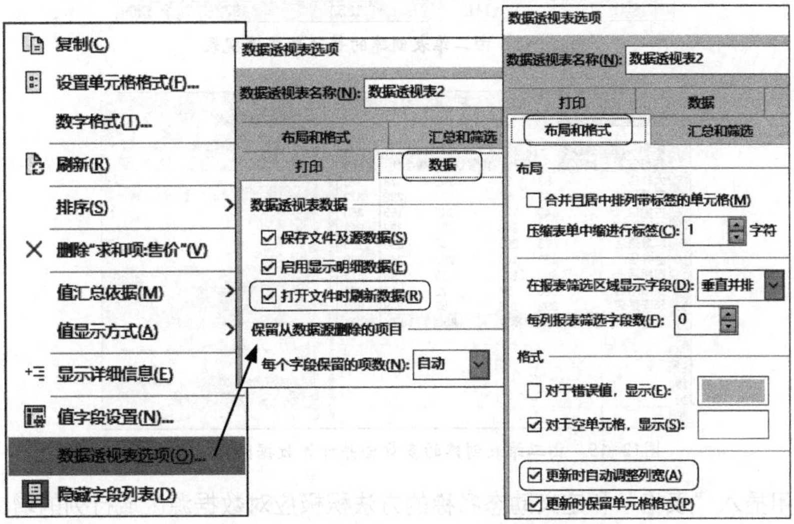

图12-16 设置打开工作簿时刷新数据透视表

数据透视表的选择、移动、清除也是常用操作，除常规方法外，还可以利用“数据透视表分析”选项卡“操作”组中的命令进行操作。

【边练边想】

1. 如图12-17所示，该表是一维表还是二维表？如果以之为数据源创建普通的数据透视表，会出现什么问题？应该如何创建数据透视表才能规避这个问题？

	A	B	C	D	E
1	店名	纯牛奶	乳酸饮料	酸牛奶	奶片
2	大林店	93	165	78	37
3	金井店	129	252	249	179
4	和平路店	5	167	382	258

图12-17 奶品销售表

2. 数据透视表如何积极应对数据源区域行列的增减变化？

3. 在创建多重合并计算数据区域的透视表时，如果不自定义页字段的名称，在数据透视表中，页字段会显示为什么？

【问题解析】

1. 该表是一个二维表。如果以之为数据源创建普通的数据透视表，则各列都会成为不同的字段，手动将同属奶品的字段拖放到“值”区域，它们不会自动生成汇总列，只能依靠其他方式汇总。只有创建多重合并计算数据区域的透视表，才能避免这个问题。普通的数据透视表如图12-18所示，多重合并计算数据区域的透视表如图12-19所示。

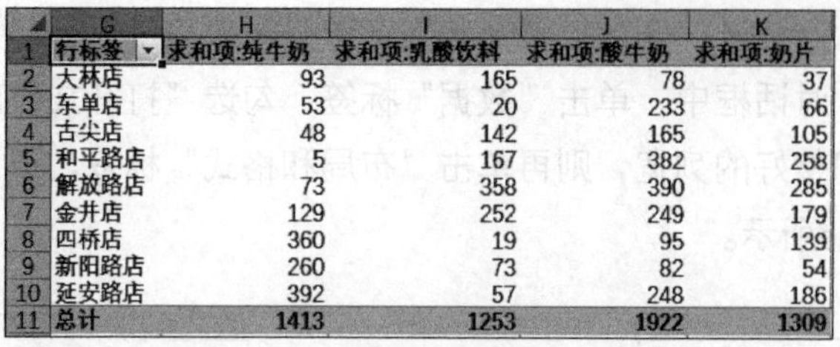

	行标签	求和项:纯牛奶	求和项:乳酸饮料	求和项:酸牛奶	求和项:奶片
2	大林店	93	165	78	37
3	东单店	53	20	233	66
4	古尖店	48	142	165	105
5	和平路店	5	167	382	258
6	解放路店	73	358	390	285
7	金井店	129	252	249	179
8	四桥店	360	19	95	139
9	新阳路店	260	73	82	54
10	延安路店	392	57	248	186
11	总计	1413	1253	1922	1309

图12-18　由二维表创建的普通数据透视表

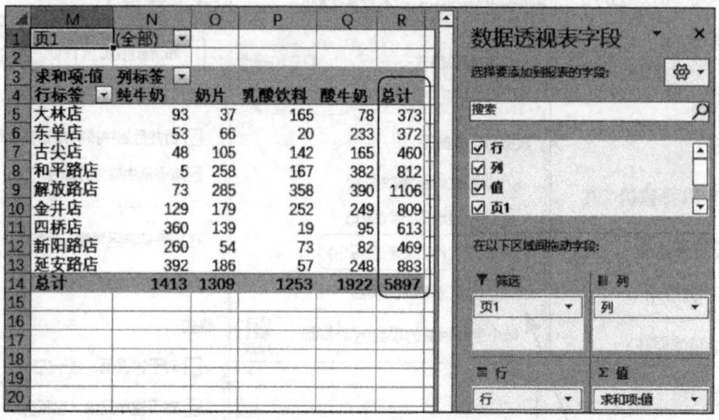

	M	N	O	P	Q	R
1	页1	(全部)				
3	求和项:值	列标签				
4	行标签	纯牛奶	奶片	乳酸饮料	酸牛奶	总计
5	大林店	93	37	165	78	373
6	东单店	53	66	20	233	372
7	古尖店	48	105	142	165	460
8	和平路店	5	258	167	382	812
9	解放路店	73	285	358	390	1106
10	金井店	129	179	252	249	809
11	四桥店	360	139	19	95	613
12	新阳路店	260	54	73	82	469
13	延安路店	392	186	57	248	883
14	总计	1413	1309	1253	1922	5897

图12-19　由二维表创建的多重合并计算数据区域的透视表

2. 通常使用插入“表格”和定义动态名称的方法积极应对数据源区域行列的增减变化。在创建数据透视表时，要在“数据透视表”对话框的“表/区域”引用框中填写该表格或区域的名称。

“表格”有扩展功能，其名称在“设计”选项卡下的“属性”组中查看和修改。如图12-20所示。

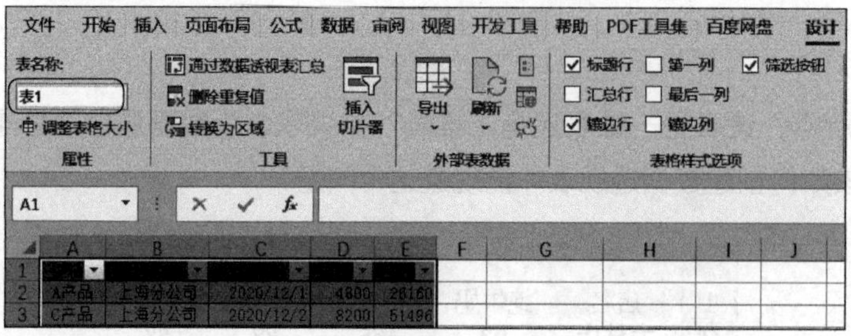

图12-20　查看和修改“表格”的名称

数据源区域如果以A1单元格为起点，则定义动态名称的过程为：单击“公式”选项卡→单击“定义的名称”组中的“定义名称”按钮→在打开的“新建名称”对话框中的“名称”框内输入“data”→在“引用位置”框中输入公式“=OFFSET($A$1,,,COUNTA($A:$A),COUNTA($1:$1))”→单击“确定”按钮。如图12-21所示。

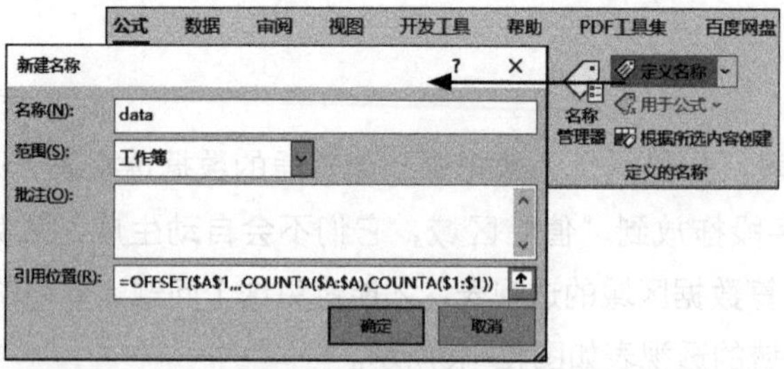

图12-21　定义动态名称

式中，COUNTA函数计算区域中不为空的单元格的个数，得到A列的计数结果作为OFFSET函数的第四个参数，即引用区域的高度，得到第1行的计数结果作为OFFSET函数的第五个参数，即引用区域的宽度。

3. 页字段会显示为“页1”“页2”字样。

12.2 数据透视表的布局和美化

12.2.1 认识“数据透视表字段”窗格

创建空白数据透视表后，工作表的右侧会出现“数据透视表字段”任务窗格。该窗格由两个部分组成：“字段节”，即字段列表；“区域节”，即布局部分。如图12-22所示。

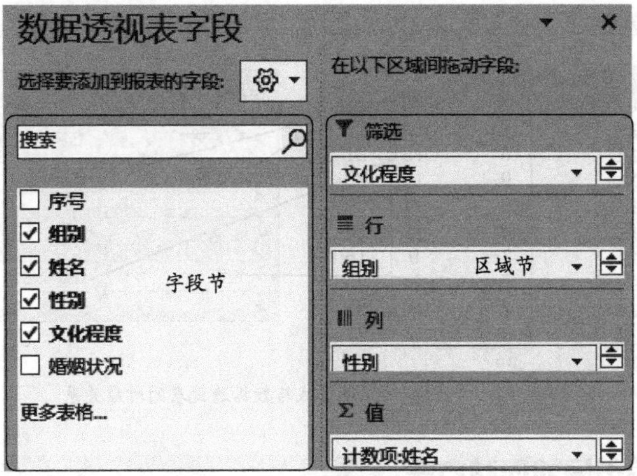

图12-22 “数据透视表字段”任务窗格

“区域节”包括4个区域。

“筛选”区域用于基于报表筛选中的选项来对整张报表进行筛选。位于该区域的字段被称为页字段，“项”是字段的成员。

“行”区域用于将字段名显示为报表左侧的行标签，位于该区域的字段被称为行字段，位置较低的行嵌套在下方。

“列”区域用于将字段名显示为报表顶部的列标签，位于该区域的字段被称为列字段，位置较低的列嵌套在右侧。

“值”区域用于在行字段和列字段构成的坐标中显示汇总计算结果。位于该区域的字段被称为值字段。文本型数据会自动做计数处理。

根据字段的数量多少和字数长短，可以单击窗格的“工具”下拉按钮，在下拉列表中选择窗格布局方式。如图12-23所示。

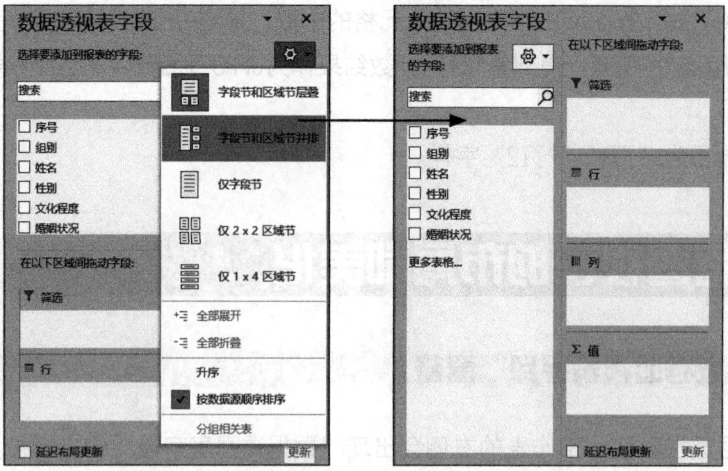

图12-23　“数据透视表字段”任务窗格的布局方式

“区域节”4个区域与数据透视表的对应关系如图12-24所示。

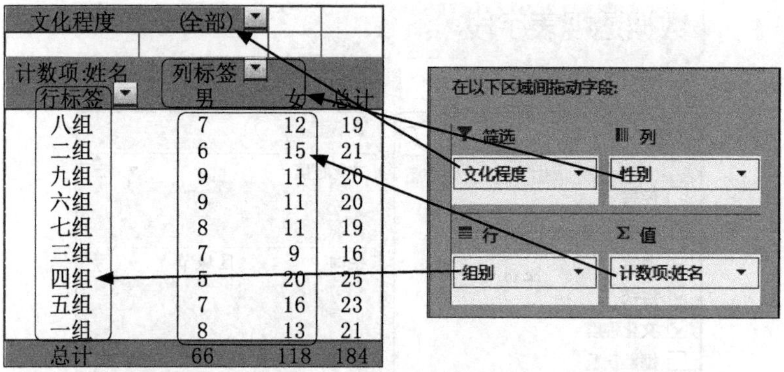

图12-24　“区域节”4个区域与数据透视表的对应关系

12.2.2 数据透视表布局的四种方法

数据透视表布局就是根据统计分析需求将字段安排在“筛选”“行”“列”“值”四个区域中，有四种方法可以实现布局。

1. 勾选字段进行快速布局

我们在字段列表中勾选字段后，文本型字段会自动进入“行”区域，数值型字段会自动进入“值”区域（日期时间数据除外）。但无论什么字段，都不会自动进入“列”区域。字段要进入“列”区域，只能使用“拖”的方法。

在“字段节”区域有一个搜索框，在字段太多的情况下，可以在这里搜索需要的字段。

2. 拖放字段随心布局

按下鼠标将某字段拖放到某个区域。可以从“字段节”向“区域节”中的一个区域拖放，也可以在“区域节”的区域之间拖放。当“区域节”中的一个区域内至少有两个字段时，还可以在区域内上下拖放。这时，位于下面的字段将被嵌套在位于上面的字段的项中。

如果不再需要某个字段，将该字段直接拖出区域节就行了。

3. 通过下拉菜单调整字段

在“筛选”“行”“列”“值”区域中，如果已经有字段，可以单击字段右侧的下拉按钮，从下拉菜单中选择相应的命令以调整字段。如图12-25所示。

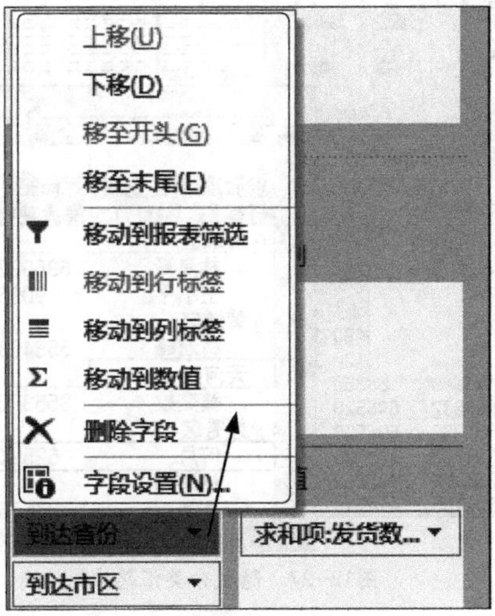

图12-25　通过下拉菜单调整字段

4. 套用推荐的数据透视表布局

在“数据透视表分析”选项卡，单击“工具”组中的“推荐的数据透视表”按钮，打开“推荐的数据透视表”对话框，从中套用一种合适的布局。如图12-26所示。

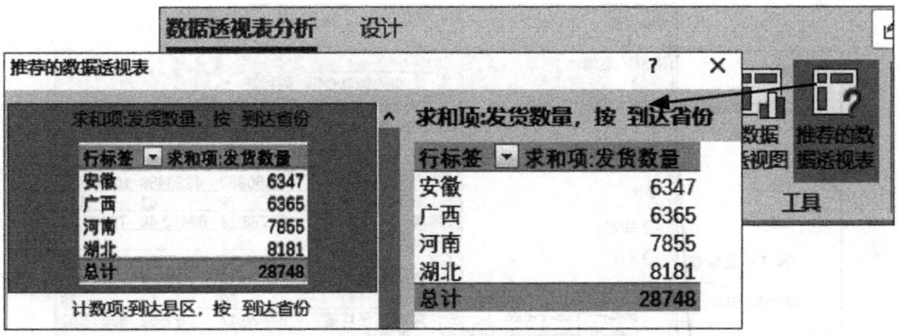

图12-26　套用推荐的数据透视表

12.2.3 隐藏或显示分类汇总

创建数据透视表时，Excel同时创建了所有字段的分类汇总，默认“在组的顶部显示所有分类汇总”。分类汇总可以根据需要隐藏或显示。

例12-5 请以一张数据透视表为例，介绍如何显示或隐藏分类汇总。

❶ 选中数据透视表中的任意单元格。

❷ 选择“设计”选项卡。

❸ 单击“布局”组中的“分类汇总”按钮。

❹ 在下拉菜单中根据需要选择。若要隐藏分类汇总，请单击“不显示分类汇总”。若要在字段的底部显示分类汇总，请单击“在组的底部显示所有分类汇总”。本例选择“不显示分类汇总”。

如图12-27所示。

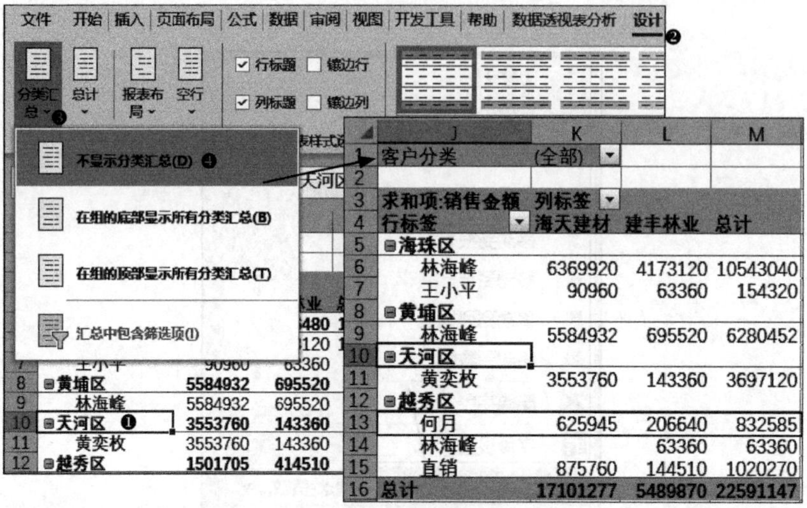

图12-27 隐藏分类汇总

通过功能区的命令，可以隐藏或显示全部字段的分类汇总，如果只想隐藏或显示某个父级字段的分类汇总，只需要在其右键快捷菜单中取消勾选或勾选“分类汇总‘××’”。

新建的数据透视表默认的分类汇总方式为求和，可以改为或添加其他汇总方式。在某一分类汇总行，当光标呈“→”时，单击鼠标选中所有的分类汇总行，在右键快捷菜单中选择“字段设置”，在弹出的“字段设置”对话框中选择“分类汇总和筛选”标签及该标签下的“自定义”单选按钮，再在下面的列表框中选择汇总方式，比如“求和”“计数”“平均值”。如图12-28所示。

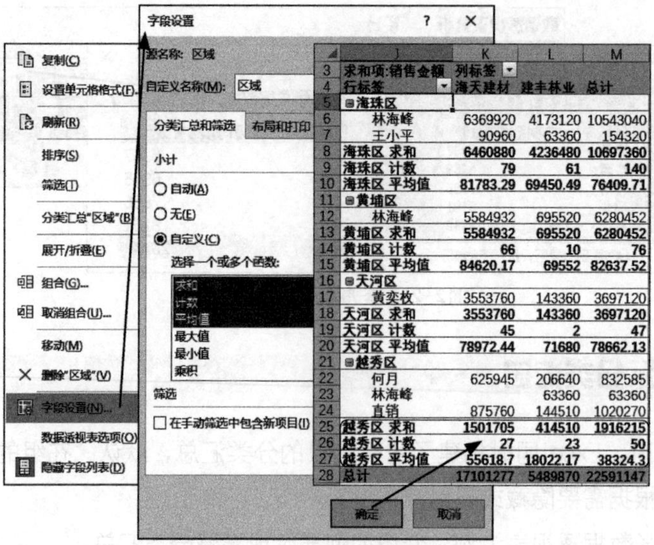

图12-28 显示多种分类汇总

在“字段设置”对话框 “分类汇总和筛选”标签下的“小计”组中，单击“无”单选按钮，还可以隐藏分类汇总。

12.2.4 禁用或启用行总计或列总计

新建的数据透视表默认启用了总计，可以根据需要禁用或启用行总计或列总计。

例12-6 以一张数据透视表为例，如何设置禁用或启用行总计或列总计呢?

❶ 选中数据透视表中的任意单元格。

❷ 选择“设计”选项卡。

❸ 单击“布局”组中的“总计”按钮。

❹ 在下拉菜单中根据需要选择。若要禁用所有总计，请单击“对行和列禁用”选项。若要启用所有总计，请单击“对行和列启用”选项。若要禁用列总计，请单击“仅对行启用” 选项。若要禁用行总计，请单击“仅对列启用” 选项。本例选择“对行和列禁用”选项。如图12-29所示。

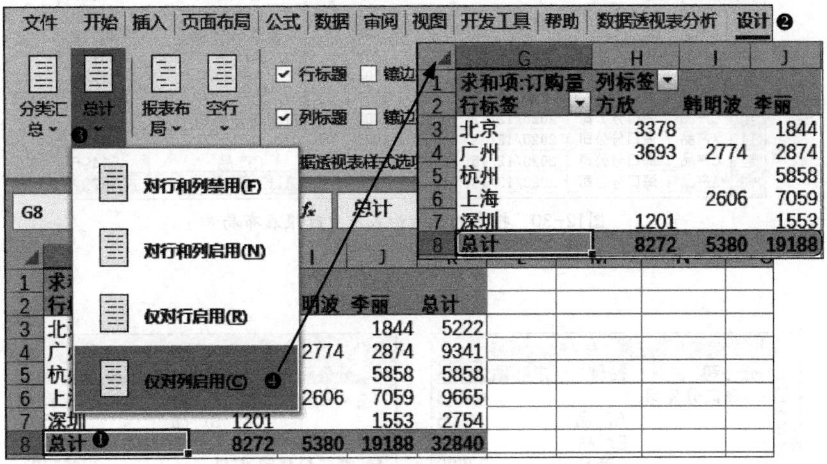

图12-29 通过功能区命令禁用/启用总计

还可以在“数据透视表选项”对话框 “汇总和筛选”标签下的“总计”组中，根据需要选择取消勾选或勾选“显示行总计”或“显示列总计”复选框。在“总计”二字所在单元格的右键快捷菜单中也可以选择“删除总计”菜单。

行总计、列总计、总计行、总计列4个概念容易混淆，要仔细区分:

行总计是某一行的总计，K3单元格就是行总计。

列总计是某一列的总计，H8单元格就是列总计。

总计行是列总计所在的行，第8行就是总计行。

总计列是行总计所在的列，K列就是总计列。

12.2.5 弄懂报表布局的三种外观

Excel插入数据透视表时，默认将行字段名都压缩在最左列，占用较少的列，这种报表布局是“以压缩形式显示”。但当行字段较多时，看数据不是很方便。

例12-7 如图12-30所示，请尝试更改该数据透视表的报表布局，理解不同报表布局的特点。

❶ 单击数据透视表区域中的任意单元格。

❷ 选择“设计”选项卡。

❸ 单击“布局”组中的“报表布局”下拉按钮。

❹ 在下拉菜单中选择一种报表布局。选择“以大纲形式显示”，或“以表格形式显示”，当然也可以重新选择“以压缩形式显示”。如图12-30、图12-31所示。

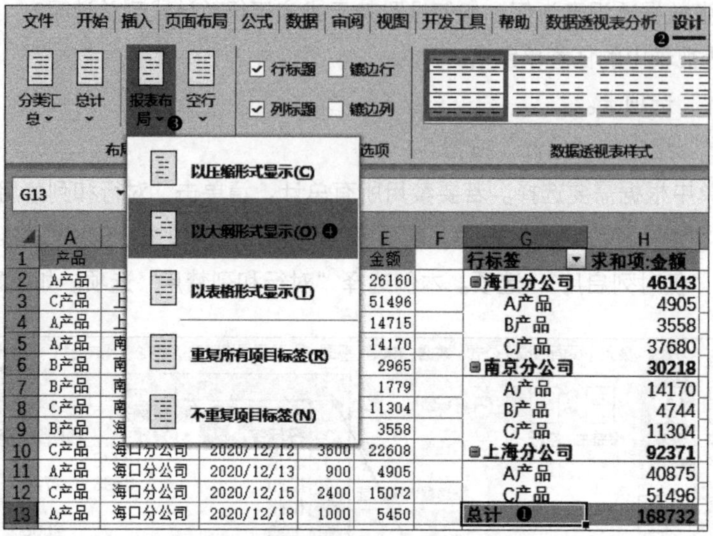

图12-30　报表的压缩形式及更改报表布局

图12-31　报表的大纲形式和表格形式

“以压缩形式显示”是Excel默认的数据透视表布局形式，将多个行字段名压缩到一列中，以不同缩进方式来反映字段间的逻辑关系。行字段以“行标签”字样体现，分类汇总显示在父项所在行。

“以大纲形式显示”时，不同的行字段名占用不同的列来显示，分类汇总显示在父项所在行。

“以表格形式显示”时，不同的行字段名占用不同的列来显示，分类汇总显示在父项的底部，无法通过常规方法将分类汇总显示在父项所在行。这种报表形式是经典的报表形式，便于复制粘贴，也便于显示合并单元格的外观。

在“以表格形式显示”和“以大纲形式显示”这两种报表布局中，不同的行字段均占用不同的列显示，父项下方必然留有空白单元格。如果要在这些空白单元格中显示父项标签，可以在“设计”选项卡的“布局”组中，单击“报表布局”下拉按钮里的“重复所有项目标签”命令。反之，单击“不重复所有项目标签”菜单。如图12-32所示。

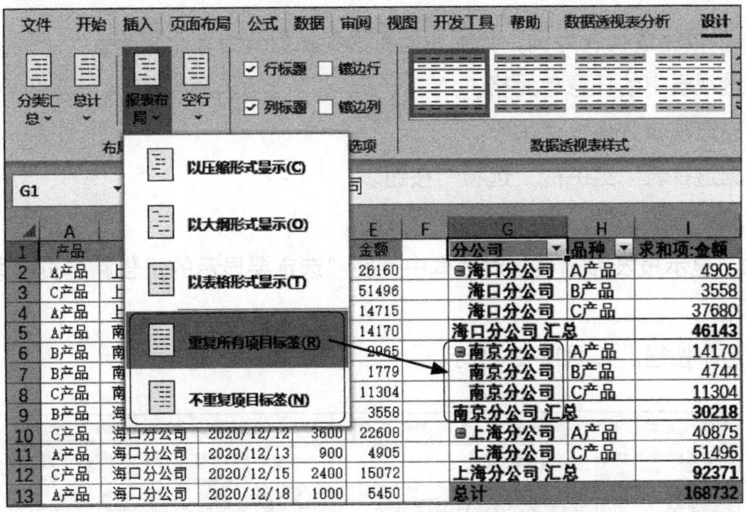

图12-32　重复显示行字段的项目标签

12.2.6 父项呈现合并单元格外观

当数据透视表“以表格形式显示”时，不同的行字段均占用不同的列显示，父项下必然留有空白单元格。当有同类项时，合并单元格更能直观地体现数据之间的层级关系。报表形式与合并单元格可否“鱼与熊掌兼得”呢？

例12-8 请以一张数据透视表为例，介绍如何让父项呈现合并单元格外观。

在“数据透视表选项”对话框“布局和格式”标签下的“布局”组中，勾选“合并且居中排列带标签的单元格”复选框。如图12-33所示。

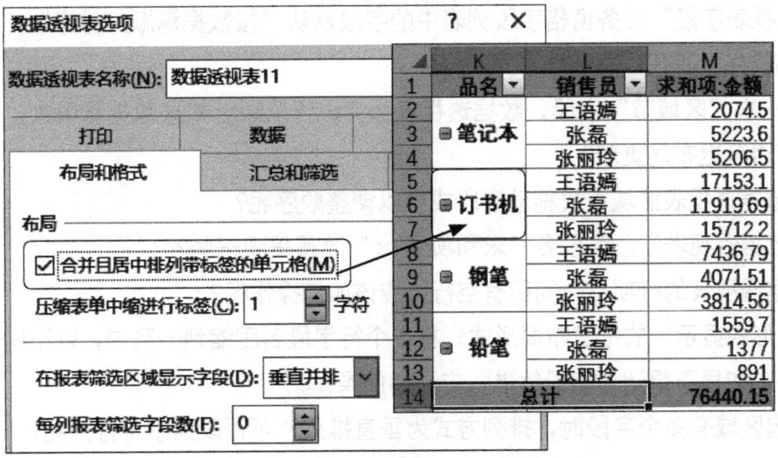

图12-33　父项呈现合并单元格外观

12.2.7 将透视表拆分为多个报表

创建数据透视表时，如果报表筛选区域有字段，则数据透视表可以按字段项进行筛选，每一次筛选会显示一个页面，这些页面都在数据透视表所在的工作表，也可以将这些页面在多张工作表中独立显示。

例12-9 以一张数据透视表为例，介绍如何将透视表拆分为多个报表。

❶ 选中数据透视表中的任意单元格。

❷ 选择“数据透视表分析”选项卡。

❸ 单击“数据透视表”组中的“选项”按钮。

❹ 在下拉菜单中选择“显示报表筛选页”按钮。

❺ 在弹出的“显示报表筛选页”对话框中，在“选定要显示的报告筛选页字段”列表框中选择要显示的筛选字段。

❻ 单击“确定”按钮。如图12-34所示。

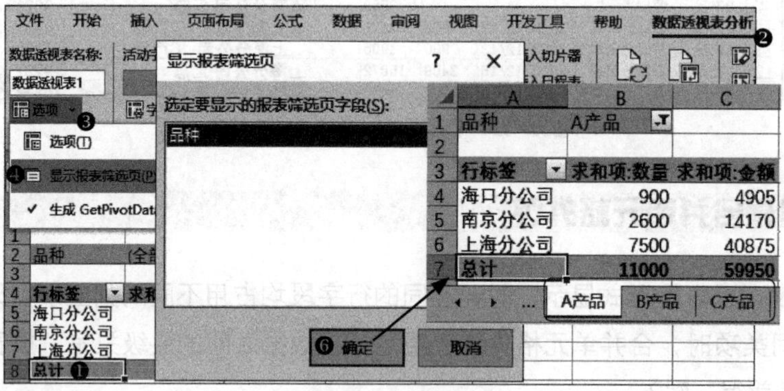

图12-34 拆分效果

【边练边想】

1.“数据透视表分析”选项卡“显示”组中的几个按钮如何使用?

2.“数据透视表字段”任务窗格字段列表中的字段默认“按数据源顺序排序”，如果字段很多，能否改为按升序排序，以便观察和操作?

3. 每调整一次“区域节”字段，数据透视表都会进行刷新。如果数据量很大，每次刷新的耗时就可能较长，可否延迟布局更新?

4. 可否在数据透视表区域直接拖动字段或项以调整顺序呢?

5. 如何将数据透视表汇总字段名“求和项:××”改得美观一些?

6. 想在数据透视表的行项目之间留有空行，应该如何操作呢?

7.“以压缩形式显示”的报表布局形式，将多个行字段名压缩到一列中，以不同缩进方式反映字段间的逻辑关系。如果不想让各字段缩进，应该如何操作呢?

8. 报表筛选区域有多个字段时，排列方式为垂直排列，可否改为水平排列呢?

【问题解析】

1.“数据透视表分析”选项卡“显示”组中的几个按钮的作用对象如图12-35所示。

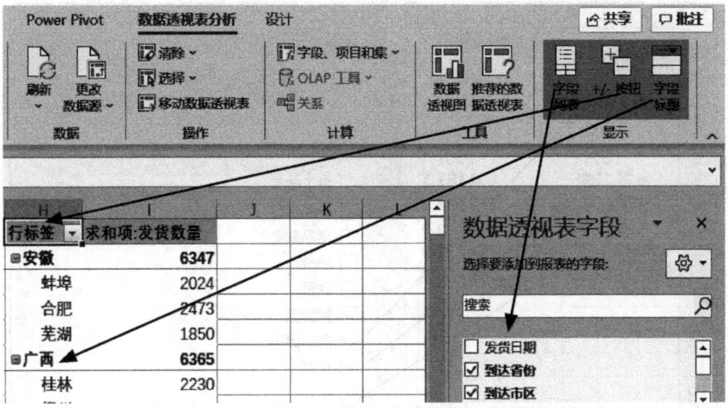

图12-35 “显示”组中的几个按钮的作用对象

2. 在“数据透视表字段”窗格，单击“工具”下拉按钮，在下拉列表中选择“升序”。若要恢复默认顺序，请选择“按数据源顺序排序”。

3. 在“区域节”底部，勾选“延迟布局更新”。需要刷新时，单击旁边的“更新”按钮。

4. 如果数据表已被设置为“经典数据透视表布局”，可用鼠标在数据透视表区域直接拖动字段或项以调整顺序。选中要拖动的字段或项，待光标变为四向箭头时，按下鼠标左键，拖动光标到需要插入的地方，当出现“⟷”或“I”时，松开鼠标。还可以直接在需要更改的单元格输入字段名或项目名，以插入该字段名或项目名。当然，子项只能在父项范围内调整。

设置“经典数据透视表布局”的方法是：在“数据透视表选项”对话框中，单击“显示”标签→勾选“经典数据透视表布局(启用网格中的字段拖放)”复选框→单击“确定”按钮。

5. 只需要修改“求和项:”或将其替换为空格。

6. 在“数据透视表设计”选项卡的“布局”组中，单击“空行”按钮，在下拉菜单中选择“在每个项目后插入空行”。如果要删除已插入的空行，请单击“删除每个项目后的空行”。

7. 在“数据透视表选项”对话框的“布局和格式”标签下，将“布局”组中的“压缩表单中缩进行标签”后面的值改为“0”。另外通过设置单元格格式，也能改变字符的缩进量。

8. 在“数据透视表选项”对话框的“布局和格式”标签下，在“布局”组的“在报表筛选区域显示字段”下拉列表中选择“水平并排”，并修改“每行报表筛选字段数”。

12.3 数据透视表的分组与计算

12.3.1 对字段项目自定义分组

当字段的项目为日期和时间型数据（从存储上看，相当于数值类型数据）时，数据透视表可以按照一定的周期或间距自动分组，这有助于增强分类汇总的功能并揭示数据的本质。

例12-10 如图12-36所示，以“售出日期”为行字段，以“销售额”为列字段创建数据透视表后，“售出日期”字段自动变为“年”“季度”“售出日期”三个字段。可否以“周”为单位重新分组呢？

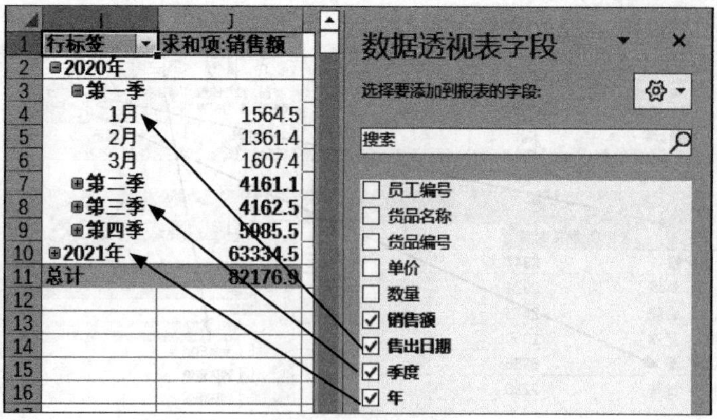

图12-36 日期自动分组

❶单击数据透视表行字段区域的任意单元格，比如I2单元格。

❷在右键快捷菜单中选择“组合”选项。

❸在弹出的“组合”对话框中，将“起始于”框中的值修改为一个星期一的日期，而且这个日期要早于数据源的第一天，比如“2019/12/30”。

❹在“步长”列表框中选择“日”选项。

❺在“天数”值框中输入“7”。

❻单击“确定”按钮，数据就按“周”统计了。区域节“行”区域内的字段自动变回了“售出日期”一个字段。如图12-37所示。

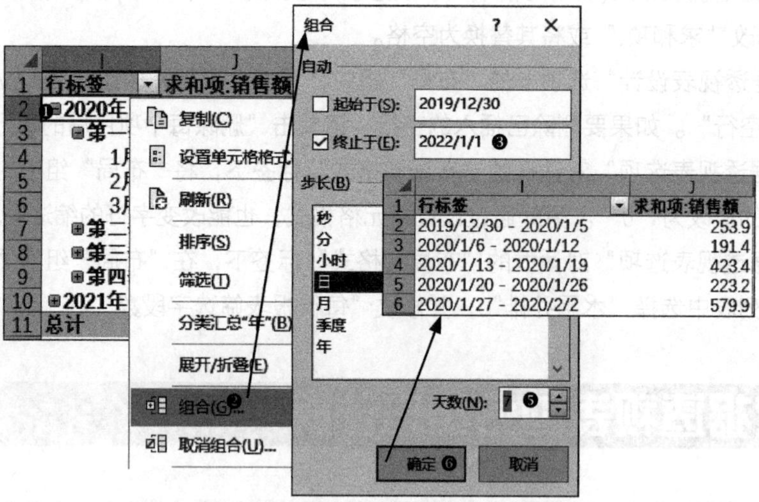

图12-37 日期和时间型数据的分组

在“数据透视表分析”选项卡“分组”组中，单击“分组选择”按钮也能打开“组合”对话框。

如果期望按上旬、中旬、下旬来组合，而“组合”对话框中的“步长”列表框里又没有这样的分组，可以在数据源区域增加辅助列，并使用公式“=MONTH(A2)&”月”&TEXT(DAY(A2),”[>20]下旬;[>10]中旬;上旬”)”来提取数据，然后将辅助列字段用作行字段。

一般数值的分组更为简单。

例12-11 还以上例为例，创建数据透视表时，以“单价”为行字段，以“销售额”为值字段，创建了一张数据透视表。如果“单价”按10元的间隔来分组，在此基础上汇总“销售额”，应该如何操作呢?

在“组合”对话框中，将“起始于”框中的值修改为“0”，单击“确定”按钮，数据就会按默认的“步长”“10”统计。如图12-38所示。

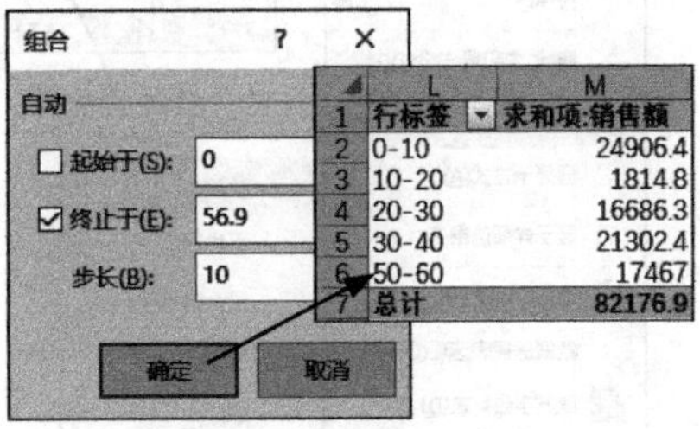

图12-38　数值型数据分组

文本型数据也可以分组。方法是：选择要组合的单元格或区域，利用“数据透视表分析”选项卡“分组”组中的“分组选择”功能进行组合，或者在右键快捷菜单中选择“分组”命令，将组合后出现的“数据组1”更名为需要的名字，如此再继续进行分组。

12.3.2 选择字段的多种汇总依据

Excel提供了包括“求和”“计数”“平均值”“最大值”“最小值”“乘积”“数值计数”“标准偏差”“总体标准偏差”“方差”“总体方差”在内的11种汇总依据，其中文本型数据默认的汇总依据是“计数”，其他类型的数据默认的汇总依据是“求和”。

例12-12 如图12-39所示，请快速统计各班的人数及总分的平均分、最高分。

	A	B	C	D	E	F	G	H
1	学号	姓名	班级	语文	数学	英语	综合	总分
2	16500120111080	朱小瑞	1	123	95	70	170	458
3	16500120111070	冷敏	1	103	72	105	167	447
4	16500120111062	张粤	1	98	94	71	175	438
5	16500120131097	宋后丽	1	102	38	60	161	361

图12-39　成绩表

创建数据透视表时，将“班级”字段拖放到“行”区域，连续3次将“总分”字段拖放到“值”区域。在数据透视表中将后面3列的列标题分别修改为“人数”“平均分”“最高分”，这3列居中对齐。在“人数”列任意单元格的右键快捷菜单中选择“值汇总依据”下的“计数”，“平均分”列则选择“平均值”，“最高分”列选择“最大值”，如图12-40所示。

12.3.3 显示总计的百分比及指数

通过改变数据透视表的值显示方式，可以按照不同字段对数据做相对比较，以方便对数据进行分析。“值显示方式”包括无计算、总计的百分比、列总计的百分比、行总计的百分比、百分比、父行汇总的百分比、父列汇总的百分比、父级汇总的百分比、差异、差异百分比、按某一字段汇总、按某一字段汇总的百分比、升序排列、降序排列、指数等15种。如图12-41所示。

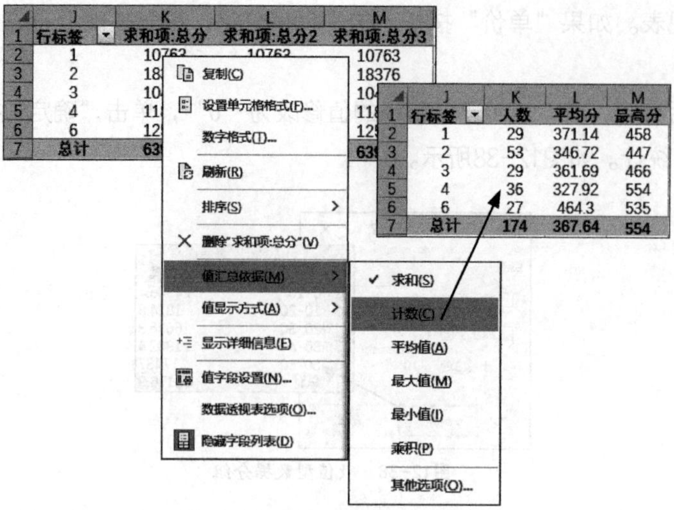

图12-40　字段的多种汇总依据

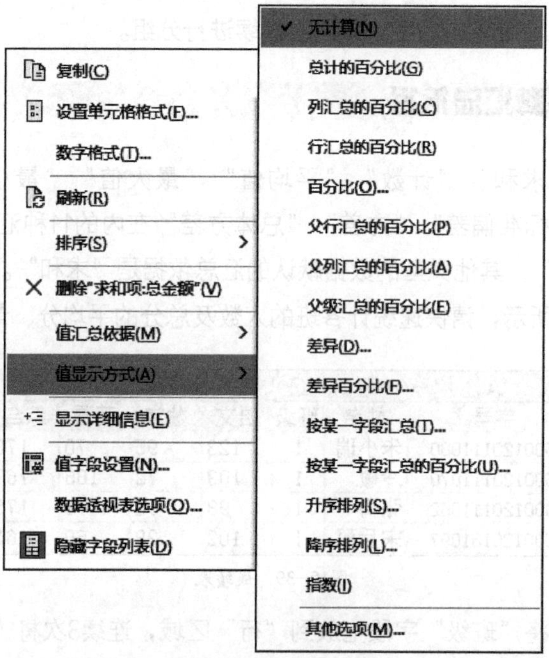

图12-41　值显示方式

例12-13 如图12-42所示，请对各营业部的商品的重要性做一个比较分析。

	A	B	C	D	E	F
1	营业部	商品	销售日期	数量	单价	总金额
2	天河	显示器	2021/1/1	2	2154	4308
3	越秀	鼠标	2021/1/5	25	36	900
4	天河	硬盘	2021/1/25	25	568	14200
5	荔湾	硬盘	2021/2/1	32	568	18176

图12-42　电脑器材销售表

可以通过数据透视表总计的百分比、行总计的百分比、列总计的百分比以及指数来分析。

创建数据透视表时，在“数据透视表字段”窗格，将“营业部”字段拖放到“行”区域，将“商品”字段拖放到“列”区域，将“总金额”字段拖放到“值”区域，各列居中对齐。再按这种方法创建或者复制、粘贴3个同样的数据透视表。

在第1个数据透视表值区域的任意单元格的右键快捷菜单中，选择“值显示方式”下的“总计的百分比”。其他3个数据透视表则分别选择“行总计的百分比”“列总计的百分比”“指数”。效果如图12-43所示。

	H	I	J	K	L	M	N	O	P	Q	R
1			总计的百分比						列汇总的百分比		
2	求和项:总金额	列标签					求和项:总金额	列标签			
3	行标签	鼠标	显示器	硬盘	总计		行标签	鼠标	显示器	硬盘	总计
4	黄埔	1.1%	8.8%	5.3%	15.2%		黄埔	25.0%	14.9%	14.5%	15.2%
5	荔湾	0.7%	21.0%	7.0%	28.6%		荔湾	15.3%	35.6%	18.8%	28.6%
6	天河	0.4%	12.8%	23.0%	36.2%		天河	8.4%	21.8%	62.3%	36.2%
7	越秀	2.2%	16.2%	1.6%	20.0%		越秀	51.3%	27.6%	4.3%	20.0%
8	总计	4.29%	58.8%	36.9%	100%		总计	100%	100%	100%	100%
9											
10			行汇总的百分比						指数		
11	求和项:总金额	列标签					求和项:总金额	列标签			
12	行标签	鼠标	显示器	硬盘	总计		行标签	鼠标	显示器	硬盘	总计
13	黄埔	7.06%	57.78%	35.16%	100%		黄埔	1.644	0.983	0.953	1
14	荔湾	2.29%	73.37%	24.34%	100%		荔湾	0.534	1.248	0.660	1
15	天河	1.00%	35.48%	63.52%	100%		天河	0.233	0.603	1.722	1
16	越秀	11.00%	80.99%	8.01%	100%		越秀	2.562	1.377	0.217	1
17	总计	4.29%	58.81%	36.90%	100%		总计	1	1	1	1

图12-43 4种值显示方式下的数据透视表

可以看出，“总计的百分比”是指各项数值占全表总和的百分比。

“行总计的百分比”是指各行的数值占该行总和的百分比。

“列总计的百分比”是指各行列数值占该列总和的百分比。

“指数”按公式“=(单元格的值×总计)/(行总计×列总计)”进行计算，综合考虑了行和列的数据的权重，数值越大越重要。比如，从总体上说，“硬盘”在“黄埔”地区的销售额比在“荔湾”地区重要。

12.3.4 显示确定基准点的定基比

例12-14 如图12-44所示，请快速计算2～8月每个月的销售额与1月销售额的比率。

	A	B	C	D	E	F	G
1	员工编号	货品名称	货品编号	单价	数量	销售额	售出日期
2	246347201	心相印卷纸	612608	25.6	2	51.2	2021/1/2
3	246347201	洗厕王	601243	3.2	3	9.6	2021/1/2
4	246347201	德芙榛仁巧克力	820366	32.7	2	65.4	2021/1/3
5	246347201	宏圣牌笔记本	590012	5.8	1	5.8	2021/1/3

图12-44 销售表

创建数据透视表时，在“数据透视表字段”窗格，将“售出日期”字段拖放到“行”区域，将“销售额”字段拖放到“值”区域两次，在数据透视表中将后面的列标题分别修改为“销售额”（注意字符中的空格）和“定基比”，这两列居中对齐。

在“定基比”字段值区域任意单元格的右键快捷菜单中，选择“值显示方式”菜单下的“百分比”，在弹出的“值显示方式(定基比)”对话框中直接单击“确定”按钮，因为“基本字段”中默认的“售出日期”字段和“基本项”中默认的“1月”项正好符合题中要求。如图12-45所示。

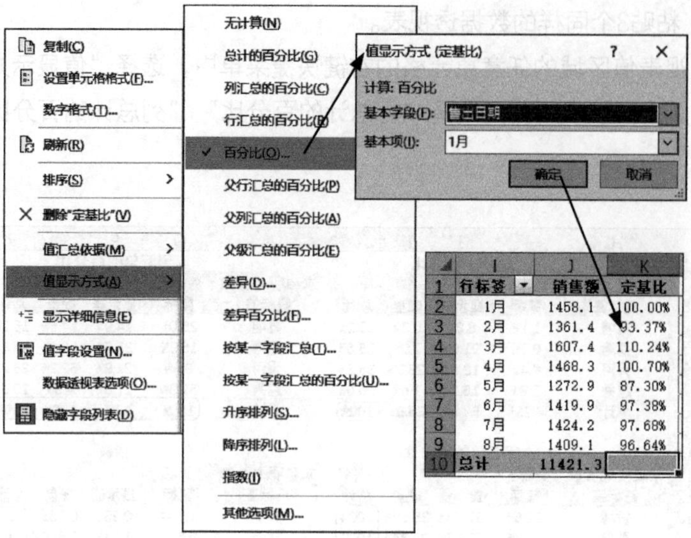

图12-45 定基比

本例所求的“定基比”是一种发展速度，也叫总速度，是报告期水平与某一固定时期水平之比，能够表明某种现象在较长时期内总的发展速度。比如，以2021年1月的情况为基准，2020年2月、3月、4月与之相比，发展得怎么样。

12.3.5 显示差异量及差异百分比

例12-15 如图12-46所示，请快速统计2020年各季度的销售额与2019年同期销售额的差异量和差异百分比（同比），并统计后一个季度与前一个季度销售额的差异量和差异百分比（环比）。

	A	B	C	D	E	F	G
1	员工编号	货品名称	货品编号	单价	数量	销售额	售出日期
2	102896301	玉兰油润肤露	300217	39	2	78	2019/1/1
3	102896301	康师傅妙芙蛋糕	800376	7.9	3	23.7	2019/1/1
4	276834001	心相印抽纸	612508	4.7	1	4.7	2019/1/1
5	246347201	心相印卷纸	612608	26	2	51.2	2019/1/2

图12-46 两年的销售表

创建数据透视表时，在“数据透视表字段”窗格，将“售出日期”字段拖放到“行”区域，将“销售额”字段拖放到“值”区域3次。在数据透视表中将后面3列的列标题分别修改为“ 销售额”“差异量”“差异百分比”，这3列数据居中对齐。将该数据透视表复制一次。

在第一张数据透视表“差异量”字段值区域的任意单元格处，点开右键快捷菜单，选择“值显示方式”菜单下的 “差异”，在弹出的“值显示方式(差异量)”对话框中的“基本字段”下拉列表中选择“年”字段，在“基本项”下拉列表中选择“(上一个)”项。单击“确定”按钮，完成差异量的同比设置。

同理，对第一张数据透视表“差异百分比”字段值区域设置 “差异百分比”的值显示方式，其他操作不变。

对第二张数据透视表进行设置时，除了在“基本字段”下列列表中改选“售出日期”,其他操作不变。如图12-47所示。

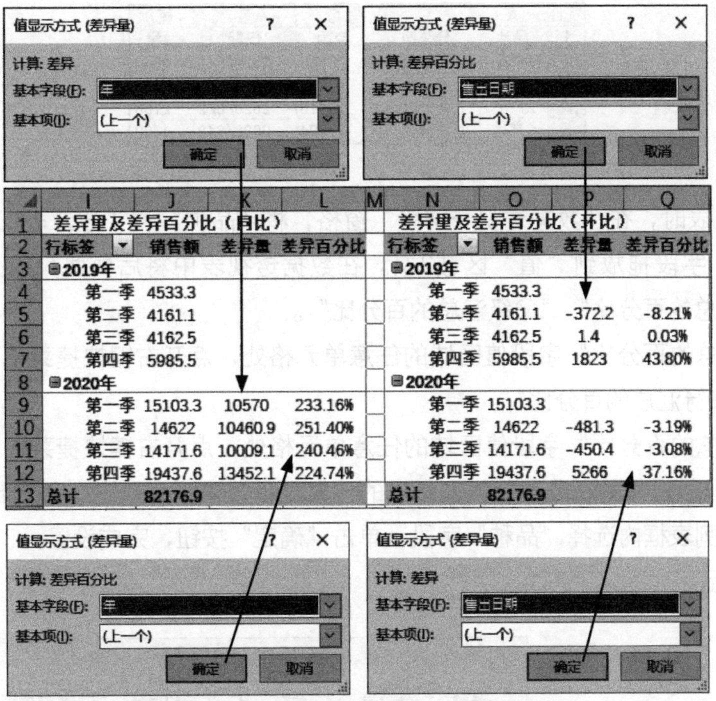

图12-47　差异量及差异百分比（同比、环比）

一般情况下，同比是今年第n月（季）与去年第n月（季）相比，如今年2月与去年2月相比，今年第三季与去年第三季相比等。“值显示方式” 的“差异”选项用于同比时，是指绝对量的增量。比如，2020年第一季的销售额15103.3与2019年第一季的销售额4533.3的差异量为15103.3−4533.3=10570。“值显示方式”的“差异百分比”选项用于同比时，是指同比增长速度。计算差异百分比主要是为了排除季节变动的影响，说明本期发展水平与去年同期发展水平相比，达到的相对增长速度。其公式为“同比增长速度=（本期发展水平−去年同期水平）/去年同期水平×100%”。比如，2020年第一季的销售额15103.3与2014年第一季的销售额4533.3相比，差异百分比为（15103.3−4533.3）/4533.3×100%=233.16%。

环比是本期统计数据与上期比较，如计算一年内各月与前一个月相比的情况，即2月与1月相比，3月与2月相比，4月与3月相比……说明逐月发展的状况。如分析某个特定日期某些经济现象的发展趋势，环比比同比更能说明问题。 “差异”用于环比时，是指绝对量的增量。比如，2020年第二季的销售额14622比起2020年第一季的销售额15103.3，差异量为14622−15103.3=−481.3。“差异百分比”用于环比时，是指环比增长速度，反映本期比上期增长的百分数。其公式为“环比增长率=（本期发展水平−上期发展水平）/上期发展水平×100%”。2020年第二季的环比差异百分比=（14622−15103.3）/15103.3×100%=−3.19%。

总之，同比是与去年同期相比，环比是与上期相比。

12.3.6 显示子项占分类汇总的百分比

例12-16 如图12-48所示，请统计各品种占分类汇总的百分比。

	A	B	C	D	E
1	品种	分公司	金额	日期	数量
2	A产品	上海分公司	26160	2020/8/1	4800
3	C产品	上海分公司	51496	2020/8/1	8200
4	A产品	上海分公司	14715	2020/8/2	2700
5	C产品	上海分公司	27004	2020/8/2	4300

图12-48 销售表

创建数据透视表时，在“数据透视表字段”窗格，将“品种”和“分公司”字段拖放到“行”区域，将“金额”字段拖放到“值”区域3次。在数据透视表中将后面两列的列标题分别修改为“金额”“父行汇总的百分比”“父级汇总的百分比”。

在“父行汇总的百分比”字段值区域的任意单元格处，点开右键快捷菜单，选择“值显示方式”菜单下的“父行汇总的百分比”。

在“父级汇总的百分比”字段值区域的任意单元格处，点开右键快捷菜单，选择“值显示方式”菜单下的“父级汇总的百分比”，在弹出的“值显示方式(父级汇总的百分比)”对话框中，在“基本字段”下拉列表框内选择“品种”字段，单击“确定”按钮，完成设置。

如图12-49所示。

	G	H	I	J	K
1			父行、父级汇总的百分比		
2	品种	分公司	金额	父行汇总的百分比	父级汇总的百分比
3	⊟A产品	海口分公司	4905	6.67%	6.67%
4		南京分公司	27795	37.78%	37.78%
5		上海分公司	40875	55.56%	55.56%
6	A产品 汇总		73575	32.34%	100.00%
7	⊟B产品	海口分公司	4151	46.67%	46.67%
8		南京分公司	4744	53.33%	53.33%
9	B产品 汇总		8895	3.91%	100.00%
10	⊟C产品	海口分公司	37680	25.97%	25.97%
11		南京分公司	28888	19.91%	19.91%
12		上海分公司	78500	54.11%	54.11%
13	C产品 汇总		145068	63.76%	100.00%
14	总计		227538	100.00%	

图12-49 显示子项占分类汇总的百分比

可以看出，“父行汇总的百分比”和“父级汇总的百分比”都是子项占分类汇总的百分比，但前者还包含占列总计的百分比。

“父列汇总的百分比”与“父行汇总的百分比”类似，只是汇总的行列方向不同。

12.3.7 显示累计量及其百分比

例12-17 如图12-50所示，请统计每月的累计销售额及累计百分比。

	A	B	C	D	E	F	G
1	员工编号	货品名称	货品编号	单价	数量	销售额	售出日期
2	246347201	心相印卷纸	612608	25.6	2	51.2	2021/1/2
3	246347201	洗厕王	601243	3.2	3	9.6	2021/1/2
4	246347201	德芙榛仁巧克力	820366	32.7	2	65.4	2021/1/3
5	246347201	宏圣牌笔记本	590012	5.8	1	5.8	2021/1/3

图12-50 日常用品销售表

创建数据透视表时，在“数据透视表字段”窗格，将“售出日期”字段拖放到“行”区域，将“销售额”字段拖放到“值”区域3次。在数据透视表中将后面3列的列标题分别修改为“销售额”“累计量”“累计百分比”。

在“累计量”字段值区域中任意单元格处，点击右键快捷菜单，选择“值显示方式”菜单下的“按某一字段汇总”。在弹出的“值显示方式(累计量)”对话框中，“基本字段”下拉列表框中只有唯一的“售出日期”字段，保持默认状态不变。单击“确定”按钮，完成设置。

同理，在“累计百分比”字段值区域中任意单元格处，点开右键快捷菜单，选择“值显示方式”菜单下的 “按某一字段汇总的百分比”。其他操作不变。如图12-51所示。

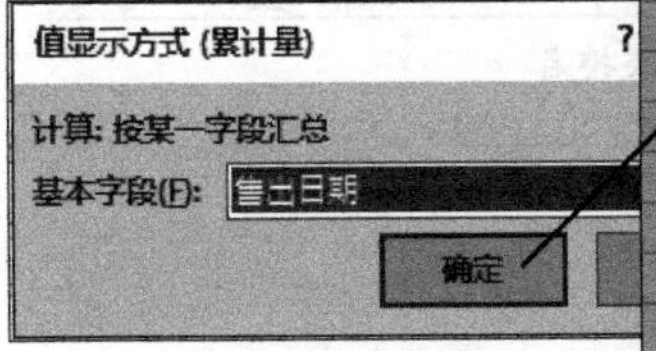

	I	J	K	L
1		累计量及累计百分比		
2	行标签	销售额	累计量	累计百分比
3	1月	1458.1	1458.1	12.77%
4	2月	1361.4	2819.5	24.69%
5	3月	1607.4	4426.9	38.76%
6	4月	1468.3	5895.2	51.62%
7	5月	1272.9	7168.1	62.76%
8	6月	1419.9	8588	75.19%
9	7月	1424.2	10012.2	87.66%
10	8月	1409.1	11421.3	100.00%
11	总计	11421.3		

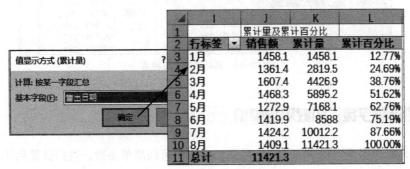

图12-51　累计量及其百分比

从图中可以看出，累计量是销售额的逐月累计，累计百分比则是当月累计量占“销售额”字段列总计11421.3的百分比。

12.3.8 显示总排名及分类排名

例12-18 如图12-52所示，请列出学生在全级和本班的排名。

	A	B	C	D	E	F	G
1	姓名	班级	性别	语文	数学	外语	总分
2	文进	1班	男	82	105	82	269
3	肖丁胜	1班	男	83	90	84	257
4	刘仁杰	1班	男	83	89	100	272
5	杨俊成	1班	男	86	101	48	235

图12-52　入学成绩表

创建数据透视表时，在“数据透视表字段”窗格，将“姓名”字段拖放到“行”区域，将“总分”字段拖放到“值”区域两次。

再创建一张数据透视表，在“数据透视表字段”窗格，将“班级”和“姓名”字段拖放到“行”区域，将“总分”字段拖放到“值”区域两次。设置“不显示分类汇总”。

将第一张透视表后面3列的列标题分别修改为“姓名”“ 总分”“全级排名”，这3列居中对齐。

将第二张透视表后面两列的列标题分别修改为“ 总分”“本班排名”，这两列居中对齐。

在第一张数据透视表“全级排名”字段值区域中的任意单元格处，点开右键快捷菜单，选择“值显示方式”菜单下的 “降序排列”。在弹出的“值显示方式(全级排名)”对话框中，在“基本字段”下拉列表框内选择“姓名”字段。单击“确定”按钮，完成全级排名设置。

同理，在第二张数据透视表中完成本班排名设置。如图12-53所示。

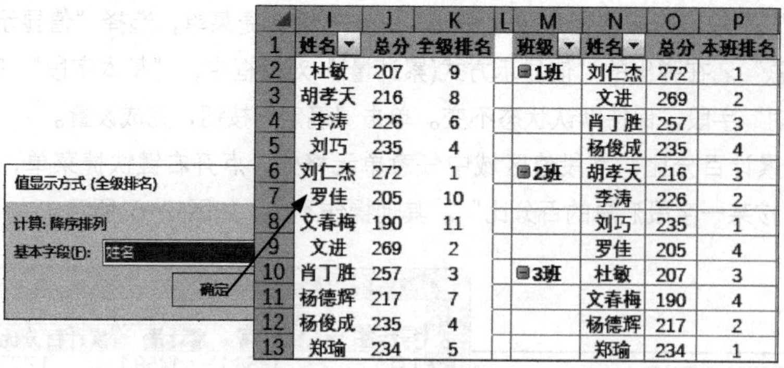

	I	J	K	L	M	N	O	P
1	姓名	总分	全级排名		班级	姓名	总分	本班排名
2	杜敏	207	9		1班	刘仁杰	272	1
3	胡孝天	216	8			文进	269	2
4	李涛	226	6			肖丁胜	257	3
5	刘巧	235	4			杨俊成	235	4
6	刘仁杰	272	1		2班	胡孝天	216	3
7	罗佳	205	10			李涛	226	2
8	文春梅	190	11			刘巧	235	1
9	文进	269	2			罗佳	205	4
10	肖丁胜	257	3		3班	杜敏	207	3
11	杨德辉	217	7			文春梅	190	4
12	杨俊成	235	4			杨德辉	217	2
13	郑瑜	234	5			郑瑜	234	1

图12-53 总排名及分类排名

12.3.9 添加计算字段：加权平均单价

计算字段是给数据透视表中的现有字段添加运算符号和简单函数，进行计算后得到的新字段，属于自定义计算。计算字段只能在数据透视表的“值”区域内使用。

例12-19 如图12-54所示，请计算各类商品的加权平均单价。

	A	B	C	D
1	商品	数量	单价	金额
2	商品A	12	80	960
3	商品A	4	50	200
4	商品B	16	40	640
5	商品B	8	120	960

图12-54 销售表

创建数据透视表时，在“数据透视表字段”窗格，将“商品”字段拖放到“行”区域，将“金额”和“数量”字段拖放到“值”区域。在数据透视表中将列标题分别修改为“商品”“金额”“数量”，各列居中对齐。

❶ 单击数据透视表区域的任意单元格。

❷ 单击“数据透视表分析”选项卡。

❸ 在“计算”组中单击“字段、项目和集”按钮。

❹ 在下拉菜单中选择“计算字段”命令。

❺ 在弹出的“插入计算字段”对话框的“名称”框中输入“加权平均单价”。

❻ 在“公式”框中输入公式“=金额/数量”。可以在“字段”列表中双击需要的字段名，或者选中后单击“插入字段”按钮。

❼ 单击“添加”按钮。

❽ 单击“确定”按钮，将新增列的列标题修改为“ 加权平均单价”，居中对齐。如图12-55所示。

新计算字段“加权平均单价”考虑了商品的权重，比如商品A的加权平均单价为(960+200)/(12+4) =72.5。如果只计算平均单价，只会得到(80+50)/2=65，销售总额为65×16=1040，与实际的销售总额1160不符。

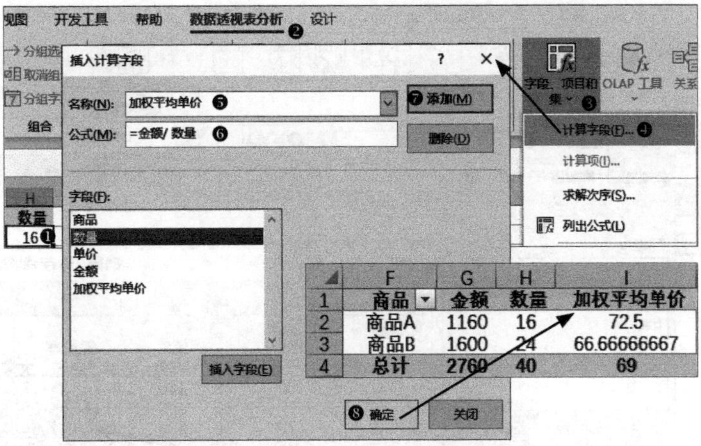

图12-55　插入计算字段“加权平均单价”

12.3.10 添加计算项：售罄率

计算项是通过对数据透视表中现有的某一字段内的项进行计算后得到的新项。计算项不能位于数据透视表的“值”区域，只能在“行”区域、“列”区域内使用。

例12-20 如图12-56所示，请计算各店男女装的售罄率。

	A	B	C	D
1	店铺	类型	男装	女装
2	1店	库存	50	40
3	2店	库存	60	80
4	3店	库存	70	90
5	1店	销售	110	140
6	2店	销售	100	150
7	3店	销售	130	160

图12-56　销售表

创建数据透视表时，在“数据透视表字段”窗格，将“店铺”字段拖放到“行”区域，将“类型”字段拖放到“列”区域，将“男装”和“女装”字段拖放到“值”区域。在数据透视表中将列标题分别修改为“男装”“女装”。设置总计“仅对列启用”，这两列居中对齐。

❶ 右击数据透视表的任意列字段名。

❷ 选择“数据透视表分析”选项卡。

❸ 在“计算”组中单击“字段、项目和集”按钮。

❹ 在下拉菜单中选择“计算项”命令。

❺ 在弹出的“在‘类型’中插入计算字段”对话框中的“名称”框内的输入“售罄率”。

❻ 在“公式”框中输入公式“=销售/(库存+销售)”。可以在“项”列表中双击需要的项名，或者选中后单击“插入项”按钮。

❼ 单击“添加”按钮。

❽ 单击“确定”按钮，完成计算项的插入。编辑栏将出现“计算项”公式。

❾ 将K4:L6区域的单元格格式设置为“百分比”。如图12-57所示。

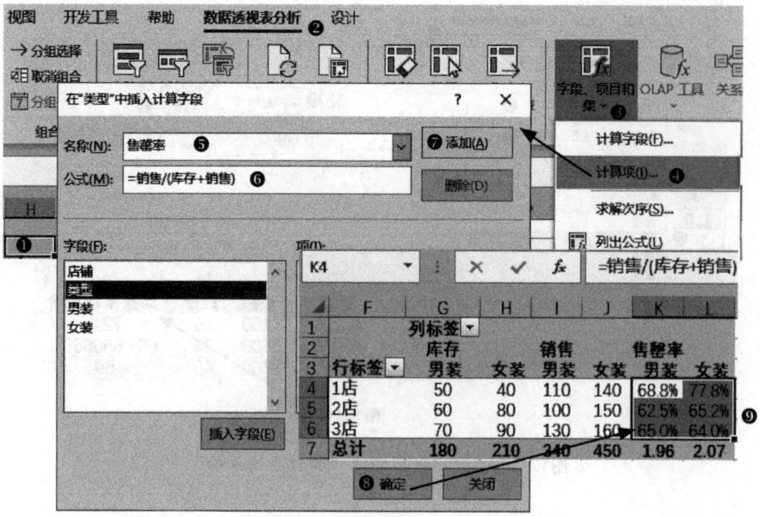

图12-57 设置计算项“售罄率”

12.3.11 从多行多列中提取唯一值

利用Excel数据透视表的多区域合并功能，可以从多行多列中提取唯一值，而且是一个非常简便的方法。

例12-21 如图12-58所示，请从多行多列中提取唯一值。

	A	B	C	D	E	F
1	行	列1	列2	列3	列4	列5
2	行1	远	看	山	有	色
3	行2	近	听	水	无	声
4	行3	山	不	在	高	有
5	行4	山	则	名	水	不

图12-58 多行多列数据

创建一个单页字段的多重合并计算数据区域的数据透视表，将“页1”字段拖放到“列”区域，“筛选”“列”“值”三个区域不添加任何字段。如图12-59所示。

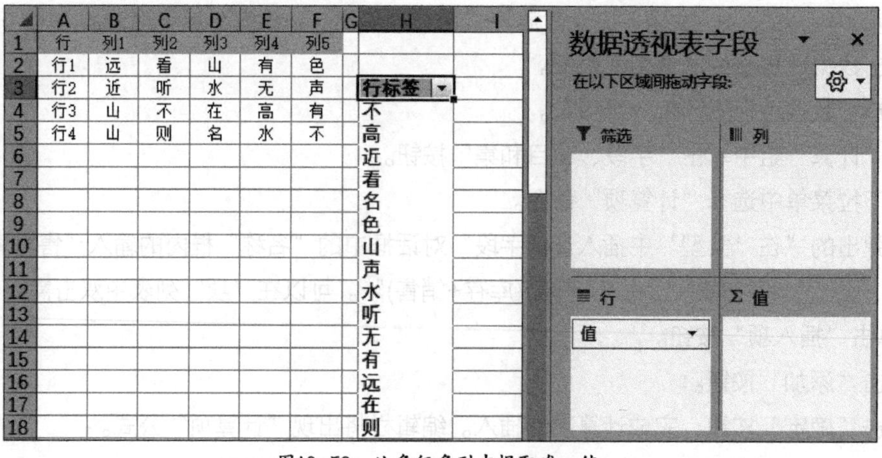

图12-59 从多行多列中提取唯一值

【边练边想】

1. 如图12-60所示，请快速统计各区县各等级的获奖人数。

	A	B	C	D	E	F
1	编号	区县	所在单位	作品名称	作者	等级
2	1	江北区	江北区科技实验小学校	发挥云课堂优势，助推学习目标的达成	顾新友	一等奖
3	2	江北区	江北区华渝实验学校	浅谈微课程在小学语文习作教学中的积极意义	杨春容	一等奖
4	3	江北区	江北区教师进修学院	浅谈互联网创客教育	卢文超	一等奖

图12-60　获奖情况表

2. 如图12-61所示，请快速统计各班男女生人数。

	A	B	C	D	E	F	G	H
1	序号	准考证号	姓名	性别	学号	学院	班级	成绩
2	01	2010LSC099	张仁彦	女	201050204068	临床医学院	临床医学3班	55
3	02	2010LSC065	江小波	女	201050204078	临床医学院	临床医学1班	45
4	03	2010LSC033	苏杰	男	201050207016	临床医学院	中医学1班	53

图12-61　学生成绩表

3. 如图12-62所示，请以10分为一段，统计语文各分数段的人数。

	A	B	C	D	E	F	G	H
1	学号	姓名	班级	语文	数学	英语	综合	总分
2	16500120111080	朱小瑞	1	123	95	70	170	458
3	16500120111070	冷敏	1	103	72	105	167	447
4	16500120111062	张粤	1	98	94	71	175	438
5	16500120131097	宋后丽	1	102	38	60	161	361

图12-62　成绩表

4. 如图12-63所示，请比较两表的差异。

	A	B	C	D	E
1	表1			表2	
2	科目	金额		科目	金额
3	福利费	3000		工资	15000
4	工资	19400		水电费	590
5	水电费	2000		招待费	8000
6	招待费	4010		印花税	100
7	折旧费	4000			

图12-63　科目经费表

【问题解析】

1. 创建数据透视表时，将“区县”字段拖放到“行”区域，将“等级”字段拖放到“列”区域和“值”区域，Excel数据透视表会对文本自动“计数”。以拖动或修改的方式调整“等级”字段项的顺序，并将数据设置为居中对齐。效果如图12-64所示。

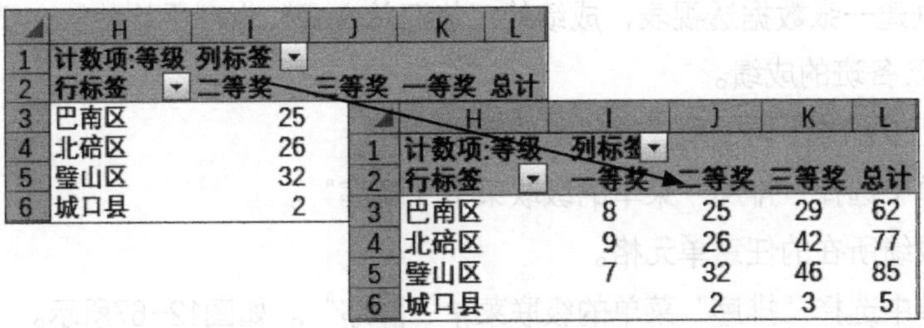

	H	I	J	K	L
1	计数项:等级	列标签			
2	行标签	二等奖	三等奖	一等奖	总计
3	巴南区	25			
4	北碚区	26			
5	璧山区	32			
6	城口县	2			

	H	I	J	K	L
1	计数项:等级	列标签			
2	行标签	一等奖	二等奖	三等奖	总计
3	巴南区	8	25	29	62
4	北碚区	9	26	42	77
5	璧山区	7	32	46	85
6	城口县		2	3	5

图12-64　统计获奖人数并调整字段项顺序

2. 创建数据透视表时，将“班级”字段拖放到“行”区域，将“性别”字段拖放到“列”区域和“值”区域。

3. 创建数据透视表时，将“班级”字段拖放到“列”区域，将“语文”字段拖放到“行”区域和“值”区域。然后对行字段项进行分组。如图12-65所示。

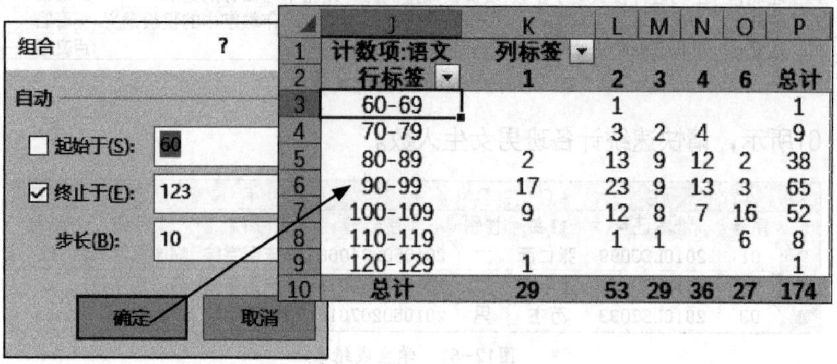

图12-65 统计语文各分数段人数

4. 创建一个单页字段的多重合并计算数据区域的透视表，将“页1”字段拖放到“列”区域，取消分类汇总，对行和列禁用总计，再创建一个名为“差异”的计算项，公式为“=项1-项2”。如图12-66所示。

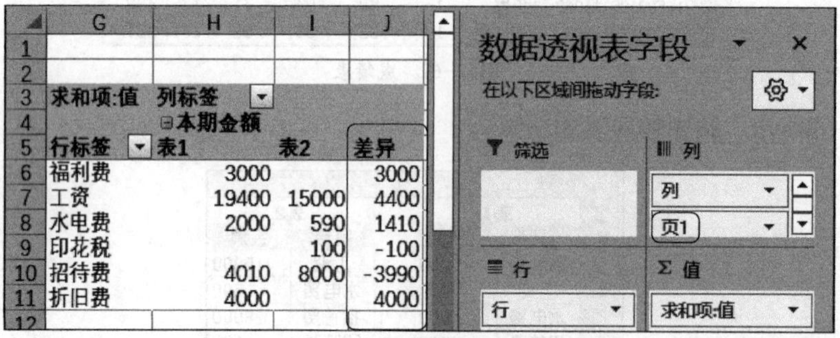

图12-66 比较两表相同项的差异

12.4 数据透视表技能提升

12.4.1 按班级和个人成绩排序

在数据透视表中排序和在普通表中排序的方法大体相同，稍有特殊之处。

例12-22 已创建一张数据透视表，成绩的“值汇总方式”为“平均值”，请按降序排序每个班内同学的平均成绩及各班的成绩。

❶ 右击分类汇总行中平均值所在的任意单元格。

❷ 在快捷菜单中选择“排序”菜单的级联菜单“降序”。

❸ 右击个人成绩所在的任意单元格。

❹ 在快捷菜单中选择“排序”菜单的级联菜单“降序”。如图12-67所示。

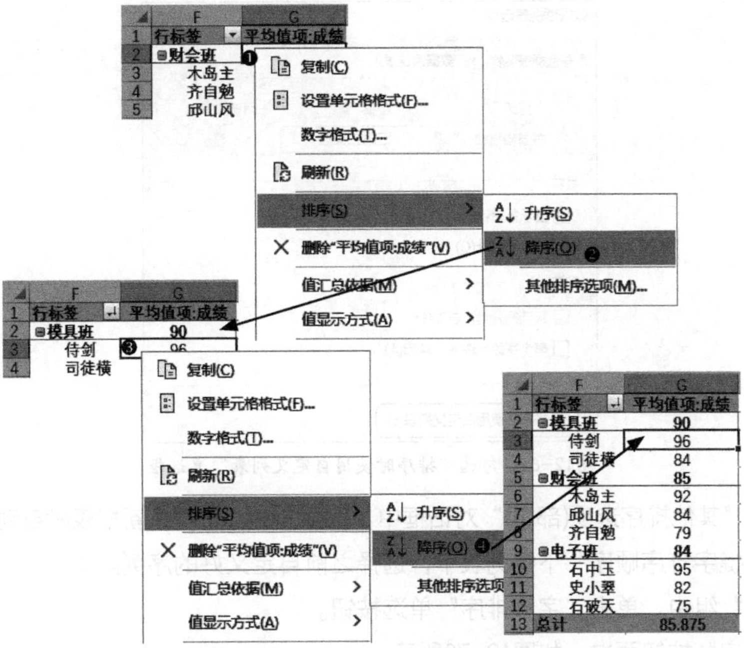

图12-67　按降序给班级和个人成绩排序

12.4.2 按自定义字段项目排序

如果需要长期按希望的顺序对字段项进行排序，就要采用自定义排序方式。

例12-23 如图12-68所示，已创建一张数据透视表，请按照“办公室、人事科、基教科、综合科、安稳办”的自定义序列给“部门”字段排序。

	H	I
1	行标签	求和项:奖金
2	安稳办	80266
3	办公室	80702
4	基教科	109550
5	人事科	121144
6	综合科	71726
7	总计	463388

图12-68　部门奖金

在“Excel选项”对话框中，选择“高级”选项，利用“编辑自定义列表”命令创建一个自定义序列。

如果在“数据透视表选项”对话框的“汇总和筛选”标签中勾选了“排序时使用自定义列表”复选框，那么自定义排序就非常简单，只需要右击数据透视表中拟排序的列的任意一项，就可以使用常规的排序方法排序了。启用“排序时使用自定义列表”功能，如图12-69所示。

如果没有如此设置，自定义排序就要麻烦一些。

❶ 右击数据透视表中拟排序的列的任意一项，比如H2单元格。

❷ 在快捷菜单中的“排序”菜单中选择“其他排序选项”。

❸ 在弹出的“排序(部门)”对话框中，单击“升序排序(A到Z)依据”单选按钮，下面的下拉列表会自动选择B2单元格所属的字段名。

❹ 单击“其他选项”按钮。

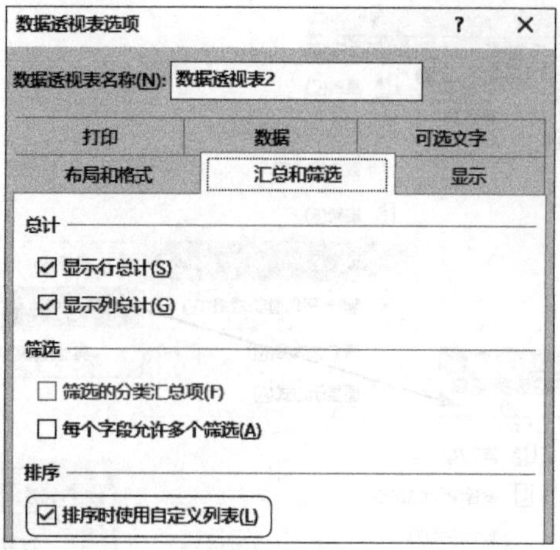

图12-69　勾选“排序时使用自定义列表”复选框

❺ 在弹出的“其他排序选项(部门)”对话框中，取消勾选“每次更新报表时自动排序”复选框。

❻ 在“主关键字排序顺序”下拉列表中，选择之前自定义好的序列。

❼ 在“方法”组中，单击“字母排序”单选按钮。

❽ 单击“确定”按钮两次。如图12-70所示。

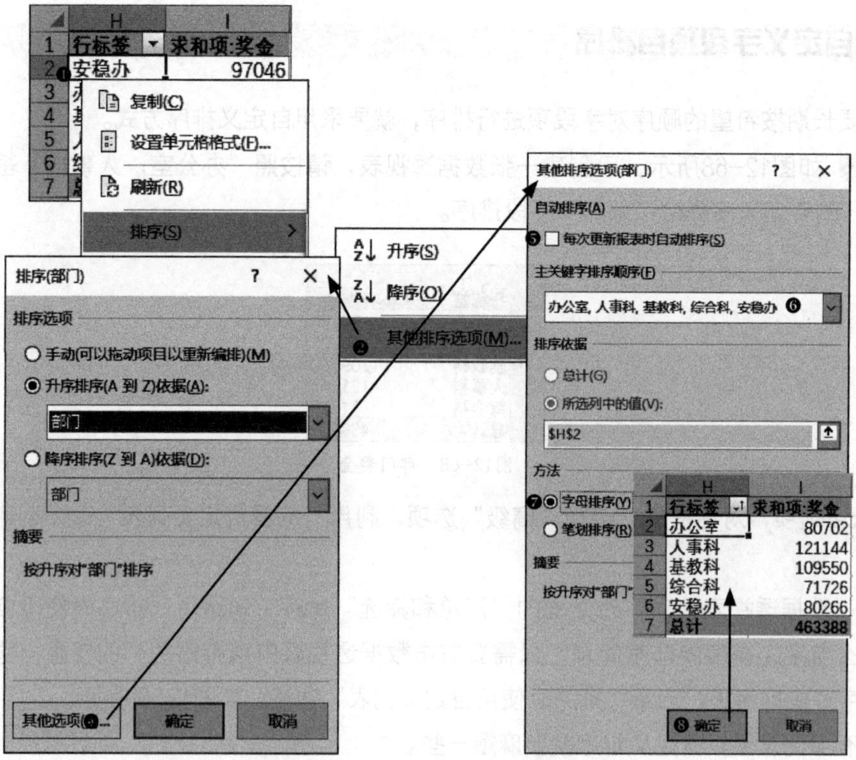

图12-70　对字段项目进行自定义排序

12.4.3 对同一字段多次筛选

在数据透视表中进行筛选和在普通表中进行筛选的方法大体相同，稍有特殊之处。

例12-24 已创建一张数据透视表，设置了“不显示分类汇总”和“对行和列禁用总计”，请筛选王姓职工中年龄大于55岁的职工。

事先设置每个字段允许多个筛选。方法是：在“数据透视表选项”对话框“汇总和筛选”标签下，勾选“每个字段允许多个筛选”复选框。

❶ 单击行标签筛选箭头，即F1单元格。

❷ 在列筛选器搜索框中输入“王”字。

❸ 单击“确定”按钮。

❹ 再次单击行标签筛选箭头。

❺ 选择“值筛选”菜单的“大于”级联菜单。

❻ 在弹出的“值筛选(人员)”对话框的值框中输入“55”。

❼ 单击“确定”按钮，完成多次筛选。如图12-71所示。

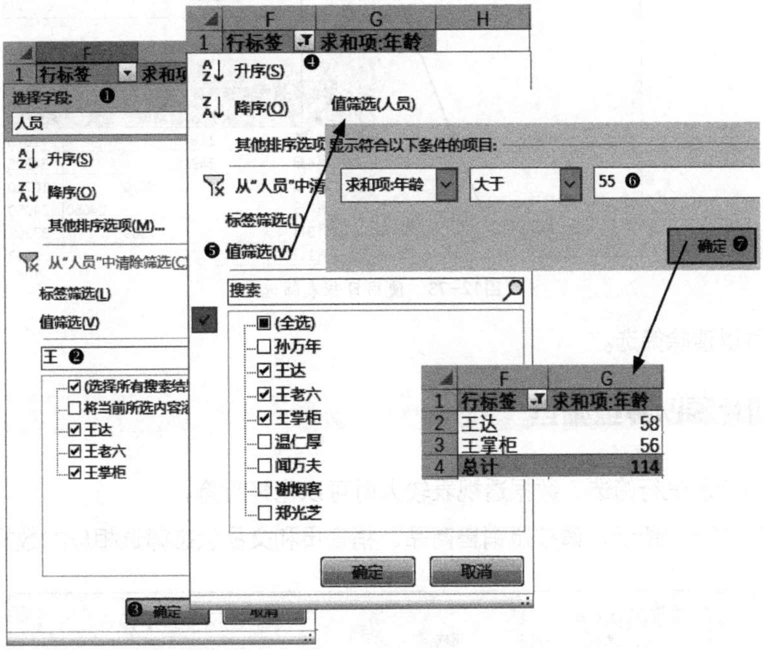

图12-71 对同一字段多次筛选

12.4.4 使用日程表按阶段筛选

通过日程表，可以轻松地筛选出不同时段下的数据。

例12-25 如图12-72所示，以“日期”为“行”字段，创建了一张数据透视表，请快速筛选2月的数据。

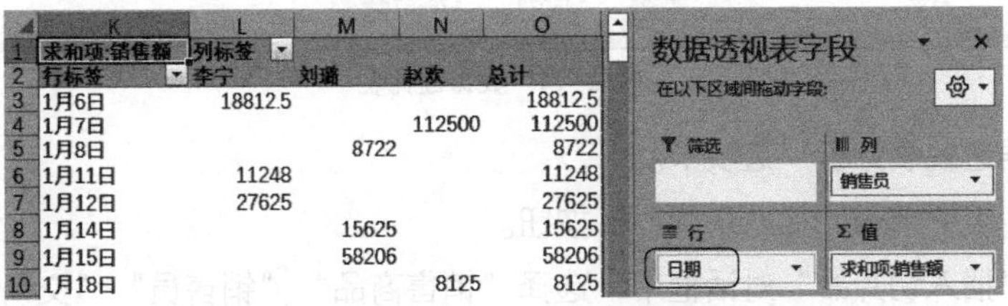

图12-72 以“日期”为“行”字段创建的数据透视表

❶ 单击“数据透视表分析”选项卡。

❷ 在“筛选”组中单击“插入日程表”按钮。

❸ 在弹出的“插入日程表”对话框中，选择“日期”。

❹ 单击“确定”按钮。

❺ 在弹出的“日期”对话框的右上角选择日期单位。

❻ 利用水平滚动条选择日期，比如选择2月。如图12-73所示。

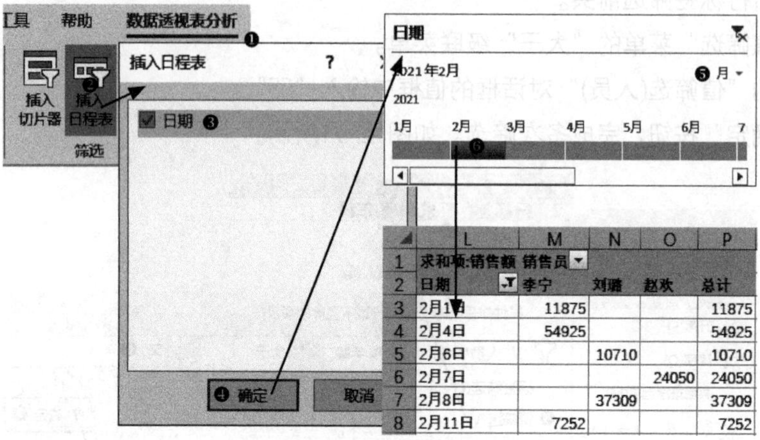

图12-73 使用日程表筛选

单击按钮可以清除筛选。

12.4.5 使用切片器以多级筛选

切片器可以按字段进行筛选，数据透视表较大时可以化繁为简。

例12-26 如图12-74所示，请按照销售商品、销售员和交易状态筛选相应的数据。

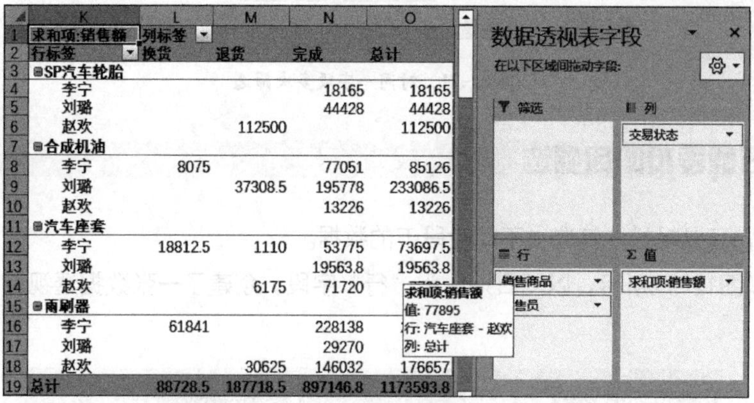

图12-74 数据透视表

❶ 单击“数据透视表分析”选项卡。

❷ 在“筛选”组中单击“插入切片器”按钮。

❸ 在弹出的“插入切片器”对话框中，选择“销售商品”“销售员”“交易状态”三个字段。

❹ 单击“确定”按钮，调整三个切片器的大小位置，就可以进行多级筛选了。如图12-75所示。

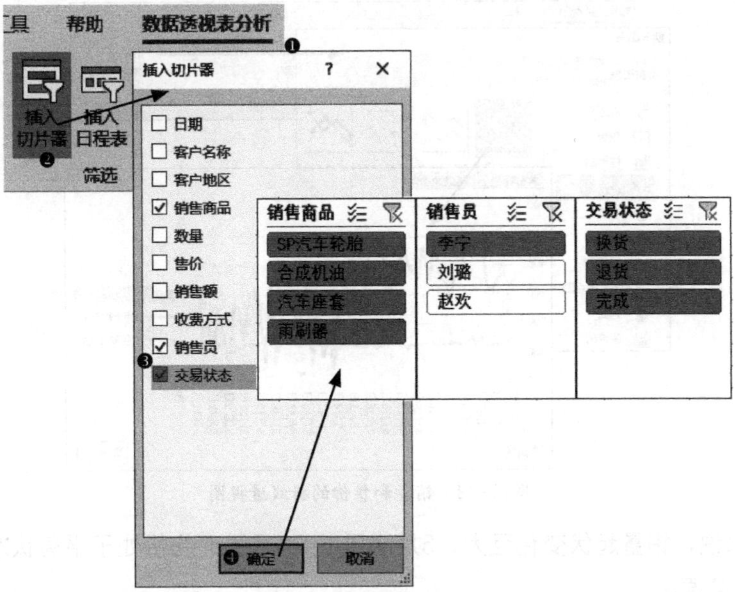

图12-75 使用切片器筛选

12.4.6 分析销量下降的原因

对字段进行不同的排列组合，配合数据透视图，可以直观地找出数据隐藏的秘密。

例12-27 如图12-76所示，某商品5月的销量比起4月下降了很多，请分析原因。

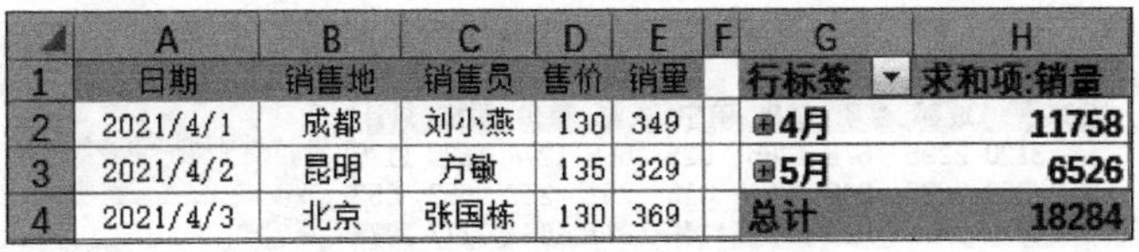

	A	B	C	D	E	F	G	H
1	日期	销售地	销售员	售价	销量		行标签	求和项:销量
2	2021/4/1	成都	刘小燕	130	349		⊞4月	11758
3	2021/4/2	昆明	方敏	135	329		⊞5月	6526
4	2021/4/3	北京	张国栋	130	369		总计	18284

图12-76 某商品的销售情况

从数据源可以看出，影响销量的可能因素有销售地、销售员、售价。

1. 分析售价与销量的关系

创建一张数据透视表，在“数据透视表字段”窗格，将“日期”字段放到“行”区域，将“销量”“售价”字段放到“值”区域，如图12-77所示。

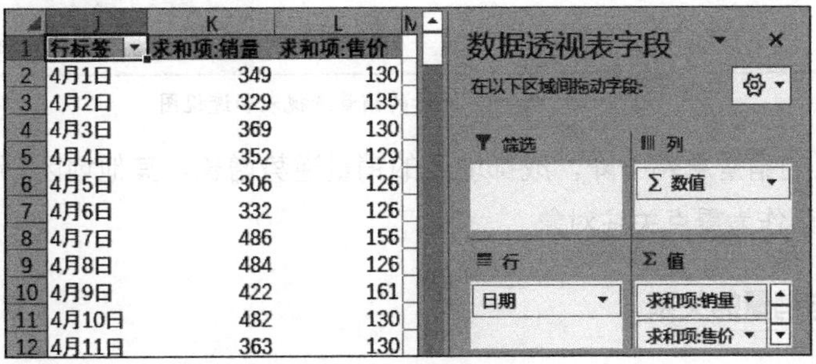

	J	K	L
1	行标签	求和项:销量	求和项:售价
2	4月1日	349	130
3	4月2日	329	135
4	4月3日	369	130
5	4月4日	352	129
6	4月5日	306	126
7	4月6日	332	126
8	4月7日	486	156
9	4月8日	484	126
10	4月9日	422	161
11	4月10日	482	130
12	4月11日	363	130

图12-77 销量透视表

利用透视表的数据创建折线图，如图12-78所示。

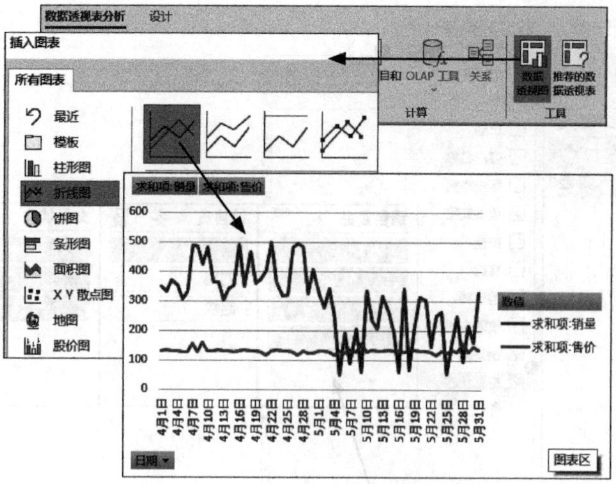

图12-78　销量和售价的折线透视图

可见，总体来说，销量起伏变化巨大，5月明显低于4月，而售价处于平稳状态，所以售价不是销量显著下降的主要原因。

2. 分析销售地与销量的关系

重新创建一张数据透视表，在“数据透视表字段”窗格，将“月”字段放到“行”区域，“销售地”字段放到“列”区域，“销量”字段放到“值”区域，利用透视表的数据创建柱形图，如图12-79所示。

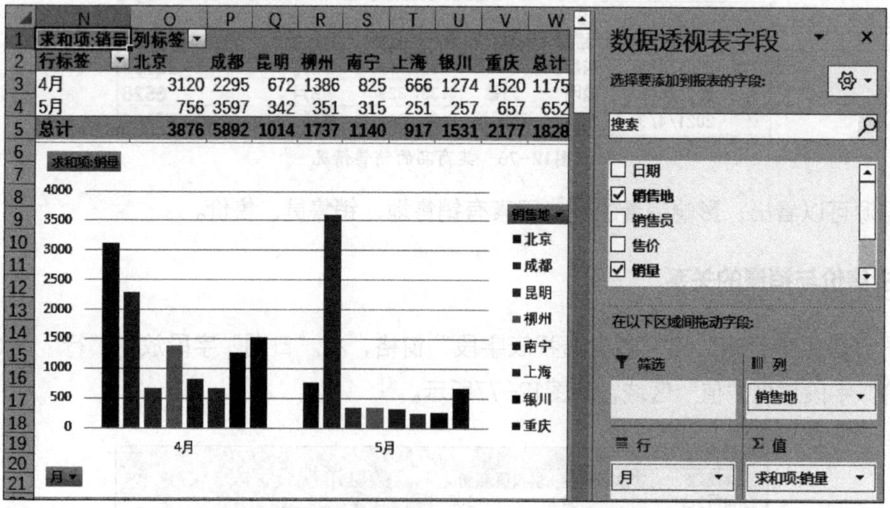

图12-79　分地区统计的销量透视表和透视图

可见，北京地区的销量急剧下降，成都地区的销量逆势增长，其他地区都有不同程度的下降。可以把北京和成都地区作为重点关注对象。

3. 分析销售员与销量的关系

复制数据透视表，再将“销售员”字段放到“行”区域的顶端（如图12-80所示），创建柱形统计图，在“列标签”的下拉箭头中筛选“北京”“成都”（如图12-81所示）。

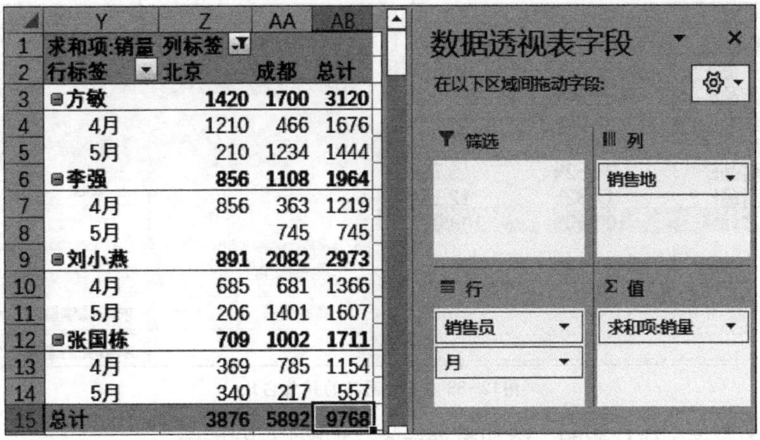

	Y	Z	AA	AB
1	求和项:销量	列标签		
2	行标签	北京	成都	总计
3	方敏	1420	1700	3120
4	4月	1210	466	1676
5	5月	210	1234	1444
6	李强	856	1108	1964
7	4月	856	363	1219
8	5月		745	745
9	刘小燕	891	2082	2973
10	4月	685	681	1366
11	5月	206	1401	1607
12	张国栋	709	1002	1711
13	4月	369	785	1154
14	5月	340	217	557
15	总计	3876	5892	9768

图12-80　将“销售员”字段放到“行”区域的顶端

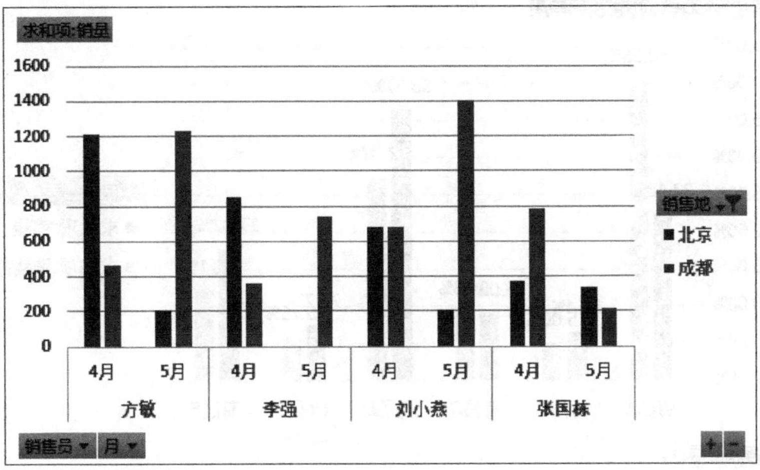

图12-81　创建柱形统计图并筛选“北京”“成都”

可见，总体来说，所有销售员在北京地区的销量都下降了，尤其是方敏和李强，可以说是从巅峰到了低谷，只有张国栋是略有下降。奇怪的是，张国栋在成都的销量下降了很多，而其他人则逆势增长。

综合起来，该商品5月销量下降的主要原因是销售地环境，其次可能也有销售员等原因。

12.4.7 快速发现某一种商品

例12-28 如图12-82所示，在没有成本数据的情况下，如何快速发现销售额占比最高的商品。

	A	B	C	D	E
1	日期	商品编号	销量	售价	销售额
2	2021/3/1	商品A	325	569	184925
3	2021/3/1	商品B	125	241	30125
4	2021/3/1	商品C	215	319	68585

图12-82　多种商品的销售情况

创建数据透视表时，在“数据透视表字段”窗格，勾选“商品编号”“销量”“销售额”三个字段，“值显示方式”均为“总计的百分比”。如图12-83所示。

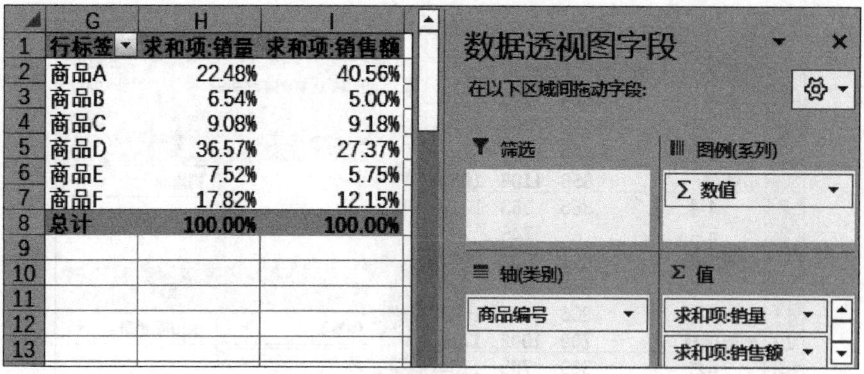

	G	H	I
1	行标签	求和项:销量	求和项:销售额
2	商品A	22.48%	40.56%
3	商品B	6.54%	5.00%
4	商品C	9.08%	9.18%
5	商品D	36.57%	27.37%
6	商品E	7.52%	5.75%
7	商品F	17.82%	12.15%
8	总计	100.00%	100.00%

图12-83　多种商品的销售占比

利用透视表的数据创建柱形图，添加数据标签。如图12-84所示。

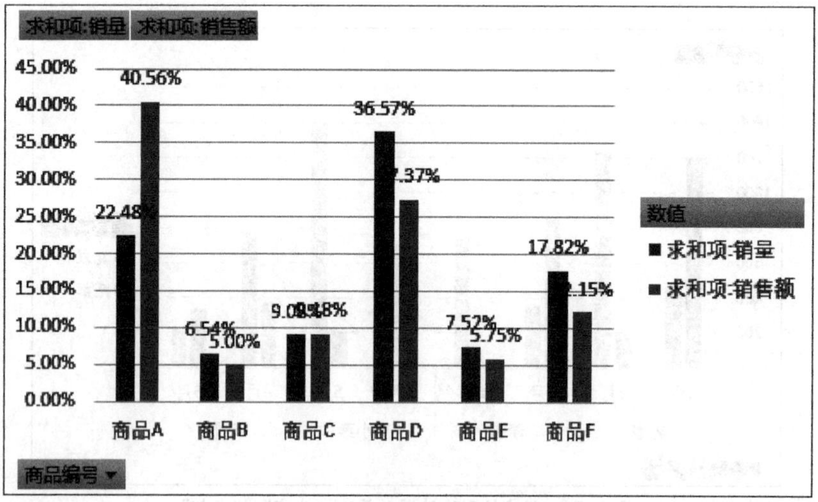

图12-84　多种商品销售占比柱形图

可见，商品A的销售额占据了40.56%，其销量占比也不过为22.48%。

【边练边想】

1. 透视表的一些列标题没有筛选箭头，如果要筛选怎么办？

2. 如图12-85所示，要对每个地区的本月指标、实际销售金额、销售成本进行汇总，并且计算每个地区的毛利、毛利率、目标完成率，应该如何操作呢？

	A	B	C	D	E	F	G	H
1	地区	省份	城市	性质	店名	本月指标	实际销售金额	销售成本
2	东北	辽宁	大连	自营	A0001	150000	57062	20972
3	东北	辽宁	大连	自营	A0002	280000	130192	46208
4	东北	辽宁	大连	自营	A0003	190000	86772	31355
5	东北	辽宁	沈阳	自营	A0004	90000	103890	39519

图12-85　产品销售情况

3. 如图12-86所示，要在数据透视表中计算同比增长率，应该如何操作呢？

	A	B	C	D	E
1	表1			表2	
2	项目	2019年		项目	2020年
3	办公费	10000		办公费	25058
4	差旅费	55866		差旅费	38652
5	车管费	5000		车管费	7351
6	低值易耗	11974		低值易耗	15636
7	福利	20022		福利	3986
8	工资	326752		工资	233606

图12-86 两张表

【问题解析】

1. 在紧邻透视表的右侧单元格，在“数据”选项卡中单击“筛选”按钮。

2. 创建一张普通的数据透视表，在“数据透视表字段”窗格，将“地区”字段放到“行”区域，将“本月指标”“实际销售金额”“销售成本”三个字段放到“值”区域，插入名为“毛利”“毛利率”“目标完成率”的三个计算字段，公式分别为“实际销售金额-销售成本”“（实际销售金额-销售成本）/销售成本”“实际销售金额/本月指标”。

3. 应创建一个多重合并计算数据区域的透视表，由于这两个年份为“列”字段的项，因而应插入名为“同比增长率”的计算项，公式为“= ('2020年'- '2019年')/ '2019年'”。

第13章 可视化图表，形形色色表特征

在数据特征的呈现上，文不如表，表不如图。Excel图表使用形形色色的图形对象对数据进行可视化展现，能够反映数据的大致面貌、变化趋势、比例关系、结构特征、差异特质等，而不太注重具体数据本身，具有直观、形象、生动等特点，能够使数据更加容易理解，有助于发现在其他情况下容易被忽视的趋势或模式。

创建图表时，要选择好数据源。如果数据表就是数据源，就只需要选中数据表的任何单元格。有时需要结合Ctrl键选择不连续的区域。有一些图表需要特殊构造的数据源。

要根据表达的需要和图表的特点选择恰当的图表。在“插入”选项卡“图表”组中，选择需要的图表类型。插入图表后，会自动弹出“图表设计”选项卡，可以根据需要进行设置。选中图表，右侧紧邻图表处会出现“图表元素”“图表样式”“图表筛选器”下拉按钮，工作表右侧还会出现任务窗格。这些堪比工具箱，要充分用好，以对图表进行设置。

13.1 比较数量多少的图表

柱形图和条形图都是使用直条来表示数量多少的图表，而且都使用有间隔的直条来对离散变量进行比较。前者的直条垂直呈现，后者的直条水平呈现。有正负数时，最好使用柱形图；数据标签长或数据量多时，最好使用条形图，使数据能够得到充分的排列。两者的结构都很简单，但稍微改变构图元素，会得到意想不到的效果。

13.1.1 有误差线的柱形图

在簇状柱形图的基础上标识标准差的范围，可以反映数据的离散情况。

例13-1 如图13-1所示，表中列出了使用四种营养素喂养小白鼠三周后，其体重增长的情况，如何在Excel中绘制一个图表以直观显示这些数据，并标识出数据的标准差？

	A	B	C
1	营养素	平均数(克)	标准差
2	A	32.8	8.2
3	B	53.7	9.5
4	C	58.6	11.1
5	D	74.8	16.3

图13-1 小白鼠三周后体重增长情况表

（1）插入簇状柱形图，更改样式。选择A1:B5区域，插入“簇状柱形图”。单击“图表样式”按钮，选择一种样式，比如“样式11”。如图13-2所示。

（2）添加误差线。在“图表元素”下拉菜单中，勾选“误差线”复选框。如图13-3所示。

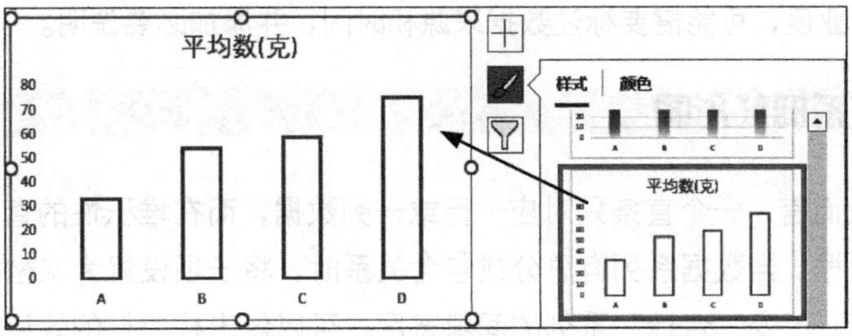

图13-2 更改样式

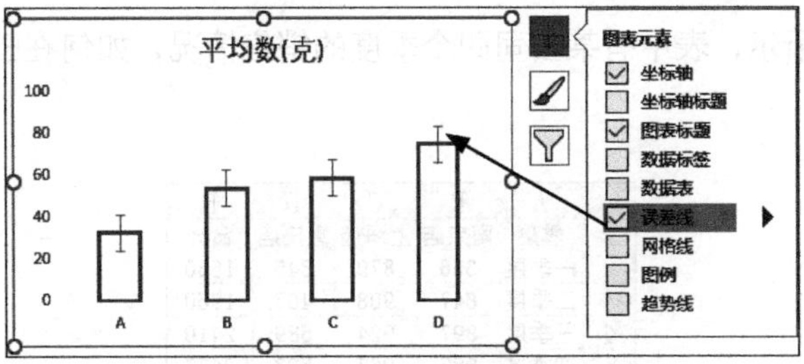

图13-3 添加误差线

（3）设置误差量。双击任意一条误差线，在“设置误差线格式”窗格中单击“指定值”按钮，在弹出的“自定义错误栏”对话框中，将“正错误值”和 “负错误值”的引用都改为C2:C5区域，单击“确定”按钮。如图13-4所示。

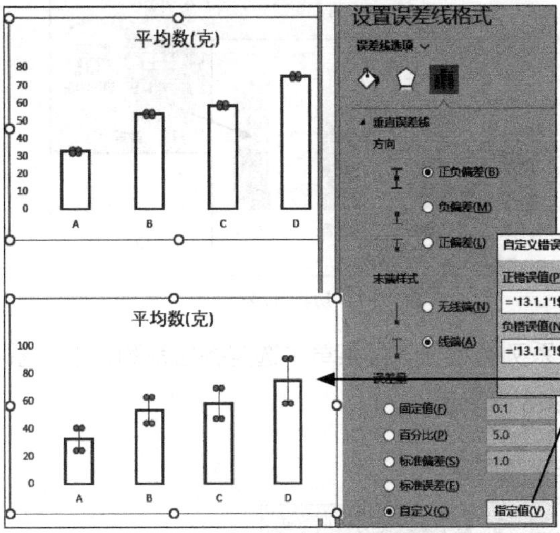

图13-4 设置误差量

（4）美化图表。修改图表标题。在“图表元素”下拉菜单中，选择“数据标签”菜单的级联菜单“居中”。如图13-5所示。

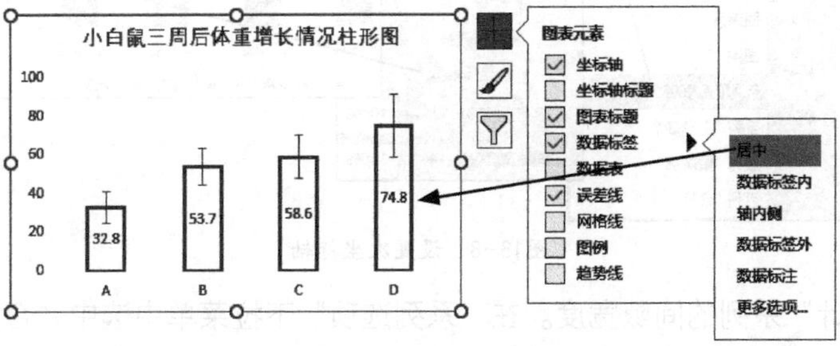

图13-5 美化图表

为了提升图表专业度，可能需要标注数据来源和时间，并添加必要说明。

13.1.2 有包含关系的柱形图

对一般的直条图而言，一个直条只对应一行或一列数据，而在堆积性的直条图中，一个直条需要表示多行多列的数据。当数据系列有总分或包含关系时，将子项设置为次坐标轴，统一两条垂直轴的最小值和最大值，改变“合计”系列的间隙宽度，可以做出柱中柱的效果，即同时展现个体和总体。

例13-2 如图13-6所示，表中有某公司四个季度的销售情况，如何在Excel中绘制一张图表，以较好地反映其汇总情况?

	A	B	C	D	E
1	季度	南京店	上海店	重庆店	合计
2	一季度	356	879	345	1580
3	二季度	647	908	405	1960
4	三季度	897	924	589	2410
5	四季度	987	967	523	2477

图13-6 某公司四个季度的销售情况

（1）插入堆积柱形图并切换行列。插入“堆积柱形图”后，在“图表设计”选项卡的“数据”组中，单击“切换行/列”按钮。如图13-7所示。

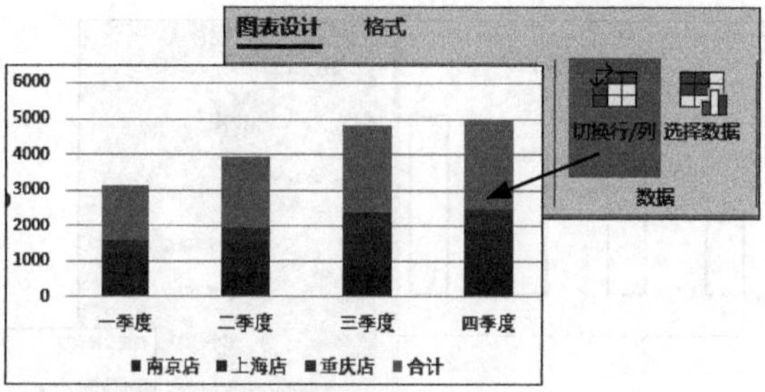

图13-7 切换行/列

（2）设置次坐标轴。在“系列选项”下拉菜单中选定各店系列，在“系列选项”标签下，都勾选“次坐标轴”单选按钮。如图13-8所示。

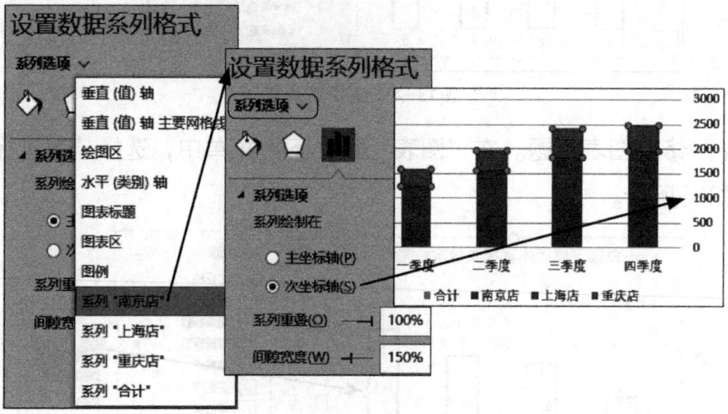

图13-8 设置次坐标轴

（3）更改“合计”系列的间隙宽度。在“系列选项”下拉菜单中选中“合计”系列，调整“间隙宽度”，比如“50%”。如图13-9所示。

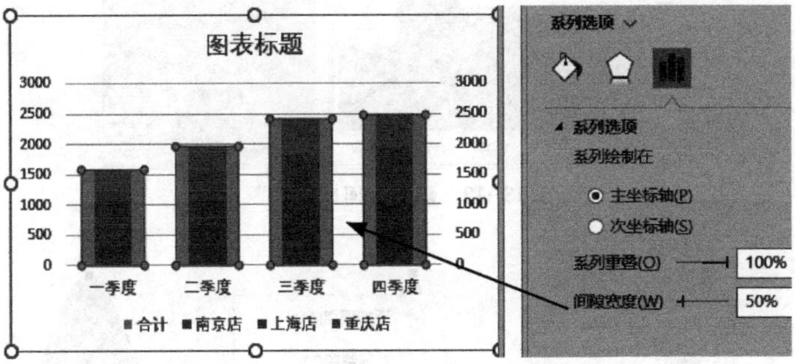

图13-9 更改“合计”系列的间隙宽度

（4）美化图表。修改图表标题。在“图表元素”下拉菜单中，勾选“数据标签”复选框，并将“合计”系列的标签拖放到其柱体之上。如图13-10所示。

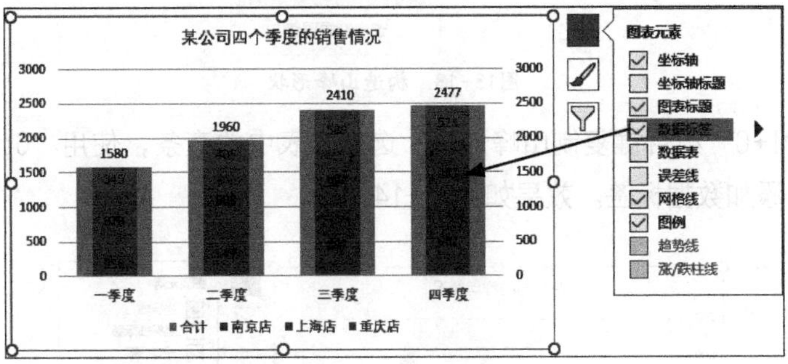

图13-10 添加数据标签

如果“合计”系列被设置为“簇状柱形图”，则可以直接勾选级联菜单“数据标签外”。

13.1.3 有特殊形状的柱形图

柱形图的柱形条可以使用形状、图标、图片等图形对象代替，因而可以变得新奇漂亮、生动形象，让人刮目相看。

例13-3 如图13-11所示，表中呈现了某公司各店的利润情况，如何在Excel中绘制一张图表，以山峰形态展示数据？

	A	B
1	店名	利润（万元）
2	荣昌店	150
3	永川店	180
4	合江店	200
5	泸州店	220
6	江津店	140

图13-11 某公司各店的利润情况

（1）插入簇状柱形图，将“间隙宽度”调整为0，如图13-12所示。

（2）在Excel中插入一个三角形，在右键快捷菜单中单击“编辑顶点”选项。选中三角形的左右两边，在右键快捷菜单中单击“曲线段”选项，将三角形修改成山峰状。再选中三角形两底角黑点，拖动小白框进一步调整三角形两底角。如图13-13所示。

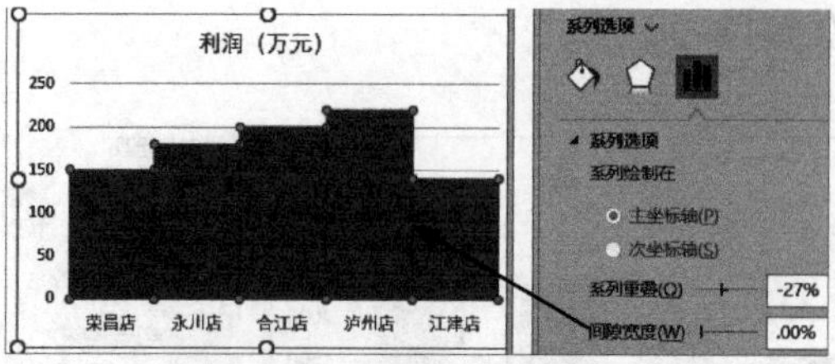

图13-12 调整“间隙宽度”

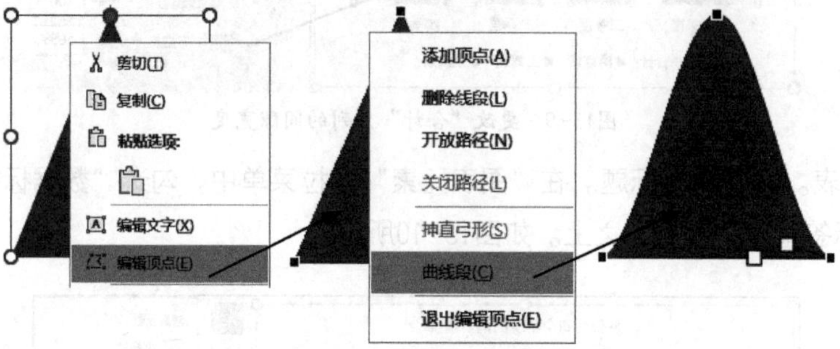

图13-13 构造山峰形状

（3）使用“Ctrl+C”组合键复制山峰形状，选中图表中的直条，使用“Ctrl+V”组合键进行粘贴。修改图表标题。添加数据标签。效果如图13-14所示。

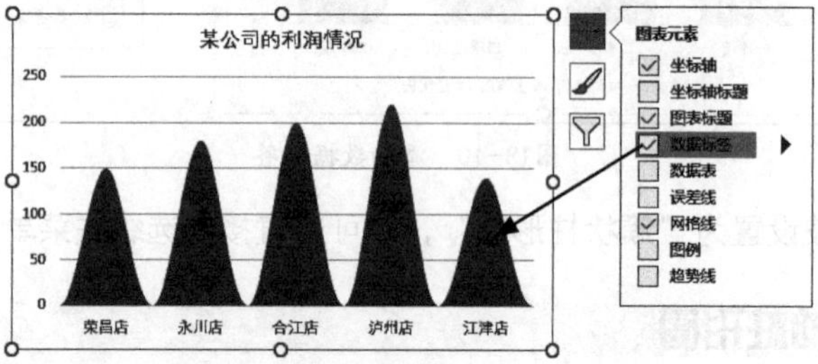

图13-14 某公司各店利润情况山峰图

如果要制作有交叉效果的山峰图，还必须增加一些步骤：设置山峰的透明度，切换行/列，逐个粘贴山峰形状，修改“系列重叠”的值，但这时“水平(分类)轴”标签不能改为店名。效果如图13-15所示。

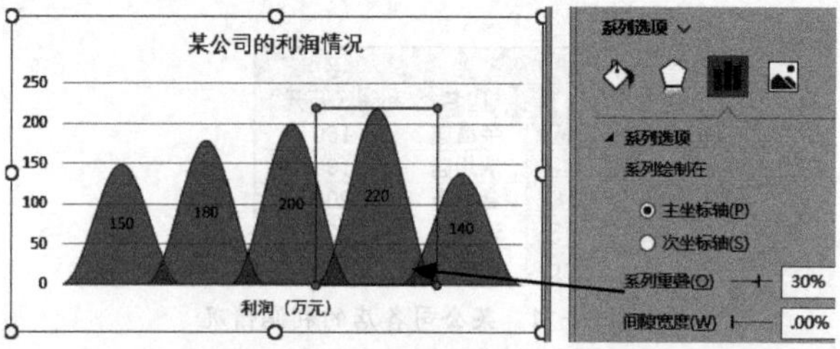

图13-15 有交叉效果的山峰图

13.1.4 用图标填充的条形图

使用图标等图形对象填充条形图，能够使其更加直观。

例13-4 如图13-16所示，表中呈现了某地的肉类产量，如何在Excel中绘制一张图表，以形象的图标生动地展示数据?

	A	B
1	肉类	产量（吨）
2	猪肉	222
3	牛肉	178
4	羊肉	88
5	鸡肉	153
6	兔肉	148

图13-16 某地肉类产量

（1）准备图标。单击任意空白单元格，在“插入”选项卡“插图”组中，单击“图标”按钮。在弹出的窗口中选中“图标”标签，在搜索框中输入“动物”进行搜索，勾选所需要的图标，最后单击“插入”按钮。如图13-17所示。

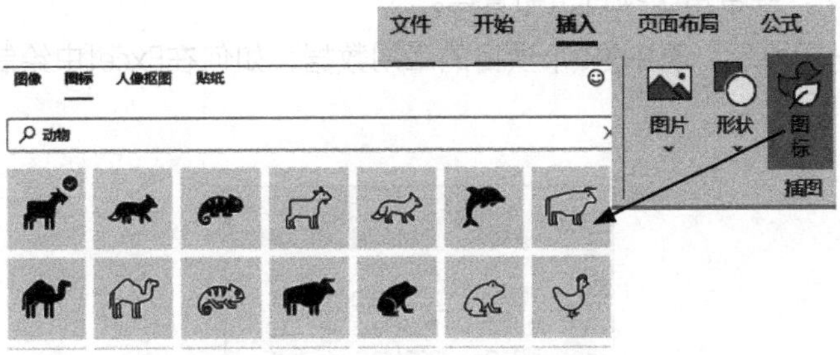

图13-17 在Excel中插入图标

（2）插入“簇状条形图”并复制粘贴图标。插入簇状条形图后，选中图表直条，在“填充与线条”标签下的“填充”组中单击“图片或纹理填充”单选按钮，单击“层叠”单选按钮。使用“Ctrl+C”组合键复制图标，两次单击系列以选中图标对应的系列，使用“Ctrl+V”组合键进行粘贴。如图13-18所示。

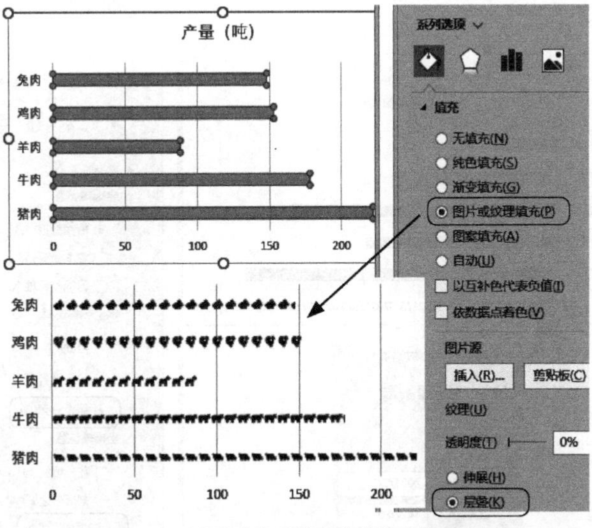

图13-18 设置图片层叠效果并复制粘贴图标

（3）美化图表。修改图表标题。设置“数据标签外”，将“间隙宽度”调整为 “30%”。如图13-19所示。

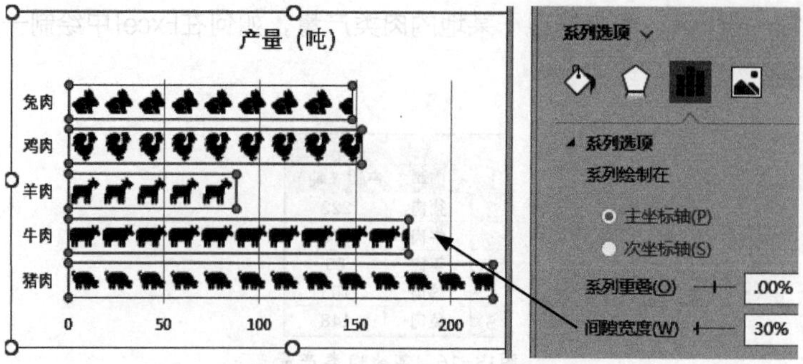

图13-19 某地肉类产量条形图

13.1.5 管理项目的甘特图

甘特图属于条形图，经常用于项目工期管理。

例13-5 如图13-20所示，表中是5个项目的工期数据，如何在Excel中绘制一张图表以直观显示这些数据?

	A	B	C
1	项目	开始日期	天数
2	项目A	2021/3/1	2
3	项目B	2021/3/2	5
4	项目C	2021/3/3	10
5	项目D	2021/3/1	8
6	项目E	2021/3/5	9

图13-20 5个项目的工期数据

（1）插入“堆积条形图”并设置坐标轴。插入“堆积条形图”，删除图例。选中“垂直(值)轴”，在“坐标轴选项”标签下，勾选“逆序类别”复选框，选中“最大分类”单选按钮。选中“水平(值)轴”，在“坐标轴选项”标签下的“边界”组中，将“最小值”改为“2021/3/1”。如图13-21所示。

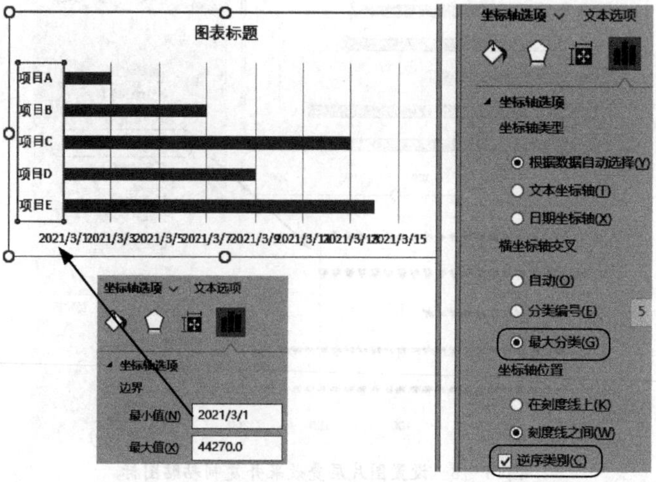

图13-21 设置坐标轴

（2）添加数据标签并设置填充色。为“天数”序列添加数据标签。选中“开始日期”系列，在

“填充”标签下的“填充”组中，选中“无填充”单选按钮。如图13-22所示。

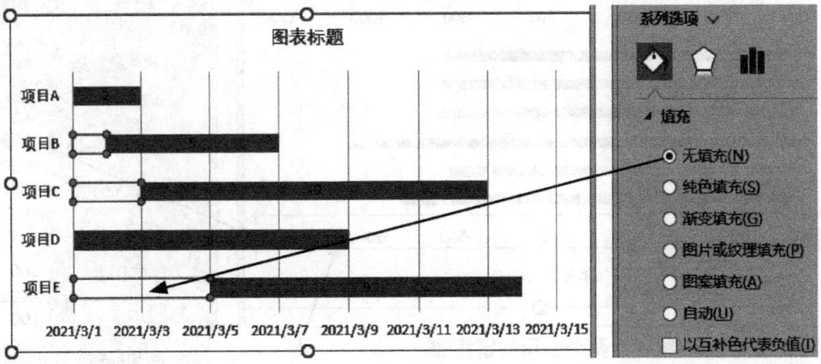

图13-22 设置填充色

13.1.6 反向对比的条形图

这类图使用左右方向相反的两个条形图，来反映两类事物的对比。

例13-6 如图13-23所示，表中是两家公司1～6月的销售额，如何在Excel中绘制一个直条图，以反映出两家公司1～6月销售额的对比情况？

	A	B	C
1	月份	A公司	B公司
2	1月	1119	922
3	2月	1296	810
4	3月	1134	1029
5	4月	1098	839
6	5月	1282	825
7	6月	1005	820

图13-23 两家公司的销售额

（1）插入“簇状条形图”，将“B公司”设置为“次坐标轴”。如图13-24所示。

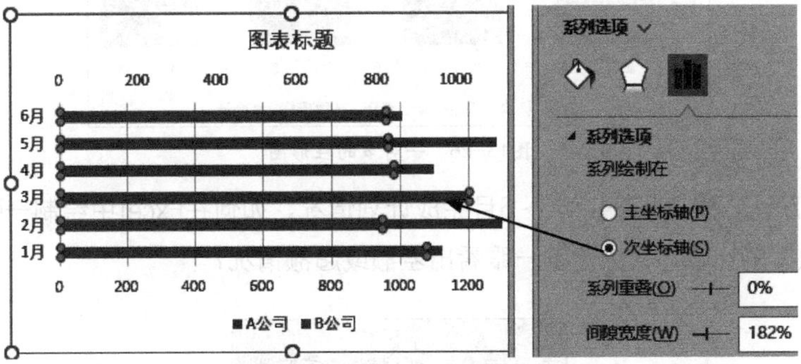

图13-24 插入条形图并设置次坐标轴

（2）更改坐标轴值和美化图表。选中“水平(值)轴”，在“坐标轴选项”标签下的“边界”组中，将“最小值”“最大值”分别更改为“-1500”“1500”，勾选“逆序刻度值”复选框。再将次坐标轴“水平(值)轴”的“最小值”“最大值”分别改为“-1500”“1500”。修改图表标题，添加数据标签。如图13-25所示。

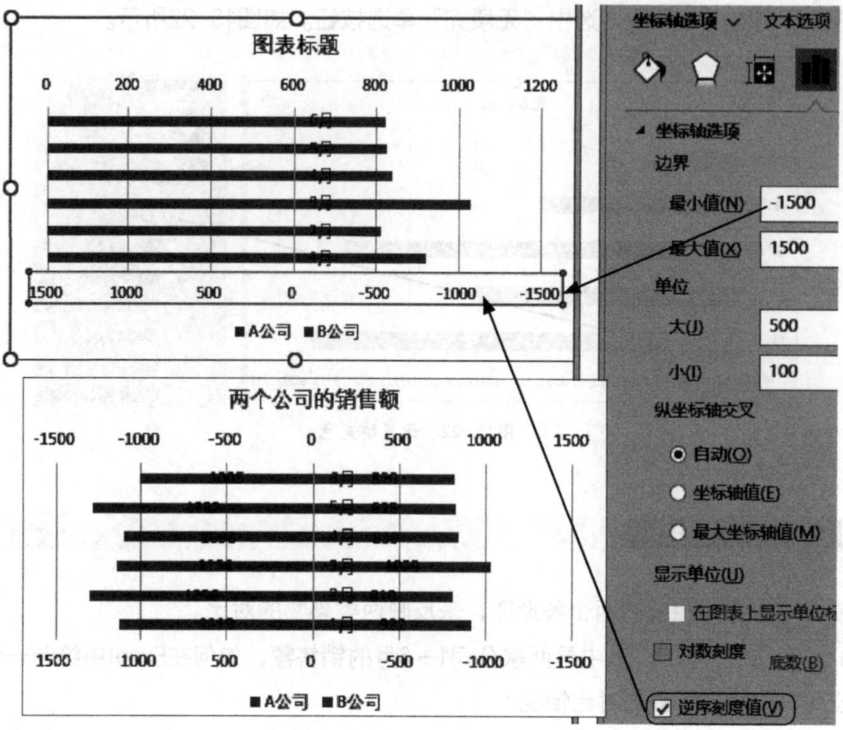

图13-25 更改坐标轴值和美化图表

【边练边想】

1. 能将例13-2的图表做成如图13-26所示的一对多的柱形图吗？

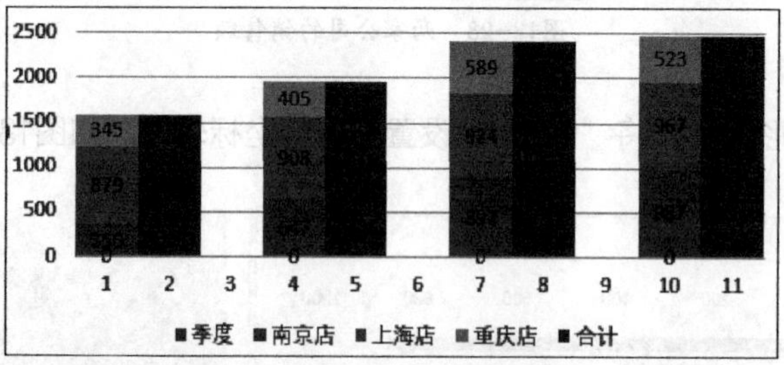

图13-26 一对多的柱形图

2. 如图13-27所示，表中为某公司1～6月完成计划情况，如何在Excel中绘制一张图表，通过“实际数”与“计划数”的比较，让人能够一眼看出差额或超额情况？

	A	B	C
1	月份	计划数	实际数
2	1月	92	85
3	2月	56	68
4	3月	69	59
5	4月	82	73
6	5月	97	92
7	6月	60	50

图13-27 某公司1～6月完成计划情况

3. 如图13-28所示，表中为某公司1～6月的销售费用情况，如何在Excel中绘制一张图表，通过

“销售收入”与“销售成本”“管理费用”“财务费用”的比较，让人能够一眼看出利润的情况？

	A	B	C	D	E
1	月份	销售收入	销售成本	管理费用	财务费用
2	1月	2439	1813	257	137
3	2月	2558	1530	232	124
4	3月	2172	1437	248	142
5	4月	2595	1504	227	153
6	5月	2324	1404	223	131
7	6月	2394	1792	250	136

图13-28　某公司1～6月的销售费用情况

4. 如图13-29所示，表中呈现了2019年我国GDP排名前10名的城市的GDP情况，如何将其绘制成使用人民币符号填充的条形图？

	A	B
1	城市	GDP(亿元)
2	上海	38155
3	北京	35371
4	深圳	26927
5	广州	23629

图13-29　2019年GDP排名前10名的城市

5. 迷你图可以将数据表和图完美地结合起来，如何使用迷你图？

6. 你会制作不等宽柱形图吗？

7. 如图13-30所示，表中呈现了四个产品在七大地区的销量，如果直接利用数据源绘制柱形图，产品之间会显得太拥挤，无比这些产品意义不大，可否动态地按某个产品绘制图表呢？

	A	B	C	D	E
1	地区	产品A	产品B	产品C	产品D
2	华北	369	288	251	231
3	华东	318	237	446	241
4	华中	216	433	433	210
5	华南	231	367	480	332
6	东北	392	493	454	385
7	西北	209	328	493	303
8	西南	428	493	273	460

图13-30　四个产品在七大地区的销量

【问题解析】

1. 一是要构建数据源，将分项和合计项设置为不同的系列，季度间留出空行。二是要将“间隙宽度”调整为0。三是不用区分垂直(值)轴的主次。如图13-31所示。

	A	B	C	D	E
1	季度	南京店	上海店	重庆店	合计
2	一季度	356	879	345	
3					1580
4					
5	二季度	647	908	405	
6					1960
7					
8	三季度	897	924	589	
9					2410
10					
11	四季度	987	967	523	
12					2477

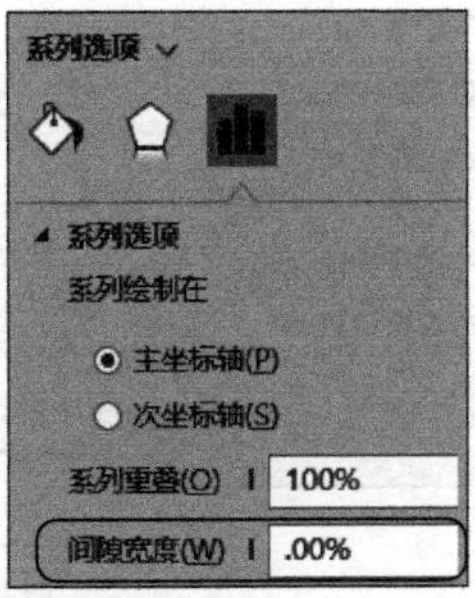

图13-31　构建数据源和调整“间隙宽度”

2.插入堆积柱形图，将“实际数”系列改为次坐标轴，将“计划数”柱体的“间隙宽度”改为一个合适的数字（比如“50%”），将垂直(值)轴的最大值改为“100”，在“图表元素”下拉菜单中勾选“数据表”复选框。如图13-32所示。

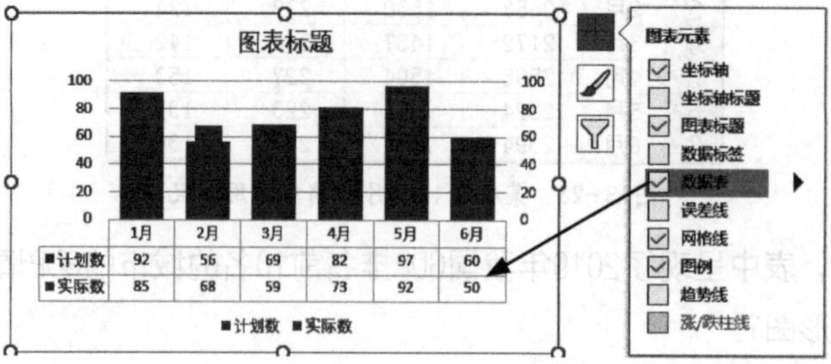

图13-32 勾选“数据表”复选框

当“计划数”都大于“实际数”时，这种图表相当于一种“温度计图表”。

3. 插入堆积柱形图，将“销售成本”“管理费用”“财务费用”系列改为次坐标轴，将两条垂直轴的最小值都改为“0”，最大值改为“3000”，将“销售收入”柱体的“间隙宽度”改为一个合适的数字（比如50%），将图表颜色改为一种对比强烈的颜色组合（比如“颜色4”），将“销售收入”柱体的填充色改为一种比较浅的颜色（比如黄色），再改变其形状的阴影效果（比如“内部”组中的“内部居中”）。效果如图13-33所示。

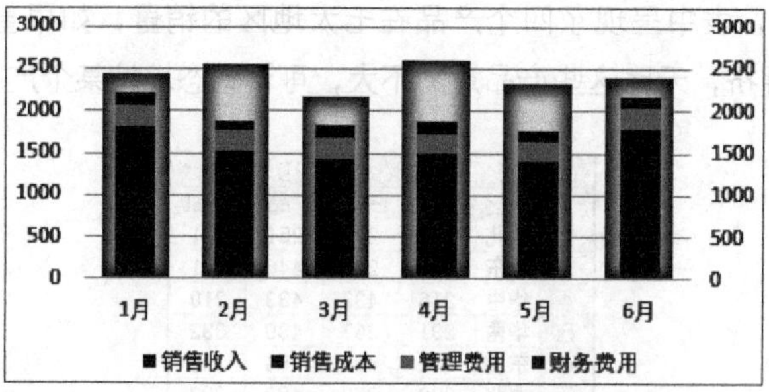

图13-33 某公司销售费用情况柱形图

4. 利用“插入”选项卡“插图”组中的“图标”命令，搜索“货币”图标，插入到Excel中，并复制粘贴到条形图的直条上。

5. 在“插入”选项卡“迷你图”组中，选择一种迷你图，比如“柱形”，设置好“数据范围”和“位置范围”，再向下填充。如图13-34所示。

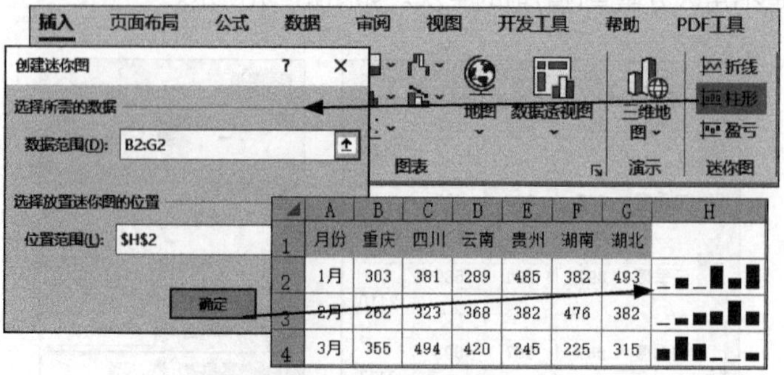

图13-34 插入迷你图

如果“数据范围”是一个多行多列区域，则“位置范围”可以为单行或单列区域。

6.绘制不等宽柱形图的关键在于构造数据区域。如图13-35所示，每种水果占1列，按“数量”重复“单价”的次数，使用E1:H11区域创建柱形统计图后，将“系列重叠”值调整为“100%”，将“间隙宽度”值调整为“0%”。

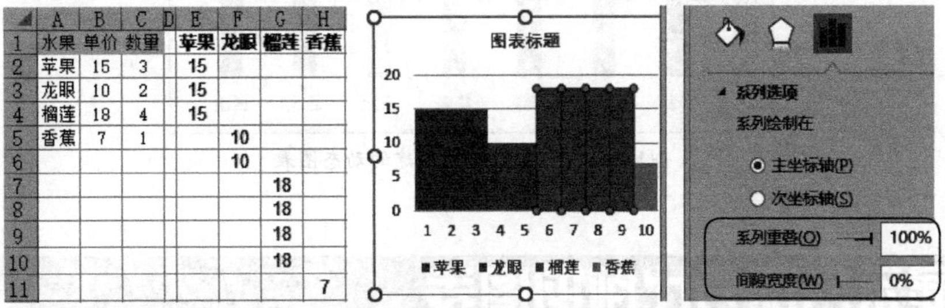

	A	B	C	D	E	F	G	H
1	水果	单价	数量		苹果	龙眼	榴莲	香蕉
2	苹果	15	3		15			
3	龙眼	10	2		15			
4	榴莲	18	4		15			
5	香蕉	7	1			10		
6						10		
7							18	
8							18	
9							18	
10							18	
11								7

图13-35　不等宽柱形图

7. 首先，构造下拉列表和图表所需数据源。如图13-36所示，J2单元格的公式为“=INDEX(B2:E8,,G1)”。

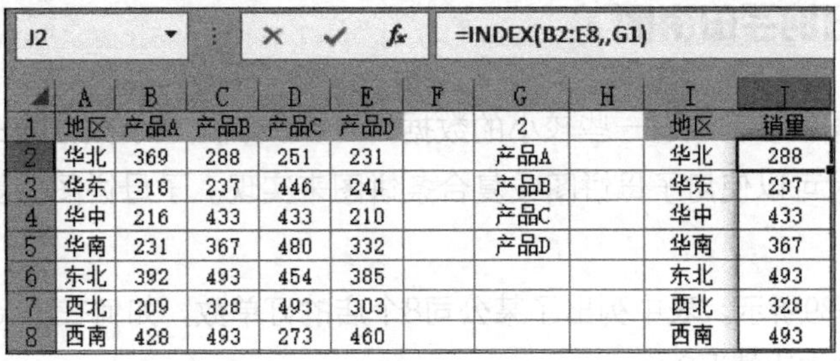

J2　=INDEX(B2:E8,,G1)

	A	B	C	D	E	F	G	H	I	J
1	地区	产品A	产品B	产品C	产品D		2		地区	销量
2	华北	369	288	251	231		产品A		华北	288
3	华东	318	237	446	241		产品B		华东	237
4	华中	216	433	433	210		产品C		华中	433
5	华南	231	367	480	332		产品D		华南	367
6	东北	392	493	454	385				东北	493
7	西北	209	328	493	303				西北	328
8	西南	428	493	273	460				西南	493

图13-36　构造下拉列表和图表所需数据源

其次，绘制和设置组合框。在“开发工具”选项卡 “控件”组的“插入”下拉菜单中，单击“组合框”按钮，绘制一个组合框。在组合框的右键快捷菜单中，单击“设置控件格式”选项。打开“设置控件格式”对话框，在“控制”标签下的“数据源区域”中引用G2:G5区域，“单元格链接”中引用G1单元格。如图13-37所示。

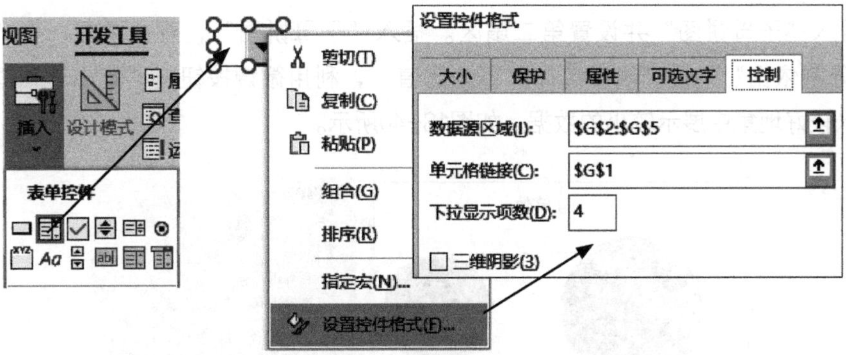

图13-37　不等宽柱形图

最后，利用I1:J8区域的数据创建“簇状柱形图”，修改标题，并调整好图表与组合框的大小与位置，就可以利用组合框下拉列表选择产品了。效果如图13-38所示。

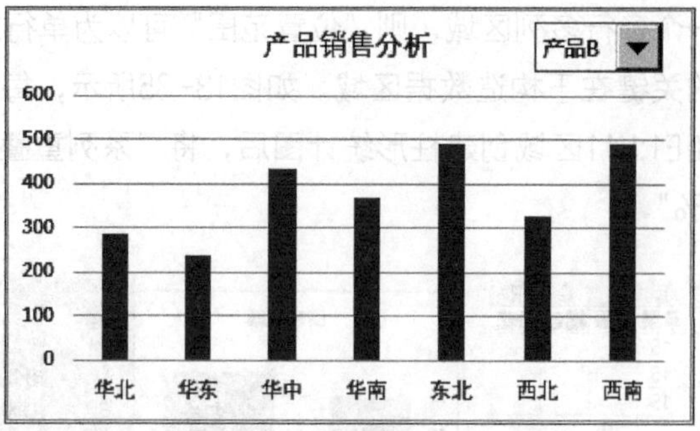

图13-38 利用组合框创建的动态图表

13.2 显示各部分比例的图表

百分比堆积柱形图和百分比堆积条形图能够跨类别比较每个值占各自合计值的百分比，其数据标签却不能标注百分比数值，而饼图和圆环图则可以。

13.2.1 有主次之分的子母饼图

当一个系列的数据较多，又有一些较小的数据，且要反映这些小数据的占比情况时，一般的饼图就无能为力了，这时可以使用子母饼图或复合条饼图来实现。子母饼图比复合条饼图更适合数据量少的情况。

例13-7 如图13-39所示，表中列出了某公司8个店的订单数，如何在Excel中绘制一张图表，以较好地显示各店订单的占比情况？

	A	B
1	店名	订单数
2	A店	92
3	B店	73
4	C店	67
9	H店	50

图13-39 某公司的订单数

（1）插入“子母饼图”并设置第二扇区。插入“子母饼图”，双击饼图，在“系列选项”组的“系列分割依据”下拉列表中选择“百分比值”，利用微调按钮将“值小于”框中的值改为“11%”，以较好地集中展示较小的数据。如图13-40所示。

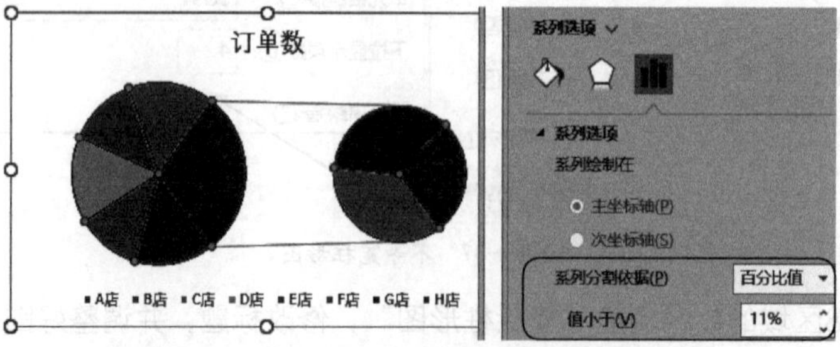

图13-40 设置第二扇区

（2）美化图表和添加数据标注。修改图表标题，删除图例。将子项的合计项扇形适当拖开。在

“图表元素”下拉菜单的“数据标签”级联菜单中，单击“数据标注”选项。如图13-41所示。

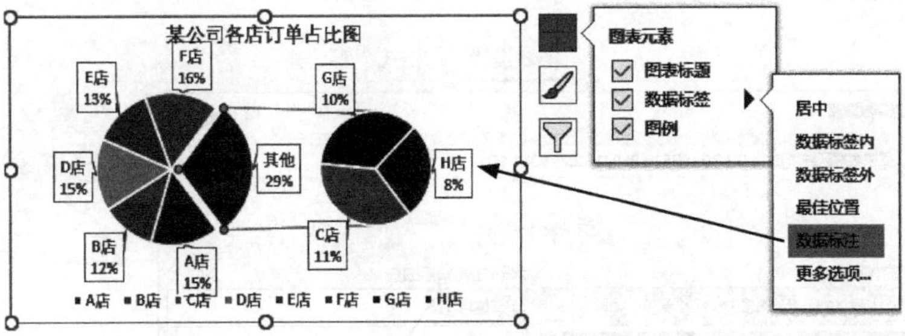

图13-41 某公司各店订单占比图

13.2.2 有包含关系的双层饼图

双层饼图由大小不同的两个饼图叠加在一起组成，用于表示两个数据系列中有包含关系的各个部分的比例结构。

例13-8 如图13-42所示，表中列出了某中学的职称人数及岗位人数，如何在Excel中绘制一张图表，以较好地显示职称及岗位的构成情况？

	A	B	C	D
1	职称	职称数	岗位	岗位数
2	高级	70	5级	12
3			6级	28
4			7级	30
5	中级	87	8级	20
6			9级	32
7			10级	35
8	初级	43	11级	21
9			12级	22

图13-42 某中学的职称人数及岗位人数

（1）插入饼图并设置次坐标轴。选择A1:B9和D1:D9两个不连续区域，插入“饼图”。选中“职称数”系列，在“系列选项”组，单击“次坐标轴”单选按钮，将“饼图分离”值改为一个合适的值，比如“50%”。如图13-43所示。

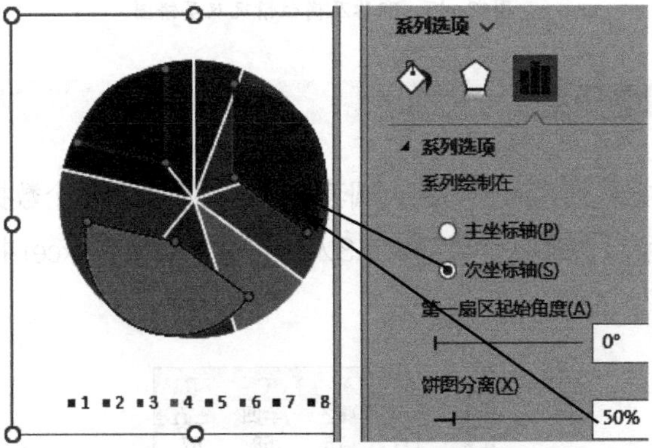

图13-43 插入饼图并设置次坐标轴

（2）更改“水平(分类)轴标签”。在“图表设计”选项卡的“数据”组中，单击“选择数据”按钮。在弹出的“选择数据源”对话框中，选择“职称数”系列，单击“编辑”按钮。在弹出的

“轴标签”对话框中，“轴标签区域”引用A2:A9区域。单击“确定”按钮。同理，“岗位数”系列引用C2:C9区域。如图13-44所示。

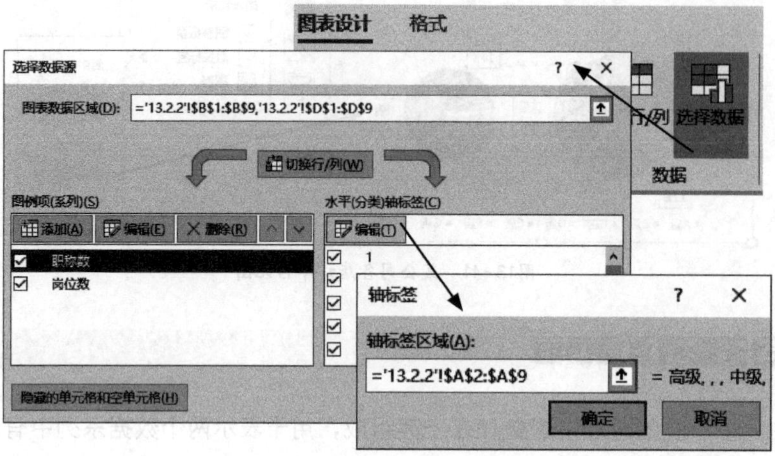

图13-44　更改“水平(分类)轴标签”

数据区域、标签区域都可以使用“表格”、函数公式、控件等方法进行动态引用。

（3）美化饼图。删除图例，将分散的几个扇形分别拖回圆心，添加“数据标注”，移动内层标注。效果如图13-45所示。

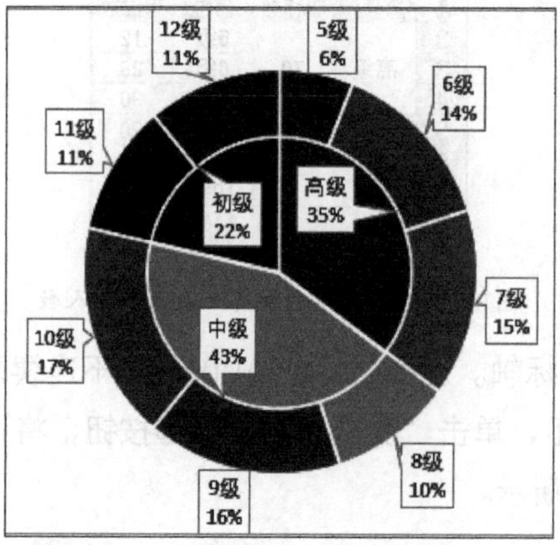

图13-45　职称及岗位情况双层饼图

13.2.3 能多次比较的圆环图

饼图只能表示一个数据系列，而圆环图大圆套小圆，可以表示多个数据系列。

例13-9 如图13-46所示，表中有半年以来3人的销量，如何在Excel中绘制一张图表，以较好地显示每月每人的销售占比？

	A	B	C	D
1	月份	张三	李四	王五
2	1月	76	58	67
3	2月	77	60	78
4	3月	64	90	74
5	4月	90	76	63
6	5月	94	67	93
7	6月	97	66	91

图13-46　半年以来3人的销量

（1）插入“圆环图”并选择样式。插入“圆环图”，在“图表样式”下拉菜单中，选择一种样式，比如“样式8”。如图13-47所示。

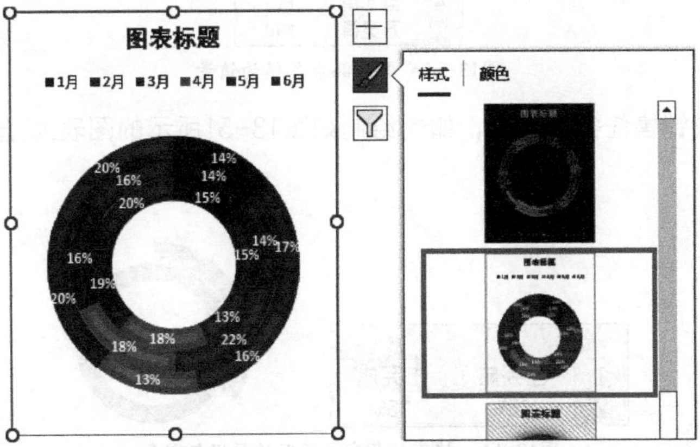

图13-47　插入圆环图并选择样式

（2）调整内环大小。选中任意系列，在“系列选项”标签下，调整“圆环图圆环大小”的值。如图13-48所示。

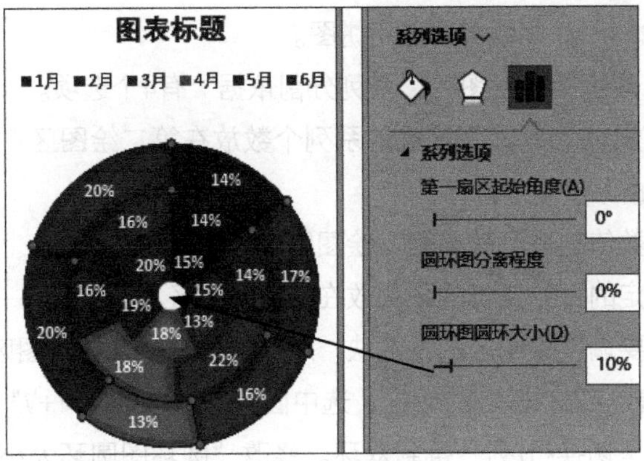

图13-48　调整内环大小

【边练边想】

1. 如图13-49所示，表中为某公司各年龄段的员工的人数，请绘制图表展示。

	A	B
1	年龄段	人数
2	20～29岁	10
3	30～39岁	35
4	40～49岁	46
5	50岁以上	22

图13-49　某公司各年龄段的员工的人数

2. 如图13-50所示，请根据某产品在各镇的销量绘制一张复合条饼图，将较小的值放在第二绘图区，并且显示百分比标签。

	A	B
1	分店	销量
2	吴家镇	276
3	远觉镇	153
4	盘龙镇	113
12	万灵镇	190

图13-50　某产品在各镇的销量

3. 某公司已完成销售任务的65%，如何绘制如图13-51所示的图表,以直观地突出显示“未完成”的比例?

	A	B
1	已完成	未完成
2	65%	35%

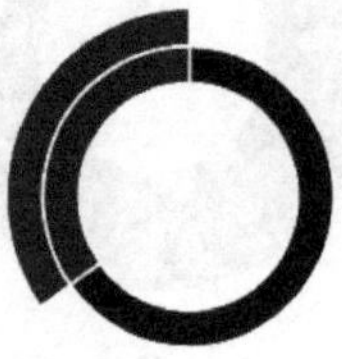

图13-51　销售任务完成情况的数据与图表

4. 可以使用例13-8的数据创建圆环图吗?

【问题解析】

1. 涉及年龄结构（比例），参数情况使用饼图。

2. 插入复合条饼图，注意第二绘图区“系列分割依据”有4个选项。

位置：从数据源最下面往上数，将设置的系列个数放在第二绘图区；如果要将较小的数据放在第二绘图区，就需要将数据源按降序排序。

值：将小于所设定的数值的系列放在第二绘图区。

百分比：将小于所设定的百分比值的系列放在第二绘图区。

自定义：可以选中需要调整绘图区的饼图块，从而调整它所属的绘图区。

3. 插入圆环图后，复制A2:B2区域的数据，选中圆环图，按“Ctrl+V”组合键粘贴。也可以使用两行数据插入圆环图后再“切换行/列”得到双环。修改“圆环图圆环大小”值，选中外层表示“已完成”比例的圆弧，将填充色改为“无填充”。如图13-52所示。

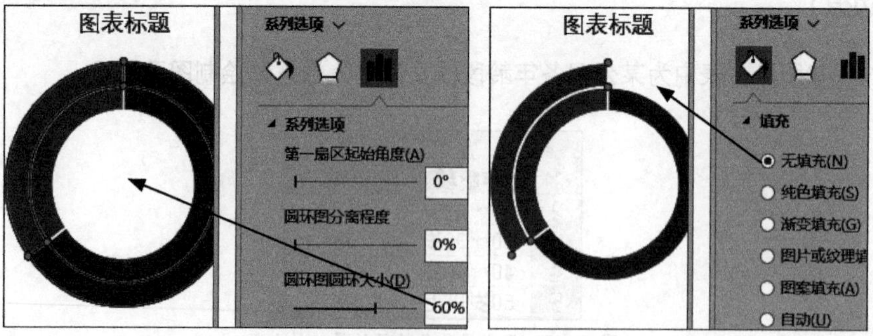

图13-52　设置圆环的大小及填充色

4. 可以使用例13-8的数据创建圆环图。可选中任意系列，在“系列选项”标签下，调整“圆环图圆环大小”的值。这样就无须设置次坐标轴。

13.3 显示事物发展趋势的图表

13.3.1 “起伏不定”的折线图

折线图是用线段将各数据点连接起来而组成的图形，以曲折的折线显示数据的变化趋势。

例13-10 如图13-53所示，表中列出了某公司的订单数，如何在Excel中绘制一张图表，以较好地显示订单趋势？

	A	B
1	日期	订单数
2	2012/2/1	72
3	2012/2/2	75
4	2012/2/3	84
9	2012/2/8	98

图13-53 某公司的订单数

（1）插入“带数据标记的折线图”并更改样式。插入“带数据标记的折线图”后，在“图表样式”下拉菜单中的“样式”标签下选择一种样式，比如“样式2”。如图13-54所示。

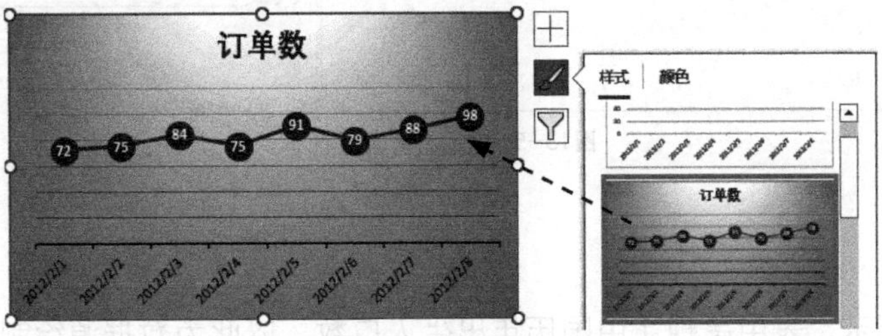

图13-54 更改样式

（2）设置“水平(类别)轴”数字格式。选中“水平（类别）轴”，在“坐标轴选项”标签下的“数字”组中，选择 “类别”下拉菜单中的 “3/14”格式。如图13-55所示。

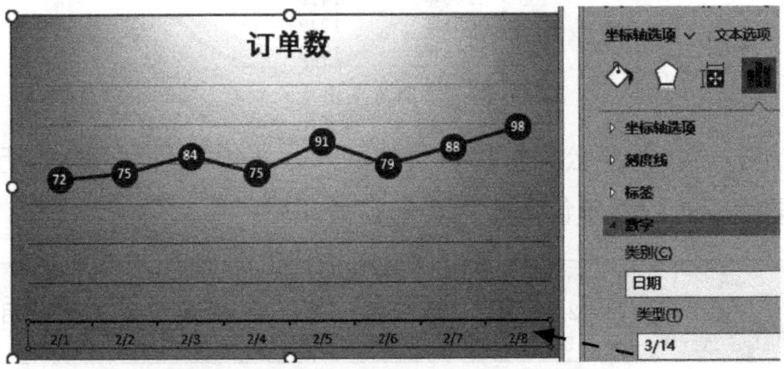

图13-55 设置“水平(类别)轴”数字格式

13.3.2 “层峦叠嶂”的面积图

与折线图相比，面积图重在“面”，能看出整体的变化趋势。

例13-11 如图13-56所示，表中列出了两个公司半年的销售量，如何在Excel中绘制一张图表，以较好地显示趋势并进行对比分析？

	A	B	C
1	月份	A公司	B公司
2	1月	356	879
3	2月	647	908
4	3月	897	924
5	4月	987	967
6	5月	1128	976
7	6月	1367	912

图13-56　两个公司半年的销售量

插入“面积图”后，选中系列，在“填充与线条”标签下的“填充”组中单击“纯色填充”单选按钮，选择一种颜色，修改“透明度”值，在“边框”组中单击“实线”单选按钮。如图13-57所示。

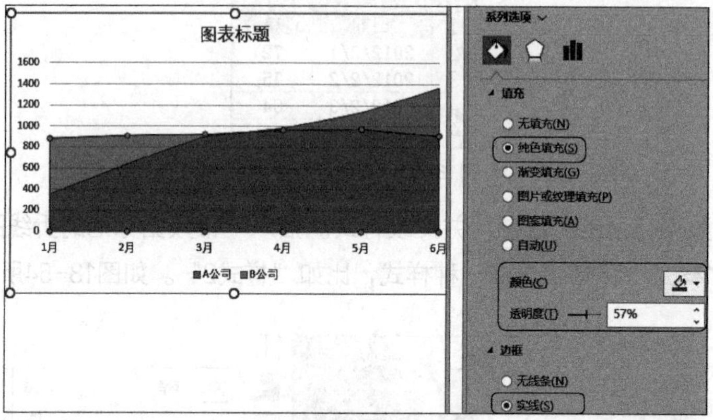

图13-57　设置填充与线条

【边练边想】

1. 如图13-58所示，表中呈现了中国历年出生人口数，以此为数据源绘制出的折线图，折线和数据标记肯定会太过密集，如何设置便于人们一一对照查看?

	A	B
1	年份	出生人口数（万）
2	1949年	1275
3	1950年	1419
4	1951年	1349
71	2018年	1523

图13-58　中国历年出生人口数

2. 如图13-59所示，表中为某公司全年各月的利润，要求每月利润达70万元。请绘制图表，既要反映利润走势，又要能够直观看出每月是否达到要求。

	A	B	C	D	E	F	G	H	I	J	K	L	M
1	月份	1月	2月	3月	4月	5月	6月	7月	8月	9月	10月	11月	12月
2	利润（万元）	88	69	91	57	80	60	55	74	99	89	81	70

图13-59　某公司各月利润数

3. 如图13-60所示，表中为某店铺全年各月的利润，如何据此绘制双色面积图? 请将负值的数据标签设置为红色，大于1000的值的数据标签设置为绿色，其余数值的数据标签保持默认颜色。

	A	B	C	D	E	F	G	H	I	J	K	L	M
1	月份	1月	2月	3月	4月	5月	6月	7月	8月	9月	10月	11月	12月
2	利润（万元）	18	27	38	45	42	30	26	21	8	-1	-6	-10

图13-60　某店铺各月利润

4. 如图13-61所示，表中为某公司近年来的男女员工人数，请绘制图表展示。

	A	B	C
1	年份	男	女
2	2016年	58	51
3	2017年	69	75
4	2018年	72	73
5	2019年	55	69
6	2020年	60	78
7	2021年	50	77

图13-61　某公司男女员工人数

【问题解析】

1. 插入“带数据标记的折线图”后，在“图表设计”选项卡的“图表布局”组中，单击“添加图表元素”按钮，在下拉菜单“线条”的级联菜单中，选择“垂直线”选项。

2. 增加辅助行，数据都填写“70”，然后插入“带数据标记的折线图”。这是带参考线的折线图。

3. 增加辅助行，将负值数据放在辅助行，然后插入“面积图”。选中“垂直(值)轴”，点击“设置坐标轴格式”任务窗格 “坐标轴选项”标签下的 “数字”组，在“格式代码”框中输入“[红色][<0]-0;[蓝色][>1000]0;0”，单击“添加”按钮。如图13-62所示。

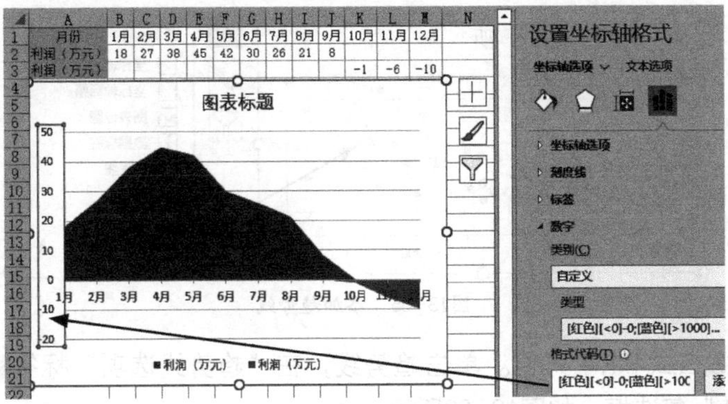

图13-62　设置坐标轴数字格式

4. 涉及男女性别结构（比例），且各年总人数不等，最好使用堆积面积图。如果各年总人数相等，则可以使用百分比堆积面积图。

13.4 显示多个变量关系的图表

13.4.1 两个变量构成的散点图

散点图用两组数据构成多个坐标点，考察坐标点的分布，判断两变量之间是否存在某种关联或分布模式，因变量随自变量而变化的大致趋势可以选择合适的函数进行拟合。

例13-12 如图13-63所示,表中列出了30人的视听反应时，如何在Excel中绘制一张图表，以较好地显示其趋势?

	A	B	C
1	被试	视	听
2	1	116.7	118.3
3	2	177.5	174.1
4	3	167.4	136.4
5	4	130.9	178.1

图13-63　30人的视听反应时

（1）插入“散点图”并更改坐标轴值。选择B2:C31区域，插入“散点图”后，选中“水平(值)轴”，在“坐标轴选项”标签下的“边界”组中，将“最小值”修改为“100”，让散点更为集中。同理，将“垂直(值)轴”“边界”中的最小值也修改为“100”。如图13-64所示。

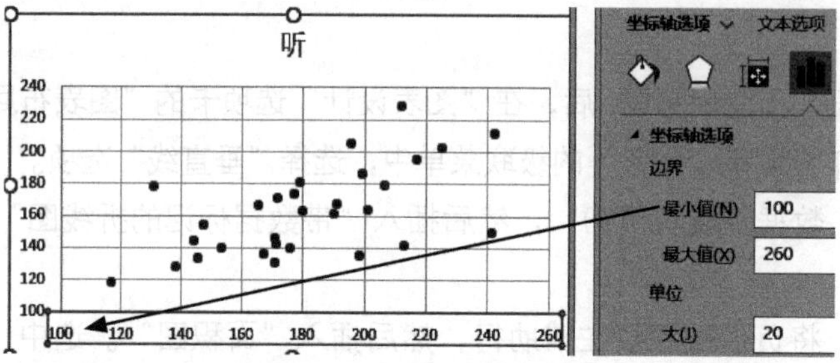

图13-64　更改轴的边界值

（2）添加趋势线。在“图表元素”下拉菜单中，勾选“趋势线”复选框。如图13-65所示。

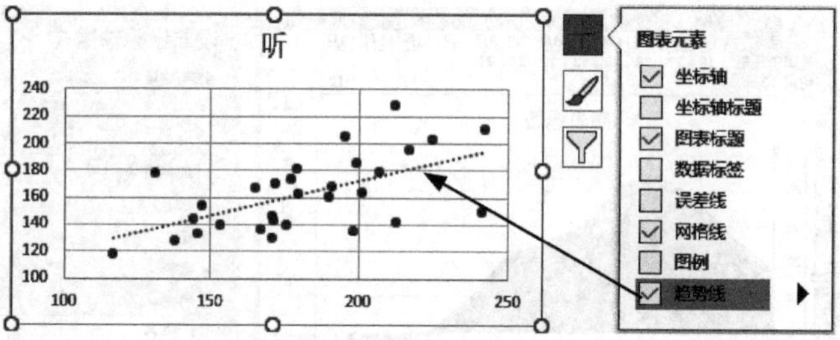

图13-65　添加趋势线

（3）显示趋势线公式和R平方值。单击趋势线，在“趋势线选项”标签下，勾选“显示公式”和“显示R平方值”复选框，如图13-66所示。

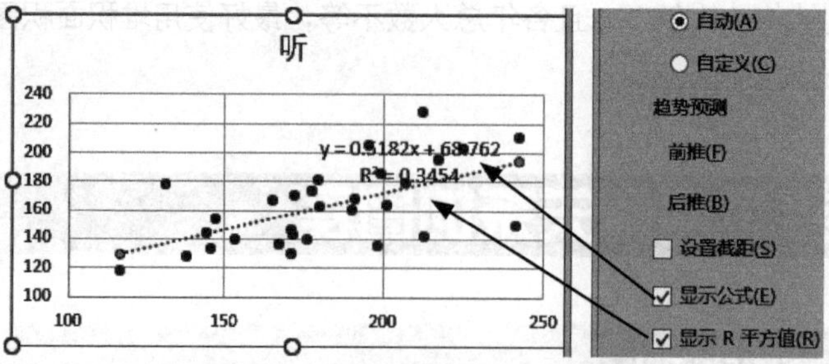

图13-66　显示趋势线公式和R平方值

13.4.2 三个变量构成的气泡图

气泡图可用于展示三个变量之间的关系。绘制时将一个变量放在横轴，另一个变量放在纵轴，而第三个变量则用气泡的大小来表示。

例13-13 如图13-67所示，表中为某公司的产品数、销售额和市场份额占比，如何在Excel中绘制一张图表，以较好地显示三个变量之间的关系？

	A	B	C
1	产品数	销售额	市场份额占比
2	6	55000	15%
3	12	12200	12%
4	18	60000	35%
5	15	25000	10%
6	20	28000	38%

图13-67 某公司的产品数、销售额和市场份额

插入“气泡图”后，在“图表元素”下拉菜单中的“数据标签”下，单击“数据标注”选项。如图13-68所示。

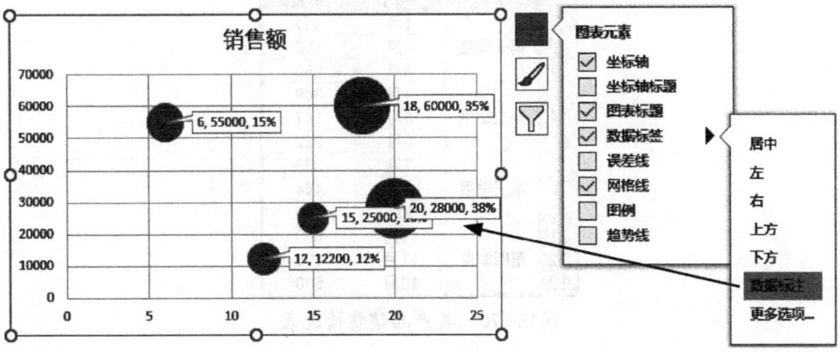

图13-68 添加数据标注

【边练边想】

1. 想反映广告费用与销售额的关系，可以使用什么图表？
2. 在Excel中，线性回归线的斜率、截距和R平方值可以使用哪些函数计算？
3. 你会使用Excel绘制数学函数图吗？

【问题解析】

1. 想反映两个变量的关系，可以使用散点图。

2. 在Excel中，可以使用SLOPE、INTERCEPT函数分别计算线性回归线的斜率、截距，也可以使用LINEST函数一并计算斜率和截距。可以使用RSQ函数计算R平方值。R平方值也被称为决定系数，是趋势线拟合程度的指标，取值范围为0~1，数值越大，拟合程度越高，趋势线的可靠性就越高。

3. 比如数学函数“Y==X^(1/3)”，X取-100~100，按0.1的步长递减，插入散点图，如图13-69所示。

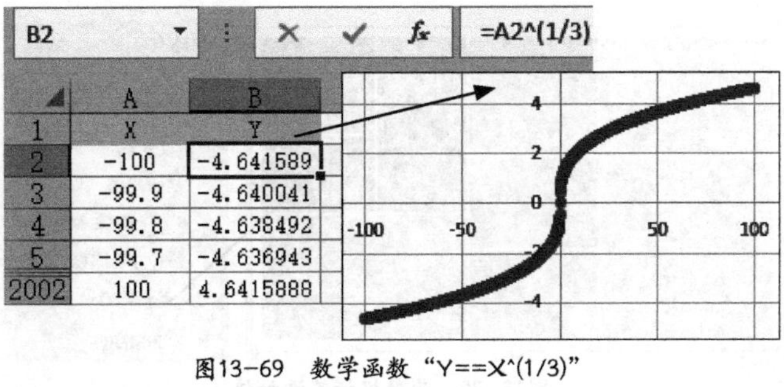

图13-69 数学函数“Y==X^(1/3)”

13.5 显示层次结构的图表

13.5.1 条块状分组的树状图

树状图是通过矩形的面积、排列和颜色来显示具有群组、层次关系的数据的图表，能够直观体现不同层次和同一层次之间的比较，以2个层次为宜，只需要1列数值。

例13-14 如图13-70所示，表中列出了某产品每一个季度每一个月的销量，如何在Excel中绘制一张图表，以较好地显示“季度”和“月份”这种层次包含关系？

	A	B	C
1	季度	月份	销量
2	第一季度	1月	321
3		2月	456
4		3月	258
5	第二季度	4月	369
6		5月	147
7		6月	222
8	第三季度	7月	333
9		8月	444
10		9月	345
11	第四季度	10月	600
12		11月	400
13		12月	500

图13-70　某产品销售情况表

（1）插入“树状图”并快速布局。插入“树状图”后，在“图表设计”选项卡的“图表布局”组中，单击“快速布局”按钮，选择一种布局方式，比如“布局4”。如图13-71所示，每一个季度用一种颜色来表示，为一个大方块，每一个月又是一个小方块，结构、大小关系一目了然。

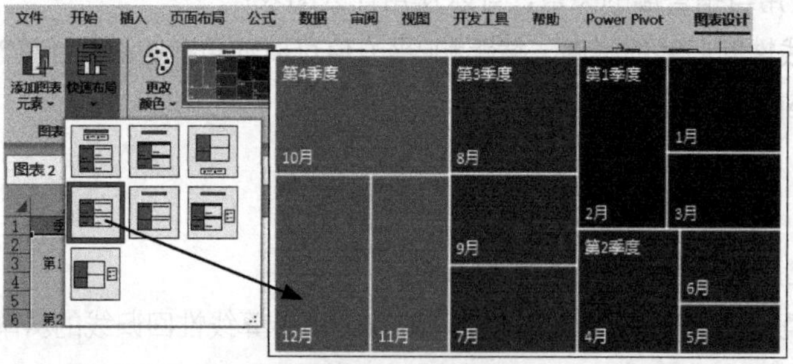

图13-71　快速布局

（2）为数据标签添加值。选中数据标签，在“标签选项”标签下，勾选“值”复选框。如图13-72所示。

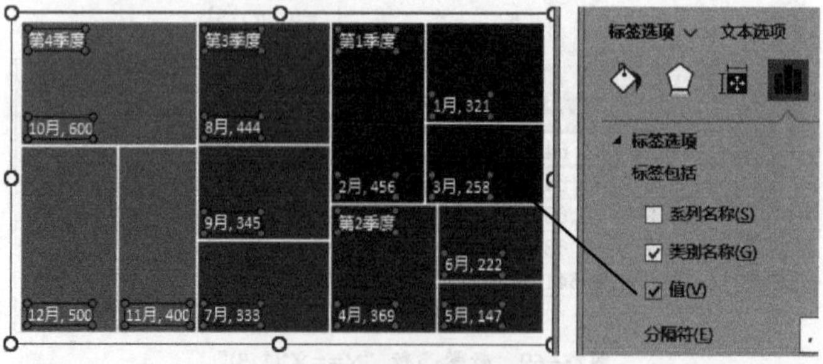

图13-72　为数据标签添加值

13.5.2 辐射状分组的旭日图

旭日图也被称为太阳图，由多个同心圆构成，用于展示数据之间的层次和占比关系，从内向外，层级逐渐细分，便于溯源分析，了解事物的构成情况。

例13-15 如图13-73所示，表中的台灯销量有的为季度销量，有的为月份销量，有的为周销量，如何在Excel中绘制一张图表，以较好地显示“季度”“月份”和“周”三个层次的关系？

	A	B	C	D
1	季度	月份	周	销量
2	1季度			1000
3	2季度	4月		369
4		5月		147
5		6月		222
6	3季度	7月		333
7		8月		444
8		9月		345
9	4季度	10月		600
10		11月		400
11		12月	第1周	100
12			第2周	188
13			第3周	145
14			第4周	155

图13-73 台灯销量表

选中数据表有数据的任意单元格，在“插入”选项卡“图表”组中，单击“插入层次结构图表”下拉菜单，选择“旭日图”。如图13-74所示。

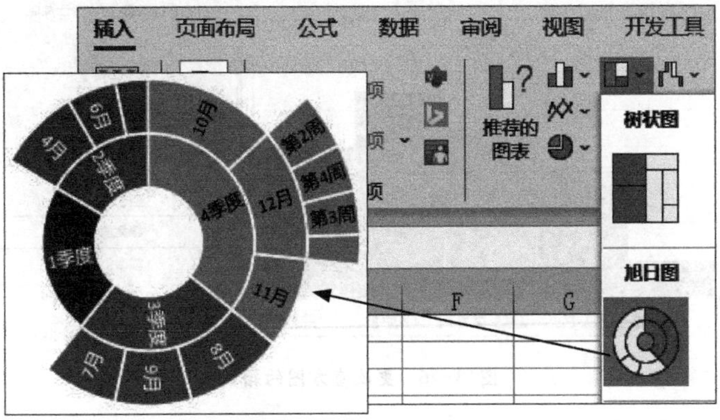

图13-74 插入旭日图

【边练边想】

1. 树状图与双层饼图的数据源有什么区别？
2. 能做树状图的数据源可以做旭日图吗？

【问题解析】

1. 树状图的父项没有合计项，只需要一列数值。双层饼图的父项有合计项，需要两列数值。

2. 能做树状图的数据源可以做旭日图，树状图适合两个层次的数据，旭日图适合更多层次的数据。

13.6 显示统计分析结果的图表

13.6.1 直条紧密相邻的直方图

直方图是用没有间隔的直条来表示连续性随机变量次数分布的图形。从外观上看，就是柱形图的柱体紧紧连在一起。在Excel中，直方图是少数几个可以使用原始数据直接创建的图表之一。

例13-16 如图13-75所示，学生成绩为54～100分不等，60分为合格。要求以10分为等距来分组，即第一组从50分起，第二组从60分起，第三组从70分起……最后一组为90～100分，在Excel中绘制一张直方图，如何操作？

	A	B	C
1	序号	学生	成绩
2	1	卜垣	95
3	2	丁典	100
4	3	万震山	79
5	4	马大鸣	78
6	5	万圭	54
38	37	鲁坤	90

图13-75 学生成绩

插入“直方图”后，在“图表元素”标签下，勾选“数据标签”复选框。选中直方图的“水平(分类)轴”，在“坐标轴选项”标签下，将“箱宽度”数值改为“10.0”；勾选“溢出箱”复选框，将其值改为“89.8”；勾选“下溢箱”复选框，将其值改为“59.9”。如图13-76所示。

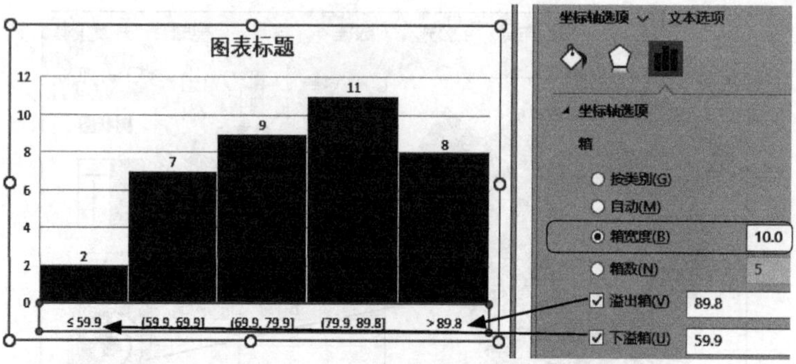

图13-76 更改直方图的箱数

13.6.2 直条按高低排序的排列图

排列图是按照发生频率大小的顺序绘制的直方图，可以直接根据统计的次数创建，还能依托次轴，用一条曲线表示累积数。

例13-17 如图13-77所示，已统计出学生成绩的分布频率，如何在Excel中创建一张排列图？

G2　=FREQUENCY(C2:C38,F2:F6)

	A	B	C	D	E	F	G	H
1	序号	学生	成绩		分组区间	分组下限	频率	
2	1	卜垣	95		0～59.9	59.9	2	
3	2	丁典	100		60～69.9	69.9	7	
4	3	万震山	79		70～79.9	79.9	9	
5	4	马大鸣	78		80～89.9	89.9	11	
6	5	万圭	54		90～100		8	

图13-77 学生成绩的分布频率

选择E1:E6和G1:G6两个不连续区域，插入“排列图”。添加数据标签。如图13-78所示。

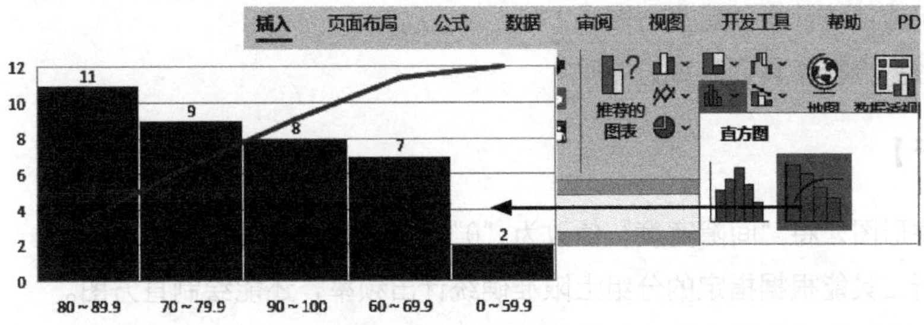

图13-78 插入排列图

注意，排列图和直方图非常相似，也能调用数据分析工具创建。如果在“直方图”对话框的“输出”组中勾选“柏拉图”选项，输出的表中会包含一列按降序排列的频数数据，直方图会按这组频数的顺序显示，这时的直方图就是一个排列图。如果在“输出”组中勾选“累积百分率”选项，输出表中则会包含一列累积百分比值，图上也会有一条累积百分比曲线。

13.6.3 有五个特征值的箱形图

箱形图是显示一组数据集中与否的统计图，可以直接使用原始数据绘制，用于对多个样本的比较。箱形图从上到下的五条横线分别代表最大值、75%分位数、中位数、25%分位数、最小值，“×”代表平均数。当最小值异乎寻常地低于平均数时，此时标识的最小值就不再是真正的最小值，真正的最小值会被标识为异常值。

例13-18 如图13-79所示，表中呈现了某年级4个班共200人的体育成绩，如何在Excel中绘制一张图表，以较好地显示数据集中与分散的情况?

	A	B	C
1	班级	姓名	体育
2	1班	丁仪	99
3	2班	丁奉	53
4	3班	丁原	66
5	4班	丁谧	94

图13-79 某年级体育成绩表

选择A1:A201和C1:C201两个不连续区域，插入“箱形图”。修改图表标题，添加数据标签。单击“垂直(值)轴”，在“坐标轴标签”标签下，将“边界”组中的“最小值”“最大值”分别修改为“40”“100”。如图13-80所示。

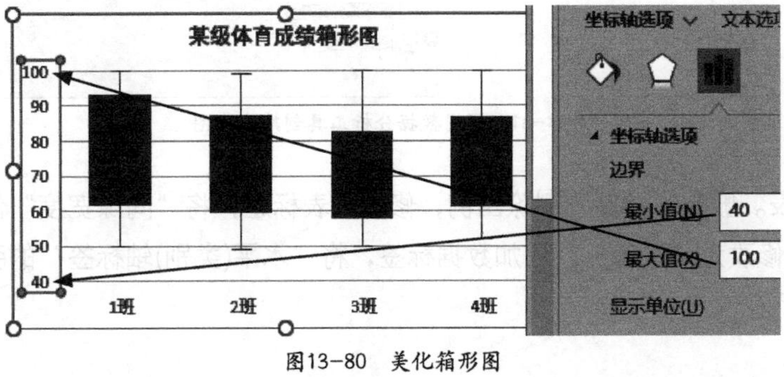

图13-80 美化箱形图

【边练边想】

1. 你能利用成绩统计表创建直方图吗?
2. 你会用数据分析工具创建直方图吗?

【问题解析】

1. 插入的柱形图，将“间隙宽度”值改为“0”，添加数据标签。
2. 数据分析工具能根据指定的分组上限准确统计出频率，还能绘制直方图。

启用数据分析工具“分析工具库”的方法：打开“Excel选项”对话框→在左侧列表中选择“加载项”选项→在右侧列表框中选择“分析工具库”选项→单击“转到”按钮→勾选“分析工具库”复选框→单击“确定”按钮。

（1）插入直方图。在“数据”选项卡“分析”组中，单击“数据分析”按钮。在弹出的“数据分析”对话框的“分析工具”列表框中选择“直方图”选项，单击“确定”按钮。在弹出的“直方图”对话框中，“输入区域”引用C3:C38区域，“接收区域”引用F3:F6区域，单击“输出区域”单选按钮并引用G1单元格，勾选“图表输出”复选框，单击“确定”按钮。如图13-81所示。

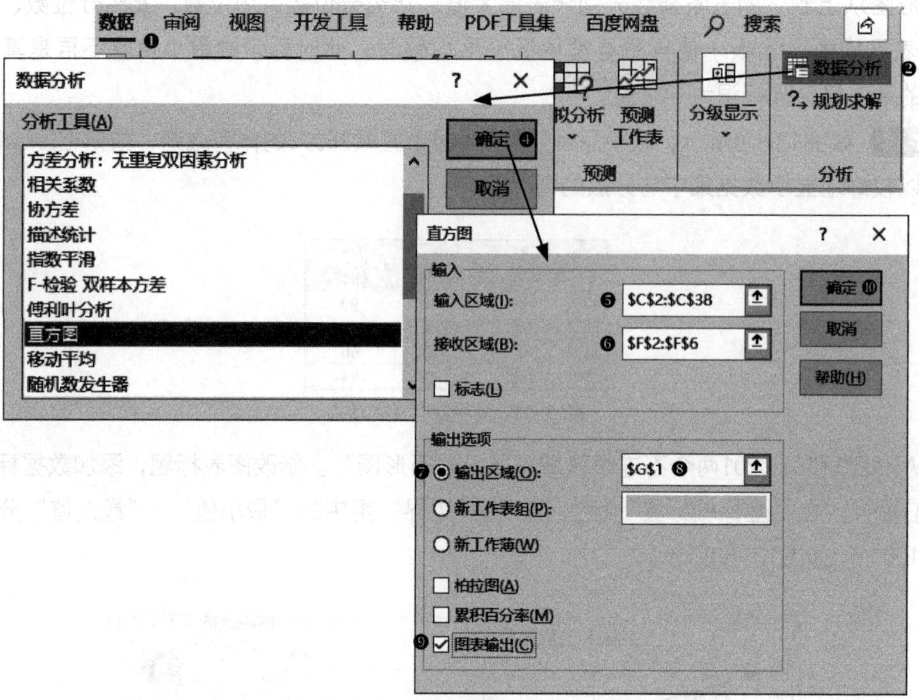

图13-81 调用数据分析工具创建直方图

（2）美化图表。删除轴标题，删除图例，修改图表标题，将“间隙宽度”值调整为“0”，将“形状轮廓”颜色修改为“白色”，添加数据标签，将“水平(类别)轴标签”的引用修改为E2:E6区域。如图13-82所示。

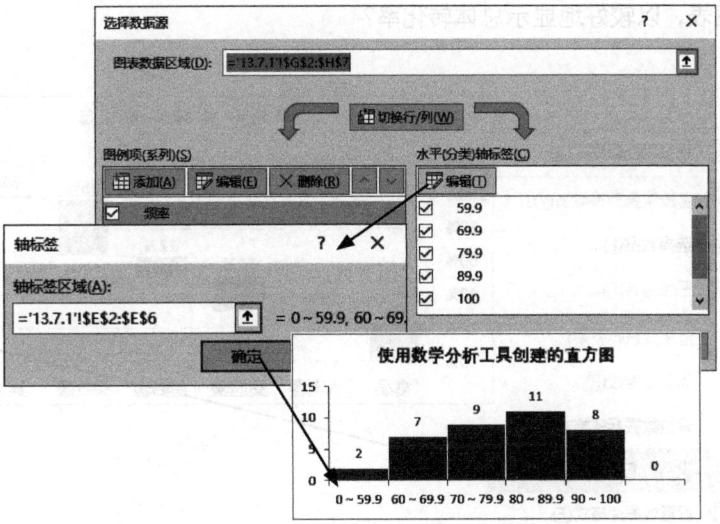

图13-82　更改水平（类别）轴标签

注意，调用数据分析工具创建的直方图不会自动刷新。

13.7　形如瀑布漏斗等的图表

13.7.1 “悬空”的瀑布图

瀑布图形似瀑布，也似空中楼梯，适用于表达数个特定数值之间的数量变化关系。

例13-19　如图13-83所示，表中各项目已计算出百分比，如何在Excel中绘制一张图表，以较好地显示项目占比和总计之间的关系？

	A	B	C
1	项目	金额	百分比
2	食品	400	23%
3	水电费	120	7%
4	交通费	360	21%
5	通信费	200	12%
6	买衣服	600	35%
7	其他	50	3%
8	合计	1730	100%

图13-83　家庭月支出情况表

选择A2:A8和C2:C8两个不连续区域，插入“瀑布图”。两次单击“合计”直条，在右键快捷菜单中选择“设置为汇总”选项。如图13-84所示。

也可以利用金额创建瀑布图。数据若有负值，“阶梯”会位于%线下，向下延伸。

13.7.2 上大下小的漏斗图

漏斗图是一种直观表现业务流程中转化情况的图表，适用于业务流程比较规范、周期长、环节多、数值逐渐变小的流程分析，酷似上大下小的漏斗。

例13-20　如图13-85所示，表中罗列了手机网销各个环节的参与人数和总体转化率，如何在

Excel中绘制一张图表，以较好地显示总体转化率？

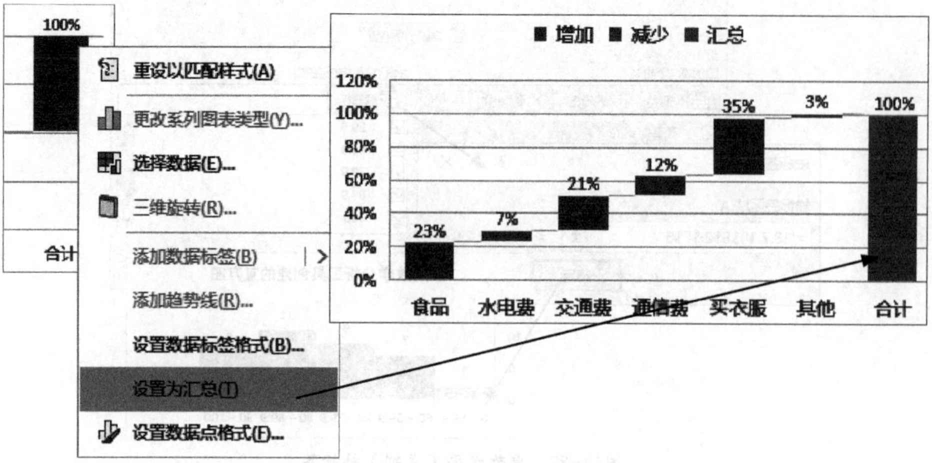

图13-84 设置为汇总计

	A	B	C
1	环节	人数	总体转化率
2	浏览商品	1000	100%
3	放入购物车	400	40%
4	生成订单	300	30%
5	支付订单	240	24%
6	完成交易	210	21%

图13-85 手机网销分析表

选择A2:A6 和C2:C6两个不连续区域，插入“漏斗图”。如图13-86所示。

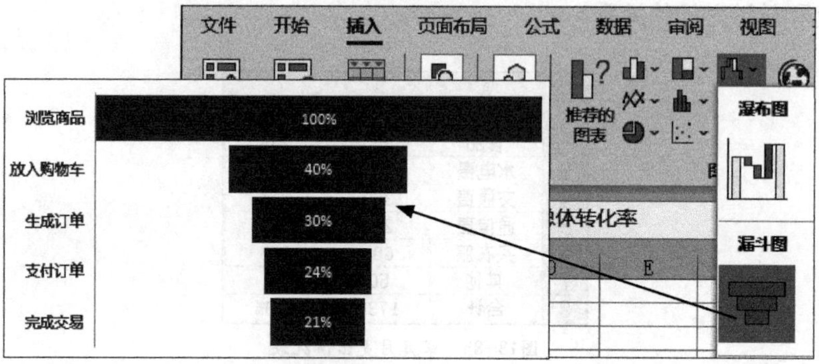

图13-86 插入漏斗图

13.7.3 数值分区的曲面图

当需要找到两组数据之间的最佳组合时，可以使用曲面图。在曲面图中，颜色并不代表数据系列，而是代表特定的数值范围。

例13-21 如图13-87所示，表中数据使用公式“=SIN(B$1)+SIN($A2)”得到，试绘制一张Excel图表，显示两组数据的关系。

	A	B	C	D	E	F	G	H	I	J	K	L	M	N
1		0.00	0.20	0.40	0.60	0.80	1.00	1.20	1.40	1.60	1.80	2.00	2.20	2.40
2	100.00	-0.506	-0.308	-0.117	0.058	0.211	0.335	0.426	0.479	0.493	0.467	0.403	0.302	0.169
3	100.20	-0.325	-0.126	0.064	0.240	0.392	0.517	0.607	0.660	0.675	0.649	0.584	0.484	0.351
4	100.40	-0.131	0.068	0.259	0.434	0.587	0.711	0.801	0.855	0.869	0.843	0.779	0.678	0.545
5	100.60	0.069	0.268	0.458	0.634	0.786	0.910	1.001	1.054	1.069	1.043	0.978	0.877	0.744
6	100.80	0.266	0.464	0.655	0.830	0.983	1.107	1.198	1.251	1.265	1.240	1.175	1.074	0.941
7	101.00	0.452	0.651	0.841	1.017	1.169	1.293	1.384	1.437	1.452	1.426	1.361	1.261	1.127
8	101.20	0.620	0.819	1.010	1.185	1.338	1.462	1.552	1.606	1.620	1.594	1.530	1.429	1.296
9	101.40	0.764	0.962	1.153	1.328	1.481	1.605	1.696	1.749	1.763	1.738	1.673	1.572	1.439
10	101.60	0.877	1.075	1.266	1.441	1.594	1.718	1.809	1.862	1.876	1.851	1.786	1.685	1.552
11	101.80	0.955	1.153	1.344	1.519	1.672	1.796	1.887	1.940	1.954	1.929	1.864	1.763	1.630
12	102.00	0.995	1.193	1.384	1.559	1.712	1.836	1.927	1.980	1.994	1.969	1.904	1.803	1.670
13	102.20	0.995	1.194	1.385	1.560	1.713	1.837	1.927	1.981	1.995	1.969	1.904	1.804	1.671

图13-87　SIN(B$1)+SIN($A2)

选中数据表任意单元格，插入“曲面图”。如图13-88所示。

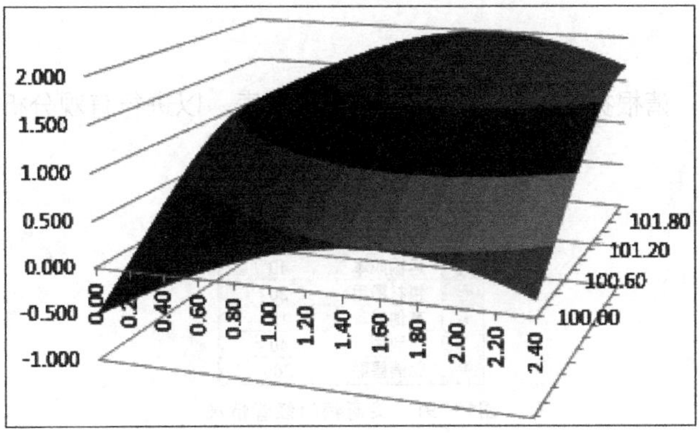

图13-88　插入曲面图

13.7.4 多维分析的雷达图

雷达图由代表不同指标的多条轴和多个同心多边形组成，用于多维指标体系下的比较分析。

例13-22 如图13-89所示，表中呈现了4人在思维能力的6个方面的分值，试绘制一张Excel图表，对4人的思维能力进行比较分析。

	A	B	C	D	E
1	能力	沉鱼	落雁	闭月	羞花
2	观察力	4	2	5	4
3	创造力	5	5	4	2
4	计算力	3	4	2	3
5	记忆力	2	4	3	2
6	空间力	5	4	5	2
7	推理力	5	4	4	2

图13-89　4人的思维能力分值

选中数据表任意单元格，插入“雷达图”。如图13-90所示。

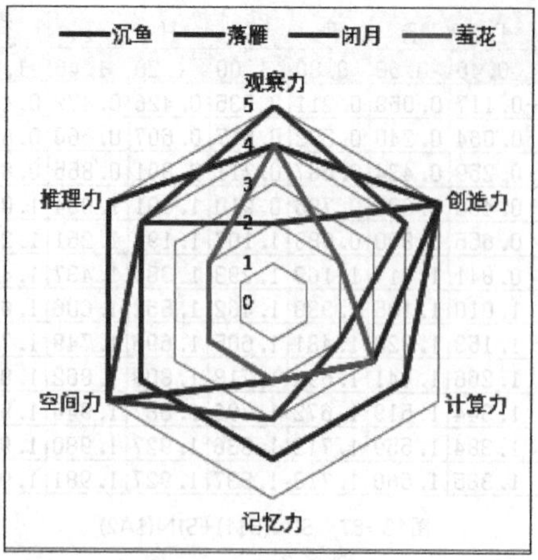

图13-90　插入雷达图

注意，如果数据源数据量级不一致，则需要事先进行处理。

【边练边想】

1. 如图13-91所示，请根据某商铺的经营数据绘制图表，以进行直观分析。

	A	B
1	项目指标	金额(万元)
2	进货成本	80
3	人力成本	70
4	运输成本	40
5	包材费用	20
6	其他成本	10
7	利润	40
8	总销售额	260

图13-91　某商铺的经营情况

2. 曲面图是否类似于条件格式的“色阶”效果？
3. 你知道股价图需要哪几个指标吗？

【问题解析】

1. 有“总销售额”，可以绘制瀑布图，将“总销售额”“设置为汇总”。
2. 当类别和数据系列都是文本时，曲面图在某种程度上与条件格式的“色阶”效果类似。如图13-92所示，此处曲面图有5种颜色，色阶有3个颜色。

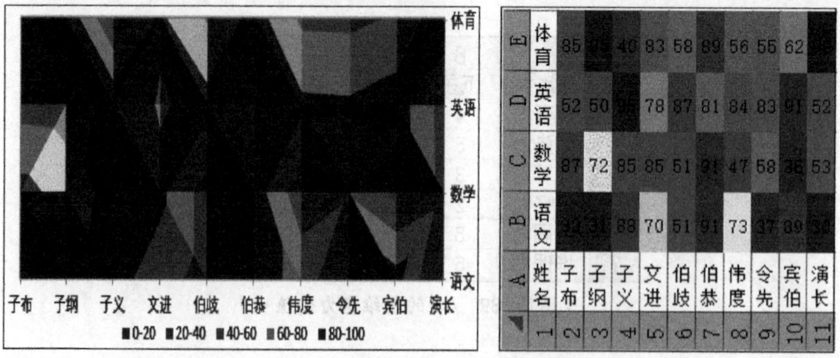

图13-92　曲面图与条件格式“色阶”效果的比较

3. 股价图需要成交量、开盘价、最高价、最低价、收盘价5个指标，可以减少至3个指标。

13.8 有几种图表特征的组合图表

13.8.1 柱形图和折线图能一起用吗

不同的图表组合起来，可以恰当地表现更丰富的意义。最常用的组合图表是柱形图和折线图的组合，以及面积图和柱形图的组合。当不同系列数据的单位或数据量级不同时，就可能有必要使用组合图表并以主、次轴分别显示。

例13-23 如图13-93所示，表中为某厂产品的利润和销量情况，请绘制一张Excel图表进行直观分析。

	A	B	C
1	商品	利润	销量
2	商品A	16290	102
3	商品B	26062	189
4	商品C	18832	123
9	商品H	23068	72

图13-93 某厂产品的利润和销量情况

选中数据表任意单元格，在“插入”选项卡“图表”组的“插入组合图”下拉菜单中，选择“簇状柱形图-次坐标上的折线图”。如图13-94所示。

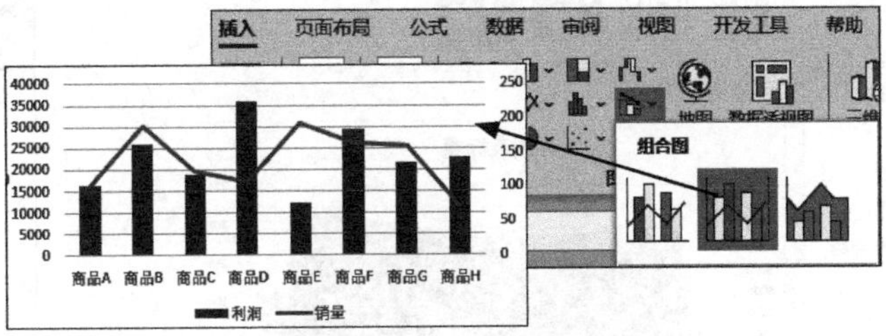

图13-94 插入“簇状柱形图-次坐标上的折线图”

可见，商品D和商品H销量不大，但利润很高，是最赚钱的产品，商品E销量很大，但利润较低。

13.8.2 创建恰当的自定义组合图表

当内置组合图表无法满足要求时，可以创建自定义组合图表。

例13-24 如图13-95所示，已知某公司两类产品五年间的销量、市场总量、市场份额，请使用恰当的图表来展现。

	A	B	C	D	E	F
1	项目	2015年	2016年	2017年	2018年	2019年
2	A产品销量	636	700	656	562	717
3	B产品销量	248	487	392	407	448
4	A产品市场总量	7128	6768	6606	7270	7987
5	B产品市场总量	3200	2205	2136	4866	4027
6	A产品市场份额	9%	10%	10%	8%	9%
7	B产品市场份额	8%	22%	18%	8%	11%

图13-95 某公司两类产品五年间的销量、市场总量、市场份额

（1）插入图表。插入“簇状柱形图-折线图”，并“切换行/列”。如图13-96所示。

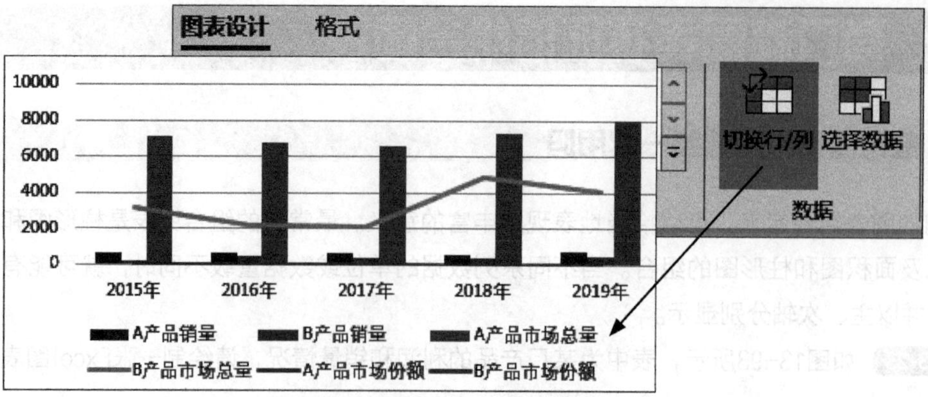

图13-96 插入图表并“切换行/列”

（2）更改图表类型，将“A产品销量”“A产品市场总量”两个系列改为“面积图”，“B产品销量”“B产品市场总量” 两个系列改为“簇状柱形图”，将“A产品市场份额”“B产品市场份额” 两个系列改为“带数据标记的折线图”并勾选为“次坐标轴”。如图13-97所示。

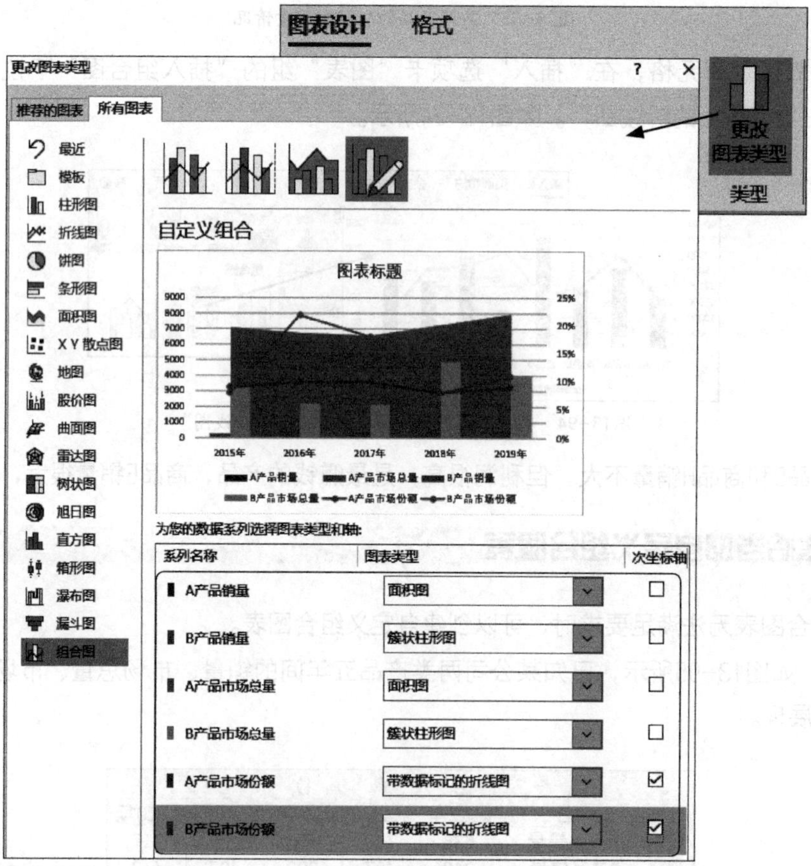

图13-97 更改图表类型

（3）设置各系列的填充与线条。选中“A产品市场总量”系列，将其填充色改为“纯色填充”，将“透明度”值改为60%。选中“B产品市场总量”系列，将“系列重叠”值改为60%，将其填充色改为“纯色填充”，颜色与“B产品销量”的填充色接近，将“透明度”值改为60%，边框为“实线”。如图13-98所示。

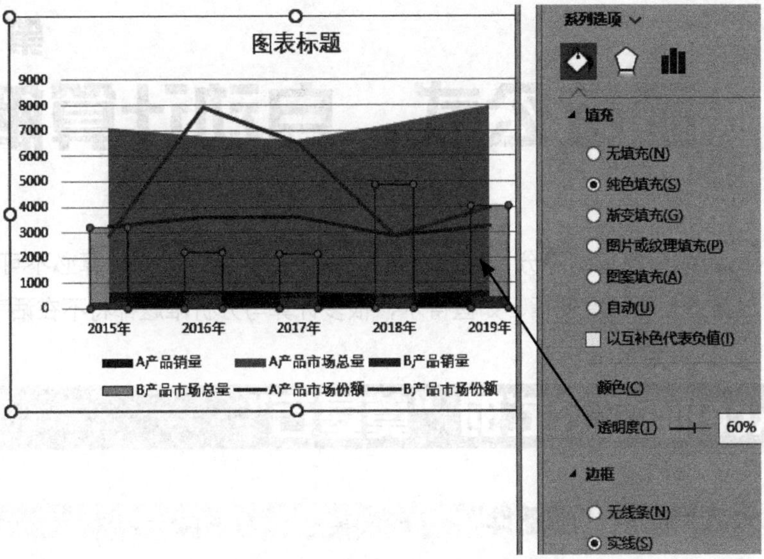

图13-98 设置各系列的填充与线条

【边练边想】

如图13-99所示，表中为某人去年和今年的收入情况，请使用恰当的图表来展现。

	A	B	C	D
1	月份	去年收入	今年收入	同比增长
2	1月	5884	6000	2%
3	2月	5325	4500	-15%
4	3月	5113	6050	18%
13	12月	5728	6800	19%

图13-99 某人去年和今年的收入情况

【问题解析】

插入“簇状柱形图-次坐标上的折线图”。

第14章 函数公式，自动计算解难题

函数公式是Excel最为精华的部分，是Excel的灵魂，是实现自动化计算必不可少的手段。精通Excel函数公式，日常办公将如臂使指、如鱼得水，很多计算与分析难题都将不在话下。

14.1 Excel函数公式的"奠基石"

14.1.1 Excel公式有哪些"零部件"

每一个Excel公式都是一个小型自动化机器，相当于数学公式，其"零部件"就是数学公式的基本元素：等号在前，运算符、常量、单元格引用、名称、函数、括号等相互组合，自动得到计算结果。

等号(=)。任何公式都必须以等号(=)开头。

运算符。运算符是将多个参与计算的元素连接起来的运算符号。Excel公式中有引用、算术、文本和比较等4类运算符，各自具有不同的优先级。

常量。常量包括常数和字符串。常数是指值不会随着公式的复制、填充而变化的数据，如"8.5""600"等。字符串是指用英文半角双引号引起来的文本，如""12345"""合格""等。日期和时间一般是作为常量使用的，在DATEVALUE、TIMEVALUE函数中要作为文本处理。

数组。在公式中使用数组可以创建更加复杂而高效的公式。数组有常量数组、区域数组、内存数组之分。常量数组如"{1,2,3,4,5,6}"。区域数组就是单元格区域，如A1:B5区域。内存数组是通过数组公式运算后所生成的新数组。

单元格引用。单元格引用是单元格的地址或名称，用来代表单元格中的数据参与计算。比如，公式"=A1+C1"就是将A1单元格的数据和C1单元格中的数据相加。

名称。为一个单元格区域、数据常量或公式定义名称后，就可以直接在Excel公式中通过定义的名称来引用该区域、数据或公式。

函数。函数是一段结构化了的公式，有函数的公式被称为函数公式。例如公式"=SUM(A1:A10)"使用SUM函数来求A1:A10区域的数据的和，A1:A10区域就是SUM函数的参数。函数的参数都要用括号括起来。

括号。括号在公式中总是成对出现，用于控制公式中各元素运算的先后顺序，其优先级高于各类运算符。

标点符号。函数公式中的标点符号都是英文半角符号。

14.1.2 Excel运算符有哪些"潜规则"

Excel中的4类运算符严格遵守着Excel公式的运算规则，如表14-1所示。

表14-1 Excel中4种运算符的含义

类型	符号	含义	示例	说明
引用运算符	:	冒号（区域运算符）	=COUNT(A1:B10)	对A1至B10这个矩形区域的数字计数
	,	逗号（联合运算符）	=SUM(A1:A5,C1:C5)	对A1:A5、C1:C5两个区域的数据求和
	空格	空格（交叉运算符）	=SUM(A1:D5 B2:C8)	对A1:D5、B2:C8两个区域的交叉区域，即B2:C5的数据求和（确定交叉区域的方法是对两个区域的行号取较大数，对列标取较小数）
算术运算符	–	负号	=-10	结果为-10
	%	百分号	=75%	结果为0.75
	^	乘幂	=4^3	结果为64
	*	乘号	=5*3	结果为15
	/	除号	=12/3	结果为4
	+	加号	=10+20	结果为30
	–	减号	=50-10	结果为40
文本运算符	&	连接符	="重"&"庆"	结果为“重庆”
比较运算符	=	等于	=A1=100	判断A1单元格的值是否等于100
	>	大于	=A1>80	判断A1单元格的值是否大于80
	>=	大于等于	=A1>=80	判断A1单元格的值是否大于等于80
	<	小于	=A1<60	判断A1单元格的值是否小于60
	<=	小于等于	=A1<=60	判断A1单元格的值是否小于等于60
	<>	不等于	=A1<>B1	判断A1单元格的值是否不等于B1

四类运算符有着不同的优先级，如表14-2所示。

表14-2 Excel中运算符的优先顺序

优先顺序	运算符号	说明
1	:, (空格)	引用运算符：冒号、逗号、单个空格
2	–	算术运算符：负号
3	%	算术运算符：百分号
4	^	算术运算符：乘幂
5	* /	算术运算符：乘和除
6	+ –	算术运算符：加和减
7	&	文本运算符：连接两个文本
8	= < > <= >= <>	比较运算符：进行比较运算

14.1.3 “$”在Excel引用中的作用

单元格引用的作用在于标识位置和使用数据，单元格引用中的字母不区分大小写。很多时候需要填充公式以提高工作效率，这时候要特别注意引用的类型。根据单元格引用是否变化，可以将单元格引用分为相对引用、绝对引用和混合引用三种引用方式。

相对引用。列标和行号没有加上绝对地址符号“$”的单元格地址为相对地址，如公式“=A1”。“相对”意味着“变化”，当公式向下填充时，行号会随之发生变化；当公式向右填充时，列标会随之发生变化；当公式向下向右填充时，行号列标都会随之发生变化。如图14-1所示。

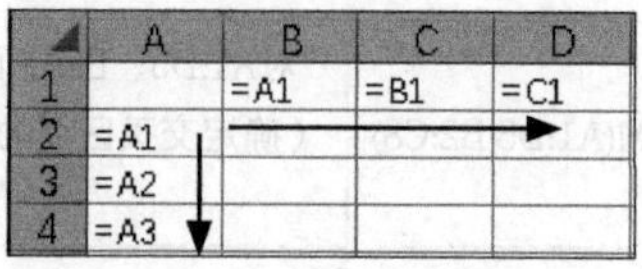

图14-1　相对引用示意图

绝对引用。列标和行号加上了绝对地址符号“$”的地址为绝对地址，如公式“=$A$1”。“绝对”意味着“不变”，“$”相当于固定地址的一把锁，当公式向下向右填充时，列标和行号都原封不动，不会跟着发生变化。如图14-2所示。

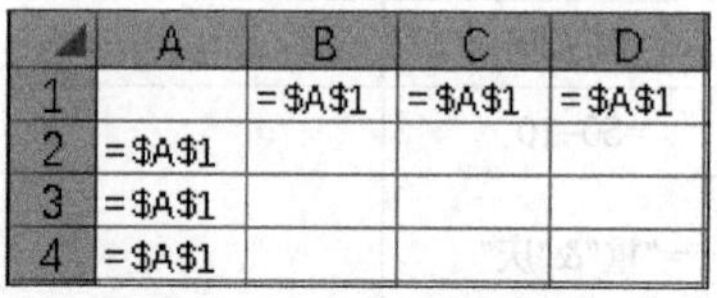

图14-2　绝对引用示意图

混合引用。混合引用包括“相对引用列、绝对引用行”和“绝对引用列、相对引用行”两种。如公式“=A$1”“=$A1”，“A$1”是相对引用列、绝对引用行，只有在向右填充时会发生变化，而行不会发生变化；“$A1”是绝对引用列、相对引用行，只有在向下填充时会发生变化，而列不会发生变化。如图14-3所示。

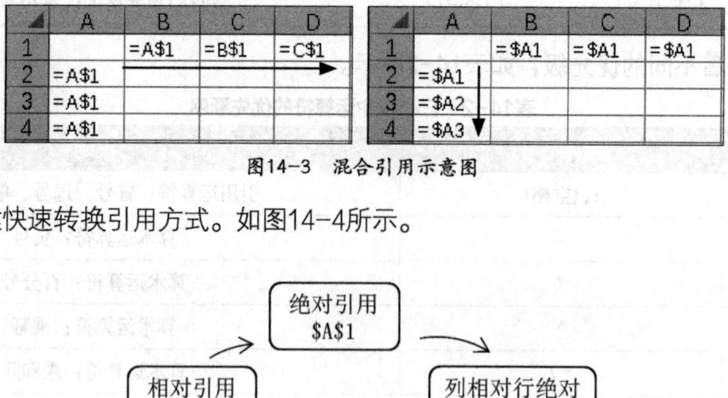

图14-3　混合引用示意图

可以使用F4键快速转换引用方式。如图14-4所示。

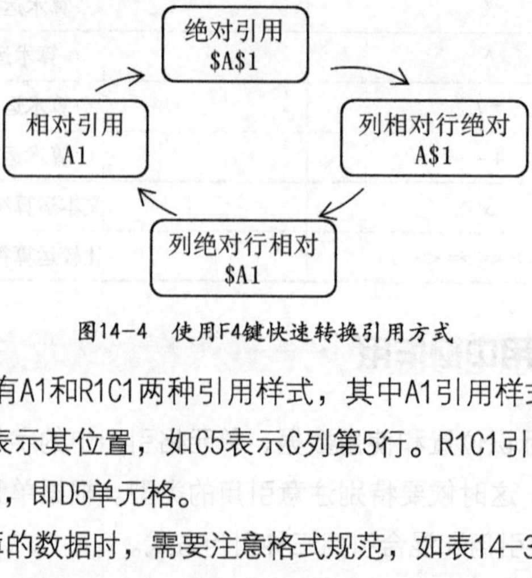

图14-4　使用F4键快速转换引用方式

就引用样式来说，Excel有A1和R1C1两种引用样式，其中A1引用样式是默认的引用样式。A1引用样式用单元格的列标和行号表示其位置，如C5表示C列第5行。R1C1引用样式中的R表示row、C表示column，R5C4表示第5行第4列，即D5单元格。

引用其他工作表、工作簿的数据时，需要注意格式规范，如表14-3所示。

表14-3 引用其他工作表、其他工作簿数据时的格式规范

引用用途	格式	备注
引用同一工作簿中其他工作表的数据	工作表名称!单元格地址	
引用其他工作簿数据	[工作簿名称]工作表名称!单元格地址	
所引用工作簿处于关闭状态时	C:\我的文档\[工作簿名称]工作表名称!单元格地址	写完整路径
工作表或工作簿名称中有空格或数字时	'工作表名称'!单元格地址 '[工作簿名称]工作表名称'!单元格地址	用单引号将工作表或工作簿名称引起来

14.1.4 创建区域名称的三种方法

在公式中使用名称，便于输入公式、简化公式，使公式易理解、好维护，还能快速定位，动态更新数据，支持条件格式和数据验证跨表使用，减小文件大小，好处多多。区域名称使用频率较高，有3种创建方法。

1. 使用“名称框”创建名称

选择需要命名的区域，如A2:A6区域，单击编辑栏左端的“名称框”，键入名称，比如“班级”，按“Enter”键确认。如图14-5所示。

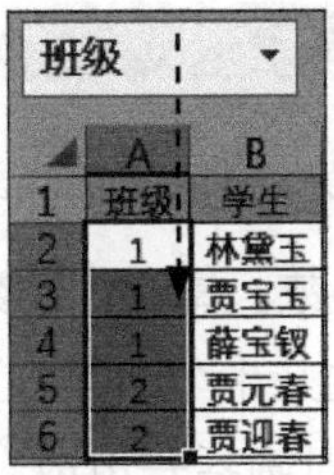

图14-5 使用“名称框”创建名称

“名称框”下拉列表中会显示区域名称。选择一个名称，可以跳转到该名称所对应的区域。

2. 使用“新建名称”对话框创建名称

选择需要命名的区域，如B2:B6区域，依次执行“公式”“定义名称”命令，在对话框的“名称”框中输入名称“学生”，单击“确定”按钮。如图14-6所示。

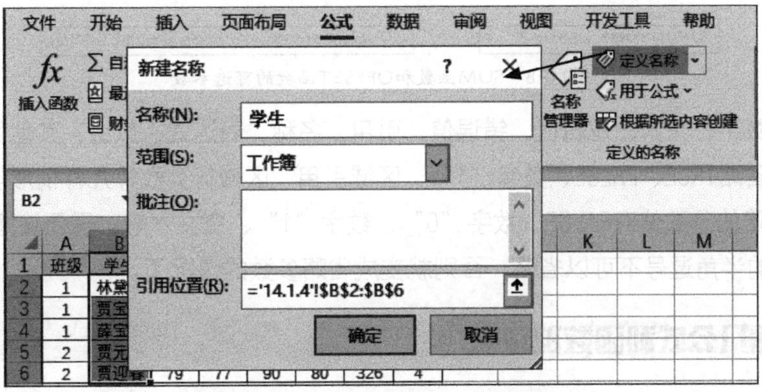

图14-6 使用“新建名称”对话框创建名称

结构完全一样的多个工作表的同一区域，可只创建一个共用名称，格式为：

=!单元格区域

3. 利用行列标志批量创建名称

选择需要命名的区域，如B2:G6区域，依次执行“公式”“根据所选内容创建”命令，在对话框中通过选中“首行”“最左列”“末行”或“最右列”复选框来指定创建名称的内容，单击“确定”按钮。如图14-7所示。

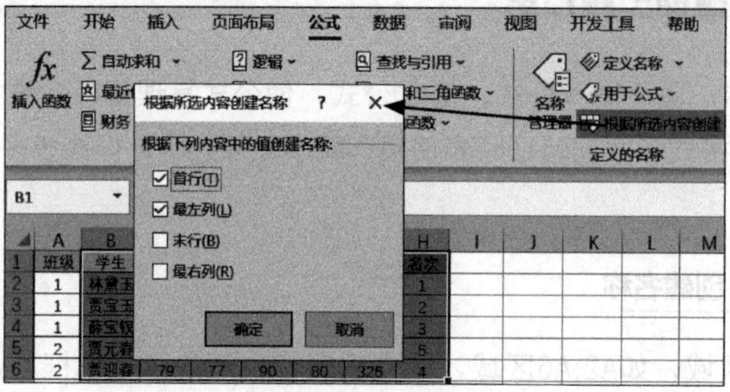

图14-7 利用行列标志批量创建名称

14.1.5 Excel函数结构与参数那些事

Excel函数是预先编写好的、固化了的公式，可以对一个或多个值执行运算，并返回一个或多个值。Excel中内置有10多类400多个工作表函数。每一个函数都至少能实现一个功能，多个函数巧妙配合，可以完成很多复杂的任务。掌握常用的几十个函数，至少可以解决日常办公70%以上的问题。

函数一般由函数名、参数、逗号、一对圆括号组成。函数名称后面是用圆括号括起来的参数，参数之间用英文半角逗号分隔。函数在结构上大同小异，函数的结构形式为：

函数名（参数1,参数2,参数3,……）

函数名为需要执行某种运算的函数的名称。绝大多数函数或多或少有参数。参数是函数中最复杂的组成部分，它规定了函数的运算对象、顺序或结构等，是学习函数用法的重点和难点。

有一些函数有可选参数，可选参数使用半角中括号来标识。比如SUM函数从第二个参数起就是可选参数，OFFSET函数第四、五个参数为可选参数。如图14-8所示。

SUM(**number1**, [number2], ...)   OFFSET(**reference**, rows, cols, [height], [width])

图14-8 SUM函数和OFFSET函数的可选参数

参数可以是数字、文本、逻辑值、错误值、引用、名称、表达式、数组、其他函数等。

省略参数有省略TRUE、FALSE、数字“1”、区域引用、区域行列数等几种情形。

而经常被省略的参数值有FALSE、数字“0”、数字“1”、空文本等。需要注意，省略参数值的时候，用于占位的半角逗号不可以省略，否则就变成省略参数的情况了。

14.1.6 轻松输入公式和函数的诀窍

同时使用键盘、鼠标，配合命令、快捷键，多管其下，能在Excel中又快又准地轻松输入公式和函数。如有单元格或区域引用，可使用鼠标选择，并使用F4键转换引用方式。

输入函数时，如果知道函数名称开头的一个或连续几个字母，可以利用“公式记忆式键入”功能输入。在公式中输入函数名称开头的一个或连续几个字母后，会出现一个函数列表。处于选中状态的函数会高亮显示，函数旁边有一个关于该函数功能的屏幕提示框。若用鼠标选择函数，可结合滚动条滚动，单击选择函数，双击插入函数。若用键盘选择函数，按上、下方向键选择函数，按Tab键或Enter键插入函数。若激活单元格或激活编辑栏输入函数，单元格或编辑栏下面会自动弹出该函数的语法提示框。

输入函数时，如果仅知道函数的功能或所属大类，则只能利用编辑栏等处的“插入函数”命令fx来插入函数，并在“函数参数”对话框中书写函数参数。在输入函数前或过程中，按“Shift+F3”快捷键都可以打开“函数参数”对话框。

编辑栏的“名称框”下拉列表会列出最近使用的10个函数。

例14-1 如图14-9所示，请根据工龄确定每人的提成比例。公式为“=VLOOKUP(C3,IF(B3<3,$F$3:$G$5,$I$3:$J$5),2)”。

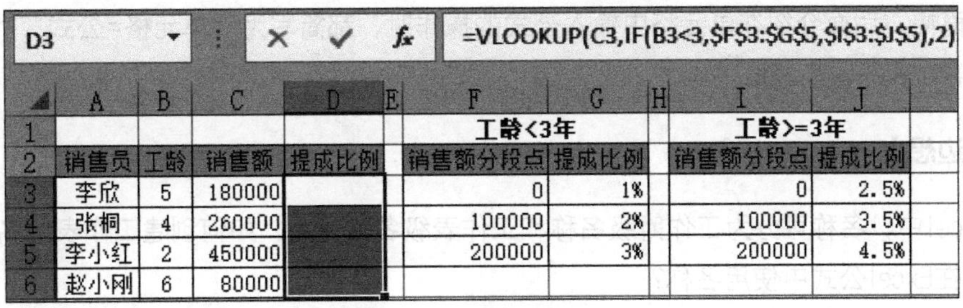

图14-9　工龄与提成比例

单击D3单元格，单击编辑栏，输入“=v”，选择“VLOOKUP”。如图14-10所示。

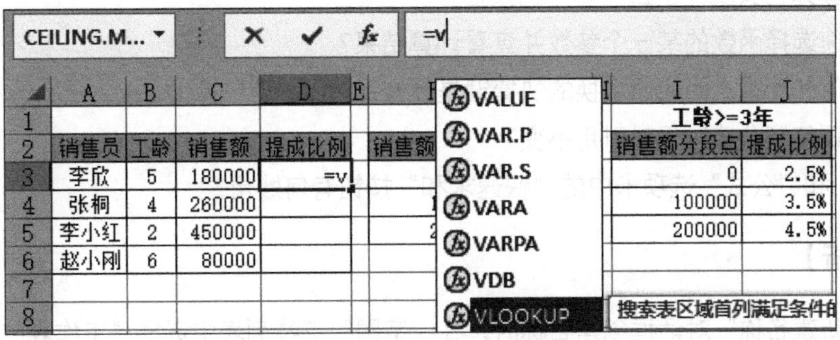

图14-10　输入VLOOKUP函数

选择C3单元格，输入半角逗号，在“名称框”中选择函数IF函数（如此框中没有，请单击“其他函数”按钮继续查找）。在弹出的“函数参数”对话框中，第一个参数选择B3单元格；第二个参数选择F3:G8区域，并按F4键，将其转换为绝对引用；第三个参数选择I3:J8区域，并按F4键转换为绝对引用。单击“确定”按钮，继续输入整个公式余下的部分“,2)”。单击“确定”按钮。如图14-11所示。

最后将D3单元格的公式向下填充至D6单元格。

如果不熟悉函数参数的用法，就要充分利用好“函数参数”对话框，当中有函数及其参数的说明。此外，要熟练使用编辑栏“插入函数”按钮fx，打开“插入函数”对话框，从中查找需要的函数。

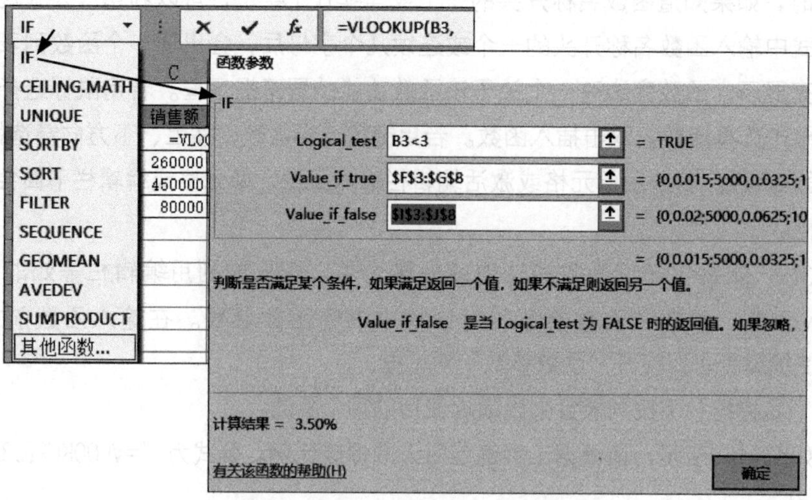

图14-11 巧妙利用“名称框”输入函数

为节约篇幅，后面介绍在单元格中输入公式的操作时，都简写为“单元格=公式”的形式，一般不再详细讲解公式的填充过程。

【边练边想】

1. 在Excel中，名称可分为工作簿级名称和工作表级名称两类，如何创建工作表级名称?
2. 如何在Excel公式中使用名称?
3. 易失性函数是指无论何时对工作表的任意单元格进行了修改，Excel都要重新进行计算的函数。哪些函数是易失性函数?
4. 公式计算如何实现“手自一体”的换挡?
5. 如何快速选择函数的某一个参数并查看计算结果?
6. 在公式值和表达式间快速切换的快捷键是什么?
7. 如何保证复制公式时相对引用不变?
8. “开始”和“公式”选项卡中的“快速求和”按钮有何妙用?

【问题解析】

1. 利用“新建名称”对话框创建名称时，在“范围”下拉列表中选择“工作表”。

2. 在Excel公式中直接输入名称或者依次执行“公式”“用于公式”命令，在下拉列表中选择所需要的名称。如图14-12所示。

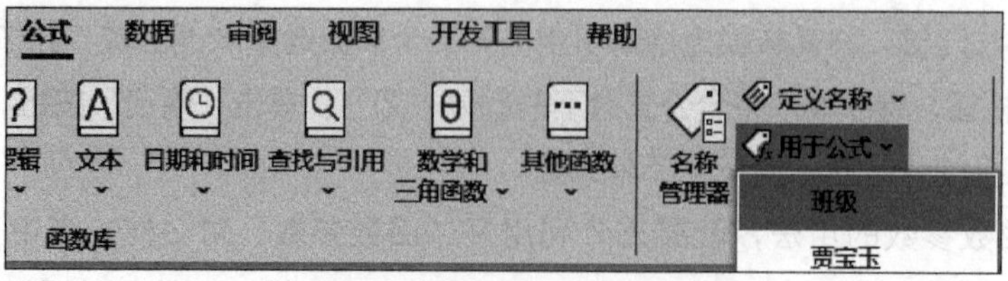

图14-12 在公式中使用名称

3. Excel中有NOW、TODAY、RAND、RANDBETWEEN、RANDARRAY、OFFSET、INDIRECT、CELL、INFO等9个易失性函数。此外，INDEX函数在使用A1:INDEX()、INDEX():INDEX()结构时具有半易失性，SUMIF、LOOKUP、AVERAGEIF等函数在简写第三个参数时具有半易失性。

4. 在“公式”选项卡的“计算”组中，可以选择“自动”或“手动”。

5. 通过函数语法提示框的参数链接，可以快速选定某一参数，并以灰色背景显示，配合F9键的公式求值功能，可以查看计算结果。如图14-13所示。

图14-13 通过函数参数选定相应公式段

6. 在公式值和表达式间快速切换的快捷键是“Ctrl+~”。

7. 在编辑栏中复制公式可以保证其相对引用不变。

8. Excel“自动求和”按钮可以方便地得到求和、计数的结果，以及平均值、最大值、最小值。其中快速“求和”的快捷键为“Alt+=”。

14.2 反映思考过程的逻辑函数

逻辑函数用于检验、判断，常配合其他函数以实现更多的功能。

14.2.1 单个条件判断真假的IF函数

IF函数根据指定的单个条件是“真”（TRUE）还是“假”（FALSE），来返回相应的内容。是非对错，真假与否，它会一分为二地区别对待，公正判断。其语法为：

IF(logical_test,value_if_true,value_if_false)

IF(逻辑条件,真时返回的值,假时返回的值)

在Excel中，由于TRUE相当于1，FALSE相当于0，所以很多时候可以使用数字来代替IF函数的逻辑条件，这时，非0数字都相当于TRUE，这样可以减少一次判断。

例14-2 已知任务数和完成数，如何使用函数公式判断是否完成任务？如完成，则标识“完成”；如未完成，则无须标识。

D2=IF(C2>=B2,"完成","")。如图14-14所示。

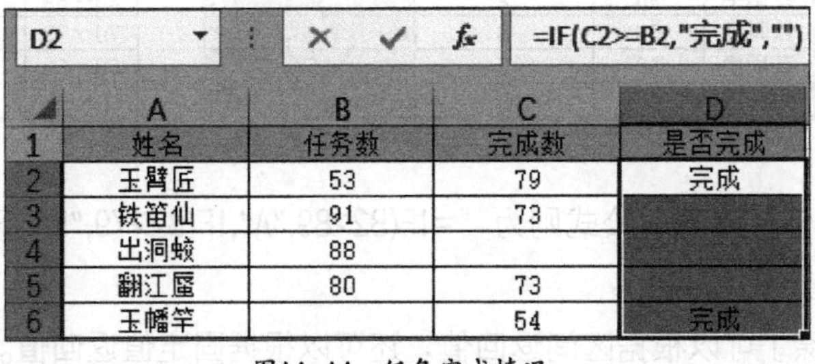

	A	B	C	D
1	姓名	任务数	完成数	是否完成
2	玉臂匠	53	79	完成
3	铁笛仙	91	73	
4	出洞蛟	88		
5	翻江蜃	80	73	
6	玉幡竿		54	完成

图14-14 任务完成情况

IF函数的三个参数，都可以再嵌套IF函数。

14.2.2 用于多重判断的IFS和SWITCH函数

IF函数的多层嵌套可以解决多条件判断的问题，但太过复杂，容易出错。IFS和SWITCH函数是IF函数的“升级版”，可以轻松解决多条件判断问题，而且更方便阅读。两个函数的语法及功能如表14-4所示。

表14-4 两个多重判断函数的语法及功能

函数语法	函数功能	备注
IFS(logical_test1,value_if_true1,[logical_test2,value_if_true2],[logical_test3,value_if_true3],...) 即IFS(条件1,值1,[条件2,值2,],[条件3,值3]...)	返回符合第一个TRUE条件的值	条件为TRUE或FALSE
SWITCH(expression,value1,result1,[default or value2,result2],[default or value3,result3]...) 即SWITCH(表达式，值1，结果1，[值2，结果2]，[值3，结果3]...)	返回与第一个匹配值对应的结果	

例14-3 要将90～100分标识为“A”、80～89分标识为“B”、70～79分标识为“C”、60～69分标识为“D”、60分以下标识为“E”，如何使用IFS和SWITCH函数快速实现？

C2=IFS(B2>89,"A",B2>79,"B",B2>69,"C",B2>59,"D",TRUE,"E")。式中，如果前4个条件都不符合，即为FALSE时，那么最后一个条件值必须为TRUE才能得到等级“E”。如图14-15所示。

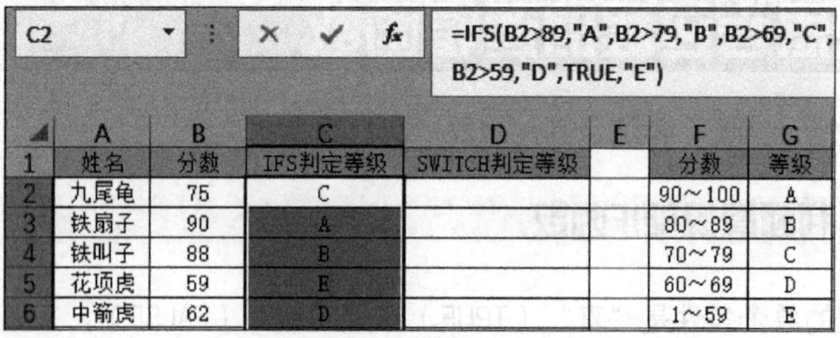

图14-15 IFS函数判定等级

D2=SWITCH(TRUE,B2>89,"A",B2>79,"B",B2>69,"C",B2>59,"D",TRUE,"E")。式中，第一个参数之所以写成TRUE，是因为后面的几个条件值为TRUE或FALSE。最后一对值和结果配对，可直接写出结果。如图14-16所示。

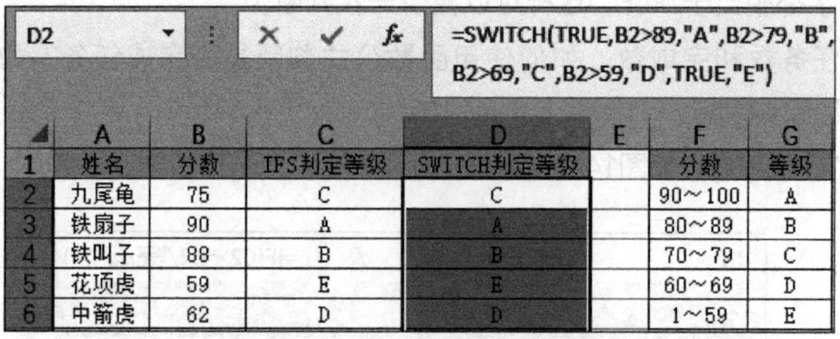

图14-16 SWITCH函数判定等级

如果使用IF函数的多层嵌套，公式则为“=IF(B2>89,"A",IF(B2>79,"B",IF(B2>69,"C",IF(B2>59,"D","E"))))”。

IFS和SWITCH 函数除了可以根据区间返回值，还可以根据固定值返回值。

例14-4 拟将“一班”改为“模具班”，将“二班”改为“机电班”，将“三班”改为“礼仪班”，如何使用IFS和SWITCH函数快速实现呢？

C14=IFS(A14="一班","模具班",A14="二班","机电班",TRUE,"礼仪班")。式中，如果前两个条件都不符合，即为FALSE时，那么最后一个条件值必须为TRUE才能得到“礼仪班”。如图14-17所示。

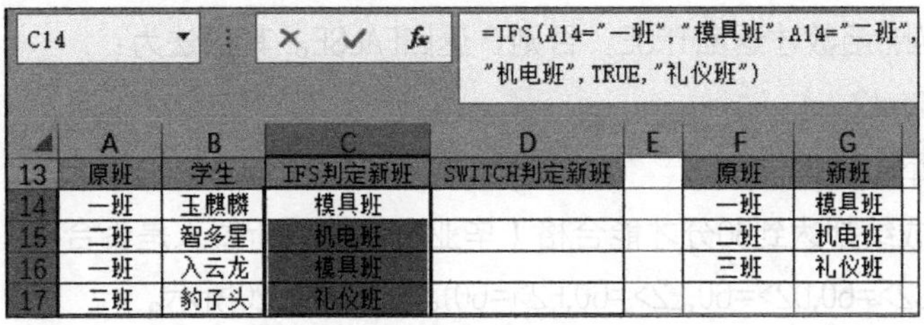

C14 =IFS(A14="一班","模具班",A14="二班","机电班",TRUE,"礼仪班")

	A	B	C	D	E	F	G
13	原班	学生	IFS判定新班	SWITCH判定新班		原班	新班
14	一班	玉麒麟	模具班			一班	模具班
15	二班	智多星	机电班			二班	机电班
16	一班	入云龙	模具班			三班	礼仪班
17	三班	豹子头	礼仪班				

图14-17　IFS函数将原班改为新班

D14=SWITCH(A14,"一班","模具班","二班","机电班","三班","礼仪班")。较之IFS函数，SWITCH函数更加精简之处在于“A14”只需要写一次。如图14-18所示。

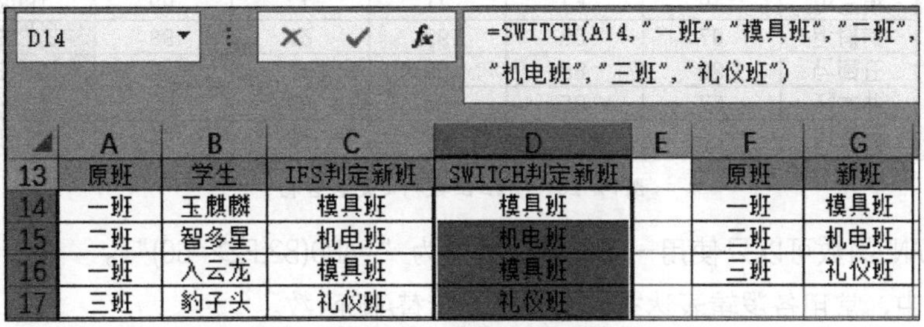

D14 =SWITCH(A14,"一班","模具班","二班","机电班","三班","礼仪班")

	A	B	C	D	E	F	G
13	原班	学生	IFS判定新班	SWITCH判定新班		原班	新班
14	一班	玉麒麟	模具班	模具班		一班	模具班
15	二班	智多星	机电班	机电班		二班	机电班
16	一班	入云龙	模具班	模具班		三班	礼仪班
17	三班	豹子头	礼仪班	礼仪班			

图14-18　SWITCH函数将原班改为新班

如果使用IF函数的多层嵌套，公式则为“=IF(A14="一班","模具班",IF(A14="二班","机电班","礼仪班"))”。

14.2.3 纠错补过的IFERROR函数

公式计算难免出现错误，IFERROR函数用于捕获和处理公式中的错误，返回指定值；否则，它将返回公式的结果。IFERROR函数就像橡皮擦、涂改液，可以将错误值改成想要的样子。其语法为：

IFERROR(value,value_if_error)

IFERROR(值,错误时的值)

例14-5 请根据任务数和完成数计算完成率。如出错，请不要显示错误值。

E2=IFERROR(C2/B2,"")。完成率设置为“百分比”格式。如图14-19所示。

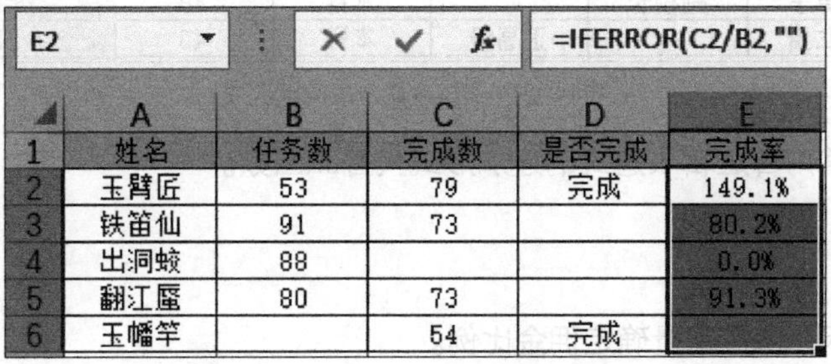

E2 =IFERROR(C2/B2,"")

	A	B	C	D	E
1	姓名	任务数	完成数	是否完成	完成率
2	玉臂匠	53	79	完成	149.1%
3	铁笛仙	91	73		80.2%
4	出洞蛟	88			0.0%
5	翻江蜃	80	73		91.3%
6	玉幡竿		54	完成	

图14-19　IFERROR函数屏蔽错误值

14.2.4 必须满足全部条件的AND函数

AND函数最具有“团队精神”，“团队”中的每一个“成员”都不能落下。当所有测试条件即所有参数均为TRUE时，AND函数才返回TRUE；否则，返回FALSE。其语法为：

AND(logical1,logical2,...)

AND(逻辑值1,逻辑值2,...)

例14-6 每一科成绩都达到60分才能合格（毕业），请判断每人是否合格。

G2=AND(B2>=60,C2>=60,D2>=60,E2>=60,F2>=60)。如图14-20所示。

G2 =AND(B2>=60,C2>=60,D2>=60,E2>=60,F2>=60)

	A	B	C	D	E	F	G
1	姓名	语文	数学	英语	物理	化学	是否合格
2	镇三山	79	67	71	73	99	TRUE
3	病尉迟	97	59	92	61	88	FALSE
4	丑郡马	90	88	59	57	62	FALSE
5	井木犴	67	85	88	88	66	TRUE
6	百胜将	88	55	94	72	69	FALSE

图14-20 AND函数判定是否合格

在本例中，AND函数可以只使用一个参数，公式为“=AND(B2:F2>=60)”。

在函数公式中，常用各逻辑表达式的连乘形式代替AND函数。

14.2.5 只需满足一个条件的OR函数

和AND函数不同，只要有一个条件为真，OR函数就会返回TRUE。其语法结构与AND函数完全一样。

例14-7 职务为“校长”、职称为“正高级”或学历为“研究生”的人为高级人才，请进行判定。

F2=OR(B2="校长",C2="正高级",D2="研究生")。如图14-21所示。

F2 =OR(B2="校长",C2="正高级",D2="研究生")

	A	B	C	D	E	F
1	姓名	职务	职称	学历	年龄	是否高级人才
2	锦毛虎	校长	高级	本科	48	TRUE
3	锦豹子		一级	本科	39	FALSE
4	轰天雷		一级	本科	38	FALSE
5	神算子	副校长		本科	48	FALSE
6	赛仁贵		正高级	本科	48	TRUE

图14-21 OR函数判定高级人才

在函数公式中，常用各逻辑表达式的连加形式代替OR函数。

【边练边想】

1. 如图14-22所示，请按销量确定佣金比例。

	A	B	C	D	E	F	G	H
1	姓名	销量	SWITCH计算佣金比例	IFS计算佣金比例	IF计算佣金比例		销量	佣金比例
2	赤发鬼	150					满800	0.2
3	黑旋风	700					满500	0.15
4	九纹龙	821					满200	0.1
5	没遮拦	388					200以下	0.05

图14-22 按销量确定佣金比例

2. NOT函数的功能是什么?

【问题解析】

1. C2=SWITCH(TRUE,B2>=800,0.2,B2>=500,0.15,B2>=200,0.1,0.05)。

D2=IFS(B2>=800,0.2,B2>=500,0.15,B2>=200,0.1,TRUE,0.05)。

E2=IF(B2>=800,0.2,IF(B2>=500,0.15,IF(B2>=200,0.1,0.05)))。

2. NOT函数对逻辑值求反。

14.3 "一板一眼"的文本函数

Excel文本函数专门用于处理文本字符串，下面介绍几个处理单字节字符的文本函数。

14.3.1 计算字符数的LEN函数

LEN函数常用于检查数据中是否存在不可见字符。LEN函数返回文本字符串中的字符个数。其语法为：

LEN(text)

例14-8 从其他软件系统中导入的身份证号码在编辑栏中看好像有空格，检查其文本长度是否只有18个字符。

D2=LEN(C2)。如图14-23所示。

D2 =LEN(C2)

	A	B	C	D
1	姓名	性别	身份证件号码	文本长度
2	穆春	男	500226200306012512	19
3	曹正	女	500226200508285007	19
4	宋万	男	500225200601128212	19

图14-23 LEN函数计算文本长度

可见，文本长度为19个字符，说明身份证号码中有非打印字符。改变一下字体，比如Batang字体，这个非打印字符就会现出原形。如图14-24所示。

	A	B	C	D
1	姓名	性别	身份证件号码	文本长度
2	穆春	男	∘500226200306012512	19
3	曹正	女	∘500226200508285007	19
4	宋万	男	∘500225200601128212	19

图14-24 非打印字符"显形"

14.3.2 清洗字符的CLEAN函数

前面谈到，非打印字符在一般情况下看不见，可能会导致公式计算出错。不过，Excel的“快速填充”技术是这种符号的“克星”。此外，CLEAN函数也是它的“天敌”。CLEAN函数用于删除文本中所有的非打印字符。其语法为：

CLEAN(text)

例14-9 请用函数公式清洗身份证号码前的非打印字符，并检验文本长度。

E2=CLEAN(C2)。

F2=LEN(C2)。如图14-25所示。

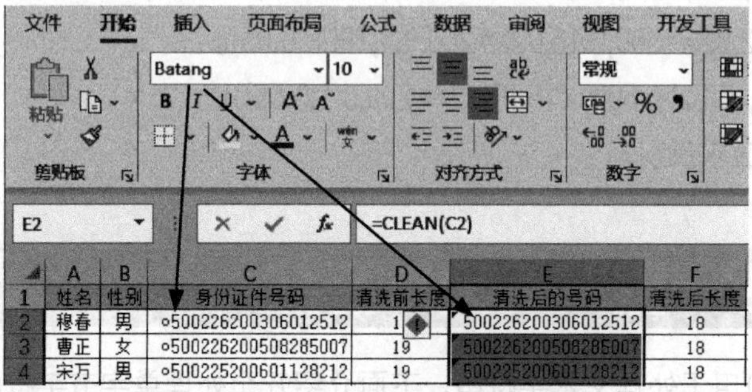

图14-25 用CLEAN函数清洗身份证号码

14.3.3 重复字符的REPT函数

Excel中有一个神奇的函数，可以按照指定的次数，反复复制文本并将其拼合起来，这个函数就是REPT函数。其语法为：

REPT(text,number_times)

REPT(文本,次数)

例14-10 请按五分制分数标识星级。

D2=REPT("★",C2)。如图14-26所示。

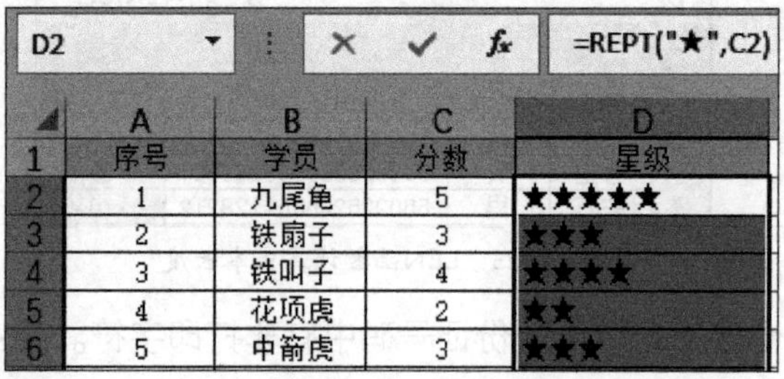

D2
=REPT("★",C2)
序号 学员 分数 星级
1 九尾龟 5 ★★★★★
2 铁扇子 3 ★★★
3 铁叫子 4 ★★★★
4 花项虎 2 ★★
5 中箭虎 3 ★★★

图14-26 标识星级

公式所需要的符号是先通过“插入”“符号”命令插入单元格中，再复制得到的。

14.3.4 合并字符的“三剑客”

在合并字符方面，PHONETIC、CONCAT、TEXTJOIN这3个函数，功能各有千秋。3个函数的语法及功能如表14-5所示。

表14-5 3个合并字符函数的语法及功能

函数语法	函数功能	备注
PHONETIC(reference)	合并字符	唯一参数为引用的数据区域，忽略空白单元格，不支持数字、日期、时间以及任何公式生成的值的连接
CONCAT(text1,[text2],...)	将文本组合起来，无法指定分隔符	不会漏掉数值、日期和公式结果
TEXTJOIN(分隔符,ignore_empty,text1,[text2], ...)	将文本组合起来，可以指定分隔符	如果第二个参数为TRUE，则忽略空白单元格

例14-11 请将多列内容合并为一列，体会PHONETIC、CONCAT、TEXTJOIN这3个函数的异同。

D2=PHONETIC(A2:C2)。

E2=CONCAT(A2:C2)。

F2=TEXTJOIN(“/” ,TRUE,A2:C2)。

如图14-27所示。

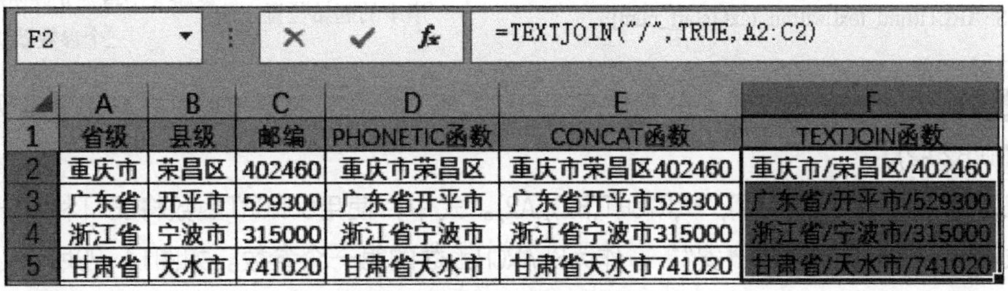
F2 =TEXTJOIN("/",TRUE,A2:C2)

	A	B	C	D	E	F
1	省级	县级	邮编	PHONETIC函数	CONCAT函数	TEXTJOIN函数
2	重庆市	荣昌区	402460	重庆市荣昌区	重庆市荣昌区402460	重庆市/荣昌区/402460
3	广东省	开平市	529300	广东省开平市	广东省开平市529300	广东省/开平市/529300
4	浙江省	宁波市	315000	浙江省宁波市	浙江省宁波市315000	浙江省/宁波市/315000
5	甘肃省	天水市	741020	甘肃省天水市	甘肃省天水市741020	甘肃省/天水市/741020

图14-27 将多列内容合并为一列

14.3.5 截取字符的“三兄弟”

Excel中的LEFT、RIGHT、MID这3个函数从不同方向截取字符。3个函数的语法及功能如表14-6所示。

表14-6 3个截取字符函数的语法及功能

函数语法	函数功能	备注
LEFT(text,[num_chars]) LEFT(文本,[字符个数])	从文本字符串的第一个字符开始返回指定个数的字符	第二个参数默认为1
RIGHT(text,[num_chars]) RIGHT（文本，[字符个数]）	根据所指定的字符数返回文本字符串中最后一个或多个字符	
MID(text,start_num,num_chars) MID(文本,开始数,字符个数)	返回文本字符串中从指定位置开始的特定数目的字符	

例14-12 学号由4位的年级号、2位的班级号和3位的序号组成，请进行分解。

B2=LEFT(A2,4)。

C2=MID(A2,5,2)。

D2=RIGHT(A2,3)。

如图14-28所示。

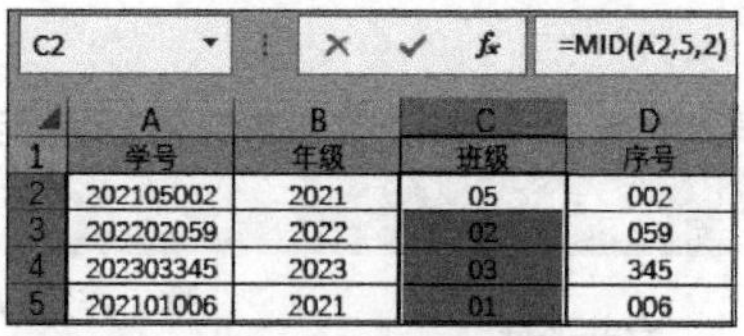

图14-28 分解年级号、班级号和序号

14.3.6 定位字符的“双子星”

Excelr的FIND函数和SEARCH函数，可以精准定位字符在文本中的具体位置。两个函数的语法及功能如表14-7所示。

表14-7 两个定位字符函数的语法及功能

函数语法	函数功能	备注
FIND(find_text,within_text,[start_num]) FIND(要查找的文本,包含要查找文本的文本,[开始查找的字符数])	返回第一个文本字符串在第二个文本字符串中的起始位置	区分大小写，不允许使用通配符，第三个参数默认为1
SEARCH(find_text,within_text,[start_num])		忽略大小写，允许使用通配符，第三个参数默认为1

例14-13 请根据单位的简称，分别使用FIND和SEARCH函数查找单位简称在全称中出现的位置。

C2=FIND(B2,A2)。

D2=SEARCH(CONCAT(LEFT(B2),"*",RIGHT(B2)),A2)。式中，使用CONCAT函数将LEFT和RIGHT截取的字符与“*”连接起来，得到“"长*安"”，作为SEARCH函数的第一个参数。如图14-29所示。

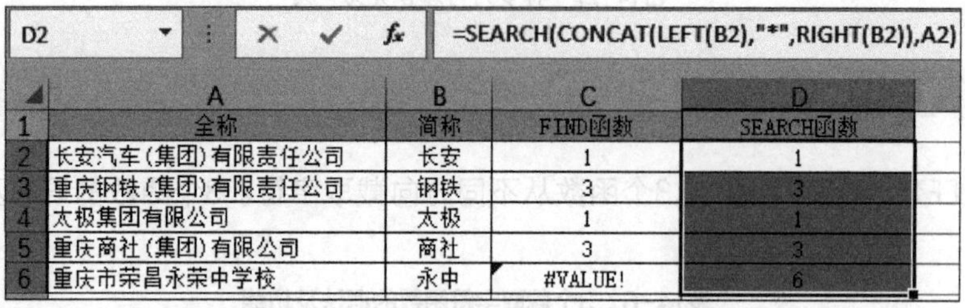

图14-29 FIND函数和SEARCH函数的比较

14.3.7 替换字符的“双胞胎”

Excel中有一对“双胞胎”函数REPLACE和SUBSTITUTE，都用于替换字符。两个函数的语法及功能如表14-8所示。

表14-8 两个替换字符函数的语法及功能

函数语法	函数功能	备注
REPLACE(old_text,start_num,num_chars,new_text) REPLACE(旧文本,开始位置,字符数,新文本)	用于替换指定位置和字符数的文本	第一个参数叫法不同，指代相同
SUBSTITUTE(text,old_text,new_text,[instance_num]) SUBSTITUTE(要替换的文本,旧文本,新文本,[替换第几个])	用来对指定字符串进行替换	

替换函数有一项“独门秘技”，如果把替换为的字符写成空值“""”，替换就变成了删除。哪些字符是不必要的，可以借助替换函数让它们消失。

例14-14 请分别使用REPLACE和SUBSTITUTE函数，将身份证号码中的年份替换为4个“*”。

B2=REPLACE(A2,7,4,"****")。

C2=SUBSTITUTE(A2,MID(A2,7,4),"****")。式中，使用MID函数截取身份证号码中的四位数年份作为SUBSTITUTE函数的第二个参数。如图14-30所示。

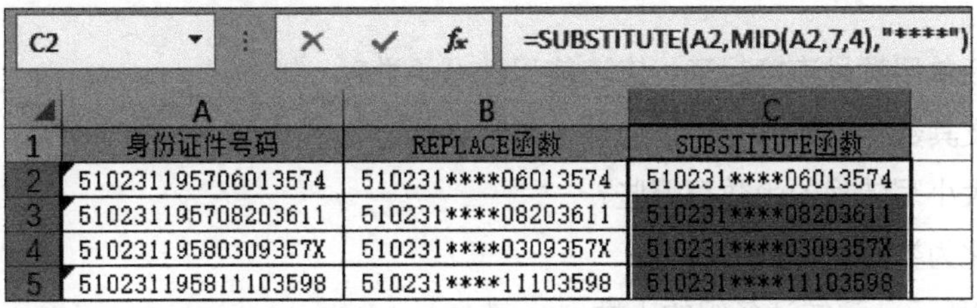

C2 =SUBSTITUTE(A2,MID(A2,7,4),"****")

	A	B	C
1	身份证件号码	REPLACE函数	SUBSTITUTE函数
2	510231195706013574	510231****06013574	510231****06013574
3	510231195708203611	510231****08203611	510231****08203611
4	51023119580309357X	510231****0309357X	510231****0309357X
5	510231195811103598	510231****11103598	510231****11103598

图14-30 将身份证号码中的年份替换为4个“*”

14.3.8 改头换面的TEXT函数

TEXT函数堪称“高超的美容大师”，可通过格式代码改变数字的格式，进而更改数字的显示方式，甚至格式代码可以进行条件判断。其语法为：

TEXT(value,format_text)

TEXT (待转换的值,格式代码)

由于日期时间格式和数字格式丰富多样，因而TEXT函数能够指定的格式不亚于孙悟空的七十二变。

例14-15 出生日期原本写成了八位数，请转化为“2013-02-09”的样式。

D2=TEXT(C2,"0-00-00")。如图14-31所示。

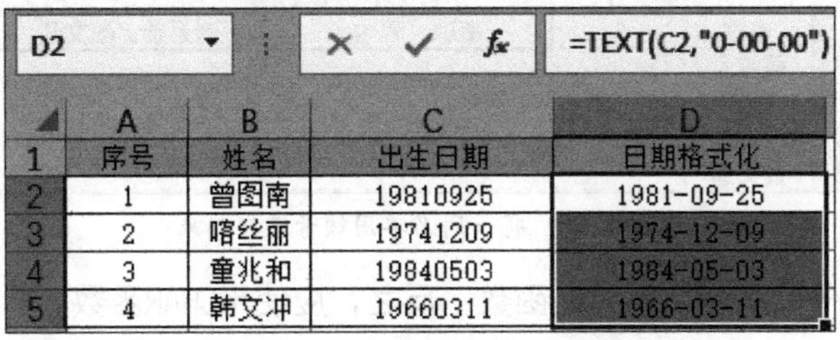

D2 =TEXT(C2,"0-00-00")

	A	B	C	D
1	序号	姓名	出生日期	日期格式化
2	1	曾图南	19810925	1981-09-25
3	2	嗜丝丽	19741209	1974-12-09
4	3	童兆和	19840503	1984-05-03
5	4	韩文冲	19660311	1966-03-11

图14-31 出生日期转化为有间隔符的样式

例14-16 请根据月销售额判断奖金的等级。大于等于200万元为一等奖，大于等于100万元且小于200万元为二等奖，不足100万元为三等奖。

D9=TEXT(C9,"[>=200]一等奖;[>=100]二等奖;三等奖")。如图14-32所示。

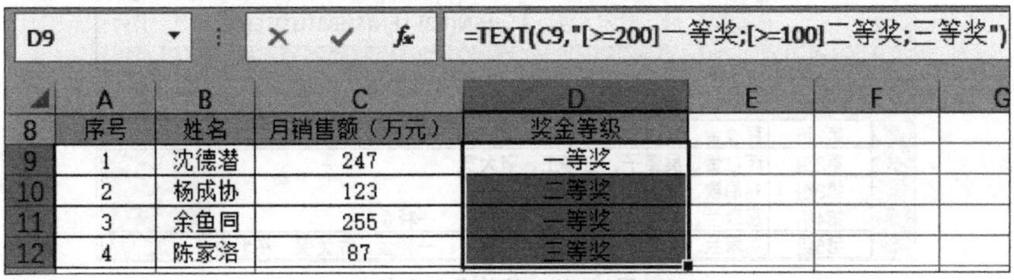

D9 =TEXT(C9,"[>=200]一等奖;[>=100]二等奖;三等奖")

	A	B	C	D	E	F	G
8	序号	姓名	月销售额（万元）	奖金等级			
9	1	沈德潜	247	一等奖			
10	2	杨成协	123	二等奖			
11	3	余鱼同	255	一等奖			
12	4	陈家洛	87	三等奖			

图14-32 TEXT函数进行条件判断

TEXT函数的格式代码有正数、负数、零、文本等4个区块，区块间用半角分号分隔。当进行条件判断时，用于数值判断的为前3个区块。如果有3个区块，第一区块代表条件1的数字格式，第二区块代表条件2的数字格式，不满足条件1、条件2的数字格式属于第三区块。

【边练边想】

1. 要将一列名单用顿号连接起来，应该使用什么函数?
2. 要在字符及其数字代码间转换，应该使用什么函数?
3. 用于字母大小写转换的函数有哪些?
4. 将文本转化为数值的函数有哪些?
5. 如图14-33所示，请统计各组的人数。

	A	B	C
1	组别	人员	人数
2	第1组	程咬金、刘洪纪、胡敬德、秦叔宝、李建成、高士廉	
3	第2组	薛仁贵、吴道子、玉华王、寇大宽	
4	第3组	刘伯钦、陈老者、眼看喜	
5	第4组	高翠兰、王老者、百花娇、红百万、一秤金	
6	第5组	高翠兰、王老者、百花娇、红百万、一秤金、陈关保、杨老者	

图14-33 各组人员

【问题解析】

1. 使用TEXTJOIN函数，如图14-34所示。

C1 =TEXTJOIN("、",TRUE,A1:A5)

	A	B	C
1	秦琼		秦琼、程咬金、罗成、尉迟恭、魏文通
2	程咬金		
3	罗成		
4	尉迟恭		
5	魏文通		

图14-34 将一列名单用顿号连接起来

2. 字符转换为数字代码，应使用CODE函数；反之，应使用CHAR函数。
3. PROPER函数将首字母大写，UPPER函数将小写字母变为大写，LOWER函数将大写字母变为小写。
4. 将文本转化为数值的有VALUE、NUMBERVALUE函数。
5. 利用替换顿号为空后文本长度的缩减量，可以巧妙统计出各组的人数，如图14-35所示。

C2 =LEN(B2)-LEN(SUBSTITUTE(B2,"、",""))+1

	A	B	C
1	组别	人员	人数
2	第1组	程咬金、刘洪纪、胡敬德、秦叔宝、李建成、高士廉	6
3	第2组	薛仁贵、吴道子、玉华王、寇大宽	4
4	第3组	刘伯钦、陈老者、眼看喜	3
5	第4组	高翠兰、王老者、百花娇、红百万、一秤金	5
6	第5组	高翠兰、王老者、百花娇、红百万、一秤金、陈关保、杨老者	7

图14-35 统计各组人数

14.4 日期与时间函数

在Excel的日期与时间函数中，DATE函数生成标准日期，语法为“DATE(year,month,day)”；TIME函数生成标准时间，语法为“TIME(hour,minute,second)”。这两个函数分别获取系统当前的日期和时间，每一个参数也都是一个函数。这几个函数不再单独介绍。

14.4.1 计算截止日期的三位“预言家”

岁有长短，月有大小，还有单休、双休、节假日之分，日子不是那么好算的。幸运的是，有EDATE、WORKDAY、WORKDAY.INTL这3个函数相助，计算截止日期就方便多了。这3个函数的语法及功能如表14-9所示。

表14-9　3个计算截止日期函数的语法及功能

函数语法	函数功能	备注
EDATE(start_date,months) EDATE(开始日期,月数)	返回与指定日期相隔数月（之前或之后）的日期序列号	不扣除双休日和指定的假日（含法定节日）
WORKDAY(start_date,days,[holidays]) WORKDAY(开始日期,天数,[假日])	返回与指定日期相隔数个工作日（之前或之后）的日期序列号	工作日不包括双休日和指定的假日
WORKDAY.INTL(start_date,days,[weekend],[holidays]) WORKDAY.INTL(开始日期,天数,[周末],[假日])		同上，还可以自定义“周末”。第三个参数的数值指代的内容如表14-10所示

表14-10　WORKDAY.INTL函数第三个参数weekend的数值指代的休息日

数字	每周休息日	数字	每周休息日
1 或省略	星期六、星期日	11	仅星期日
2	星期日、星期一	12	仅星期一
3	星期一、星期二	13	仅星期二
4	星期二、星期三	14	仅星期三
5	星期三、星期四	15	仅星期四
6	星期四、星期五	16	仅星期五
7	星期五、星期六	17	仅星期六

第三个参数weekend可以用7个字符来表示一周的工作和休息状态，每个字符表示一周中的一天（从星期一开始）。“1”表示非工作日，“0”表示工作日。比如，“"0100010"”表示周二和周六休息，其余为工作日。

需要注意的是，当法定节日与双休日或指定的休息日重合时，WORKDAY和WORKDAY.INTL函数是识别不出来的，需要手动调整，否则日期就可能有出入。

例14-17 请根据开工日期和工期月数，按日历日计算竣工日期和交付日期，竣工日期之后20个日历日为交付日期。

D3=EDATE(B3,C3)。

E3=D3+20。由于日期会被转化为序列号进行计算，因而天数可以直接相加。

如图14-36所示。

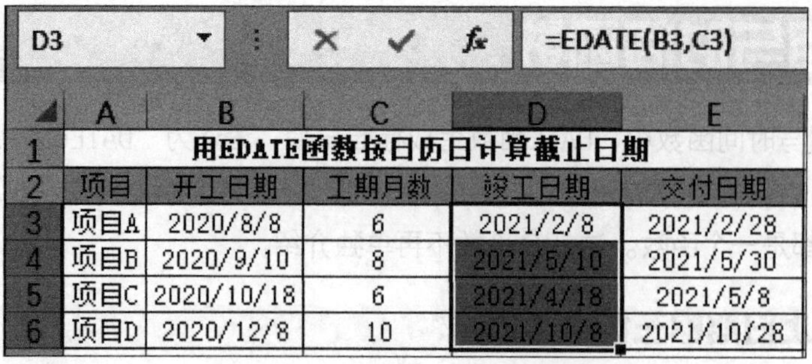

D3 =EDATE(B3,C3)

	A	B	C	D	E
1	用EDATE函数按日历日计算截止日期				
2	项目	开工日期	工期月数	竣工日期	交付日期
3	项目A	2020/8/8	6	2021/2/8	2021/2/28
4	项目B	2020/9/10	8	2021/5/10	2021/5/30
5	项目C	2020/10/18	6	2021/4/18	2021/5/8
6	项目D	2020/12/8	10	2021/10/8	2021/10/28

图14-36　用EDATE函数按日历日计算截止日期

例14-18 请根据订单日期和产品生产的工作日天数，扣除法定节假日后，分别计算正常双休和周日单休情况下的交货日期。

D11=WORKDAY(B11,C11,$G$11:$G$14)。

D11=WORKDAY.INTL(B11,C11,11,$G$11:$G$14)。

如图14-37所示。

E11 =WORKDAY.INTL(B11,C11,11,$G$11:$G$14)

	A	B	C	D	E	F	G
9	用WORKDAY、WORKDAY.INTL函数分别按正常双休和周日单休计算交货日期						
10	产品	订单日期	工作日天数	正常双休下的交货日期	周日单休下的交货日期		节日
11	A	2020/12/2	30	2021/1/14	2021/1/7		2021/1/1
12	B	2020/12/2	40	2021/1/28	2021/1/19		2021/2/11
13	C	2020/12/2	50	2021/2/15	2021/1/30		2021/2/12
14	D	2020/12/2	60	2021/3/1	2021/2/15		2021/2/13

图14-37　用WORKDAY函数和WORKDAY.INTL函数计算交货日期

14.4.2 计算工作天数的“双雄”

有时可能有按工作天数付酬的需要，这就要请出NETWORKDAYS和NETWORKDAYS.INTL这对“双雄”了。两个函数的语法及功能如表14-11所示。

表14-11　两个计算工作天数函数的语法及功能

函数语法	函数功能	备注
NETWORKDAYS(start_date,end_date,[holidays]) NETWORKDAYS(开始日期,结束日期,[假日])	计算两个日期之间的工作日的天数	工作日不包括周末和指定的假期
NETWORKDAYS.INTL(start_date,end_date,[weekend],[holidays]) NETWORKDAYS.INTL(开始日期,结束日期,[周末],[假日])		同上，还可以自定义“周末”

同WORKDAY和WORKDAY.INTL函数一样，NETWORKDAYS和NETWORKDAYS.INTL函数也存在问题，即当法定节日与双休日或指定的休息日重合时，需要手动调整，否则就可能出现计算错误。

例14-19 请分别按正常双休日和周日单休的情况计算2021年每月的工作天数。

D3=NETWORKDAYS(B3,C3,$G$3:$G$15)。

E3=NETWORKDAYS.INTL(B3,C3,11,$G$3:$G$15)。

如图14-38所示。

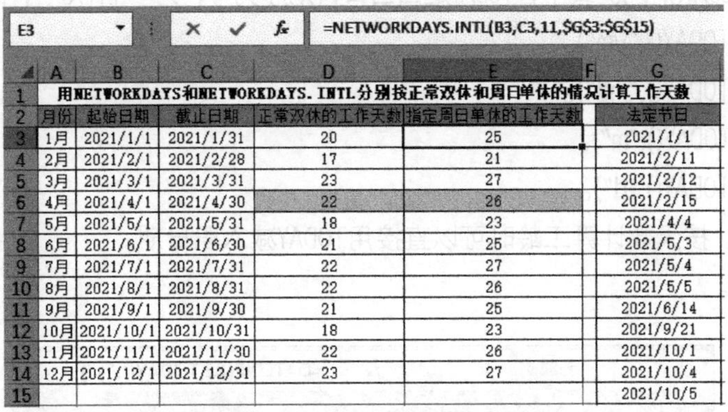

E3 =NETWORKDAYS.INTL(B3,C3,11,$G$3:$G$15)

	A	B	C	D	E	F	G
1	用NETWORKDAYS和NETWORKDAYS.INTL分别按正常双休和周日单休的情况计算工作天数						
2	月份	起始日期	截止日期	正常双休的工作天数	指定周日单休的工作天数		法定节日
3	1月	2021/1/1	2021/1/31	20	25		2021/1/1
4	2月	2021/2/1	2021/2/28	17	21		2021/2/11
5	3月	2021/3/1	2021/3/31	23	27		2021/2/12
6	4月	2021/4/1	2021/4/30	22	26		2021/2/15
7	5月	2021/5/1	2021/5/31	18	23		2021/4/4
8	6月	2021/6/1	2021/6/30	21	25		2021/5/3
9	7月	2021/7/1	2021/7/31	22	27		2021/5/4
10	8月	2021/8/1	2021/8/31	22	26		2021/5/5
11	9月	2021/9/1	2021/9/30	21	25		2021/6/14
12	10月	2021/10/1	2021/10/31	18	23		2021/9/21
13	11月	2021/11/1	2021/11/30	22	26		2021/10/1
14	12月	2021/12/1	2021/12/31	23	27		2021/10/4
15							2021/10/5

图14-38 计算2021年每月的工作天数

比如，在正常双休的情况下，2021年1月有20个工作日， 2月有17个工作日，如图14-39所示（已用圆角矩形框标识）。

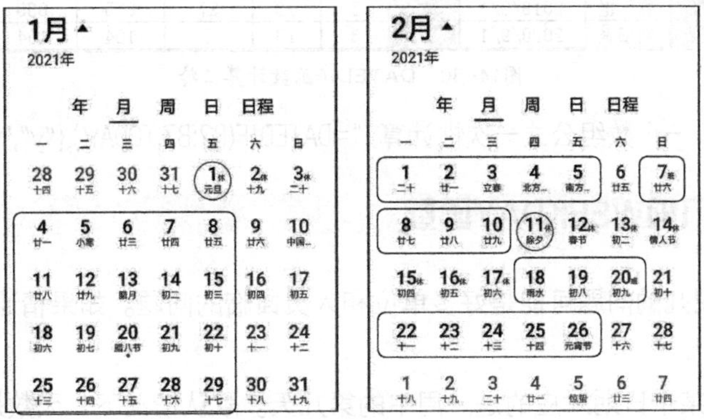

图14-39 两个月的日历

14.4.3 计算日期差的DATEDIF函数

Excel江湖中有一个高手，这就是DATEDIF函数。它用于计算两个日期之间相隔的年数、月数或天数，所计年数和月数为足年足月。其语法为：

DATEDIF(start_date,end_date,unit)

DATEDIF(开始日期,结束日期,信息类型)

第三个参数的类型如表14-12所示。

表14-12 DATEDIF函数第三个参数的类型

参数类型	返回结果
"Y"	一段时期内的整年数
"M"	一段时期内的整月数
"D"	一段时期内的天数
"MD"	start_date与end_date之间的天数之差。忽略日期中的月份和年份
"YM"	start_date与end_date之间的月份之差。忽略日期中的天和年份
"YD"	start_date与end_date的月份和天数之差。忽略日期中的年份

例14-20 已知员工的入职日期，请计算他们的工龄有几年几月几日，共多少月，共多少日。

C2=DATEDIF(B2,TODAY(),"y")。式中，TODAY返回当日日期序列号，为“44179”，即2020年12月14日。

D2=DATEDIF(B2,TODAY(),"ym")。

E2=DATEDIF(B2,TODAY(),"md")。

F2=DATEDIF(B2,TODAY(),"m")。

G2=DATEDIF(B2,TODAY(),"d")。

H2=TODAY()-B2。按天数计算工龄时可以直接用TODAY减入职日期。

如图14-40所示。

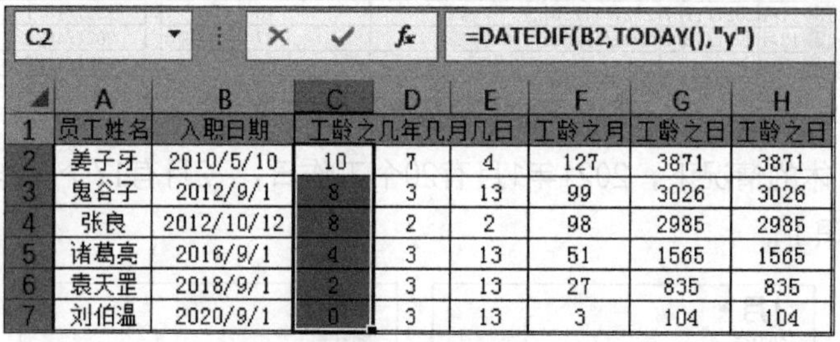

	A	B	C	D	E	F	G	H
1	员工姓名	入职日期	工龄之几年	几月	几日	工龄之月	工龄之日	工龄之日
2	姜子牙	2010/5/10	10	7	4	127	3871	3871
3	鬼谷子	2012/9/1	8	3	13	99	3026	3026
4	张良	2012/10/12	8	2	2	98	2985	2985
5	诸葛亮	2016/9/1	4	3	13	51	1565	1565
6	袁天罡	2018/9/1	2	3	13	27	835	835
7	刘伯温	2020/9/1	0	3	13	3	104	104

图14-40 DATEDIF函数计算工龄

C2:G2区域可以使用一个数组公式一次性计算“=DATEDIF(B2:B7,TODAY(),{"y","ym","md","m","d"})”。

14.4.4 计算星期几的WEEKDAY函数

计算某一天是星期几的问题可能是好多单位和人员面临的问题。如果精通WEEKDAY函数，这个问题就几乎不是问题。

WEEKDAY函数返回某个日期对应的是一周中的第几天。默认情况下，天数是1（星期日）到7（星期六）范围内的整数。其语法为：

WEEKDAY(serial_number,[return_type])

WEEKDAY(日期序列号,[返回类型])

第二个参数的类型及返回的数字如表14-13所示。

表14-13 WEEKDAY函数第二个参数的类型及返回的数字

return_type	返回的数字	备注
1或省略	数字1（星期日）到7（星期六）	同Microsoft Excel早期版本
2	数字1（星期一）到7（星期日）	
3	数字0（星期一）到6（星期日）	
11	数字1（星期一）到7（星期日）	
12	数字1（星期二）到数字7（星期一）	
13	数字1（星期三）到数字7（星期二）	
14	数字1（星期四）到数字7（星期三）	
15	数字1（星期五）到数字7（星期四）	
16	数字1（星期六）到数字7（星期五）	
17	数字1（星期日）到7（星期六）	

例14-21 某校安排暑假值班时，周末只安排行政，否则就安排行政和职员，请快速标识出周末。

B2=TEXT(WEEKDAY(A2,2)-5,"[>0]周末;;")。式中，WEEKDAY函数的第二个参数为“2”，则数字1~7代表每周的周一至周日，返回的值减去“5”的差作为TEXT的第一个参数。TEXT的第二个参数将“>0”的值（正值）标识为“周末”，0和负值不标识。如图14-41所示。

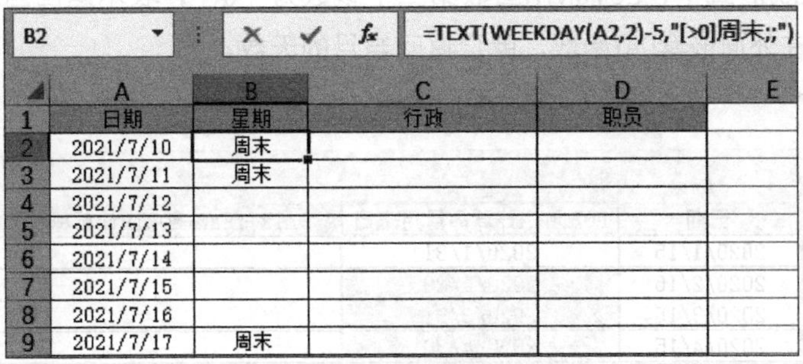

B2 =TEXT(WEEKDAY(A2,2)-5,"[>0]周末;;")

	A	B	C	D	E
1	日期	星期	行政	职员	
2	2021/7/10	周末			
3	2021/7/11	周末			
4	2021/7/12				
5	2021/7/13				
6	2021/7/14				
7	2021/7/15				
8	2021/7/16				
9	2021/7/17	周末			

图14-41 标识周末

本例也可以使用IF函数进行条件判断，公式为“=IF(WEEKDAY(A2,2)>5,"周末","")”。

本例还可以使用简单的填充方法标识周末：在B2、B3单元格填写“周末”，选择B2:B9区域后再向下填充。

14.4.5 计算序列号的DATEVALUE函数

文本日期没有日期序列号的用途广泛，如果需要将存储为文本的日期转换为Excel能够识别的日期序列号，就要用到DATEVALUE 函数。其语法为：

DATEVALUE(date_text)

DATEVALUE(文本日期)

例14-22 请从身份证号码中提取出生日期。

E2=DATEVALUE(TEXT(MID(D2,7,8),"0-00-00"))。式中，MID函数从身份证号码中截取八位数，得到“"19790107"”。TEXT函数将之调整为“"1979-01-07"”。如图14-42所示。

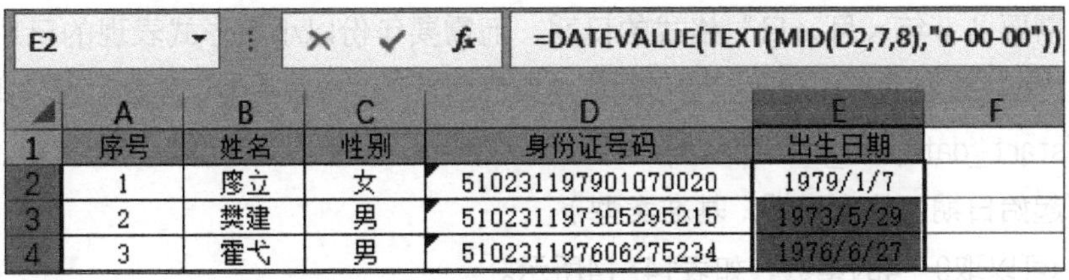

E2 =DATEVALUE(TEXT(MID(D2,7,8),"0-00-00"))

	A	B	C	D	E	F
1	序号	姓名	性别	身份证号码	出生日期	
2	1	廖立	女	510231197901070020	1979/1/7	
3	2	樊建	男	510231197305295215	1973/5/29	
4	3	霍弋	男	510231197606275234	1976/6/27	

图14-42 DATEVALUE函数转化文本日期

如果要将存储为文本的时间转换为数值，请使用TIMEVALUE函数。

14.4.6 计算月末日的EOMONTH函数

“一月大，二月平，三月大，四月小，五月大，六月小，七月大，八月大，九月小，十月大，十一月小，十二月大。一三五七八十腊，三十一天永不差，四六九冬三十天，平年二月二十八。”

相信这段口诀是很多人的儿时回忆。现在有了EOMONTH函数，要得到某月有多少天就很容易了。

EOMONTH函数返回与指定日期相隔（之前或之后）数月的某个月份最后一天的日期。其语法为：

EOMONTH(start_date,months)

EOMONTH(开始日期,月数)

例14-23 你能根据2020年某月的一天快速得到这一年每月的月末日和天数吗?

B2=EOMONTH(A2,0)。式中，EOMONTH函数第二个参数为“0”，表示返回当月月末日的日期如图14-43所示。如果再在外面嵌套DAY函数，就会返回当月的天数。

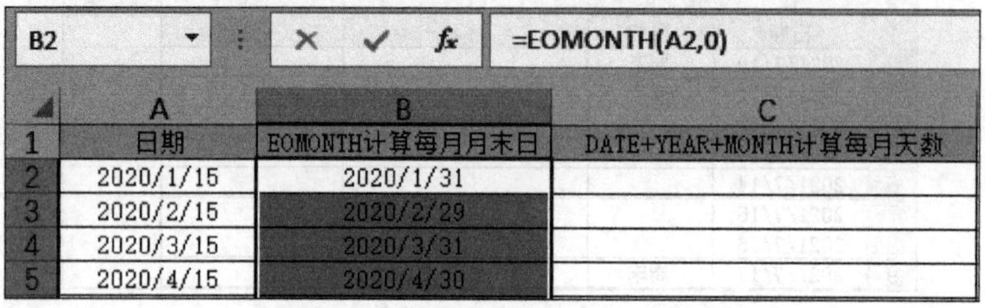
B2 =EOMONTH(A2,0)

	A	B	C
1	日期	EOMONTH计算每月月末日	DATE+YEAR+MONTH计算每月天数
2	2020/1/15	2020/1/31	
3	2020/2/15	2020/2/29	
4	2020/3/15	2020/3/31	
5	2020/4/15	2020/4/30	

图14-43 EOMONTH函数返回月末日日期

C2=DAY(DATE(YEAR(A2),MONTH(A2)+1,))。式中，YEAR函数返回年份，MONTH函数返回月份，DATE函数返回由年月日3个参数组成的日期序列号。DATE函数省略了第三个参数的0值，将第二个参数的月份加“1”，就巧妙利用了下一个月的第0天就是本月的月末日的原理。最后由DAY函数返回天数。如图14-44所示。

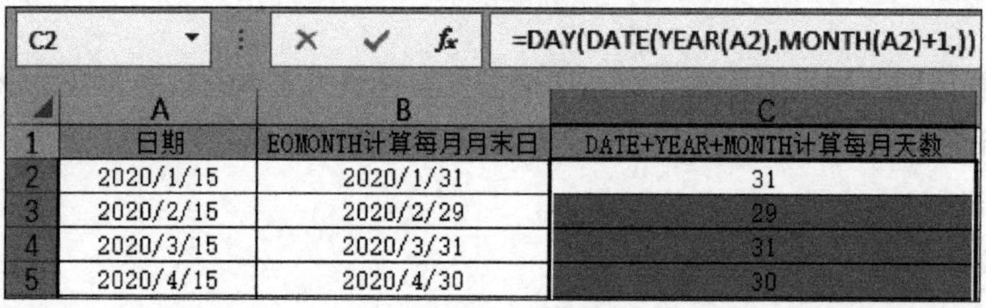
C2 =DAY(DATE(YEAR(A2),MONTH(A2)+1,))

	A	B	C
1	日期	EOMONTH计算每月月末日	DATE+YEAR+MONTH计算每月天数
2	2020/1/15	2020/1/31	31
3	2020/2/15	2020/2/29	29
4	2020/3/15	2020/3/31	31
5	2020/4/15	2020/4/30	30

图14-44 多个函数组合计算每月的天数

14.4.7 计算天数占比的YEARFRAC函数

有时候不需要“×年×月×日”格式的日期，而需要年份以小数形式表现的日期，这就要用到YEARFRAC函数。YEARFRAC函数可以计算起始日期和结束日期之间的天数占全年天数的百分比。其语法为：

YEARFRAC(start_date,end_date,basis)

YEARFRAC(起始日期，终止日期，基准类型）

其中 basis可以取0～4的整数，如表14-14所示。

表14-14 YEARFRAC第三个参数basis的基准类型

basis	基准类型
0或省略	表示US(NASD) 30/360
1	表示实际天数/实际天数
2	表示实际天数/360
3	表示实际天数/365
4	表示欧洲30/360

例14-24 请根据买入日期计算各处房产已购置多少年。

B2=YEARFRAC(C2,TODAY(),1)。如图14-45所示。

D2 =YEARFRAC(C2,TODAY(),1)

	A	B	C	D	E
1	序号	房产	买入日期	投资期限	
2	1	房产A	2010/5/10	10.60029866	
3	2	房产B	2012/9/1	8.285583942	
4	3	房产C	2012/10/12	8.173357664	

图14-45 YEARFRAC函数按要求计算年数

【边练边想】

1. 如图14-46所示，请根据男年满60周岁和女年满55周岁退休的规定计算每人的退休日期。

	A	B	C	D
1	姓名	性别	出生日期	退休日期
2	田畴	男	1973/5/29	
3	韩遂	男	1976/6/27	
4	马钧	男	1968/8/15	

图14-46 出生日期

2. 如图14-47所示，请分别按正常双休和周日单休的情况计算各年的工作天数。

	A	B	C	D	E	F
1	NETWORKDAYS和NETWORKDAYS.INTL分别按正常双休和指定周日单休计算各年的工作天数					
2	年份	起始日期	截止日期	法定节日天数	正常双休的工作天数	指定周日休息的工作天数
3	2021年	2021/1/1	2021/12/31	13		
4	2022年	2022/1/1	2022/12/31	13		
5	2023年	2023/1/1	2023/12/31	13		

图14-47 各年的起止日期和法定节日

3. 如图14-48所示，请计算距离生日的天数。

	A	B	C
1	今日	生日	距离生日的天数
2		2021/7/31	

图14-48 生日

4. 某单位的工资发放日为每月28日，但如遇周末，则提前在周五发放。如图14-49所示，请准确计算出2021年的工资发放日。

	A	B	C	D
1	月份	工资日		年份
2	1			2021
3	2			

图14-49 工资发放日

5. 如图14-50所示，如何根据第二行单元格中的日期获取从这一天起，两两相隔一周的日期、相隔一个月的日期、相隔一年的日期，以及所有工作日？B2单元格的公式为“=A2”，公式向右填充到E2单元格，E2单元格的格式为“周三”。

	A	B	C	D	E
1	相隔一周的日期	相隔一个月的日期	相隔一年的日期	工作日	
2	2021/4/4	2021/4/4	2021/4/4	2021/4/4	周日
3					
4					

图14-50 根据指定日期产生一系列日期

6. 如图14-51所示，请用两种方法判断年份是否为闰年。

	A	B	C
1	年份	是否为闰年	是否为闰年
2	2023		
3	2024		
4	2100		
5	2400		

图14-51 判断年份是否为闰年

7. 如图14-52所示，请计算确定某月周数和周几的节日。

	A	B	C	D	E	F	G
1	法定节日	年份	月份	第几周	星期几	节日	备注
2	学生安全教育日	2020	3		1		3月最后一周的星期一
3	世界儿童日	2020	4	4	7		4月第4个星期日
4	世界哮喘日	2020	5	1	2		5月第1个星期二
5	母亲节	2020	5	2	7		5月第2个星期日

图14-52 确定某月周数和周几的节日

【问题解析】

1. D2=EDATE(C2,IF(B2="男",720,660))。

2. E3=NETWORKDAYS(B3,C3)-D3。

F3=NETWORKDAYS.INTL(B3,C3,11)-D3。

3. A2=TODAY()。

C2=DATEDIF(A2,B2,"yd")。或者C2=B2-A2。

4. B5=DATE($D$2,A2,28)-TEXT(WEEKDAY(DATE($D$2,A2,28),2)-5," 0;!0;0")。式中，内层DATE函数获取常规工资发放日的序列号，WEEKDAY 函数返回此日期是星期几，再减去5（星期五），得到差值。若该值为正数或0，TEXT函数返回这个值；若该值为负数，TEXT函数返回0。

5. A3=A2+7。

B3=DATE(YEAR(B2),MONTH(B2)+1,DAY(B2))。

C3=DATE(YEAR(C2)+1,MONTH(C2),DAY(C2))。

D3=IFS(WEEKDAY(D2,2)=5,D2+3,WEEKDAY(D2,2)=6,D2+2,TRUE,D2+1)。

如图14-53所示。

6. B2=IF(MONTH(DATE(A2,2,29))=2,"闰年","不是闰年")。根据2月29日的月份是否等于“2”来判断。

C2=IF((MOD(A2,4)=0)*(MOD(A2,100)>0)+(MOD(A2,400)=0),"闰年","不是闰年")。根据“四年一闰，百年不闰，四百年再闰”的原理来判断。

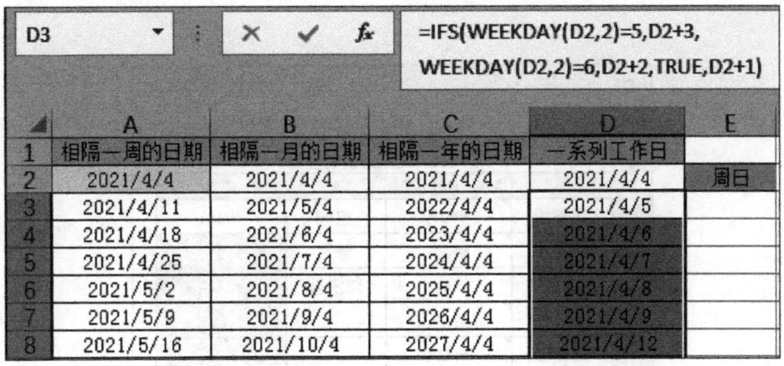

图14-53 一系列日期

7. D2=WEEKNUM(EOMONTH(DATE(B2,C2,1),0))-WEEKNUM(DATE(B2,C2,0))+1。

F2=DATE(B2,C2,1)+IF(E2<WEEKDAY(DATE(B2,C2,1),2),7-WEEKDAY(DATE(B2,C2,1),2)+E2,E2-WEEKDAY(DATE(B2,C2,1),2))+(D2-IF(D2>5,2,1))*7。式中，"DATE(B2,C2,1)"一段返回节日所在月的第1天，WEEKDAY函数再得到该日期的星期几，之后使用IF函数进行判断，最后求和。

14.5 查找与引用函数

Excel 2007以来的版本，一张工作表的单元格有1048576×16384个之多，一个工作簿的工作表则有255张之多。要对单元格数据进行有效处理，就需要在工作簿中查找与引用函数。

14.5.1 查找数据位置的MATCH函数

MATCH函数是Excel中被广泛应用的查找引用函数，除具有返回查找数据相对位置的功能外，还能借VLOOKUP、INDEX等函数之力，在工作中展现出强大威力。其语法为：

MATCH(lookup_value,lookup_array,[match_type])

MATCH(查找的值,查找的区域,[匹配的类型])

用好第三个参数，MATCH函数会有出其不意的用法。如表14-15所示。

表14-15 MATCH函数第三个参数的用法

第三个参数	功能	备注
1	查找小于或等于第一个参数的最大值	第二个参数中的值必须按升序排列
0	查找等于第一个参数的第一个值	第二个参数中的值可以按任何顺序排列
-1	查找大于或等于第一个参数的最小值	第二个参数中的值必须按降序排列

Excel 2019增加了XMATCH函数，比起MATCH函数，它多了第四个参数，用于确定查找模式（向上或向下查找），在有多个匹配项时才有用。

1. MATCH函数的精确查找

例14-25 有A、B两组数据，请找出一组数据在另一组数据中的位置。

B2=MATCH(A3,C:C,)。

D2=MATCH(C3,A:A,)。

如图14-54所示。

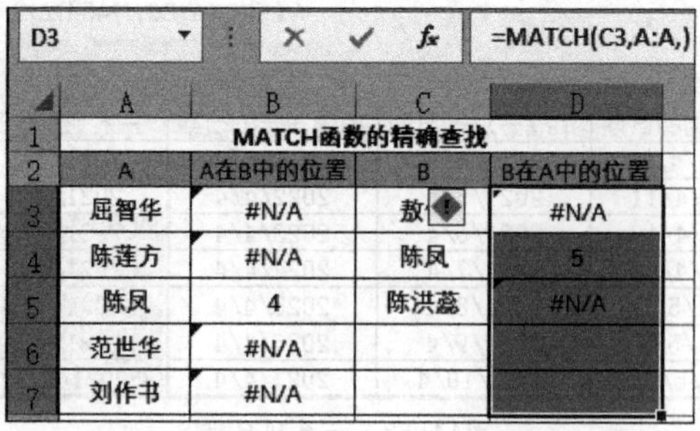

图14-54　一组数据在另一组数据中的位置

2. MATCH函数的近似查找之区间判断

例14-26 请根据分数确定等级区间，60分以下的等级为1，60~80分的等级为2，满80分的等级为3。

D12=MATCH(C12,{0;60;80},1)。如图14-55所示。

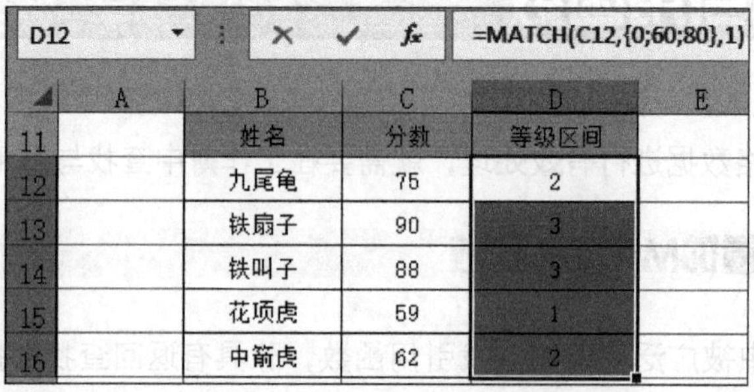

图14-55　MATCH函数的近似查找之区间判断

3. MATCH函数的近似查找之查找末项位置

例14-27 请计算某列数据末项的行号。

H3=MATCH(CHAR(1),F:F,-1)。式中，CHAR函数返回数字代码对应的字符，得到“""”。如图14-56所示。

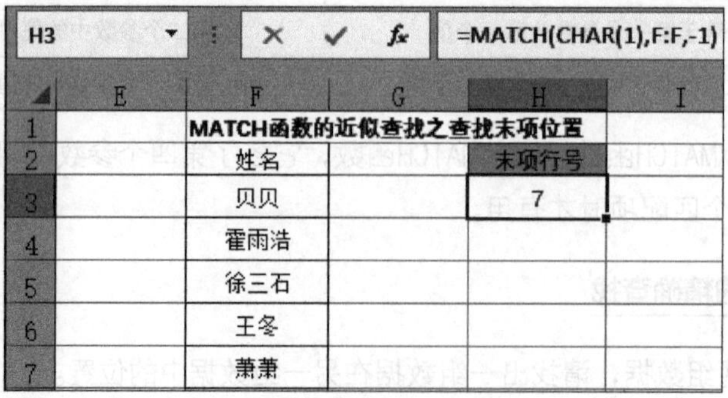

图14-56　MATCH函数的近似查找之查找末项位置

4. MATCH函数按条件查找末项位置

例14-28 如图14-57所示，请计算K列中销量大于800的末项的行号。

M3=MATCH(1,0/(K:K>800))。式中，“K:K>800”得到条件数组，以之去除“0”，得到0和错误值构成的数组，由于MATCH函数第一个参数巧妙地设为“1”，第三个参数又被省略，MATCH函数就返回最后一个0所在的行号。如图14-57所示。

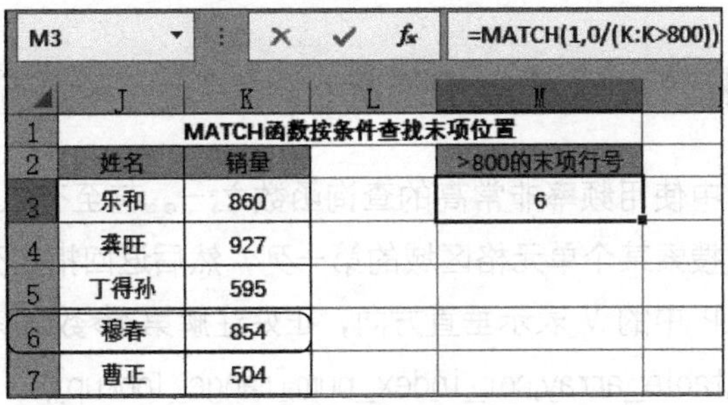

图14-57 MATCH函数按条件查找末项位置

5. MATCH函数的模糊查找

例14-29 请根据简称查找单位的全称。

M2=MATCH(CONCAT("*",LEFT(R3),"*",RIGHT(R3),"*"),O:O,)。式中，MATCH函数的第一个参数使用CONCAT函数将3个通配符“*”与使用LEFT和RIGHT函数截取的字符“组装”起来，可以使得查询项的字符不局限于这两个紧邻的字符。如图14-58所示。

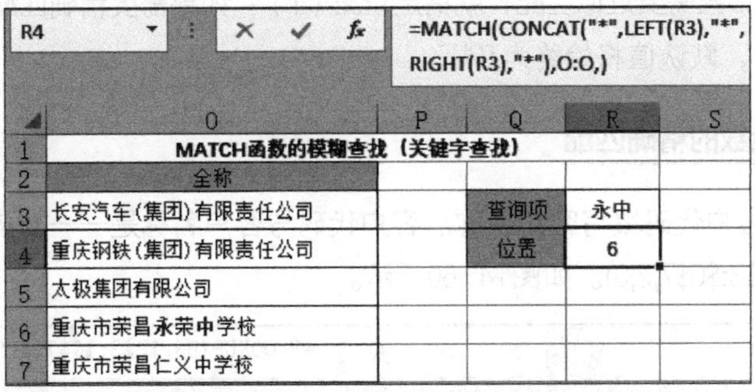

图14-58 MATCH函数的模糊查找

14.5.2 在列表中选择数据的CHOOSE函数

CHOOSE函数在大多数情况下甘心情愿做一个“配角”，返回数值参数列表中的数值。其语法为：

CHOOSE(index_num,value1,[value2],…)

CHOOSE(索引值,参数1,[参数2],…[参数254])

例14-30 请标识奖牌。第一名为金牌，第二名为银牌，第三名为铜牌。

D2=IFERROR(CHOOSE(C2,"金牌","银牌","铜牌"),"")。如图14-59所示。

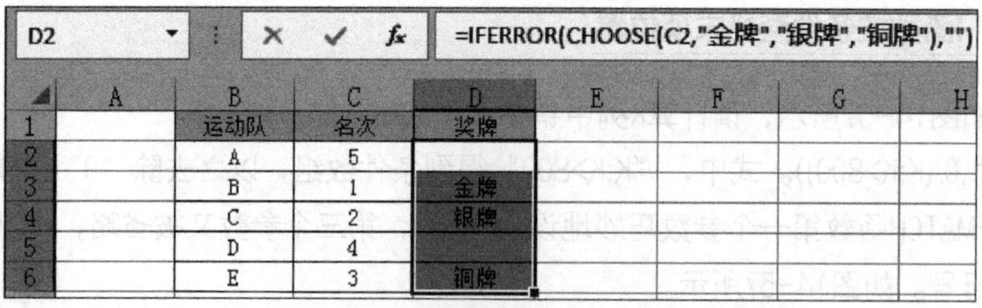

	A	B	C	D	E	F	G	H
1		运动队	名次	奖牌				
2		A	5					
3		B	1	金牌				
4		C	2	银牌				
5		D	4					
6		E	3	铜牌				

图14-59 CHOOSE函数标识奖牌

14.5.3 纵向查找老报错的VLOOKUP函数

VLOOKUP函数是在工作中使用频率非常高的查询函数之一。甚至有人说，不会VLOOKUP函数就不要说会Excel。VLOOKUP函数搜索某个单元格区域的第一列，然后返回指定列同一行的值，总是沿着先列后行的顺序查找。VLOOKUP 中的 V 表示垂直方向，正好注解第3参数。其语法为：

VLOOKUP(lookup_value,table_array,col_index_num,[range_lookup])

VLOOKUP (查找值,查找区域,返回值的列数,[匹配项])

VLOOKUP函数使用频率高，但不熟悉它的人使用时容易出错。通常有如下报错原因。

一是查找值不在首列。

二是查找区域不是绝对引用，在公式填充过程中移了位。

三是数据类型不符（文本数字），有空格或不可见字符，没有事先利用分列、快速填充、查找与替换、CLEAN函数等技术来规范数据。

四是列数出错，如写好公式后又在数据区域插入或删除了列。

五是匹配项不对。如果需要近似匹配，就指定TRUE（1）；如果需要精确匹配，则指定FALSE（0）。如果没有指定任何内容，默认值将始终为TRUE。

1. VLOOKUP函数的精确匹配

例14-31 请根据客户代码填写客户名称。客户代码与客户名称是一一对应的关系。C3=VLOOKUP(B3,$F$3:$G$7,2,0)。如图14-60所示。

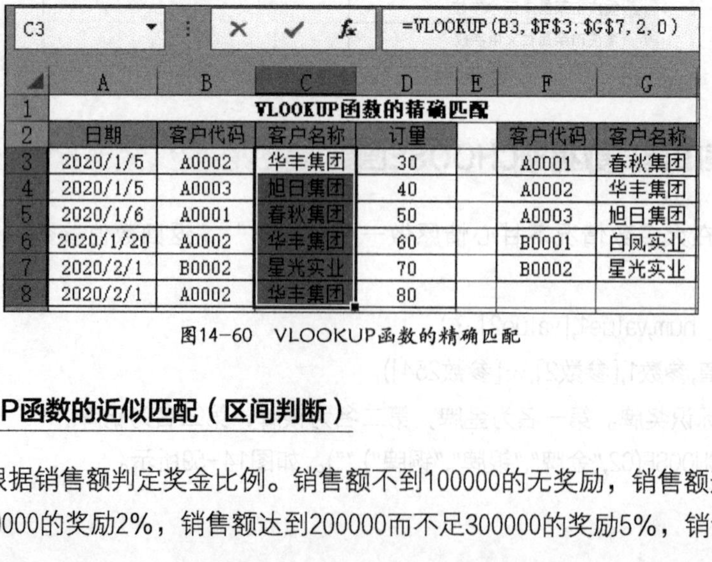

	A	B	C	D	E	F	G
1	VLOOKUP函数的精确匹配						
2	日期	客户代码	客户名称	订单		客户代码	客户名称
3	2020/1/5	A0002	华丰集团	30		A0001	春秋集团
4	2020/1/5	A0003	旭日集团	40		A0002	华丰集团
5	2020/1/6	A0001	春秋集团	50		A0003	旭日集团
6	2020/1/20	A0002	华丰集团	60		B0001	白凤实业
7	2020/2/1	B0002	星光实业	70		B0002	星光实业
8	2020/2/1	A0002	华丰集团	80			

图14-60 VLOOKUP函数的精确匹配

2. VLOOKUP函数的近似匹配（区间判断）

例14-32 请根据销售额判定奖金比例。销售额不到100000的无奖励，销售额达到100000（包括100000）而不足200000的奖励2%，销售额达到200000而不足300000的奖励5%，销售额达到300000的奖励8%。

D15=VLOOKUP(C15,$F$15:$G$18,2,1)。如图14-61所示。

D15 =VLOOKUP(C15,$F$15:$G$18,2,1)

	A	B	C	D	E	F	G
13	VLOOKUP函数的近似匹配（区间判断）						
14	序号	姓名	销售额	奖金比例		销售额	奖金比例
15	1	邓嘉俊	116903	2%		0	0%
16	2	杜伟	200000	5%		100000	2%
17	3	傅义铂	3577760	8%		200000	5%
18	4	胡德培	85325	0%		300000	8%
19	5	胡文杰	192776	2%			
20	6	黄天佑	228379	5%			

图14-61　VLOOKUP函数的近似匹配（区间判断）

3. VLOOKUP函数的模糊查找

例14-33 请根据供货商的简称查找商品数量。

G26=VLOOKUP("*"&$F$26&"*",A25:D31,3,0)。如图14-62所示。

G26 =VLOOKUP("*"&$F$26&"*",A25:D30,3,0)

	A	B	C	D	E	F	G	H
24	VLOOKUP函数的模糊查找							
25	供货商	商品	数量	单价		供货商	数量	
26	佳佳乐食品	牛奶	156	80		恒想	436	
27	童趣食品	小面包	219	60				
28	国力机械	打印机	56	800				
29	致富科技	宣传册	629	100				
30	恒想科技	定制礼品	436	210				

图14-62　VLOOKUP函数的模糊查找

4. VLOOKUP函数的多项查找

例14-34 请根据指定部门汇总人员，人员名单按列排列。

A36=(C36=$F$36)+A35。辅助列的目的是使指定部门每出现一次，其对应的辅助列上的值就加1。

G36=IFERROR(VLOOKUP(ROW(A1),$A$36:$D$42,4,0),"")。

如图14-63所示。

G36 =IFERROR(VLOOKUP(ROW(A1),$A$36:$D$42,4,0),"")

	A	B	C	D	E	F	G	H	I
34		VLOOKUP函数的多项查找							
35		序号	部门	姓名		部门	姓名		
36	0	1	办公室	钟俊豪		德育处	邹蕊帆		
37	0	2	总务处	周素银			敖若菲		
38	1	3	德育处	邹蕊帆			邓欢		
39	1	4	办公室	陈燕					
40	2	5	德育处	敖若菲					
41	2	6	办公室	陈石					
42	3	7	德育处	邓欢					

图14-63　VLOOKUP函数的多项查找

如果汇集名单要横向排列，请将式中的ROW函数更换为COLUMN函数。

如果使用FILTER函数，则无须辅助列，且公式很简单，公式为“=FILTER(D36:D42,C36:

C42=F36)”。

5. VLOOKUP函数逐列（多列）查找制作工资条

例14-35 请使用VLOOKUP函数制作工资条。

R3=VLOOKUP($Q3,$K:$O,COLUMN(B1),)。式中，使用COLUMN函数自动获取列号作为VLOOKUP函数的第三个参数。

将R3单元格的公式向右填充至U3单元格，再选择Q2:U3区域向下填充。也可以使用公式“=VLOOKUP($Q3,$K:$O,{2,3,4,5},)”，而不必向右填充公式。如图14-64所示。

R3 =VLOOKUP($Q3,$K:$O,COLUMN(B1),)

	K	L	M	N	O	P	Q	R	S	T	U
1	VLOOKUP函数逐列（多列）查找制作工资条										
2	序号	姓名	基本工资	奖金	合计		序号	姓名	基本工资	奖金	合计
3	1	兰文康	5000	1500	6500		1	兰文康	5000	1500	6500
4	2	李梦涛	5500	2000	7500						
5	3	李悦	5200	1800	7000		序号	姓名	基本工资	奖金	合计
6	4	李兆军	4900	1700	6600		2	李梦涛	5500	2000	7500
7	5	李志宏	5500	2400	7900						
8	6	梁金玉	6000	1800	7800		序号	姓名	基本工资	奖金	合计
9							3	李悦	5200	1800	7000

图14-64 VLOOKUP函数逐列（多列）查找

14.5.4 横向查找数据的HLOOKUP函数

HLOOKUP函数在区域的首行中搜索值，然后返回指定行的同一列中的值，总是沿着先行后列的顺序查找。HLOOKUP中的H代表“行”，正好注解第3参数。其语法为：

HLOOKUP(lookup_value,table_array,row_index_num,[range_lookup])

HLOOKUP(要查找的值,要查找的区域,返回值的行数,[匹配项])

HLOOKUP函数的语法结构与VLOOKUP函数类似，只是前者的第三个参数表示行数，代表在行方向查找。由于表格布局的原因，HLOOKUP函数用得较少。

例14-36 请根据学科查询学生成绩。

B2=HLOOKUP($G$1,$A$1:$D$6,ROW(A2),)。如图14-65所示。

G2 =HLOOKUP($G$1,$A$1:$D$6,ROW(A2),)

	A	B	C	D	E	F	G
1	学生	语文	数学	英语		学生	数学
2	张龙	92	73	94		张龙	73
3	张芯莹	74	92	70		张芯莹	92
4	朱佳	97	96	76		朱佳	96
5	周溢	90	72	75		周溢	72
6	张永杰	71	98	97		张永杰	98

图14-65 HLOOKUP函数的精确匹配

G2单元格可以设置数据验证，方便选择不同学科。

14.5.5 在行或列中查找的LOOKUP函数

LOOKUP函数非常强大，有“引用函数之王”的称号。LOOKUP有向量和数组两种形式。如表14-16所示。

表14-16　LOOKUP函数向量和数组形式的用法

形式	函数语法	函数功能	备注
向量形式	LOOKUP(lookup_value,lookup_vector,[result_vector]) LOOKUP(查找值,查找范围,[返回值的范围])	在单行（列）区域（称为"向量"）中查找值，然后返回第二个单行（列）区域中相同位置的值	第二个参数表示的数据区域必须按升序排列。如果在第二个参数中找不到第一个参数的值，则会与第二个参数中小于或等于第一个参数的最大值进行匹配
数组形式	LOOKUP(lookup_value,array) LOOKUP(查找值,二维数组)	在第一行（列）中查找指定的值，并返回数组最后一行（列）中同一位置的值	一般使用VLOOKUP或HLOOKUP函数代替LOOKUP函数的数组形式

1. LOOKUP函数的精确匹配

例14-37 请根据姓名查找毕业学校。

H3=LOOKUP(G3,A3:A6,E3:E6)。如图14-66所示。

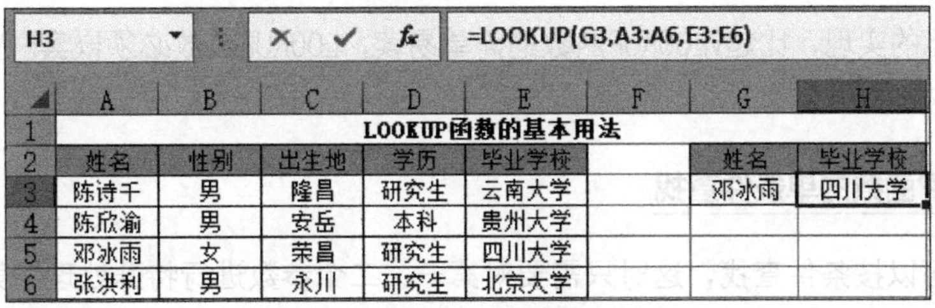

H3　=LOOKUP(G3,A3:A6,E3:E6)

	A	B	C	D	E	F	G	H
1	LOOKUP函数的基本用法							
2	姓名	性别	出生地	学历	毕业学校		姓名	毕业学校
3	陈诗千	男	隆昌	研究生	云南大学		邓冰雨	四川大学
4	陈欣渝	男	安岳	本科	贵州大学			
5	邓冰雨	女	荣昌	研究生	四川大学			
6	张洪利	男	永川	研究生	北京大学			

图14-66　LOOKUP函数的精确匹配

这是LOOKUP函数向量形式的基本用法，其第二个参数必须按升序排列，否则可能会出现张冠李戴的情况。这是LOOKUP函数最容易出错的地方。从这一点来说，LOOKUP似乎没有VLOOKUP那么便利。

2. LOOKUP函数的近似匹配（区间判断）

当LOOKUP函数的第二个参数为一组按升序排列的下限值时，LOOKUP函数就具备了与MATCH、VLOOKUP、HLOOKUP函数一样的区间判断能力。

例14-38 请根据学生的名次判定等级，第1名为一等奖，第2～3名为二等奖，第4～5名为三等奖。

H12=LOOKUP(G12,{0,2,4,6},{"一等奖","二等奖","三等奖",""})。如图14-67所示。

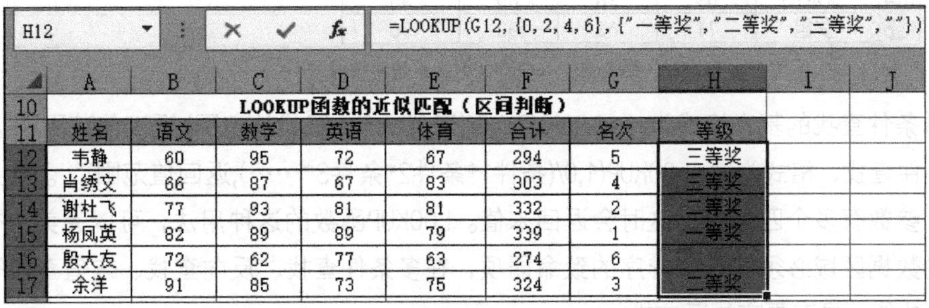

H12　=LOOKUP(G12,{0,2,4,6},{"一等奖","二等奖","三等奖",""})

	A	B	C	D	E	F	G	H	I	J
10	LOOKUP函数的近似匹配（区间判断）									
11	姓名	语文	数学	英语	体育	合计	名次	等级		
12	韦静	60	95	72	67	294	5	三等奖		
13	肖绣文	66	87	67	83	303	4	三等奖		
14	谢杜飞	77	93	81	81	332	2	二等奖		
15	杨凤英	82	89	89	79	339	1	一等奖		
16	殷大友	72	62	77	63	274	6			
17	余洋	91	85	73	75	324	3	二等奖		

图14-67　LOOKUP函数的近似匹配（区间判断）

3. LOOKUP函数的模糊查找

当LOOKUP函数与文本函数配合时，就可以进行模糊查找。

例14-39 请根据供货商的简称查找数量。

H23=LOOKUP(1,0/FIND(G23,A23:A26),D23:D26)。如图14-68所示。

H23 =LOOKUP(1,0/FIND(G23,A23:A26),D23:D26)

	A	B	C	D	E	F	G	H
21	LOOKUP函数的模糊查找							
22	供货商	商品	单位	数量	单价		供货商	数量
23	佳佳乐食品	牛奶	箱	156	80		五福	624
24	童趣食品	小面包	箱	219	60			
25	五福同乐	果冻	箱	624	50			
26	国力机械	打印机	台	56	800			

图14-68 LOOKUP函数的模糊查找

对于这一功能的实现，比起VLOOKUP函数的简单易读，LOOKUP函数必须嵌套FIND函数，在便利程度上不得不甘拜下风。

4. LOOKUP函数的单条件查找

LOOKUP函数可以按条件查找，这时只需要对第一、二个参数进行特殊处理，第一个参数要大于第二个参数，第二个参数的数组无须按升序排列。

例14-40 请根据姓名查找学科成绩。

H32=LOOKUP(1,0/(G32=A32:A35),D32:D35)。式中，“G32=A32:A35”通过逻辑判断得到一组逻辑值“{FALSE;FALSE;TRUE;FALSE}”，再用“0”除之，得到数组“{#DIV/0!;#DIV/0!;0;#DIV/0!}”，在该数组中找不到第一个参数“1”，就只能与该数组中小于或等于“1”的最大值“0”进行匹配。如图14-69所示。

H32 =LOOKUP(1,0/(G32=A32:A35),D32:D35)

	A	B	C	D	E	F	G	H
30	LOOKUP函数单条件查找（返回末值）							
31	姓名	语文	数学	英语	体育		姓名	英语
32	朱佳	74	83	85	73		张永杰	89
33	周溢	82	72	69	75			
34	张永杰	69	78	89	93			
35	罗旭	71	63	92	96			

图14-69 LOOKUP函数的单条件查找

这种单条件查找的基本格式为“=LOOKUP(1,0/(查找的值=查找的范围),返回值范围)”。它还可以扩展为多条件查找，格式为“=LOOKUP(1,0/(条件1*条件2*条件3*……),返回值范围)”。如果第二个参数与第一个参数有多个匹配值，这时会返回末值。LOOKUP函数的这种用法，可以完美弥补其第二个参数所指的数据区域必须按升序排序的致命弱项，在多条件查找、反向查找、末值查找等方面也有着更强大的功能，具有更高的适应性。

由于本例返回数值，所以可以使用MAX函数巧妙地按条件跨区域查找，公式为“=MAX((G32=A32:A35)*D32:D35)”或“=MAXIFS(D32:D35,A32:A35,G32)”。

5. LOOKUP函数查找某列末值

LOOKUP函数非常适用于查找某列末值。

例14-41 请在某列中查找最后一个内容、最后一个文本、最后一个数值。

O2=LOOKUP(1,0/(L:L<>""),L:L)。

O3=LOOKUP("座",L:L)。这里巧妙借用了Excel的内部排序。

O4=LOOKUP(9E+307,L:L)。"9E+307"代表一个极其大的数。

如图14-70所示。

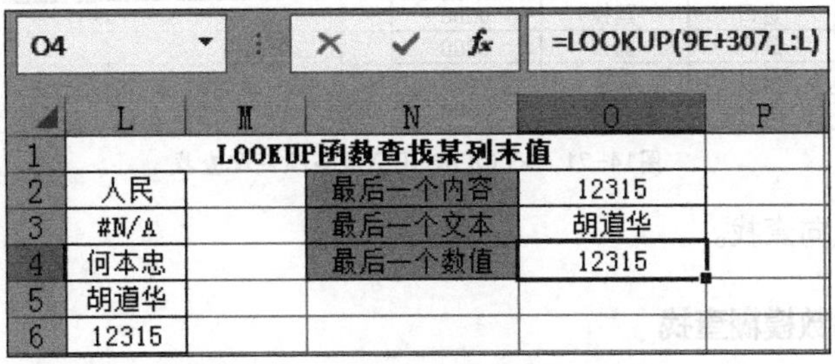

图14-70 LOOKUP函数查找某列末值

14.5.6 纵横无敌终结者XLOOKUP函数

XLOOKUP函数是Excel 2019的新增函数，整合了VLOOKUP、HLOOKUP、LOOKUP三大查找函数的功能，堪称"超级查找函数"。其语法为：

XLOOKUP(lookup_value,lookup_array,return_array,[if_not found],[match_mode],[search_mode])

XLOOKUP(查找值,查找区域,返回值的区域,[未找到时的值],[匹配方式],[搜索模式])

其中，匹配方式有以下4种可选。

0，表示精确匹配。

-1，表示精确匹配或未找到查询值时返回下一个较小的项目。

1，表示精确匹配或未找到查询值时返回下一个较大的项目。

2，表示通配符匹配。

搜索模式有以下4种可选。

1，表示从第一个项目开始执行搜索。

-1，表示从最后一个项目开始执行反向搜索。

2，表示在查找区域为升序的前提下搜索。

-2，表示在查询区域为降序的前提下搜索。

由于第三个参数是返回值区域，因而XLOOKUP函数就突破了VLOOKUP函数在列数上的桎梏，不再受到查找区域列数增减的影响，反向查找也易如反掌。比起LOOKUP函数，XLOOKUP函数增加了第四、五、六个参数，使用起来更加便利。

这里仅介绍几个比其他查找函数更容易实现的用法。

1. XLOOKUP函数多项匹配查找

例14-42 请根据水果名和产地查找销售额。

F4=XLOOKUP(F2&F3,B3:B8&A3:A8,C3:C8)。如图14-71所示。

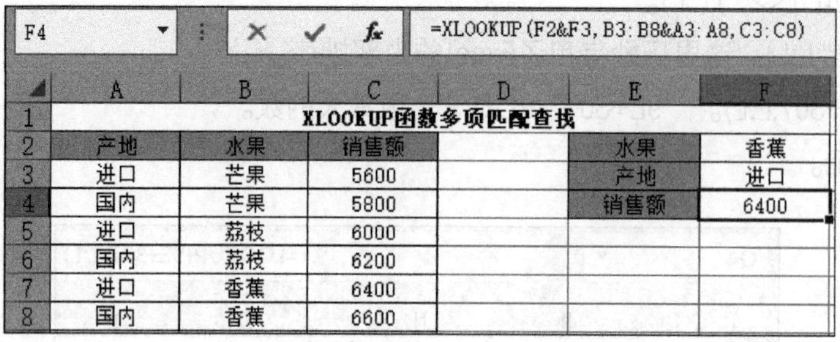
F4 =XLOOKUP(F2&F3,B3:B8&A3:A8,C3:C8)

	A	B	C	D	E	F
1	XLOOKUP函数多项匹配查找					
2	产地	水果	销售额		水果	香蕉
3	进口	芒果	5600		产地	进口
4	国内	芒果	5800		销售额	6400
5	进口	荔枝	6000			
6	国内	荔枝	6200			
7	进口	香蕉	6400			
8	国内	香蕉	6600			

图14-71 XLOOKUP函数多项匹配查找

本例同时进行了反向查找。

2. XLOOKUP函数模糊查找

例14-43 请根据供货商简称查找数量。

F14=XLOOKUP("*"&E14&"*",A14:A18,C14:C18,,2)。式中，第五个参数“2”表示通配符查找。如图14-72所示。

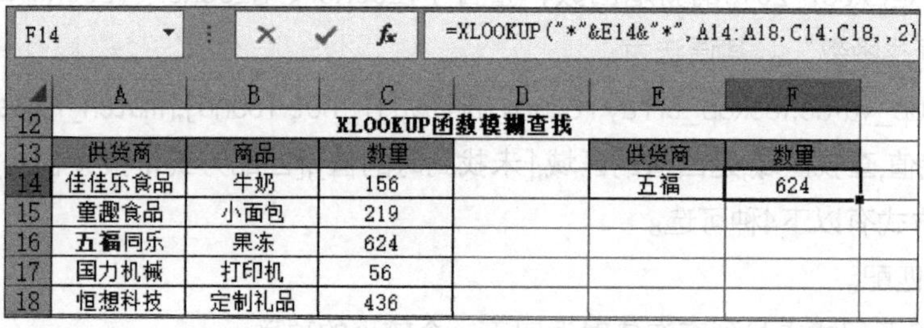
F14 =XLOOKUP("*"&E14&"*",A14:A18,C14:C18,,2)

	A	B	C	D	E	F
12	XLOOKUP函数模糊查找					
13	供货商	商品	数量		供货商	数量
14	佳佳乐食品	牛奶	156		五福	624
15	童趣食品	小面包	219			
16	五福同乐	果冻	624			
17	国力机械	打印机	56			
18	恒想科技	定制礼品	436			

图14-72 XLOOKUP函数模糊查找

3. XLOOKUP函数查找末项

例14-44 请根据产品名查找最近一次的数量。

F24 =XLOOKUP(E24,B24:B28,C24:C28,,,-1)。式中，第五个参数省略了0，表示精确查找，第六个参数为“-1”，表示从下往上逆序查找。如图14-73所示。

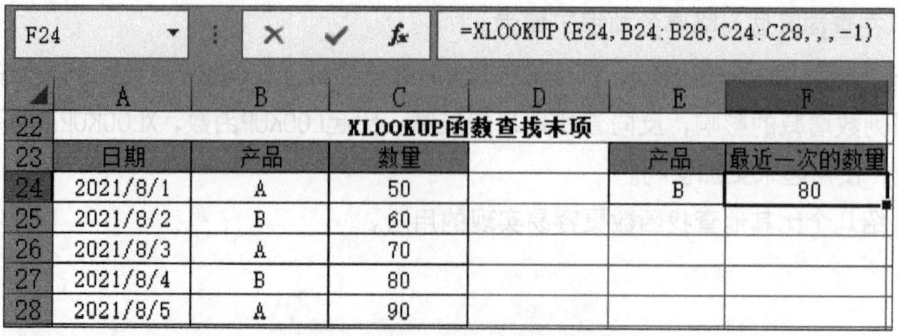
F24 =XLOOKUP(E24,B24:B28,C24:C28,,,-1)

	A	B	C	D	E	F
22	XLOOKUP函数查找末项					
23	日期	产品	数量		产品	最近一次的数量
24	2021/8/1	A	50		B	80
25	2021/8/2	B	60			
26	2021/8/3	A	70			
27	2021/8/4	B	80			
28	2021/8/5	A	90			

图14-73 XLOOKUP函数查找末项

14.5.7 定位行列交叉处的INDEX函数

INDEX函数有数组和引用两种形式。如表14-17所示。

表14-17 INDEX函数数组和引用形式的用法

形式	语法	功能
数组形式	INDEX(array,row_num,[column_num]) INDEX(数组,行号,[列号])	返回表格或区域中的值或值的引用
引用形式	INDEX(reference,row_num,[column_num],[area_num]) INDEX(区域,行号,[列号],[区域数])	

例14-45 请根据星期和节次查找科目。

D12=INDEX(B2:F9,C12,B12)。如图14-74所示。

D12 =INDEX(B2:F9,C12,B12)

	A	B	C	D	E	F
1		星期1	星期2	星期3	星期4	星期5
2	第1节	语文张静	英语周玉玲	语文张静	思想政治罗凤莲	数学陈全蓉
3	第2节	数学陈全蓉	语文张静	数学陈全蓉	语文张静	化学李忠和
4	第3节	思想政治罗凤莲	化学李忠和	物理刘则彬	英语周玉玲	通用技术刘则彬
5	第4节	英语周玉玲	数学陈全蓉	英语周玉玲	物理刘则彬	语文张静
6	第5节	地理张玉琴	生物陈雪梅	地理张玉琴	数学陈全蓉	物理刘则彬
7	第6节	体育与健康李源	历史何家均	体育与健康李源	美术王丽娜	英语周玉玲
8	第7节	信息技术毛国英	物理刘则彬	化学李忠和	历史何家均	生物陈雪梅
9	第8节	班会黄霞	阅读	信息技术毛国英	心理健康盛兴兰	音乐黄霞
10						
11		星期	节次	科目		
12		2	3	化学李忠和		

图14-74 INDEX函数定位行列交叉处

B1:F1区域的单元格格式为“"星期"G/通用格式”，A2:A9区域的单元格格式为“"第"G/通用格式"节"”。

14.5.8 动态偏移到新引用的OFFSET函数

OFFSET函数在动态计算、动态图表、下拉菜单等方面有着很好的表现，被誉为“动态统计之王”。

OFFSET函数返回对单元格或单元格区域中指定行数和列数的区域的引用，后面4个参数都可以为负数，负数表示向上或向左，正数表示向下或向右。其语法为：

OFFSET(reference,rows,cols,[height],[width])

OFFSET(基点,偏移的行数,偏移的列数,[新引用的高度],[新引用的宽度])

比如，“=OFFSET(A1,4,2,4,3)”表示以A1单元格为基点，向下偏移4行，向右偏移2行，新引用的高度为4行，新引用的宽度为3列，得到的结果为“{1,2,3;4,5,6;7,8,9;10,11,12}”。如图14-75所示。

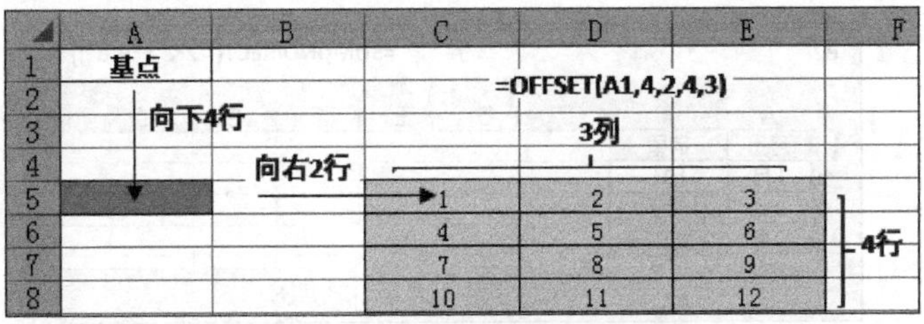

图14-75 OFFSET函数偏移的原理

如果在参数上使用二维数组，就能形成三维或四维引用。这里只介绍一个简单的应用。

例14-46 请统计近3日的销量。

D2=SUM(OFFSET(B12,COUNT(B:B),,-3))。式中，COUNT函数统计B列的数字单元格个数，OFFSET返回“{97;90;71}”，SUM函数再进行统计。如图14-76所示。

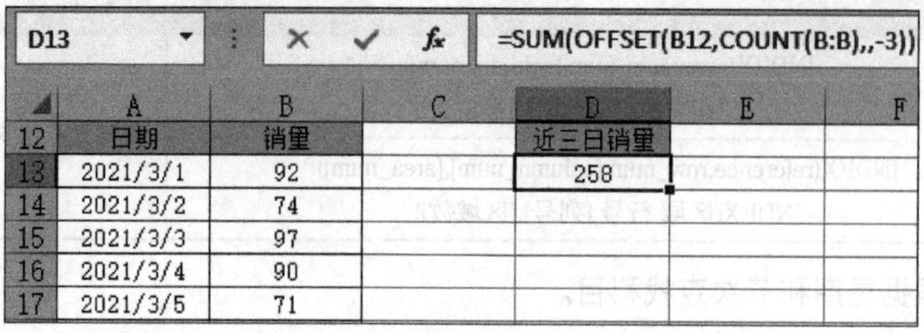

图14-76 OFFSET统计近3日的销量

14.5.9 返回到间接引用的INDIRECT函数

INDIRECT的英文含义为“间接的、迂回的”。INDIRECT函数返回由文本字符串指定的引用。此函数立即对引用进行计算，并显示内容。其语法为：

INDIRECT(ref_text,[a1])

INDIRECT(所引用文本,引用样式)

第一个参数编写较为麻烦，容易出错，可以包含A1样式的引用、R1C1样式的引用、定义为引用的名称或对作为文本字符串的单元格的引用。文本字符串要用英文双引号“""”引起来，文本字符串与单元格引用之间要用连接符号“&”来连接。

第二个参数用于指定第一个参数引用的类型。如果该参数为TRUE或省略，第一个参数被解释为A1样式的引用。如果该参数为FALSE或0，则将第一个参数解释为R1C1样式的引用。

INDIRECT函数与OFFSET函数有异曲同工之妙，往往配合其他函数使用。

例14-47 如图14-77所示，请统计各月的销量。

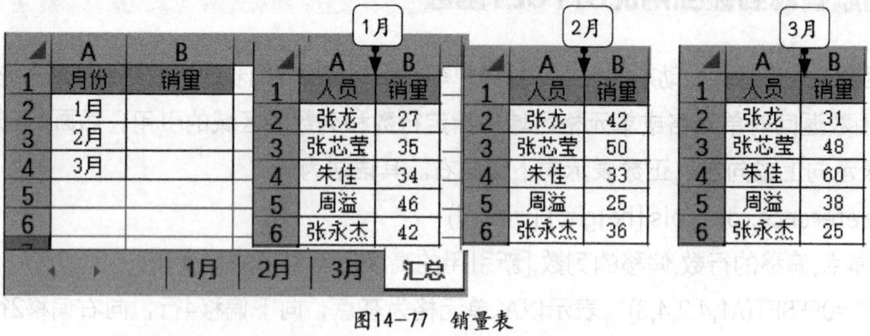

图14-77 销量表

在“汇总”工作表B2单元格输入公式“=SUM(INDIRECT(A2&"!B:B"))”。如图14-78所示。

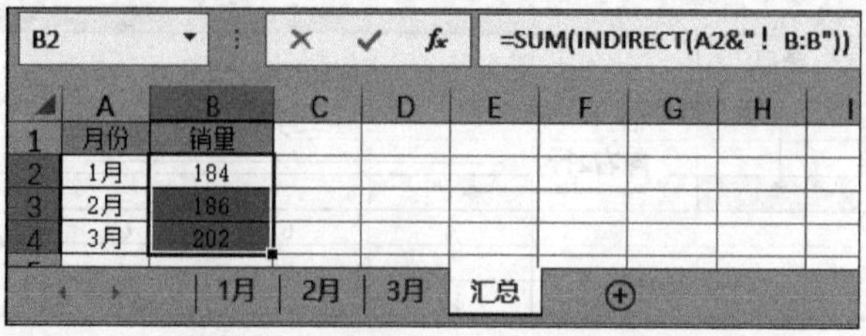

图14-78 INDIRECT函数用于多表汇总

14.5.10 用于排序、筛选、去重的"四大新星"

Excel 2019新增了用于排序筛选去重的"四大新星"函数，从而一举让过去非常复杂、艰涩的函数公式变得十分简单，而且这几个函数还可以相互嵌套，功能强大。这四大新函数的语法及功能如表14-18所示。

表14-18 四大排序、筛选、去重新函数的语法及功能

函数语法	函数功能	备注
FILTER(数组,条件,if_empty)	对范围或数组内容的数据进行筛选	第三个参数表示无法满足条件时返回的结果，可以为空
SORT（数组,[sort_index],[sort_order],[by_col]） SORT（数组,[排序行列数],[排序次序],[按行或列排序]）	对范围或数组内的数据进行排序	第三个参数为1或省略，代表升序，-1代表降序；第四个参数为TRUE（1）代表按行排序，FALSE（0）或省略代表按列排序
SORTBY(数组,by_array1,[sort_order1],[by_array2,sort_order2],…)	对范围或数组内的数据按多个条件排序	第三个参数代表要用于排序的顺序，1表示升序，-1表示降序，默认值为"升序"
UNIQUE(数组,[by_col],[exactly_once])	返回一系列值中的唯一值	第二个参数TRUE（1）代表唯一值行，FALSE（0）或省略代表唯一值列。第三个参数TRUE（1）代表只出现1次的项，FALSE（0）或省略代表所有的不重复项

例14-48 请按工龄长短降序排序。

E3=SORT(A3:C7,2,-1)。如图14-79所示。

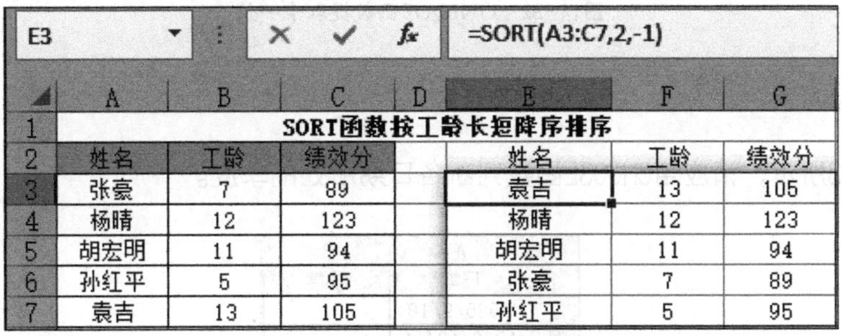

E3　=SORT(A3:C7,2,-1)

	A	B	C	D	E	F	G
1	SORT函数按工龄长短降序排序						
2	姓名	工龄	绩效分		姓名	工龄	绩效分
3	张豪	7	89		袁吉	13	105
4	杨晴	12	123		杨晴	12	123
5	胡宏明	11	94		胡宏明	11	94
6	孙红平	5	95		张豪	7	89
7	袁吉	13	105		孙红平	5	95

图14-79 SORT函数按工龄长短降序排序

例14-49 请按职称升序排序，按年龄降序排序。

E13=SORTBY(A13:C17,B13:B17,1,C13:C17,-1)。如图14-80所示。

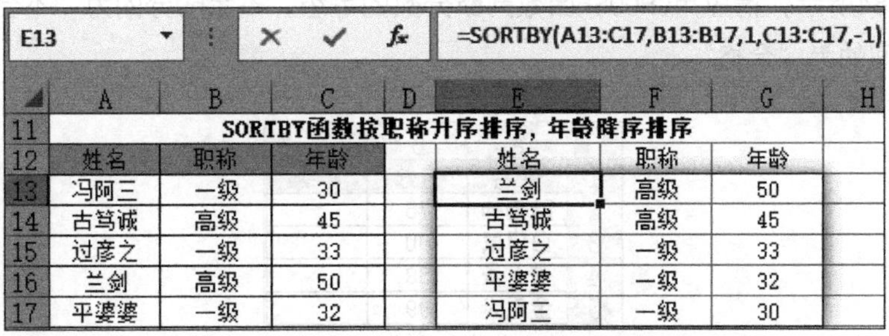

E13　=SORTBY(A13:C17,B13:B17,1,C13:C17,-1)

	A	B	C	D	E	F	G	H
11	SORTBY函数按职称升序排序，年龄降序排序							
12	姓名	职称	年龄		姓名	职称	年龄	
13	冯阿三	一级	30		兰剑	高级	50	
14	古笃诚	高级	45		古笃诚	高级	45	
15	过彦之	一级	33		过彦之	一级	33	
16	兰剑	高级	50		平婆婆	一级	32	
17	平婆婆	一级	32		冯阿三	一级	30	

图14-80 SORTBY函数按职称升序排序，按年龄降序排序

例14-50 请筛选工龄大于等于10年或绩效分大于等于100分的记录。

E23=FILTER(A23:C27,((B23:B27>=10)+(C23:C27>=100)),"无记录")。如图14-81所示。

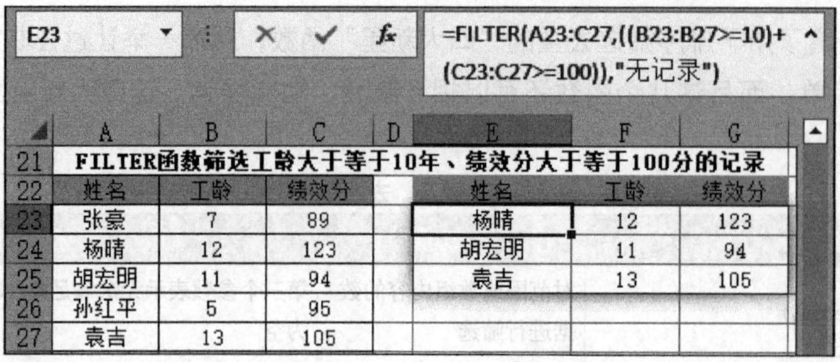

E23 =FILTER(A23:C27,((B23:B27>=10)+(C23:C27>=100)),"无记录")

	A	B	C	D	E	F	G
21	FILTER函数筛选工龄大于等于10年、绩效分大于等于100分的记录						
22	姓名	工龄	绩效分		姓名	工龄	绩效分
23	张豪	7	89		杨晴	12	123
24	杨晴	12	123		胡宏明	11	94
25	胡宏明	11	94		袁吉	13	105
26	孙红平	5	95				
27	袁吉	13	105				

图14-81　FILTER函数筛选工龄大于等于10年或绩效分大于等于100分的记录

例14-51 请提取客户的唯一值列表。

E33=UNIQUE(C33:C36)。如图14-82所示。

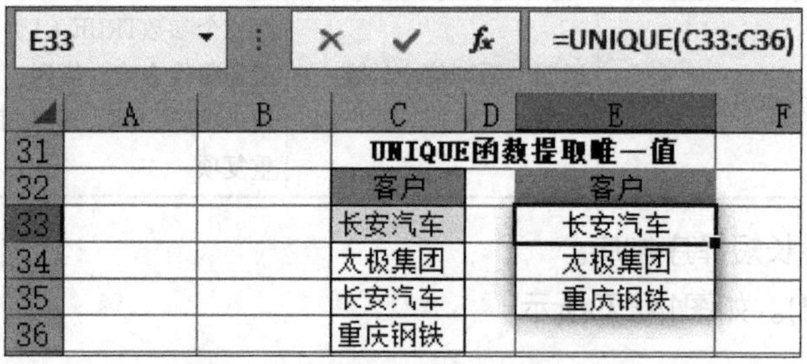

E33 =UNIQUE(C33:C36)

	A	B	C	D	E	F
31			UNIQUE函数提取唯一值			
32			客户		客户	
33			长安汽车		长安汽车	
34			太极集团		太极集团	
35			长安汽车		重庆钢铁	
36			重庆钢铁			

图14-82　UNIQUE函数提取唯一值

【边练边想】

1. 如图14-83所示，请应用CHOOSE函数判断各日期所处的季度。

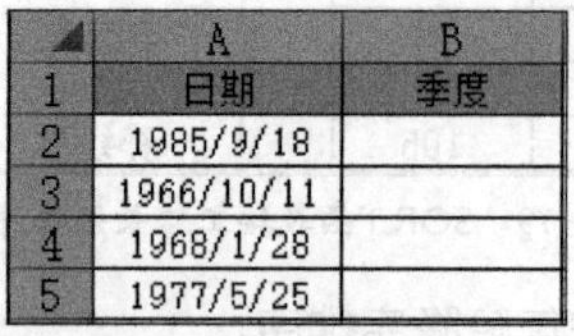

	A	B
1	日期	季度
2	1985/9/18	
3	1966/10/11	
4	1968/1/28	
5	1977/5/25	

图14-83　日期季度表

2. 如图14-84所示，请应用CHOOSE函数判断分数的等级，不足60分的为“不合格”，满80分的为“优秀”，中间的为“合格”。

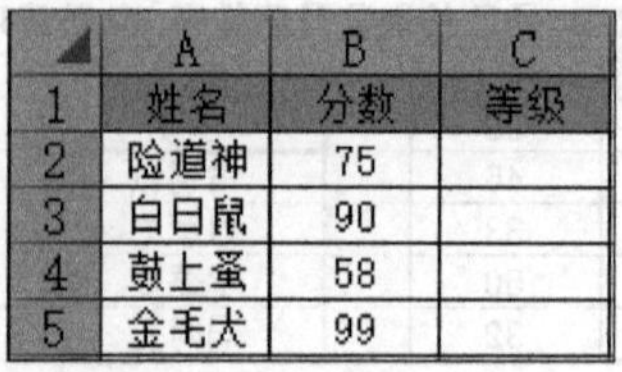

	A	B	C
1	姓名	分数	等级
2	险道神	75	
3	白日鼠	90	
4	鼓上蚤	58	
5	金毛犬	99	

图14-84　分数等级表

3. 如图14-85所示，请按姓名查询相关信息。

	A	B	C	D	E
1	姓名	性别	出生地	学历	毕业学校
2	罗庆丽	女	荣昌	研究生	四川大学
3	吕浩玉	男	内江	本科	武汉大学
4	彭雨婷	女	大足	研究生	重庆大学
5					
6	查询				
7	姓名	性别	出生地	学历	毕业学校
8	吕浩玉				

图14-85 职工信息表

4. 如图14-86所示，请查找各种材料的单价、折扣，并计算出金额。

	A	B	C	D	E	F	G	H	I	J	K	L	M
1	材料	数量	单价	折扣	金额			房间砖	墙砖	厕所砖		材料	单价
2	房间砖	400					1	0	0	0		房间砖	80
3	墙砖	130					100	2%	3%	4%		墙砖	20
4	厕所砖	280					200	4%	5%	7%		厕所砖	15
5							300	6%	7%	10%			

图14-86 单价、折扣和金额表

5. 如图14-87所示，请根据身份证号码逆向查询姓名。

	A	B	C	D	E
1	姓名	身份证号		多种方法实现逆向查询	
2	温和情	500226200612256867		身份证号	500226200702166865
3	吴代妹	41150220060306936X		VLOOKUP+CHOOSE	
4	伍思涵	500226200702166865		VLOOKUP+IF	
5	谢武	500226200512182290		INDEX+MATCH	

图14-87 身份证号码表

6. 双向查找是一种典型查找，如图14-88所示，请在二维产量表中根据月份和产品查找产量。

	A	B	C	D	E	F	G	H	I	J
1	产品	1月	2月	3月	4月	5月	6月		月份	2月
2	衣柜	35	25	29	28	14	27		产品	电视柜
3	鞋柜	50	11	26	10	31	31		产量	
4	书柜	31	48	44	20	48	13			
5	电视柜	19	49	40	20	13	18			
6	床铺	45	41	45	41	26	30			

图14-88 产量表

7. 如图14-89所示，请筛选出前3名并按成绩降序排序。

	A	B	C	D	E	F	G
1	姓名	性别	成绩		姓名	性别	成绩
2	陈燕	女	95				
3	敖若菲	女	76				
4	郑毅	男	85				
5	钟俊豪	男	96				
6	周素银	男	89				

图14-89 成绩表

8. 如图14-90所示，请按2月的销量降序排序，结果只保留“姓名”和“2月”列。

	A	B	C	D	E	F	G
1	姓名	1月	2月	3月		姓名	2月
2	陈燕	66	75	58			
3	敖若菲	61	63	82			
4	郑毅	55	79	72			
5	钟俊豪	64	64	54			

图14-90 销量表

【问题解析】

1. B2=CHOOSE(MONTH(A2),1,1,1,2,2,2,3,3,3,4,4,4)。

2. C2=CHOOSE(MATCH(B2,{0;60;80},1),"不合格","合格","优秀")。

3. B8=VLOOKUP($A$8,$A$2:$E$4,COLUMN(),)。

4. C2=VLOOKUP(A2,$L$2:$M$4,2,)。

D2=VLOOKUP(B2,$G$2:$J$5,MATCH(A2,$G$1:$J$1,))。

E2=B2*C2*(1-D2)。

5. E3=VLOOKUP(E2,CHOOSE({1,2},B2:B5,A2:A5),2,0)。

E4=VLOOKUP(E2,IF({1,0},B2:B5,A2:A5),2,)。

E5=INDEX(A:A,MATCH(E2,B1:B5,0))。

6. J3=INDEX(A1:G6,MATCH(J2,A1:A6,),MATCH(J1,A1:G1,))。

7. E2=SORT(FILTER(A2:C6,C2:C6>LARGE(C2:C6,4)),3,-1)。

8. F2=SORT(CHOOSE({1,2},A2:A5,C2:C5),2,-1)或=SORT(IF({1,0},A2:A5,C2:C5),2,-1)。

14.6 数学与三角函数

Excel中的数学与三角函数多达70多个，单是数学计算就包括常规计算、舍入计算、指数与对数计算、阶乘和矩阵计算、生成随机数以及其他一些计算。

14.6.1 各有所长的随机函数

随机函数是易失性函数，每次计算时，工作表都会在一定范围内再次产生随机数，或数组。3个随机函数的语法及功能如表14-19所示。

表14-19 3个随机函数的语法及功能

函数语法	函数功能	备注
RAND()	返回一个大于等于0且小于1的平均分布的随机实数	生成a与b之间的随机实数的公式为“=RAND()*(b-a)+a”
RANDBETWEEN(bottom,top) RANDBETWEEN(最小整数,最大整数)	返回两个指定的整数之间的一个随机整数	
RANDARRAY([rows],[columns],[min],[max],[whole_number]) RANDARRAY([行数],[列数],[最小值],[最大值],[数字模式])	返回一组随机数字	如果不输入第一、二个参数，将返回0到1之间的单个值。如果不输入第三、四个参数，将分别默认为0和1。如果第五个参数为TRUE（1），将返回整数；如果第五个参数为FALSE（0）或省略，将返回实数

RANDARRAY函数是Excel 2019的新增函数，是RAND、RANDBETWEEN函数的加强版及合体版。它也很特别，5个参数居然全部都是可选参数。

例14-52 如何对姓名列实现随机排序？

以“随机数”列为辅助列，然后进行升序或降序排序。

C3=RAND()。如图14-91所示。

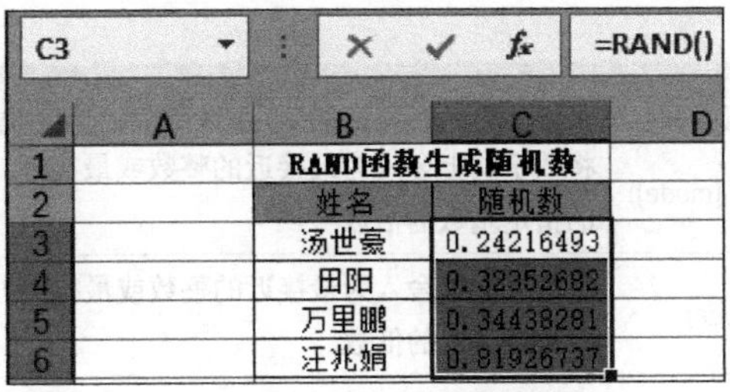

图14-91　RAND函数生成随机数

例14-53 如何实现随机点名？

H3=INDEX(F3:F6,RANDBETWEEN(1,4))。如图14-92所示。

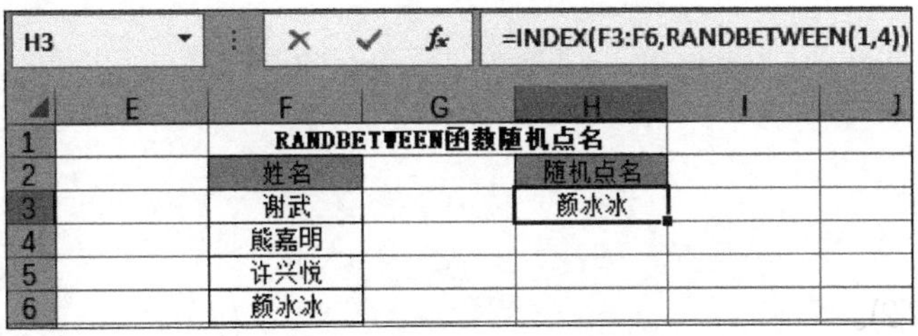

图14-92　RANDBETWEEN函数随机点名

例14-54 如何快速编写位数加法题？

在K3、M3单元格输入公式“=RANDARRAY(4,1,10,99,TRUE)”。如图14-93所示。

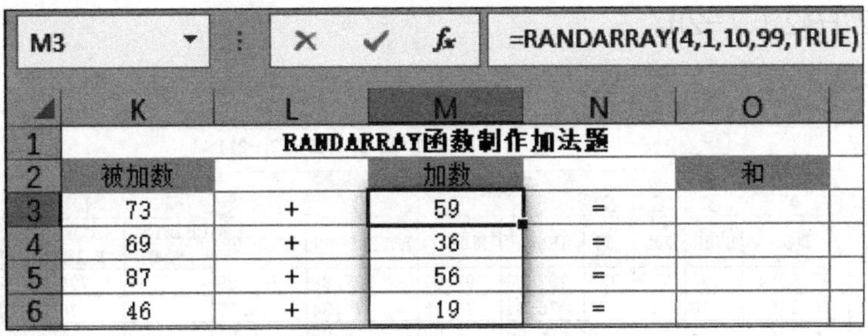

图14-93　RANDARRAY函数编写两位数加法题

14.6.2 严谨的舍入函数

Excel中的10个舍入函数考虑到了各种舍入情况，十分全面、严谨。这类函数还能解决数据格式不一致这个问题。舍入函数用法简单，其语法及功能如表14-20所示。

表14-20　10个舍入函数的语法及功能

函数语法	函数功能	备注
EVEN(number)	将数字向上舍入到的最接近的偶数	
ODD(number)	将数字向上舍入到的最接近的奇数	
INT(number)	将数字向下舍入到最接近的整数	
TRUNC(number,[num_digits])	将数字按指定位数舍入	第二个参数为位数。TRUNC与ROUNDDOWN函数的功能一样，区别只在于第二个参数是必选的还是可选的
ROUND(number,num_digits)	将数字按指定位数四舍五入	
ROUNDDOWN(number,num_digits)	将数字朝着0的方向向下舍入	
ROUNDUP(number,num_digits)	将数字朝着远离0的方向向上舍入	

续表

函数语法	函数功能	备注
CEILING.MATH(number,[significance],[mode])	将数字向上舍入为最接近的整数或最接近的指定基数的倍数	第二个参数为倍数。第三个参数如果省略，负数向0舍入；如果为其他值，负数向远离0的方向舍入
FLOOR.MATH(number,significance,mode)	将数字向下舍入为最接近的整数或最接近的指定基数的倍数	
MROUND(number,multiple)	将数字按指定倍数舍入	第二个参数为倍数

例14-55 请运用10个舍入函数对数据进行舍入计算，涉及舍入位数或按特定倍数舍入的，按2位或2倍计算。如果为负数，MROUND函数按“-2倍”计算。

B2=EVEN(A2)。

C2=ODD(A2)。

D2=INT(A2)。

E2=TRUNC(A2,2)。

F2=ROUND(A2,2)。

G2=ROUNDDOWN(A2,2)。

H2=ROUNDUP(A2,2)。

I2=CEILING.MATH(A2,2)。

J2=FLOOR.MATH(A2,2)。

K2=MROUND(A2,IF(A2>0,2,-2))。

如图14-94所示。

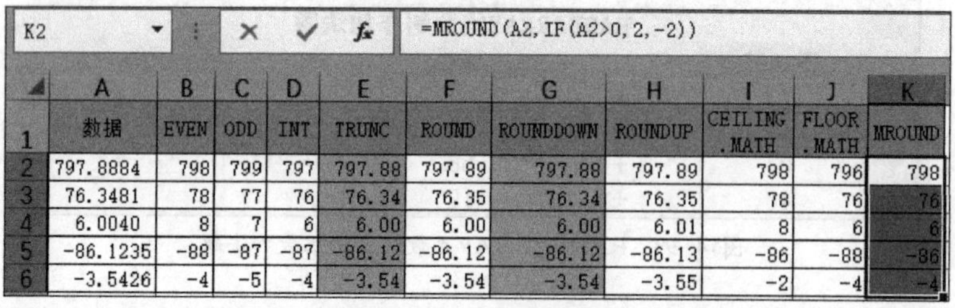

K2 =MROUND(A2,IF(A2>0,2,-2))

	A	B	C	D	E	F	G	H	I	J	K
1	数据	EVEN	ODD	INT	TRUNC	ROUND	ROUNDDOWN	ROUNDUP	CEILING.MATH	FLOOR.MATH	MROUND
2	797.8884	798	799	797	797.88	797.89	797.88	797.89	798	796	798
3	76.3481	78	77	76	76.34	76.35	76.34	76.35	78	76	76
4	6.0040	8	7	6	6.00	6.00	6.00	6.01	8	6	6
5	-86.1235	-88	-87	-87	-86.12	-86.12	-86.12	-86.13	-86	-88	-86
6	-3.5426	-4	-5	-4	-3.54	-3.54	-3.54	-3.55	-2	-4	-4

图14-94 用10个舍入函数对数据进行舍入计算

14.6.3 汇总求和函数的灵活与变化

在Excel中，可以使用SUM、SUMIF、SUMIFS函数分别进行简单求和、单条件和多条件求和。在日常办公中，SUM函数甚至能进行条件计数和求和，其应用极其广泛。3个求和函数的语法及功能如表14-21所示。

表14-21 3个求和函数的语法及功能

函数语法	函数功能	备注
SUM(number1,[number2],…)	返回各参数之和	
SUMIF(range,criteria,[sum_range]) SUMIF(条件区域,条件,[求和区域])	对符合指定条件的值求和	条件不区分大小写，可以使用数字、文本、单元格引用、表达式、数组、函数形式作为条件，还可以使用通配符、比较运算符
SUMIFS(sum_range,criteria_range1,criteria1,[criteria_range2,criteria2],…) SUMIFS(求和区域,条件区域1,条件1,[条件区域2,条件2],…)	用于计算满足多个条件的值的和	

例14-56 请汇总各商品的金额。

G3=SUMIF(B:B,"*"&F3&"*",D:D)。

G5=SUM(G3:G4)。

如图14-95所示。

G3 =SUMIF(B:B,"*"&F3&"*",D:D)

	A	B	C	D	E	F	G
1	SUMIF函数单条件求和						
2	供应商	项目	票号	金额		商品	金额
3	华维电子	购网线款	104960	30,000		网线	63,300
4	瑞高科技	购监视器款	104962	22,750		监视器	90,490
5	华维电子	购网线款	104966	33,300		合计	153,790
6	瑞高科技	购监视器款	104977	67,740			

图14-95 汇总各商品的金额

例14-57 请汇总各项目各用途的金额。

G11=SUMIFS($D:$D,$B:$B,$F11,$C:C,G10)。如图14-96所示。

G11 =SUMIFS($D:$D,$B:$B,$F11,$C:C,G10)

	A	B	C	D	E	F	G	H
9	SUMIFS函数多条件求和							
10	付款单位	用途	项目	金额		用途	项目A	项目B
11	客户06	工程款	项目A	100,000		工程款	195,844	60,000
12	客户09	工程款	项目B	60,000		投标费	14,000	0
13	客户46	工程款	项目A	95,844		水电费	0	18,000
14	客户39	投标费	项目A	14,000				
15	客户49	水电费	项目B	18,000				

图14-96 汇总各项目各用途的金额

SUMPRODUCT函数用于求和也很方便，公式为“=SUMPRODUCT(($B$11:$B$15=$F11)*($C$11:$C$15=G$10)*$D$11:$D$15)”。

14.6.4 求乘积及求乘积之和的函数

在Excel中，PRODUCT、SUMPRODUCT、MMULT函数可以返回乘积或乘积之和。3个函数各有千秋，它们的语法及功能如表14-22所示。

表14-22 3个求乘积函数的语法及功能

函数语法	函数功能	备注
PRODUCT(number1,[number2],…)	计算数字的乘积	区域内的数据相乘，PRODUCT函数比乘号“*”更方便，还可以避免空格的影响
SUMPRODUCT(array1,[array2],[array3],…)	返回对应数组或区域的乘积之和	可以全面代替求和函数，还能够计数
MMULT(array1,array2)	返回两个数组的矩阵乘积	结果矩阵的行数与array1的行数相同，结果矩阵的列数与array2的列数相同。 array1的列数与array2的行数相同

大名鼎鼎的MMULT函数被称为“妹妹函数”“美眉函数”,在很多高级应用中都能见到“她”亮丽的身影。如图14-97所示，两个数组参数相乘时，array1的行数、array2的列数正好构成一个“正方形”（横向和纵向的单元格个数相等）。比如array1有4行3列，array2有3行2列，使用MMULT函数计算这两个数组的乘积时，将得到一个4行2列的矩阵乘积，形成的“正方形”为3行3列。

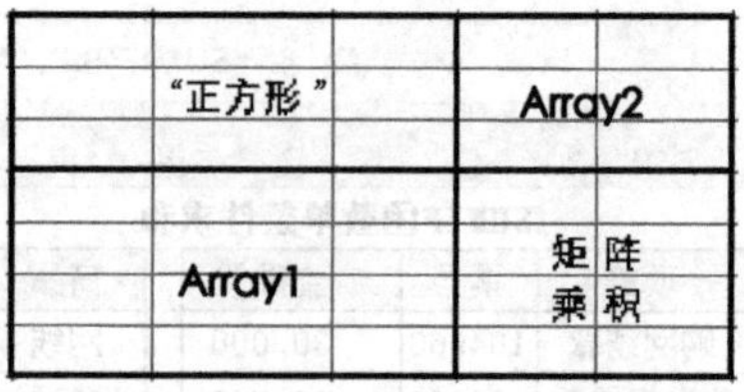

图14-97 MMULT函数计算原理图

例14-58 请根据每种商品的数量、单价和折扣计算折和金额。

E3=PRODUCT(B3:D3)。如图14-98所示。

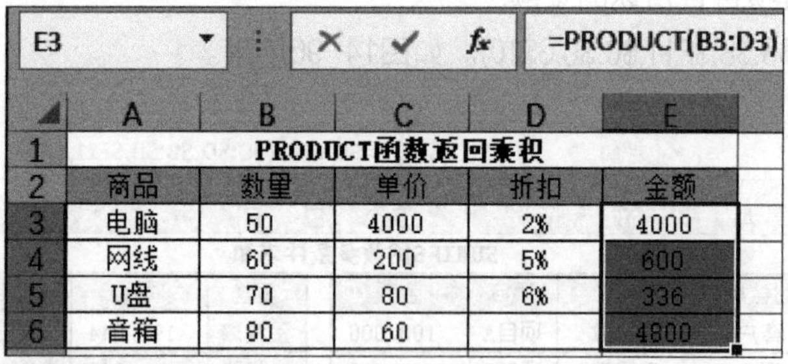

	A	B	C	D	E
1	PRODUCT函数返回乘积				
2	商品	数量	单价	折扣	金额
3	电脑	50	4000	2%	4000
4	网线	60	200	5%	600
5	U盘	70	80	6%	336
6	音箱	80	60		4800

图14-98 PRODUCT函数计算金额

例14-59 请根据工作能力、工作效果、满意度的权重计算每人的综合评分。

E12=SUMPRODUCT($B$11:$D$11,B12:D12)。如图14-99所示。

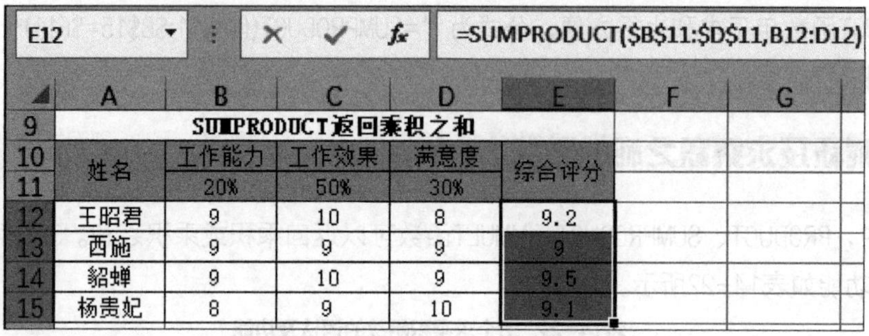

	A	B	C	D	E	F	G
9	SUMPRODUCT返回乘积之和						
10	姓名	工作能力	工作效果	满意度	综合评分		
11		20%	50%	30%			
12	王昭君	9	10	8	9.2		
13	西施	9	9	9	9		
14	貂蝉	9	10	9	9.5		
15	杨贵妃	8	9	10	9.1		

图14-99 SUMPRODUCT函数计算综合评分

例14-60 请统计每人每类商品的销售次数及销量。

F20=SUMPRODUCT(($A$20:$A$28=$E20)*($B$20:$B$28=F$19))。

F26=SUMPRODUCT(($A$20:$A$28=$E26)*($B$20:$B$28=F$19)*$C$20:$C$28)。

如图14-100所示。

例14-61 赵、钱、孙、李4家人卖白菜、土豆和黄瓜等3种蔬菜给一店和二店，同一家人卖给两家店的同一种蔬菜的斤数相等，只是价格不等，每家人在每家店收入多少钱?

在E36单元格输入公式“=MMULT(B36:D39,E33:F35)”。如图14-101所示。

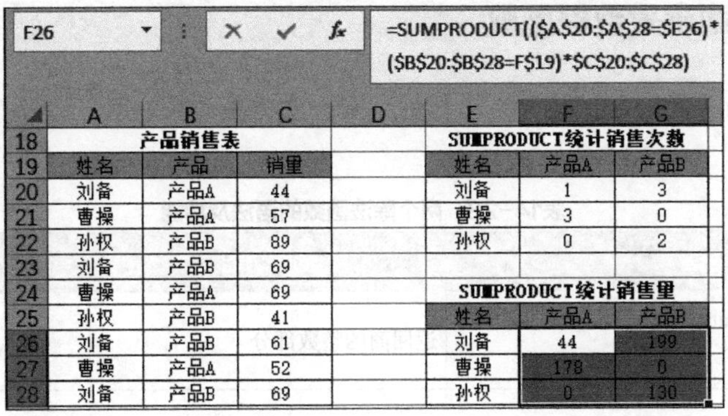

	A	B	C	D	E	F	G
18	产品销售表				SUMPRODUCT统计销售次数		
19	姓名	产品	销量		姓名	产品A	产品B
20	刘备	产品A	44		刘备	1	3
21	曹操	产品A	57		曹操	3	0
22	孙权	产品B	89		孙权	0	2
23	刘备	产品B	69				
24	曹操	产品A	69		SUMPRODUCT统计销售量		
25	孙权	产品B	41		姓名	产品A	产品B
26	刘备	产品B	61		刘备	44	199
27	曹操	产品A	52		曹操	178	0
28	刘备	产品B	69		孙权	0	130

图14-100　SUMPRODUCT统计每人每类商品的销售次数及销量

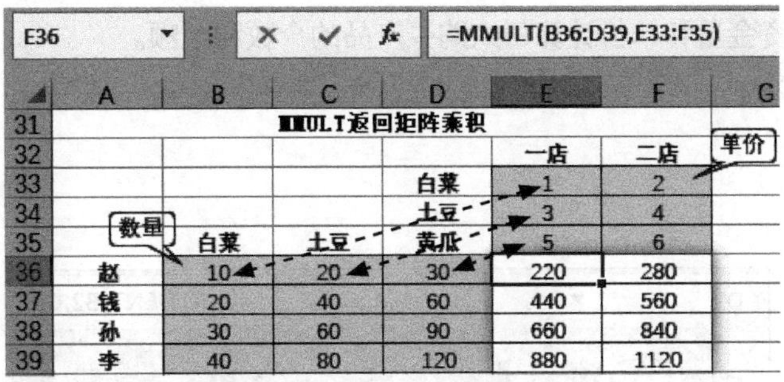

	A	B	C	D	E	F	G
31	MMULT返回矩阵乘积						
32					一店	二店	
33				白菜	1	2	
34				土豆	3	4	
35		白菜	土豆	黄瓜	5	6	
36	赵	10	20	30	220	280	
37	钱	20	40	60	440	560	
38	孙	30	60	90	660	840	
39	李	40	80	120	880	1120	

图14-101　MMULT返回矩阵乘积

在得数中，10*1+20*3+30*5=220。

例14-62 请使用数组公式计算现金收支余额以得到流水账。

E44=MMULT(--(ROW(A44:A48)>=TRANSPOSE(ROW(A44:A48))),C44:C48-D44:D48)。式中，TRANSPOSE数返回转置单元格区域。MMULT函数的第一个参数为构造的5×5数组“{1,0,0,0,0;1,1,0,0,0;1,1,1,0,0;1,1,1,1,0;1,1,1,1,1}”，相当于逐次累积，第二个参数“B3:B8-C3:C8”为“本期收入-本期支出”，得到5×1数组“{6500;1500;-1200;-4000;6000}”，最终结果为5×1数组“{6500;8000;6800;2800;8800}”。如图14-102所示。

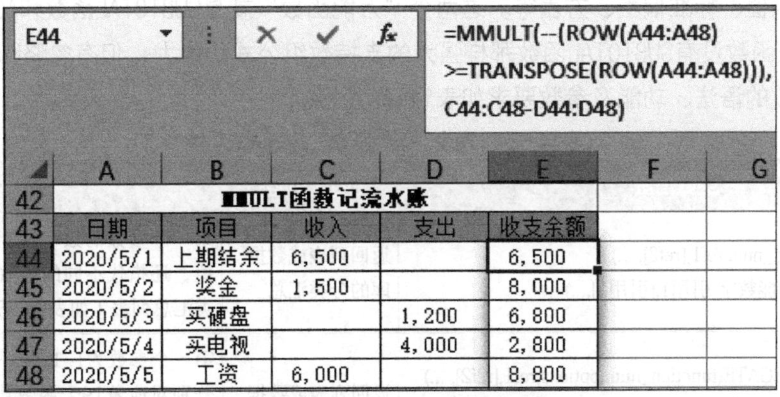

	A	B	C	D	E	F	G
42	MMULT函数记流水账						
43	日期	项目	收入	支出	收支余额		
44	2020/5/1	上期结余	6,500		6,500		
45	2020/5/2	奖金	1,500		8,000		
46	2020/5/3	买硬盘		1,200	6,800		
47	2020/5/4	买电视		4,000	2,800		
48	2020/5/5	工资	6,000		8,800		

图14-102　MMULT函数记流水账

如果只对单列数据进行累积，可使用数组公式“{=MMULT(--(ROW(区域)>=TRANSPOSE(ROW(区域))),区域)}”。

14.6.5 对商取整和求余数的函数

在除法运算中，QUOTIENT和MOD两个函数分别对商取整除和求余数。两个除法函数的语法及功能如表14-23所示。

表14-23 两个除法函数的语法及功能

函数语法	函数功能	备注
QUOTIENT(numerator,denominator) QUOTIENT(分子,分母)	返回商的整数部分	
MOD(number,divisor) MOD(被除数,除数)	返回两数相除的余数	结果的符号与除数相同

例14-63 请根据资金量和单价计算每人购买产品的个数和余额。

D2=QUOTIENT(B2,C2)。

E2=MOD(B2,C2)。

如图14-103所示。

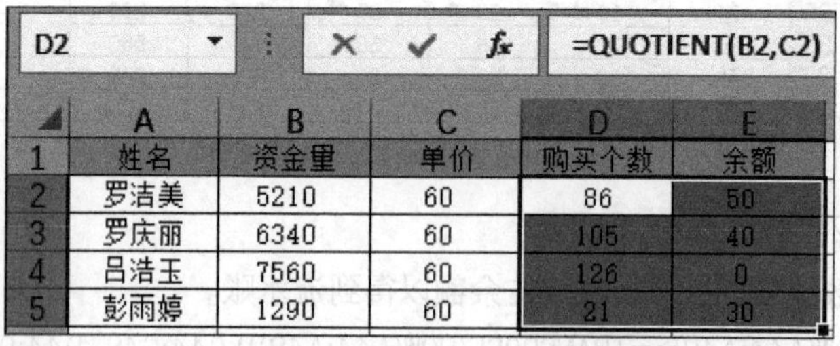

D2 =QUOTIENT(B2,C2)

	A	B	C	D	E
1	姓名	资金量	单价	购买个数	余额
2	罗洁美	5210	60	86	50
3	罗庆丽	6340	60	105	40
4	吕浩玉	7560	60	126	0
5	彭雨婷	1290	60	21	30

图14-103 计算购买产品的个数和余额

14.6.6 搞定统计分析的两个“万能函数”

在Excel函数中，有两个函数虽然是数学函数，但可以发挥统计功能，除了能够求和，还能求平均值、个数、极值、标准偏差、方差等。这两个“万能函数”就是SUBTOTAL函数和AGGREGATE函数。

AGGREGATE函数没有SUBTOTAL函数那样强大的支持数组公式的能力，但有忽略隐藏行和错误值的选项。两个函数的语法、功能及参数要求如表14-24所示。

表14-24 两个“万能函数”的语法及功能

函数语法	函数功能	备注
SUBTOTAL(function_num,ref1,[ref2], ...) SUBTOTAL(函数功能数字,引用1,[引用2],...)	返回列表或数据库的分类汇总	第一个参数的数字既能区分是否包含隐藏值，还指代不同的函数功能，特别适合分类汇总列表（如表14-25所示）
引用形式：AGGREGATE(function_num,options,ref1,[ref2], ...) AGGREGATE(函数功能数字,忽略选项,引用1,[引用2], ...) 数组形式：AGGREGATE(function_num,options,array,[k])	返回列表或数据库的合计	第一个参数为1~19的一个整数，这19个数分别对应着19个函数功能（如表14-26所示）；第二个参数决定在函数的计算区域内要忽略哪些值（如表14-27所示）

表14-25 SUBTOTAL函数第一个参数中不同数字指代的函数功能

包含隐藏值	忽略隐藏值	函数功能	函数说明
1	101	AVERAGE	平均值
2	102	COUNT	数字计数
3	103	COUNTA	非空单元格计数
4	104	MAX	最大值
5	105	MIN	最小值
6	106	PRODUCT	乘积
7	107	STDEV	标准偏差
8	108	STDEVP	总体的标准偏差
9	109	SUM	求和
10	110	VAR	方差
11	111	VARP	总体的方差

表14-26 AGGREGATE函数第一个参数中不同数字指代的函数功能

数字	函数功能	函数介绍
1	AVERAGE	平均值
2	COUNT	数字计数
3	COUNTA	非空单元格计数
4	MAX	最大值
5	MIN	最小值
6	PRODUCT	乘积
7	STDEV.S	标准偏差
8	STDEV.P	总体的标准偏差
9	SUM	求和
10	VAR.S	方差
11	VAR.P	总体的方差
12	MEDIAN	中值
13	MODE.SNGL	频率最大的值
14	LARGE	第k个最大值
15	SMALL	第k个最小值
16	PERCENTILE.INC	k百分点值（含0和1）
17	QUARTILE.INC	四分位点（含0和1）
18	PERCENTILE.EXC	k百分点值（不含0和1）
19	QUARTILE.EXC	四分位点（不含0和1）

表14-27 AGGREGATE函数第二个参数中的数字指代的忽略行为

数字	忽略行为
0或省略	忽略嵌套SUBTOTAL函数和AGGREGATE函数
1	忽略隐藏行、嵌套SUBTOTAL函数和AGGREGATE函数
2	忽略错误值、嵌套SUBTOTAL函数和AGGREGATE函数
3	忽略隐藏行、错误值、嵌套SUBTOTAL函数和AGGREGATE函数
4	忽略空值
5	忽略隐藏行
6	忽略错误值
7	忽略隐藏行和错误值

例14-64 请计算各科总分，计算结果必须返回内存数组。

E3=SUBTOTAL(9,OFFSET($B$3,ROW($A$3:$A$7)-3,,1,3))。式中，OFFSET函数的第二个参数"ROW($A$3:$A$7)-3"产生一维纵向数组"{0;1;2;3;4}"，OFFSET函数由此产生三维引用数组"{96;94;89;78;85}"，分别代表B3:D3、B4:D4、B5:D5、B6:D6、B7:D7区域。SUBTOTAL函数第一个参数为"9"，表示求和，得到一维纵向内存数组"{252;276;257;270;268}"，可供进一步计算。如图14-104所示。

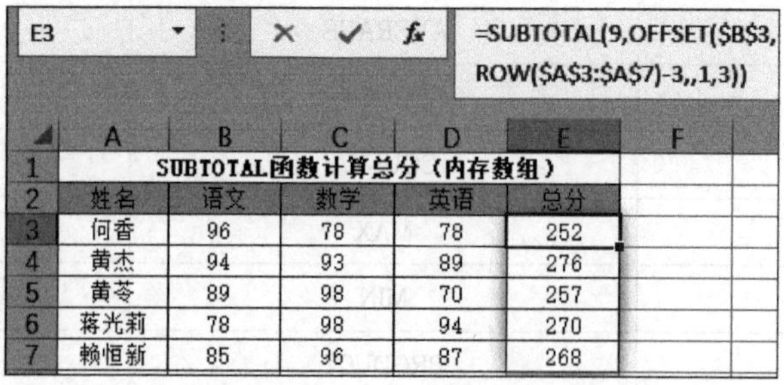

图14-104 SUBTOTAL函数计算总分（内存数组）

例14-65 请自动生成序号，使筛选后序号能够保持连续，比如筛选"男"。

A12=AGGREGATE(3,5,B$12:B12)。如图14-105所示。

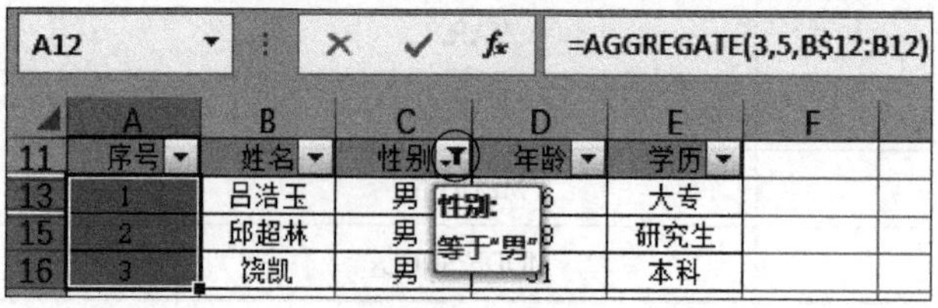

图14-105 人员表

14.6.7 返回数字序列的SEQUENCE函数

SEQUENCE函数是Excel 2019的新增函数，可在数组中生成一系列连续数字，类似于填充数字序列的效果，其语法为：

=SEQUENCE(rows,[columns],[start],[step])

=SEQUENCE(行数,[列数],[开始数],[步长])

例14-66 请以“2021-1-18”（周一）开始，生成4行7列的日期数组。

A2=SEQUENCE(4,7,"2021-1-18")。如图14-106所示。

A2 =SEQUENCE(4,7,"2021-1-18")

	A	B	C	D	E	F	G
1	星期一	星期二	星期三	星期四	星期五	星期六	星期日
2	2021/1/18	2021/1/19	2021/1/20	2021/1/21	2021/1/22	2021/1/23	2021/1/24
3	2021/1/25	2021/1/26	2021/1/27	2021/1/28	2021/1/29	2021/1/30	2021/1/31
4	2021/2/1	2021/2/2	2021/2/3	2021/2/4	2021/2/5	2021/2/6	2021/2/7
5	2021/2/8	2021/2/9	2021/2/10	2021/2/11	2021/2/12	2021/2/13	2021/2/14

图14-106 SEQUENCE函数生成4行7列的日期数组

【边练边想】

1. 如何编写生成“2021-1-1”至“2021-12-31”间的随机日期的公式?
2. 如何随机生成大写字母A、B、C、D、E?
3. 如图14-107所示，如何计算精确到角的费用?

	A	B	C	D
1	姓名	月工资	费用比例	每月费用
2	张三	6200	1.5%	
3	李四	4500	1.0%	
4	王五	11000	2.0%	
5	赵六	2900	0.5%	

图14-107 计算每人每月精确到角的费用

4. 如图14-108所示，已知每类商品的单价和每人的销售数量，如何计算每人的销售金额?

	A	B	C	D	E	F
1	姓名	商品A	商品B	商品C	商品D	销售金额
2	单价	188	156	178	218	
3	沈城	22	25	17	10	
4	花铁干	22	18	19	11	
5	陆天抒	35	32	26	13	
6	狄云	27	19	30	5	

图14-108 计算每人的销售金额

5. 如图14-109所示，你能使用一个公式隔列汇总求和吗?

	A	B	C	D	E	F	G	H	I	J	K
1	姓名	第1季度		第2季度		第3季度		第4季度		合计	
2		计划	实际	计划	实际	计划	实际	计划	实际	计划	实际
3	乌进孝	53	51	60	55	57	57	51	53		
4	包勇	57	60	57	50	54	58	59	55		
5	吴贵	52	58	50	52	51	57	50	52		
6	吴新登	54	52	51	57	55	56	56	57		

图14-109 各季度的计划和实际销量

6. 如图14-110所示，请使用SUMIFS、SUM函数计算每人每种车型的保费。

	A	B	C	D	E	F	G	H
1	保单号	车型	保费合计	销售员		SUMIFS函数多条件求和		
2	1	别克	4213	李锐		姓名	别克	长安
3	2	长安	2036	张小红		李锐		
4	3	长安	2967	张小红		张小红		
5	5	别克	4369	张小红				
6	6	长安	2431	李锐		SUM函数多条件求和		
7	7	长安	4029	李锐		姓名	别克	长安
8	8	长安	2410	张小红		李锐		
9	9	长安	4303	张小红		张小红		

图14-110　每人每种车型的保费

【问题解析】

1. =RANDBETWEEN("2021-1-1","2021-12-31")。
2. =CHOOSE(RANDBETWEEN(1,5),"A","B","C","D","E")。
3. D3=ROUNDUP(B2*C2,1)。
4. F3=SUMPRODUCT($B$2:$E$2,B3:E3)。
5. J3=SUMIF($B$2:$I$2,J$2,$B3:$I3)或=B3+D3+F3+H3。关键在于混合引用。
6. G3=SUMIFS($C:$C,$D:$D,$F3,$B:B,G2)。

G8=SUM(($D$2:$D$17=$F3)*($B$2:$B$17=G$2)*$C$2:$C$17)。

14.7　统计理论奠基的统计函数

统计函数是以统计理论为基础的函数，是Excel函数界最大的一个“宗派”，多达110个，占据1/4强，主要用于计数、求均值、找极值、取方差、计算概率、抽样分布、假设检验等。笔者在《Excel统计分析：方法与实践》一书介绍了大部分统计函数。本书主要介绍在日常办公中需要用到的统计函数。

14.7.1　专于计数的COUNT函数及其变化与延伸

计数的目的是查看数据的频率分布情况。Excel有6个计数函数，针对不同的情境进行计数，其语法及功能如表14-28所示。

表14-28　6个计数函数的语法及功能

函数语法	函数功能	备注
COUNT(value1,[value2],...)	计算包含数字的单元格个数	
COUNTA(value1,[value2], ...)	计算不为空的单元格个数	
COUNTBLANK(range)	计算空单元格个数	
COUNTIF(range,criteria1) COUNTIF(条件区域,条件)	统计满足某个条件的单元格个数	计数条件与以“IFS”结尾的多个函数相同
COUNTIFS(criteria_range1,criteria1,[criteria_range2,criteria2], ...)	统计满足所有条件的单元格个数	
FREQUENCY(data_array,bins_array) FREQUENCY(数据区域,一列分隔数字)	以一列垂直数组返回某个区域中数据的频率分布	第二个参数起间隔划组的作用

例14-67 请汇总各商品的采购笔数。

G3=COUNTIF(B:B,"*"&F3&"*")。如图14-111所示。

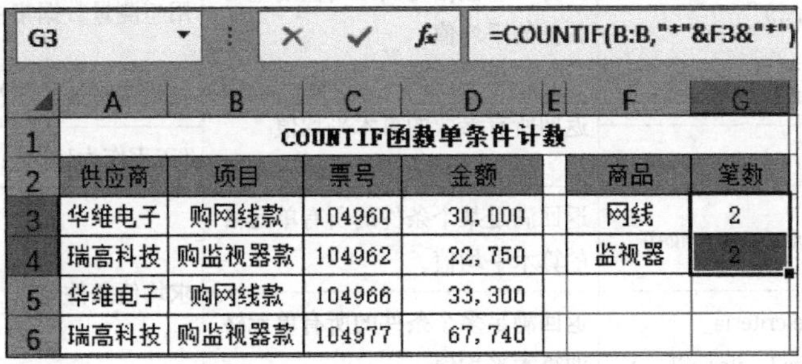

G3　=COUNTIF(B:B,"*"&F3&"*")

	A	B	C	D	E	F	G
1	COUNTIF函数单条件计数						
2	供应商	项目	票号	金额		商品	笔数
3	华维电子	购网线款	104960	30,000		网线	2
4	瑞高科技	购监视器款	104962	22,750		监视器	2
5	华维电子	购网线款	104966	33,300			
6	瑞高科技	购监视器款	104977	67,740			

图14-111　COUNTIF函数单条件计数

例14-68 请汇总各项目各用途的支付笔数。

G11=COUNTIFS($B:$B,$F11,$C:C,G10)。如图14-112所示。

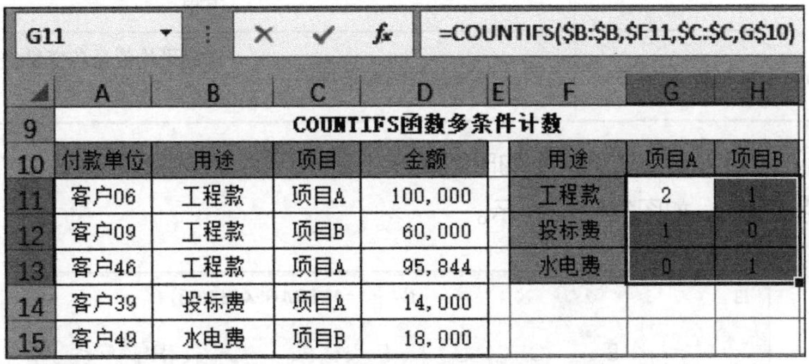

G11　=COUNTIFS($B:$B,$F11,$C:C,G10)

	A	B	C	D	E	F	G	H
9	COUNTIFS函数多条件计数							
10	付款单位	用途	项目	金额		用途	项目A	项目B
11	客户06	工程款	项目A	100,000		工程款	2	1
12	客户09	工程款	项目B	60,000		投标费	1	0
13	客户46	工程款	项目A	95,844		水电费	0	1
14	客户39	投标费	项目A	14,000				
15	客户49	水电费	项目B	18,000				

图14-112　COUNTIFS函数多条件计数

SUMPRODUCT函数用于计数也很方便，公式为“=SUMPRODUCT(($B:$B=$F11)*($C:$C=G$10))”。

例14-69 请汇总各分数段人数。

H20=FREQUENCY(D20:D24,G20:G23)。如图14-113所示。

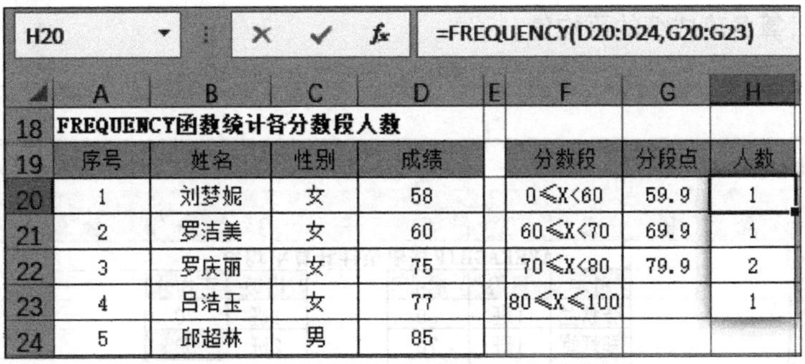

H20　=FREQUENCY(D20:D24,G20:G23)

	A	B	C	D	E	F	G	H
18	FREQUENCY函数统计各分数段人数							
19	序号	姓名	性别	成绩		分数段	分段点	人数
20	1	刘梦妮	女	58		0≤X<60	59.9	1
21	2	罗洁美	女	60		60≤X<70	69.9	1
22	3	罗庆丽	女	75		70≤X<80	79.9	2
23	4	吕浩玉	女	77		80≤X≤100		1
24	5	邱超林	男	85				

图14-113　FREQUENCY函数统计各分数段人数

14.7.2 均值“八杰”

计算平均值的目的是查看数据的集中情况。Excel有8个计算平均值的函数，其语法及功能如表14-29所示。

表14-29　8个计算平均值函数的语法及功能

函数语法	函数功能	备注
AVEDEV(number1,number2, ...)	计算一组数据与其平均值的绝对偏差的平均值	用于测量数据集中数值的变化程度
AVERAGE(number1,[number2], ...)	返回所有参数的算术平均值	忽略逻辑值、字符串、空格
AVERAGEA(value1,[value2], ...)		TRUE作为1计算；FALSE或字符串作为0计算
AVERAGEIF(range,criteria,[average_range])	返回满足某个条件的所有单元格的算术平均值	求均值条件与以“IFS”结尾的多个函数相同
AVERAGEIFS(average_range,criteria_range1,criteria1,[criteria_range2,criteria2], ...)	返回满足多个条件的所有单元格的算术平均值	
TRIMMEAN(array,percent)	返回一组数据的修剪平均值	修剪平均值是一组数据按比例“掐头去尾”后的平均值
GEOMEAN(number1,number2, ...)	返回一组数据的几何平均值	几何平均值是对各变量值的连乘积开项数次方根
HARMEAN(number1,number2], ...)	返回一组数据的调和平均值	调和平均值是各变量值倒数的算术平均数的倒数

例14-70 请计算每人一周上班的平均时数，未上班那天的工作时数视为0。

I3=AVERAGEA(B3:H3)。如图14-114所示。

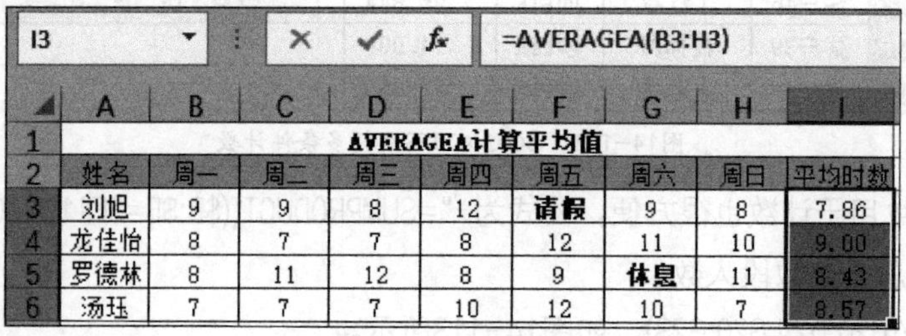
I3　=AVERAGEA(B3:H3)

	A	B	C	D	E	F	G	H	I
1	AVERAGEA计算平均值								
2	姓名	周一	周二	周三	周四	周五	周六	周日	平均时数
3	刘旭	9	9	8	12	请假	9	8	7.86
4	龙佳怡	8	7	7	8	12	11	10	9.00
5	罗德林	8	11	12	8	9	休息	11	8.43
6	汤珏	7	7	7	10	12	10	7	8.57

图14-114　AVERAGEA计算平均值

例14-71 请计算各班成绩的平均值。

H11=AVERAGEIF($D$11:$D$16,G11,$E$11:$E$16)。如图14-115所示。

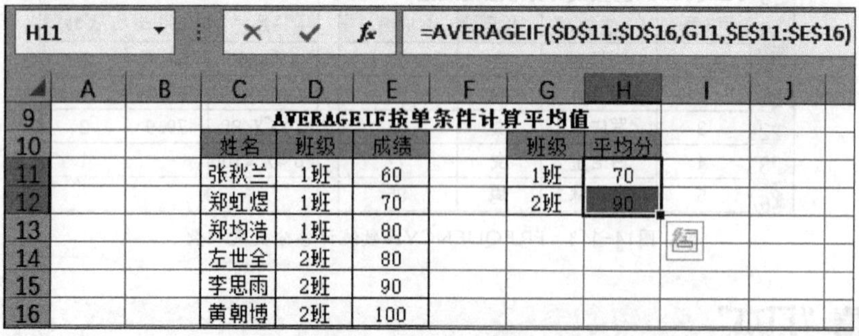
H11　=AVERAGEIF($D$11:$D$16,G11,$E$11:$E$16)

	A	B	C	D	E	F	G	H	I	J
9			AVERAGEIF按单条件计算平均值							
10			姓名	班级	成绩		班级	平均分		
11			张秋兰	1班	60		1班	70		
12			郑虹煜	1班	70		2班	90		
13			郑均浩	1班	80					
14			左世全	2班	80					
15			李思雨	2班	90					
16			黄朝博	2班	100					

图14-115　AVERAGEIF按单条件计算平均值

例14-72 请去掉一个最高分和一个最低分后计算每位参赛选手的最后得分（平均分）。

I21=TRIMMEAN(B21:H21,2/7)。如图14-116所示。

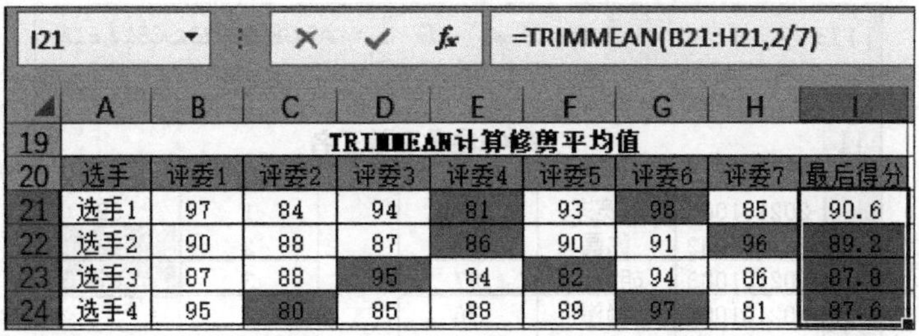

I21 =TRIMMEAN(B21:H21,2/7)

	A	B	C	D	E	F	G	H	I
19	TRIMMEAN计算修剪平均值								
20	选手	评委1	评委2	评委3	评委4	评委5	评委6	评委7	最后得分
21	选手1	97	84	94	81	93	98	85	90.6
22	选手2	90	88	87	86	90	91	96	89.2
23	选手3	87	88	95	84	82	94	86	87.8
24	选手4	95	80	85	88	89	97	81	87.6

图14-116　TRIMMEAN计算修剪平均值

14.7.3 极值函数"八仙过海"

极值包括最大值、最小值、第k个最大值、第k个最小值，通过极值，可以观察到数据集两端的情况。Excel有8个返回极值的函数，犹如八仙过海，各显神通，其语法及功能如表14-30所示。

表14-30　8个返回极值函数的语法及功能

函数语法	函数功能	备注
MAX(number1,[number2], ...)	返回一组值中的最大值	忽略逻辑值及字符串
MIN(number1,[number2], ...)	返回一组值中的最小值	
MAXA(value1,[value2], ...)	返回一组值中的最大值	TRUE作为1计算；FALSE或字符串作为0计算
MINA(value1,[value2], ...)	返回一组值中的最小值	
MAXIFS(max_range,criteria_range1,criteria1,[criteria_range2,criteria2], ...)	返回满足多个条件的所有单元格的最大值	取极值条件与以"IFS"结尾的多个函数相同
MINIFS(min_range,criteria_range1,criteria1,[criteria_range2,criteria2], ...)	返回满足多个条件的所有单元格的最小值	
LARGE(array,k)	返回数据集中第k个最大值	
SMALL(array,k)	返回数据集中第k个最小值	

例14-73 请列出各性别人员的最高分。

F3=MAXIFS($C$3:$C$7,$B$3:$B$7,E3)。如图14-117所示。

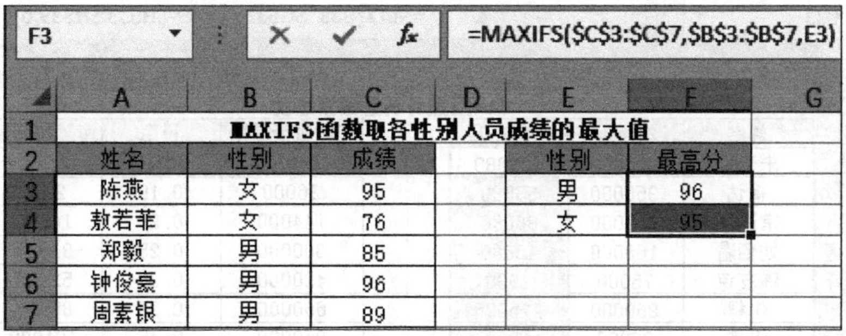

F3 =MAXIFS($C$3:$C$7,$B$3:$B$7,E3)

	A	B	C	D	E	F	G
1	MAXIFS函数取各性别人员成绩的最大值						
2	姓名	性别	成绩		性别	最高分	
3	陈燕	女	95		男	96	
4	敖若菲	女	76		女	95	
5	郑毅	男	85				
6	钟俊豪	男	96				
7	周素银	男	89				

图14-117　MAXIFS函数取各性别人员成绩的最大值

本例也可以使用MAX函数实现，公式为"=MAX(($B$3:$B$7=E3)*$C$3:$C$7)"。

例14-74 请列出前三名的分数。

F13=LARGE($C$13:$C$17,E13)。如图14-118所示。

F13 =LARGE($C$13:$C$17,E13)

	A	B	C	D	E	F
11	LARGE函数取前三名					
12	考号	姓名	成绩		名次	前三名分数
13	202101001	郭宽洋	92		1	99
14	202101002	韩磊	87		2	92
15	202101003	胡文瑞	87		3	87
16	202101004	赖伟	76			
17	202101005	蓝天润	99			

图14-118 LARGE函数取前三名

例14-75 某公司规定，所有员工工作满1年可休年假，经理、主管、职员分别可休7、5、3天年假，工龄每增加1年可增加1天年假，最多可休15天，请计算员工的年假天数。

D23=MIN(MAX((B23={“经理”,”主管”,”职员”})*{7,5,3})+(C23-1),15)。式中，MAX函数根据员工职位获得相应的年假天数，再加上因工龄而增加的年假天数，得到应该享有的年假天数，最后由MIN函数取最小值，得到实际年假天数，比逻辑函数更简洁。如图14-119所示。

D23 =MIN(MAX((B23={"经理","主管","职员"})*{7,5,3})+(C23-1),15)

	A	B	C	D	E	F
21	MIN和MAX函数计算年假天数					
22	姓名	职位	工龄	年假天数		
23	罗玉华	经理	20	15		
24	吕凤政	主管	4	8		
25	吕鸿杨	职员	7	9		
26	彭成佳	职员	5	7		
27	石烨	职员	13	15		

图14-119 MIN和MAX函数计算年假天数

例14-76 新个税实行七级超额累计进税，应纳税所得额分别为“0;36000;144000;300000;420000;660000;960000”，速算扣除数分别为“0;2520;16920;31920;52920;85920;181920”，请计算每人每年应缴的个税。

C33=MAX(B33*$G$33:$G$39-$H$33:$H$39,0)。如图14-120所示。

C33 =MAX(B33*$G$33:$G$39-$H$33:$H$39,0)

	A	B	C	D	E	F	G	H
31	MAX函数计算超额累进税							
32	姓名	年收入	应缴个税			应纳税所得额	税率	速算扣除数
33	朱元璋	600000	127080			0	0.03	0
34	徐达	350000	55580			36000	0.10	2520
35	常遇春	265000	36080			144000	0.20	16920
36	刘伯温	168000	16680			300000	0.25	31920
37	陈友谅	75000	4980			420000	0.30	52920
38	朱棣	860000	215080			660000	0.35	85920
39	于谦	36000	1080			960000	0.45	181920

图14-120 MAX函数计算超额累进税

速算扣除数=本级应纳税所得额×(本级税率-上级税率）+上级速算扣除数。

H34=F34*(G34-G33)+H33。

SUM函数和TEXT函数组合也能巧妙计算超额累进税，C33中的公式为“=SUM(--TEXT((B33-

$F$33:$F$39)*{0.03;0.07;0.1;0.05;0.05;0.05;0.1},"0.00;!0"))”。式中，“0.03;0.07;0.1;0.05;0.05;0.05;0.1”为七级税率级差。TEXT函数强制将负数转化为0。

14.7.4 排位函数大显神通

数据的位次可以显示其重要程度。Excel中有4个用于排位的函数，各有侧重。其语法及功能如表14-31所示。

表14-31 4个排位函数的语法及功能

函数语法	函数功能	备注
RANK.AVG(number,ref,[order]) RANK.AVG(数字,引用区域,[次序])	返回一个数值在数值列表中的排位，如果多个数值排位相同，则返回平均排位	若第三个参数为0或省略，按降序排列；为1，则按升序排列
RANK.EQ(number,ref,[order])	返回一个数值在数值列表中的排位，如果多个数值排位相同，则返回最高排位	
PERCENTRANK.EXC(array,x,[significance]) PERCENTRANK.EXC(数组,排位值,[百分比位数])	返回某个数值在一个数据集里的百分比（0到1，不包括0和1）排位	第三个参数如果省略，则保留3位小数
PERCENTRANK.INC(array,x,[significance])	返回某个数值在一个数据集里的百分比（0到1，包括0和1）排位	

例14-77 请计算每位学生100米成绩的名次。

C3=RANK.AVG(B3,$B$3:$B$7,1)。如图14-121所示。

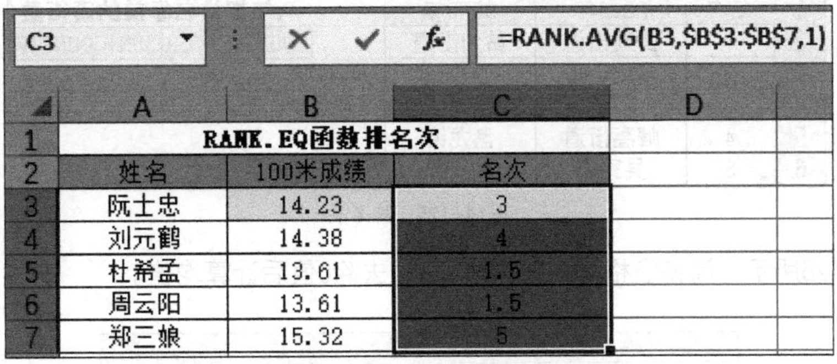

C3 =RANK.AVG(B3,$B$3:$B$7,1)

	A	B	C
1	RANK.EQ函数排名次		
2	姓名	100米成绩	名次
3	阮士忠	14.23	3
4	刘元鹤	14.38	4
5	杜希孟	13.61	1.5
6	周云阳	13.61	1.5
7	郑三娘	15.32	5

图14-121 RANK.EQ函数排名次

例14-78 请计算每位学生实作成绩超越了多大比率的人。

C13=PERCENTRANK.EXC($B$13:$B$17,B13,4)。如图14-122所示。

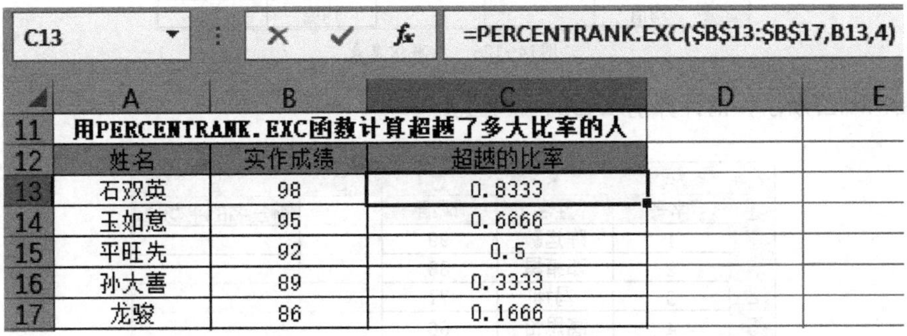

C13 =PERCENTRANK.EXC($B$13:$B$17,B13,4)

	A	B	C
11	用PERCENTRANK.EXC函数计算超越了多大比率的人		
12	姓名	实作成绩	超越的比率
13	石双英	98	0.8333
14	玉如意	95	0.6666
15	平旺先	92	0.5
16	孙大善	89	0.3333
17	龙骏	86	0.1666

图14-122 PERCENTRANK.EXC函数计算超越了多大比率的人

【边练边想】

1. 如图14-123所示，请计算各部门各学历的人数。

	A	B	C	D	E	F	G	H	I	J	K
1	工号	部门	学历	年龄		部门	研究生	本科	大专	高中	合计
2	G0001	人事部	本科	58		人事部					
3	G0002	市场部	本科	64		财务部					
4	G0003	人事部	研究生	51		市场部					
5	G0004	人事部	研究生	50		技术部					
6	G0005	财务部	本科	35		合计					

图14-123 人事信息表

2. 如图14-124所示，请统计客户数。

	A	B	C	D	E
1	日期	客户	订量		客户数
2	2021/5/1	长安汽车(集团)有限责任公司	200		
3	2021/5/3	太极集团有限公司	500		
4	2021/5/5	长安汽车(集团)有限责任公司	200		
5	2021/5/6	重庆钢铁(集团)有限责任公司	600		
6	2021/5/7	太极集团有限公司	400		

图14-124 订量表

3. 如图14-125所示，请统计两年都排名靠前的镇街数。

	A	B	C	D	E	F
1	名次	2019年	2020年		两年都排名靠前的镇街数	
2	1	昌元街道	昌州街道		COUNT+MATCH	SUM+COUNTIF
3	2	昌州街道	广顺街道			
4	3	广顺街道	吴家镇			
5	4	峰高街道	盘龙镇			
6	5	吴家镇	仁义镇			

图14-125 排名表

4. 如图14-126所示，请将空格作为0计算均值，去除0值后计算均值。

	A	B	C	D	E
1	将空格作为0计算均值			去除0值后计算均值	
2	姓名	成绩		姓名	成绩
3	魏家慧	70		魏家慧	70
4	熊家欣			熊家欣	0
5	晏岁月	80		晏岁月	80
6	杨波	90		杨波	90
7	均值			均值	

图14-126 人事信息表

5. 如图14-127所示，请计算前三名的平均值。

	A	B	C	D	E
1	序号	姓名	成绩		前三名的平均值
2	1	陈运毅	99		
3	2	邓靖昊	88		
4	3	冯翔	77		
5	4	高思怡	66		
6	5	何俊	55		

图14-127 成绩表

6. 某公司规定，完成任务者奖励1000元，求完成任务者的资金是1000与完成率的乘积，如图14-128所示，请计算每人的奖金，不得使用逻辑函数。

	A	B	C	D
1	序号	姓名	完成率	奖金
2	1	吴天昊	87%	
3	2	晏宇	65%	
4	3	杨玉权	112%	
5	4	叶羽倩	98%	

图14-128　奖金表

【问题解析】

1. G2=COUNTIFS($B:$B,$F2,$C:C,G1)。

2. E2=COUNT(0/(MATCH(B2:B6,B2:B6,)=ROW(1:6)))。

3. E3=COUNT(MATCH(B2:B6,C2:C6,))。

F3=SUM(COUNTIF(B2:B6,C2:C6))。

4. B7=AVERAGEA(B3:B6*1)或=AVERAGE(B3:B6*1)。

E7=AVERAGEA(IF(E3:E6,E3:E6))或=AVERAGE(IF(E3:E6,E3:E6))。

5. =AVERAGE(LARGE(C2:C6,ROW(1:3)))。

6. D2=MIN(C2*1000,1000)。

第15章 视图与打印，浏览输出结硕果

熟练操作Excel工作区、窗口、视图等工作界面及输出工作成果，是提高工作效率的一个重要方面。

15.1 放大或缩小工作区

15.1.1 自由调节显示比例

内容太多，字体太小，查看困难，想要看得更清楚怎么办？表格太大，不想频繁拖动滚动条查看而又想一览全局怎么办？如果不想通过调整字号或行高列宽来影响表的布局或大小，最好的办法就是调整显示比例。面对同样一张活动工作表窗口，显示比例大了，显示对象就会变大，显示的内容就少了；反之，显示的内容就会增多。

依次执行“视图”“缩放”命令，在“缩放”对话框中，可以很方便地选择缩放比例或自定义比例（10%～400%）。单击状态栏右侧的“100%”按钮也能打开“缩放”对话框。状态栏上的“缩小”“放大”按钮“-”“+”能够进行缩小或放大的微调。最好用的是“缩放”滑块“▮”。如图15-1所示。

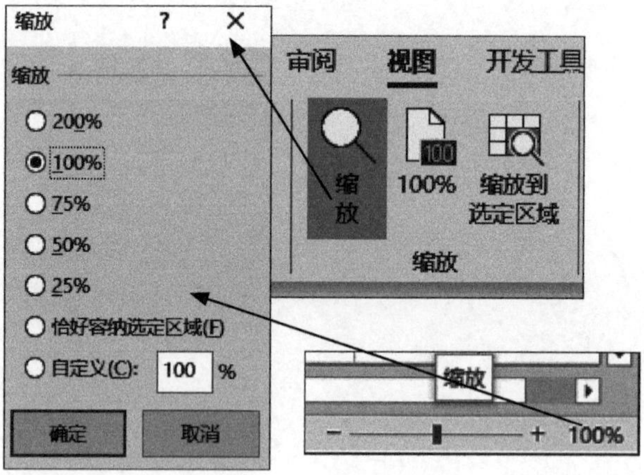

图15-1 调整显示比例

此外，按住Ctrl键并滚动鼠标滚轮，可以快速缩放工作区。

15.1.2 让指定区域全屏显示

部分区域可以最大化显示，呈现类似放大镜的效果。选中要展示的数据区域，依次执行“视图”“缩放到选定区域”命令，即可将指定区域全屏显示。“缩放”组中的“100%”按钮能让显示

比例快速恢复到100%大小的页面。如图15-2所示。

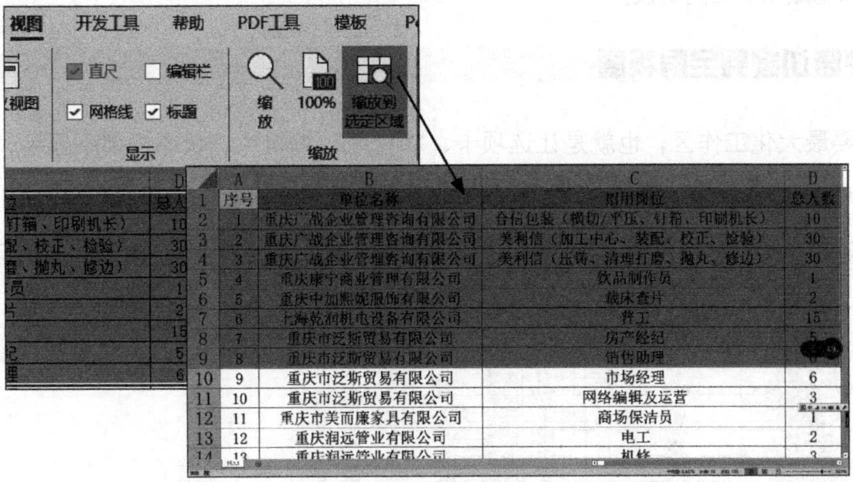

图15-2 缩放到选定区域

15.1.3 灵活控制功能区的显示

Excel 2019功能区的大量命令是按选项卡分类，再按组排列的，看起来无疑很直观，使用起来很方便，但也使用户的操作区域相对变小。为了扩大工作区，可以考虑控制功能区是否显示。

单击Excel窗口顶部右侧的“功能区显示选项”按钮，选择“自动隐藏功能区”命令，整个功能区（包括选项卡）就会隐藏起来。与全屏模式不同的是，这种显示模式并没有隐藏编辑栏。此时要执行功能区中的命令，只需将鼠标指针移到Excel窗口顶部，顶部区域会显示另一种颜色，单击变色区域就会临时显示功能区，功能区会遮住数据表的前几行。按Esc键或单击单元格又会隐藏功能区。

选择“显示选项卡”命令，则只会显示选项卡，功能区会隐藏起来。此时单击选项卡，会临时显示功能区，功能区会遮住数据表的前几行。按Esc键或单击单元格又会隐藏功能区。

如图15-3所示。

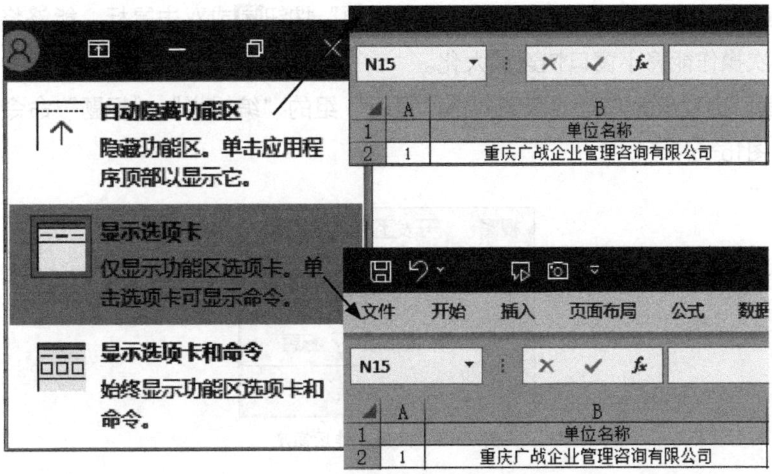

图15-3 灵活控制功能区的显示

此外，通过双击选项卡、“Ctrl+F1”组合键或功能区右键快捷菜单中的“折叠功能区”命令，可以在显示和隐藏功能区间切换。

15.1.4 快速切换到全屏视图

如果想要最大化工作区，也就是让选项卡、功能区、编辑栏、状态栏都不显示，那就依次按Alt、V、U键，快速切换到全屏视图。按Esc键可退出全屏视图。如图15-4所示。

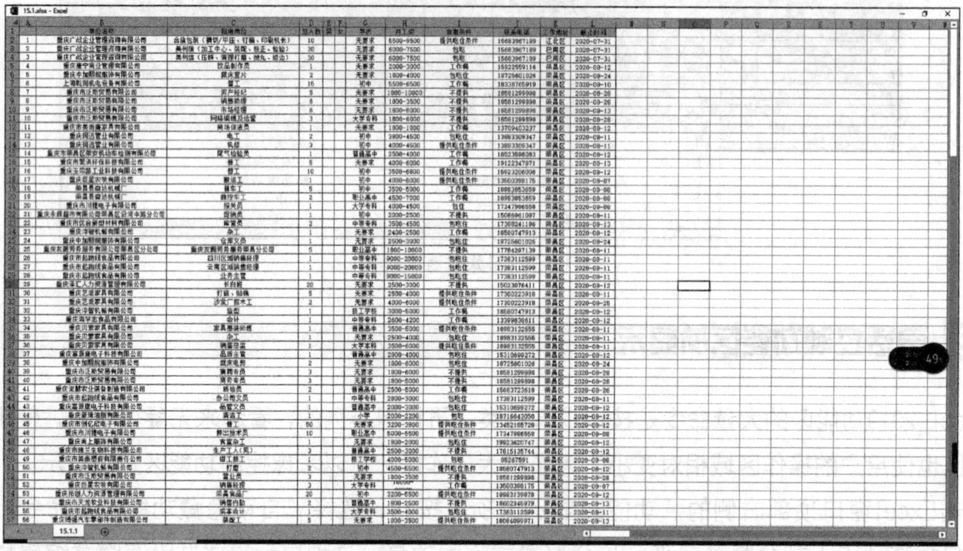

图15-4 Alt、V、U键快速切换到全屏视图

【边练边想】

1. 窗口最大化之后能快速还原吗?
2. 通过“视图”选项卡“显示”组中的命令能够调整工作区大小吗?

【问题解析】

1. 在工作窗口最上边的标题栏，单击“向下还原”按钮或双击鼠标，能够将最大化之后的窗口快速还原，再次操作能将小窗口快速最大化。

2. 在“视图”选项卡，勾选或取消勾选“显示”组的“编辑栏”“标题”命令，能够轻微调整工作区高度。如图15-5所示。

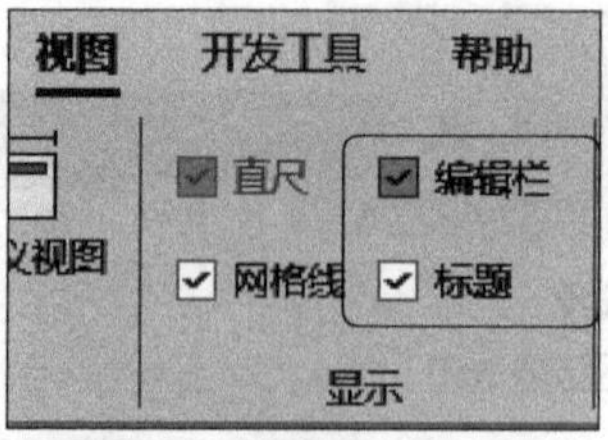

图15-5 微调工作区高度

15.2 在多个窗口中查看工作表

15.2.1 为活动工作簿创建新窗口

有时，可能需要同时查看一个工作表的两个不同部分，或者同时检查工作簿中的多张工作表。这时，就需要创建活动工作簿的新视图。依次执行“视图”“新建窗口”命令，Excel将为活动工作簿创建一个新窗口，在每个窗口下都可以选择要显示的工作表。在窗口标题栏，可以看到Excel将每个窗口的名字设置为文件名加一个数字，以示区分，比如“15.2.xlsx - 1”“15.2.xlsx - 2”。如图15-6所示。

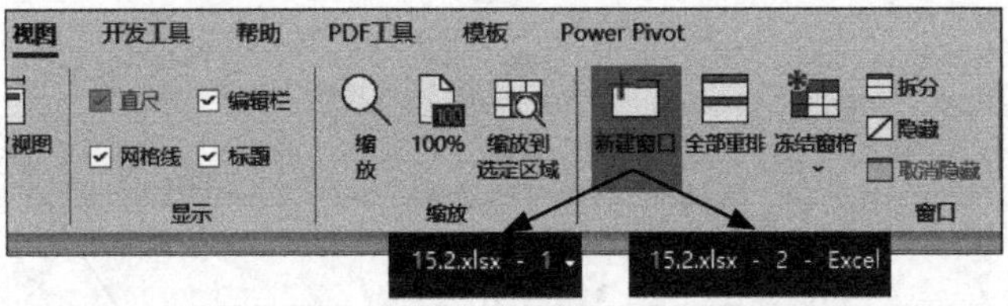

图15-6 新建窗口

如果是一张工作表的几个窗口，在一个窗口所做的修改会影响到所有窗口，关闭一个窗口不会影响另外一个窗口。

15.2.2 重排所有混乱了的窗口

当存在多个窗口（一张工作表的不同部分、一个工作簿的几张工作表、几个工作簿），且这些窗口混乱地堆叠在一起，需要将这些窗口以一定方式排列起来以便于查看时，就可以重排所有窗口。

依次执行“视图”“全部重排”命令，在弹出的“重排窗口”对话框中选择一种排列方式。如图15-7所示。

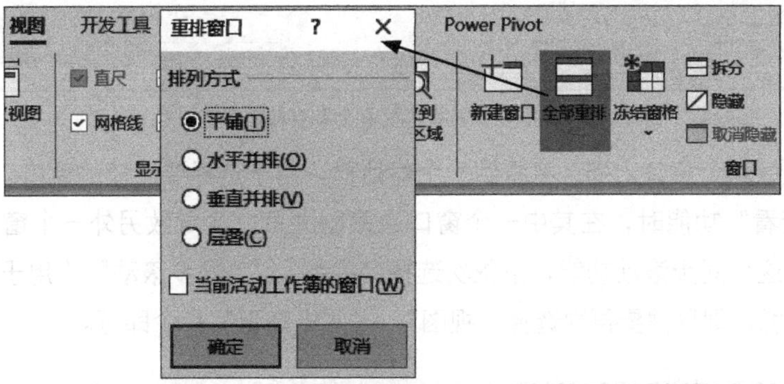

图15-7 重排所有窗口

当有4个窗口时，窗口的4种排列方式如图15-8所示。

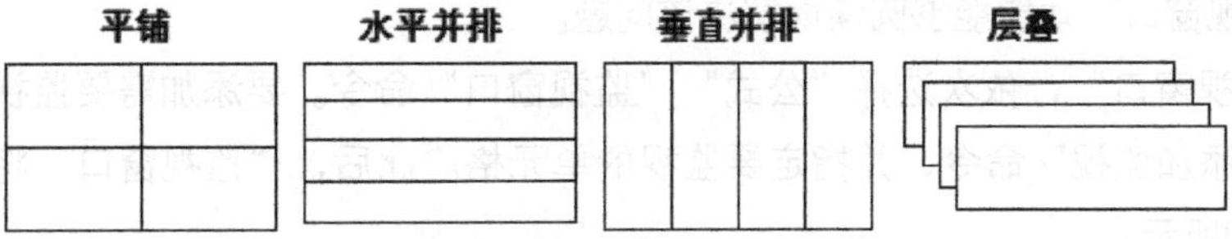

图15-8 窗口的4种排列方式

15.2.3 并排比较两个窗口的内容

在某些情况下，可能需要比较位于不同窗口中的内容，“并排查看”功能可以更容易地执行这项工作。

首先，确保在不同的窗口中显示两张工作表，激活第一个窗口。然后依次选择“视图”“并排查看”命令，这时将出现上下两个窗口。如果已经重新排列或移动了窗口，则需要依次选择“视图”“重设窗口位置”命令，将各窗口还原为初始的窗口并排排列方式。如图15-9所示。

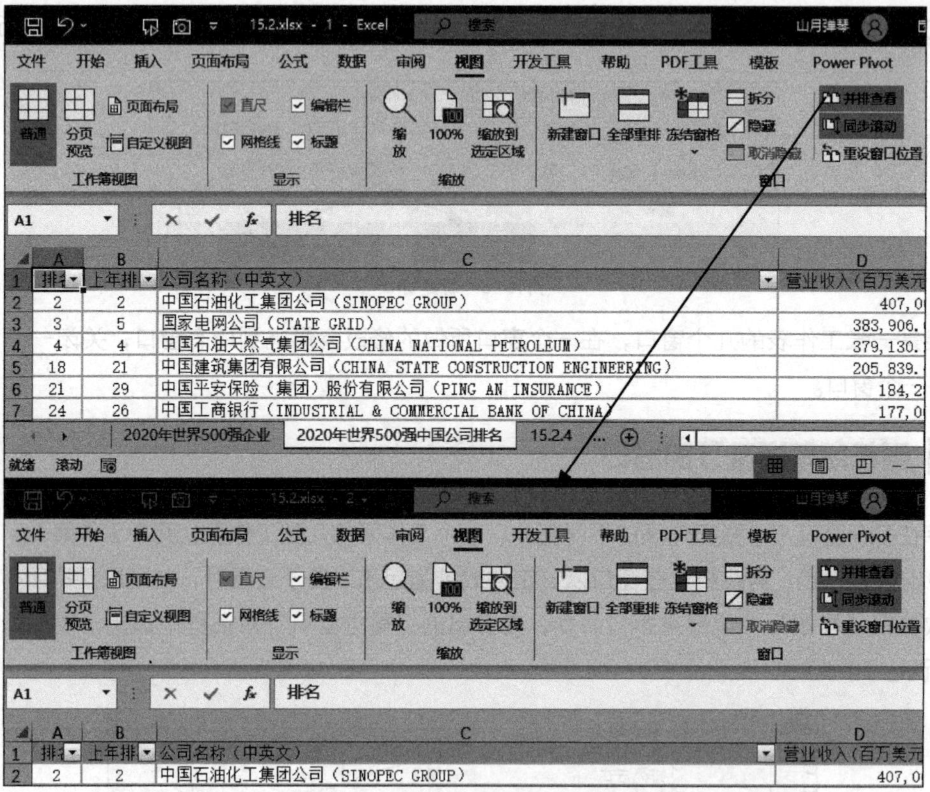

图15-9　并排比较两个窗口的内容

如果打开了超过两个窗口，那么将看到一个对话框，用于选择要比较的窗口。

使用“并排查看”功能时，在其中一个窗口中滚动浏览，会导致另外一个窗口中的内容同步滚动。如果不想使用这个同步滚动功能，请依次选择“视图”“同步滚动”（用于切换）命令。要关闭“并排查看”功能，则只需要再次选择“视图”“并排查看”命令即可。

15.2.4 使用监视窗口监视单元格

有时需要在工作时随时监视特定单元格中的值，但当滚动工作表时，该单元格可能会从视图中消失，使用“监视窗口”功能能够圆满地解决该问题。

要显示“监视窗口”，依次选择“公式”“监视窗口”命令。要添加需要监视的单元格，请在对话框中单击“添加监视”命令，并指定要监视的单元格。此后，“监视窗口”将显示该单元格中的值。如图15-10所示。

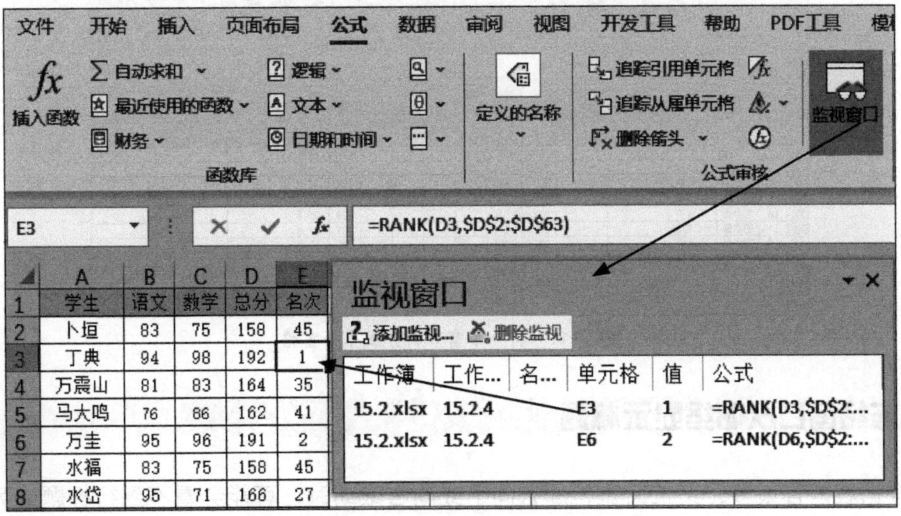

	A	B	C	D	E
1	学生	语文	数学	总分	名次
2	卜垣	83	75	158	45
3	丁典	94	98	192	1
4	万震山	81	83	164	35
5	马大鸣	76	86	162	41
6	万圭	95	96	191	2
7	水福	83	75	158	45
8	水岱	95	71	166	27

图15-10　使用监视窗口监视单元格

监视窗口实际上是一个任务窗格，可以在一个总是可见的小窗口中显示任意数量单元格的值，可以将其置于窗口的一侧，也可以拖动它，使其浮现在工作区。双击“监视窗口”中的某个单元格可以立即返回该单元格。

【边练边想】

Excel窗口除了重排、并排比较外，还有什么操作?

【问题解析】

Excel窗口处于显示状态时，可以隐藏；处于隐藏状态时，可以取消隐藏。有多个Excel窗口时，可以切换。

15.3 查看工作表内容的其他方法

15.3.1 将一个窗口拆分成窗格

若一张数据表又长又宽，要远距离比较数据，又不希望打开多个窗口，那么可以依次选择“视图”“拆分”命令，将活动工作表拆分为2个或4个单独的窗格，以查看同一工作表的多个部分。Excel将从活动单元格的左上角处进行拆分。如果光标位于第1行或列A，可拆分为2个窗格；否则，将拆分为4个窗格。可以使用鼠标拖动分隔线来调整窗格的大小，每个窗格可以单独滚动。如图15-11所示。

注意，上下窗格的行号一般不是连续的。这样，通过拆分窗格，可以在一个窗口中显示工作表上下或左右分隔很远的区域。

要撤销已拆分的窗格，只需要重新依次选择“视图”“拆分”命令即可。

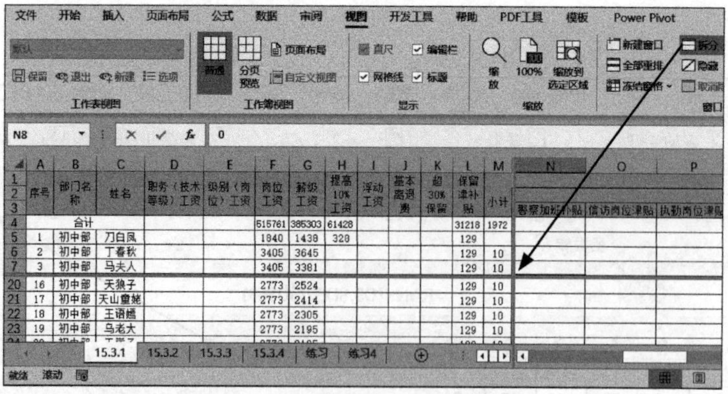

图15-11　将一个窗口拆分成多个窗格

15.3.2 冻结窗口以始终显示标题

如果数据表内容太多、又长又宽，那么向下或向右滚动时，可能会看不到行标题或列标题。这样，所查看内容就会失去指示性，信息就会混乱。解决此问题的简单方法就是冻结窗格。

要冻结窗格，首先要将光标移动到要在垂直滚动时保持可见的行的下一行与要在水平滚动时保持可见的列的右一列的交叉处。然后，依次选择“视图”“冻结窗格”命令，并在下拉列表中选择“冻结窗格”选项。Excel将插入贯穿全表的深色线以指示冻结的行和列。如图15-12所示。

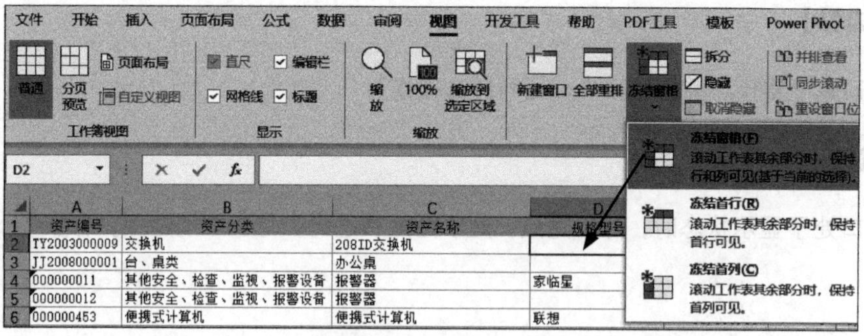

图15-12　冻结窗口

此时，D2单元格是活动单元格，工作表顶端的1行和左边的3列将被冻结。滚动时，被冻结的行和列仍然可见。

在绝大多数情况下，需要冻结第一行或第一列，就选择“冻结首行”或“冻结首列”选项。使用这两个命令，不需要在冻结之前用光标定位。

要取消冻结窗格，再依次选择“视图”“冻结窗格”，并在下拉列表中选择“取消冻结窗格”选项。

15.3.3 对工作表数据进行分组

Excel数据表太大，查看不方便，可以进行分组。

选中同一系列的数据（留一列），依次选择“数据”“组合”命令，弹出“组合”对话框之后，根据数据表单击“行”或“列”单选按钮，然后单击“确定”按钮。如图15-13所示。

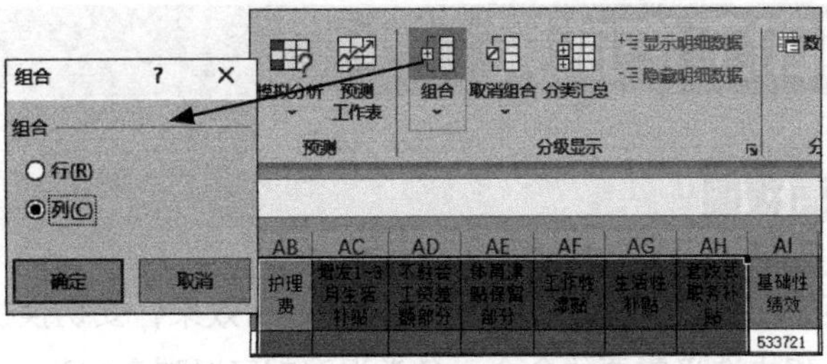

图15-13　对工作表数据进行分组

之后，单击“-”“+”符号就可以隐藏或显示行列，方便查看或编辑。

15.3.4 利用名称框查看相关内容

如果定义了区域名称，就可以在编辑栏的名称框的下拉列表中选择名称，查看相应的内容。如图15-14所示。

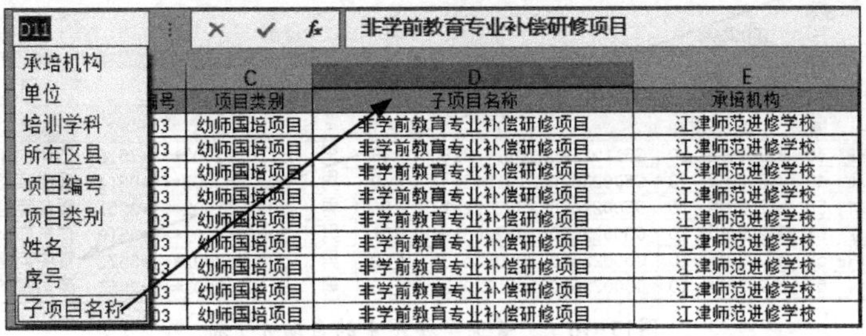

图15-14　利用名称框查看相关内容

【边练边想】

1. 如何快速移动光标到数据表的首尾?
2. 使用什么快捷键可以快速左右翻页?
3. 数据表又长又宽时，如何操作行列，可以远距离比较数据?
4. 在什么情况下，不需要冻结窗格，当向下滚动时，Excel会在列标处显示数据表的列标题?

【问题解析】

1. 双击单元格边线可以快速移动光标到数据表的首尾。双击活动单元格的右边线，光标快速移动到最后一列；双击活动单元格的左边线，光标快速移动到第一列；双击活动单元格的下边线，光标快速移动到最后一行；双击活动单元格的上边线，光标快速移动到第一行。

2. 快捷键“Alt+PageDown”向右翻页，“Alt+PageUp”向左翻页。

3. 隐藏一些无关行列（包括对行列分组）或冻结窗格，都可以实现远距离比较数据。

4. 把数据表设置为“表格”，光标放置于“表格”中，当向下滚动时，Excel会在列标处显示“表格”列标题。如图15-15所示。

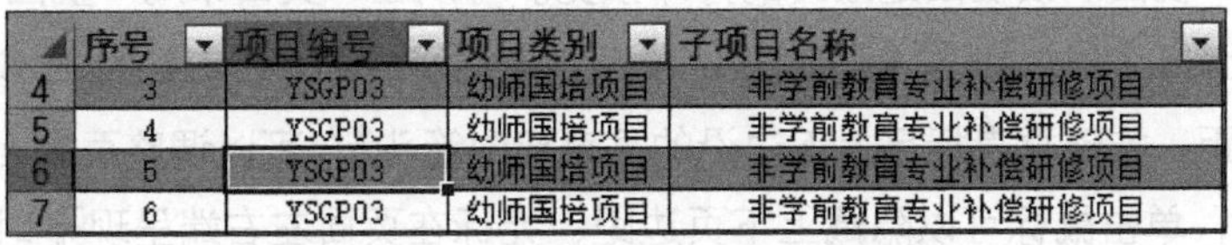
序号
项目编号
项目类别
子项目名称
4 3 YSGP03 幼师国培项目 非学前教育专业补偿研修项目
5 4 YSGP03 幼师国培项目 非学前教育专业补偿研修项目
6 5 YSGP03 幼师国培项目 非学前教育专业补偿研修项目
7 6 YSGP03 幼师国培项目 非学前教育专业补偿研修项目

图15-15　在列标处显示“表格”列标题

15.4 恰当打印工作成果

15.4.1 自由转换页面视图

Excel有4类视图，可供查看工作表内容和显示打印输出效果，要切换视图，只需要在“视图”选项卡的“工作簿视图”组中选择需要的命令。各类视图都可以随意缩放。

1. “普通”视图。这是工作表的默认视图。打印或预览过工作表后，工作表中会显示虚线状的自动分页符。自动分页符会随着页面方向改变、行列增减和行列高宽度变化而自动调整。如图15-16所示。

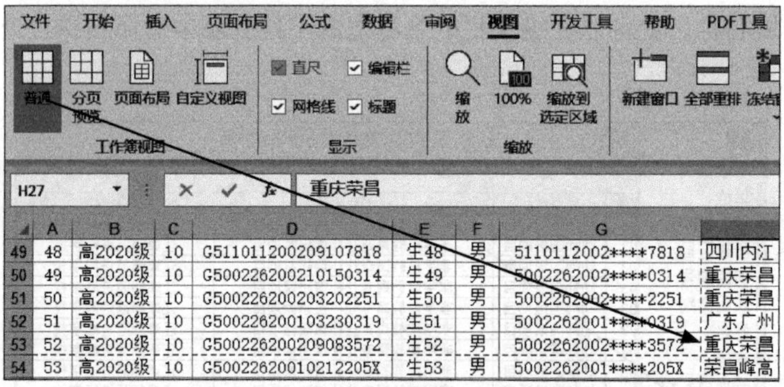

图15-16 “普通”视图中的自动分页符

依次执行“页面布局”“分隔符”“插入分页符”命令，可插入实线状的手动分页符。手动分页符不会随着页面方向改变、行列增减和行列高宽度变化而自动调整。如图15-17所示。

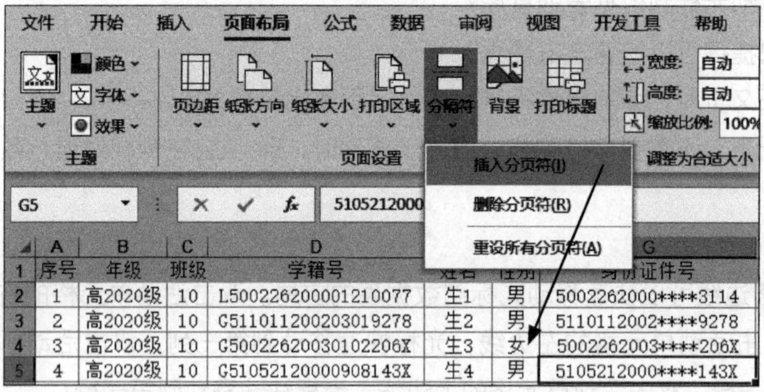

图15-17 在“普通”视图中插入手动分页符

2. “分页预览”视图。在该视图下，页面上会显示页码，非打印区域会呈现为灰色背景。可以手动插入分页符。无论是自动分页符还是手动分页符，都可以拖动进行调整，调整后的分页符都为蓝色粗实线。如图15-18所示。

3. “页面布局”视图。该视图是最终的打印预览。可以在“页面布局”视图中单击“添加页眉/页脚”，这时候Excel会弹出“页眉和页脚”选项卡。拖动水平标尺左右边沿的水平双向箭头↔，可以调整页面左右边距；拖动垂直标尺上下边沿的垂直双向箭头↕，可以调整页面上下边距。光标在页面上下端呈现时，单击鼠标可以隐藏上下页边距；光标在页面左右端呈现时，单击鼠标可以隐藏左右页边距。如图15-19所示。

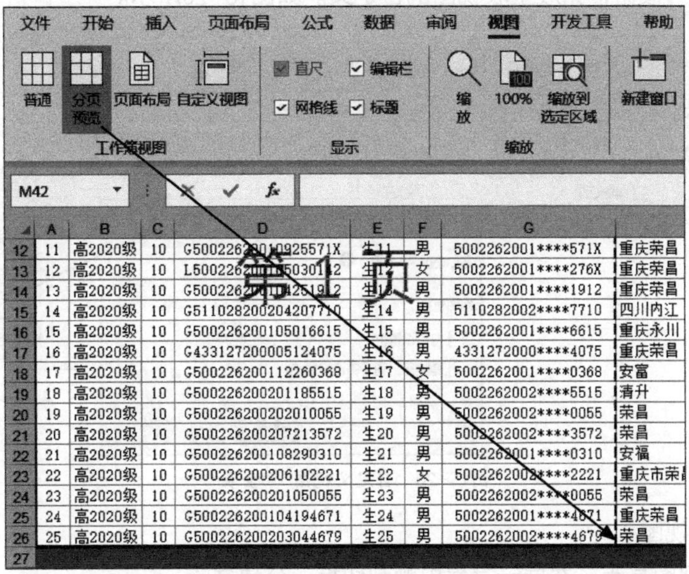

图15-18 “分页预览”视图

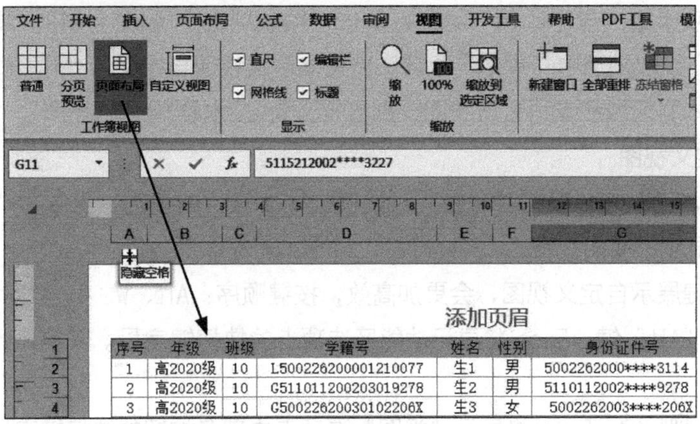

图15-19 “页面布局”视图

4.“自定义视图”。当想要保留排序、筛选、页面方向等结果或展示特定区域时，可以自定义视图，以便于之后返回该页面视图。

例 如果在“有效分情况分析表”中，既想展示全表，又想分重本、本科、专科三个段次展示数据，怎么办?

实现这一目的的不二方法是自定义视图。

(1)创建全表视图

创建全表视图是为了在切换到自定义的区域视图之后，能够顺利切换回默认的整张表的视图。

❶ 单击“视图”选项卡。

❷ 在“工作簿视图”组中单击“自定义视图”按钮。

❸ 在弹出的“视图管理器”对话框中，单击“添加”按钮。

❹ 在“添加视图”对话框的“名称”文本框中输入“0全表”。在名称开始处输入“0”，是为

了以后调用时，通过数字键盘按键方便地选择视图。

❺ 单击“确定”按钮，完成全表视图的自定义。如图15-20所示。

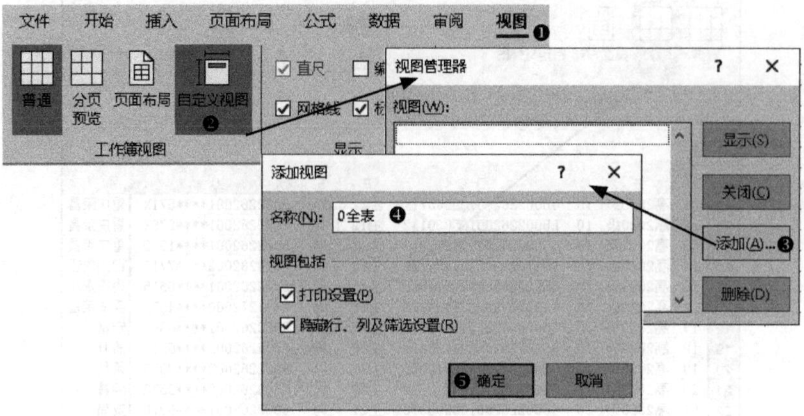

图15-20 自定义视图“0全表”

（2）创建区域视图

创建各个区域视图是为了在展示过程中顺利切换，分块展示。

在列标上选择无须显示的L:AE列，在右键快捷菜单中选择“隐藏”按钮。选中整个“重本”区域，在“视图”选项卡的“显示比例”组中，单击“缩放到选定区域”按钮。鼠标单击“重本”区域外的任意单元格，以取消选中“重本”区域。将重本区域视图自定义为“1重本”。

如法炮制，将本科区域和专科区域视图分别自定义为“2本科”“3专科”。

（3）展示自定义视图

在展示过程中，可以在“视图管理器”对话框选择要显示的视图，再单击“显示”按钮。重复这样的操作，可以显示不同的视图。

使用键盘快捷键展示自定义视图，会更加高效，按键顺序：Alt、W、C、数字、Enter。

按下键盘上的“Alt”键，Excel将显示功能区选项卡的快捷键字母。其中，“视图”选项卡的快捷键为“W”键。

按下键盘上的“W”键，Excel将显示“视图”选项卡内部各按钮的快捷键字母。其中，“自定义视图”命令的快捷键为“C”键。

按下键盘上的“C”键，会调出“视图管理器”对话框。按下视图名称前的数字，选中要显示的视图。比如，按“2”，以选中本科区域的自定义视图。

按下Enter键，相当于单击“显示”按钮，就会显示相应视图。如图15-21所示。

要返回默认的全表视图时，请按“Ctrl+Z”组合键，或者依次按Alt、W、C、0、Enter。

15.4.2 高效率设置页边距

页边距既关系着页面的美观程度，又关系着显示内容的多少，很多时候都要设置页边距，需要熟悉设置方法。依次执行“页面布局”“页边距”命令，在下拉列表中有“上次的自定义设置”“常规”“宽”“窄”4个可以直接使用的设置，还可以选择“自定义页边距”选项，在弹出的

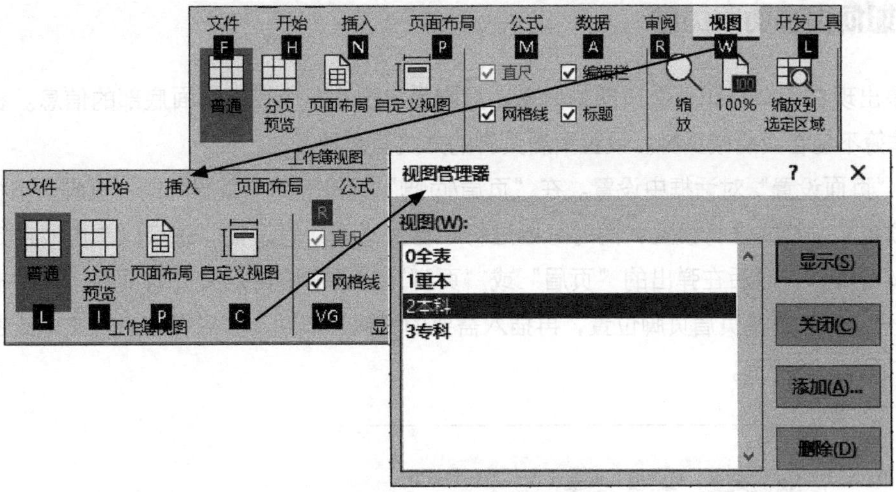

图15-21　展示自定义视图

“页面设置”对话框中进行精细设置。要注意，“页眉”“页脚”框中的数字最好分别小于等于页面上下边距，否则页眉、页脚可能占据数据表内容区域。“页面布局”选项卡各组的对话框启动器都能打开“页面设置”对话框。如图15-22所示。

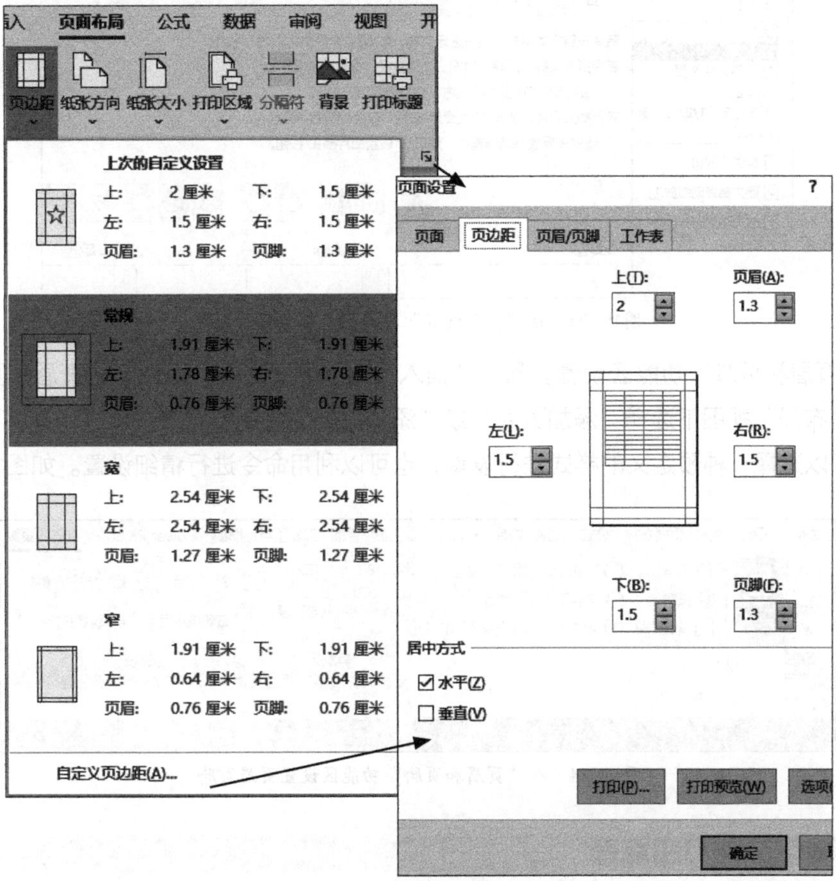

图15-22　设置页边距

15.4.3 如何设置页眉页脚

页眉是出现在每个打印页面顶部的信息，页脚是出现在每个打印页面底部的信息。在默认情况下，新工作簿不包含页眉或页脚。设置页眉页脚的方式有两种。

1. 在“页面设置”对话框中设置。在“页眉/页脚”标签下的“页眉”或“页脚”下拉列表中，选择一种预定义的样式进行设置，同时可以进行“首页不同”等设置。还可以单击“自定义页眉”或“自定义页脚”，然后在弹出的“页眉”或“页脚”对话框中自定义页眉页脚；设置框都分为左中右3个部分，要先选择页眉页脚位置，再插入需要的页码、日期、签名等信息；文本或图片可以设置格式。如图15-23所示。

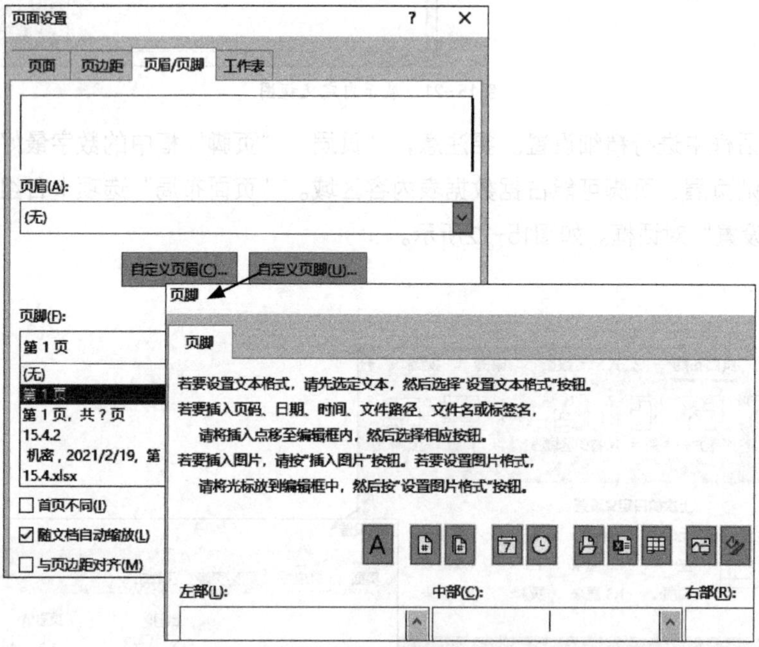

图15-23 在“页面设置”对话框中设置页眉页脚

2. 在“页眉和页脚”功能区设置。利用“插入”选项卡“文本”组中的“页眉和页脚”命令，或者在“页面布局”视图下选择“添加页眉”或“添加页脚”，都能调出“页眉和页脚”选项卡。在其功能区，可以选择一种预定义的样式进行设置，也可以利用命令进行精细设置。如图15-24所示。

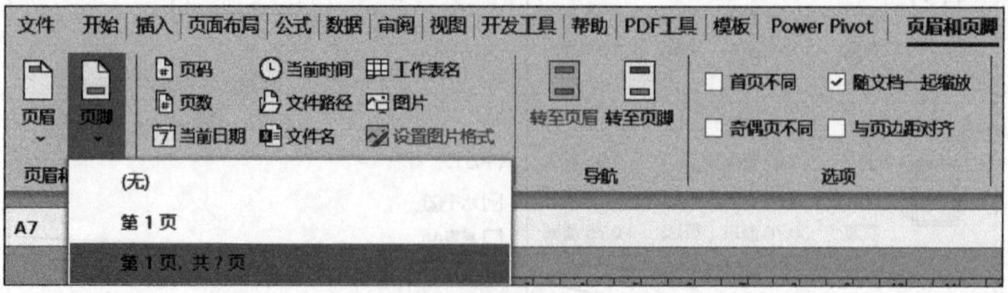

图15-24 在“页眉和页脚”功能区设置页眉页脚

15.4.4 设置每页都打印标题

为了使长表便于阅读，最好每个页面都有标题。这需要设置每页都打印标题，否则就只会在第一个页面打印标题。标题包括顶端标题和左侧标题，纵向表一般打印顶端标题行，横向表还要加打左侧标题列。

要打印标题，依次执行“页面布局”“打印标题”命令，在“页面设置”对话框的“顶端标题行”和“从左侧重复的列数”引用框中引用要始终打印的标题行和标题列。如图15-25所示。

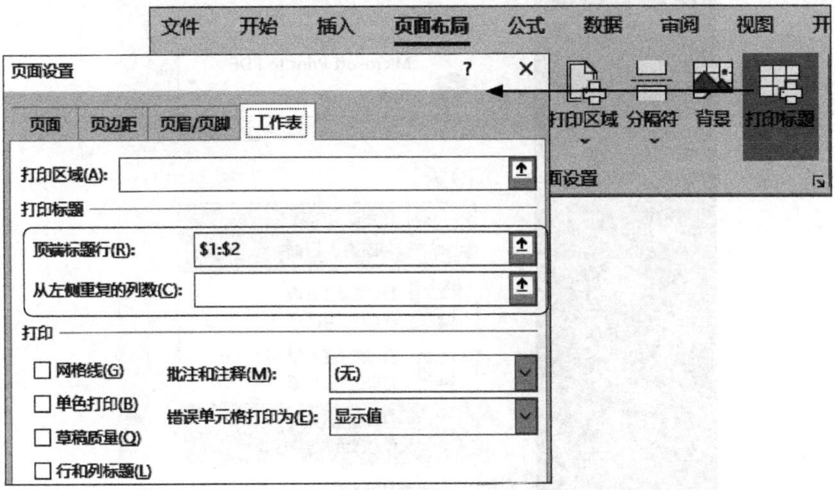

图15-25 设置每页都打印标题

“页面布局”对话框中还可以进行其他设置，其中的“行和列标题”是指工作表的行号和列标。

15.4.5 设置只打印部分区域

有时候，只需要打印数据表的部分区域，这时就要设置只打印部分区域。有3种设置方法。

1. 在功能区中设置。首先选中要打印的区域，然后依次执行“页面布局”“打印区域”“设置打印区域”命令。如图15-26所示。

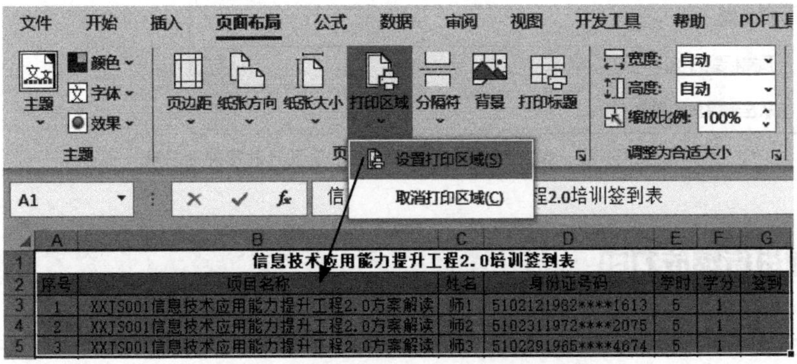

图15-26 在功能区中设置只打印部分区域

2. 在“文件”“打印”中设置。首先选中要打印的区域，然后依次执行“文件”“打印”命令，在“设置”组中的“打印活动工作表”下拉菜单中选择“打印选定区域”选项。如图15-27所示。

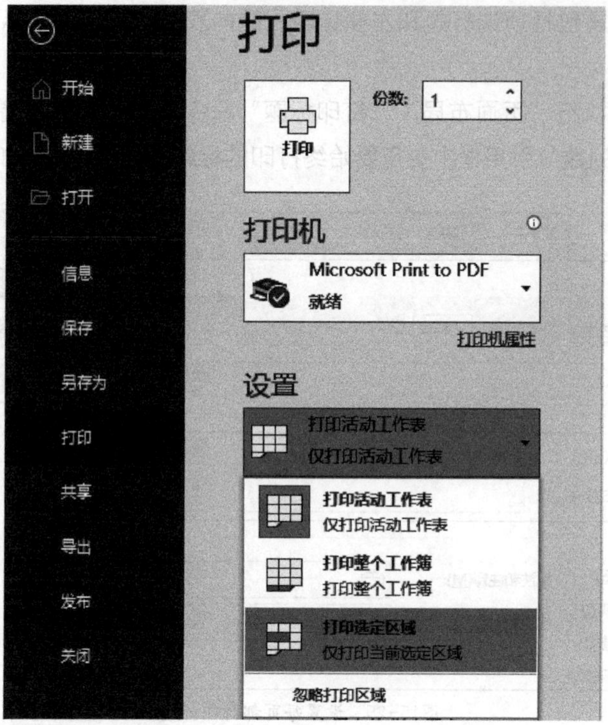

图15-27　在“文件”“打印”中设置只打印部分区域

3. 在“页面布局”对话框中设置。依次执行“页面布局”“打印标题”命令，在“页面设置”对话框的“打印区域”引用框中引用要打印的区域。如图15-28所示。

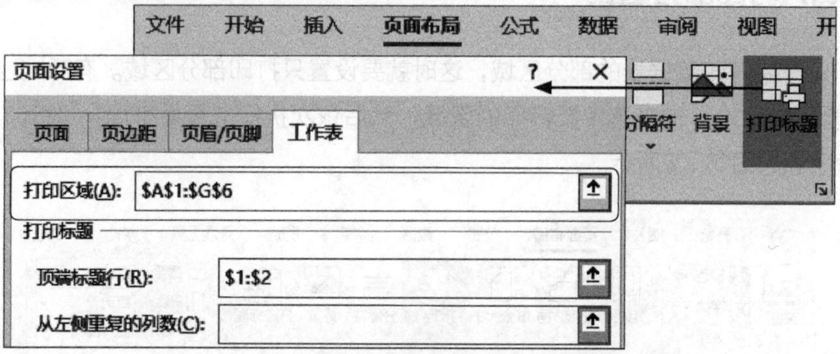

图15-28　在“页面布局”对话框中设置只打印部分区域

15.4.6 如何进行缩放打印

要兼顾纸张大小和阅读需求，就要对数据表进行缩放打印。依次执行“文件”“打印”命令，在“设置”组中的“无缩放”下拉菜单中选择“将工作表调整为一页”“将所有列调整为一页”“将所有行调整为一页”中的一项。或者选择“自定义缩放选项”，打开“页面设置”对话框，在“页面”标签下的“缩放”组中，进行缩放比例和页面宽度、高度的精细设置。还可以在“页面布局”选项卡“调整为合适大小”组中选择命令进行设置。如图15-29所示。

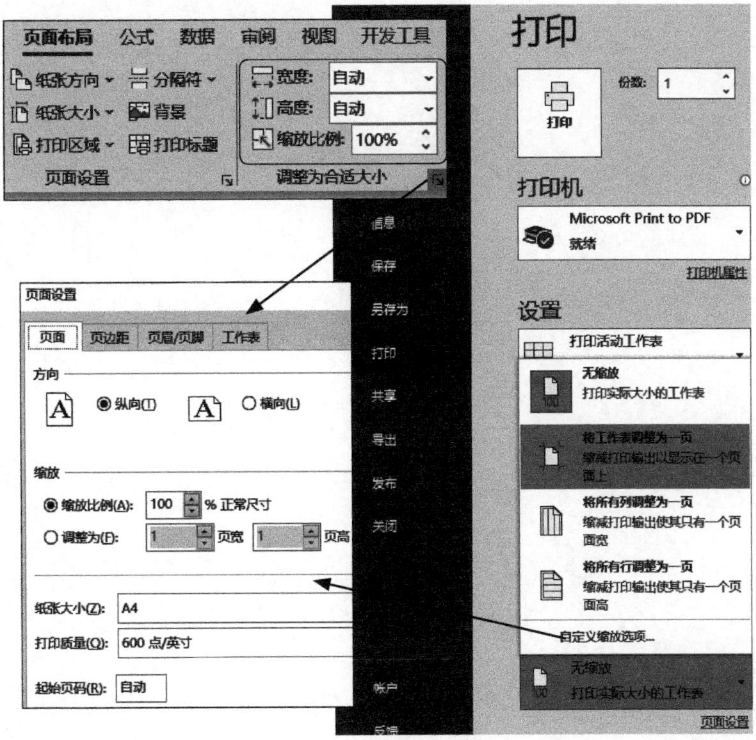

图15-29 设置缩放打印

【边练边想】

1. 如何只打印报表中的图表?
2. 如何将一张工作表的页面设置应用到另一张工作表?

【问题解析】

1. 选中报表中的图表，直接执行“打印”命令，就可以只打印报表中的图表。

2. 选中已进行页面设置和拟进行页面设置的工作表，打开“页面设置”对话框后，直接关闭“页面设置”对话框，就可以将一张工作表的页面设置应用到另一张工作表。